中国国家标准汇编

390

GB 22238～22277

（2008 年制定）

中国标准出版社　编

中国标准出版社

北京

图书在版编目（CIP）数据

中国国家标准汇编：2008年制定．390：GB 22238～22277/中国标准出版社编．—北京：中国标准出版社，2009

ISBN 978-7-5066-5314-5

Ⅰ．中…　Ⅱ．中…　Ⅲ．国家标准-汇编-中国-2008　Ⅳ．T-652.1

中国版本图书馆CIP数据核字（2009）第082092号

中国标准出版社出版发行
北京复兴门外三里河北街16号
邮政编码：100045

网址 www.spc.net.cn
电话：68523946　68517548
中国标准出版社秦皇岛印刷厂印刷
各地新华书店经销

*

开本 880×1230　1/16　印张 39.75　字数 1 162 千字
2009年6月第一版　2009年6月第一次印刷

*

定价 200.00 元

ISBN 978-7-5066-5314-5

9 787506 653145 >

出版说明

1.《中国国家标准汇编》是一部大型综合性国家标准全集。自1983年起，按国家标准顺序号以精装本、平装本两种装帧形式陆续分册汇编出版。它在一定程度上反映了我国建国以来标准化事业发展的基本情况和主要成就，是各级标准化管理机构，工矿企事业单位，农林牧副渔系统，科研、设计、教学等部门必不可少的工具书。

2.《中国国家标准汇编》收入我国每年正式发布的全部国家标准，分为"制定"卷和"修订"卷两种编辑版本。

"制定"卷收入上一年度我国发布的、新制定的国家标准，顺延前年度标准编号分成若干分册，封面和书脊上注明"20××年制定"字样及分册号，分册号一直连续。各分册中的标准是按照标准编号顺序连续排列的，如有标准顺序号缺号的，除特殊情况注明外，暂为空号。

"修订"卷收入上一年度我国发布的、被修订的国家标准，视篇幅分设若干分册，但与"制定"卷分册号无关联，仅在封面和书脊上注明"20××年修订-1，-2，-3，……"字样。"修订"卷各分册中的标准，仍按标准编号顺序排列(但不连续)；如有遗漏的，均在当年最后一分册中补齐。需提请读者注意的是，个别非顺延前年度标准编号的新制定的国家标准没有收入在"制定"卷中，而是收入在"修订"卷中。

读者配套购买《中国国家标准汇编》"制定"卷和"修订"卷则可收齐上一年度我国制定和修订的全部国家标准。

3. 由于读者需求的变化，自1996年起，《中国国家标准汇编》仅出版精装本。

4. 2008年我国制修订国家标准共5946项。本分册为"2008年制定"卷第390分册，收入国家标准GB 22238～22277的最新版本。

中国标准出版社

2009年5月

目　录

ICS 35.040
L 71

中华人民共和国国家标准

GB/T 22238—2008

信息技术　藏文编码字符集　扩充集 B

Information technology—Tibetan coded character set—Extension B

2008-06-18 发布　　　　2008-11-01 实施

中华人民共和国国家质量监督检验检疫总局
中国国家标准化管理委员会　发布

前　言

本标准是GB 16959—1997《信息技术　藏文编码字符集　基本集》和GB/T 20542—2006《信息技术　藏文编码字符集　扩充集A》的扩充集。

本标准的附录A和附录B是规范性附录，附录C、附录D、附录E和附录F是资料性附录。

本标准由中华人民共和国信息产业部提出。

本标准由中国电子技术标准化研究所(CESI)归口。

本标准起草单位：西藏自治区藏语言工作委员会办公室、西藏大学、中国电子技术标准化研究所、青海师范大学、西北民族大学、北京北大方正电子有限公司、潍坊北大青鸟华光科技股份有限公司、中国科学院软件研究所、民族出版社、国家民委文宣司语文室、中国标准化研究院、中央民族大学、中国民族语文翻译局。

本标准主要起草人：欧珠、边巴嘉措、洛桑土美、陈壮、赵晨星、于洪志、安清萍、王立建、大罗桑朗杰、张轴材、陈玉忠、吴健、江嘎、殷建民、尹江红、格桑坚村、常福良、次仁曲杰、拉琼、房灵敏、(大)尼玛扎西、次仁罗布、次旦扎西、(小)尼玛扎西、祁坤钰、王莉、土登彭措。

信息技术　藏文编码字符集　扩充集 B

1　范围

本标准规定了藏文编码字符集扩充集 B 的字符图形及编码表示。

本标准适用于梵音转写藏文的处理、交换、存储、传输、显现、输入和输出。

2　规范性引用文件

下列文件中的条款通过本标准的引用而成为本标准的条款。凡是注日期的引用文件，其随后所有的修改单(不包括勘误的内容)或修订版均不适用于本标准，然而，鼓励根据本标准达成协议的各方研究是否可使用这些文件的最新版本。凡是不注日期的引用文件，其最新版本适用于本标准。

GB 13000.1—1993　信息技术　通用多八位编码字符集(UCS)　第一部分：体系结构与基本多文种平面(idt ISO/IEC 10646-1：1993)

GB 16959—1997　信息技术　信息交换用藏文编码字符集　基本集

GB/T 20542—2006　信息技术　藏文编码字符集　扩充集 A

3　术语和定义

下列术语和定义适用于本标准。

3.1

字符　character

供组织、控制或表示数据用的元素集合中的一个元素。

3.2

编码字符　coded character

字符及其编码表示。

3.3

组合用字符　combining character

编码字符集中一个已标识的子集的一种结构要素，用于与其前导的非组合用图形字符相组合，或者与一个以非组合用字符为前导的组合用字符序列相组合。

3.4

图形字符　graphic character

不同于控制功能的字符，通常具有书写、打印或显示的可视表示。

3.5

显现　presentation

书写、打印或显示一个图形符号的过程。

3.6

扩充集 B　extension B

藏文编码字符集扩充集 A 的补充，由基本字符纵向叠加而成的结构稳定的梵音转写字符的集合。

3.7

辅助平面　supplementary plane

除 00 组 00 平面之外的平面，容纳未安排在基本多文种平面中的那些字符的平面。

4 总体结构

藏文编码字符集扩充集B的编码体系结构等同于GB 13000.1—1993规定的通用多八位编码字符集。整个编码字符集内的每一个字符由一个肆八位序列表示。一个八位的各位由b_8、b_7、b_6、b_5、b_4、b_3、b_2、b_1标识，其中b_8为最高位，b_1为最低位。相应地，分配给每一位的权应为：

b_8	b_7	b_6	b_5	b_4	b_3	b_2	b_1
128	64	32	16	8	4	2	1

本标准中，采用四字节方式对字符编码。由000F0000至000F1645的十六进制记数法表示。

5 收录的字符及其编码位置

本标准收录5 702个梵音转写藏文字符。所有字符在GB 13000.1—1993的专用平面0F上编码，其编码位置是0xF0000至0xF1645，共占用5 702个编码位置，见附录A。字符名称见附录B。

本标准中不同写法的梵文转写藏文字符的编码参见附录C。

6 排序原则

本标准收录的字符以最上层辅音字符为准，按藏文字母的顺序进行排序。

具体的排序规则参见附录D。

7 实现级别

本标准中规定了两种实现级别：

7.1 实现级别1

编码字符数据元素内不包含组合用字符的编码表示，在实现该级别的字符流中不包含藏文组合用字符。

7.2 实现级别2

使用组合用字符，即动态组合方式。

GB 16959—1997(基本集)的字符编码位置和字形参见附录E。

GB/T 20542—2006(扩充集A)的字符编码位置和字形参见附录F。

附　录　A
（规范性附录）
藏文编码字符集扩充集 B 字符表

藏文编码字符集扩充集 B 字符的字形和编码位置，见表 A.1。

表 A.1

000F

00	0	1	2	3	4	5	6	7	8	9	A	B	C	D	E	F
0	0000	0010	0020	0030	0040	0050	0060	0070	0080	0090	00A0	00B0	00C0	00D0	00E0	00F0
1	0001	0011	0021	0031	0041	0051	0061	0071	0081	0091	00A1	00B1	00C1	00D1	00E1	00F1
2	0002	0012	0022	0032	0042	0052	0062	0072	0082	0092	00A2	00B2	00C2	00D2	00E2	00F2
3	0003	0013	0023	0033	0043	0053	0063	0073	0083	0093	00A3	00B3	00C3	00D3	00E3	00F3
4	0004	0014	0024	0034	0044	0054	0064	0074	0084	0094	00A4	00B4	00C4	00D4	00E4	00F4
5	0005	0015	0025	0035	0045	0055	0065	0075	0085	0095	00A5	00B5	00C5	00D5	00E5	00F5
6	0006	0016	0026	0036	0046	0056	0066	0076	0086	0096	00A6	00B6	00C6	00D6	00E6	00F6
7	0007	0017	0027	0037	0047	0057	0067	0077	0087	0097	00A7	00B7	00C7	00D7	00E7	00F7
8	0008	0018	0028	0038	0048	0058	0068	0078	0088	0098	00A8	00B8	00C8	00D8	00E8	00F8
9	0009	0019	0029	0039	0049	0059	0069	0079	0089	0099	00A9	00B9	00C9	00D9	00E9	00F9
A	000A	001A	002A	003A	004A	005A	006A	007A	008A	009A	00AA	00BA	00CA	00DA	00EA	00FA
B	000B	001B	002B	003B	004B	005B	006B	007B	008B	009B	00AB	00BB	00CB	00DB	00EB	00FB
C	000C	001C	002C	003C	004C	005C	006C	007C	008C	009C	00AC	00BC	00CC	00DC	00EC	00FC
D	000D	001D	002D	003D	004D	005D	006D	007D	008D	009D	00AD	00BD	00CD	00DD	00ED	00FD
E	000E	001E	002E	003E	004E	005E	006E	007E	008E	009E	00AE	00BE	00CE	00DE	00EE	00FE
F	000F	001F	002F	003F	004F	005F	006F	007F	008F	009F	00AF	00BF	00CF	00DF	00EF	00FF

表 A.1（续）

000F

01	0	1	2	3	4	5	6	7	8	9	A	B	C	D	E	F
0	0100	0110	0120	0130	0140	0150	0160	0170	0180	0190	01A0	01B0	01C0	01D0	01E0	01F0
1	0101	0111	0121	0131	0141	0151	0161	0171	0181	0191	01A1	01B1	01C1	01D1	01E1	01F1
2	0102	0112	0122	0132	0142	0152	0162	0172	0182	0192	01A2	01B2	01C2	01D2	01E2	01F2
3	0103	0113	0123	0133	0143	0153	0163	0173	0183	0193	01A3	01B3	01C3	01D3	01E3	01F3
4	0104	0114	0124	0134	0144	0154	0164	0174	0184	0194	01A4	01B4	01C4	01D4	01E4	01F4
5	0105	0115	0125	0135	0145	0155	0165	0175	0185	0195	01A5	01B5	01C5	01D5	01E5	01F5
6	0106	0116	0126	0136	0146	0156	0166	0176	0186	0196	01A6	01B6	01C6	01D6	01E6	01F6
7	0107	0117	0127	0137	0147	0157	0167	0177	0187	0197	01A7	01B7	01C7	01D7	01E7	01F7
8	0108	0118	0128	0138	0148	0158	0168	0178	0188	0198	01A8	01B8	01C8	01D8	01E8	01F8
9	0109	0119	0129	0139	0149	0159	0169	0179	0189	0199	01A9	01B9	01C9	01D9	01E9	01F9
A	010A	011A	012A	013A	014A	015A	016A	017A	018A	019A	01AA	01BA	01CA	01DA	01EA	01FA
B	010B	011B	012B	013B	014B	015B	016B	017B	018B	019B	01AB	01BB	01CB	01DB	01EB	01FB
C	010C	011C	012C	013C	014C	015C	016C	017C	018C	019C	01AC	01BC	01CC	01DC	01EC	01FC
D	010D	011D	012D	013D	014D	015D	016D	017D	018D	019D	01AD	01BD	01CD	01DD	01ED	01FD
E	010E	011E	012E	013E	014E	015E	016E	017E	018E	019E	01AE	01BE	01CE	01DE	01EE	01FE
F	010F	011F	012F	013F	014F	015F	016F	017F	018F	019F	01AF	01BF	01CF	01DF	01EF	01FF

表 A.1（续）

000F

02	0	1	2	3	4	5	6	7	8	9	A	B	C	D	E	F
0	0200	0210	0220	0230	0240	0250	0260	0270	0280	0290	02A0	02B0	02C0	02D0	02E0	02F0
1	0201	0211	0221	0231	0241	0251	0261	0271	0281	0291	02A1	02B1	02C1	02D1	02E1	02F1
2	0202	0212	0222	0232	0242	0252	0262	0272	0282	0292	02A2	02B2	02C2	02D2	02E2	02F2
3	0203	0213	0223	0233	0243	0253	0263	0273	0283	0293	02A3	02B3	02C3	02D3	02E3	02F3
4	0204	0214	0224	0234	0244	0254	0264	0274	0284	0294	02A4	02B4	02C4	02D4	02E4	02F4
5	0205	0215	0225	0235	0245	0255	0265	0275	0285	0295	02A5	02B5	02C5	02D5	02E5	02F5
6	0206	0216	0226	0236	0246	0256	0266	0276	0286	0296	02A6	02B6	02C6	02D6	02E6	02F6
7	0207	0217	0227	0237	0247	0257	0267	0277	0287	0297	02A7	02B7	02C7	02D7	02E7	02F7
8	0208	0218	0228	0238	0248	0258	0268	0278	0288	0298	02A8	02B8	02C8	02D8	02E8	02F8
9	0209	0219	0229	0239	0249	0259	0269	0279	0289	0299	02A9	02B9	02C9	02D9	02E9	02F9
A	020A	021A	022A	023A	024A	025A	026A	027A	028A	029A	02AA	02BA	02CA	02DA	02EA	02FA
B	020B	021B	022B	023B	024B	025B	026B	027B	028B	029B	02AB	02BB	02CB	02DB	02EB	02FB
C	020C	021C	022C	023C	024C	025C	026C	027C	028C	029C	02AC	02BC	02CC	02DC	02EC	02FC
D	020D	021D	022D	023D	024D	025D	026D	027D	028D	029D	02AD	02BD	02CD	02DD	02ED	02FD
E	020E	021E	022E	023E	024E	025E	026E	027E	028E	029E	02AE	02BE	02CE	02DE	02EE	02FE
F	020F	021F	022F	023F	024F	025F	026F	027F	028F	029F	02AF	02BF	02CF	02DF	02EF	02FF

表 A.1（续）

000F

03	0	1	2	3	4	5	6	7	8	9	A	B	C	D	E	F
0	0300	0310	0320	0330	0340	0350	0360	0370	0380	0390	03A0	03B0	03C0	03D0	03E0	03F0
1	0301	0311	0321	0331	0341	0351	0361	0371	0381	0391	03A1	03B1	03C1	03D1	03E1	03F1
2	0302	0312	0322	0332	0342	0352	0362	0372	0382	0392	03A2	03B2	03C2	03D2	03E2	03F2
3	0303	0313	0323	0333	0343	0353	0363	0373	0383	0393	03A3	03B3	03C3	03D3	03E3	03F3
4	0304	0314	0324	0334	0344	0354	0364	0374	0384	0394	03A4	03B4	03C4	03D4	03E4	03F4
5	0305	0315	0325	0335	0345	0355	0365	0375	0385	0395	03A5	03B5	03C5	03D5	03E5	03F5
6	0306	0316	0326	0336	0346	0356	0366	0376	0386	0396	03A6	03B6	03C6	03D6	03E6	03F6
7	0307	0317	0327	0337	0347	0357	0367	0377	0387	0397	03A7	03B7	03C7	03D7	03E7	03F7
8	0308	0318	0328	0338	0348	0358	0368	0378	0388	0398	03A8	03B8	03C8	03D8	03E8	03F8
9	0309	0319	0329	0339	0349	0359	0369	0379	0389	0399	03A9	03B9	03C9	03D9	03E9	03F9
A	030A	031A	032A	033A	034A	035A	036A	037A	038A	039A	03AA	03BA	03CA	03DA	03EA	03FA
B	030B	031B	032B	033B	034B	035B	036B	037B	038B	039B	03AB	03BB	03CB	03DB	03EB	03FB
C	030C	031C	032C	033C	034C	035C	036C	037C	038C	039C	03AC	03BC	03CC	03DC	03EC	03FC
D	030D	031D	032D	033D	034D	035D	036D	037D	038D	039D	03AD	03BD	03CD	03DD	C3ED	03FD
E	030E	031E	032E	033E	034E	035E	036E	037E	038E	039E	03AE	03BE	03CE	03DE	03EE	03FE
F	030F	031F	032F	033F	034F	035F	036F	037F	038F	039F	03AF	03BF	03CF	03DF	03EF	03FF

表 A.1（续）

000F

04	0	1	2	3	4	5	6	7	8	9	A	B	C	D	E	F
0	0400	0410	0420	0430	0440	0450	0460	0470	0480	0490	04A0	04B0	04C0	04D0	04E0	04F0
1	0401	0411	0421	0431	0441	0451	0461	0471	0481	0491	04A1	04B1	04C1	04D1	04E1	04F1
2	0402	0412	0422	0432	0442	0452	0462	0472	0482	0492	04A2	04B2	04C2	04D2	04E2	04F2
3	0403	0413	0423	0433	0443	0453	0463	0473	0483	0493	04A3	04B3	04C3	04D3	04E3	04F3
4	0404	0414	0424	0434	0444	0454	0464	0474	0484	0494	04A4	04B4	04C4	04D4	04E4	04F4
5	0405	0415	0425	0435	0445	0455	0465	0475	0485	0495	04A5	04B5	04C5	04D5	04E5	04F5
6	0406	0416	0426	0436	0446	0456	0466	0476	0486	0496	04A6	04B6	04C6	04D6	04E6	04F6
7	0407	0417	0427	0437	0447	0457	0467	0477	0487	0497	04A7	04B7	04C7	04D7	04E7	04F7
8	0408	0418	0428	0438	0448	0458	0468	0478	0488	0498	04A8	04B8	04C8	04D8	04E8	04F8
9	0409	0419	0429	0439	0449	0459	0469	0479	0489	0499	04A9	04B9	04C9	04D9	04E9	04F9
A	040A	041A	042A	043A	044A	045A	046A	047A	048A	049A	04AA	04BA	04CA	04DA	04EA	04FA
B	040B	041B	042B	043B	044B	045B	046B	047B	048B	049B	04AB	04BB	04CB	04DB	04EB	04FB
C	040C	041C	042C	043C	044C	045C	046C	047C	048C	049C	04AC	04BC	04CC	04DC	04EC	04FC
D	040D	041D	042D	043D	044D	045D	046D	047D	048D	049D	04AD	04BD	04CD	04DD	04ED	04FD
E	040E	041E	042E	043E	044E	045E	046E	047E	048E	049E	04AE	04BE	04CE	04DE	04EE	04FE
F	040F	041F	042F	043F	044F	045F	046F	047F	048F	049F	04AF	04BF	04CF	04DF	04EF	04FF

表 A.1（续）

000F

05	0	1	2	3	4	5	6	7	8	9	A	B	C	D	E	F
0	0500	0510	0520	0530	0540	0550	0560	0570	0580	0590	05A0	05B0	05C0	05D0	05E0	05F0
1	0501	0511	0521	0531	0541	0551	0561	0571	0581	0591	05A1	05B1	05C1	05D1	05E1	05F1
2	0502	0512	0522	0532	0542	0552	0562	0572	0582	0592	05A2	05B2	05C2	05D2	05E2	05F2
3	0503	0513	0523	0533	0543	0553	0563	0573	0583	0593	05A3	05B3	05C3	05D3	05E3	05F3
4	0504	0514	0524	0534	0544	0554	0564	0574	0584	0594	05A4	05B4	05C4	05D4	05E4	05F4
5	0505	0515	0525	0535	0545	0555	0565	0575	0585	0595	05A5	05B5	05C5	05D5	05E5	05F5
6	0506	0516	0526	0536	0546	0556	0566	0576	0586	0596	05A6	05B6	05C6	05D6	05E6	05F6
7	0507	0517	0527	0537	0547	0557	0567	0577	0587	0597	05A7	05B7	05C7	05D7	05E7	05F7
8	0508	0518	0528	0538	0548	0558	0568	0578	0588	0598	05A8	05B8	05C8	05D8	05E8	05F8
9	0509	0519	0529	0539	0549	0559	0569	0579	0589	0599	05A9	05B9	05C9	05D9	05E9	05F9
A	050A	051A	052A	053A	054A	055A	056A	057A	058A	059A	05AA	05BA	05CA	05DA	05EA	05FA
B	050B	051B	052B	053B	054B	055B	056B	057B	058B	059B	05AB	05BB	05CB	05DB	05EB	05FB
C	050C	051C	052C	053C	054C	055C	056C	057C	058C	059C	05AC	05BC	05CC	05DC	05EC	05FC
D	050D	051D	052D	053D	054D	055D	056D	057D	058D	059D	05AD	05BD	05CD	05DD	05ED	05FD
E	050E	051E	052E	053E	054E	055E	056E	057E	058E	059E	05AE	05BE	05CE	05DE	05EE	05FE
F	050F	051F	052F	053F	054F	055F	056F	057F	058F	059F	05AF	05BF	05CF	05DF	05EF	05FF

表 A.1（续）

000F

06	0	1	2	3	4	5	6	7	8	9	A	B	C	D	E	F
0	0600	0610	0620	0630	0640	0650	0660	0670	0680	0690	06A0	06B0	06C0	06D0	06E0	06F0
1	0601	0611	0621	0631	0641	0651	0661	0671	0681	0691	06A1	06B1	06C1	06D1	06E1	06F1
2	0602	0612	0622	0632	0642	0652	0662	0672	0682	0692	06A2	06B3	06C2	06D2	06E2	06F2
3	0603	0613	0623	0633	0643	0653	0663	0673	0683	0693	06A3	06B3	06C3	06D3	06E3	06F3
4	0604	0614	0624	0634	0644	0654	0664	0674	0684	0694	06A4	06B4	06C4	06D4	06E4	06F4
5	0605	0615	0625	0635	0645	0655	0665	0675	0685	0695	06A5	06B5	06C5	06D5	06E5	06F5
6	0606	0616	0626	0636	0646	0656	0666	0676	0686	0696	06A6	06B6	06C6	06D6	06E6	06F6
7	0607	0617	0627	0637	0647	0657	0667	0677	0687	0697	06A7	06B7	06C7	06D7	06E7	06F7
8	0608	0618	0628	0638	0648	0658	0668	0678	0688	0698	06A8	06B8	06C8	06D8	06E8	06F8
9	0609	0619	0629	0639	0649	0659	0669	0679	0689	0699	06A9	06B9	06C9	06D9	06E9	06F9
A	060A	061A	062A	063A	064A	065A	066A	067A	068A	069A	06AA	06BA	06CA	06DA	06EA	06FA
B	060B	061B	062B	063B	064B	065B	066B	067B	068B	069B	06AB	06BB	06CB	06DB	06EB	06FB
C	060C	061C	062C	063C	064C	065C	066C	067C	068C	069C	06AC	06BC	06CC	06DC	06EC	06FC
D	060D	061D	062D	063D	064D	065D	066D	067D	068D	069D	06AD	06BD	06CD	06DD	06ED	06FD
E	060E	061E	062E	063E	064E	065E	066E	067E	068E	069E	06AE	06BE	06CE	06DE	06EE	06FE
F	060F	061F	062F	063F	064F	065F	066F	067F	068F	069F	06AF	06BF	06CF	06DF	06EF	06FF

表 A.1（续）

000F

07	0	1	2	3	4	5	6	7	8	9	A	B	C	D	E	F
0	0700	0710	0720	0730	0740	0750	0760	0770	0780	0790	07A0	07B0	07C0	07D0	07E0	07F0
1	0701	0711	0721	0731	0741	0751	0761	0771	0781	0791	07A1	07B1	07C1	07D1	07E1	07F1
2	0702	0712	0722	0732	0742	0752	0762	0772	0782	0792	07A2	07B2	07C2	07D2	07E2	07F2
3	0703	0713	0723	0733	0743	0753	0763	0773	0783	0793	07A3	07B3	07C3	07D3	07E3	07F3
4	0704	0714	0724	0734	0744	0754	0764	0774	0784	0794	07A4	07B4	07C4	07D4	07E4	07F4
5	0705	0715	0725	0735	0745	0755	0765	0775	0785	0795	07A5	07B5	07C5	07D5	07E5	07F5
6	0706	0716	0726	0736	0746	0756	0766	0776	0786	0796	07A6	07B6	07C6	07D6	07E6	07F6
7	0707	0717	0727	0737	0747	0757	0767	0777	0787	0797	07A7	07B7	07C7	07D7	07E7	07F7
8	0708	0718	0728	0738	0748	0758	0768	0778	0788	0798	07A8	07B8	07C8	07D8	07E8	07F8
9	0709	0719	0729	0739	0749	0759	0769	0779	0789	0799	07A9	07B9	07C9	07D9	07E9	07F9
A	070A	071A	072A	073A	074A	075A	076A	077A	078A	079A	07AA	07BA	07CA	07DA	07EA	07FA
B	070B	071B	072B	073B	074B	075B	076B	077B	078B	079B	07AB	07BB	07CB	07DB	07EB	07FB
C	070C	071C	072C	073C	074C	075C	076C	077C	078C	079C	07AC	07BC	07CC	07DC	07EC	07FC
D	070D	071D	072D	073D	074D	075D	076D	077D	078D	079D	07AD	07BD	07CD	07DD	07ED	07FD
E	070E	071E	072E	073E	074E	075E	076E	077E	078E	079E	07AE	07BE	07CE	07DE	07EE	07FE
F	070F	071F	072F	073F	074F	075F	076F	077F	078F	079F	07AF	07BF	07CF	07DF	07EF	07FF

表 A.1（续）

000F

08	0	1	2	3	4	5	6	7	8	9	A	B	C	D	E	F
0	0800	0810	0820	0830	0840	0850	0860	0870	0880	0890	08A0	08B0	08C0	08D0	08E0	08F0
1	0801	0811	0821	0831	0841	0851	0861	0871	0881	0891	08A1	08B1	08C1	08D1	08E1	08F1
2	0802	0812	0822	0832	0842	0852	0862	0872	0882	0892	08A2	08B2	08C2	08D2	08E2	08F2
3	0803	0813	0823	0833	0843	0853	0863	0873	0883	0893	08A3	08B3	08C3	08D3	08E3	08F3
4	0804	0814	0824	0834	0844	0854	0864	0874	0884	0894	08A4	08B4	08C4	08D4	08E4	08F4
5	0805	0815	0825	0835	0845	0855	0865	0875	0885	0895	08A5	08B5	08C5	08D5	08E5	08F5
6	0806	0816	0826	0836	0846	0856	0866	0876	0886	0896	08A6	08B6	08C6	08D6	08E6	08F6
7	0807	0817	0827	0837	0847	0857	0867	0877	0887	0897	08A7	08B7	08C7	08D7	08E7	08F7
8	0808	0818	0828	0838	0848	0858	0868	0878	0888	0898	08A8	08B8	08C8	08D8	08E8	08F8
9	0809	0819	0829	0839	0849	0859	0869	0879	0889	0899	08A9	08B9	08C9	08D9	08E9	08F9
A	080A	081A	082A	083A	084A	085A	086A	087A	088A	089A	08AA	08BA	08CA	08DA	08EA	08FA
B	080B	081B	082B	083B	084B	085B	086B	087B	088B	089B	08AB	08BB	08CB	08DB	08EB	08FB
C	080C	081C	082C	083C	084C	085C	086C	087C	088C	089C	08AC	08BC	08CC	08DC	08EC	08FC
D	080D	081D	082D	083D	084D	085D	086D	087D	088D	089D	08AD	08BD	08CD	08DD	08ED	08FD
E	080E	081E	082E	083E	084E	085E	086E	087E	088E	089E	08AE	08BE	08CE	08DE	08EE	08FE
F	080F	080F	082F	083F	084F	085F	086F	087F	088F	089F	08AF	08BF	08CF	08DF	08EF	08FF

表 A.1（续）

000F

09	0	1	2	3	4	5	6	7	8	9	A	B	C	D	E	F
0	0900	0910	0920	0930	0940	0950	0960	0970	0980	0990	09A0	09B0	09C0	09D0	09E0	09F0
1	0901	0911	0921	0931	0941	0951	0961	0971	0981	0991	09A1	09B1	09C1	09D1	09E1	09F1
2	0902	0912	0922	0932	0942	0952	0962	0972	0982	0992	09A2	09B2	09C2	09D2	09E2	09F2
3	0903	0913	0923	0933	0943	0953	0963	0973	0983	0993	09A3	09B3	09C3	09D3	09E3	09F3
4	0904	0914	0924	0934	0944	0954	0964	0974	0984	0994	09A4	09B4	09C4	09D4	09E4	09F4
5	0905	0915	0925	0935	0945	0955	0965	0975	0985	0995	09A5	09B5	09C5	09D5	09E5	09F5
6	0906	0916	0926	0936	0946	0956	0966	0976	0986	0996	09A6	09B6	09C6	09D6	09E6	09F6
7	0907	0917	0927	0937	0947	0957	0967	0977	0987	0997	09A7	09B7	09C7	09D7	09E7	09F7
8	0908	0918	0928	0938	0948	0958	0968	0978	0988	0998	09A8	09B8	09C8	09D8	09E8	09F8
9	0909	0919	0929	0939	0949	0959	0969	0979	0989	0999	09A9	09B9	09C9	09D9	09E9	09F9
A	090A	091A	092A	093A	094A	095A	096A	097A	098A	099A	09AA	09BA	09CA	09DA	09EA	09FA
B	090B	091B	092B	093B	094B	095B	096B	097B	098B	099B	09AB	09BB	09CB	09DB	09EB	09FB
C	090C	091C	092C	093C	094C	095C	096C	097C	098C	099C	09AC	09BC	09CC	09DC	09EC	09FC
D	090D	091D	092D	093D	094D	095D	096D	097D	098D	099D	09AD	09BD	09CD	09DD	09ED	09FD
E	090E	091E	092E	093E	094E	095E	096E	097E	098E	099E	09AE	09BE	09CE	09DE	09EE	09FE
F	090F	091F	092F	093F	094F	095F	096F	097F	098F	099F	09AF	09BF	09CF	09DF	09EF	09FF

表 A.1（续）

000F

0A	0	1	2	3	4	5	6	7	8	9	A	B	C	D	E	F
0	0A00	0A10	0A20	0A30	0A40	0A50	0A60	0A70	0A80	0A90	0AA0	0AB0	0AC0	0AD0	0AE0	0AF0
1	0A01	0A11	0A21	0A31	0A41	0A51	0A61	0A71	0A81	0A91	0AA1	0AB1	0AC1	0AD1	0AE1	0AF1
2	0A02	0A12	0A22	0A32	0A42	0A52	0A62	0A72	0A82	0A92	0AA2	0AB2	0AC2	0AD2	0AE2	0AF2
3	0A03	0A13	0A23	0A33	0A43	0A53	0A63	0A73	0A83	0A93	0AA3	0AB3	0AC3	0AD3	0AE3	0AF3
4	0A04	0A14	0A24	0A34	0A44	0A54	0A64	0A74	0A84	0A94	0AA4	0AB4	0AC4	0AD4	0AE4	0AF4
5	0A05	0A15	0A25	0A35	0A45	0A55	0A65	0A75	0A85	0A95	0AA5	0AB5	0AC5	0AD5	0AE5	0AF5
6	0A06	0A16	0A26	0A36	0A46	0A56	0A66	0A76	0A86	0A96	0AA6	0AB6	0AC6	0AD6	0AE6	0AF6
7	0A07	0A17	0A27	0A37	0A47	0A57	0A67	0A77	0A87	0A97	0AA7	0AB7	0AC7	0AD7	0AE7	0AF7
8	0A08	0A18	0A28	0A38	0A48	0A58	0A68	0A78	0A88	0A98	0AA8	0AB8	0AC8	0AD8	0AE8	0AF8
9	0A09	0A19	0A29	0A39	0A49	0A59	0A69	0A79	0A89	0A99	0AA9	0AB9	0AC9	0AD9	0AE9	0AF9
A	0A0A	0A1A	0A2A	0A3A	0A4A	0A5A	0A6A	0A7A	0A8A	0A9A	0AAA	0ABA	0ACA	0ADA	0AEA	0AFA
B	0A0B	0A1B	0A2B	0A3B	0A4B	0A5B	0A6B	0A7B	0A8B	0A9B	0AAB	0ABB	0ACB	0ADB	0AEB	0AFB
C	0A0C	0A1C	0A2C	0A3C	0A4C	0A5C	0A6C	0A7C	0A8C	0A9C	0AAC	0ABC	0ACC	0ADC	0AEC	0AFC
D	0A0D	0A1D	0A2D	0A3D	0A4D	0A5D	0A6D	0A7D	0A8D	0A9D	0AAD	0ABD	0ACD	0ADD	0AED	0AFD
E	0A0E	0A1E	0A2E	0A3E	0A4E	0A5E	0A6E	0A7E	0A8E	0A9E	0AAE	0ABE	0ACE	0ADE	0AEE	0AFE
F	0A0F	0A1F	0A2F	0A3F	0A4F	0A5F	0A6F	0A7F	0A8F	0A9F	0AAF	0ABF	0ACF	0ADF	0AEF	0AFF

表 A.1（续）

000F

0B	0	1	2	3	4	5	6	7	8	9	A	B	C	D	E	F
0	0B00	0B10	0B20	0B30	0B40	0B50	0B60	0B70	0B80	0B90	0BA0	0BB0	0BC0	0BD0	0BE0	0BF0
1	0B01	0B11	0B21	0B31	0B41	0B51	0B61	0B71	0B81	0B91	0BA1	0BB1	0BC1	0BD1	0BE1	0BF1
2	0B02	0B12	0B22	0B32	0B42	0B52	0B62	0B72	0B82	0B92	0BA2	0BB2	0BC2	0BD2	0BE2	0BF2
3	0B03	0B13	0B23	0B33	0B43	0B53	0B63	0B73	0B83	0B93	0BA3	0BB3	0BC3	0BD3	0BE3	0BF3
4	0B04	0B14	0B24	0B34	0B44	0B54	0B64	0B74	0B84	0B94	0BA4	0BB4	0BC4	0BD4	0BE4	0BF4
5	0B05	0B15	0B25	0B35	0B45	0B55	0B65	0B75	0B85	0B95	0BA5	0BB5	0BC5	0BD5	0BE5	0BF5
6	0B06	0B16	0B26	0B36	0B46	0B56	0B66	0B76	0B86	0B96	0BA6	0BB6	0BC6	0BD6	0BE6	0BF6
7	0B07	0B17	0B27	0B37	0B47	0B57	0B67	0B77	0B87	0B97	0BA7	0BB7	0BC7	0BD7	0BE7	0BF7
8	0B08	0B18	0B28	0B38	0B48	0B58	0B68	0B78	0B88	0B98	0BA8	0BB8	0BC8	0BD8	0BE8	0BF8
9	0B09	0B19	0B29	0B39	0B49	0B59	0B69	0B79	0B89	0B99	0BA9	0BB9	0BC9	0BD9	0BE9	0BF9
A	0B0A	0B1A	0B2A	0B3A	0B4A	0B5A	0B6A	0B7A	0B8A	0B9A	0BAA	0BBA	0BCA	0BDA	0BEA	0BFA
B	0B0B	0B1B	0B2B	0B3B	0B4B	0B5B	0B6B	0B7B	0B8B	0B9B	0BAB	0BBB	0BCB	0BDB	0BEB	0BFB
C	0B0C	0B1C	0B2C	0B3C	0B4C	0B5C	0B6C	0B7C	0B8C	0B9C	0BAC	0BBC	0BCC	0BDC	0BEC	0BFC
D	0B0D	0B1D	0B2D	0B3D	0B4D	0B5D	0B6D	0B7D	0B8D	0B9D	0BAD	0BBD	0BCD	0BDD	0BED	0BFD
E	0B0E	0B1E	0B2E	0B3E	0B4E	0B5E	0B6E	0B7E	0B8E	0B9E	0BAE	0BBE	0BCE	0BDE	0BEE	0BFE
F	0B0F	0B1F	0B2F	0B3F	0B4F	0B5F	0B6F	0B7F	0B8F	0B9F	0BAF	0BBF	0BCF	0BDF	0BEF	0BFF

表 A.1（续）

000F

0C	0	1	2	3	4	5	6	7	8	9	A	B	C	D	E	F
0	0C00	0C10	0C20	0C30	0C40	0C50	0C60	0C70	0C80	0C90	0CA0	0CB0	0CC0	0CD0	0CE0	0CF0
1	0C01	0C11	0C21	0C31	0C41	0C51	0C61	0C71	0C81	0C91	0CA1	0CB1	0CC1	0CD1	0CE1	0CF1
2	0C02	0C12	0C22	0C32	0C42	0C52	0C62	0C72	0C82	0C92	0CA2	0CB2	0CC2	0CD2	0CE2	0CF2
3	0C03	0C13	0C23	0C33	0C43	0C53	0C63	0C73	0C83	0C93	0CA3	0CB3	0CC3	0CD3	0CE3	0CF3
4	0C04	0C14	0C24	0C34	0C44	0C54	0C64	0C74	0C84	0C94	0CA4	0CB4	0CC4	0CD4	0CE4	0CF4
5	0C05	0C15	0C25	0C35	0C45	0C55	0C65	0C75	0C85	0C95	0CA5	0CB5	0CC5	0CD5	0CE5	0CF5
6	0C06	0C16	0C26	0C36	0C46	0C56	0C66	0C76	0C86	0C96	0CA6	0CB6	0CC6	0CD6	0CE6	0CF6
7	0C07	0C17	0C27	0C37	0C47	0C57	0C67	0C77	0C87	0C97	0CA7	0CB7	0CC7	0CD7	0CE7	0CF7
8	0C08	0C18	0C28	0C38	0C48	0C58	0C68	0C78	0C88	0C98	0CA8	0CB8	0CC8	0CD8	0CE8	0CF8
9	0C09	0C19	0C29	0C39	0C49	0C59	0C69	0C79	0C89	0C99	0CA9	0CB9	0CC9	0CD9	0CE9	0CF9
A	0C0A	0C1A	0C2A	0C3A	0C4A	0C5A	0C6A	0C7A	0C8A	0C9A	0CAA	0CBA	0CCA	0CDA	0CEA	0CFA
B	0C0B	0C1B	0C2B	0C3B	0C4B	0C5B	0C6B	0C7B	0C8B	0C9B	0CAB	0CBB	0CCB	0CDB	0CEB	0CFB
C	0C0C	0C1C	0C2C	0C3C	0C4C	0C5C	0C6C	0C7C	0C8C	0C9C	0CAC	0CBC	0CCC	0CDC	0CEC	0CFC
D	0C0D	0C1D	0C2D	0C3D	0C4D	0C5D	0C6D	0C7D	0C8D	0C9D	0CAD	0CBD	0CCD	0CDD	0CED	0CFD
E	0C0E	0C1E	0C2E	0C3E	0C4E	0C5E	0C6E	0C7E	0C8E	0C9E	0CAE	0CBE	0CCE	0CDE	0CEE	0CFE
F	0C0F	0C1F	0C2F	0C3F	0C4F	0C5F	0C6F	0C7F	0C8F	0C9F	0CAF	0CBF	0CCF	0CDF	0CEF	0CFF

表 A.1（续）

000F

0D	0	1	2	3	4	5	6	7	8	9	A	B	C	D	E	F
0	0D00	0D10	0D20	0D30	0D40	0D50	0D60	0D70	0D80	0D90	0DA0	0DB0	0DC0	0DD0	0DE0	0DF0
1	0D01	0D11	0D21	0D31	0D41	0D51	0D61	0D71	0D81	0D91	0DA1	0DB1	0DC1	0DD1	0DE1	0DF1
2	0D02	0D12	0D22	0D32	0D42	0D52	0D62	0D72	0D82	0D92	0DA2	0DB2	0DC2	0DD2	0DE2	0DF2
3	0D03	0D13	0D23	0D33	0D43	0D53	0D63	0D73	0D83	0D93	0DA3	0DB3	0DC3	0DD3	0DE3	0DF3
4	0D04	0D14	0D24	0D34	0D44	0D54	0D64	0D74	0D84	0D94	0DA4	0DB4	0DC4	0DD4	0DE4	0DF4
5	0D05	0D15	0D25	0D35	0D45	0D55	0D65	0D75	0D85	0D95	0DA5	0DB5	0DC5	0DD5	0DE5	0DF5
6	0D06	0D16	0D26	0D36	0D46	0D56	0D66	0D76	0D86	0D96	0DA6	0DB6	0DC6	0DD6	0DE6	0DF6
7	0D07	0D17	0D27	0D37	0D47	0D57	0D67	0D77	0D87	0D97	0DA7	0DB7	0DC7	0DD7	0DE7	0DF7
8	0D08	0D18	0D28	0D38	0D48	0D58	0D68	0D78	0D88	0D98	0DA8	0DB8	0DC8	0DD8	0DE8	0DF8
9	0D09	0D19	0D29	0D39	0D49	0D59	0D69	0D79	0D89	0D99	0DA9	0DB9	0DC9	0DD9	0DE9	0DF9
A	0D0A	0D1A	0D2A	0D3A	0D4A	0D5A	0D6A	0D7A	0D8A	0D9A	0DAA	0DBA	0DCA	0DDA	0DEA	0DFA
B	0D0B	0D1B	0D2B	0D3B	0D4B	0D5B	0D6B	0D7B	0D8B	0D9B	0DAB	0DBB	0DCB	0DDB	0DEB	0DFB
C	0D0C	0D1C	0D2C	0D3C	0D4C	0D5C	0D6C	0D7C	0D8C	0D9C	0DAC	0DBC	0DCC	0DDC	0DEC	0DFC
D	0D0D	0D1D	0D2D	0D3D	0D4D	0D5D	0D6D	0D7D	0D8D	0D9D	0DAD	0DBD	0DCD	0DDD	0DED	0DFD
E	0D0E	0D1E	0D2E	0D3E	0D4E	0D5E	0D6E	0D7E	0D8E	0D9E	0DAE	0DBE	0DCE	0DDE	0DEE	0DFE
F	0D0F	0D1F	0D2F	0D3F	0D4F	0D5F	0D6F	0D7F	0D8F	0D9F	0DAF	0DBF	0DCF	0DDF	0DEF	0DFF

表 A.1（续）

000F

0E	0	1	2	3	4	5	6	7	8	9	A	B	C	D	E	F
0	0E00	0E10	0E20	0E30	0E40	0E50	0E60	0E70	0E80	0E90	0EA0	0EB0	0EC0	0ED0	0EE0	0EF0
1	0E01	0E11	0E21	0E31	0E41	0E51	0E61	0E71	0E81	0E91	0EA1	0EB1	0EC1	0ED1	0EE1	0EF1
2	0E02	0E12	0E22	0E32	0E42	0E52	0E62	0E72	0E82	0E92	0EA2	0EB2	0EC2	0ED2	0EE2	0EF2
3	0E03	0E13	0E23	0E33	0E43	0E53	0E63	0E73	0E83	0E93	0EA3	0EB3	0EC3	0ED3	0EE3	0EF3
4	0E04	0E14	0E24	0E34	0E44	0E54	0E64	0E74	0E84	0E94	0EA4	0EB4	0EC4	0ED4	0EE4	0EF4
5	0E05	0E15	0E25	0E35	0E45	0E55	0E65	0E75	0E85	0E95	0EA5	0EB5	0EC5	0ED5	0EE5	0EF5
6	0E06	0E16	0E26	0E36	0E46	0E56	0E66	0E76	0E86	0E96	0EA6	0EB6	0EC6	0ED6	0EE6	0EF6
7	0E07	0E17	0E27	0E37	0E47	0E57	0E67	0E77	0E87	0E97	0EA7	0EB7	0EC7	0ED7	0EE7	0EF7
8	0E08	0E18	0E28	0E38	0E48	0E58	0E68	0E78	0E88	0E98	0EA8	0EB8	0EC8	0ED8	0EE8	0EF8
9	0E09	0E19	0E29	0E39	0E49	0E59	0E69	0E79	0E89	0E99	0EA9	0EB9	0EC9	0ED9	0EE9	0EF9
A	0E0A	0E1A	0E2A	0E3A	0E4A	0E5A	0E6A	0E7A	0E8A	0E9A	0EAA	0EBA	0ECA	0EDA	0EEA	0EFA
B	0E0B	0E1B	0E2B	0E3B	0E4B	0E5B	0E6B	0E7B	0E8B	0E9B	0EAB	0EBB	0ECB	0EDB	0EEB	0EFB
C	0E0C	0E1C	0E2C	0E3C	0E4C	0E5C	0E6C	0E7C	0E8C	0E9C	0EAC	0EBC	0ECC	0EDC	0EEC	0EFC
D	0E0D	0E1D	0E2D	0E3D	0E4D	0E5D	0E6D	0E7D	0E8D	0E9D	0EAD	0EBD	0ECD	0EDD	0EED	0EFD
E	0E0E	0E1E	0E2E	0E3E	0E4E	0E5E	0E6E	0E7E	0E8E	0E9E	0EAE	0EBE	0ECE	0EDE	0EEE	0EFE
F	0E0F	0E1F	0E2F	0E3F	0E4F	0E5F	0E6F	0E7F	0E8F	0E9F	0EAF	0EBF	0ECF	0EDF	0EEF	0EFF

表 A.1（续）

000F

0F	0	1	2	3	4	5	6	7	8	9	A	B	C	D	E	F
0	0F00	0F10	0F20	0F30	0F40	0F50	0F60	0F70	0F80	0F90	0FA0	0FB0	0FC0	0FD0	0FE0	0FF0
1	0F01	0F11	0F21	0F31	0F41	0F51	0F61	0F71	0F81	0F91	0FA1	0FB1	0FC1	0FD1	0FE1	0FF1
2	0F02	0F12	0F22	0F32	0F42	0F52	0F62	0F72	0F82	0F92	0FA2	0FB2	0FC2	0FD2	0FE2	0FF2
3	0F03	0F13	0F23	0F33	0F43	0F53	0F63	0F73	0F83	0F93	0FA3	0FB3	0FC3	0FD3	0FE3	0FF3
4	0F04	0F14	0F24	0F34	0F44	0F54	0F64	0F74	0F84	0F94	0FA4	0FB4	0FC4	0FD4	0FE4	0FF4
5	0F05	0F15	0F25	0F35	0F45	0F55	0F65	0F75	0F85	0F95	0FA5	0FB5	0FC5	0FD5	0FE5	0FF5
6	0F06	0F16	0F26	0F36	0F46	0F56	0F66	0F76	0F86	0F96	0FA6	0FB6	0FC6	0FD6	0FE6	0FF6
7	0F07	0F17	0F27	0F37	0F47	0F57	0F67	0F77	0F87	0F97	0FA7	0FB7	0FC7	0FD7	0FE7	0FF7
8	0F08	0F18	0F28	0F38	0F48	0F58	0F68	0F78	0F88	0F98	0FA8	0FB8	0FC8	0FD8	0FE8	0FF8
9	0F09	0F19	0F29	0F39	0F49	0F59	0F69	0F79	0F89	0F99	0FA9	0FB9	0FC9	0FD9	0FE9	0FF9
A	0F0A	0F1A	0F2A	0F3A	0F4A	0F5A	0F6A	0F7A	0F8A	0F9A	0FAA	0FBA	0FCA	0FDA	0FEA	0FFA
B	0F0B	0F1B	0F2B	0F3B	0F4B	0F5B	0F6B	0F7B	0F8B	0F9B	0FAB	0FBB	0FCB	0FDB	0FEB	0FFB
C	0F0C	0F1C	0F2C	0F3C	0F4C	0F5C	0F6C	0F7C	0F8C	0F9C	0FAC	0FBC	0FCC	0FDC	0FEC	0FFC
D	0F0D	0F1D	0F2D	0F3D	0F4D	0F5D	0F6D	0F7D	0F8D	0F9D	0FAD	0FBD	0FCD	0FDD	0FED	0FFD
E	0F0E	0F1E	0F2E	0F3E	0F4E	0F5E	0F6E	0F7E	0F8E	0F9E	0FAE	0FBE	0FCE	0FDE	0FEE	0FFE
F	0F0F	0F1F	0F2F	0F3F	0F4F	0F5F	0F6F	0F7F	0F8F	0F9F	0FAF	0FBF	0FCF	0FDF	0FEF	0FFF

表 A.1（续）

000F

10	0	1	2	3	4	5	6	7	8	9	A	B	C	D	E	F
0	1000	1010	1020	1030	1040	1050	1060	1070	1080	1090	10A0	10B0	10C0	10D0	10E0	10F0
1	1001	1011	1021	1031	1041	1051	1061	1071	1081	1091	10A1	10B1	10C1	10D1	10E1	10F1
2	1002	1012	1022	1032	1042	1052	1062	1072	1082	1092	10A2	10B2	10C2	10D2	10E2	10F2
3	1003	1013	1023	1033	1043	1053	1063	1073	1083	1093	10A3	10B3	10C3	10D3	10E3	10F3
4	1004	1014	1024	1034	1044	1054	1064	1074	1084	1094	10A4	10B4	10C4	10D4	10E4	10F4
5	1005	1015	1025	1035	1045	1055	1065	1075	1085	1095	10A5	10B5	10C5	10D5	10E5	10F5
6	1006	1016	1026	1036	1046	1056	1066	1076	1086	1096	10A6	10B6	10C6	10D6	10E6	10F6
7	1007	1017	1027	1037	1047	1057	1067	1077	1087	1097	10A7	10B7	10C7	10D7	10E7	10F7
8	1008	1018	1028	1038	1048	1058	1068	1078	1088	1098	10A8	10B8	10C8	10D8	10E8	10F8
9	1009	1019	1029	1039	1049	1059	1069	1079	1089	1099	10A9	10B9	10C9	10D9	10E9	10F9
A	100A	101A	102A	103A	104A	105A	106A	107A	108A	109A	10AA	10BA	10CA	10DA	10EA	10FA
B	100B	101B	102B	103B	104B	105B	106B	107B	108B	109B	10AB	10BB	10CB	10DB	10EB	10FB
C	100C	101C	102C	103C	104C	105C	106C	107C	108C	109C	10AC	10BC	10CC	10DC	10EC	10FC
D	100D	101D	102D	103D	104D	105D	106D	107D	108D	109D	10AD	10BD	10CD	10DD	10ED	10FD
E	100E	101E	102E	103E	104E	105E	106E	107E	108E	109E	10AE	10BE	10CE	10DE	10EE	10FE
F	100F	101F	102F	103F	104F	105F	106F	107F	108F	109F	10AF	10BF	10CF	10DF	10EF	10FF

表 A.1（续）

000F

11	0	1	2	3	4	5	6	7	8	9	A	B	C	D	E	F
0	1100	1110	1120	1130	1140	1150	1160	1170	1180	1190	11A0	11B0	11C0	11D0	11E0	11F0
1	1101	1111	1121	1131	1141	1151	1161	1171	1181	1191	11A1	11B1	11C1	11D1	11E1	11F1
2	1102	1112	1122	1132	1142	1152	1162	1172	1182	1192	11A2	11B2	11C2	11D2	11E2	11F2
3	1103	1113	1123	1133	1143	1153	1163	1173	1183	1193	11A3	11B3	11C3	11D3	11E3	11F3
4	1104	1114	1124	1134	1144	1154	1164	1174	1184	1194	11A4	11B4	11C4	11D4	11E4	11F4
5	1105	1115	1125	1135	1145	1155	1165	1175	1185	1195	11A5	11B5	11C5	11D5	11E5	11F5
6	1106	1116	1126	1136	1146	1156	1166	1176	1186	1196	11A6	11B6	11C6	11D6	11E6	11F6
7	1107	1117	1127	1137	1147	1157	1167	1177	1187	1197	11A7	11B7	11C7	11D7	11E7	11F7
8	1108	1118	1128	1138	1148	1158	1168	1178	1188	1198	11A8	11B8	11C8	11D8	11E8	11F8
9	1109	1119	1129	1139	1149	1159	1169	1179	1189	1199	11A9	11B9	11C9	11D9	11E9	11F9
A	110A	111A	112A	113A	114A	115A	116A	117A	118A	119A	11AA	11BA	11CA	11DA	11EA	11FA
B	110B	111B	112B	113B	114B	115B	116B	117B	118B	119B	11AB	11BB	11CB	11DB	11EB	11FB
C	110C	111C	112C	113C	114C	115C	116C	117C	118C	119C	11AC	11BC	11CC	11DC	11EC	11FC
D	110D	111D	112D	113D	114D	115D	116D	117D	118D	119D	11AD	11BD	11CD	11DD	11ED	11FD
E	110E	111E	112E	113E	114E	115E	116E	117E	118E	119E	11AE	11BE	11CE	11DE	11EE	11FE
F	110F	111F	112F	113F	114F	115F	116F	117F	118F	119F	11AF	11BF	11CF	11DF	11EF	11FF

表 A.1（续）

000F

12	0	1	2	3	4	5	6	7	8	9	A	B	C	D	E	F
0	1200	1210	1220	1230	1240	1250	1260	1270	1280	1290	12A0	12B0	12C0	12D0	12E0	12F0
1	1201	1211	1221	1231	1241	1251	1261	1271	1281	1291	12A1	12B1	12C1	12D1	12E1	12F1
2	1202	1212	1222	1232	1242	1252	1262	1272	1282	1292	12A2	12B2	12C2	12D2	12E2	12F2
3	1203	1213	1223	1233	1243	1253	1263	1273	1283	1293	12A3	12B3	12C3	12D3	12E3	12F3
4	1204	1214	1224	1234	1244	1254	1264	1274	1284	1294	12A4	12B4	12C4	12D4	12E4	12F4
5	1205	1215	1225	1235	1245	1255	1265	1275	1285	1295	12A5	12B5	12C5	12D5	12E5	12F5
6	1206	1216	1226	1236	1246	1256	1266	1276	1286	1296	12A6	12B6	12C6	12D6	12E6	12F6
7	1207	1217	1227	1237	1247	1257	1267	1277	1287	1297	12A7	12B7	12C7	12D7	12E7	12F7
8	1208	1218	1228	1238	1248	1258	1268	1278	1288	1298	12A8	12B8	12C8	12D8	12E8	12F8
9	1209	1219	1229	1239	1249	1259	1269	1279	1289	1299	12A9	12B9	12C9	12D9	12E9	12F9
A	120A	121A	122A	123A	124A	125A	126A	127A	128A	129A	12AA	12BA	12CA	12DA	12EA	12FA
B	120B	121B	122B	123B	124B	125B	126B	127B	128B	129B	12AB	12BB	12CB	12DB	12EB	12FB
C	120C	121C	122C	123C	124C	125C	126C	127C	128C	129C	12AC	12BC	12CC	12DC	12EC	12FC
D	120D	121D	122D	123D	124D	125D	126D	127D	128D	129D	12AD	12BD	12CD	12DD	12ED	12FD
E	120E	121E	122E	123E	124E	125E	126E	127E	128E	129E	12AE	12BE	12CE	12DE	12EE	12FE
F	120F	121F	122F	123F	124F	125F	126F	127F	128F	129F	12AF	12BF	12CF	12DF	12EF	12FF

表 A.1（续）

000F

13	0	1	2	3	4	5	6	7	8	9	A	B	C	D	E	F
0	1300	1310	1320	1330	1340	1350	1360	1370	1380	1390	13A0	13B0	13C0	13D0	13E0	13F0
1	1301	1311	1321	1331	1341	1351	1361	1371	1381	1391	13A1	13B1	13C1	13D1	13E1	13F1
2	1302	1312	1322	1332	1342	1352	1362	1372	1382	1392	13A2	13B2	13C2	13D2	13E2	13F2
3	1303	1313	1323	1333	1343	1353	1363	1373	1383	1393	13A3	13B3	13C3	13D3	13E3	13F3
4	1304	1314	1324	1334	1344	1354	1364	1374	1384	1394	13A4	13B4	13C4	13D4	13E4	13F4
5	1305	1315	1325	1335	1345	1355	1365	1375	1385	1395	13A5	13B5	13C5	13D5	13E5	13F5
6	1306	1316	1326	1336	1346	1356	1366	1376	1386	1396	13A6	13B6	13C6	13D6	13E6	13F6
7	1307	1317	1327	1337	1347	1357	1367	1377	1387	1397	13A7	13B7	13C7	13D7	13E7	13F7
8	1308	1318	1328	1338	1348	1358	1368	1378	1388	1398	13A8	13B8	13C8	13D8	13E8	13F8
9	1309	1319	1329	1339	1349	1359	1369	1379	1389	1399	13A9	13B9	13C9	13D9	13E9	13F9
A	130A	131A	132A	133A	134A	135A	136A	137A	138A	139A	13AA	13BA	13CA	13DA	13EA	13FA
B	130B	131B	132B	133B	134B	135B	136B	137B	138B	139B	13AB	13BB	13CB	13DB	13EB	13FB
C	130C	131C	132C	133C	134C	135C	136C	137C	138C	139C	13AC	13BC	13CC	13DC	13EC	13FC
D	130D	131D	132D	133D	134D	135D	136D	137D	138D	139D	13AD	13BD	13CD	13DD	13ED	13FD
E	130E	131E	132E	133E	134E	135E	136E	137E	138E	139E	13AE	13BE	13CE	13DE	13EE	13FE
F	130F	131F	132F	133F	134F	135F	136F	137F	138F	139F	13AF	13BF	13CF	13DF	13EF	13FF

表 A.1（续）

000F

14	0	1	2	3	4	5	6	7	8	9	A	B	C	D	E	F
0	1400	1410	1420	1430	1440	1450	1460	1470	1480	1490	14A0	14B0	14C0	14D0	14E0	14F0
1	1401	1411	1421	1431	1441	1451	1461	1471	1481	1491	14A1	14B1	14C1	14D1	14E1	14F1
2	1402	1412	1422	1432	1442	1452	1462	1472	1482	1492	14A2	14B2	14C2	14D2	14E2	14F2
3	1403	1413	1423	1433	1443	1453	1463	1473	1483	1493	14A3	14B3	14C3	14D3	14E3	14F3
4	1404	1414	1424	1434	1444	1454	1464	1474	1484	1494	14A4	14B4	14C4	14D4	14E4	14F4
5	1405	1415	1425	1435	1445	1455	1465	1475	1485	1495	14A5	14B5	14C5	14D5	14E5	14F5
6	1406	1416	1426	1436	1446	1456	1466	1476	1486	1496	14A6	14B6	14C6	14D6	14E6	14F6
7	1407	1417	1427	1437	1447	1457	1467	1477	1487	1497	14A7	14B7	14C7	14D7	14E7	14F7
8	1408	1418	1428	1438	1448	1458	1468	1478	1488	1498	14A8	14B8	14C8	14D8	14E8	14F8
9	1409	1419	1429	1439	1449	1459	1469	1479	1489	1499	14A9	14B9	14C9	14D9	14E9	14F9
A	140A	141A	142A	143A	144A	145A	146A	147A	148A	149A	14AA	14BA	14CA	14DA	14EA	14FA
B	140B	141B	142B	143B	144B	145B	146B	147B	148B	149B	14AB	14BB	14CB	14DB	14EB	14FB
C	140C	141C	142C	143C	144C	145C	146C	147C	148C	149C	14AC	14BC	14CC	14DC	14EC	14FC
D	140D	141D	142D	143D	144D	145D	146D	147D	148D	149D	14AD	14BD	14CD	14DD	14ED	14FD
E	140E	141E	142E	143E	144E	145E	146E	147E	148E	149E	14AE	14BE	14CE	14DE	14EE	14FE
F	140F	141F	142F	143F	144F	145F	146F	147F	148F	149F	14AF	14BF	14CF	14DF	14EF	14FF

表 A.1（续）

000F

15	0	1	2	3	4	5	6	7	8	9	A	B	C	D	E	F
0	1500	1510	1520	1530	1540	1550	1560	1570	1580	1590	15A0	15B0	15C0	15D0	15E0	15F0
1	1501	1511	1521	1531	1541	1551	1561	1571	1581	1591	15A1	15B1	15C1	15D1	15E1	15F1
2	1502	1512	1522	1532	1542	1552	1562	1572	1582	1592	15A2	15B2	15C2	15D2	15E2	15F2
3	1503	1513	1523	1533	1543	1553	1563	1573	1583	1593	15A3	15B3	15C3	15D3	15E3	15F3
4	1504	1514	1524	1534	1544	1554	1564	1574	1584	1594	15A4	15B4	15C4	15D4	15E4	15F4
5	1505	1515	1525	1535	1545	1555	1565	1575	1585	1595	15A5	15B5	15C5	15D5	15E5	15F5
6	1506	1516	1526	1536	1546	1556	1566	1576	1586	1596	15A6	15B6	15C6	15D6	15E6	15F6
7	1507	1517	1527	1537	1547	1557	1567	1577	1587	1597	15A7	15B7	15C7	15D7	15E7	15F7
8	1508	1518	1528	1538	1548	1558	1568	1578	1588	1598	15A8	15B8	15C8	15D8	15E8	15F8
9	1509	1519	1529	1539	1549	1559	1569	1579	1589	1599	15A9	15B9	15C9	15D9	15E9	15F9
A	150A	151A	152A	153A	154A	155A	156A	157A	158A	159A	15AA	15BA	15CA	15DA	15EA	15FA
B	150B	151B	152B	153B	154B	155B	156B	157B	158B	159B	15AB	15BB	15CB	15DB	15EB	15FB
C	150C	151C	152C	153C	154C	155C	156C	157C	158C	159C	15AC	15BC	15CC	15DC	15EC	15FC
D	150D	151D	152D	153D	154D	155D	156D	157D	158D	159D	15AD	15BD	15CD	15DD	15ED	15FD
E	150E	151E	152E	153E	154E	155E	156E	157E	158E	159E	15AE	15BE	15CE	15DE	15EE	15FE
F	150F	151F	152F	153F	154F	155F	156F	157F	158F	159F	15AF	15BF	15CF	15DF	15EF	15FF

表 A.1（续）

000F

16	0	1	2	3	4
0	1600	1610	1620	1630	1640
1	1601	1611	1621	1631	1641
2	1602	1612	1622	1632	1642
3	1603	1613	1623	1633	1643
4	1604	1614	1624	1634	1644
5	1605	1615	1625	1635	1645
6	1606	1616	1626	1636	
7	1607	1617	1627	1637	

000F

16	0	1	2	3	4
8	1608	1618	1628	1638	
9	1609	1619	1629	1639	
A	160A	161A	162A	163A	
B	160B	161B	162B	163B	
C	160C	161C	162C	163C	
D	160D	161D	162D	163D	
E	160E	161E	162E	163E	
F	160F	161F	162F	163F	

附　录　B
（规范性附录）
藏文编码字符集扩充集 B 字符名称

藏文编码字符集扩充集 B 字符的名称，见表 B.1。

表 B.1

代码位置	名称	代码位置	名称
000F 0000	梵文组合字符　ĀǺ	000F 0028	梵文组合字符　KKE
000F 0001	梵文组合字符　IǺ	000F 0029	梵文组合字符　KKO
000F 0002	梵文组合字符　ĪǺ	000F 002A	梵文组合字符　KKŌ
000F 0003	梵文组合字符　UǺ	000F 002B	梵文组合字符　KKAÅ
000F 0004	梵文组合字符　ṚÅ	000F 002C	梵文组合字符　KKĀÅ
000F 0005	梵文组合字符　ŘÅ	000F 002D	梵文组合字符　KKIÅ
000F 0006	梵文组合字符　ŘǺ	000F 002E	梵文组合字符　KKĪÅ
000F 0007	梵文组合字符　ĻǺ	000F 002F	梵文组合字符　KKUÅ
000F 0008	梵文组合字符　ĹÅ	000F 0030	梵文组合字符　KKŪÅ
000F 0009	梵文组合字符　ĹǺ	000F 0031	梵文组合字符　KKYA
000F 000A	梵文组合字符　EÅ	000F 0032	梵文组合字符　KKYĀ
000F 000B	梵文组合字符　EǺ	000F 0033	梵文组合字符　KKYE
000F 000C	梵文组合字符　ĒÅ	000F 0034	梵文组合字符　KKYAÅ
000F 000D	梵文组合字符　ĒǺ	000F 0035	梵文组合字符　KKRĀ
000F 000E	梵文组合字符　OǺ	000F 0036	梵文组合字符　KKRI
000F 000F	梵文组合字符　ŌǺ	000F 0037	梵文组合字符　KKRĪ
000F 0010	梵文组合字符　ĨTHI	000F 0038	梵文组合字符　KKRU
000F 0011	梵文组合字符　K	000F 0039	梵文组合字符　KKRE
000F 0012	梵文组合字符　KAǺ	000F 003A	梵文组合字符　KKLĀ
000F 0013	梵文组合字符　KIÅ	000F 003B	梵文组合字符　KKLĪ
000F 0014	梵文组合字符　KĪÅ	000F 003C	梵文组合字符　KKWĀ
000F 0015	梵文组合字符　KUÅ	000F 003D	梵文组合字符　KKHA
000F 0016	梵文组合字符　KŪÅ	000F 003E	梵文组合字符　KKHĀ
000F 0017	梵文组合字符　KṚÅ	000F 003F	梵文组合字符　KKHI
000F 0018	梵文组合字符　KŘÅ	000F 0040	梵文组合字符　KKHĪ
000F 0019	梵文组合字符　KĻÅ	000F 0041	梵文组合字符　KKHU
000F 001A	梵文组合字符　KEÅ	000F 0042	梵文组合字符　KKHŪ
000F 001B	梵文组合字符　KOÅ	000F 0043	梵文组合字符　KKHE
000F 001C	梵文组合字符　ÂKĀ	000F 0044	梵文组合字符　KKHO
000F 001D	梵文组合字符　ÂKI	000F 0045	梵文组合字符　KKHAÅ
000F 001E	梵文组合字符　ÂKĪ	000F 0046	梵文组合字符　KŃI
000F 001F	梵文组合字符　ÂKU	000F 0047	梵文组合字符　KĆA
000F 0020	梵文组合字符　ÂKŪ	000F 0048	梵文组合字符　KĆĀ
000F 0021	梵文组合字符　ÂKAÅ	000F 0049	梵文组合字符　KĆI
000F 0022	梵文组合字符　ÂKIÅ	000F 004A	梵文组合字符　KĆĪ
000F 0023	梵文组合字符　KK	000F 004B	梵文组合字符　KĆU
000F 0024	梵文组合字符　KKĪ	000F 004C	梵文组合字符　KĆŪ
000F 0025	梵文组合字符　KKŪ	000F 004D	梵文组合字符　KĆĒ
000F 0026	梵文组合字符　KKṚ	000F 004E	梵文组合字符　KĆO
000F 0027	梵文组合字符　KKŘ	000F 004F	梵文组合字符　KĆŌ

表 B.1（续）

代码位置	名称		代码位置	名称	
000F 0050	梵文组合字符	KĆAÅ	000F 0078	梵文组合字符	KTĒ
000F 0051	梵文组合字符	KĆĀÅ	000F 0079	梵文组合字符	KTŌ
000F 0052	梵文组合字符	KĆHA	000F 007A	梵文组合字符	KTAÅ
000F 0053	梵文组合字符	KĆHĀ	000F 007B	梵文组合字符	KTĀÅ
000F 0054	梵文组合字符	KĆHĪ	000F 007C	梵文组合字符	KTIĀ
000F 0055	梵文组合字符	KĆHŪ	000F 007D	梵文组合字符	KTĪÅ
000F 0056	梵文组合字符	KĆHṚ	000F 007E	梵文组合字符	KTUÅ
000F 0057	梵文组合字符	KĆHE	000F 007F	梵文组合字符	KTŪÅ
000F 0058	梵文组合字符	KĆHĒ	000F 0080	梵文组合字符	KTṚÅ
000F 0059	梵文组合字符	KĆHO	000F 0081	梵文组合字符	KTŘÅ
000F 005A	梵文组合字符	KĆHŌ	000F 0082	梵文组合字符	KTNA
000F 005B	梵文组合字符	KĆHAÅ	000F 0083	梵文组合字符	KTYA
000F 005C	梵文组合字符	KṬĀ	000F 0084	梵文组合字符	KTYĀ
000F 005D	梵文组合字符	KṬĪ	000F 0085	梵文组合字符	KTYI
000F 005E	梵文组合字符	KṬU	000F 0086	梵文组合字符	KTYĪ
000F 005F	梵文组合字符	KṬŪ	000F 0087	梵文组合字符	KTYU
000F 0060	梵文组合字符	KṬE	000F 0088	梵文组合字符	KTYŪ
000F 0061	梵文组合字符	KṬAÅ	000F 0089	梵文组合字符	KTYE
000F 0062	梵文组合字符	KṬHA	000F 008A	梵文组合字符	KTYĒ
000F 0063	梵文组合字符	KṬHĀ	000F 008B	梵文组合字符	KTYO
000F 0064	梵文组合字符	KṬHI	000F 008C	梵文组合字符	KTYŌ
000F 0065	梵文组合字符	KṬHĪ	000F 008D	梵文组合字符	KTYAÅ
000F 0066	梵文组合字符	KṬHU	000F 008E	梵文组合字符	KTYĀÅ
000F 0067	梵文组合字符	KṬHE	000F 008F	梵文组合字符	KTYIÅ
000F 0068	梵文组合字符	KṬHĒ	000F 0090	梵文组合字符	KTYĪÅ
000F 0069	梵文组合字符	KṬHO	000F 0091	梵文组合字符	KTYUÅ
000F 006A	梵文组合字符	KṬHŌ	000F 0092	梵文组合字符	KTYŪÅ
000F 006B	梵文组合字符	KṬHAÅ	000F 0093	梵文组合字符	KTRA
000F 006C	梵文组合字符	KĐI	000F 0094	梵文组合字符	KTRĀ
000F 006D	梵文组合字符	KṆA	000F 0095	梵文组合字符	KTRĪ
000F 006E	梵文组合字符	KṆĀ	000F 0096	梵文组合字符	KTRU
000F 006F	梵文组合字符	KṆU	000F 0097	梵文组合字符	KTRŪ
000F 0070	梵文组合字符	KṆĒ	000F 0098	梵文组合字符	KTRE
000F 0071	梵文组合字符	KṆŌ	000F 0099	梵文组合字符	KTRĒ
000F 0072	梵文组合字符	KṆAÅ	000F 009A	梵文组合字符	KTRO
000F 0073	梵文组合字符	KT	000F 009B	梵文组合字符	KTRŌ
000F 0074	梵文组合字符	KTU	000F 009C	梵文组合字符	KTRAÅ
000F 0075	梵文组合字符	KTŪ	000F 009D	梵文组合字符	KTRĀÅ
000F 0076	梵文组合字符	KTṚ	000F 009E	梵文组合字符	KTRIÅ
000F 0077	梵文组合字符	KTŘ	000F 009F	梵文组合字符	KTRĪÅ

表 B.1（续）

代码位置	名称		代码位置	名称	
000F 00A0	梵文组合字符	KTRUÅ	000F 00C8	梵文组合字符	KNĒ
000F 00A1	梵文组合字符	KTRŪÅ	000F 00C9	梵文组合字符	KNO
000F 00A2	梵文组合字符	KTWA	000F 00CA	梵文组合字符	KNŌ
000F 00A3	梵文组合字符	KTWĀ	000F 00CB	梵文组合字符	KNAÅ
000F 00A4	梵文组合字符	KTWI	000F 00CC	梵文组合字符	KNIÅ
000F 00A5	梵文组合字符	KTWĪ	000F 00CD	梵文组合字符	KPA
000F 00A6	梵文组合字符	KTWU	000F 00CE	梵文组合字符	KPĀ
000F 00A7	梵文组合字符	KTWŪ	000F 00CF	梵文组合字符	KPI
000F 00A8	梵文组合字符	KTWE	000F 00D0	梵文组合字符	KPĪ
000F 00A9	梵文组合字符	KTWĒ	000F 00D1	梵文组合字符	KPU
000F 00AA	梵文组合字符	KTWO	000F 00D2	梵文组合字符	KPŪ
000F 00AB	梵文组合字符	KTWŌ	000F 00D3	梵文组合字符	KPŖ
000F 00AC	梵文组合字符	KTWAÅ	000F 00D4	梵文组合字符	KPŘ
000F 00AD	梵文组合字符	KTWĀÅ	000F 00D5	梵文组合字符	KPE
000F 00AE	梵文组合字符	KTWIÅ	000F 00D6	梵文组合字符	KPĒ
000F 00AF	梵文组合字符	KTWĪÅ	000F 00D7	梵文组合字符	KPO
000F 00B0	梵文组合字符	KTWUÅ	000F 00D8	梵文组合字符	KPŌ
000F 00B1	梵文组合字符	KTWŪÅ	000F 00D9	梵文组合字符	KPAÅ
000F 00B2	梵文组合字符	KTHA	000F 00DA	梵文组合字符	KPĀÅ
000F 00B3	梵文组合字符	KTHĀ	000F 00DB	梵文组合字符	KPTHA
000F 00B4	梵文组合字符	KTHI	000F 00DC	梵文组合字符	KPPHA
000F 00B5	梵文组合字符	KTHĪ	000F 00DD	梵文组合字符	KPPHĀ
000F 00B6	梵文组合字符	KTHU	000F 00DE	梵文组合字符	KPR̀A
000F 00B7	梵文组合字符	KTHŪ	000F 00DF	梵文组合字符	KPRĀ
000F 00B8	梵文组合字符	KTHE	000F 00E0	梵文组合字符	KPRI
000F 00B9	梵文组合字符	KTHĒ	000F 00E1	梵文组合字符	KPRĪ
000F 00BA	梵文组合字符	KTHŌ	000F 00E2	梵文组合字符	KPRE
000F 00BB	梵文组合字符	KTHĀÅ	000F 00E3	梵文组合字符	KPRĒ
000F 00BC	梵文组合字符	KTHIÅ	000F 00E4	梵文组合字符	KPRO
000F 00BD	梵文组合字符	KTHĪÅ	000F 00E5	梵文组合字符	KPRŌ
000F 00BE	梵文组合字符	KTHUÅ	000F 00E6	梵文组合字符	KPRAÅ
000F 00BF	梵文组合字符	KTHŪÅ	000F 00E7	梵文组合字符	KPLA
000F 00C0	梵文组合字符	KTHNA	000F 00E8	梵文组合字符	KPLU
000F 00C1	梵文组合字符	KTHNE	000F 00E9	梵文组合字符	KPLO
000F 00C2	梵文组合字符	KTHNO	000F 00EA	梵文组合字符	KPHA
000F 00C3	梵文组合字符	KNA	000F 00EB	梵文组合字符	KPHĀ
000F 00C4	梵文组合字符	KNI	000F 00EC	梵文组合字符	KPHI
000F 00C5	梵文组合字符	KNU	000F 00ED	梵文组合字符	KPHĪ
000F 00C6	梵文组合字符	KNŪ	000F 00EE	梵文组合字符	KPHU
000F 00C7	梵文组合字符	KNE	000F 00EF	梵文组合字符	KPHŪ

表 B.1（续）

代码位置	名称	代码位置	名称
000F 00F0	梵文组合字符　KPHE	000F 0118	梵文组合字符　KWU
000F 00F1	梵文组合字符　KPHĒ	000F 0119	梵文组合字符　KWŪ
000F 00F2	梵文组合字符　KPHO	000F 011A	梵文组合字符　KWĒ
000F 00F3	梵文组合字符　KPHŌ	000F 011B	梵文组合字符　KWO
000F 00F4	梵文组合字符　KPHAÅ	000F 011C	梵文组合字符　KWŌ
000F 00F5	梵文组合字符　KMĀ	000F 011D	梵文组合字符　KWĀÅ
000F 00F6	梵文组合字符　KMI	000F 011E	梵文组合字符　KWIÅ
000F 00F7	梵文组合字符　KMĪ	000F 011F	梵文组合字符　KŚA
000F 00F8	梵文组合字符　KMU	000F 0120	梵文组合字符　KŚĀ
000F 00F9	梵文组合字符　KMŪ	000F 0121	梵文组合字符　KŚĪ
000F 00FA	梵文组合字符　KMṚ	000F 0122	梵文组合字符　KŚU
000F 00FB	梵文组合字符　KME	000F 0123	梵文组合字符　KŚŪ
000F 00FC	梵文组合字符　KMĒ	000F 0124	梵文组合字符　KŚE
000F 00FD	梵文组合字符　KMO	000F 0125	梵文组合字符　KŚĒ
000F 00FE	梵文组合字符　KMŌ	000F 0126	梵文组合字符　KŚO
000F 00FF	梵文组合字符　KMAÅ	000F 0127	梵文组合字符　KŚŌ
000F 0100	梵文组合字符　KMĀÅ	000F 0128	梵文组合字符　KŚAÅ
000F 0101	梵文组合字符　KYĪ	000F 0129	梵文组合字符　KŚĀÅ
000F 0102	梵文组合字符　KYŪ	000F 012A	梵文组合字符　KŚIÅ
000F 0103	梵文组合字符　KYAÅ	000F 012B	梵文组合字符　KŚĆA
000F 0104	梵文组合字符　KYĀÅ	000F 012C	梵文组合字符　KŚĆĀ
000F 0105	梵文组合字符　KRĀ	000F 012D	梵文组合字符　KŚĆI
000F 0106	梵文组合字符　KRĒ	000F 012E	梵文组合字符　KŚĆĪ
000F 0107	梵文组合字符　KRŌ	000F 012F	梵文组合字符　KŚĆU
000F 0108	梵文组合字符　KRAÅ	000F 0130	梵文组合字符　KŚĆŪ
000F 0109	梵文组合字符　KRĀÅ	000F 0131	梵文组合字符　KŚĆYA
000F 010A	梵文组合字符　KRĪÅ	000F 0132	梵文组合字符　KŚĆYO
000F 010B	梵文组合字符　KRUÅ	000F 0133	梵文组合字符　KŚNA
000F 010C	梵文组合字符　KRYA	000F 0134	梵文组合字符　KŚNĀ
000F 010D	梵文组合字符　KRYĀ	000F 0135	梵文组合字符　KŚNU
000F 010E	梵文组合字符　KLĀ	000F 0136	梵文组合字符　KŚNŪ
000F 010F	梵文组合字符　KLĪ	000F 0137	梵文组合字符　KŚNE
000F 0110	梵文组合字符　KLŪ	000F 0138	梵文组合字符　KŚMA
000F 0111	梵文组合字符　KLṚ	000F 0139	梵文组合字符　KŚMĀ
000F 0112	梵文组合字符　KLŌ	000F 013A	梵文组合字符　KŚYA
000F 0113	梵文组合字符　KLAÅ	000F 013B	梵文组合字符　KŚYĀ
000F 0114	梵文组合字符　KLĀÅ	000F 013C	梵文组合字符　KŚYI
000F 0115	梵文组合字符　KLUÅ	000F 013D	梵文组合字符　KŚYU
000F 0116	梵文组合字符　KWĀ	000F 013E	梵文组合字符　KŚYE
000F 0117	梵文组合字符　KWĪ	000F 013F	梵文组合字符　KŚYĒ

表 B.1（续）

代码位置	名称	代码位置	名称
000F 0140	梵文组合字符　KŚRA	000F 0168	梵文组合字符　KṢṬHA
000F 0141	梵文组合字符　KŚRĀ	000F 0169	梵文组合字符　KṢṬHI
000F 0142	梵文组合字符　KŚRI	000F 016A	梵文组合字符　KṢṆĀ
000F 0143	梵文组合字符　KŚRĪ	000F 016B	梵文组合字符　KṢṆI
000F 0144	梵文组合字符　KŚ RU	000F 016C	梵文组合字符　KṢṆ Ī
000F 0145	梵文组合字符　KŚRŪ	000F 016D	梵文组合字符　KṢṆU
000F 0146	梵文组合字符　KŚRE	000F 016E	梵文组合字符　KṢṆŪ
000F 0147	梵文组合字符　KŚRĒ	000F 016F	梵文组合字符　KṢṆE
000F 0148	梵文组合字符　KŚRO	000F 0170	梵文组合字符　KṢṆĒ
000F 0149	梵文组合字符　KŚRŌ	000F 0171	梵文组合字符　KṢṆO
000F 014A	梵文组合字符　KŚAÅ	000F 0172	梵文组合字符　KṢṆŌ
000F 014B	梵文组合字符　KŚRYA	000F 0173	梵文组合字符　KṢṆAÅ
000F 014C	梵文组合字符　KŚRYĀ	000F 0174	梵文组合字符　KṢṆIÅ
000F 014D	梵文组合字符　KŚLA	000F 0175	梵文组合字符　KṢṆYA
000F 014E	梵文组合字符　KŚLĀ	000F 0176	梵文组合字符　KṢṆYE
000F 014F	梵文组合字符　KŚLI	000F 0177	梵文组合字符　KṢṆYŌ
000F 0150	梵文组合字符　KŚLĪ	000F 0178	梵文组合字符　KṢṆYAÅ
000F 0151	梵文组合字符　KŚLU	000F 0179	梵文组合字符　KṢM Ī
000F 0152	梵文组合字符　KŚLŪ	000F 017A	梵文组合字符　KṢMU
000F 0153	梵文组合字符　KŚLE	000F 017B	梵文组合字符　KṢMŪ
000F 0154	梵文组合字符　KŚLĒ	000F 017C	梵文组合字符　KṢMO
000F 0155	梵文组合字符　KŚLO	000F 017D	梵文组合字符　KṢMŌ
000F 0156	梵文组合字符　KŚLAÅ	000F 017E	梵文组合字符　KṢMAÅ
000F 0157	梵文组合字符　KŚLIÅ	000F 017F	梵文组合字符　KṢMĀÅ
000F 0158	梵文组合字符　KŚWA	000F 0180	梵文组合字符　KṢMIÅ
000F 0159	梵文组合字符　KŚWĀ	000F 0181	梵文组合字符　KṢM ĪÅ
000F 015A	梵文组合字符　KŚWI	000F 0182	梵文组合字符　KṢMYA
000F 015B	梵文组合字符　KŚWE	000F 0183	梵文组合字符　KṢMYI
000F 015C	梵文组合字符　KŚWĒ	000F 0184	梵文组合字符　KṢMYU
000F 015D	梵文组合字符　KŚWO	000F 0185	梵文组合字符　KṢMYE
000F 015E	梵文组合字符　KŚWAÅ	000F 0186	梵文组合字符　KṢMYĒ
000F 015F	梵文组合字符　KŚWYA	000F 0187	梵文组合字符　KṢMYO
000F 0160	梵文组合字符　KŚWYĀ	000F 0188	梵文组合字符　KṢMYŌ
000F 0161	梵文组合字符　KŚWYAÅ	000F 0189	梵文组合字符　KṢMYAÅ
000F 0162	梵文组合字符　KṢ	000F 018A	梵文组合字符　KṢYĀ
000F 0163	梵文组合字符　KṢIÅ	000F 018B	梵文组合字符　KṢYI
000F 0164	梵文组合字符　KṢĪÅ	000F 018C	梵文组合字符　KṢYU
000F 0165	梵文组合字符　KṢUÅ	000F 018D	梵文组合字符　KṢYE
000F 0166	梵文组合字符　KṢŪÅ	000F 018E	梵文组合字符　KṢYĒ
000F 0167	梵文组合字符　KṢṬA	000F 018F	梵文组合字符　KṢYAÅ

表 B.1（续）

代码位置	名称	代码位置	名称
000F 0190	梵文组合字符 KŞRĀ	000F 01B8	梵文组合字符 KSRO
000F 0191	梵文组合字符 KŞRŌ	000F 01B9	梵文组合字符 KSRÅ
000F 0192	梵文组合字符 KŞRAÅ	000F 01BA	梵文组合字符 KSRIÅ
000F 0193	梵文组合字符 KŞWA	000F 01BB	梵文组合字符 KSLA
000F 0194	梵文组合字符 KŞWI	000F 01BC	梵文组合字符 KSLĀ
000F 0195	梵文组合字符 KŞWE	000F 01BD	梵文组合字符 KSLI
000F 0196	梵文组合字符 KŞWIÅ	000F 01BE	梵文组合字符 KSLĪ
000F 0197	梵文组合字符 KSA	000F 01BF	梵文组合字符 KSLU
000F 0198	梵文组合字符 KSĀ	000F 01C0	梵文组合字符 KSLO
000F 0199	梵文组合字符 KSI	000F 01C1	梵文组合字符 KSWA
000F 019A	梵文组合字符 KSĪ	000F 01C2	梵文组合字符 KSWĀ
000F 019B	梵文组合字符 KSU	000F 01C3	梵文组合字符 KSWI
000F 019C	梵文组合字符 KSŪ	000F 01C4	梵文组合字符 KSWE
000F 019D	梵文组合字符 KSR̦	000F 01C5	梵文组合字符 KSWĒ
000F 019E	梵文组合字符 KSE	000F 01C6	梵文组合字符 KSWO
000F 019F	梵文组合字符 KSĒ	000F 01C7	梵文组合字符 KSWAÅ
000F 01A0	梵文组合字符 KSO	000F 01C8	梵文组合字符 KH
000F 01A1	梵文组合字符 KSŌ	000F 01C9	梵文组合字符 KHŪ
000F 01A2	梵文组合字符 KSIÅ	000F 01CA	梵文组合字符 KHĀÅ
000F 01A3	梵文组合字符 KSUÅ	000F 01CB	梵文组合字符 KHĪÅ
000F 01A4	梵文组合字符 KSTRI	000F 01CC	梵文组合字符 ÂKHĀ
000F 01A5	梵文组合字符 KSNA	000F 01CD	梵文组合字符 KHN
000F 01A6	梵文组合字符 KSNĀ	000F 01CE	梵文组合字符 KHNA
000F 01A7	梵文组合字符 KSNI	000F 01CF	梵文组合字符 KHYĪ
000F 01A8	梵文组合字符 KSN Ī	000F 01D0	梵文组合字符 KHYŪ
000F 01A9	梵文组合字符 KSNU	000F 01D1	梵文组合字符 KHYŌ
000F 01AA	梵文组合字符 KSNŪ	000F 01D2	梵文组合字符 KHYAÅ
000F 01AB	梵文组合字符 KSNE	000F 01D3	梵文组合字符 KHYĀÅ
000F 01AC	梵文组合字符 KSNĒ	000F 01D4	梵文组合字符 KHYUÅ
000F 01AD	梵文组合字符 KSYA	000F 01D5	梵文组合字符 KHRĪ
000F 01AE	梵文组合字符 KSYĀ	000F 01D6	梵文组合字符 KHWĀ
000F 01AF	梵文组合字符 KSYU	000F 01D7	梵文组合字符 KHWĪ
000F 01B0	梵文组合字符 KSYŪ	000F 01D8	梵文组合字符 KHWYA
000F 01B1	梵文组合字符 KSYO	000F 01D9	梵文组合字符 KHŞĪ
000F 01B2	梵文组合字符 KSRA	000F 01DA	梵文组合字符 KHSI
000F 01B3	梵文组合字符 KSRĀ	000F 01DB	梵文组合字符 G
000F 01B4	梵文组合字符 KSRI	000F 01DC	梵文组合字符 GŪ
000F 01B5	梵文组合字符 KSRU	000F 01DD	梵文组合字符 GĀÅ
000F 01B6	梵文组合字符 KSRŪ	000F 01DE	梵文组合字符 GIÅ
000F 01B7	梵文组合字符 KSRE	000F 01DF	梵文组合字符 GŪÅ

表 B.1（续）

代码位置	名称		代码位置	名称	
000F 01E0	梵文组合字符	GGA	000F 0208	梵文组合字符	GŹĒ
000F 01E1	梵文组合字符	GGĪ	000F 0209	梵文组合字符	GŹO
000F 01E2	梵文组合字符	GGŪ	000F 020A	梵文组合字符	GŹAÅ
000F 01E3	梵文组合字符	GGR̦	000F 020B	梵文组合字符	GŹĀÅ
000F 01E4	梵文组合字符	GGŘ	000F 020C	梵文组合字符	GŹÑA
000F 01E5	梵文组合字符	GGE	000F 020D	梵文组合字符	GŹÑĀ
000F 01E6	梵文组合字符	GGĒ	000F 020E	梵文组合字符	GŹÑI
000F 01E7	梵文组合字符	GGO	000F 020F	梵文组合字符	GŹÑE
000F 01E8	梵文组合字符	GGŌ	000F 0210	梵文组合字符	GŹYA
000F 01E9	梵文组合字符	GGAÅ	000F 0211	梵文组合字符	GŹYĀ
000F 01EA	梵文组合字符	GGĀÅ	000F 0212	梵文组合字符	GŹYE
000F 01EB	梵文组合字符	GGIÅ	000F 0213	梵文组合字符	GŹYĒ
000F 01EC	梵文组合字符	GGYĀ	000F 0214	梵文组合字符	GŹYO
000F 01ED	梵文组合字符	GGRA	000F 0215	梵文组合字符	GŹYŌ
000F 01EE	梵文组合字符	GGRĀ	000F 0216	梵文组合字符	GŹRA
000F 01EF	梵文组合字符	GGRI	000F 0217	梵文组合字符	GŹRI
000F 01F0	梵文组合字符	GGRĪ	000F 0218	梵文组合字符	GŹRAÅ
000F 01F1	梵文组合字符	GGHA	000F 0219	梵文组合字符	GŹWA
000F 01F2	梵文组合字符	GGHĀ	000F 021A	梵文组合字符	GŹWĀ
000F 01F3	梵文组合字符	GGHI	000F 021B	梵文组合字符	GŹAÅ
000F 01F4	梵文组合字符	GGHU	000F 021C	梵文组合字符	GŹHA
000F 01F5	梵文组合字符	GGHŪ	000F 021D	梵文组合字符	GŹHĀ
000F 01F6	梵文组合字符	GGHR̦	000F 021E	梵文组合字符	GŹHI
000F 01F7	梵文组合字符	GGHE	000F 021F	梵文组合字符	GŹHU
000F 01F8	梵文组合字符	GGHO	000F 0220	梵文组合字符	GŹHE
000F 01F9	梵文组合字符	GGHŌ	000F 0221	梵文组合字符	GŹHAÅ
000F 01FA	梵文组合字符	GGHAÅ	000F 0222	梵文组合字符	GĐA
000F 01FB	梵文组合字符	GŃA	000F 0223	梵文组合字符	GĐĀ
000F 01FC	梵文组合字符	GŃI	000F 0224	梵文组合字符	GĐI
000F 01FD	梵文组合字符	GŃU	000F 0225	梵文组合字符	GĐĪ
000F 01FE	梵文组合字符	GŃO	000F 0226	梵文组合字符	GĐO
000F 01FF	梵文组合字符	GŃAÅ	000F 0227	梵文组合字符	GĐAÅ
000F 0200	梵文组合字符	GŹA	000F 0228	梵文组合字符	GĐĀÅ
000F 0201	梵文组合字符	GŹĀ	000F 0229	梵文组合字符	GĐOÅ
000F 0202	梵文组合字符	GŹI	000F 022A	梵文组合字符	GĐHA
000F 0203	梵文组合字符	GŹĪ	000F 022B	梵文组合字符	GĐHĀ
000F 0204	梵文组合字符	GŹU	000F 022C	梵文组合字符	GĐHU
000F 0205	梵文组合字符	GŹŪ	000F 022D	梵文组合字符	GĐHR̦
000F 0206	梵文组合字符	GŹR̦	000F 022E	梵文组合字符	GĐHŌ
000F 0207	梵文组合字符	GŹE	000F 022F	梵文组合字符	GĐHAÅ

表 B.1（续）

代码位置	名称	代码位置	名称
000F 0230	梵文组合字符　GṆA	000F 0258	梵文组合字符　GDWYA
000F 0231	梵文组合字符　GṆU	000F 0259	梵文组合字符　GDHA
000F 0232	梵文组合字符　GṆE	000F 025A	梵文组合字符　GDHĀ
000F 0233	梵文组合字符　GṆAÅ	000F 025B	梵文组合字符　GDHĪ
000F 0234	梵文组合字符　GDA	000F 025C	梵文组合字符　GDHU
000F 0235	梵文组合字符　GDĀ	000F 025D	梵文组合字符　GDHŪ
000F 0236	梵文组合字符　GDI	000F 025E	梵文组合字符　GDHṚ
000F 0237	梵文组合字符　GDĪ	000F 025F	梵文组合字符　GDHE
000F 0238	梵文组合字符　GDU	000F 0260	梵文组合字符　GDHĒ
000F 0239	梵文组合字符　GDŪ	000F 0261	梵文组合字符　GDHO
000F 023A	梵文组合字符　GDṚ	000F 0262	梵文组合字符　GDHŌ
000F 023B	梵文组合字符　GDE	000F 0263	梵文组合字符　GDHAÅ
000F 023C	梵文组合字符　GDĒ	000F 0264	梵文组合字符　GDHUÅ
000F 023D	梵文组合字符　GDO	000F 0265	梵文组合字符　GDHYA
000F 023E	梵文组合字符　GDŌ	000F 0266	梵文组合字符　GDHYĀ
000F 023F	梵文组合字符　GDAÅ	000F 0267	梵文组合字符　GDHYI
000F 0240	梵文组合字符　GDYA	000F 0268	梵文组合字符　GDHYAÅ
000F 0241	梵文组合字符　GDYĀ	000F 0269	梵文组合字符　GDHRA
000F 0242	梵文组合字符　GDYU	000F 026A	梵文组合字符　GDHRI
000F 0243	梵文组合字符　GDYĒ	000F 026B	梵文组合字符　GDHRU
000F 0244	梵文组合字符　GDYO	000F 026C	梵文组合字符　GDHWA
000F 0245	梵文组合字符　GDYŌ	000F 026D	梵文组合字符　GDHWĀ
000F 0246	梵文组合字符　GDYAÅ	000F 026E	梵文组合字符　GDHWAÅ
000F 0247	梵文组合字符　GDRA	000F 026F	梵文组合字符　GNĀ
000F 0248	梵文组合字符　GDRĀ	000F 0270	梵文组合字符　BNU
000F 0249	梵文组合字符　GDRI	000F 0271	梵文组合字符　GNŪ
000F 024A	梵文组合字符　GDRU	000F 0272	梵文组合字符　GNṚ
000F 024B	梵文组合字符　GDRŪ	000F 0273	梵文组合字符　GNĒ
000F 024C	梵文组合字符　GDRO	000F 0274	梵文组合字符　GNO
000F 024D	梵文组合字符　GDRŌ	000F 0275	梵文组合字符　GNŌ
000F 024E	梵文组合字符　GDRAÅ	000F 0276	梵文组合字符　GNAÅ
000F 024F	梵文组合字符　GDRWA	000F 0277	梵文组合字符　GNĀÅ
000F 0250	梵文组合字符　GDWA	000F 0278	梵文组合字符　GNIÅ
000F 0251	梵文组合字符　GDWĀ	000F 0279	梵文组合字符　GNĪÅ
000F 0252	梵文组合字符　GDWI	000F 027A	梵文组合字符　GNYA
000F 0253	梵文组合字符　GDWĪ	000F 027B	梵文组合字符　GNYĀ
000F 0254	梵文组合字符　GDWE	000F 027C	梵文组合字符　GNYU
000F 0255	梵文组合字符　GDWĒ	000F 027D	梵文组合字符　GNYŪ
000F 0256	梵文组合字符　GDWŌ	000F 027E	梵文组合字符　GNYĒ
000F 0257	梵文组合字符　GDWAÅ	000F 027F	梵文组合字符　GNYO

表 B.1（续）

代码位置	名称	代码位置	名称
000F 0280	梵文组合字符　GNYŌ	000F 02A8	梵文组合字符　GBYĀ
000F 0281	梵文组合字符　GNYAÅ	000F 02A9	梵文组合字符　GBHYI
000F 0282	梵文组合字符　GNRA	000F 02AA	梵文组合字符　GBHYĪ
000F 0283	梵文组合字符　GNRE	000F 02AB	梵文组合字符　GBHYU
000F 0284	梵文组合字符　GNRAÅ	000F 02AC	梵文组合字符　GBHYĒ
000F 0285	梵文组合字符　GNWA	000F 02AD	梵文组合字符　GBHYO
000F 0286	梵文组合字符　GNWAÅ	000F 02AE	梵文组合字符　GBHYAÅ
000F 0287	梵文组合字符　GBA	000F 02AF	梵文组合字符　GBHYĀÅ
000F 0288	梵文组合字符　GBĀ	000F 02B0	梵文组合字符　GBHRA
000F 0289	梵文组合字符　GBI	000F 02B1	梵文组合字符　GBHRĀ
000F 028A	梵文组合字符　GBĪ	000F 02B2	梵文组合字符　GBHRI
000F 028B	梵文组合字符　GBU	000F 02B3	梵文组合字符　GBHRU
000F 028C	梵文组合字符　GBŪ	000F 02B4	梵文组合字符　GBHRŪ
000F 028D	梵文组合字符　GBṚ	000F 02B5	梵文组合字符　GBHRE
000F 028E	梵文组合字符　GBE	000F 02B6	梵文组合字符　GBHRAÅ
000F 028F	梵文组合字符　GBĒ	000F 02B7	梵文组合字符　GM
000F 0290	梵文组合字符　GBO	000F 02B8	梵文组合字符　GMĀ
000F 0291	梵文组合字符　GBŌ	000F 02B9	梵文组合字符　GMI
000F 0292	梵文组合字符　GBAÅ	000F 02BA	梵文组合字符　GMĪ
000F 0293	梵文组合字符　GBĀÅ	000F 02BB	梵文组合字符　GMU
000F 0294	梵文组合字符　GBYA	000F 02BC	梵文组合字符　GMŪ
000F 0295	梵文组合字符　GBRA	000F 02BD	梵文组合字符　GMṚ
000F 0296	梵文组合字符　GBRĀ	000F 02BE	梵文组合字符　GMḶ
000F 0297	梵文组合字符　GBRU	000F 02BF	梵文组合字符　GME
000F 0298	梵文组合字符　GBRŪ	000F 02C0	梵文组合字符　GMĒ
000F 0299	梵文组合字符　GBRAÅ	000F 02C1	梵文组合字符　GMO
000F 029A	梵文组合字符　GBLE	000F 02C2	梵文组合字符　GMŌ
000F 029B	梵文组合字符　GBHA	000F 02C3	梵文组合字符　GMAÅ
000F 029C	梵文组合字符　GBHĀ	000F 02C4	梵文组合字符　GMĀÅ
000F 029D	梵文组合字符　GBHI	000F 02C5	梵文组合字符　GMPA
000F 029E	梵文组合字符　GBHĪ	000F 02C6	梵文组合字符　GMYI
000F 029F	梵文组合字符　GBHU	000F 02C7	梵文组合字符　GMRA
000F 02A0	梵文组合字符　GBHŪ	000F 02C8	梵文组合字符　GMRI
000F 02A1	梵文组合字符　GBHṚ	000F 02C9	梵文组合字符　GMRAÅ
000F 02A2	梵文组合字符　GBHE	000F 02CA	梵文组合字符　GMLĀ
000F 02A3	梵文组合字符　GBHĒ	000F 02CB	梵文组合字符　GMLI
000F 02A4	梵文组合字符　GBHO	000F 02CC	梵文组合字符　GMLE
000F 02A5	梵文组合字符　GBHŌ	000F 02CD	梵文组合字符　GYŪ
000F 02A6	梵文组合字符　GBHAÅ	000F 02CE	梵文组合字符　GYĒ
000F 02A7	梵文组合字符　GBHYA	000F 02CF	梵文组合字符　GYŌ

表 B. 1（续）

代码位置	名称		代码位置	名称	
000F 02D0	梵文组合字符	GYAÅ	000F 02F8	梵文组合字符	GHUÅ
000F 02D1	梵文组合字符	GYĀÅ	000F 02F9	梵文组合字符	GHŪÅ
000F 02D2	梵文组合字符	GYUÅ	000F 02FA	梵文组合字符	GHṆA
000F 02D3	梵文组合字符	GYYĀ	000F 02FB	梵文组合字符	GHṆĀ
000F 02D4	梵文组合字符	GRĪ	000F 02FC	梵文组合字符	GHṆI
000F 02D5	梵文组合字符	GRŪ	000F 02FD	梵文组合字符	GHṆAÅ
000F 02D6	梵文组合字符	GRĒ	000F 02FE	梵文组合字符	GHN
000F 02D7	梵文组合字符	GRŌ	000F 02FF	梵文组合字符	GHNA
000F 02D8	梵文组合字符	GRAÅ	000F 0300	梵文组合字符	GHNĀ
000F 02D9	梵文组合字符	GRĀÅ	000F 0301	梵文组合字符	GHNI
000F 02DA	梵文组合字符	GRIÅ	000F 0302	梵文组合字符	GHNĪ
000F 02DB	梵文组合字符	GRUÅ	000F 0303	梵文组合字符	GHNU
000F 02DC	梵文组合字符	GRYA	000F 0304	梵文组合字符	GHNŪ
000F 02DD	梵文组合字符	GRYĀ	000F 0305	梵文组合字符	GHNE
000F 02DE	梵文组合字符	GRYE	000F 0306	梵文组合字符	GHNĒ
000F 02DF	梵文组合字符	GRYAÅ	000F 0307	梵文组合字符	GHNO
000F 02E0	梵文组合字符	GRYĀÅ	000F 0308	梵文组合字符	GHNŌ
000F 02E1	梵文组合字符	GRWĀ	000F 0309	梵文组合字符	GHNAÅ
000F 02E2	梵文组合字符	GRWṚ	000F 030A	梵文组合字符	GHNIÅ
000F 02E3	梵文组合字符	GLĀ	000F 030B	梵文组合字符	GHNYA
000F 02E4	梵文组合字符	GLĒ	000F 030C	梵文组合字符	GHNYĀ
000F 02E5	梵文组合字符	GLŌ	000F 030D	梵文组合字符	GHNYĒ
000F 02E6	梵文组合字符	GWĀ	000F 030E	梵文组合字符	GHNYŌ
000F 02E7	梵文组合字符	GWĪ	000F 030F	梵文组合字符	GHMA
000F 02E8	梵文组合字符	GWU	000F 0310	梵文组合字符	GHMĀ
000F 02E9	梵文组合字符	GWŪ	000F 0311	梵文组合字符	GHMI
000F 02EA	梵文组合字符	GWṚ	000F 0312	梵文组合字符	GHMĪ
000F 02EB	梵文组合字符	GWE	000F 0313	梵文组合字符	GHMU
000F 02EC	梵文组合字符	GWĒ	000F 0314	梵文组合字符	GHMŪ
000F 02ED	梵文组合字符	GWAÅ	000F 0315	梵文组合字符	GHME
000F 02EE	梵文组合字符	GWĀÅ	000F 0316	梵文组合字符	GHMĒ
000F 02EF	梵文组合字符	GH	000F 0317	梵文组合字符	GHMO
000F 02F0	梵文组合字符	GHĪ	000F 0318	梵文组合字符	GHMŌ
000F 02F1	梵文组合字符	GHṚ	000F 0319	梵文组合字符	GHMAÅ
000F 02F2	梵文组合字符	GHŘ	000F 031A	梵文组合字符	GHYA
000F 02F3	梵文组合字符	GHĒ	000F 031B	梵文组合字符	GHYĀ
000F 02F4	梵文组合字符	GHŌ	000F 031C	梵文组合字符	GHYI
000F 02F5	梵文组合字符	GHAÅ	000F 031D	梵文组合字符	GHYĪ
000F 02F6	梵文组合字符	GHĀÅ	000F 031E	梵文组合字符	GHYU
000F 02F7	梵文组合字符	GHIÅ	000F 031F	梵文组合字符	GHYŪ

表 B.1（续）

代码位置	名称	代码位置	名称
000F 0320	梵文组合字符　GHYE	000F 0348	梵文组合字符　ŃKĒ
000F 0321	梵文组合字符　GHYĒ	000F 0349	梵文组合字符　ŃKO
000F 0322	梵文组合字符　GHYO	000F 034A	梵文组合字符　ŃKŌ
000F 0323	梵文组合字符　GHYŌ	000F 034B	梵文组合字符　ŃKAÅ
000F 0324	梵文组合字符　GHYAÅ	000F 034C	梵文组合字符　ŃKIÅ
000F 0325	梵文组合字符　GHYĀÅ	000F 034D	梵文组合字符　ŃKTA
000F 0326	梵文组合字符　GHRU	000F 034E	梵文组合字符　ŃKTĀ
000F 0327	梵文组合字符　GHRŪ	000F 034F	梵文组合字符　ŃKTI
000F 0328	梵文组合字符　GHRE	000F 0350	梵文组合字符　ŃKTĪ
000F 0329	梵文组合字符　GHRĒ	000F 0351	梵文组合字符　ŃKTU
000F 032A	梵文组合字符　GHRO	000F 0352	梵文组合字符　ŃKTŪ
000F 032B	梵文组合字符　GHRŌ	000F 0353	梵文组合字符　ŃKTŖ
000F 032C	梵文组合字符　GHRAÅ	000F 0354	梵文组合字符　ŃKTŘ
000F 032D	梵文组合字符　GHRIÅ	000F 0355	梵文组合字符　ŃKTE
000F 032E	梵文组合字符　GHRĪÅ	000F 0356	梵文组合字符　ŃKTĒ
000F 032F	梵文组合字符　GHRŪÅ	000F 0357	梵文组合字符　ŃKTO
000F 0330	梵文组合字符　GHRYA	000F 0358	梵文组合字符　ŃKTŌ
000F 0331	梵文组合字符　GHRYĀ	000F 0359	梵文组合字符　ŃKTAÅ
000F 0332	梵文组合字符　GHRYĒ	000F 035A	梵文组合字符　ŃKTĀÅ
000F 0333	梵文组合字符　GHWĀ	000F 035B	梵文组合字符　ŃKTUÅ
000F 0334	梵文组合字符　GHWĪ	000F 035C	梵文组合字符　ŃKTWA
000F 0335	梵文组合字符　GHWAÅ	000F 035D	梵文组合字符　ŃKTWĀ
000F 0336	梵文组合字符　GHWĀÅ	000F 035E	梵文组合字符　ŃKTHA
000F 0337	梵文组合字符　Ń	000F 035F	梵文组合字符　ŃKNU
000F 0338	梵文组合字符　ŃĪ	000F 0360	梵文组合字符　ŃKYA
000F 0339	梵文组合字符　ŃŖ	000F 0361	梵文组合字符　ŃKYE
000F 033A	梵文组合字符　ŃŘ	000F 0362	梵文组合字符　ŃKYĒ
000F 033B	梵文组合字符　ŃĒ	000F 0363	梵文组合字符　ŃKYAÅ
000F 033C	梵文组合字符　ŃŌ	000F 0364	梵文组合字符　ŃKRA
000F 033D	梵文组合字符　ŃAÅ	000F 0365	梵文组合字符　ŃKRĀ
000F 033E	梵文组合字符　ŃĀÅ	000F 0366	梵文组合字符　ŃKRI
000F 033F	梵文组合字符　ŃIÅ	000F 0367	梵文组合字符　ŃKRĪ
000F 0340	梵文组合字符　ŃUÅ	000F 0368	梵文组合字符　ŃKRU
000F 0341	梵文组合字符　ŃŪÅ	000F 0369	梵文组合字符　ŃKRŪ
000F 0342	梵文组合字符　ŃK	000F 036A	梵文组合字符　ŃKRE
000F 0343	梵文组合字符　ŃKI	000F 036B	梵文组合字符　ŃKRĒ
000F 0344	梵文组合字符　ŃKĪ	000F 036C	梵文组合字符　ŃKRO
000F 0345	梵文组合字符　ŃKŪ	000F 036D	梵文组合字符　ŃKRŌ
000F 0346	梵文组合字符　ŃKŘ	000F 036E	梵文组合字符　ŃKLA
000F 0347	梵文组合字符　ŃKĻ	000F 036F	梵文组合字符　ŃKLĀ

表 B.1（续）

代码位置	名称	代码位置	名称
000F 0370	梵文组合字符　ŃKLI	000F 0398	梵文组合字符　ŃKHNA
000F 0371	梵文组合字符　ŃKLĪ	000F 0399	梵文组合字符　ŃKHYA
000F 0372	梵文组合字符　ŃKLE	000F 039A	梵文组合字符　ŃKHYĀ
000F 0373	梵文组合字符　ŃKLĒ	000F 039B	梵文组合字符　ŃKHYE
000F 0374	梵文组合字符　ŃKLO	000F 039C	梵文组合字符　ŃKGRA
000F 0375	梵文组合字符　ŃKLŌ	000F 039D	梵文组合字符　ŃKHWA
000F 0376	梵文组合字符　ŃKWA	000F 039E	梵文组合字符　ŃKHWE
000F 0377	梵文组合字符　ŃKWĀ	000F 039F	梵文组合字符　ŃGŪ
000F 0378	梵文组合字符　ŃKŚA	000F 03A0	梵文组合字符　ŃGR̦
000F 0379	梵文组合字符　ŃKŚU	000F 03A1	梵文组合字符　ŃGŘ
000F 037A	梵文组合字符　ŃKŞA	000F 03A2	梵文组合字符　ŃGĒ
000F 037B	梵文组合字符　ŃKŞĀ	000F 03A3	梵文组合字符　ŃGO
000F 037C	梵文组合字符　ŃKŞI	000F 03A4	梵文组合字符　ŃGŌ
000F 037D	梵文组合字符　ŃKŞĪ	000F 03A5	梵文组合字符　ŃGAÅ
000F 037E	梵文组合字符　ŃKŞU	000F 03A6	梵文组合字符　ŃGĀÅ
000F 037F	梵文组合字符　ŃKŞŪ	000F 03A7	梵文组合字符　ŃGIÅ
000F 0380	梵文组合字符　ŃKŞE	000F 03A8	梵文组合字符　ŃGĪÅ
000F 0381	梵文组合字符　ŃKŞĒ	000F 03A9	梵文组合字符　ŃGUÅ
000F 0382	梵文组合字符　ŃKŞO	000F 03AA	梵文组合字符　ŃGYA
000F 0383	梵文组合字符　ŃKŞŌ	000F 03AB	梵文组合字符　ŃGYĀ
000F 0384	梵文组合字符　ŃKŞAÅ	000F 03AC	梵文组合字符　ŃGYI
000F 0385	梵文组合字符　ŃKŞĀÅ	000F 03AD	梵文组合字符　ŃGYU
000F 0386	梵文组合字符　ŃKŞIÅ	000F 03AE	梵文组合字符　ŃGYŪ
000F 0387	梵文组合字符　ŃKŞĪÅ	000F 03AF	梵文组合字符　ŃGYE
000F 0388	梵文组合字符　ŃKŞUÅ	000F 03B0	梵文组合字符　ŃGYO
000F 0389	梵文组合字符　ŃKŞŪÅ	000F 03B1	梵文组合字符　ŃGYŌ
000F 038A	梵文组合字符　ŃKŞWA	000F 03B2	梵文组合字符　ŃGYAÅ
000F 038B	梵文组合字符　ŃKŞWI	000F 03B3	梵文组合字符　ŃGYĀÅ
000F 038C	梵文组合字符　ŃKŞWE	000F 03B4	梵文组合字符　ŃGRA
000F 038D	梵文组合字符　ŃKŞWIÅ	000F 03B5	梵文组合字符　ŃGRĀ
000F 038E	梵文组合字符　ŃKHĀ	000F 03B6	梵文组合字符　ŃGRI
000F 038F	梵文组合字符　ŃKHI	000F 03B7	梵文组合字符　ŃGRĪ
000F 0390	梵文组合字符　ŃKHĪ	000F 03B8	梵文组合字符　ŃGRU
000F 0391	梵文组合字符　ŃKHU	000F 03B9	梵文组合字符　ŃGRŪ
000F 0392	梵文组合字符　ŃKHŪ	000F 03BA	梵文组合字符　ŃGRE
000F 0393	梵文组合字符　ŃKHR̦	000F 03BB	梵文组合字符　ŃGRĒ
000F 0394	梵文组合字符　ŃKHE	000F 03BC	梵文组合字符　ŃGRO
000F 0395	梵文组合字符　ŃKHĒ	000F 03BD	梵文组合字符　ŃGRŌ
000F 0396	梵文组合字符　ŃKHO	000F 03BE	梵文组合字符　ŃGRAÅ
000F 0397	梵文组合字符　ŃKHAÅ	000F 03BF	梵文组合字符　ŃGLA

表 B.1（续）

代码位置	名称	代码位置	名称
000F 03C0	梵文组合字符　ŃGLĀ	000F 03E8	梵文组合字符　ŃNĀ
000F 03C1	梵文组合字符　ŃGLŌ	000F 03E9	梵文组合字符　ŃNI
000F 03C2	梵文组合字符　ŃGHA	000F 03EA	梵文组合字符　ŃPA
000F 03C3	梵文组合字符　ŃGHĀ	000F 03EB	梵文组合字符　ŃPĀ
000F 03C4	梵文组合字符　ŃGHI	000F 03EC	梵文组合字符　ŃBA
000F 03C5	梵文组合字符　ŃGHĪ	000F 03ED	梵文组合字符　ŃBĀ
000F 03C6	梵文组合字符　ŃGHU	000F 03EE	梵文组合字符　ŃBI
000F 03C7	梵文组合字符　ŃGHŪ	000F 03EF	梵文组合字符　ŃBU
000F 03C8	梵文组合字符　ŃGHṚ	000F 03F0	梵文组合字符　ŃMA
000F 03C9	梵文组合字符　ŃGHE	000F 03F1	梵文组合字符　ŃMĀ
000F 03CA	梵文组合字符　ŃGHO	000F 03F2	梵文组合字符　ŃMI
000F 03CB	梵文组合字符　ŃGHAÅ	000F 03F3	梵文组合字符　ŃMĪ
000F 03CC	梵文组合字符　ŃGHYA	000F 03F4	梵文组合字符　ŃMU
000F 03CD	梵文组合字符　ŃGHRA	000F 03F5	梵文组合字符　ŃMŪ
000F 03CE	梵文组合字符　ŃGHRĀ	000F 03F6	梵文组合字符　ŃMṚ
000F 03CF	梵文组合字符　ŃGHRI	000F 03F7	梵文组合字符　ŃMḶ
000F 03D0	梵文组合字符　ŃGHRĪ	000F 03F8	梵文组合字符　ŃME
000F 03D1	梵文组合字符　ŃGHRU	000F 03F9	梵文组合字符　ŃMĒ
000F 03D2	梵文组合字符　ŃGHRŪ	000F 03FA	梵文组合字符　ŃMO
000F 03D3	梵文组合字符　ŃGHRE	000F 03FB	梵文组合字符　ŃMŌ
000F 03D4	梵文组合字符　ŃGHRĒ	000F 03FC	梵文组合字符　ŃMAÅ
000F 03D5	梵文组合字符　ŃGHRO	000F 03FD	梵文组合字符　ŃMĀÅ
000F 03D6	梵文组合字符　ŃGHRŌ	000F 03FE	梵文组合字符　ŃMYI
000F 03D7	梵文组合字符　ŃGHRAÅ	000F 03FF	梵文组合字符　ŃMRA
000F 03D8	梵文组合字符　ŃGHRYA	000F 0400	梵文组合字符　ŃMRI
000F 03D9	梵文组合字符　ŃŃĀ	000F 0401	梵文组合字符　ŃMRAÅ
000F 03DA	梵文组合字符　ŃŃI	000F 0402	梵文组合字符　ŃMLĀ
000F 03DB	梵文组合字符　ŃŃĪ	000F 0403	梵文组合字符　ŃMLI
000F 03DC	梵文组合字符　ŃŃU	000F 0404	梵文组合字符　ŃMLE
000F 03DD	梵文组合字符　ŃŃŪ	000F 0405	梵文组合字符　ŃYA
000F 03DE	梵文组合字符　ŃŃE	000F 0406	梵文组合字符　ŃYĀ
000F 03DF	梵文组合字符　ŃŃĒ	000F 0407	梵文组合字符　ŃYI
000F 03E0	梵文组合字符　ŃŃO	000F 0408	梵文组合字符　ŃYU
000F 03E1	梵文组合字符　ŃŃŌ	000F 0409	梵文组合字符　ŃYŪ
000F 03E2	梵文组合字符　ŃŃAÅ	000F 040A	梵文组合字符　ŃYE
000F 03E3	梵文组合字符　ŃŃĀÅ	000F 040B	梵文组合字符　ŃYĒ
000F 03E4	梵文组合字符　ŃŃWA	000F 040C	梵文组合字符　ŃYO
000F 03E5	梵文组合字符　ŃÑA	000F 040D	梵文组合字符　ŃYAÅ
000F 03E6	梵文组合字符　ŃÑAÅ	000F 040E	梵文组合字符　ŃRA
000F 03E7	梵文组合字符　ŃNA	000F 040F	梵文组合字符　ŃRĀ

表 B.1（续）

代码位置	名称		代码位置	名称	
000F 0410	梵文组合字符	ŃRU	000F 0438	梵文组合字符	ĆĆHO
000F 0411	梵文组合字符	ŃRŪ	000F 0439	梵文组合字符	ĆĆHŌ
000F 0412	梵文组合字符	ŃWA	000F 043A	梵文组合字符	ĆĆHAÅ
000F 0413	梵文组合字符	ŃWĀ	000F 043B	梵文组合字符	ĆĆHĀÅ
000F 0414	梵文组合字符	ŃWI	000F 043C	梵文组合字符	ĆĆHIÅ
000F 0415	梵文组合字符	ŃWŪ	000F 043D	梵文组合字符	ĆĆHMA
000F 0416	梵文组合字符	ŃWE	000F 043E	梵文组合字符	ĆĆHYA
000F 0417	梵文组合字符	ŃWO	000F 043F	梵文组合字符	ĆĆHRA
000F 0418	梵文组合字符	ŃWAÅ	000F 0440	梵文组合字符	ĆĆHRĀ
000F 0419	梵文组合字符	ŃŚĀ	000F 0441	梵文组合字符	ĆĆHRI
000F 041A	梵文组合字符	ŃŚĪ	000F 0442	梵文组合字符	ĆĆHRĪ
000F 041B	梵文组合字符	ŃŚŪ	000F 0443	梵文组合字符	ĆĆHRU
000F 041C	梵文组合字符	ŃṢA	000F 0444	梵文组合字符	ĆĆHRŪ
000F 041D	梵文组合字符	ŃSA	000F 0445	梵文组合字符	ĆĆHRE
000F 041E	梵文组合字符	ŃSI	000F 0446	梵文组合字符	ĆĆHRO
000F 041F	梵文组合字符	ŃSU	000F 0447	梵文组合字符	ĆĆHLA
000F 0420	梵文组合字符	ŃSAÅ	000F 0448	梵文组合字符	ĆĆHLĀ
000F 0421	梵文组合字符	ŃSĀÅ	000F 0449	梵文组合字符	ĆĆHLO
000F 0422	梵文组合字符	ŃSIÅ	000F 044A	梵文组合字符	ĆĆHWA
000F 0423	梵文组合字符	ŃSUÅ	000F 044B	梵文组合字符	ĆĆHWĀ
000F 0424	梵文组合字符	ĆĻ	000F 044C	梵文组合字符	ĆĆHWI
000F 0425	梵文组合字符	ĆĀÅ	000F 044D	梵文组合字符	ĆĆHWĪ
000F 0426	梵文组合字符	ĆIÅ	000F 044E	梵文组合字符	ĆĆHWU
000F 0427	梵文组合字符	ĆUÅ	000F 044F	梵文组合字符	ĆĆHWŪ
000F 0428	梵文组合字符	ĆĆI	000F 0450	梵文组合字符	ĆĆHWE
000F 0429	梵文组合字符	ĆĆU	000F 0451	梵文组合字符	ĆĆHWO
000F 042A	梵文组合字符	ĆĆŪ	000F 0452	梵文组合字符	ĆĆHWAÅ
000F 042B	梵文组合字符	ĆĆE	000F 0453	梵文组合字符	ĆÑA
000F 042C	梵文组合字符	ĆĆĒ	000F 0454	梵文组合字符	ĆÑĀ
000F 042D	梵文组合字符	ĆĆO	000F 0455	梵文组合字符	ĆMA
000F 042E	梵文组合字符	ĆĆŌ	000F 0456	梵文组合字符	ĆMI
000F 042F	梵文组合字符	ĆĆAÅ	000F 0457	梵文组合字符	ĆMU
000F 0430	梵文组合字符	ĆĆĀÅ	000F 0458	梵文组合字符	ĆYA
000F 0431	梵文组合字符	ĆĆWI	000F 0459	梵文组合字符	ĆYĀ
000F 0432	梵文组合字符	ĆĆH	000F 045A	梵文组合字符	ĆYĪ
000F 0433	梵文组合字符	ĆĆHĪ	000F 045B	梵文组合字符	ĆYU
000F 0434	梵文组合字符	ĆĆHU	000F 045C	梵文组合字符	ĆYŪ
000F 0435	梵文组合字符	ĆĆHŪ	000F 045D	梵文组合字符	ĆYO
000F 0436	梵文组合字符	ĆĆHṚ	000F 045E	梵文组合字符	ĆYŌ
000F 0437	梵文组合字符	ĆĆHĒ	000F 045F	梵文组合字符	ĆYAÅ

表 B.1（续）

代码位置	名称	代码位置	名称
000F 0460	梵文组合字符　ĆWI	000F 0488	梵文组合字符　ŹŪÅ
000F 0461	梵文组合字符　ĆWU	000F 0489	梵文组合字符　ŹŹ
000F 0462	梵文组合字符　ĆWE	000F 048A	梵文组合字符　ŹŹA
000F 0463	梵文组合字符　ĆWO	000F 048B	梵文组合字符　ŹŹĀ
000F 0464	梵文组合字符　ĆWŌ	000F 048C	梵文组合字符　ŹŹI
000F 0465	梵文组合字符　ĆWYO	000F 048D	梵文组合字符　ŹŹĪ
000F 0466	梵文组合字符　ĆWYŌ	000F 048E	梵文组合字符　ŹŹŪ
000F 0467	梵文组合字符　ĆH	000F 048F	梵文组合字符　ŹŹṚ
000F 0468	梵文组合字符　ĆHṚ	000F 0490	梵文组合字符　ŹŹŘ
000F 0469	梵文组合字符　ĆHŘ	000F 0491	梵文组合字符　ŹŹE
000F 046A	梵文组合字符　ĆHĒ	000F 0492	梵文组合字符　ŹŹĒ
000F 046B	梵文组合字符　ĆHŌ	000F 0493	梵文组合字符　ŹŹO
000F 046C	梵文组合字符　ĆHAÅ	000F 0494	梵文组合字符　ŹŹŌ
000F 046D	梵文组合字符　ĆHĀÅ	000F 0495	梵文组合字符　ŹŹAÅ
000F 046E	梵文组合字符　ĆIÅ	000F 0496	梵文组合字符　ŹŹĀÅ
000F 046F	梵文组合字符　ĆUÅ	000F 0497	梵文组合字符　ŹŹÑA
000F 0470	梵文组合字符　ĆYĀ	000F 0498	梵文组合字符　ŹŹÑĀ
000F 0471	梵文组合字符　ĆYI	000F 0499	梵文组合字符　ŹŹÑI
000F 0472	梵文组合字符　ĆYĪ	000F 049A	梵文组合字符　ŹŹÑĪ
000F 0473	梵文组合字符　ĆYU	000F 049B	梵文组合字符　ŹŹEÑ
000F 0474	梵文组合字符　ĆYŪ	000F 049C	梵文组合字符　ŹŹÑAÅ
000F 0475	梵文组合字符　ĆYAÅ	000F 049D	梵文组合字符　ŹŹYA
000F 0476	梵文组合字符　ĆRA	000F 049E	梵文组合字符　ŹŹYI
000F 0477	梵文组合字符　ĆRĀ	000F 049F	梵文组合字符　ŹŹYE
000F 0478	梵文组合字符　ĆRI	000F 04A0	梵文组合字符　ŹŹRA
000F 0479	梵文组合字符　ĆRĪ	000F 04A1	梵文组合字符　ŹŹRAÅ
000F 047A	梵文组合字符　ĆRU	000F 04A2	梵文组合字符　ŹŹWA
000F 047B	梵文组合字符　ĆRŪ	000F 04A3	梵文组合字符　ŹŹWĀ
000F 047C	梵文组合字符　ĆRAÅ	000F 04A4	梵文组合字符　ŹŹWI
000F 047D	梵文组合字符　ĆHLA	000F 04A5	梵文组合字符　ŹŹWĪ
000F 047E	梵文组合字符　ĆHLĀ	000F 04A6	梵文组合字符　ŹŹWE
000F 047F	梵文组合字符　Ź	000F 04A7	梵文组合字符　ŹŹWAÅ
000F 0480	梵文组合字符　ŹŘ	000F 04A8	梵文组合字符　ŹŹHA
000F 0481	梵文组合字符　ŹĒ	000F 04A9	梵文组合字符　ŹŹHĀ
000F 0482	梵文组合字符　ŹŌ	000F 04AA	梵文组合字符　ŹŹHI
000F 0483	梵文组合字符　ŹAÅ	000F 04AB	梵文组合字符　ŹŹHĪ
000F 0484	梵文组合字符　ŹĀÅ	000F 04AC	梵文组合字符　ŹŹHU
000F 0485	梵文组合字符　ŹIÅ	000F 04AD	梵文组合字符　ŹŹHŪ
000F 0486	梵文组合字符　ŹĪÅ	000F 04AE	梵文组合字符　ŹŹHE
000F 0487	梵文组合字符　ŹUÅ	000F 04AF	梵文组合字符　ŹŹHO

表 B. 1（续）

代码位置	名称		代码位置	名称	
000F 04B0	梵文组合字符	ŹŹHŌ	000F 04D8	梵文组合字符	ŹYŌ
000F 04B1	梵文组合字符	ŹŹHAÅ	000F 04D9	梵文组合字符	ŹYAÅ
000F 04B2	梵文组合字符	ŹÑ	000F 04DA	梵文组合字符	ŹYĀÅ
000F 04B3	梵文组合字符	ŹÑU	000F 04DB	梵文组合字符	ŹRĪ
000F 04B4	梵文组合字符	ŹÑE	000F 04DC	梵文组合字符	ŹRU
000F 04B5	梵文组合字符	ŹÑĒ	000F 04DD	梵文组合字符	ŹRŪ
000F 04B6	梵文组合字符	ŹÑ0	000F 04DE	梵文组合字符	ŹRO
000F 04B7	梵文组合字符	ŹÑŌ	000F 04DF	梵文组合字符	ŹRŌ
000F 04B8	梵文组合字符	ŹÑAÅ	000F 04E0	梵文组合字符	ŹRAÅ
000F 04B9	梵文组合字符	ŹÑĀÅ	000F 04E1	梵文组合字符	ŹRĀÅ
000F 04BA	梵文组合字符	ŹÑIÅ	000F 04E2	梵文组合字符	ŹRIÅ
000F 04BB	梵文组合字符	ŹÑĪÅ	000F 04E3	梵文组合字符	ŹRĪÅ
000F 04BC	梵文组合字符	ŹÑYA	000F 04E4	梵文组合字符	ŹRUÅ
000F 04BD	梵文组合字符	ŹÑYĀ	000F 04E5	梵文组合字符	ŹRYA
000F 04BE	梵文组合字符	ŹÑYI	000F 04E6	梵文组合字符	ŹRWĀ
000F 04BF	梵文组合字符	ŹÑYĪ	000F 04E7	梵文组合字符	ŹLA
000F 04C0	梵文组合字符	ŹÑYE	000F 04E8	梵文组合字符	ŹLU
000F 04C1	梵文组合字符	ŹÑYAÅ	000F 04E9	梵文组合字符	ŹLO
000F 04C2	梵文组合字符	ŹÑWI	000F 04EA	梵文组合字符	ŹWĀ
000F 04C3	梵文组合字符	ŹBA	000F 04EB	梵文组合字符	ŹWI
000F 04C4	梵文组合字符	ŹBU	000F 04EC	梵文组合字符	ŹWE
000F 04C5	梵文组合字符	ŹMA	000F 04ED	梵文组合字符	ŹWO
000F 04C6	梵文组合字符	ŹMĀ	000F 04EE	梵文组合字符	ŹWŌ
000F 04C7	梵文组合字符	ŹMI	000F 04EF	梵文组合字符	ŹWAÅ
000F 04C8	梵文组合字符	ŹMĪ	000F 04F0	梵文组合字符	ŹH
000F 04C9	梵文组合字符	ŹMU	000F 04F1	梵文组合字符	ŹHĪ
000F 04CA	梵文组合字符	ŹMŪ	000F 04F2	梵文组合字符	ŹHŪ
000F 04CB	梵文组合字符	ŹMR̥	000F 04F3	梵文组合字符	ŹHR̥
000F 04CC	梵文组合字符	ŹME	000F 04F4	梵文组合字符	ŹHŘ
000F 04CD	梵文组合字符	ŹMĒ	000F 04F5	梵文组合字符	ŹHŌ
000F 04CE	梵文组合字符	ŹMO	000F 04F6	梵文组合字符	ŹHAÅ
000F 04CF	梵文组合字符	ŹMŌ	000F 04F7	梵文组合字符	ŹHĀÅ
000F 04D0	梵文组合字符	ŹMAÅ	000F 04F8	梵文组合字符	ŹHIÅ
000F 04D1	梵文组合字符	ŹYĀ	000F 04F9	梵文组合字符	ŹHĪÅ
000F 04D2	梵文组合字符	ŹYI	000F 04FA	梵文组合字符	ŹHUÅ
000F 04D3	梵文组合字符	ŹYĪ	000F 04FB	梵文组合字符	ŹHŹHA
000F 04D4	梵文组合字符	ŹYU	000F 04FC	梵文组合字符	ŹHŹHĀ
000F 04D5	梵文组合字符	ŹYŪ	000F 04FD	梵文组合字符	ŹHŹHI
000F 04D6	梵文组合字符	ŹYE	000F 04FE	梵文组合字符	ŹHŹHU
000F 04D7	梵文组合字符	ŹYĒ	000F 04FF	梵文组合字符	ŹHŹHE

表 B.1（续）

代码位置	名称	代码位置	名称
000F 0500	梵文组合字符　ŹHŹHAÅ	000F 0528	梵文组合字符　ÑĆĆHE
000F 0501	梵文组合字符　ŹHYA	000F 0529	梵文组合字符　ÑĆĆHO
000F 0502	梵文组合字符　ŹHYĀ	000F 052A	梵文组合字符　ÑĆĆHRA
000F 0503	梵文组合字符　ŹHYO	000F 052B	梵文组合字符　ÑĆĆHRĀ
000F 0504	梵文组合字符　ŹHYAÅ	000F 052C	梵文组合字符　ÑĆĆHRI
000F 0505	梵文组合字符　ŹHRA	000F 052D	梵文组合字符　ÑĆĆHRU
000F 0506	梵文组合字符　ŹHRI	000F 052E	梵文组合字符　ÑĆĆHRŪ
000F 0507	梵文组合字符　ŹHRĪ	000F 052F	梵文组合字符　ÑĆĆHWA
000F 0508	梵文组合字符　ŹHRU	000F 0530	梵文组合字符　ÑĆĆHWĀ
000F 0509	梵文组合字符　ŹHWA	000F 0531	梵文组合字符　ÑĆĆHWI
000F 050A	梵文组合字符　ŹHWĀ	000F 0532	梵文组合字符　ÑĆĆHWĪ
000F 050B	梵文组合字符　ŹHWAÅ	000F 0533	梵文组合字符　ÑĆMA
000F 050C	梵文组合字符　Ñ	000F 0534	梵文组合字符　ÑĆMĀ
000F 050D	梵文组合字符　ÑŪ	000F 0535	梵文组合字符　ÑĆMI
000F 050E	梵文组合字符　ÑṚ	000F 0536	梵文组合字符　ÑĆMĪ
000F 050F	梵文组合字符　ÑŘ	000F 0537	梵文组合字符　ÑĆMU
000F 0510	梵文组合字符　ÑĒ	000F 0538	梵文组合字符　ÑĆMŪ
000F 0511	梵文组合字符　ÑŌ	000F 0539	梵文组合字符　ÑĆYA
000F 0512	梵文组合字符　ÑAÅ	000F 053A	梵文组合字符　ÑĆYĀ
000F 0513	梵文组合字符　ÑĀÅ	000F 053B	梵文组合字符　ÑĆYI
000F 0514	梵文组合字符　ÑIÅ	000F 053C	梵文组合字符　ÑĆYU
000F 0515	梵文组合字符　ÑUÅ	000F 053D	梵文组合字符　ÑĆYŪ
000F 0516	梵文组合字符　ÑĆ	000F 053E	梵文组合字符　ÑĆYO
000F 0517	梵文组合字符　ÑĆĪ	000F 053F	梵文组合字符　ÑĆYŌ
000F 0518	梵文组合字符　ÑĆŪ	000F 0540	梵文组合字符　ÑĆYAÅ
000F 0519	梵文组合字符　ÑĆṚ	000F 0541	梵文组合字符　ÑĆWĀ
000F 051A	梵文组合字符　ÑĆE	000F 0542	梵文组合字符　ÑĆHĀ
000F 051B	梵文组合字符　ÑĆĒ	000F 0543	梵文组合字符　ÑĆHU
000F 051C	梵文组合字符　ÑĆŌ	000F 0544	梵文组合字符　ÑĆHE
000F 051D	梵文组合字符　ÑĆAÅ	000F 0545	梵文组合字符　ÑĆHO
000F 051E	梵文组合字符　ÑĆĀÅ	000F 0546	梵文组合字符　ÑĆHĀÅ
000F 051F	梵文组合字符　ÑĆĆA	000F 0547	梵文组合字符　ÑĆHYA
000F 0520	梵文组合字符　ÑĆĆĀ	000F 0548	梵文组合字符　ÑŹ
000F 0521	梵文组合字符　ÑĆĆI	000F 0549	梵文组合字符　ÑŹĪ
000F 0522	梵文组合字符　ÑĆĆU	000F 054A	梵文组合字符　ÑŹŪ
000F 0523	梵文组合字符　ÑĆĆE	000F 054B	梵文组合字符　ÑŹṚ
000F 0524	梵文组合字符　ÑĆĆO	000F 054C	梵文组合字符　ÑŹŘ
000F 0525	梵文组合字符　ÑĆĆHA	000F 054D	梵文组合字符　ÑŹE
000F 0526	梵文组合字符　ÑĆĆHĀ	000F 054E	梵文组合字符　ÑŹĒ
000F 0527	梵文组合字符　ÑĆĆHI	000F 054F	梵文组合字符　ÑŹO

表 B.1（续）

代码位置	名称		代码位置	名称	
000F 0550	梵文组合字符	ÑŹAÅ	000F 0578	梵文组合字符	ÑŹYO
000F 0551	梵文组合字符	ÑŹĀÅ	000F 0579	梵文组合字符	ÑŹYŌ
000F 0552	梵文组合字符	ÑŹŹA	000F 057A	梵文组合字符	ÑŹYAÅ
000F 0553	梵文组合字符	ÑŹŹĀ	000F 057B	梵文组合字符	ÑŹRA
000F 0554	梵文组合字符	ÑŹŹI	000F 057C	梵文组合字符	ÑŹRĀ
000F 0555	梵文组合字符	ÑŹŹĪ	000F 057D	梵文组合字符	ÑŹRI
000F 0556	梵文组合字符	ÑŹŹU	000F 057E	梵文组合字符	ÑŹRĪ
000F 0557	梵文组合字符	ÑŹŹŪ	000F 057F	梵文组合字符	ÑŹRU
000F 0558	梵文组合字符	ÑŹŹWA	000F 0580	梵文组合字符	ÑŹRŪ
000F 0559	梵文组合字符	ÑŹŹWĀ	000F 0581	梵文组合字符	ÑŹRE
000F 055A	梵文组合字符	ÑŹŹWI	000F 0582	梵文组合字符	ÑŹRO
000F 055B	梵文组合字符	ÑŹŹWĪ	000F 0583	梵文组合字符	ÑŹRŌ
000F 055C	梵文组合字符	ÑŹŹWU	000F 0584	梵文组合字符	ÑŹRAÅ
000F 055D	梵文组合字符	ÑŹŹWŪ	000F 0585	梵文组合字符	ÑŹWA
000F 055E	梵文组合字符	ÑŹŹHA	000F 0586	梵文组合字符	ÑŹWĀ
000F 055F	梵文组合字符	ÑŹŹHĀ	000F 05887	梵文组合字符	ÑŹWI
000F 0560	梵文组合字符	ÑŹŹHI	000F 0588	梵文组合字符	ÑŹWĪ
000F 0561	梵文组合字符	ÑŹŹHĪ	000F 0589	梵文组合字符	ÑŹWU
000F 0562	梵文组合字符	ÑŹŹHU	000F 058A	梵文组合字符	ÑŹWŪ
000F 0563	梵文组合字符	ÑŹŹHŪ	000F 058B	梵文组合字符	ÑŹWE
000F 0564	梵文组合字符	ÑŹÑA	000F 058C	梵文组合字符	ÑŹWO
000F 0565	梵文组合字符	ÑŹÑĀ	000F 058D	梵文组合字符	ÑŹWŌ
000F 0566	梵文组合字符	ÑŹÑI	000F 058E	梵文组合字符	ÑŹWAÅ
000F 0567	梵文组合字符	ÑŹÑĪ	000F 058F	梵文组合字符	ÑŹHĀ
000F 0568	梵文组合字符	ÑŹÑE	000F 0590	梵文组合字符	ÑŹHI
000F 0569	梵文组合字符	ÑŹÑAÅ	000F 0591	梵文组合字符	ÑŹHU
000F 056A	梵文组合字符	ÑŹMA	000F 0592	梵文组合字符	ÑŹHE
000F 056B	梵文组合字符	ÑŹMĀ	000F 0593	梵文组合字符	ÑŹHŌ
000F 056C	梵文组合字符	ÑŹMI	000F 0594	梵文组合字符	ÑÑĀ
000F 056D	梵文组合字符	ÑŹMĪ	000F 0595	梵文组合字符	ÑÑI
000F 056E	梵文组合字符	ÑŹMU	000F 0596	梵文组合字符	ÑÑĪ
000F 056F	梵文组合字符	ÑŹMŪ	000F 0597	梵文组合字符	ÑÑU
000F 0570	梵文组合字符	ÑŹYA	000F 0598	梵文组合字符	ÑÑŪ
000F 0571	梵文组合字符	ÑŹYĀ	000F 0599	梵文组合字符	ÑÑO
000F 0572	梵文组合字符	ÑŹYI	000F 059A	梵文组合字符	ÑÑAÅ
000F 0573	梵文组合字符	ÑŹYĪ	000F 059B	梵文组合字符	ÑŅI
000F 0574	梵文组合字符	ÑŹYU	000F 059C	梵文组合字符	ÑŅĪ
000F 0575	梵文组合字符	ÑŹYŪ	000F 059D	梵文组合字符	ÑŅYA
000F 0576	梵文组合字符	ÑŹYE	000F 059E	梵文组合字符	ÑYA
000F 0577	梵文组合字符	ÑŹYĒ	000F 059F	梵文组合字符	ÑYĀ

表 B.1（续）

代码位置	名称	代码位置	名称
000F 05A0	梵文组合字符　ÑYI	000F 05C8	梵文组合字符　ÑŚAÅ
000F 05A1	梵文组合字符　ÑYĪ	000F 05C9	梵文组合字符　ÑŚĀÅ
000F 05A2	梵文组合字符　ÑYU	000F 05CA	梵文组合字符　ÑŚĆA
000F 05A3	梵文组合字符　ÑYŪ	000F 05CB	梵文组合字符　ÑŚĆĀ
000F 05A4	梵文组合字符　ÑYE	000F 05CC	梵文组合字符　ÑŚĆI
000F 05A5	梵文组合字符　ÑYĒ	000F 05CD	梵文组合字符　ÑŚĆĪ
000F 05A6	梵文组合字符　ÑYO	000F 05CE	梵文组合字符　ÑŚĆU
000F 05A7	梵文组合字符　ÑYŌ	000F 05CF	梵文组合字符　ÑŚĆŪ
000F 05A8	梵文组合字符　ÑYAÅ	000F 05D0	梵文组合字符　ÑŚĆYA
000F 05A9	梵文组合字符　ÑRA	000F 05D1	梵文组合字符　ÑŚĆYĀ
000F 05AA	梵文组合字符　ÑAĀ	000F 05D2	梵文组合字符　ÑŚĆYO
000F 05AB	梵文组合字符　ÑRI	000F 05D3	梵文组合字符　ÑŚNA
000F 05AC	梵文组合字符　ÑRĪ	000F 05D4	梵文组合字符　ÑŚNĀ
000F 05AD	梵文组合字符　ÑRU	000F 05D5	梵文组合字符　ÑŚNI
000F 05AE	梵文组合字符　ÑRŪ	000F 05D6	梵文组合字符　ÑŚNĪ
000F 05AF	梵文组合字符　ÑRE	000F 05D7	梵文组合字符　ÑŚNU
000F 05B0	梵文组合字符　ÑRĒ	000F 05D8	梵文组合字符　ÑŚNŪ
000F 05B1	梵文组合字符　ÑRO	000F 05D9	梵文组合字符　ÑŚNE
000F 05B2	梵文组合字符　ÑRŌ	000F 05DA	梵文组合字符　ÑŚMA
000F 05B3	梵文组合字符　ÑRAÅ	000F 05DB	梵文组合字符　ÑŚMĀ
000F 05B4	梵文组合字符　ÑWĀ	000F 05DC	梵文组合字符　ÑŚYA
000F 05B5	梵文组合字符　ÑWI	000F 05DD	梵文组合字符　ÑŚYĀ
000F 05B6	梵文组合字符　ÑWĪ	000F 05DE	梵文组合字符　ÑŚYI
000F 05B7	梵文组合字符　ÑWU	000F 05DF	梵文组合字符　ÑŚYU
000F 05B8	梵文组合字符　ÑWŪ	000F 05E0	梵文组合字符　ÑŚYE
000F 05B9	梵文组合字符　ÑWE	000F 05E1	梵文组合字符　ÑŚYĒ
000F 05BA	梵文组合字符　ÑWO	000F 05E2	梵文组合字符　ÑŚRA
000F 05BB	梵文组合字符　ÑWAÅ	000F 05E3	梵文组合字符　ÑŚRĀ
000F 05BC	梵文组合字符　ÑWĀÅ	000F 05E4	梵文组合字符　ÑŚRI
000F 05BD	梵文组合字符　ÑŚA	000F 05E5	梵文组合字符　ÑŚRĪ
000F 05BE	梵文组合字符　ÑŚĀ	000F 05E6	梵文组合字符　ÑŚRU
000F 05BF	梵文组合字符　ÑŚI	000F 05E7	梵文组合字符　ÑŚRŪ
000F 05C0	梵文组合字符　ÑŚĪ	000F 05E8	梵文组合字符　ÑŚRE
000F 05C1	梵文组合字符　ÑŚU	000F 05E9	梵文组合字符　ÑŚRĒ
000F 05C2	梵文组合字符　ÑŚŪ	000F 05EA	梵文组合字符　ÑŚRO
000F 05C3	梵文组合字符　ÑŚṚ	000F 05EB	梵文组合字符　ÑŚRŌ
000F 05C4	梵文组合字符　ÑŚE	000F 05EC	梵文组合字符　ÑŚRAÅ
000F 05C5	梵文组合字符　ÑŚĒ	000F 05ED	梵文组合字符　ÑŚRYA
000F 05C6	梵文组合字符　ÑŚO	000F 05EE	梵文组合字符　ÑŚRYĀ
000F 05C7	梵文组合字符　ÑŚŌ	000F 05EF	梵文组合字符　ÑŚLA

表 B.1（续）

代码位置	名称	代码位置	名称
000F 05F0	梵文组合字符　ÑŚLĀ	000F 0618	梵文组合字符　ṬKŌ
000F 05F1	梵文组合字符　ÑŚLI	000F 0619	梵文组合字符　ṬKĀÅ
000F 05F2	梵文组合字符　ÑŚLĪ	000F 061A	梵文组合字符　ṬKIÅ
000F 05F3	梵文组合字符　ÑŚLU	000F 061B	梵文组合字符　ṬKTA
000F 05F4	梵文组合字符　ÑŚLŪ	000F 061C	梵文组合字符　ṬMNA
000F 05F5	梵文组合字符　ÑŚLE	000F 061D	梵文组合字符　ṬKNU
000F 05F6	梵文组合字符　ÑŚLĒ	000F 061E	梵文组合字符　ṬKNŪ
000F 05F7	梵文组合字符　ÑŚLŌ	000F 061F	梵文组合字符　ṬKNO
000F 05F8	梵文组合字符　ÑŚLAÅ	000F 0620	梵文组合字符　ṬKYA
000F 05F9	梵文组合字符　ÑŚWA	000F 0621	梵文组合字符　ṬKYĀ
000F 05FA	梵文组合字符　ÑŚWĀ	000F 0622	梵文组合字符　ṬKYE
000F 05FB	梵文组合字符　ÑŚWI	000F 0623	梵文组合字符　ṬKYĒ
000F 05FC	梵文组合字符　ÑŚWE	000F 0624	梵文组合字符　ṬKRA
000F 05FD	梵文组合字符　ÑŚWĒ	000F 0625	梵文组合字符　ṬKRĀ
000F 05FE	梵文组合字符　ÑŚWO	000F 0626	梵文组合字符　ṬKRI
000F 05FF	梵文组合字符　ÑŚWAÅ	000F 0627	梵文组合字符　ṬKRĪ
000F 0600	梵文组合字符　ÑŚWYA	000F 0628	梵文组合字符　ṬKRU
000F 0601	梵文组合字符　ÑŚWYĀ	000F 0629	梵文组合字符　ṬKRŪ
000F 0602	梵文组合字符　ÑŚWYAÅ	000F 062A	梵文组合字符　ṬKRE
000F 0603	梵文组合字符　ÑṢA	000F 062B	梵文组合字符　ṬKRO
000F 0604	梵文组合字符　Ṭ	000F 062C	梵文组合字符　ṬKRŌ
000F 0605	梵文组合字符　ṬṚ	000F 062D	梵文组合字符　ṬKRAÅ
000F 0606	梵文组合字符　ṬŘ	000F 062E	梵文组合字符　ṬKRUÅ
000F 0607	梵文组合字符　ṬĒ	000F 062F	梵文组合字符　ṬKLA
000F 0608	梵文组合字符　ṬŌ	000F 0630	梵文组合字符　ṬKLĀ
000F 0609	梵文组合字符　ṬĀÅ	000F 0631	梵文组合字符　ṬKLI
000F 060A	梵文组合字符　ṬIÅ	000F 0632	梵文组合字符　ṬKLĪ
000F 060B	梵文组合字符　ṬUÅ	000F 0633	梵文组合字符　ṬKLE
000F 060C	梵文组合字符　ṬŪÅ	000F 0634	梵文组合字符　ṬKLĒ
000F 060D	梵文组合字符　ṬKĀ	000F 0635	梵文组合字符　ṬKLO
000F 060E	梵文组合字符　ṬKI	000F 0636	梵文组合字符　ṬKWA
000F 060F	梵文组合字符　ṬKĪ	000F 0637	梵文组合字符　ṬKWĀ
000F 0610	梵文组合字符　ṬKU	000F 0638	梵文组合字符　ṬKWI
000F 0611	梵文组合字符　ṬKŪ	000F 0639	梵文组合字符　ṬKṢA
000F 0612	梵文组合字符　ṬKṚ	000F 063A	梵文组合字符　ṬKṢĀ
000F 0613	梵文组合字符　ṬKŘ	000F 063B	梵文组合字符　ṬKṢI
000F 0614	梵文组合字符　ṬKĻ	000F 063C	梵文组合字符　ṬKṢĪ
000F 0615	梵文组合字符　ṬKE	000F 063D	梵文组合字符　ṬKṢU
000F 0616	梵文组合字符　ṬKĒ	000F 063E	梵文组合字符　ṬKṢE
000F 0617	梵文组合字符　ṬKO	000F 063F	梵文组合字符　ṬKṢĒ

表 B.1（续）

代码位置	名称	代码位置	名称
000F 0640	梵文组合字符　ṬKṢO	000F 0668	梵文组合字符　ṬPU
000F 0641	梵文组合字符　ṬKṢŌ	000F 0669	梵文组合字符　ṬPŪ
000F 0642	梵文组合字符　ṬKṢAÅ	000F 066A	梵文组合字符　ṬPE
000F 0643	梵文组合字符　ṬKHA	000F 066B	梵文组合字符　ṬPO
000F 0644	梵文组合字符　ṬKHĀ	000F 066C	梵文组合字符　ṬPHA
000F 0645	梵文组合字符　ṬKHI	000F 066D	梵文组合字符　ṬPHI
000F 0646	梵文组合字符　ṬKHU	000F 066E	梵文组合字符　ṬPHU
000F 0647	梵文组合字符　ṬKHE	000F 066F	梵文组合字符　ṬPHE
000F 0648	梵文组合字符　ṬKHO	000F 0670	梵文组合字符　ṬPHO
000F 0649	梵文组合字符　ṬĆA	000F 0671	梵文组合字符　ṬMA
000F 064A	梵文组合字符　ṬĆU	000F 0672	梵文组合字符　ṬMU
000F 064B	梵文组合字符　ṬĆHA	000F 0673	梵文组合字符　ṬMYA
000F 064C	梵文组合字符　ṬĆHE	000F 0674	梵文组合字符　ṬYĀ
000F 064D	梵文组合字符　ṬṬĀ	000F 0675	梵文组合字符　ṬYI
000F 064E	梵文组合字符　ṬṬĪ	000F 0676	梵文组合字符　ṬYU
000F 064F	梵文组合字符　ṬṬU	000F 0677	梵文组合字符　ṬYŪ
000F 0650	梵文组合字符　ṬṬŪ	000F 0678	梵文组合字符　ṬYE
000F 0651	梵文组合字符　ṬṬE	000F 0679	梵文组合字符　ṬYŌ
000F 0652	梵文组合字符　ṬṬĒ	000F 067A	梵文组合字符　ṬYAÅ
000F 0653	梵文组合字符　ṬṬO	000F 067B	梵文组合字符　ṬRA
000F 0654	梵文组合字符　ṬṬŌ	000F 067C	梵文组合字符　ṬRĀ
000F 0655	梵文组合字符　ṬṬAÅ	000F 067D	梵文组合字符　ṬRI
000F 0656	梵文组合字符　ṬṬĀÅ	000F 067E	梵文组合字符　ṬRĪ
000F 0657	梵文组合字符　ṬṬHA	000F 067F	梵文组合字符　ṬRU
000F 0658	梵文组合字符　ṬṬHĀ	000F 0680	梵文组合字符　ṬRŪ
000F 0659	梵文组合字符　ṬṬHI	000F 0681	梵文组合字符　ṬRE
000F 065A	梵文组合字符　ṬṬHU	000F 0682	梵文组合字符　ṬRĒ
000F 065B	梵文组合字符　ṬṬHE	000F 0683	梵文组合字符　ṬRO
000F 065C	梵文组合字符　ṬṬHĒ	000F 0684	梵文组合字符　ṬRŌ
000F 065D	梵文组合字符　ṬṬHO	000F 0685	梵文组合字符　ṬRAÅ
000F 065E	梵文组合字符　ṬṬHŌ	000F 0686	梵文组合字符　ṬWA
000F 065F	梵文组合字符　ṬṬHAÅ	000F 0687	梵文组合字符　ṬWĀ
000F 0660	梵文组合字符　ṬTA	000F 0688	梵文组合字符　ṬWI
000F 0661	梵文组合字符　ṬTĀ	000F 0689	梵文组合字符　ṬWĪ
000F 0662	梵文组合字符　ṬTHA	000F 068A	梵文组合字符　ṬWU
000F 0663	梵文组合字符　ṬTHĀ	000F 068B	梵文组合字符　ṬWE
000F 0664	梵文组合字符　ṬPA	000F 068C	梵文组合字符　ṬWĒ
000F 0665	梵文组合字符　ṬPĀ	000F 068D	梵文组合字符　ṬŚA
000F 0666	梵文组合字符　ṬPI	000F 068E	梵文组合字符　ṬŚĀ
000F 0667	梵文组合字符　ṬPĪ	000F 068F	梵文组合字符　ṬṢA

表 B.1（续）

代码位置	名称	代码位置	名称
000F 0690	梵文组合字符 ṬṢĀ	000F 06B8	梵文组合字符 ṬHYO
000F 0691	梵文组合字符 ṬṢRA	000F 06B9	梵文组合字符 ṬHYŌ
000F 0692	梵文组合字符 ṬSA	000F 06BA	梵文组合字符 ṬHRA
000F 0693	梵文组合字符 ṬSĀ	000F 06BB	梵文组合字符 ṬHRĀ
000F 0694	梵文组合字符 ṬSI	000F 06BC	梵文组合字符 ṬHRI
000F 0695	梵文组合字符 ṬSĪ	000F 06BD	梵文组合字符 ṬHRĪ
000F 0696	梵文组合字符 ṬSU	000F 06BE	梵文组合字符 ṬHRU
000F 0697	梵文组合字符 ṬSŪ	000F 06BF	梵文组合字符 ṬHRŪ
000F 0698	梵文组合字符 ṬSṚ	000F 06C0	梵文组合字符 ṬHRE
000F 0699	梵文组合字符 ṬSE	000F 06C1	梵文组合字符 ṬHRĒ
000F 069A	梵文组合字符 ṬSĒ	000F 06C2	梵文组合字符 ṬHRO
000F 069B	梵文组合字符 ṬSO	000F 06C3	梵文组合字符 ṬHRŌ
000F 069C	梵文组合字符 ṬSŌ	000F 06C4	梵文组合字符 ṬHRAÅ
000F 069D	梵文组合字符 ṬSAÅ	000F 06C5	梵文组合字符 ṬHWA
000F 069E	梵文组合字符 ṬSĀÅ	000F 06C6	梵文组合字符 ṬHWĀ
000F 069F	梵文组合字符 ṬSIÅ	000F 06C7	梵文组合字符 ṬHWI
000F 06A0	梵文组合字符 ṬSKA	000F 06C8	梵文组合字符 ṬHWĪ
000F 06A1	梵文组合字符 ṬSKHA	000F 06C9	梵文组合字符 ṬHWU
000F 06A2	梵文组合字符 ṬSTA	000F 06CA	梵文组合字符 ṬHWŪ
000F 06A3	梵文组合字符 ṬSMA	000F 06CB	梵文组合字符 ṬHWAÅ
000F 06A4	梵文组合字符 ṬSYA	000F 06CC	梵文组合字符 Đ
000F 06A5	梵文组合字符 ṬSRA	000F 06CD	梵文组合字符 ĐṚ
000F 06A6	梵文组合字符 ṬSWA	000F 06CE	梵文组合字符 ĐŘ
000F 06A7	梵文组合字符 ṬSWĀ	000F 06CF	梵文组合字符 ĐĒ
000F 06A8	梵文组合字符 ṬH	000F 06D0	梵文组合字符 ĐŌ
000F 06A9	梵文组合字符 ṬHĪ	000F 06D1	梵文组合字符 ĐĀÅ
000F 06AA	梵文组合字符 ṬHŪ	000F 06D2	梵文组合字符 ĐIÅ
000F 06AB	梵文组合字符 ṬHŘ	000F 06D3	梵文组合字符 ĐUÅ
000F 06AC	梵文组合字符 ṬHĒ	000F 06D4	梵文组合字符 ĐŪÅ
000F 06AD	梵文组合字符 ṬHŌ	000F 06D5	梵文组合字符 ĐŌÅ
000F 06AE	梵文组合字符 ṬHAÅ	000F 06D6	梵文组合字符 ĐGĀ
000F 06AF	梵文组合字符 ṬHĀÅ	000F 06D7	梵文组合字符 ĐGI
000F 06B0	梵文组合字符 ṬHIÅ	000F 06D8	梵文组合字符 ĐGĪ
000F 06B1	梵文组合字符 ṬHUÅ	000F 06D9	梵文组合字符 ĐGU
000F 06B2	梵文组合字符 ṬHYĀ	000F 06DA	梵文组合字符 ĐGŪ
000F 06B3	梵文组合字符 ṬHYI	000F 06DB	梵文组合字符 ĐGṚ
000F 06B4	梵文组合字符 ṬHYĪ	000F 06DC	梵文组合字符 ĐGŘ
000F 06B5	梵文组合字符 ṬHYU	000F 06DD	梵文组合字符 ĐGE
000F 06B6	梵文组合字符 ṬHYŪ	000F 06DE	梵文组合字符 ĐGĒ
000F 06B7	梵文组合字符 ṬHYE	000F 06DF	梵文组合字符 ĐGO

表 B.1（续）

代码位置	名称	代码位置	名称
000F 06E0	梵文组合字符 ĐGŌ	000F 0708	梵文组合字符 ĐBA
000F 06E1	梵文组合字符 ĐGAÅ	000F 0709	梵文组合字符 ĐBĀ
000F 06E2	梵文组合字符 ĐGĀÅ	000F 070A	梵文组合字符 ĐBU
000F 06E3	梵文组合字符 ĐGHA	000F 070B	梵文组合字符 ĐBHA
000F 06E4	梵文组合字符 ĐGHĀ	000F 070C	梵文组合字符 ĐBHI
000F 06E5	梵文组合字符 ĐŹA	000F 070D	梵文组合字符 ĐBHU
000F 06E6	梵文组合字符 ĐŹĀ	000F 070E	梵文组合字符 ĐBHAÅ
000F 06E7	梵文组合字符 ĐŹHA	000F 070F	梵文组合字符 ĐBHYA
000F 06E8	梵文组合字符 ĐŹHĀ	000F 0710	梵文组合字符 ĐBHYO
000F 06E9	梵文组合字符 ĐĐĀ	000F 0711	梵文组合字符 ĐBHYĀÅ
000F 06EA	梵文组合字符 ĐĐI	000F 0712	梵文组合字符 ĐMA
000F 06EB	梵文组合字符 ĐĐĪ	000F 0713	梵文组合字符 ĐMI
000F 06EC	梵文组合字符 ĐĐU	000F 0714	梵文组合字符 ĐMU
000F 06ED	梵文组合字符 ĐĐŪ	000F 0715	梵文组合字符 ĐMŪ
000F 06EE	梵文组合字符 ĐĐṚ	000F 0716	梵文组合字符 ĐME
000F 06EF	梵文组合字符 ĐĐO	000F 0717	梵文组合字符 ĐMO
000F 06F0	梵文组合字符 ĐĐŌ	000F 0718	梵文组合字符 ĐYĀ
000F 06F1	梵文组合字符 ĐĐAÅ	000F 0719	梵文组合字符 ĐYI
000F 06F2	梵文组合字符 ĐĐĀÅ	000F 071A	梵文组合字符 ĐYĪ
000F 06F3	梵文组合字符 ĐĐOÅ	000F 071B	梵文组合字符 ĐYU
000F 06F4	梵文组合字符 ĐĐWA	000F 071C	梵文组合字符 ĐYŪ
000F 06F5	梵文组合字符 ĐĐHĀ	000F 071D	梵文组合字符 ĐYE
000F 06F6	梵文组合字符 ĐĐHU	000F 071E	梵文组合字符 ĐYĒ
000F 06F7	梵文组合字符 ĐĐHE	000F 071F	梵文组合字符 ĐYO
000F 06F8	梵文组合字符 ĐĐHO	000F 0720	梵文组合字符 ĐYŌ
000F 06F9	梵文组合字符 ĐĐHŌ	000F 0721	梵文组合字符 ĐYAÅ
000F 06FA	梵文组合字符 ĐĐHYA	000F 0722	梵文组合字符 ĐYĀÅ
000F 06FB	梵文组合字符 ĐĐHYĀÅ	000F 0723	梵文组合字符 ĐRA
000F 06FC	梵文组合字符 ĐĐHRĀ	000F 0724	梵文组合字符 ĐRĀ
000F 06FD	梵文组合字符 ĐĐHWE	000F 0725	梵文组合字符 ĐRI
000F 06FE	梵文组合字符 ĐĐHWAÅ	000F 0726	梵文组合字符 ĐRĪ
000F 06FF	梵文组合字符 ĐṆA	000F 0727	梵文组合字符 ĐRU
000F 0700	梵文组合字符 ĐṆĪ	000F 0728	梵文组合字符 ĐRŪ
000F 0701	梵文组合字符 ĐDA	000F 0729	梵文组合字符 ĐRE
000F 0702	梵文组合字符 ĐDĀ	000F 072A	梵文组合字符 ĐRĒ
000F 0703	梵文组合字符 ĐDHA	000F 072B	梵文组合字符 ĐRO
000F 0704	梵文组合字符 ĐDHĀ	000F 072C	梵文组合字符 ĐRŌ
000F 0705	梵文组合字符 ĐNA	000F 072D	梵文组合字符 ĐRAÅ
000F 0706	梵文组合字符 ĐNI	000F 072E	梵文组合字符 ĐLA
000F 0707	梵文组合字符 ĐNU	000F 072F	梵文组合字符 ĐLĀ

表 B.1（续）

代码位置	名称	代码位置	名称
000F 0730	梵文组合字符 ĐLI	000F 0758	梵文组合字符 ĐHRĀ
000F 0731	梵文组合字符 ĐWA	000F 0759	梵文组合字符 ĐHRI
000F 0732	梵文组合字符 ĐWI	000F 075A	梵文组合字符 ĐHRĪ
000F 0733	梵文组合字符 ĐWĪ	000F 075B	梵文组合字符 ĐHRU
000F 0734	梵文组合字符 ĐWU	000F 075C	梵文组合字符 ĐHRŪ
000F 0735	梵文组合字符 ĐWŪ	000F 075D	梵文组合字符 ĐHRE
000F 0736	梵文组合字符 ĐWE	000F 075E	梵文组合字符 ĐHRO
000F 0737	梵文组合字符 ĐWO	000F 075F	梵文组合字符 ĐHRŌ
000F 0738	梵文组合字符 ĐWŌ	000F 0760	梵文组合字符 ĐHRAÅ
000F 0739	梵文组合字符 ĐWAÅ	000F 0761	梵文组合字符 ĐHLĀ
000F 073A	梵文组合字符 ĐWĀÅ	000F 0762	梵文组合字符 ĐHWA
000F 073B	梵文组合字符 ĐWIÅ	000F 0763	梵文组合字符 ĐHWĀ
000F 073C	梵文组合字符 ĐWŪÅ	000F 0764	梵文组合字符 ĐHWI
000F 073D	梵文组合字符 ĐH	000F 0765	梵文组合字符 ĐHWĪ
000F 073E	梵文组合字符 ĐHĪ	000F 0766	梵文组合字符 ĐHWU
000F 073F	梵文组合字符 ĐHR̥	000F 0767	梵文组合字符 ĐHWŪ
000F 0740	梵文组合字符 ĐHŘ	000F 0768	梵文组合字符 ĐHWE
000F 0741	梵文组合字符 ĐHĒ	000F 0769	梵文组合字符 ĐHWO
000F 0742	梵文组合字符 ĐHŌ	000F 076A	梵文组合字符 ĐHWŌ
000F 0743	梵文组合字符 ĐHAÅ	000F 076B	梵文组合字符 ĐHWAÅ
000F 0744	梵文组合字符 ĐHĀÅ	000F 076C	梵文组合字符 ĐHWĀÅ
000F 0745	梵文组合字符 ĐHIÅ	000F 076D	梵文组合字符 Ņ
000F 0746	梵文组合字符 ĐHĪÅ	000F 076E	梵文组合字符 ŅŘ
000F 0747	梵文组合字符 ĐHUÅ	000F 076F	梵文组合字符 ŅĻ
000F 0748	梵文组合字符 ĐHĐHA	000F 0770	梵文组合字符 ŅĒ
000F 0749	梵文组合字符 ĐHĐHĀ	000F 0771	梵文组合字符 ŅŌ
000F 074A	梵文组合字符 ĐHĐHI	000F 0772	梵文组合字符 ŅAÅ
000F 074B	梵文组合字符 ĐHĐHU	000F 0773	梵文组合字符 ŅIÅ
000F 074C	梵文组合字符 ĐHĐHAÅ	000F 0774	梵文组合字符 ŅĪÅ
000F 074D	梵文组合字符 ĐHYA	000F 0775	梵文组合字符 ŅUÅ
000F 074E	梵文组合字符 ĐHYĀ	000F 0776	梵文组合字符 ŅKA
000F 074F	梵文组合字符 ĐHYI	000F 0777	梵文组合字符 ŅKĀ
000F 0750	梵文组合字符 ĐHYĪ	000F 0778	梵文组合字符 ŅKU
000F 0751	梵文组合字符 ĐHYU	000F 0779	梵文组合字符 ŅKO
000F 0752	梵文组合字符 ĐHYŪ	000F 077A	梵文组合字符 ŅKHA
000F 0753	梵文组合字符 ĐHYE	000F 077B	梵文组合字符 ŅKHĀ
000F 0754	梵文组合字符 ĐHYO	000F 077C	梵文组合字符 ŅGA
000F 0755	梵文组合字符 ĐHYŌ	000F 077D	梵文组合字符 ŅGĀ
000F 0756	梵文组合字符 ĐHYAÅ	000F 077E	梵文组合字符 ŅGHA
000F 0757	梵文组合字符 ĐHYĀÅ	000F 077F	梵文组合字符 ŅGHĀ

表 B.1（续）

代码位置	名称	代码位置	名称
000F 0780	梵文组合字符　ṆĆA	000F 07A8	梵文组合字符　ṆĐŌ
000F 0781	梵文组合字符　ṆĆĀ	000F 07A9	梵文组合字符　ṆĐAÅ
000F 0782	梵文组合字符　ṆĆHA	000F 07AA	梵文组合字符　ṆĐĀÅ
000F 0783	梵文组合字符　ṆĆHĀ	000F 07AB	梵文组合字符　ṆĐYA
000F 0784	梵文组合字符　ṆŹA	000F 07AC	梵文组合字符　ṆĐYĀ
000F 0785	梵文组合字符　ṆŹĀ	000F 07AD	梵文组合字符　ṆĐYE
000F 0786	梵文组合字符　ṆŹHA	000F 07AE	梵文组合字符　ṆĐHĀ
000F 0787	梵文组合字符　ṆŹHĀ	000F 07AF	梵文组合字符　ṆĐHI
000F 0788	梵文组合字符　ṆṬĀ	000F 07B0	梵文组合字符　ṆĐHĪ
000F 0789	梵文组合字符　ṆṬĪ	000F 07B1	梵文组合字符　ṆĐHU
000F 078A	梵文组合字符　ṆṬU	000F 07B2	梵文组合字符　ṆĐHŪ
000F 078B	梵文组合字符　ṆṬŪ	000F 07B3	梵文组合字符　ṆĐHE
000F 078C	梵文组合字符　ṆṬO	000F 07B4	梵文组合字符　ṆĐHĒ
000F 078D	梵文组合字符　ṆṬŌ	000F 07B5	梵文组合字符　ṆĐHO
000F 078E	梵文组合字符　ṆṬAÅ	000F 07B6	梵文组合字符　ṆĐHŌ
000F 078F	梵文组合字符　ṆṬĀÅ	000F 07B7	梵文组合字符　ṆĐHAÅ
000F 0790	梵文组合字符　ṆṬĆHE	000F 07B8	梵文组合字符　ṆĐHĀÅ
000F 0791	梵文组合字符　ṆṬYA	000F 07B9	梵文组合字符　ṆṆĀ
000F 0792	梵文组合字符　ṆṬYĀ	000F 07BA	梵文组合字符　ṆṆĪ
000F 0793	梵文组合字符　ṆṬYE	000F 07BB	梵文组合字符　ṆṆU
000F 0794	梵文组合字符　ṆṬŚE	000F 07BC	梵文组合字符　ṆṆŪ
000F 0795	梵文组合字符　ṆṬHA	000F 07BD	梵文组合字符　ṆṆṚ
000F 0796	梵文组合字符　ṆṬHĀ	000F 07BE	梵文组合字符　ṆṆO
000F 0797	梵文组合字符　ṆṬHI	000F 07BF	梵文组合字符　ṆṆŌ
000F 0798	梵文组合字符　ṆṬHĪ	000F 07C0	梵文组合字符　ṆṆAÅ
000F 0799	梵文组合字符　ṆṬHĒ	000F 07C1	梵文组合字符　ṆṆĀÅ
000F 079A	梵文组合字符　ṆṬHAÅ	000F 07C2	梵文组合字符　ṆṆYA
000F 079B	梵文组合字符　ṆṬHĀÅ	000F 07C3	梵文组合字符　ṆTA
000F 079C	梵文组合字符　ṆṬHYA	000F 07C4	梵文组合字符　ṆTĀ
000F 079D	梵文组合字符　ṆṬHYĀ	000F 07C5	梵文组合字符　ṆTI
000F 079E	梵文组合字符　ṆṬHYI	000F 07C6	梵文组合字符　ṆTU
000F 079F	梵文组合字符　ṆṬHYU	000F 07C7	梵文组合字符　ṆTHA
000F 07A0	梵文组合字符　ṆṬHRA	000F 07C8	梵文组合字符　ṆTHĀ
000F 07A1	梵文组合字符　ṆṬHRĀ	000F 07C9	梵文组合字符　ṆDA
000F 07A2	梵文组合字符　ṆṬHRI	000F 07CA	梵文组合字符　ṆDĀ
000F 07A3	梵文组合字符　ṆṬHRU	000F 07CB	梵文组合字符　ṆDI
000F 07A4	梵文组合字符　ṆĐĀ	000F 07CC	梵文组合字符　ṆDU
000F 07A5	梵文组合字符　ṆĐĪ	000F 07CD	梵文组合字符　ṆDRA
000F 07A6	梵文组合字符　ṆĐU	000F 07CE	梵文组合字符　ṆDRI
000F 07A7	梵文组合字符　ṆĐŪ	000F 07CF	梵文组合字符　ṆDRĪ

表 B.1（续）

代码位置	名称		代码位置	名称	
000F 07D0	梵文组合字符	ŅDHA	000F 07F8	梵文组合字符	ŅRO
000F 07D1	梵文组合字符	ŅDHĀ	000F 07F9	梵文组合字符	ŅRŌ
000F 07D2	梵文组合字符	ŅPA	000F 07FA	梵文组合字符	ŅRAÅ
000F 07D3	梵文组合字符	ŅPĀ	000F 07FB	梵文组合字符	ŅLA
000F 07D4	梵文组合字符	ŅPU	000F 07FC	梵文组合字符	ŅLĀ
000F 07D5	梵文组合字符	ŅPHA	000F 07FD	梵文组合字符	ŅLI
000F 07D6	梵文组合字符	ŅPHĀ	000F 07FE	梵文组合字符	ŅLU
000F 07D7	梵文组合字符	ŅBA	000F 07FF	梵文组合字符	ŅWA
000F 07D8	梵文组合字符	ŅBĀ	000F 0800	梵文组合字符	ŅWĀ
000F 07D9	梵文组合字符	ŅBHA	000F 0801	梵文组合字符	ŅWI
000F 07DA	梵文组合字符	ŅBHĀ	000F 0802	梵文组合字符	ŅWĪ
000F 07DB	梵文组合字符	ŅBHI	000F 0803	梵文组合字符	ŅWU
000F 07DC	梵文组合字符	ŅBHŪ	000F 0804	梵文组合字符	ŅWŪ
000F 07DD	梵文组合字符	ŅNHYA	000F 0805	梵文组合字符	ŅWE
000F 07DE	梵文组合字符	ŅBHYO	000F 0806	梵文组合字符	ŅWAÅ
000F 07DF	梵文组合字符	ŅMA	000F 0807	梵文组合字符	ŅŚA
000F 07E0	梵文组合字符	ŅMĀ	000F 0808	梵文组合字符	ŅŚĀ
000F 07E1	梵文组合字符	ŅMI	000F 0809	梵文组合字符	ŅŚI
000F 07E2	梵文组合字符	ŅMĪ	000F 080A	梵文组合字符	ŅŚU
000F 07E3	梵文组合字符	ŅMU	000F 080B	梵文组合字符	ŅŚE
000F 07E4	梵文组合字符	ŅMŪ	000F 080C	梵文组合字符	ŅŚO
000F 07E5	梵文组合字符	ŅMŖ	000F 080D	梵文组合字符	ŅŞA
000F 07E6	梵文组合字符	ŅMŘ	000F 080E	梵文组合字符	ŅŞĀ
000F 07E7	梵文组合字符	ŅME	000F 080F	梵文组合字符	ŅŞU
000F 07E8	梵文组合字符	ŅMĒ	000F 0810	梵文组合字符	ŅŞO
000F 07E9	梵文组合字符	ŅMO	000F 0811	梵文组合字符	ŅSA
000F 07EA	梵文组合字符	ŅMŌ	000F 0812	梵文组合字符	ŅSĀ
000F 07EB	梵文组合字符	ŅYI	000F 0813	梵文组合字符	ŅSU
000F 07EC	梵文组合字符	ŅYĪ	000F 0814	梵文组合字符	T
000F 07ED	梵文组合字符	ŅYU	000F 0815	梵文组合字符	TŪ
000F 07EE	梵文组合字符	ŅYĒ	000F 0816	梵文组合字符	TĻ
000F 07EF	梵文组合字符	ŅYO	000F 0817	梵文组合字符	TĹ
000F 07F0	梵文组合字符	ŅYŌ	000F 0818	梵文组合字符	TUÅ
000F 07F1	梵文组合字符	ŅRA	000F 0819	梵文组合字符	TŪÅ
000F 07F2	梵文组合字符	ŅRĀ	000F 081A	梵文组合字符	TŖÅ
000F 07F3	梵文组合字符	ŅRĪ	000F 081B	梵文组合字符	TŘÅ
000F 07F4	梵文组合字符	ŅRU	000F 081C	梵文组合字符	TKI
000F 07F5	梵文组合字符	ŅRŪ	000F 081D	梵文组合字符	TKĪ
000F 07F6	梵文组合字符	ŅRE	000F 081E	梵文组合字符	TKŪ
000F 07F7	梵文组合字符	ŅRĒ	000F 081F	梵文组合字符	TKŖ

表 B.1（续）

代码位置	名称	代码位置	名称
000F 0820	梵文组合字符　TKŘ	000F 0848	梵文组合字符　TKŞA
000F 0821	梵文组合字符　TKĻ	000F 0849	梵文组合字符　TKŞĀ
000F 0822	梵文组合字符　TKE	000F 084A	梵文组合字符　TKŞI
000F 0823	梵文组合字符　TKĒ	000F 084B	梵文组合字符　TKŞĪ
000F 0824	梵文组合字符　TK0	000F 084C	梵文组合字符　TKŞU
000F 0825	梵文组合字符　TKŌ	000F 084D	梵文组合字符　TKŞE
000F 0826	梵文组合字符　TKAÅ	000F 084E	梵文组合字符　TKŞĒ
000F 0827	梵文组合字符　TKĀÅ	000F 084F	梵文组合字符　TKŞO
000F 0828	梵文组合字符　TKIÅ	000F 0850	梵文组合字符　TKŞŌ
000F 0829	梵文组合字符　TKTA	000F 0851	梵文组合字符　TKŞAÅ
000F 082A	梵文组合字符　TKNA	000F 0852	梵文组合字符　TKŞṆA
000F 082B	梵文组合字符　TKNŪ	000F 0853	梵文组合字符　TKŞṆU
000F 082C	梵文组合字符　TKYA	000F 0854	梵文组合字符　TKŞṆO
000F 082D	梵文组合字符　TKYĀ	000F 0855	梵文组合字符　TKŞṆŌ
000F 082E	梵文组合字符　TKYE	000F 0856	梵文组合字符　TKŞMA
000F 082F	梵文组合字符　TKYĒ	000F 0857	梵文组合字符　TKŞMĀ
000F 0830	梵文组合字符　TKRA	000F 0858	梵文组合字符　TKŞYA
000F 0831	梵文组合字符　TKRĀ	000F 0859	梵文组合字符　TKŞYU
000F 0832	梵文组合字符　TKRI	000F 085A	梵文组合字符　TKŞRA
000F 0833	梵文组合字符　TKRĪ	000F 085B	梵文组合字符　TKŞRŌ
000F 0834	梵文组合字符　TKRU	000F 085C	梵文组合字符　TKŞWA
000F 0835	梵文组合字符　TKRŪ	000F 085D	梵文组合字符　TKŞWI
000F 0836	梵文组合字符　TKRE	000F 085E	梵文组合字符　TKŞWE
000F 0837	梵文组合字符　TKRĒ	000F 085F	梵文组合字符　TKŞWAÅ
000F 0838	梵文组合字符　TKRO	000F 0860	梵文组合字符　TKHA
000F 0839	梵文组合字符　TKRŌ	000F 0861	梵文组合字符　TKHĀ
000F 083A	梵文组合字符　TKRAÅ	000F 0862	梵文组合字符　TKHI
000F 083B	梵文组合字符　TKLA	000F 0863	梵文组合字符　TKHĪ
000F 083C	梵文组合字符　TKLĀ	000F 0864	梵文组合字符　TKHU
000F 083D	梵文组合字符　TKLI	000F 0865	梵文组合字符　TKHŪ
000F 083E	梵文组合字符　TKLĪ	000F 0866	梵文组合字符　TKHE
000F 083F	梵文组合字符　TKLE	000F 0867	梵文组合字符　TKHO
000F 0840	梵文组合字符　TKLĒ	000F 0868	梵文组合字符　TKHAÅ
000F 0841	梵文组合字符　TKLO	000F 0869	梵文组合字符　TKHYA
000F 0842	梵文组合字符　TKLAÅ	000F 086A	梵文组合字符　TKHYĀ
000F 0843	梵文组合字符　TKWA	000F 086B	梵文组合字符　TKHYE
000F 0844	梵文组合字符　TKWĀ	000F 086C	梵文组合字符　TKHRA
000F 0845	梵文组合字符　TKWI	000F 086D	梵文组合字符　TKHWA
000F 0846	梵文组合字符　TKWO	000F 086E	梵文组合字符　TKHWE
000F 0847	梵文组合字符　TKWAÅ	000F 086F	梵文组合字符　TGA

表 B.1（续）

代码位置	名称	代码位置	名称
000F 0870	梵文组合字符　TGĀ	000F 0898	梵文组合字符　TTRO
000F 0871	梵文组合字符　TGṚ	000F 0899	梵文组合字符　TTRAÅ
000F 0872	梵文组合字符　TGAÅ	000F 089A	梵文组合字符　TTRĀÅ
000F 0873	梵文组合字符　TGHA	000F 089B	梵文组合字符　TTRYA
000F 0874	梵文组合字符　TṬA	000F 089C	梵文组合字符　TTRYĀ
000F 0875	梵文组合字符　TṬĀ	000F 089D	梵文组合字符　TTRYE
000F 0876	梵文组合字符　TṬI	000F 089E	梵文组合字符　TTRYĒ
000F 0877	梵文组合字符　TṬHA	000F 089F	梵文组合字符　TTWA
000F 0878	梵文组合字符　TṬHĀ	000F 08A0	梵文组合字符　TTWĀ
000F 0879	梵文组合字符　TT	000F 08A1	梵文组合字符　TTWI
000F 087A	梵文组合字符　TTĪ	000F 08A2	梵文组合字符　TTWĪ
000F 087B	梵文组合字符　TTŪ	000F 08A3	梵文组合字符　TTWŪ
000F 087C	梵文组合字符　TTṚ	000F 08A4	梵文组合字符　TTWE
000F 087D	梵文组合字符　TTŘ	000F 08A5	梵文组合字符　TTWĒ
000F 087E	梵文组合字符　TTE	000F 08A6	梵文组合字符　TTWO
000F 087F	梵文组合字符　TTĒ	000F 08A7	梵文组合字符　TTWŌ
000F 0880	梵文组合字符　TTO	000F 08A8	梵文组合字符　TTWAÅ
000F 0881	梵文组合字符　TTŌ	000F 08A9	梵文组合字符　TTWĀÅ
000F 0882	梵文组合字符　TTAÅ	000F 08AA	梵文组合字符　TTSA
000F 0883	梵文组合字符　TTIÅ	000F 08AB	梵文组合字符　TTSĀ
000F 0884	梵文组合字符　TTĪÅ	000F 08AC	梵文组合字符　TTH
000F 0885	梵文组合字符　TTUÅ	000F 08AD	梵文组合字符　TTHA
000F 0886	梵文组合字符　TTŪÅ	000F 08AE	梵文组合字符　TTHI
000F 0887	梵文组合字符　TTṚÅ	000F 08AF	梵文组合字符　TTHĪ
000F 0888	梵文组合字符　TTŘÅ	000F 08B0	梵文组合字符　TTHU
000F 0889	梵文组合字符　TTMA	000F 08B1	梵文组合字符　TTHŪ
000F 088A	梵文组合字符　TTYA	000F 08B2	梵文组合字符　TTHṚ
000F 088B	梵文组合字符　TTYĀ	000F 08B3	梵文组合字符　TTHE
000F 088C	梵文组合字符　TTYU	000F 08B4	梵文组合字符　TTHO
000F 088D	梵文组合字符　TTYE	000F 08B5	梵文组合字符　TTHAÅ
000F 088E	梵文组合字符　TTYĒ	000F 08B6	梵文组合字符　TTHĀÅ
000F 088F	梵文组合字符　TTYO	000F 08B7	梵文组合字符　TTHYA
000F 0890	梵文组合字符　TTYAÅ	000F 08B8	梵文组合字符　TTHYĀ
000F 0891	梵文组合字符　TTRĀ	000F 08B9	梵文组合字符　TTHYAÅ
000F 0892	梵文组合字符　TTRI	000F 08BA	梵文组合字符　TNI
000F 0893	梵文组合字符　TTRĪ	000F 08BB	梵文组合字符　TNĪ
000F 0894	梵文组合字符　TTRU	000F 08BC	梵文组合字符　TNU
000F 0895	梵文组合字符　TTRŪ	000F 08BD	梵文组合字符　TNŪ
000F 0896	梵文组合字符　TTRE	000F 08BE	梵文组合字符　TNĒ
000F 0897	梵文组合字符　TTRĒ	000F 08BF	梵文组合字符　TNO

表 B.1（续）

代码位置	名称	代码位置	名称
000F 08C0	梵文组合字符　TNŌ	000F 08E8	梵文组合字符　TPLI
000F 08C1	梵文组合字符　TNAÅ	000F 08E9	梵文组合字符　TPLĪ
000F 08C2	梵文组合字符　TNĀÅ	000F 08EA	梵文组合字符　TPLU
000F 08C3	梵文组合字符　TNĪÅ	000F 08EB	梵文组合字符　TPLE
000F 08C4	梵文组合字符　TNUÅ	000F 08EC	梵文组合字符　TPSO
000F 08C5	梵文组合字符　TNYA	000F 08ED	梵文组合字符　TPSA
000F 08C6	梵文组合字符　TNYĀ	000F 08EE	梵文组合字符　TPSĀ
000F 08C7	梵文组合字符　TNYU	000F 08EF	梵文组合字符　TPSU
000F 08C8	梵文组合字符　TNYŪ	000F 08F0	梵文组合字符　TPHA
000F 08C9	梵文组合字符　TNYAÅ	000F 08F1	梵文组合字符　TPHĀ
000F 08CA	梵文组合字符　TPĀ	000F 08F2	梵文组合字符　TPHI
000F 08CB	梵文组合字符　TPI	000F 08F3	梵文组合字符　TPHĪ
000F 08CC	梵文组合字符　TPĪ	000F 08F4	梵文组合字符　TPHU
000F 08CD	梵文组合字符　TPR̥	000F 08F5	梵文组合字符　TPHŪ
000F 08CE	梵文组合字符　TPŘ	000F 08F6	梵文组合字符　TPHE
000F 08CF	梵文组合字符　TPE	000F 08F7	梵文组合字符　TPHĒ
000F 08D0	梵文组合字符　TPĒ	000F 08F8	梵文组合字符　TPHO
000F 08D1	梵文组合字符　TPO	000F 08F9	梵文组合字符　TPHYA
000F 08D2	梵文组合字符　TPŌ	000F 08FA	梵文组合字符　TPHRA
000F 08D3	梵文组合字符　TPAÅ	000F 08FB	梵文组合字符　TBHA
000F 08D4	梵文组合字符　TPĀÅ	000F 08FC	梵文组合字符　TBHĀ
000F 08D5	梵文组合字符　TPUÅ	000F 08FD	梵文组合字符　TBHI
000F 08D6	梵文组合字符　TPR̥Å	000F 08FE	梵文组合字符　TBHU
000F 08D7	梵文组合字符　TPTA	000F 08FF	梵文组合字符　TM
000F 08D8	梵文组合字符　TPNA	000F 0900	梵文组合字符　TMŪ
000F 08D9	梵文组合字符　TPNAÅ	000F 0901	梵文组合字符　TMĒ
000F 08DA	梵文组合字符　TPYA	000F 0902	梵文组合字符　TMAÅ
000F 08DB	梵文组合字符　TPRA	000F 0903	梵文组合字符　TMĀÅ
000F 08DC	梵文组合字符　TPRĀ	000F 0904	梵文组合字符　TMYĀ
000F 08DD	梵文组合字符　TPRI	000F 0905	梵文组合字符　TMYE
000F 08DE	梵文组合字符　TPRĪ	000F 0906	梵文组合字符　TMYĀÅ
000F 08DF	梵文组合字符　TPRU	000F 0907	梵文组合字符　TMRA
000F 08E0	梵文组合字符　TPRŪ	000F 0908	梵文组合字符　TYI
000F 08E1	梵文组合字符　TPRE	000F 0909	梵文组合字符　TYĪ
000F 08E2	梵文组合字符　TPRĒ	000F 090A	梵文组合字符　TYŪ
000F 08E3	梵文组合字符　TPRO	000F 090B	梵文组合字符　TYĒ
000F 08E4	梵文组合字符　TPRŌ	000F 090C	梵文组合字符　TYO
000F 08E5	梵文组合字符　TPRAÅ	000F 090D	梵文组合字符　TYŌ
000F 08E6	梵文组合字符　TPLA	000F 090E	梵文组合字符　TYĀÅ
000F 08E7	梵文组合字符　TPL̥Ā	000F 090F	梵文组合字符　TYIÅ

表 B.1（续）

代码位置	名称		代码位置	名称	
000F 0910	梵文组合字符	TYUÅ	000F 0938	梵文组合字符	TSĀÅ
000F 0911	梵文组合字符	TR	000F 0939	梵文组合字符	TSIÅ
000F 0912	梵文组合字符	TRŪÅ	000F 093A	梵文组合字符	TSKA
000F 0913	梵文组合字符	TRYĀ	000F 093B	梵文组合字符	TSKĀ
000F 0914	梵文组合字符	TRYI	000F 093C	梵文组合字符	TSKU
000F 0915	梵文组合字符	TRYĪ	000F 093D	梵文组合字符	TSKŪ
000F 0916	梵文组合字符	TRYU	000F 093E	梵文组合字符	TSKṚ
000F 0917	梵文组合字符	TRYŪ	000F 093F	梵文组合字符	TSKHA
000F 0918	梵文组合字符	TRYṚ	000F 0940	梵文组合字符	TSKHĀ
000F 0919	梵文组合字符	TRYE	000F 0941	梵文组合字符	TSTA
000F 091A	梵文组合字符	TRYĒ	000F 0942	梵文组合字符	TSTĀ
000F 091B	梵文组合字符	TRYO	000F 0943	梵文组合字符	TSTI
000F 091C	梵文组合字符	TRYĀÅ	000F 0944	梵文组合字符	TSTĪ
000F 091D	梵文组合字符	TLA	000F 0945	梵文组合字符	TSTU
000F 091E	梵文组合字符	TLĀ	000F 0946	梵文组合字符	TSTŪ
000F 091F	梵文组合字符	TLI	000F 0947	梵文组合字符	TSTṚ
000F 0920	梵文组合字符	TLO	000F 0948	梵文组合字符	TSTE
000F 0921	梵文组合字符	TWĪ	000F 0949	梵文组合字符	TSTĒ
000F 0922	梵文组合字符	TWU	000F 094A	梵文组合字符	TSTO
000F 0923	梵文组合字符	TWŪ	000F 094B	梵文组合字符	TSTŌ
000F 0924	梵文组合字符	TWĒ	000F 094C	梵文组合字符	TSTYA
000F 0925	梵文组合字符	TWO	000F 094D	梵文组合字符	TSTYĀ
000F 0926	梵文组合字符	TWŌ	000F 094E	梵文组合字符	TSTRI
000F 0927	梵文组合字符	TWYĀ	000F 094F	梵文组合字符	TSTRĪ
000F 0928	梵文组合字符	TŚĀ	000F 0950	梵文组合字符	TSTHA
000F 0929	梵文组合字符	TŚI	000F 0951	梵文组合字符	TSTHĀ
000F 092A	梵文组合字符	TṢA	000F 0952	梵文组合字符	TSTHI
000F 092B	梵文组合字符	TS	000F 0953	梵文组合字符	TSTHU
000F 092C	梵文组合字符	TSA	000F 0954	梵文组合字符	TSTHŪ
000F 092D	梵文组合字符	TSĀ	000F 0955	梵文组合字符	TSTHE
000F 092E	梵文组合字符	TSI	000F 0956	梵文组合字符	TSTHĒ
000F 092F	梵文组合字符	TSĪ	000F 0957	梵文组合字符	TSTHO
000F 0930	梵文组合字符	TSU	000F 0958	梵文组合字符	TSTHŌ
000F 0931	梵文组合字符	TSŪ	000F 0959	梵文组合字符	TSNA
000F 0932	梵文组合字符	TSṚ	000F 095A	梵文组合字符	TSNĀ
000F 0933	梵文组合字符	TSŘ	000F 095B	梵文组合字符	TSNI
000F 0934	梵文组合字符	TSE	000F 095C	梵文组合字符	TSNĪ
000F 0935	梵文组合字符	TSĒ	000F 095D	梵文组合字符	TSNU
000F 0936	梵文组合字符	TSO	000F 095E	梵文组合字符	TSNŪ
000F 0937	梵文组合字符	TSŌ	000F 095F	梵文组合字符	TSNE

表 B.1（续）

代码位置	名称	代码位置	名称
000F 0960	梵文组合字符　TSNĒ	000F 0988	梵文组合字符　TSRA
000F 0961	梵文组合字符　TSNO	000F 0989	梵文组合字符　TSRĀ
000F 0962	梵文组合字符　TSNŌ	000F 098A	梵文组合字符　TSRI
000F 0963	梵文组合字符　TSNAÅ	000F 098B	梵文组合字符　TSRU
000F 0964	梵文组合字符　TSNĀÅ	000F 098C	梵文组合字符　TSRŪ
000F 0965	梵文组合字符　TSNĪÅ	000F 098D	梵文组合字符　TSRE
000F 0966	梵文组合字符　TSNYA	000F 098E	梵文组合字符　TSRO
000F 0967	梵文组合字符　TSNYĀ	000F 098F	梵文组合字符　TSRAÅ
000F 0968	梵文组合字符　TSNYI	000F 0990	梵文组合字符　TSRIÅ
000F 0969	梵文组合字符　TSNYĪ	000F 0991	梵文组合字符　TSWA
000F 096A	梵文组合字符　TSNYU	000F 0992	梵文组合字符　TSWĀ
000F 096B	梵文组合字符　TSNYŪ	000F 0993	梵文组合字符　TSWI
000F 096C	梵文组合字符　TSNYE	000F 0994	梵文组合字符　TSWĪ
000F 096D	梵文组合字符　TSNYO	000F 0995	梵文组合字符　TSWE
000F 096E	梵文组合字符　TSPA	000F 0996	梵文组合字符　TSWĒ
000F 096F	梵文组合字符　TSPĀ	000F 0997	梵文组合字符　TSWO
000F 0970	梵文组合字符　TSPU	000F 0998	梵文组合字符　TSWŌ
000F 0971	梵文组合字符　TSPŪ	000F 0999	梵文组合字符　TSWAÅ
000F 0972	梵文组合字符　TSPṚ	000F 099A	梵文组合字符　TSWĀÅ
000F 0973	梵文组合字符　TSPRA	000F 099B	梵文组合字符　TH
000F 0974	梵文组合字符　TSPHA	000F 099C	梵文组合字符　THĒ
000F 0975	梵文组合字符　TSPHĀ	000F 099D	梵文组合字符　THŌ
000F 0976	梵文组合字符　TSPHI	000F 099E	梵文组合字符　THAÅ
000F 0977	梵文组合字符　TSPHĪ	000F 099F	梵文组合字符　THĀÅ
000F 0978	梵文组合字符　TSPHU	000F 09A0	梵文组合字符　THIÅ
000F 0979	梵文组合字符　TSPHŪ	000F 09A1	梵文组合字符　THĪÅ
000F 097A	梵文组合字符　TSPHO	000F 09A2	梵文组合字符　THUÅ
000F 097B	梵文组合字符　TSMA	000F 09A3	梵文组合字符　THNĀ
000F 097C	梵文组合字符　TSMĀ	000F 09A4	梵文组合字符　THYĀ
000F 097D	梵文组合字符　TSMI	000F 09A5	梵文组合字符　THYU
000F 097E	梵文组合字符　TSMṚ	000F 09A6	梵文组合字符　THYŪ
000F 097F	梵文组合字符　TSME	000F 09A7	梵文组合字符　THYE
000F 0980	梵文组合字符　TSMYA	000F 09A8	梵文组合字符　THYĒ
000F 0981	梵文组合字符　TSYA	000F 09A9	梵文组合字符　THYO
000F 0982	梵文组合字符　TSYĀ	000F 09AA	梵文组合字符　THYŌ
000F 0983	梵文组合字符　TSYU	000F 09AB	梵文组合字符　THYAÅ
000F 0984	梵文组合字符　TSYŪ	000F 09AC	梵文组合字符　THYĀÅ
000F 0985	梵文组合字符　TSYO	000F 09AD	梵文组合字符　THRĀ
000F 0986	梵文组合字符　TSYŌ	000F 09AE	梵文组合字符　THWĀ
000F 0987	梵文组合字符　TSYAÅ	000F 09AF	梵文组合字符　THWI

表 B.1（续）

代码位置	名称	代码位置	名称
000F 09B0	梵文组合字符　D	000F 09D8	梵文组合字符　DGHR̦
000F 09B1	梵文组合字符　DŘ	000F 09D9	梵文组合字符　DGHŘ
000F 09B2	梵文组合字符　DĻ	000F 09DA	梵文组合字符　DGHE
000F 09B3	梵文组合字符　DĀÅ	000F 09DB	梵文组合字符　DGHĒ
000F 09B4	梵文组合字符　DIÅ	000F 09DC	梵文组合字符　DGHO
000F 09B5	梵文组合字符　DĪÅ	000F 09DD	梵文组合字符　DGHŌ
000F 09B6	梵文组合字符　DŪÅ	000F 09DE	梵文组合字符　DGHYA
000F 09B7	梵文组合字符　DR̦Å	000F 09DF	梵文组合字符　DGHYĀ
000F 09B8	梵文组合字符　DGI	000F 09E0	梵文组合字符　DGHYO
000F 09B9	梵文组合字符　DGĪ	000F 09E1	梵文组合字符　DGHRA
000F 09BA	梵文组合字符　DGU	000F 09E2	梵文组合字符　DGHRĀ
000F 09BB	梵文组合字符　DGŪ	000F 09E3	梵文组合字符　DGHRI
000F 09BC	梵文组合字符　DGR̦	000F 09E4	梵文组合字符　DGHRĪ
000F 09BD	梵文组合字符　DGŘ	000F 09E5	梵文组合字符　DGHRE
000F 09BE	梵文组合字符　DGE	000F 09E6	梵文组合字符　DGHWA
000F 09BF	梵文组合字符　DGĒ	000F 09E7	梵文组合字符　DGHWĀ
000F 09C0	梵文组合字符　DGO	000F 09E8	梵文组合字符　DŹA
000F 09C1	梵文组合字符　DGŌ	000F 09E9	梵文组合字符　DŹU
000F 09C2	梵文组合字符　DGAÅ	000F 09EA	梵文组合字符　DĐA
000F 09C3	梵文组合字符　DGĀÅ	000F 09EB	梵文组合字符　DĐĀ
000F 09C4	梵文组合字符　DGIÅ	000F 09EC	梵文组合字符　DĐHA
000F 09C5	梵文组合字符　DGUÅ	000F 09ED	梵文组合字符　DĐHĀ
000F 09C6	梵文组合字符　DGTĀ	000F 09EE	梵文组合字符　DDI
000F 09C7	梵文组合字符　DGRA	000F 09EF	梵文组合字符　DDĪ
000F 09C8	梵文组合字符　DGRĀ	000F 09F0	梵文组合字符　DDU
000F 09C9	梵文组合字符　DGRI	000F 09F1	梵文组合字符　DDŪ
000F 09CA	梵文组合字符　DGRĪ	000F 09F2	梵文组合字符　DDR̦
000F 09CB	梵文组合字符　DGRU	000F 09F3	梵文组合字符　DDŘ
000F 09CC	梵文组合字符　DGRŪ	000F 09F4	梵文组合字符　DDE
000F 09CD	梵文组合字符　DGRE	000F 09F5	梵文组合字符　DDĒ
000F 09CE	梵文组合字符　DGRO	000F 09F6	梵文组合字符　DDO
000F 09CF	梵文组合字符　DGRAÅ	000F 09F7	梵文组合字符　DDŌ
000F 09D0	梵文组合字符　DGRĀÅ	000F 09F8	梵文组合字符　DDAÅ
000F 09D1	梵文组合字符　DGLA	000F 09F9	梵文组合字符　DDĀÅ
000F 09D2	梵文组合字符　DGLĀ	000F 09FA	梵文组合字符　DDYA
000F 09D3	梵文组合字符　DGLŌ	000F 09FB	梵文组合字符　DDYĀ
000F 09D4	梵文组合字符　DGHI	000F 09FC	梵文组合字符　DDYU
000F 09D5	梵文组合字符　DGHĪ	000F 09FD	梵文组合字符　DDYŪ
000F 09D6	梵文组合字符　DGHU	000F 09FE	梵文组合字符　DDYE
000F 09D7	梵文组合字符　DGHŪ	000F 09FF	梵文组合字符　DDYĒ

表 B.1（续）

代码位置	名称	代码位置	名称
000F 0A00	梵文组合字符　DDYO	000F 0A28	梵文组合字符　DDHMĀ
000F 0A01	梵文组合字符　DDYŌ	000F 0A29	梵文组合字符　DDHMAÅ
000F 0A02	梵文组合字符　DDYAÅ	000F 0A2A	梵文组合字符　DDHYĀ
000F 0A03	梵文组合字符　DDYĀÅ	000F 0A2B	梵文组合字符　DDHYI
000F 0A04	梵文组合字符　DDRA	000F 0A2C	梵文组合字符　DDHYU
000F 0A05	梵文组合字符　DDRĀ	000F 0A2D	梵文组合字符　DDHYE
000F 0A06	梵文组合字符　DDRI	000F 0A2E	梵文组合字符　DDHYĒ
000F 0A07	梵文组合字符　DDRĪ	000F 0A2F	梵文组合字符　DDHYO
000F 0A08	梵文组合字符　DDRU	000F 0A30	梵文组合字符　DDHYŌ
000F 0A09	梵文组合字符　DDRŪ	000F 0A31	梵文组合字符　DDHYAÅ
000F 0A0A	梵文组合字符　DDRO	000F 0A32	梵文组合字符　DDHYĀÅ
000F 0A0B	梵文组合字符　DDRŌ	000F 0A33	梵文组合字符　DDHYIÅ
000F 0A0C	梵文组合字符　DDRAÅ	000F 0A34	梵文组合字符　DDHRI
000F 0A0D	梵文组合字符　DDRĀÅ	000F 0A35	梵文组合字符　DDHRĪ
000F 0A0E	梵文组合字符　DDRWA	000F 0A36	梵文组合字符　DDHRU
000F 0A0F	梵文组合字符　DDWA	000F 0A37	梵文组合字符　DDHRŌ
000F 0A10	梵文组合字符　DDWĀ	000F 0A38	梵文组合字符　DDHRAÅ
000F 0A11	梵文组合字符　DDWI	000F 0A39	梵文组合字符　DDHRĀÅ
000F 0A12	梵文组合字符　DDWĪ	000F 0A3A	梵文组合字符　DDHWA
000F 0A13	梵文组合字符　DDWE	000F 0A3B	梵文组合字符　DDHWĀ
000F 0A14	梵文组合字符　DDWĒ	000F 0A3C	梵文组合字符　DDHWĒ
000F 0A15	梵文组合字符　DDWO	000F 0A3D	梵文组合字符　DDHWO
000F 0A16	梵文组合字符　DDWŌ	000F 0A3E	梵文组合字符　DDHWŌ
000F 0A17	梵文组合字符　DDWAÅ	000F 0A3F	梵文组合字符　DDHWAÅ
000F 0A18	梵文组合字符　DDWĀÅ	000F 0A40	梵文组合字符　DNĀ
000F 0A19	梵文组合字符　DDWYA	000F 0A41	梵文组合字符　DNI
000F 0A1A	梵文组合字符　DDWYĀ	000F 0A42	梵文组合字符　DNĪ
000F 0A1B	梵文组合字符　DDWYU	000F 0A43	梵文组合字符　DNU
000F 0A1C	梵文组合字符　DDWYE	000F 0A44	梵文组合字符　DNŪ
000F 0A1D	梵文组合字符　DDHŪ	000F 0A45	梵文组合字符　DNR̥
000F 0A1E	梵文组合字符　DDHR̥	000F 0A46	梵文组合字符　DNE
000F 0A1F	梵文组合字符　DDHŘ	000F 0A47	梵文组合字符　DNĒ
000F 0A20	梵文组合字符　DDHĒ	000F 0A48	梵文组合字符　DNO
000F 0A21	梵文组合字符　DDHŌ	000F 0A49	梵文组合字符　DNŌ
000F 0A22	梵文组合字符　DDHAÅ	000F 0A4A	梵文组合字符　DNAÅ
000F 0A23	梵文组合字符　DDHĀÅ	000F 0A4B	梵文组合字符　DNĀÅ
000F 0A24	梵文组合字符　DDHIÅ	000F 0A4C	梵文组合字符　DNYA
000F 0A25	梵文组合字符　DDHUÅ	000F 0A4D	梵文组合字符　DNYĀ
000F 0A26	梵文组合字符　DDHOÅ	000F 0A4E	梵文组合字符　DNYU
000F 0A27	梵文组合字符　DDHMA	000F 0A4F	梵文组合字符　DNYŪ

表 B.1（续）

代码位置	名称		代码位置	名称	
000F 0A50	梵文组合字符	DNYAÅ	000F 0A78	梵文组合字符	DBRO
000F 0A51	梵文组合字符	DNRA	000F 0A79	梵文组合字符	DBRŌ
000F 0A52	梵文组合字符	DNWA	000F 0A7A	梵文组合字符	DBRAÅ
000F 0A53	梵文组合字符	DNWĒ	000F 0A7B	梵文组合字符	DBLA
000F 0A54	梵文组合字符	DNWAÅ	000F 0A7C	梵文组合字符	DBLĀ
000F 0A55	梵文组合字符	DBA	000F 0A7D	梵文组合字符	DBLI
000F 0A56	梵文组合字符	DBĀ	000F 0A7E	梵文组合字符	DBLĪ
000F 0A57	梵文组合字符	DBI	000F 0A7F	梵文组合字符	DBLU
000F 0A58	梵文组合字符	DBĪ	000F 0A80	梵文组合字符	DBLE
000F 0A59	梵文组合字符	DBU	000F 0A81	梵文组合字符	DBLO
000F 0A5A	梵文组合字符	DBŪ	000F 0A82	梵文组合字符	DBLŌ
000F 0A5B	梵文组合字符	DBṚ	000F 0A83	梵文组合字符	DBHĀ
000F 0A5C	梵文组合字符	DBŘ	000F 0A84	梵文组合字符	DBHI
000F 0A5D	梵文组合字符	DBE	000F 0A85	梵文组合字符	DBHĪ
000F 0A5E	梵文组合字符	DBĒ	000F 0A86	梵文组合字符	DBHṚ
000F 0A5F	梵文组合字符	DBO	000F 0A87	梵文组合字符	DBHE
000F 0A60	梵文组合字符	DBŌ	000F 0A88	梵文组合字符	DBHĒ
000F 0A61	梵文组合字符	DBAÅ	000F 0A89	梵文组合字符	DBHO
000F 0A62	梵文组合字符	DBĀÅ	000F 0A8A	梵文组合字符	DBHŌ
000F 0A63	梵文组合字符	DBTHI	000F 0A8B	梵文组合字符	DBHAÅ
000F 0A64	梵文组合字符	DBPHĀ	000F 0A8C	梵文组合字符	DBHYA
000F 0A65	梵文组合字符	DBBA	000F 0A8D	梵文组合字符	DBHYĀ
000F 0A66	梵文组合字符	DBMI	000F 0A8E	梵文组合字符	DBHYI
000F 0A67	梵文组合字符	DBYA	000F 0A8F	梵文组合字符	DBHYU
000F 0A68	梵文组合字符	DBYĀ	000F 0A90	梵文组合字符	DBHYŪ
000F 0A69	梵文组合字符	DBYI	000F 0A91	梵文组合字符	DBHYE
000F 0A6A	梵文组合字符	DBYU	000F 0A92	梵文组合字符	DBHYĒ
000F 0A6B	梵文组合字符	DBYŪ	000F 0A93	梵文组合字符	DBHYO
000F 0A6C	梵文组合字符	DBYE	000F 0A94	梵文组合字符	DBHYŌ
000F 0A6D	梵文组合字符	DBYO	000F 0A95	梵文组合字符	DBHYAÅ
000F 0A6E	梵文组合字符	DBYŌ	000F 0A96	梵文组合字符	DBHYĀÅ
000F 0A6F	梵文组合字符	DBYAÅ	000F 0A97	梵文组合字符	DBHRA
000F 0A70	梵文组合字符	DBRA	000F 0A98	梵文组合字符	DBHRĀ
000F 0A71	梵文组合字符	DBRĀ	000F 0A99	梵文组合字符	DBHRI
000F 0A72	梵文组合字符	DBRI	000F 0A9A	梵文组合字符	DBHRĪ
000F 0A73	梵文组合字符	DBRĪ	000F 0A9B	梵文组合字符	DBHRU
000F 0A74	梵文组合字符	DBRU	000F 0A9C	梵文组合字符	DBHRŪ
000F 0A75	梵文组合字符	DBRŪ	000F 0A9D	梵文组合字符	DBHRE
000F 0A76	梵文组合字符	DBRE	000F 0A9E	梵文组合字符	DBHRĒ
000F 0A77	梵文组合字符	DBRĒ	000F 0A9F	梵文组合字符	DBHRO

表 B.1（续）

代码位置	名称	代码位置	名称
000F 0AA0	梵文组合字符 DBHRŌ	000F 0AC8	梵文组合字符 DYU
000F 0AA1	梵文组合字符 DBHRAÅ	000F 0AC9	梵文组合字符 DYŪ
000F 0AA2	梵文组合字符 DBHRĀÅ	000F 0ACA	梵文组合字符 DYĒ
000F 0AA3	梵文组合字符 DMĪ	000F 0ACB	梵文组合字符 DYŌ
000F 0AA4	梵文组合字符 DMŪ	000F 0ACC	梵文组合字符 DYAÅ
000F 0AA5	梵文组合字符 DMR̦	000F 0ACD	梵文组合字符 DYĀÅ
000F 0AA6	梵文组合字符 DML̦	000F 0ACE	梵文组合字符 DYUÅ
000F 0AA7	梵文组合字符 DMĒ	000F 0ACF	梵文组合字符 DYOÅ
000F 0AA8	梵文组合字符 DMŌ	000F 0AD0	梵文组合字符 DYYĀ
000F 0AA9	梵文组合字符 DMAÅ	000F 0AD1	梵文组合字符 DYWA
000F 0AAA	梵文组合字符 DMĀÅ	000F 0AD2	梵文组合字符 DYSA
000F 0AAB	梵文组合字符 DMNA	000F 0AD3	梵文组合字符 DRŌ
000F 0AAC	梵文组合字符 DMNĀ	000F 0AD4	梵文组合字符 DRIÅ
000F 0AAD	梵文组合字符 DMYA	000F 0AD5	梵文组合字符 DRĪÅ
000F 0AAE	梵文组合字符 DMYĀ	000F 0AD6	梵文组合字符 DRUÅ
000F 0AAF	梵文组合字符 DMYI	000F 0AD7	梵文组合字符 DRŪÅ
000F 0AB0	梵文组合字符 DMYĪ	000F 0AD8	梵文组合字符 DRYA
000F 0AB1	梵文组合字符 DMYE	000F 0AD9	梵文组合字符 DRYĀ
000F 0AB2	梵文组合字符 DMYŌ	000F 0ADA	梵文组合字符 DRYI
000F 0AB3	梵文组合字符 DMYAÅ	000F 0ADB	梵文组合字符 DRYU
000F 0AB4	梵文组合字符 DMYĀÅ	000F 0ADC	梵文组合字符 DRYŪ
000F 0AB5	梵文组合字符 DMRA	000F 0ADD	梵文组合字符 DRYE
000F 0AB6	梵文组合字符 DMRĀ	000F 0ADE	梵文组合字符 DRYĒ
000F 0AB7	梵文组合字符 DMRI	000F 0ADF	梵文组合字符 DRYO
000F 0AB8	梵文组合字符 DMRĪ	000F 0AE0	梵文组合字符 DRYŌ
000F 0AB9	梵文组合字符 DMRU	000F 0AE1	梵文组合字符 DRYAÅ
000F 0ABA	梵文组合字符 DMRE	000F 0AE2	梵文组合字符 DRWĀ
000F 0ABB	梵文组合字符 DMRĒ	000F 0AE3	梵文组合字符 DRWI
000F 0ABC	梵文组合字符 DMRO	000F 0AE4	梵文组合字符 DRWĪ
000F 0ABD	梵文组合字符 DMRŌ	000F 0AE5	梵文组合字符 DRWE
000F 0ABE	梵文组合字符 DMRAÅ	000F 0AE6	梵文组合字符 DRWĒ
000F 0ABF	梵文组合字符 DMRĀÅ	000F 0AE7	梵文组合字符 DRWO
000F 0AC0	梵文组合字符 DMLA	000F 0AE8	梵文组合字符 DRWŌ
000F 0AC1	梵文组合字符 DMLĀ	000F 0AE9	梵文组合字符 DRWAÅ
000F 0AC2	梵文组合字符 DMLI	000F 0AEA	梵文组合字符 DLA
000F 0AC3	梵文组合字符 DMLU	000F 0AEB	梵文组合字符 DLU
000F 0AC4	梵文组合字符 DMLE	000F 0AEC	梵文组合字符 DWŪ
000F 0AC5	梵文组合字符 DMLĒ	000F 0AED	梵文组合字符 DWR̦
000F 0AC6	梵文组合字符 DYI	000F 0AEE	梵文组合字符 DWĒ
000F 0AC7	梵文组合字符 DYĪ	000F 0AEF	梵文组合字符 DWŌ

表 B.1（续）

代码位置	名称	代码位置	名称
000F 0AF0	梵文组合字符　DWĀÅ	000F 0B18	梵文组合字符　DHNU
000F 0AF1	梵文组合字符　DWIÅ	000F 0B19	梵文组合字符　DHNŪ
000F 0AF2	梵文组合字符　DWĪÅ	000F 0B1A	梵文组合字符　DHNE
000F 0AF3	梵文组合字符　DWYA	000F 0B1B	梵文组合字符　DHNĒ
000F 0AF4	梵文组合字符　DWYĀ	000F 0B1C	梵文组合字符　DHNO
000F 0AF5	梵文组合字符　DWYU	000F 0B1D	梵文组合字符　DHNŌ
000F 0AF6	梵文组合字符　DWYŪ	000F 0B1E	梵文组合字符　DHNAÅ
000F 0AF7	梵文组合字符　DWYR̦	000F 0B1F	梵文组合字符　DHM
000F 0AF8	梵文组合字符　DWYE	000F 0B20	梵文组合字符　DHMA
000F 0AF9	梵文组合字符　DWYO	000F 0B21	梵文组合字符　DHMĀ
000F 0AFA	梵文组合字符　DWYŌ	000F 0B22	梵文组合字符　DHMI
000F 0AFB	梵文组合字符　DWYAÅ	000F 0B23	梵文组合字符　DHMĪ
000F 0AFC	梵文组合字符　DWYĀÅ	000F 0B24	梵文组合字符　DHMU
000F 0AFD	梵文组合字符　DH	000F 0B25	梵文组合字符　DHMŪ
000F 0AFE	梵文组合字符　DHŘ	000F 0B26	梵文组合字符　DHME
000F 0AFF	梵文组合字符　DHL̦	000F 0B27	梵文组合字符　DHMĒ
000F 0B00	梵文组合字符　DHĒ	000F 0B28	梵文组合字符　DHMO
000F 0B01	梵文组合字符　DHŌ	000F 0B29	梵文组合字符　DHMŌ
000F 0B02	梵文组合字符　DHAÅ	000F 0B2A	梵文组合字符　DHMAÅ
000F 0B03	梵文组合字符　DHĀÅ	000F 0B2B	梵文组合字符　DHYI
000F 0B04	梵文组合字符　DHIÅ	000F 0B2C	梵文组合字符　DHYĪ
000F 0B05	梵文组合字符　DHĪÅ	000F 0B2D	梵文组合字符　DHYU
000F 0B06	梵文组合字符　DHUÅ	000F 0B2E	梵文组合字符　DHYŪ
000F 0B07	梵文组合字符　DHŪÅ	000F 0B2F	梵文组合字符　DHYĒ
000F 0B08	梵文组合字符　DHR̦Å	000F 0B30	梵文组合字符　DHYO
000F 0B09	梵文组合字符　DHGA	000F 0B31	梵文组合字符　DHYŌ
000F 0B0A	梵文组合字符　DHGĀ	000F 0B32	梵文组合字符　DHYAÅ
000F 0B0B	梵文组合字符　DHGHA	000F 0B33	梵文组合字符　DHYĀÅ
000F 0B0C	梵文组合字符　DHŹA	000F 0B34	梵文组合字符　DHRA
000F 0B0D	梵文组合字符　DHŹHA	000F 0B35	梵文组合字符　DHRĀ
000F 0B0E	梵文组合字符　DHĐA	000F 0B36	梵文组合字符　DHRI
000F 0B0F	梵文组合字符　DHĐHA	000F 0B37	梵文组合字符　DHRĪ
000F 0B10	梵文组合字符　DHĐWA	000F 0B38	梵文组合字符　DHRŪ
000F 0B11	梵文组合字符　DHĐWAÅ	000F 0B39	梵文组合字符　DHRE
000F 0B12	梵文组合字符　DHDA	000F 0B3A	梵文组合字符　DHRĒ
000F 0B13	梵文组合字符　DHDHA	000F 0B3B	梵文组合字符　DHRO
000F 0B14	梵文组合字符　DHNA	000F 0B3C	梵文组合字符　DHRŌ
000F 0B15	梵文组合字符　DHNĀ	000F 0B3D	梵文组合字符　DHRAÅ
000F 0B16	梵文组合字符　DHNI	000F 0B3E	梵文组合字符　DHRĀÅ
000F 0B17	梵文组合字符　DHNĪ	000F 0B3F	梵文组合字符　DHRUÅ

表 B.1（续）

代码位置	名称	代码位置	名称
000F 0B40	梵文组合字符　DHRYA	000F 0B68	梵文组合字符　NKHA
000F 0B41	梵文组合字符　DHRYI	000F 0B69	梵文组合字符　NGA
000F 0B42	梵文组合字符　DHLA	000F 0B6A	梵文组合字符　NGI
000F 0B43	梵文组合字符　DHW	000F 0B6B	梵文组合字符　NGU
000F 0B44	梵文组合字符　DHWI	000F 0B6C	梵文组合字符　NGR̥
000F 0B45	梵文组合字符　DHWĪ	000F 0B6D	梵文组合字符　NGAÅ
000F 0B46	梵文组合字符　DHWR̥	000F 0B6E	梵文组合字符　NĆA
000F 0B47	梵文组合字符　DHWE	000F 0B6F	梵文组合字符　NĆŪ
000F 0B48	梵文组合字符　DHWĒ	000F 0B70	梵文组合字符　NĆHĀ
000F 0B49	梵文组合字符　DHWO	000F 0B71	梵文组合字符　NŹĀ
000F 0B4A	梵文组合字符　DHWŌ	000F 0B72	梵文组合字符　NŹI
000F 0B4B	梵文组合字符　DHWĀÅ	000F 0B73	梵文组合字符　NŹU
000F 0B4C	梵文组合字符　N	000F 0B74	梵文组合字符　NŹŪ
000F 0B4D	梵文组合字符　NŘ	000F 0B75	梵文组合字符　NŹO
000F 0B4E	梵文组合字符　NĻ	000F 0B76	梵文组合字符　NĐA
000F 0B4F	梵文组合字符　NĀÅ	000F 0B77	梵文组合字符　NĐI
000F 0B50	梵文组合字符　NIÅ	000F 0B78	梵文组合字符　NT
000F 0B51	梵文组合字符　NĪÅ	000F 0B79	梵文组合字符　NTR̥
000F 0B52	梵文组合字符　NUÅ	000F 0B7A	梵文组合字符　NTŘ
000F 0B53	梵文组合字符　NŪÅ	000F 0B7B	梵文组合字符　NTĒ
000F 0B54	梵文组合字符　NŘÅ	000F 0B7C	梵文组合字符　NTO
000F 0B55	梵文组合字符　NKĀ	000F 0B7D	梵文组合字符　NTŌ
000F 0B56	梵文组合字符　NKI	000F 0B7E	梵文组合字符　NTĀÅ
000F 0B57	梵文组合字符　NKĪ	000F 0B7F	梵文组合字符　NTIÅ
000F 0B58	梵文组合字符　NKU	000F 0B80	梵文组合字符　NTĪÅ
000F 0B59	梵文组合字符　NKR̥	000F 0B81	梵文组合字符　NTUÅ
000F 0B5A	梵文组合字符　NKE	000F 0B82	梵文组合字符　NTŪÅ
000F 0B5B	梵文组合字符　NKO	000F 0B83	梵文组合字符　NTTA
000F 0B5C	梵文组合字符　NKIÅ	000F 0B84	梵文组合字符　NTTĀ
000F 0B5D	梵文组合字符　NKRI	000F 0B85	梵文组合字符　NTTI
000F 0B5E	梵文组合字符　NKLE	000F 0B86	梵文组合字符　NTTU
000F 0B5F	梵文组合字符　NKWA	000F 0B87	梵文组合字符　NTTE
000F 0B60	梵文组合字符　NKWĀ	000F 0B88	梵文组合字符　NTTAÅ
000F 0B61	梵文组合字符　NKŞA	000F 0B89	梵文组合字符　NTTĀÅ
000F 0B62	梵文组合字符　NKŞĀ	000F 0B8A	梵文组合字符　NTTHA
000F 0B63	梵文组合字符　NKŞI	000F 0B8B	梵文组合字符　NTTHĀ
000F 0B64	梵文组合字符　NKŞĪ	000F 0B8C	梵文组合字符　NTYA
000F 0B65	梵文组合字符　NKŞU	000F 0B8D	梵文组合字符　NTYĀ
000F 0B66	梵文组合字符　NKŞŪ	000F 0B8E	梵文组合字符　NTYI
000F 0B67	梵文组合字符　NKŞE	000F 0B8F	梵文组合字符　NTYĪ

表 B.1(续)

代码位置	名称	代码位置	名称
000F 0B90	梵文组合字符　NTYU	000F 0BB8	梵文组合字符　NTSO
000F 0B91	梵文组合字符　NTYŪ	000F 0BB9	梵文组合字符　NTSŌ
000F 0B92	梵文组合字符　NTYE	000F 0BBA	梵文组合字符　NTSAÅ
000F 0B93	梵文组合字符　NTYĒ	000F 0BBB	梵文组合字符　NTSĀÅ
000F 0B94	梵文组合字符　NTYO	000F 0BBC	梵文组合字符　NTSWA
000F 0B95	梵文组合字符　NTYŌ	000F 0BBD	梵文组合字符　NTH
000F 0B96	梵文组合字符　NTYAÅ	000F 0BBE	梵文组合字符　NTHI
000F 0B97	梵文组合字符　NTYĀÅ	000F 0BBF	梵文组合字符　NTHĪ
000F 0B98	梵文组合字符　NTRĪ	000F 0BC0	梵文组合字符　NTHU
000F 0B99	梵文组合字符　NTRU	000F 0BC1	梵文组合字符　NTHŪ
000F 0B9A	梵文组合字符　NTRŪ	000F 0BC2	梵文组合字符　NTHE
000F 0B9B	梵文组合字符　NTRE	000F 0BC3	梵文组合字符　NTHĒ
000F 0B9C	梵文组合字符　NTRĒ	000F 0BC4	梵文组合字符　NTHO
000F 0B9D	梵文组合字符　NTRO	000F 0BC5	梵文组合字符　NTHŌ
000F 0B9E	梵文组合字符　NTRŌ	000F 0BC6	梵文组合字符　NTHAÅ
000F 0B9F	梵文组合字符　NTRAÅ	000F 0BC7	梵文组合字符　NTHĀÅ
000F 0BA0	梵文组合字符　NTRĀÅ	000F 0BC8	梵文组合字符　NTHYA
000F 0BA1	梵文组合字符　NTRIÅ	000F 0BC9	梵文组合字符　NTHYĀ
000F 0BA2	梵文组合字符　NTRĪÅ	000F 0BCA	梵文组合字符　ND
000F 0BA3	梵文组合字符　NTRYA	000F 0BCB	梵文组合字符　NDĀ
000F 0BA4	梵文组合字符　NTWA	000F 0BCC	梵文组合字符　NDĪ
000F 0BA5	梵文组合字符　NTWĀ	000F 0BCD	梵文组合字符　NDŪ
000F 0BA6	梵文组合字符　NTWI	000F 0BCE	梵文组合字符　NDṚ
000F 0BA7	梵文组合字符　NTWĪ	000F 0BCF	梵文组合字符　NDŘ
000F 0BA8	梵文组合字符　NTWU	000F 0BD0	梵文组合字符　NDĒ
000F 0BA9	梵文组合字符　NTWŪ	000F 0BD1	梵文组合字符　NDO
000F 0BAA	梵文组合字符　NTWE	000F 0BD2	梵文组合字符　NDŌ
000F 0BAB	梵文组合字符　NTWĒ	000F 0BD3	梵文组合字符　NDAÅ
000F 0BAC	梵文组合字符　NTWO	000F 0BD4	梵文组合字符　NDĀÅ
000F 0BAD	梵文组合字符　NTWŌ	000F 0BD5	梵文组合字符　NDUÅ
000F 0BAE	梵文组合字符　NTWAÅ	000F 0BD6	梵文组合字符　NDDHA
000F 0BAF	梵文组合字符　NTWĀÅ	000F 0BD7	梵文组合字符　NDDHĀ
000F 0BB0	梵文组合字符　NTSA	000F 0BD8	梵文组合字符　NDDHI
000F 0BB1	梵文组合字符　NTSĀ	000F 0BD9	梵文组合字符　NDDHĪ
000F 0BB2	梵文组合字符　NTSI	000F 0BDA	梵文组合字符　NDDHU
000F 0BB3	梵文组合字符　NTSĪ	000F 0BDB	梵文组合字符　NDDHŪ
000F 0BB4	梵文组合字符　NTSU	000F 0BDC	梵文组合字符　NDDHṚ
000F 0BB5	梵文组合字符　NTSŪ	000F 0BDD	梵文组合字符　NDDHŘ
000F 0BB6	梵文组合字符　NTSE	000F 0BDE	梵文组合字符　NDDHE
000F 0BB7	梵文组合字符　NTSĒ	000F 0BDF	梵文组合字符　NDDHĒ

表 B.1（续）

代码位置	名称	代码位置	名称
000F 0BE0	梵文组合字符　NDDHO	000F 0C08	梵文组合字符　NDHMA
000F 0BE1	梵文组合字符　NDDHŌ	000F 0C09	梵文组合字符　NDHMĀ
000F 0BE2	梵文组合字符　NDDHAÅ	000F 0C0A	梵文组合字符　NDHYA
000F 0BE3	梵文组合字符　NDDHĀÅ	000F 0C0B	梵文组合字符　NDHYĀ
000F 0BE4	梵文组合字符　NDDHWA	000F 0C0C	梵文组合字符　NDHYI
000F 0BE5	梵文组合字符　NDDHWE	000F 0C0D	梵文组合字符　NDHYU
000F 0BE6	梵转藏文组合字符 NDDHWAÅ	000F 0C0E	梵文组合字符　NDHYE
000F 0BE7	梵文组合字符　NDMA	000F 0C0F	梵文组合字符　NDHYĒ
000F 0BE8	梵文组合字符　NDYA	000F 0C10	梵文组合字符　NDHYAÅ
000F 0BE9	梵文组合字符　NDYĀ	000F 0C11	梵文组合字符　NDHYĀÅ
000F 0BEA	梵文组合字符　NDYU	000F 0C12	梵文组合字符　NDHRA
000F 0BEB	梵文组合字符　NDYŪ	000F 0C13	梵文组合字符　NDHRĀ
000F 0BEC	梵文组合字符　NDYE	000F 0C14	梵文组合字符　NDHRI
000F 0BED	梵文组合字符　NDYO	000F 0C15	梵文组合字符　NDHRĪ
000F 0BEE	梵文组合字符　NDYĀÅ	000F 0C16	梵文组合字符　NDHRU
000F 0BEF	梵文组合字符　NDRU	000F 0C17	梵文组合字符　NDHRO
000F 0BF0	梵文组合字符　NDRŪ	000F 0C18	梵文组合字符　NDHRŌ
000F 0BF1	梵文组合字符　NDRE	000F 0C19	梵文组合字符　NDHRAÅ
000F 0BF2	梵文组合字符　NDRO	000F 0C1A	梵文组合字符　NDHRĀÅ
000F 0BF3	梵文组合字符　NDRŌ	000F 0C1B	梵文组合字符　NDHWA
000F 0BF4	梵文组合字符　NDRAÅ	000F 0C1C	梵文组合字符　NDHWĀ
000F 0BF5	梵文组合字符　NDRĀÅ	000F 0C1D	梵文组合字符　NDHWE
000F 0BF6	梵文组合字符　NDRYĒ	000F 0C1E	梵文组合字符　NDHWĒ
000F 0BF7	梵文组合字符　NDWA	000F 0C1F	梵文组合字符　NDHWO
000F 0BF8	梵文组合字符　NDWĀ	000F 0C20	梵文组合字符　NDHWŌ
000F 0BF9	梵文组合字符　NDWI	000F 0C21	梵文组合字符　NDHWAÅ
000F 0BFA	梵文组合字符　NDWĪ	000F 0C22	梵文组合字符　NDHWĀÅ
000F 0BFB	梵文组合字符　NDWE	000F 0C23	梵文组合字符　NNĪ
000F 0BFC	梵文组合字符　NDWO	000F 0C24	梵文组合字符　NNŪ
000F 0BFD	梵文组合字符　NDWAÅ	000F 0C25	梵文组合字符　NNR̦
000F 0BFE	梵文组合字符　NDH	000F 0C26	梵文组合字符　NNĒ
000F 0BFF	梵文组合字符　NDHĀ	000F 0C27	梵文组合字符　NNO
000F 0C00	梵文组合字符　NDHĪ	000F 0C28	梵文组合字符　NNŌ
000F 0C01	梵文组合字符　NDHŪ	000F 0C29	梵文组合字符　NNAÅ
000F 0C02	梵文组合字符　NDHR̦	000F 0C2A	梵文组合字符　NNĀÅ
000F 0C03	梵文组合字符　NDHŘ	000F 0C2B	梵文组合字符　NNIÅ
000F 0C04	梵文组合字符　NDHĒ	000F 0C2C	梵文组合字符　NNĪÅ
000F 0C05	梵文组合字符　NDHŌ	000F 0C2D	梵文组合字符　NNUÅ
000F 0C06	梵文组合字符　NDHAÅ	000F 0C2E	梵文组合字符　NNŪÅ
000F 0C07	梵文组合字符　NDHĀÅ	000F 0C2F	梵文组合字符　NNYA

表 B.1（续）

代码位置	名称	代码位置	名称
000F 0C30	梵文组合字符 NNYĀ	000F 0C58	梵文组合字符 NBHRI
000F 0C31	梵文组合字符 NNYU	000F 0C59	梵文组合字符 NBHRE
000F 0C32	梵文组合字符 NNYŪ	000F 0C5A	梵文组合字符 NBHRAÅ
000F 0C33	梵文组合字符 NNYE	000F 0C5B	梵文组合字符 NMĪ
000F 0C34	梵文组合字符 NNYĒ	000F 0C5C	梵文组合字符 NMU
000F 0C35	梵文组合字符 NNYO	000F 0C5D	梵文组合字符 NMŪ
000F 0C36	梵文组合字符 NNYŌ	000F 0C5E	梵文组合字符 NMR̩
000F 0C37	梵文组合字符 NNYAÅ	000F 0C5F	梵文组合字符 NML̩
000F 0C38	梵文组合字符 NNYĀÅ	000F 0C60	梵文组合字符 NME
000F 0C39	梵文组合字符 NNRA	000F 0C61	梵文组合字符 NMĒ
000F 0C3A	梵文组合字符 NNRI	000F 0C62	梵文组合字符 NMO
000F 0C3B	梵文组合字符 NNWA	000F 0C63	梵文组合字符 NMŌ
000F 0C3C	梵文组合字符 NNWĀ	000F 0C64	梵文组合字符 NMAÅ
000F 0C3D	梵文组合字符 NNWAÅ	000F 0C65	梵文组合字符 NMĀÅ
000F 0C3E	梵文组合字符 NPA	000F 0C66	梵文组合字符 NMUÅ
000F 0C3F	梵文组合字符 NPI	000F 0C67	梵文组合字符 NMYA
000F 0C40	梵文组合字符 NPU	000F 0C68	梵文组合字符 NMYI
000F 0C41	梵文组合字符 NPR̩	000F 0C69	梵文组合字符 NMRA
000F 0C42	梵文组合字符 NPYE	000F 0C6A	梵文组合字符 NMRĀ
000F 0C43	梵文组合字符 NPRA	000F 0C6B	梵文组合字符 NMRI
000F 0C44	梵文组合字符 NPRĀ	000F 0C6C	梵文组合字符 NMRU
000F 0C45	梵文组合字符 NPRĪ	000F 0C6D	梵文组合字符 NMRE
000F 0C46	梵文组合字符 NPRE	000F 0C6E	梵文组合字符 NMRAÅ
000F 0C47	梵文组合字符 NPRO	000F 0C6F	梵文组合字符 NMLA
000F 0C48	梵文组合字符 NPHA	000F 0C70	梵文组合字符 NMLĀ
000F 0C49	梵文组合字符 NPHĀ	000F 0C71	梵文组合字符 NMLI
000F 0C4A	梵文组合字符 NBA	000F 0C72	梵文组合字符 NMLU
000F 0C4B	梵文组合字符 NBĀ	000F 0C73	梵文组合字符 NMLE
000F 0C4C	梵文组合字符 NBI	000F 0C74	梵文组合字符 NYU
000F 0C4D	梵文组合字符 NBU	000F 0C75	梵文组合字符 NYŪ
000F 0C4E	梵文组合字符 NBŪ	000F 0C76	梵文组合字符 NYR̩
000F 0C4F	梵文组合字符 NBO	000F 0C77	梵文组合字符 NYE
000F 0C50	梵文组合字符 NBRĀ	000F 0C78	梵文组合字符 NYĒ
000F 0C51	梵文组合字符 NBRĪ	000F 0C79	梵文组合字符 NYŌ
000F 0C52	梵文组合字符 NBHI	000F 0C7A	梵文组合字符 NYUÅ
000F 0C53	梵文组合字符 NBHU	000F 0C7B	梵文组合字符 NRI
000F 0C54	梵文组合字符 NBHŪ	000F 0C7C	梵文组合字符 NRĪ
000F 0C55	梵文组合字符 NBHE	000F 0C7D	梵文组合字符 NRU
000F 0C56	梵文组合字符 NBHYĀ	000F 0C7E	梵文组合字符 NRŪ
000F 0C57	梵文组合字符 NBHRA	000F 0C7F	梵文组合字符 NRĒ

表 B.1(续)

代码位置	名称	代码位置	名称
000F 0C80	梵文组合字符 NRO	000F 0CA8	梵文组合字符 NSA
000F 0C81	梵文组合字符 NRŌ	000F 0CA9	梵文组合字符 NSĀ
000F 0C82	梵文组合字符 NRAÅ	000F 0CAA	梵文组合字符 NSI
000F 0C83	梵文组合字符 NRĀÅ	000F 0CAB	梵文组合字符 NSĪ
000F 0C84	梵文组合字符 NRYA	000F 0CAC	梵文组合字符 NSU
000F 0C85	梵文组合字符 NLU	000F 0CAD	梵文组合字符 NSŪ
000F 0C86	梵文组合字符 NLṚ	000F 0CAE	梵文组合字符 NSṚ
000F 0C87	梵文组合字符 NLE	000F 0CAF	梵文组合字符 NSŘ
000F 0C88	梵文组合字符 NLAÅ	000F 0CB0	梵文组合字符 NSE
000F 0C89	梵文组合字符 NW	000F 0CB1	梵文组合字符 NSĒ
000F 0C8A	梵文组合字符 NWI	000F 0CB2	梵文组合字符 NSO
000F 0C8B	梵文组合字符 NWĪ	000F 0CB3	梵文组合字符 NSŌ
000F 0C8C	梵文组合字符 NWU	000F 0CB4	梵文组合字符 NSAÅ
000F 0C8D	梵文组合字符 NWŪ	000F 0CB5	梵文组合字符 NSĀÅ
000F 0C8E	梵文组合字符 NWṚ	000F 0CB6	梵文组合字符 NSIÅ
000F 0C8F	梵文组合字符 NEWE	000F 0CB7	梵文组合字符 NSĪÅ
000F 0C90	梵文组合字符 NWĒ	000F 0CB8	梵文组合字符 NSUÅ
000F 0C91	梵文组合字符 NWO	000F 0CB9	梵文组合字符 NSŪÅ
000F 0C92	梵文组合字符 NWŌ	000F 0CBA	梵文组合字符 NSTA
000F 0C93	梵文组合字符 NWAÅ	000F 0CBB	梵文组合字符 NSTHA
000F 0C94	梵文组合字符 NWĀÅ	000F 0CBC	梵文组合字符 NSTHĀ
000F 0C95	梵文组合字符 NWYA	000F 0CBD	梵文组合字符 NSTHI
000F 0C96	梵文组合字符 NWYĀ	000F 0CBE	梵文组合字符 NSYA
000F 0C97	梵文组合字符 NŚ	000F 0CBF	梵文组合字符 NSYĀ
000F 0C98	梵文组合字符 NŚA	000F 0CC0	梵文组合字符 NSYU
000F 0C99	梵文组合字符 NŚĀ	000F 0CC1	梵文组合字符 NSYŪ
000F 0C9A	梵文组合字符 NŚI	000F 0CC2	梵文组合字符 NSYE
000F 0C9B	梵文组合字符 NŚĪ	000F 0CC3	梵文组合字符 NSYO
000F 0C9C	梵文组合字符 NŚU	000F 0CC4	梵文组合字符 NSRA
000F 0C9D	梵文组合字符 NŚŪ	000F 0CC5	梵文组合字符 NSRĀ
000F 0C9E	梵文组合字符 NŚE	000F 0CC6	梵文组合字符 NSRI
000F 0C9F	梵文组合字符 NŚAÅ	000F 0CC7	梵文组合字符 NSRĪ
000F 0CA0	梵文组合字符 NŚRA	000F 0CC8	梵文组合字符 NSRU
000F 0CA1	梵文组合字符 NṢA	000F 0CC9	梵文组合字符 NSRŪ
000F 0CA2	梵文组合字符 NṢĀ	000F 0CCA	梵文组合字符 NSRE
000F 0CA3	梵文组合字符 NṢI	000F 0CCB	梵文组合字符 NSRO
000F 0CA4	梵文组合字符 NṢU	000F 0CCC	梵文组合字符 NSRAÅ
000F 0CA5	梵文组合字符 NṢE	000F 0CCD	梵文组合字符 NSRĀÅ
000F 0CA6	梵文组合字符 NṢO	000F 0CCE	梵文组合字符 NSLA
000F 0CA7	梵文组合字符 NS	000F 0CCF	梵文组合字符 NSLĀ

表 B.1（续）

代码位置	名称		代码位置	名称	
000F 0CD0	梵文组合字符	NSLI	000F 0CF8	梵文组合字符	PKHU
000F 0CD1	梵文组合字符	NSLĪ	000F 0CF9	梵文组合字符	PKHYU
000F 0CD2	梵文组合字符	NSLU	000F 0CFA	梵文组合字符	PĆA
000F 0CD3	梵文组合字符	NSLO	000F 0CFB	梵文组合字符	PĆĀ
000F 0CD4	梵文组合字符	NSWA	000F 0CFC	梵文组合字符	PĆU
000F 0CD5	梵文组合字符	NSWĀ	000F 0CFD	梵文组合字符	PĆHA
000F 0CD6	梵文组合字符	NSWI	000F 0CFE	梵文组合字符	PĆHĀ
000F 0CD7	梵文组合字符	NSWE	000F 0CFF	梵文组合字符	PĆHU
000F 0CD8	梵文组合字符	NSWĒ	000F 0D00	梵文组合字符	PĆHRU
000F 0CD9	梵文组合字符	NSWO	000F 0D01	梵文组合字符	PṬA
000F 0CDA	梵文组合字符	NSWAÅ	000F 0D02	梵文组合字符	PṬĀ
000F 0CDB	梵文组合字符	NHA	000F 0D03	梵文组合字符	PṬHA
000F 0CDC	梵文组合字符	NHĀ	000F 0D04	梵文组合字符	PṬHĀ
000F 0CDD	梵文组合字符	NHU	000F 0D05	梵文组合字符	PTĪ
000F 0CDE	梵文组合字符	NHŪ	000F 0D06	梵文组合字符	PTU
000F 0CDF	梵文组合字符	NHṚ	000F 0D07	梵文组合字符	PTŪ
000F 0CE0	梵文组合字符	NHE	000F 0D08	梵文组合字符	PTṚ
000F 0CE1	梵文组合字符	NHO	000F 0D09	梵文组合字符	PTŘ
000F 0CE2	梵文组合字符	NHAÅ	000F 0D0A	梵文组合字符	PTĒ
000F 0CE3	梵文组合字符	NHRĀ	000F 0D0B	梵文组合字符	PTŌ
000F 0CE4	梵文组合字符	NHRAÅ	000F 0D0C	梵文组合字符	PTAÅ
000F 0CE5	梵文组合字符	P	000F 0D0D	梵文组合字符	PTĀÅ
000F 0CE6	梵文组合字符	PŘ	000F 0D0E	梵文组合字符	PTIÅ
000F 0CE7	梵文组合字符	PĻ	000F 0D0F	梵文组合字符	PTUÅ
000F 0CE8	梵文组合字符	PĀÅ	000F 0D10	梵文组合字符	PTYA
000F 0CE9	梵文组合字符	PIÅ	000F 0D11	梵文组合字符	PTYĀ
000F 0CEA	梵文组合字符	PĪÅ	000F 0D12	梵文组合字符	PTYI
000F 0CEB	梵文组合字符	PŪÅ	000F 0D13	梵文组合字符	PTYĪ
000F 0CEC	梵文组合字符	PṚÅ	000F 0D14	梵文组合字符	PTYU
000F 0CED	梵文组合字符	ÄPĀ	000F 0D15	梵文组合字符	PTYŪ
000F 0CEE	梵文组合字符	ÄPI	000F 0D16	梵文组合字符	PTYE
000F 0CEF	梵文组合字符	ÄPĪ	000F 0D17	梵文组合字符	PTYĒ
000F 0CF0	梵文组合字符	ÄPU	000F 0D18	梵文组合字符	PTYO
000F 0CF1	梵文组合字符	ÄPŪ	000F 0D19	梵文组合字符	PTYŌ
000F 0CF2	梵文组合字符	ÄPAÅ	000F 0D1A	梵文组合字符	PTYAÅ
000F 0CF3	梵文组合字符	PKA	000F 0D1B	梵文组合字符	PTYĀÅ
000F 0CF4	梵文组合字符	PKĀ	000F 0D1C	梵文组合字符	PTRI
000F 0CF5	梵文组合字符	PKU	000F 0D1D	梵文组合字符	PTRWĪ
000F 0CF6	梵文组合字符	PKHA	000F 0D1E	梵文组合字符	PTWA
000F 0CF7	梵文组合字符	PKHĀ	000F 0D1F	梵文组合字符	PTWĀ

表 B.1（续）

代码位置	名称	代码位置	名称
000F 0D20	梵文组合字符 PTWĒ	000F 0D48	梵文组合字符 PMO
000F 0D21	梵文组合字符 PTHA	000F 0D49	梵文组合字符 PMŌ
000F 0D22	梵文组合字符 PTHĀ	000F 0D4A	梵文组合字符 PMAÅ
000F 0D23	梵文组合字符 PTHI	000F 0D4B	梵文组合字符 PMĀÅ
000F 0D24	梵文组合字符 PTHU	000F 0D4C	梵文组合字符 PYĀ
000F 0D25	梵文组合字符 PTHE	000F 0D4D	梵文组合字符 PYĪ
000F 0D26	梵文组合字符 PNA	000F 0D4E	梵文组合字符 PYŪ
000F 0D27	梵文组合字符 PNĀ	000F 0D4F	梵文组合字符 PYĒ
000F 0D28	梵文组合字符 PNI	000F 0D50	梵文组合字符 PYŌ
000F 0D29	梵文组合字符 PNĪ	000F 0D51	梵文组合字符 PYAÅ
000F 0D2A	梵文组合字符 PNU	000F 0D52	梵文组合字符 PYĀÅ
000F 0D2B	梵文组合字符 PNŪ	000F 0D53	梵文组合字符 PRĒ
000F 0D2C	梵文组合字符 PNE	000F 0D54	梵文组合字符 PRŌ
000F 0D2D	梵文组合字符 PNĒ	000F 0D55	梵文组合字符 PRAÅ
000F 0D2E	梵文组合字符 PNO	000F 0D56	梵文组合字符 PRĀÅ
000F 0D2F	梵文组合字符 PNŌ	000F 0D57	梵文组合字符 PLA
000F 0D30	梵文组合字符 PNAÅ	000F 0D58	梵文组合字符 PLĀ
000F 0D31	梵文组合字符 PNĀÅ	000F 0D59	梵文组合字符 PLI
000F 0D32	梵文组合字符 PPA	000F 0D5A	梵文组合字符 PLĪ
000F 0D33	梵文组合字符 PPĀ	000F 0D5B	梵文组合字符 PLŪ
000F 0D34	梵文组合字符 PPI	000F 0D5C	梵文组合字符 PLE
000F 0D35	梵文组合字符 PPĪ	000F 0D5D	梵文组合字符 PLĒ
000F 0D36	梵文组合字符 PPU	000F 0D5E	梵文组合字符 PLO
000F 0D37	梵文组合字符 PPŪ	000F 0D5F	梵文组合字符 PLŌ
000F 0D38	梵文组合字符 PPE	000F 0D60	梵文组合字符 PLAÅ
000F 0D39	梵文组合字符 PPAÅ	000F 0D61	梵文组合字符 PLĀÅ
000F 0D3A	梵文组合字符 PPYA	000F 0D62	梵文组合字符 PLIÅ
000F 0D3B	梵文组合字符 PPYĀ	000F 0D63	梵文组合字符 PLUÅ
000F 0D3C	梵文组合字符 PPHĀ	000F 0D64	梵文组合字符 PWA
000F 0D3D	梵文组合字符 PPHU	000F 0D65	梵文组合字符 PWĀ
000F 0D3E	梵文组合字符 PBA	000F 0D66	梵文组合字符 PWI
000F 0D3F	梵文组合字符 PMA	000F 0D67	梵文组合字符 PWĪ
000F 0D40	梵文组合字符 PMĀ	000F 0D68	梵文组合字符 PWU
000F 0D41	梵文组合字符 PMI	000F 0D69	梵文组合字符 PWŪ
000F 0D42	梵文组合字符 PMĪ	000F 0D6A	梵文组合字符 PWE
000F 0D43	梵文组合字符 PMU	000F 0D6B	梵文组合字符 PWO
000F 0D44	梵文组合字符 PMŪ	000F 0D6C	梵文组合字符 PWŌ
000F 0D45	梵文组合字符 PMR̦	000F 0D6D	梵文组合字符 PWAÅ
000F 0D46	梵文组合字符 PME	000F 0D6E	梵文组合字符 PŚA
000F 0D47	梵文组合字符 PMĒ	000F 0D6F	梵文组合字符 PŚĀ

表 B.1（续）

代码位置	名称
000F 0D70	梵文组合字符　PŚYA
000F 0D71	梵文组合字符　PŚRU
000F 0D72	梵文组合字符　PŞA
000F 0D73	梵文组合字符　PŞĀ
000F 0D74	梵文组合字符　PŚA
000F 0D75	梵文组合字符　PSĀ
000F 0D76	梵文组合字符　PSI
000F 0D77	梵文组合字符　PSĪ
000F 0D78	梵文组合字符　PSU
000F 0D79	梵文组合字符　PSŪ
000F 0D7A	梵文组合字符　PSṚ
000F 0D7B	梵文组合字符　PSŘ
000F 0D7C	梵文组合字符　PSE
000F 0D7D	梵文组合字符　PSĒ
000F 0D7E	梵文组合字符　PSO
000F 0D7F	梵文组合字符　PSAÅ
000F 0D80	梵文组合字符　PSĀÅ
000F 0D81	梵文组合字符　PSIÅ
000F 0D82	梵文组合字符　PSYA
000F 0D83	梵文组合字符　PSYE
000F 0D84	梵文组合字符　PSWA
000F 0D85	梵文组合字符　PH
000F 0D86	梵文组合字符　PHŘ
000F 0D87	梵文组合字符　PHĒ
000F 0D88	梵文组合字符　PHŌ
000F 0D89	梵文组合字符　PHAÅ
000F 0D8A	梵文组合字符　PHĀÅ
000F 0D8B	梵文组合字符　PHIÅ
000F 0D8C	梵文组合字符　PHĪÅ
000F 0D8D	梵文组合字符　PHUÅ
000F 0D8E	梵文组合字符　PHŪÅ
000F 0D8F	梵文组合字符　ÄPHĀ
000F 0D90	梵文组合字符　PHYŪ
000F 0D91	梵文组合字符　PHYĒ
000F 0D92	梵文组合字符　PHYŌ
000F 0D93	梵文组合字符　PHYAÅ
000F 0D94	梵文组合字符　PHYĀÅ
000F 0D95	梵文组合字符　PHRĀ
000F 0D96	梵文组合字符　PHRŪ
000F 0D97	梵文组合字符　PHRĒ
000F 0D98	梵文组合字符　PHRŌ
000F 0D99	梵文组合字符　PHRAÅ
000F 0D9A	梵文组合字符　PHRĀÅ
000F 0D9B	梵文组合字符　PHRIÅ
000F 0D9C	梵文组合字符　PHWA
000F 0D9D	梵文组合字符　PHWĀ
000F 0D9E	梵文组合字符　PHWI
000F 0D9F	梵文组合字符　PHWĪ
000F 0DA0	梵文组合字符　PHWU
000F 0DA1	梵文组合字符　PHWŪ
000F 0DA2	梵文组合字符　PHWE
000F 0DA3	梵文组合字符　PHWŌ
000F 0DA4	梵文组合字符　PHWAÅ
000F 0DA5	梵文组合字符　PHSA
000F 0DA6	梵文组合字符　B
000F 0DA7	梵文组合字符　BŘ
000F 0DA8	梵文组合字符　BŌ
000F 0DA9	梵文组合字符　BĀÅ
000F 0DAA	梵文组合字符　BIÅ
000F 0DAB	梵文组合字符　BĪÅ
000F 0DAC	梵文组合字符　BUÅ
000F 0DAD	梵文组合字符　BŪÅ
000F 0DAE	梵文组合字符　BṚÅ
000F 0DAF	梵文组合字符　BGA
000F 0DB0	梵文组合字符　BGHA
000F 0DB1	梵文组合字符　BŹĀ
000F 0DB2	梵文组合字符　BŹI
000F 0DB3	梵文组合字符　BŹĪ
000F 0DB4	梵文组合字符　BŹU
000F 0DB5	梵文组合字符　BŹṚ
000F 0DB6	梵文组合字符　BŹŘ
000F 0DB7	梵文组合字符　BŹE
000F 0DB8	梵文组合字符　BŹĒ
000F 0DB9	梵文组合字符　BŹO
000F 0DBA	梵文组合字符　BŹŌ
000F 0DBB	梵文组合字符　BŹAÅ
000F 0DBC	梵文组合字符　BŹĀÅ
000F 0DBD	梵文组合字符　BŹÑA
000F 0DBE	梵文组合字符　BŹÑĀ
000F 0DBF	梵文组合字符　BŹÑI

表 B.1（续）

代码位置	名称	代码位置	名称
000F 0DC0	梵文组合字符 BŹÑE	000F 0DE8	梵文组合字符 BDHṚ
000F 0DC1	梵文组合字符 BŹYA	000F 0DE9	梵文组合字符 BDHŘ
000F 0DC2	梵文组合字符 BŹYĀ	000F 0DEA	梵文组合字符 BDHE
000F 0DC3	梵文组合字符 BŹYE	000F 0DEB	梵文组合字符 BDHĒ
000F 0DC4	梵文组合字符 BŹYĒ	000F 0DEC	梵文组合字符 BDHO
000F 0DC5	梵文组合字符 BŹYO	000F 0DED	梵文组合字符 BDHŌ
000F 0DC6	梵文组合字符 BŹYŌ	000F 0DEE	梵文组合字符 BDHAÅ
000F 0DC7	梵文组合字符 BŹYAÅ	000F 0DEF	梵文组合字符 BDHĀÅ
000F 0DC8	梵文组合字符 BŹRA	000F 0DF0	梵文组合字符 BDHIÅ
000F 0DC9	梵文组合字符 BŹRĀ	000F 0DF1	梵文组合字符 BDHYA
000F 0DCA	梵文组合字符 BŹRI	000F 0DF2	梵文组合字符 BDHRR
000F 0DCB	梵文组合字符 BŹWA	000F 0DF3	梵文组合字符 BDHWA
000F 0DCC	梵文组合字符 BŹWĀ	000F 0DF4	梵文组合字符 BDHWĀ
000F 0DCD	梵文组合字符 BĐA	000F 0DF5	梵文组合字符 BDHWI
000F 0DCE	梵文组合字符 BĐI	000F 0DF6	梵文组合字符 BDHWĪ
000F 0DCF	梵文组合字符 BĐU	000F 0DF7	梵文组合字符 BDHWU
000F 0DD0	梵文组合字符 BĐHA	000F 0DF8	梵文组合字符 BDHWŪ
000F 0DD1	梵文组合字符 BṆA	000F 0DF9	梵文组合字符 BDHWE
000F 0DD2	梵文组合字符 BṆU	000F 0DFA	梵文组合字符 BDHWĒ
000F 0DD3	梵文组合字符 BTHA	000F 0DFB	梵文组合字符 BDHWO
000F 0DD4	梵文组合字符 BTHĀ	000F 0DFC	梵文组合字符 BDHWŌ
000F 0DD5	梵文组合字符 BTHI	000F 0DFD	梵文组合字符 BDHWAÅ
000F 0DD6	梵文组合字符 BDĀ	000F 0DFE	梵文组合字符 BDHWĀÅ
000F 0DD7	梵文组合字符 BDI	000F 0DFF	梵文组合字符 BNA
000F 0DD8	梵文组合字符 BDĪ	000F 0E00	梵文组合字符 BNĀ
000F 0DD9	梵文组合字符 BDU	000F 0E01	梵文组合字符 BNI
000F 0DDA	梵文组合字符 BDŪ	000F 0E02	梵文组合字符 BNĪ
000F 0DDB	梵文组合字符 BDṚ	000F 0E03	梵文组合字符 BNU
000F 0DDC	梵文组合字符 BDŘ	000F 0E04	梵文组合字符 BNŪ
000F 0DDD	梵文组合字符 BDE	000F 0E05	梵文组合字符 BNṚ
000F 0DDE	梵文组合字符 BDĒ	000F 0E06	梵文组合字符 BNE
000F 0DDF	梵文组合字符 BDO	000F 0E07	梵文组合字符 BNĒ
000F 0DE0	梵文组合字符 BDŌ	000F 0E08	梵文组合字符 BNO
000F 0DE1	梵文组合字符 BDAÅ	000F 0E09	梵文组合字符 BNŌ
000F 0DE2	梵文组合字符 BDĀÅ	000F 0E0A	梵文组合字符 BNAÅ
000F 0DE3	梵文组合字符 BDHA	000F 0E0B	梵文组合字符 BNĀÅ
000F 0DE4	梵文组合字符 BDHĀ	000F 0E0C	梵文组合字符 BPHA
000F 0DE5	梵文组合字符 BDHĪ	000F 0E0D	梵文组合字符 BPHĀ
000F 0DE6	梵文组合字符 BDHU	000F 0E0E	梵文组合字符 BB
000F 0DE7	梵文组合字符 BDHŪ	000F 0E0F	梵文组合字符 BBA

表 B.1（续）

代码位置	名称		代码位置	名称	
000F 0E10	梵文组合字符	BBĀ	000F 0E38	梵文组合字符	BRAÅ
000F 0E11	梵文组合字符	BBĪ	000F 0E39	梵文组合字符	BRĀÅ
000F 0E12	梵文组合字符	BBU	000F 0E3A	梵文组合字符	BRUÅ
000F 0E13	梵文组合字符	BBŪ	000F 0E3B	梵文组合字符	BLĀ
000F 0E14	梵文组合字符	BBE	000F 0E3C	梵文组合字符	BLĪ
000F 0E15	梵文组合字符	BBĒ	000F 0E3D	梵文组合字符	BLAÅ
000F 0E16	梵文组合字符	BBO	000F 0E3E	梵文组合字符	BLĀÅ
000F 0E17	梵文组合字符	BBŌ	000F 0E3F	梵文组合字符	BWA
000F 0E18	梵文组合字符	BBAÅ	000F 0E40	梵文组合字符	BWĀ
000F 0E19	梵文组合字符	BBĀÅ	000F 0E41	梵文组合字符	BWI
000F 0E1A	梵文组合字符	BBHA	000F 0E42	梵文组合字符	BWĪ
000F 0E1B	梵文组合字符	BBHĀ	000F 0E43	梵文组合字符	BWU
000F 0E1C	梵文组合字符	BBHI	000F 0E44	梵文组合字符	BWŪ
000F 0E1D	梵文组合字符	BBHU	000F 0E45	梵文组合字符	BWE
000F 0E1E	梵文组合字符	BBHŪ	000F 0E46	梵文组合字符	BWĒ
000F 0E1F	梵文组合字符	BBHYA	000F 0E47	梵文组合字符	BWO
000F 0E20	梵文组合字符	BBHYĀ	000F 0E48	梵文组合字符	BWŌ
000F 0E21	梵文组合字符	BBHYĀÅ	000F 0E49	梵文组合字符	BWAÅ
000F 0E22	梵文组合字符	BBHRA	000F 0E4A	梵文组合字符	BH
000F 0E23	梵文组合字符	BBHRO	000F 0E4B	梵文组合字符	BHŌ
000F 0E24	梵文组合字符	BBHRAÅ	000F 0E4C	梵文组合字符	BHĀÅ
000F 0E25	梵文组合字符	BMA	000F 0E4D	梵文组合字符	BHIÅ
000F 0E26	梵文组合字符	BMĀ	000F 0E4E	梵文组合字符	BHĪÅ
000F 0E27	梵文组合字符	BMI	000F 0E4F	梵文组合字符	BHUÅ
000F 0E28	梵文组合字符	BMĪ	000F 0E50	梵文组合字符	BHŪÅ
000F 0E29	梵文组合字符	BMU	000F 0E51	梵文组合字符	BHNA
000F 0E2A	梵文组合字符	BMŪ	000F 0E52	梵文组合字符	BHNĀ
000F 0E2B	梵文组合字符	BME	000F 0E53	梵文组合字符	BHNI
000F 0E2C	梵文组合字符	BMĒ	000F 0E54	梵文组合字符	BHNĪ
000F 0E2D	梵文组合字符	BMO	000F 0E55	梵文组合字符	BHNU
000F 0E2E	梵文组合字符	BMŌ	000F 0E56	梵文组合字符	BHNŪ
000F 0E2F	梵文组合字符	BMAÅ	000F 0E57	梵文组合字符	BHNE
000F 0E30	梵文组合字符	BMĀÅ	000F 0E58	梵文组合字符	BHNĒ
000F 0E31	梵文组合字符	BYĪ	000F 0E59	梵文组合字符	BHNO
000F 0E32	梵文组合字符	BYĒ	000F 0E5A	梵文组合字符	BHNŌ
000F 0E33	梵文组合字符	BYŌ	000F 0E5B	梵文组合字符	BHNAÅ
000F 0E34	梵文组合字符	BYAÅ	000F 0E5C	梵文组合字符	BHNĀÅ
000F 0E35	梵文组合字符	BYĀÅ	000F 0E5D	梵文组合字符	BHNYA
000F 0E36	梵文组合字符	BRĒ	000F 0E5E	梵文组合字符	BHBHA
000F 0E37	梵文组合字符	BRŌ	000F 0E5F	梵文组合字符	BHBHAÅ

表 B.1（续）

代码位置	名称	代码位置	名称
000F 0E60	梵文组合字符　BHMA	000F 0E88	梵文组合字符　MNA
000F 0E61	梵文组合字符　BHYI	000F 0E89	梵文组合字符　MNĀ
000F 0E62	梵文组合字符　BHYĪ	000F 0E8A	梵文组合字符　MNI
000F 0E63	梵文组合字符　BHYU	000F 0E8B	梵文组合字符　MNĪ
000F 0E64	梵文组合字符　BHYŪ	000F 0E8C	梵文组合字符　MNU
000F 0E65	梵文组合字符　BHYŌ	000F 0E8D	梵文组合字符　MNE
000F 0E66	梵文组合字符　BHRĪ	000F 0E8E	梵文组合字符　MNĒ
000F 0E67	梵文组合字符　BHRŪ	000F 0E8F	梵文组合字符　MNO
000F 0E68	梵文组合字符　BHRE	000F 0E90	梵文组合字符　MNŌ
000F 0E69	梵文组合字符　BHRĒ	000F 0E91	梵文组合字符　MNAÅ
000F 0E6A	梵文组合字符　BHRO	000F 0E92	梵文组合字符　MNĀÅ
000F 0E6B	梵文组合字符　BHRŌ	000F 0E93	梵文组合字符　MNYA
000F 0E6C	梵文组合字符　BHRIÅ	000F 0E94	梵文组合字符　MPĀ
000F 0E6D	梵文组合字符　BHRĪÅ	000F 0E95	梵文组合字符　MPĪ
000F 0E6E	梵文组合字符　BHLĀ	000F 0E96	梵文组合字符　MPU
000F 0E6F	梵文组合字符　BHLI	000F 0E97	梵文组合字符　MPŪ
000F 0E70	梵文组合字符　BHLE	000F 0E98	梵文组合字符　MPE
000F 0E71	梵文组合字符　BHWI	000F 0E99	梵文组合字符　MPĒ
000F 0E72	梵文组合字符　BHWĪ	000F 0E9A	梵文组合字符　MPO
000F 0E73	梵文组合字符　BHWE	000F 0E9B	梵文组合字符　MPŌ
000F 0E74	梵文组合字符　BHWĒ	000F 0E9C	梵文组合字符　MPAÅ
000F 0E75	梵文组合字符　BHWO	000F 0E9D	梵文组合字符　MPĀÅ
000F 0E76	梵文组合字符　BHWŌ	000F 0E9E	梵文组合字符　MPYA
000F 0E77	梵文组合字符　BHWAÅ	000F 0E9F	梵文组合字符　MPYO
000F 0E78	梵文组合字符　BHWĀÅ	000F 0EA0	梵文组合字符　MPRA
000F 0E79	梵文组合字符　M	000F 0EA1	梵文组合字符　MPRĀ
000F 0E7A	梵文组合字符　MŘ	000F 0EA2	梵文组合字符　MPRI
000F 0E7B	梵文组合字符　MĻ	000F 0EA3	梵文组合字符　MPRĪ
000F 0E7C	梵文组合字符　MĹ	000F 0EA4	梵文组合字符　MPRU
000F 0E7D	梵文组合字符　MIÅ	000F 0EA5	梵文组合字符　MPRŪ
000F 0E7E	梵文组合字符　MĪÅ	000F 0EA6	梵文组合字符　MPRE
000F 0E7F	梵文组合字符　MUÅ	000F 0EA7	梵文组合字符　MPRĒ
000F 0E80	梵文组合字符　MŪÅ	000F 0EA8	梵文组合字符　MPRO
000F 0E81	梵文组合字符　MṆI	000F 0EA9	梵文组合字符　MPRŌ
000F 0E82	梵文组合字符　MṆĀÅ	000F 0EAA	梵文组合字符　MPRAÅ
000F 0E83	梵文组合字符　MTA	000F 0EAB	梵文组合字符　MPRĀÅ
000F 0E84	梵文组合字符　MTĀ	000F 0EAC	梵文组合字符　MPHI
000F 0E85	梵文组合字符　MTHA	000F 0EAD	梵文组合字符　MPHU
000F 0E86	梵文组合字符　MTHU	000F 0EAE	梵文组合字符　MPHE
000F 0E87	梵文组合字符　MN	000F 0EAF	梵文组合字符　MBĀ

表 B.1（续）

代码位置	名称	代码位置	名称
000F 0EB0	梵文组合字符　MBĪ	000F 0ED8	梵文组合字符　MMŪ
000F 0EB1	梵文组合字符　MBŪ	000F 0ED9	梵文组合字符　MMṚ
000F 0EB2	梵文组合字符　MBṚ	000F 0EDA	梵文组合字符　MMḶ
000F 0EB3	梵文组合字符　MBŘ	000F 0EDB	梵文组合字符　MME
000F 0EB4	梵文组合字符　MBE	000F 0EDC	梵文组合字符　MMĒ
000F 0EB5	梵文组合字符　MBĒ	000F 0EDD	梵文组合字符　MMO
000F 0EB6	梵文组合字符　MBŌ	000F 0EDE	梵文组合字符　MMŌ
000F 0EB7	梵文组合字符　MBAÅ	000F 0EDF	梵文组合字符　MMAÅ
000F 0EB8	梵文组合字符　MBĀÅ	000F 0EE0	梵文组合字符　MMĀÅ
000F 0EB9	梵文组合字符　MBYA	000F 0EE1	梵文组合字符　MMYA
000F 0EBA	梵文组合字符　MBYĀ	000F 0EE2	梵文组合字符　MMYAÅ
000F 0EBB	梵文组合字符　MBYI	000F 0EE3	梵文组合字符　MMRA
000F 0EBC	梵文组合字符　MBYU	000F 0EE4	梵文组合字符　MMRĀ
000F 0EBD	梵文组合字符　MBYŪ	000F 0EE5	梵文组合字符　MMRI
000F 0EBE	梵文组合字符　MBYE	000F 0EE6	梵文组合字符　MMRĪ
000F 0EBF	梵文组合字符　MBYĒ	000F 0EE7	梵文组合字符　MMRU
000F 0EC0	梵文组合字符　MBYO	000F 0EE8	梵文组合字符　MMRŪ
000F 0EC1	梵文组合字符　MBYŌ	000F 0EE9	梵文组合字符　MMRE
000F 0EC2	梵文组合字符　MBYAÅ	000F 0EEA	梵文组合字符　MMRĒ
000F 0EC3	梵文组合字符　MBYĀÅ	000F 0EEB	梵文组合字符　MMRO
000F 0EC4	梵文组合字符　MBRA	000F 0EEC	梵文组合字符　MMRŌ
000F 0EC5	梵文组合字符　MBRĀ	000F 0EED	梵文组合字符　MMRAÅ
000F 0EC6	梵文组合字符　MBRU	000F 0EEE	梵文组合字符　MMRĀÅ
000F 0EC7	梵文组合字符　MBRŪ	000F 0EEF	梵文组合字符　MYĀ
000F 0EC8	梵文组合字符　MBH	000F 0EF0	梵文组合字符　MYĪ
000F 0EC9	梵文组合字符　MBHĀ	000F 0EF1	梵文组合字符　MYŪ
000F 0ECA	梵文组合字符　MBHĪ	000F 0EF2	梵文组合字符　MYĒ
000F 0ECB	梵文组合字符　MBHŪ	000F 0EF3	梵文组合字符　MYŌ
000F 0ECC	梵文组合字符　MBHṚ	000F 0EF4	梵文组合字符　MYAÅ
000F 0ECD	梵文组合字符　MBHĒ	000F 0EF5	梵文组合字符　MYĀÅ
000F 0ECE	梵文组合字符　MBHŌ	000F 0EF6	梵文组合字符　MRĪ
000F 0ECF	梵文组合字符　MBHAÅ	000F 0EF7	梵文组合字符　MRŪ
000F 0ED0	梵文组合字符　MBHĀÅ	000F 0EF8	梵文组合字符　MRĒ
000F 0ED1	梵文组合字符　MBHYA	000F 0EF9	梵文组合字符　MRŌ
000F 0ED2	梵文组合字符　MBHYĀ	000F 0EFA	梵文组合字符　MRAÅ
000F 0ED3	梵文组合字符　MBHYI	000F 0EFB	梵文组合字符　MRĀÅ
000F 0ED4	梵文组合字符　MBHYO	000F 0EFC	梵文组合字符　MRUÅ
000F 0ED5	梵文组合字符　MBHYAÅ	000F 0EFD	梵文组合字符　MLĀ
000F 0ED6	梵文组合字符　MMĪ	000F 0EFE	梵文组合字符　MLI
000F 0ED7	梵文组合字符　MMU	000F 0EFF	梵文组合字符　MLĪ

表 B.1（续）

代码位置	名称	代码位置	名称
000F 0F00	梵文组合字符 MLU	000F 0F28	梵文组合字符 YŪÅ
000F 0F01	梵文组合字符 MLŪ	000F 0F29	梵文组合字符 YYĀ
000F 0F02	梵文组合字符 MLR̦	000F 0F2A	梵文组合字符 YYI
000F 0F03	梵文组合字符 MLE	000F 0F2B	梵文组合字符 YYĪ
000F 0F04	梵文组合字符 MLĒ	000F 0F2C	梵文组合字符 YYU
000F 0F05	梵文组合字符 MLO	000F 0F2D	梵文组合字符 YYŪ
000F 0F06	梵文组合字符 MLŌ	000F 0F2E	梵文组合字符 YYE
000F 0F07	梵文组合字符 MLAÅ	000F 0F2F	梵文组合字符 YYĒ
000F 0F08	梵文组合字符 MLĀÅ	000F 0F30	梵文组合字符 YYO
000F 0F09	梵文组合字符 MWĀ	000F 0F31	梵文组合字符 YYŌ
000F 0F0A	梵文组合字符 MWI	000F 0F32	梵文组合字符 YYAÅ
000F 0F0B	梵文组合字符 MWĪ	000F 0F33	梵文组合字符 YYĀÅ
000F 0F0C	梵文组合字符 MWU	000F 0F34	梵文组合字符 YRĀ
000F 0F0D	梵文组合字符 MWŪ	000F 0F35	梵文组合字符 YRI
000F 0F0E	梵文组合字符 MWE	000F 0F36	梵文组合字符 YRĪ
000F 0F0F	梵文组合字符 MWĒ	000F 0F37	梵文组合字符 YRU
000F 0F10	梵文组合字符 MWO	000F 0F38	梵文组合字符 YRŪ
000F 0F11	梵文组合字符 MWŌ	000F 0F39	梵文组合字符 YRE
000F 0F12	梵文组合字符 MWAÅ	000F 0F3A	梵文组合字符 YRĒ
000F 0F13	梵文组合字符 MSĀ	000F 0F3B	梵文组合字符 YRO
000F 0F14	梵文组合字符 MSI	000F 0F3C	梵文组合字符 YRŌ
000F 0F15	梵文组合字符 MSĪ	000F 0F3D	梵文组合字符 YRAÅ
000F 0F16	梵文组合字符 MSU	000F 0F3E	梵文组合字符 YLA
000F 0F17	梵文组合字符 MSŪ	000F 0F3F	梵文组合字符 YWĀ
000F 0F18	梵文组合字符 MSE	000F 0F40	梵文组合字符 YWI
000F 0F19	梵文组合字符 MSĒ	000F 0F41	梵文组合字符 YWĪ
000F 0F1A	梵文组合字符 MSO	000F 0F42	梵文组合字符 YWE
000F 0F1B	梵文组合字符 MSŌ	000F 0F43	梵文组合字符 YWĒ
000F 0F1C	梵文组合字符 MSAÅ	000F 0F44	梵文组合字符 YWO
000F 0F1D	梵文组合字符 MSĀÅ	000F 0F45	梵文组合字符 YWŌ
000F 0F1E	梵文组合字符 MHI	000F 0F46	梵文组合字符 YWAÅ
000F 0F1F	梵文组合字符 Y	000F 0F47	梵文组合字符 YWĀÅ
000F 0F20	梵文组合字符 YR̦	000F 0F48	梵文组合字符 YSA
000F 0F21	梵文组合字符 YŘ	000F 0F49	梵文组合字符 YSI
000F 0F22	梵文组合字符 YĒ	000F 0F4A	梵文组合字符 YSU
000F 0F23	梵文组合字符 YŌ	000F 0F4B	梵文组合字符 YSE
000F 0F24	梵文组合字符 YAÅ	000F 0F4C	梵文组合字符 YSO
000F 0F25	梵文组合字符 YAǺ	000F 0F4D	梵文组合字符 R
000F 0F26	梵文组合字符 YIÅ	000F 0F4E	梵文组合字符 RR̦
000F 0F27	梵文组合字符 YUÅ	000F 0F4F	梵文组合字符 RŘ

表 B.1（续）

代码位置	名称		代码位置	名称	
000F 0F50	梵文组合字符	RĀÅ	000F 0F78	梵文组合字符	RKŞĪ
000F 0F51	梵文组合字符	RIÅ	000F 0F79	梵文组合字符	RKŞU
000F 0F52	梵文组合字符	RĪÅ	000F 0F7A	梵文组合字符	RKŞŪ
000F 0F53	梵文组合字符	RUÅ	000F 0F7B	梵文组合字符	RKŞE
000F 0F54	梵文组合字符	RŪÅ	000F 0F7C	梵文组合字符	RKŞĒ
000F 0F55	梵文组合字符	RK	000F 0F7D	梵文组合字符	RKŞO
000F 0F56	梵文组合字符	RKĀ	000F 0F7E	梵文组合字符	RKŞŌ
000F 0F57	梵文组合字符	RKĪ	000F 0F7F	梵文组合字符	RKŞAÅ
000F 0F58	梵文组合字符	RKŪ	000F 0F80	梵文组合字符	RKŞĀÅ
000F 0F59	梵文组合字符	RKṚ	000F 0F81	梵文组合字符	RKŞYA
000F 0F5A	梵文组合字符	RKŌ	000F 0F82	梵文组合字符	RKŞYĀ
000F 05FB	梵文组合字符	RKAÅ	000F 0F83	梵文组合字符	RKŞYAÅ
000F 05FC	梵文组合字符	RKĀÅ	000F 0F84	梵文组合字符	RKŞYĀÅ
000F 0F5D	梵文组合字符	RKIÅ	000F 0F85	梵文组合字符	RKHA
000F 0F5E	梵文组合字符	RKKA	000F 0F86	梵文组合字符	RKHĀ
000F 0F5F	梵文组合字符	RKKĀ	000F 0F87	梵文组合字符	RKHI
000F 0F60	梵文组合字符	RKKI	000F 0F88	梵文组合字符	RKHĪ
000F 0F61	梵文组合字符	RKKĪ	000F 0F89	梵文组合字符	RKHU
000F 0F62	梵文组合字符	RKKU	000F 0F8A	梵文组合字符	RKHŪ
000F 0F63	梵文组合字符	RKKŪ	000F 0F8B	梵文组合字符	RKHE
000F 0F64	梵文组合字符	RKKE	000F 0F8C	梵文组合字符	RKHĒ
000F 0F65	梵文组合字符	RKKO	000F 0F8D	梵文组合字符	RKHO
000F 0F66	梵文组合字符	RKKAÅ	000F 0F8E	梵文组合字符	RKHŌ
000F 0F67	梵文组合字符	RKKĀÅ	000F 0F8F	梵文组合字符	RKHAÅ
000F 0F68	梵文组合字符	RKKIÅ	000F 0F90	梵文组合字符	RKHĀÅ
000F 0F69	梵文组合字符	RKKĪÅ	000F 0F91	梵文组合字符	RG
000F 0F6A	梵文组合字符	RKRA	000F 0F92	梵文组合字符	RGĀ
000F 0F6B	梵文组合字符	RKRĀ	000F 0F93	梵文组合字符	RGĪ
000F 0F6C	梵文组合字符	RKRI	000F 0F94	梵文组合字符	RGŪ
000F 0F6D	梵文组合字符	RKRĪ	000F 0F95	梵文组合字符	RGṚ
000F 0F6E	梵文组合字符	RKRU	000F 0F96	梵文组合字符	RGŘ
000F 0F6F	梵文组合字符	RKRŪ	000F 0F97	梵文组合字符	RGĒ
000F 0F70	梵文组合字符	RKRE	000F 0F98	梵文组合字符	RGŌ
000F 0F71	梵文组合字符	RKRO	000F 0F99	梵文组合字符	RGAÅ
000F 0F72	梵文组合字符	RKRAÅ	000F 0F9A	梵文组合字符	RGĀÅ
000F 0F73	梵文组合字符	RKRĀÅ	000F 0F9B	梵文组合字符	RGGA
000F 0F74	梵文组合字符	RKWA	000F 0F9C	梵文组合字符	RGGĀ
000F 0F75	梵文组合字符	RKŞA	000F 0F9D	梵文组合字符	RGGI
000F 0F76	梵文组合字符	RKŞĀ	000F 0F9E	梵文组合字符	RGGĪ
000F 0F77	梵文组合字符	RKŞI	000F 0F9F	梵文组合字符	RGGU

表 B.1（续）

代码位置	名称	代码位置	名称
000F 0FA0	梵文组合字符 RGGE	000F 0FC8	梵文组合字符 RĆR̦
000F 0FA1	梵文组合字符 RGGO	000F 0FC9	梵文组合字符 RĆĒ
000F 0FA2	梵文组合字符 RGGAÅ	000F 0FCA	梵文组合字符 RĆŌ
000F 0FA3	梵文组合字符 RGYĪ	000F 0FCB	梵文组合字符 RĆAÅ
000F 0FA4	梵文组合字符 RGYAÅ	000F 0FCC	梵文组合字符 RĆĀÅ
000F 0FA5	梵文组合字符 RGRA	000F 0FCD	梵文组合字符 RĆĆA
000F 0FA6	梵文组合字符 RGRĀ	000F 0FCE	梵文组合字符 RĆĆĀ
000F 0FA7	梵文组合字符 RGRI	000F 0FCF	梵文组合字符 RĆĆI
000F 0FA8	梵文组合字符 RGRĪ	000F 0FD0	梵文组合字符 RĆĆU
000F 0FA9	梵文组合字符 RGRE	000F 0FD1	梵文组合字符 RĆĆE
000F 0FAA	梵文组合字符 RGRĒ	000F 0FD2	梵文组合字符 RĆĆO
000F 0FAB	梵文组合字符 RGRĀÅ	000F 0FD3	梵文组合字符 RĆĆAÅ
000F 0FAC	梵文组合字符 RGLA	000F 0FD4	梵文组合字符 RĆĆHA
000F 0FAD	梵文组合字符 RGLĀ	000F 0FD5	梵文组合字符 RĆĆHĀ
000F 0FAE	梵文组合字符 RGLŌ	000F 0FD6	梵文组合字符 RĆĆHI
000F 0FAF	梵文组合字符 RGHĀ	000F 0FD7	梵文组合字符 RĆĆHĪ
000F 0FB0	梵文组合字符 RGHI	000F 0FD8	梵文组合字符 RĆĆHU
000F 0FB1	梵文组合字符 RGHĪ	000F 0FD9	梵文组合字符 RĆĆHŪ
000F 0FB2	梵文组合字符 RGHU	000F 0FDA	梵文组合字符 RĆĆHE
000F 0FB3	梵文组合字符 RGHŪ	000F 0FDB	梵文组合字符 RĆĆHĒ
000F 0FB4	梵文组合字符 RGHR̦	000F 0FDC	梵文组合字符 RĆĆHO
000F 0FB5	梵文组合字符 RGHE	000F 0FDD	梵文组合字符 RĆĆHŌ
000F 0FB6	梵文组合字符 RGHĒ	000F 0FDE	梵文组合字符 RĆĆHAÅ
000F 0FB7	梵文组合字符 RGHO	000F 0FDF	梵文组合字符 RĆYA
000F 0FB8	梵文组合字符 RGHŌ	000F 0FE0	梵文组合字符 RĆYAÅ
000F 0FB9	梵文组合字符 RGHĀÅ	000F 0FE1	梵文组合字符 RĆHA
000F 0FBA	梵文组合字符 RGHNA	000F 0FE2	梵文组合字符 RĆHĀ
000F 0FBB	梵文组合字符 RGHYA	000F 0FE3	梵文组合字符 RĆHI
000F 0FBC	梵文组合字符 RGHYĀ	000F 0FE4	梵文组合字符 RĆHU
000F 0FBD	梵文组合字符 RGHYAÅ	000F 0FE5	梵文组合字符 RŹ
000F 0FBE	梵文组合字符 RGHYĀÅ	000F 0FE6	梵文组合字符 RŹĀ
000F 0FBF	梵文组合字符 RGHRA	000F 0FE7	梵文组合字符 RŹĪ
000F 0FC0	梵文组合字符 RGHRĀ	000F 0FE8	梵文组合字符 RŹŪ
000F 0FC1	梵文组合字符 RGHRI	000F 0FE9	梵文组合字符 RŹR̦
000F 0FC2	梵文组合字符 RGHRAÅ	000F 0FEA	梵文组合字符 RŹŘ
000F 0FC3	梵文组合字符 RŃAÅ	000F 0FEB	梵文组合字符 RŹĒ
000F 0FC4	梵文组合字符 RŃGA	000F 0FEC	梵文组合字符 RŹŌ
000F 0FC5	梵文组合字符 RĆĀ	000F 0FED	梵文组合字符 RŹAÅ
000F 0FC6	梵文组合字符 RĆĪ	000F 0FEE	梵文组合字符 RŹĀÅ
000F 0FC7	梵文组合字符 RĆŪ	000F 0FEF	梵文组合字符 RŹŹĀ

表 B.1（续）

代码位置	名称	代码位置	名称
000F 0FF0	梵文组合字符　RŹŹI	000F I018	梵文组合字符　RĐĀ
000F 0FF1	梵文组合字符　RŹŹU	000F I019	梵文组合字符　RĐI
000F 0FF2	梵文组合字符　RŹŹE	000F I01A	梵文组合字符　RĐYA
000F 0FF3	梵文组合字符　RŹŹO	000F I01B	梵文组合字符　RĐHA
000F 0FF4	梵文组合字符　RŹŹAÅ	000F I01C	梵文组合字符　RĐHĀ
000F 0FF5	梵文组合字符　RŹÑA	000F I01D	梵文组合字符　RĐHR̥
000F 0FF6	梵文组合字符　RŹÑI	000F I01E	梵文组合字符　RĐHYA
0FF0 0FF7	梵文组合字符　RŹÑĪ	000F I01F	梵文组合字符　RĐHRYAÅ
0FF0 0FF8	梵文组合字符　RŹÑE	000F I020	梵文组合字符　RṆĪ
000F 0FF9	梵文组合字符　RŹYA	000F I021	梵文组合字符　RṆR̥
000F 0FFA	梵文组合字符　RŹYĀ	000F I022	梵文组合字符　RṆO
0FF0 0FFB	梵文组合字符　RŹYE	000F I023	梵文组合字符　RṆŌ
000F 0FFC	梵文组合字符　RŹYĒ	000F I024	梵文组合字符　RṆAÅ
000F 0FFD	梵文组合字符　RŹYO	000F I025	梵文组合字符　RṆĀÅ
000F 0FFE	梵文组合字符　RŹYŌ	000F I026	梵文组合字符　RṆṬHA
000F 0FFF	梵文组合字符　RŹYAÅ	000F I027	梵文组合字符　RṆṆĀ
000F 1000	梵文组合字符　RŹYĀÅ	000F I028	梵文组合字符　RṆṆI
000F 1001	梵文组合字符　RŹRA	000F I029	梵文组合字符　RṆṆU
000F 1002	梵文组合字符　RŹRĀ	000F I02A	梵文组合字符　RṆṆŪ
000F 1003	梵文组合字符　RŹRI	000F I02B	梵文组合字符　RṆṆR̥
000F 1004	梵文组合字符　RŹRĪ	000F I02C	梵文组合字符　RṆṆE
000F 1005	梵文组合字符　RŹRE	000F I02D	梵文组合字符　RṆṆĒ
000F 1006	梵文组合字符　RŹRO	000F I02E	梵文组合字符　RṆṆO
000F 1007	梵文组合字符　RŹRAÅ	000F I02F	梵文组合字符　RṆṆŌ
000F 1008	梵文组合字符　RŹWA	000F I030	梵文组合字符　RṆṆAÅ
000F 1009	梵文组合字符　RŹWĀ	000F I031	梵文组合字符　RṆṆĀÅ
000F 100A	梵文组合字符　RŹWI	000F I032	梵文组合字符　RṆṆYA
000F 100B	梵文组合字符　RŹWAÅ	000F I033	梵文组合字符　RṆṆYAÅ
000F 100C	梵文组合字符　RŹHA	000F I034	梵文组合字符　RṆYA
000F 100D	梵文组合字符　RŹHĀ	000F I035	梵文组合字符　RṆYĀ
000F 100E	梵文组合字符　RŹHI	000F I036	梵文组合字符　RṆYE
000F 100F	梵文组合字符　RŹHU	000F I037	梵文组合字符　RṆYAÅ
000F 1010	梵文组合字符　RŹHE	000F I038	梵文组合字符　RṆRI
000F 1011	梵文组合字符　RŹHO	000F I039	梵文组合字符　RTŪ
000F 1012	梵文组合字符　RŹHAÅ	000F I03A	梵文组合字符　RTR̥
000F 1013	梵文组合字符　RṬĀ	000F I03B	梵文组合字符　RTŘ
000F 1014	梵文组合字符　RṬI	000F I03C	梵文组合字符　RTĒ
000F 1015	梵文组合字符　RṬUÅ	000F I03D	梵文组合字符　RTŌ
000F 1016	梵文组合字符　RṬYU	000F I03E	梵文组合字符　RTAÅ
000F 1017	梵文组合字符　RĐA	000F I03F	梵文组合字符　RTĀÅ

表 B.1(续)

代码位置	名称		代码位置	名称	
000F 1040	梵文组合字符	RTIÅ	000F I068	梵文组合字符	RTRŪ
000F 1041	梵文组合字符	RTUÅ	000F I069	梵文组合字符	RTRE
000F 1042	梵文组合字符	RTTĀ	000F I06A	梵文组合字符	RTRĒ
000F 1043	梵文组合字符	RTTĪ	000F I06B	梵文组合字符	RTRO
000F 1044	梵文组合字符	RTTU	000F I06C	梵文组合字符	RTRŌ
000F 1045	梵文组合字符	RTTŪ	000F I06D	梵文组合字符	RTRAÅ
000F 1046	梵文组合字符	RTTR̦	000F I06E	梵文组合字符	RTRĀÅ
000F 1047	梵文组合字符	RTTŘ	000F I06F	梵文组合字符	RTWA
000F 1048	梵文组合字符	RTTE	000F I070	梵文组合字符	RTWĀ
000F 1049	梵文组合字符	RTTĒ	000F I071	梵文组合字符	RTWI
000F 104A	梵文组合字符	RTTO	000F I072	梵文组合字符	RTWĪ
000F 104B	梵文组合字符	RTTŌ	000F I073	梵文组合字符	RTWE
000F 104C	梵文组合字符	RTTAÅ	000F I074	梵文组合字符	RTWĒ
000F 104D	梵文组合字符	RTTĀÅ	000F I075	梵文组合字符	RTWAÅ
000F 104E	梵文组合字符	RTTIÅ	000F I076	梵文组合字符	RTWĀÅ
000F 104F	梵文组合字符	RTTĪÅ	000F I077	梵文组合字符	RTSA
000F 1050	梵文组合字符	RTTUÅ	000F I078	梵文组合字符	RTSNA
000F 1051	梵文组合字符	RTTYA	000F I079	梵文组合字符	RTSNYA
000F 1052	梵文组合字符	RTTYĀ	000F I07A	梵文组合字符	RTSYA
000F 1053	梵文组合字符	RTTYU	000F I07B	梵文组合字符	RTHĀ
000F 1054	梵文组合字符	RTTYŪ	000F I07C	梵文组合字符	RTHĪ
000F 1055	梵文组合字符	RTTYE	000F I07D	梵文组合字符	RTHE
000F 1056	梵文组合字符	RTTYO	000F I07E	梵文组合字符	RTHĒ
000F 1057	梵文组合字符	RTTYAÅ	000F I07F	梵文组合字符	RTHO
000F 1058	梵文组合字符	RTTRA	000F I080	梵文组合字符	RTHŌ
000F 1059	梵文组合字符	RTTRI	000F I081	梵文组合字符	RTHAÅ
000F 105A	梵文组合字符	RTMĀ	000F I082	梵文组合字符	RTHĀÅ
000F 105B	梵文组合字符	RTYA	000F I083	梵文组合字符	RTHYA
000F 105C	梵文组合字符	RTYĀ	000F I084	梵文组合字符	RTHYĀ
000F 105D	梵文组合字符	RTYU	000F I085	梵文组合字符	RTHYU
000F 105E	梵文组合字符	RTYŪ	000F I086	梵文组合字符	RTHYŪ
000F 105F	梵文组合字符	RTYE	000F I087	梵文组合字符	RTHYE
000F 1060	梵文组合字符	RTYO	000F I088	梵文组合字符	RTHYĒ
000F 1061	梵文组合字符	RTYAÅ	000F I089	梵文组合字符	RTHYO
000F 1062	梵文组合字符	RTYĀÅ	000F I08A	梵文组合字符	RTHYŌ
000F 1063	梵文组合字符	RTRA	000F I08B	梵文组合字符	RTHYAÅ
000F 1064	梵文组合字符	RTRĀ	000F I08C	梵文组合字符	RTHYĀÅ
000F 1065	梵文组合字符	RTRI	000F I08D	梵文组合字符	RDĪ
000F 1066	梵文组合字符	RTRĪ	000F I08E	梵文组合字符	RDŪ
000F 1067	梵文组合字符	RTRU	000F I08F	梵文组合字符	RDR̦

表 B.1（续）

代码位置	名称		代码位置	名称	
000F 1090	梵文组合字符	RDŘ	000F 10B8	梵文组合字符	RDRŪ
000F 1091	梵文组合字符	RDĒ	000F 10B9	梵文组合字符	RDRO
000F 1092	梵文组合字符	RDŌ	000F 10BA	梵文组合字符	RDRŌ
000F 1093	梵文组合字符	RDAÅ	000F 10BB	梵文组合字符	RDRWA
000F 1094	梵文组合字符	RDĀÅ	000F 10BC	梵文组合字符	RDWA
000F 1095	梵文组合字符	RDDA	000F 10BD	梵文组合字符	RDWĀ
000F 1096	梵文组合字符	RDDĀ	000F 10BE	梵文组合字符	RDWI
000F 1097	梵文组合字符	RDDI	000F 10BF	梵文组合字符	RDWĪ
000F 1098	梵文组合字符	RDDĪ	000F 10C0	梵文组合字符	RDWE
000F 1099	梵文组合字符	RDDU	000F 10C1	梵文组合字符	RDWĒ
000F 109A	梵文组合字符	RDDŪ	000F 10C2	梵文组合字符	RDWO
000F 109B	梵文组合字符	RDDṚ	000F 10C3	梵文组合字符	RDWŌ
000F 109C	梵文组合字符	RDDE	000F 10C4	梵文组合字符	RDWAÅ
000F 109D	梵文组合字符	RDDO	000F 10C5	梵文组合字符	RDWYA
000F 109E	梵文组合字符	RDDAÅ	000F 10C6	梵文组合字符	RDHĀ
000F 109F	梵文组合字符	RDDRA	000F 10C7	梵文组合字符	RDHĪ
000F 10A0	梵文组合字符	RDDRĀ	000F 10C8	梵文组合字符	RDHU
000F 10A1	梵文组合字符	RDDRAÅ	000F 10C9	梵文组合字符	RDHŪ
000F 10A2	梵文组合字符	RDDHA	000F 10CA	梵文组合字符	RDHṚ
000F 10A3	梵文组合字符	RDDHĀ	000F 10CB	梵文组合字符	RDHŘ
000F 10A4	梵文组合字符	RDDHI	000F 10CC	梵文组合字符	RDHE
000F 10A5	梵文组合字符	RDDHĪ	000F 10CD	梵文组合字符	RDHĒ
000F 10A6	梵文组合字符	RDDHU	000F 10CE	梵文组合字符	RDHO
000F 10A7	梵文组合字符	RDDHE	000F 10CF	梵文组合字符	RDHŌ
000F 10A8	梵文组合字符	RDDHO	000F 10D0	梵文组合字符	RDHAÅ
000F 10A9	梵文组合字符	RDDHAÅ	000F 10D1	梵文组合字符	RDHĀÅ
000F 10AA	梵文组合字符	RDDHYA	000F 10D2	梵文组合字符	RDHNĀ
000F 10AB	梵文组合字符	RDMA	000F 10D3	梵文组合字符	RDHNI
000F 10AC	梵文组合字符	RDMĀ	000F 10D4	梵文组合字符	RDHNYA
000F 10AD	梵文组合字符	RDME	000F 10D5	梵文组合字符	RDHYA
000F 10AE	梵文组合字符	RDYA	000F 10D6	梵文组合字符	RDHYĀ
000F 10AF	梵文组合字符	RDYĀ	000F 10D7	梵文组合字符	RDHYI
000F 10B0	梵文组合字符	RDYU	000F 10D8	梵文组合字符	RDHYU
000F 10B1	梵文组合字符	RDYŪ	000F 10D9	梵文组合字符	RDHYE
000F 10B2	梵文组合字符	RDYE	000F 10DA	梵文组合字符	RDHYO
000F 10B3	梵文组合字符	RDYĒ	000F 10DB	梵文组合字符	RDHYAÅ
000F 10B4	梵文组合字符	RDYO	000F 10DC	梵文组合字符	RDHYĀÅ
000F 10B5	梵文组合字符	RDYŌ	000F 10DD	梵文组合字符	RDHRA
000F 10B6	梵文组合字符	RDRA	000F 10DE	梵文组合字符	RDHRĀ
000F 10B7	梵文组合字符	RDRU	000F 10DF	梵文组合字符	RDHRI

表 B.1（续）

代码位置	名称	代码位置	名称
000F 10E0	梵文组合字符 RDHRU	000F 1108	梵文组合字符 RPRĀ
000F 10E1	梵文组合字符 RDHRE	000F 1109	梵文组合字符 RPSA
000F 10E2	梵文组合字符 RDHRO	000F 110A	梵文组合字符 RPSI
000F 10E3	梵文组合字符 RDHRAÅ	000F 110B	梵文组合字符 RPSĪ
000F 10E4	梵文组合字符 RDHRĀÅ	000F 110C	梵文组合字符 RPHA
000F 10E5	梵文组合字符 RDHWA	000F 110D	梵文组合字符 RPHĀ
000F 10E6	梵文组合字符 RDHWĀ	000F 110E	梵文组合字符 RPHU
000F 10E7	梵文组合字符 RDHWI	000F 110F	梵文组合字符 RBĪ
000F 10E8	梵文组合字符 RDHWE	000F 1110	梵文组合字符 RBŪ
000F 10E9	梵文组合字符 RDWO	000F 1111	梵文组合字符 RBR̥
000F 10EA	梵文组合字符 RDWAÅ	000F 1112	梵文组合字符 RBŘ
000F 10EB	梵文组合字符 RNĀ	000F 1113	梵文组合字符 RBĒ
000F 10EC	梵文组合字符 RNĪ	000F 1114	梵文组合字符 RBŌ
000F 10ED	梵文组合字符 RNŪ	000F 1115	梵文组合字符 RBĀÅ
000F 10EE	梵文组合字符 RNR̥	000F 1116	梵文组合字符 RBIÅ
000F 10EF	梵文组合字符 RNŘ	000F 1117	梵文组合字符 RBĪÅ
000F 10F0	梵文组合字符 RNĒ	000F 1118	梵文组合字符 RBBĀ
000F 10F1	梵文组合字符 RNŌ	000F 1119	梵文组合字符 RBBĪ
000F 10F2	梵文组合字符 RNAÅ	000F 111A	梵文组合字符 RBBU
000F 10F3	梵文组合字符 RNĀÅ	000F 111B	梵文组合字符 RBBŪ
000F 10F4	梵文组合字符 RNYA	000F 111C	梵文组合字符 RBBE
000F 10F5	梵文组合字符 RPĀ	000F 111D	梵文组合字符 RBBO
000F 10F6	梵文组合字符 RPI	000F 111E	梵文组合字符 RBBAÅ
000F 10F7	梵文组合字符 RPĪ	000F 111F	梵文组合字符 RBBĀÅ
000F 10F8	梵文组合字符 RPU	000F 1120	梵文组合字符 RBBHI
000F 10F9	梵文组合字符 RPŪ	000F 1121	梵文组合字符 RBBYA
000F 10FA	梵文组合字符 RPR̥	000F 1122	梵文组合字符 RBYA
000F 10FB	梵文组合字符 RPE	000F 1123	梵文组合字符 RBYĀ
000F 10FC	梵文组合字符 RPAÅ	000F 1124	梵文组合字符 RBYI
000F 10FD	梵文组合字符 RPĀÅ	000F 1125	梵文组合字符 RBYU
000F 10FE	梵文组合字符 RPĪÅ	000F 1126	梵文组合字符 RBYŪ
000F 10FF	梵文组合字符 RPTĀ	000F 1127	梵文组合字符 RBYE
000F 1100	梵文组合字符 RPPA	000F 1128	梵文组合字符 RBYĒ
000F 1101	梵文组合字符 RPPĀ	000F 1129	梵文组合字符 RBYO
000F 1102	梵文组合字符 RPPI	000F 112A	梵文组合字符 RBYAÅ
000F 1103	梵文组合字符 RPPE	000F 112B	梵文组合字符 RBRA
000F 1104	梵文组合字符 RPYA	000F 112C	梵文组合字符 RBRĀ
000F 1105	梵文组合字符 RPYĀ	000F 112D	梵文组合字符 RBRI
000F 1106	梵文组合字符 RPYĒ	000F 112E	梵文组合字符 RBRĪ
000F 1107	梵文组合字符 RPRA	000F 112F	梵文组合字符 RBRU

表 B.1（续）

代码位置	名称	代码位置	名称
000F 1130	梵文组合字符　RBRŪ	000F 1158	梵文组合字符　RBHRĀÅ
000F 1131	梵文组合字符　RBRE	000F 1159	梵文组合字符　RBHWA
000F 1132	梵文组合字符　RBRĒ	000F 115A	梵文组合字符　RMĪ
000F 1133	梵文组合字符　RBRO	000F 115B	梵文组合字符　RMŪ
000F 1134	梵文组合字符　RBRŌ	000F 115C	梵文组合字符　RMṚ
000F 1135	梵文组合字符　RBLA	000F 115D	梵文组合字符　RMḶ
000F 1136	梵文组合字符　RBLĀ	000F 115E	梵文组合字符　RMĒ
000F 1137	梵文组合字符　RBLI	000F 115F	梵文组合字符　RMŌ
000F 1138	梵文组合字符　RBLĪ	000F 1160	梵文组合字符　RMAÅ
000F 1139	梵文组合字符　RBLU	000F 1161	梵文组合字符　RMĀÅ
000F 113A	梵文组合字符　RBLO	000F 1162	梵文组合字符　RMṆĪ
000F 113B	梵文组合字符　RBHĀ	000F 1163	梵文组合字符　RMNĀ
000F 113C	梵文组合字符　RBHĪ	000F 1164	梵文组合字符　RMMI
000F 113D	梵文组合字符　RBHU	000F 1165	梵文组合字符　RMMU
000F 113E	梵文组合字符　RBHŪ	000F 1166	梵文组合字符　RMME
000F 113F	梵文组合字符　RBHṚ	000F 1167	梵文组合字符　RMMĒ
000F 1140	梵文组合字符　RBHĒ	000F 1168	梵文组合字符　RMMO
000F 1141	梵文组合字符　RBHO	000F 1169	梵文组合字符　RMMŌ
000F 1142	梵文组合字符　RBHŌ	000F 116A	梵文组合字符　RMMAÅ
000F 1143	梵文组合字符　RBHAÅ	000F 116B	梵文组合字符　RMMĀÅ
000F 1144	梵文组合字符　RBHĀÅ	000F 116C	梵文组合字符　RMYĀ
000F 1145	梵文组合字符　RBHĪÅ	000F 116D	梵文组合字符　RMYĪ
000F 1146	梵文组合字符　RBHṚÅ	000F 116E	梵文组合字符　RMYŪ
000F 1147	梵文组合字符　RBHYA	000F 116F	梵文组合字符　RMYĒ
000F 1148	梵文组合字符　RBHYĀ	000F 1170	梵文组合字符　RMYŌ
000F 1149	梵文组合字符　RBHYI	000F 1171	梵文组合字符　RMYAÅ
000F 114A	梵文组合字符　RBHYU	000F 1172	梵文组合字符　RMYĀÅ
000F 114B	梵文组合字符　RBHYE	000F 1173	梵文组合字符　RMRA
000F 114C	梵文组合字符　RBHYO	000F 1174	梵文组合字符　RMRI
000F 114D	梵文组合字符　RBHYAÅ	000F 1175	梵文组合字符　RMRAÅ
000F 114E	梵文组合字符　RBHYĀÅ	000F 1176	梵文组合字符　RMLA
000F 114F	梵文组合字符　RBHRA	000F 1177	梵文组合字符　RMLĀ
000F 1150	梵文组合字符　RBHRĀ	000F 1178	梵文组合字符　RMLI
000F 1151	梵文组合字符　RBHRI	000F 1179	梵文组合字符　RMLE
000F 1152	梵文组合字符　RBHRĪ	000F 117A	梵文组合字符　RMSA
000F 1153	梵文组合字符　RBHRU	000F 117B	梵文组合字符　RYI
000F 1154	梵文组合字符　RBHRŪ	000F 117C	梵文组合字符　RYĪ
000F 1155	梵文组合字符　RBHRE	000F 117D	梵文组合字符　RYU
000F 1156	梵文组合字符　RBHRO	000F 117E	梵文组合字符　RYŪ
000F 1157	梵文组合字符　RBHRAÅ	000F 117F	梵文组合字符　RYE

表 B.1（续）

代码位置	名称	代码位置	名称
000F 1180	梵文组合字符 RYĒ	000F 11A8	梵文组合字符 RWAÅ
000F 1181	梵文组合字符 RYŌ	000F 11A9	梵文组合字符 RWĀÅ
000F 1182	梵文组合字符 RYĀÅ	000F 11AA	梵文组合字符 RWYA
000F 1183	梵文组合字符 RYYĀ	000F 11AB	梵文组合字符 RWYĀ
000F 1184	梵文组合字符 RYYI	000F 11AC	梵文组合字符 RWYAÅ
000F 1185	梵文组合字符 RYYĪ	000F 11AD	梵文组合字符 RWWA
000F 1186	梵文组合字符 RYYU	000F 11AE	梵文组合字符 RWWĀ
000F 1187	梵文组合字符 RYYŪ	000F 11AF	梵文组合字符 RWWI
000F 1188	梵文组合字符 RYYE	000F 11B0	梵文组合字符 RWWĪ
000F 1189	梵文组合字符 RYYĒ	000F 11B1	梵文组合字符 RWWU
000F 118A	梵文组合字符 RYYO	000F 11B2	梵文组合字符 RWWŪ
000F 118B	梵文组合字符 RYYŌ	000F 11B3	梵文组合字符 RWWE
000F 118C	梵文组合字符 RYYAÅ	000F 11B4	梵文组合字符 RWWĒ
000F 118D	梵文组合字符 RYYĀÅ	000F 11B5	梵文组合字符 RWWO
000F 118E	梵文组合字符 RRA	000F 11B6	梵文组合字符 RWWŌ
000F 118F	梵文组合字符 RRĀ	000F 11B7	梵文组合字符 RWWAÅ
000F 1190	梵文组合字符 RRI	000F 11B8	梵文组合字符 RWWĀÅ
000F 1191	梵文组合字符 RRĪ	000F 11B9	梵文组合字符 RŚĀ
000F 1192	梵文组合字符 RRU	000F 11BA	梵文组合字符 RŚĪ
000F 1193	梵文组合字符 RRŪ	000F 11BB	梵文组合字符 RŚŪ
000F 1194	梵文组合字符 RRE	000F 11BC	梵文组合字符 RŚŖ
000F 1195	梵文组合字符 RRĒ	000F 11BD	梵文组合字符 RŚŘ
000F 1196	梵文组合字符 RRO	000F 11BE	梵文组合字符 RŚE
000F 1197	梵文组合字符 RRŌ	000F 11BF	梵文组合字符 RŚĒ
000F 1198	梵文组合字符 RRAÅ	000F 11C0	梵文组合字符 RŚO
000F 1199	梵文组合字符 RLĀ	000F 11C1	梵文组合字符 RŚŌ
000F 119A	梵文组合字符 RLĪ	000F 11C2	梵文组合字符 RŚAÅ
000F 119B	梵文组合字符 RLŪ	000F 11C3	梵文组合字符 RŚĀÅ
000F 119C	梵文组合字符 RLŖ	000F 11C4	梵文组合字符 RŚYA
000F 119D	梵文组合字符 RLŌ	000F 11C5	梵文组合字符 RŚYĀ
000F 119E	梵文组合字符 RLAÅ	000F 11C6	梵文组合字符 RŚYI
000F 119F	梵文组合字符 RLĀÅ	000F 11C7	梵文组合字符 RŚYE
000F 11A0	梵文组合字符 RWĀ	000F 11C8	梵文组合字符 RŚRA
000F 11A1	梵文组合字符 RWĪ	000F 11C9	梵文组合字符 RŚRĀ
000F 11A2	梵文组合字符 RWU	000F 11CA	梵文组合字符 RŚRI
000F 11A3	梵文组合字符 RWŪ	000F 11CB	梵文组合字符 RŚRĪ
000F 11A4	梵文组合字符 RWŖ	000F 11CC	梵文组合字符 RŚRE
000F 11A5	梵文组合字符 RWE	000F 11CD	梵文组合字符 RŚRĒ
000F 11A6	梵文组合字符 RWĒ	000F 11CE	梵文组合字符 RŚRO
000F 11A7	梵文组合字符 RWŌ	000F 11CF	梵文组合字符 RŚRŌ

表 B.1（续）

代码位置	名称		代码位置	名称	
000F 11D0	梵文组合字符	RŚLA	000F 11F8	梵文组合字符	RŞYĀ
000F 11D1	梵文组合字符	RŚLĀ	000F 11F9	梵文组合字符	RŞYAÅ
000F 11D2	梵文组合字符	RŚLI	000F 11FA	梵文组合字符	RŞWA
000F 11D3	梵文组合字符	RŚLĪ	000F 11FB	梵文组合字符	RSA
000F 11D4	梵文组合字符	RŚLE	000F 11FC	梵文组合字符	RSĀ
000F 11D5	梵文组合字符	RŚLO	000F 11FD	梵文组合字符	RSI
000F 11D6	梵文组合字符	RŚWA	000F 11FE	梵文组合字符	RSĪ
000F 11D7	梵文组合字符	RŚWĀ	000F 11FF	梵文组合字符	RSU
000F 11D8	梵文组合字符	RŚWI	000F 1200	梵文组合字符	RSŪ
000F 11D9	梵文组合字符	RŚWE	000F 1201	梵文组合字符	RSŖ
000F 11DA	梵文组合字符	RŚWĒ	000F 1202	梵文组合字符	RSŘ
000F 11DB	梵文组合字符	RŚWO	000F 1203	梵文组合字符	RSE
000F 11DC	梵文组合字符	RŚWAÅ	000F 1204	梵文组合字符	RSO
000F 11DD	梵文组合字符	RŞ	000F 1205	梵文组合字符	RSAÅ
000F 11DE	梵文组合字符	RŞĀ	000F 1206	梵文组合字符	RSĀÅ
000F 11DF	梵文组合字符	RŞI	000F 1207	梵文组合字符	RSIÅ
000F 11E0	梵文组合字符	RŞĪ	000F 1208	梵文组合字符	RSSA
000F 11E1	梵文组合字符	RŞU	000F 1209	梵文组合字符	RHĀ
000F 11E2	梵文组合字符	RŞŪ	000F 120A	梵文组合字符	RHI
000F 11E3	梵文组合字符	RŞE	000F 120B	梵文组合字符	RHĪ
000F 11E4	梵文组合字符	RŞĒ	000F 120C	梵文组合字符	RHU
000F 11E5	梵文组合字符	RŞO	000F 120D	梵文组合字符	RHŪ
000F 11E6	梵文组合字符	RŞŌ	000F 120E	梵文组合字符	RHE
000F 11E7	梵文组合字符	RŞAÅ	000F 120F	梵文组合字符	RHĒ
000F 11E8	梵文组合字符	RŞĀÅ	000F 1210	梵文组合字符	RHO
000F 11E9	梵文组合字符	RŞṬA	000F 1211	梵文组合字符	RHŌ
000F 11EA	梵文组合字符	RŞṬĀ	000F 1212	梵文组合字符	RHAÅ
000F 11EB	梵文组合字符	RŞṬI	000F 1213	梵文组合字符	RHĀÅ
000F 11EC	梵文组合字符	RŞṬU	000F 1214	梵文组合字符	RHIÅ
000F 11ED	梵文组合字符	RŞṬE	000F 1215	梵文组合字符	RHĪÅ
000F 11EE	梵文组合字符	RŞṬAÅ	000F 1216	梵文组合字符	RHUÅ
000F 11EF	梵文组合字符	RŞṬĀÅ	000F 1217	梵文组合字符	RHŪÅ
000F 11F0	梵文组合字符	RŞṬYA	000F 1218	梵文组合字符	RHṆA
000F 11F1	梵文组合字符	RŞṬYE	000F 1219	梵文组合字符	RHṆI
000F 11F2	梵文组合字符	RŞṆA	000F 121A	梵文组合字符	RHṆU
000F 11F3	梵文组合字符	RŞṆĀ	000F 121B	梵文组合字符	RHṆAÅ
000F 11F4	梵文组合字符	RŞṆI	000F 121C	梵文组合字符	RHNA
000F 11F5	梵文组合字符	RŞṆĪ	000F 121D	梵文组合字符	RHNI
000F 11F6	梵文组合字符	RŞMA	000F 121E	梵文组合字符	RHNU
000F 11F7	梵文组合字符	RŞYA	000F 121F	梵文组合字符	RHNAÅ

表 B.1（续）

代码位置	名称	代码位置	名称
000F 1220	梵文组合字符　RHMA	000F 1248	梵文组合字符　LKAÅ
000F 1221	梵文组合字符　RHMĀ	000F 1249	梵文组合字符　LKĀÅ
000F 1222	梵文组合字符　RHMI	000F 124A	梵文组合字符　LKKA
000F 1223	梵文组合字符　RHMU	000F 124B	梵文组合字符　LKKĀ
000F 1224	梵文组合字符　RHMAÅ	000F 124C	梵文组合字符　LKKO
000F 1225	梵文组合字符　RHYĀ	000F 124D	梵文组合字符　LGĀ
000F 1226	梵文组合字符　RHYU	000F 124E	梵文组合字符　LGĪ
000F 1227	梵文组合字符　RHYŪ	000F 124F	梵文组合字符　LGŪ
000F 1228	梵文组合字符　RHYAÅ	000F 1250	梵文组合字符　LGṚ
000F 1229	梵文组合字符　RHRA	000F 1251	梵文组合字符　LGŘ
000F 122A	梵文组合字符　RHRĀ	000F 1252	梵文组合字符　LGĒ
000F 122B	梵文组合字符　RHRI	000F 1253	梵文组合字符　LGŌ
000F 122C	梵文组合字符　RHRĪ	000F 1254	梵文组合字符　LGAÅ
000F 122D	梵文组合字符　RHRU	000F 1255	梵文组合字符　LGĀÅ
000F 122E	梵文组合字符　RHRE	000F 1256	梵文组合字符　LĆA
000F 122F	梵文组合字符　RHRAÅ	000F 1257	梵文组合字符　LĆĀ
000F 1230	梵文组合字符　RHLA	000F 1258	梵文组合字符　LĆŪ
000F 1231	梵文组合字符　RHLĀ	000F 1259	梵文组合字符　LĆHA
000F 1232	梵文组合字符　RHLĪ	000F 125A	梵文组合字符　LĆHU
000F 1233	梵文组合字符　RHWA	000F 125B	梵文组合字符　LŹA
000F 1234	梵文组合字符　RHWĀ	000F 125C	梵文组合字符　LŹĀ
000F 1235	梵文组合字符　RHWAÅ	000F 125D	梵文组合字符　LŹU
000F 1236	梵文组合字符　RHWĀÅ	000F 125E	梵文组合字符　LTṚ
000F 1237	梵文组合字符　L	000F 125F	梵文组合字符　LTUÅ
000F 1238	梵文组合字符　LṚ	000F 1260	梵文组合字符　LTRI
000F 1239	梵文组合字符　LŘ	000F 1261	梵文组合字符　LDĀ
000F 123A	梵文组合字符　LĒ	000F 1262	梵文组合字符　LPĪ
000F 123B	梵文组合字符　LAǺ	000F 1263	梵文组合字符　LPŪ
000F 123C	梵文组合字符　LĀÅ	000F 1264	梵文组合字符　LPĒ
000F 123D	梵文组合字符　LIÅ	000F 1265	梵文组合字符　LPŌ
000F 123E	梵文组合字符　LĪÅ	000F 1266	梵文组合字符　LPAÅ
000F 123F	梵文组合字符　LUÅ	000F 1267	梵文组合字符　LPĀÅ
000F 1240	梵文组合字符　LŪÅ	000F 1268	梵文组合字符　LPTĀ
000F 1241	梵文组合字符　LKĀ	000F 1269	梵文组合字符　LPTUÅ
000F 1242	梵文组合字符　LKĪ	000F 126A	梵文组合字符　LPYA
000F 1243	梵文组合字符　LKŪ	000F 126B	梵文组合字符　LPYAÅ
000F 1244	梵文组合字符　LKṚ	000F 126C	梵文组合字符　LPSYA
000F 1245	梵文组合字符　LKŘ	000F 126D	梵文组合字符　LPHA
000F 1246	梵文组合字符　LKĒ	000F 126E	梵文组合字符　LPHU
000F 1247	梵文组合字符　LKŌ	000F 126F	梵文组合字符　LPHAÅ

表 B.1（续）

代码位置	名称	代码位置	名称
000F 1270	梵文组合字符 LBĪ	000F 1298	梵文组合字符 LRO
000F 1271	梵文组合字符 LBAÅ	000F 1299	梵文组合字符 LRAÅ
000F 1272	梵文组合字符 LBIÅ	000F 129A	梵文组合字符 LLĒ
000F 1273	梵文组合字符 LBYA	000F 129B	梵文组合字符 LLO
000F 1274	梵文组合字符 LBH	000F 129C	梵文组合字符 LLŌ
000F 1275	梵文组合字符 LBHA	000F 129D	梵文组合字符 LLAǺ
000F 1276	梵文组合字符 LBHĀ	000F 129E	梵文组合字符 LLĀÅ
000F 1277	梵文组合字符 LBHE	000F 129F	梵文组合字符 LLĀǺ
000F 1278	梵文组合字符 LBHYA	000F 12A0	梵文组合字符 LLRA
000F 1279	梵文组合字符 LBHYĀ	000F 12A1	梵文组合字符 LWI
000F 127A	梵文组合字符 LBHYE	000F 12A2	梵文组合字符 LWĪ
000F 127B	梵文组合字符 LBHYAÅ	000F 12A3	梵文组合字符 LWU
000F 127C	梵文组合字符 LMĀ	000F 12A4	梵文组合字符 LWŪ
000F 127D	梵文组合字符 LMĪ	000F 12A5	梵文组合字符 LWE
000F 127E	梵文组合字符 LMU	000F 12A6	梵文组合字符 LWO
000F 127F	梵文组合字符 LMŪ	000F 12A7	梵文组合字符 LWŌ
000F 1280	梵文组合字符 LME	000F 12A8	梵文组合字符 LWAÅ
000F 1281	梵文组合字符 LMĒ	000F 12A9	梵文组合字符 LWĀÅ
000F 1282	梵文组合字符 LMO	000F 12AA	梵文组合字符 LŚA
000F 1283	梵文组合字符 LMŌ	000F 12AB	梵文组合字符 LŚĀ
000F 1284	梵文组合字符 LMAÅ	000F 12AC	梵文组合字符 LŞA
000F 1285	梵文组合字符 LMĀÅ	000F 12AD	梵文组合字符 LŞU
000F 1286	梵文组合字符 LYI	000F 12AE	梵文组合字符 LSA
000F 1287	梵文组合字符 LYĪ	000F 12AF	梵文组合字符 LSĀ
000F 1288	梵文组合字符 LYU	000F 12B0	梵文组合字符 LSU
000F 1289	梵文组合字符 LYŪ	000F 12B1	梵文组合字符 LSAÅ
000F 128A	梵文组合字符 LYE	000F 12B2	梵文组合字符 LHĀ
000F 128B	梵文组合字符 LYĒ	000F 12B3	梵文组合字符 LHĪ
000F 128C	梵文组合字符 LYO	000F 12B4	梵文组合字符 LHŪ
000F 128D	梵文组合字符 LYŌ	000F 12B5	梵文组合字符 LHŖ
000F 128E	梵文组合字符 LYAÅ	000F 12B6	梵文组合字符 LHŘ
000F 128F	梵文组合字符 LYĀÅ	000F 12B7	梵文组合字符 LHĒ
000F 1290	梵文组合字符 LRA	000F 12B8	梵文组合字符 LHŌ
000F 1291	梵文组合字符 LRĀ	000F 12B9	梵文组合字符 LHAÅ
000F 1292	梵文组合字符 LRI	000F 12BA	梵文组合字符 LHĀÅ
000F 1293	梵文组合字符 LRĪ	000F 12BB	梵文组合字符 LHYA
000F 1294	梵文组合字符 LRU	000F 12BC	梵文组合字符 W
000F 1295	梵文组合字符 LRŪ	000F 12BD	梵文组合字符 WŪ
000F 1296	梵文组合字符 LRE	000F 12BE	梵文组合字符 WŖ
000F 1297	梵文组合字符 LRĒ	000F 12BF	梵文组合字符 WŘ

表 B.1(续)

代码位置	名称	代码位置	名称
000F 12C0	梵文组合字符　WĒ	000F 12E8	梵文组合字符　WRŪ
000F 12C1	梵文组合字符　WŌ	000F 12E9	梵文组合字符　WRE
000F 12C2	梵文组合字符　WĀÅ	000F 12EA	梵文组合字符　WRĒ
000F 12C3	梵文组合字符　WĀǺ	000F 12EB	梵文组合字符　WRO
000F 12C4	梵文组合字符　WIÅ	000F 12EC	梵文组合字符　WRŌ
000F 12C5	梵文组合字符　WĪÅ	000F 12ED	梵文组合字符　WRAÅ
000F 12C6	梵文组合字符　WUÅ	000F 12EE	梵文组合字符　WRĀÅ
000F 12C7	梵文组合字符　WṚÅ	000F 12EF	梵文组合字符　WLA
000F 12C8	梵文组合字符　WṆA	000F 12F0	梵文组合字符　WLĀ
000F 12C9	梵文组合字符　WṆĀ	000F 12F1	梵文组合字符　WLI
000F 12CA	梵文组合字符　WNA	000F 12F2	梵文组合字符　WWA
000F 12CB	梵文组合字符　WNĀ	000F 12F3	梵文组合字符　WWĀ
000F 12CC	梵文组合字符　WNI	000F 12F4	梵文组合字符　WWI
000F 12CD	梵文组合字符　WNĪ	000F 12F5	梵文组合字符　WWĪ
000F 12CE	梵文组合字符　WNU	000F 12F6	梵文组合字符　WWE
000F 12CF	梵文组合字符　WNŪ	000F 12F7	梵文组合字符　WWĒ
000F 12D0	梵文组合字符　WNṚ	000F 12F8	梵文组合字符　WWO
000F 12D1	梵文组合字符　WNE	000F 12F9	梵文组合字符　WWŌ
000F 12D2	梵文组合字符　WNĒ	000F 12FA	梵文组合字符　WWAÅ
000F 12D3	梵文组合字符　WNO	000F 12FB	梵文组合字符　WWAǺ
000F 12D4	梵文组合字符　WNŌ	000F 12FC	梵文组合字符　WWĀÅ
000F 12D5	梵文组合字符　WNAÅ	000F 12FD	梵文组合字符　WWĀǺ
000F 12D6	梵文组合字符　WNĀÅ	000F 12FE	梵文组合字符　Ś
000F 12D7	梵文组合字符　WAY	000F 12FF	梵文组合字符　ŚĒ
000F 12D8	梵文组合字符　WYĀ	000F 1300	梵文组合字符　ŚĀÅ
000F 12D9	梵文组合字符　WYI	000F 1301	梵文组合字符　ŚIÅ
000F 12DA	梵文组合字符　WYĪ	000F 1302	梵文组合字符　ŚĪÅ
000F 12DB	梵文组合字符　WYU	000F 1303	梵文组合字符　ŚUÅ
000F 12DC	梵文组合字符　WYŪ	000F 1304	梵文组合字符　ŚŪÅ
000F 12DD	梵文组合字符　WYE	000F 1305	梵文组合字符　ŚṚÅ
000F 12DE	梵文组合字符　WYĒ	000F 1306	梵文组合字符　ŚŘÅ
000F 12DF	梵文组合字符　WYO	000F 1307	梵文组合字符　ŚKA
000F 12E0	梵文组合字符　WYŌ	000F 1308	梵文组合字符　ŚKĀ
000F 12E1	梵文组合字符　WYAÅ	000F 1309	梵文组合字符　ŚKI
000F 12E2	梵文组合字符　WYĀÅ	000F 130A	梵文组合字符　ŚKĪ
000F 12E3	梵文组合字符　WRA	000F 130B	梵文组合字符　ŚKU
000F 12E4	梵文组合字符　WRĀ	000F 130C	梵文组合字符　ŚKŪ
000F 12E5	梵文组合字符　WRI	000F 130D	梵文组合字符　ŚKAÅ
000F 12E6	梵文组合字符　WRĪ	000F 130E	梵文组合字符　ŚKHA
000F 12E7	梵文组合字符　WRU	000F 130F	梵文组合字符　ŚKHU

表 B.1（续）

代码位置	名称		代码位置	名称	
000F 1310	梵文组合字符	ŚĆ	000F 1338	梵文组合字符	ŚTĀ
000F 1311	梵文组合字符	ŚĆĀ	000F 1339	梵文组合字符	ŚTE
000F 1312	梵文组合字符	ŚĆĪ	000F 133A	梵文组合字符	ŚTAÅ
000F 1313	梵文组合字符	ŚĆU	000F 133B	梵文组合字符	ŚTYA
000F 1314	梵文组合字符	ŚĆŪ	000F 133C	梵文组合字符	ŚTRO
000F 1315	梵文组合字符	ŚĆṚ	000F 133D	梵文组合字符	ŚN
000F 1316	梵文组合字符	ŚĆE	000F 133E	梵文组合字符	ŚNA
000F 1317	梵文组合字符	ŚĆĒ	000F 133F	梵文组合字符	ŚNI
000F 1318	梵文组合字符	ŚĆO	000F 1340	梵文组合字符	ŚNĪ
000F 1319	梵文组合字符	ŚĆŌ	000F 1341	梵文组合字符	ŚNU
000F 131A	梵文组合字符	ŚĆAÅ	000F 1342	梵文组合字符	ŚNŪ
000F 131B	梵文组合字符	ŚĆĀÅ	000F 1343	梵文组合字符	ŚNṚ
000F 131C	梵文组合字符	ŚĆIÅ	000F 1344	梵文组合字符	ŚNE
000F 131D	梵文组合字符	ŚĆĪÅ	000F 1345	梵文组合字符	ŚNĒ
000F 131E	梵文组合字符	ŚĆYA	000F 1346	梵文组合字符	ŚNO
000F 131F	梵文组合字符	ŚĆYĀ	000F 1347	梵文组合字符	ŚNŌ
000F 1320	梵文组合字符	ŚĆYI	000F 1348	梵文组合字符	ŚNAÅ
000F 1321	梵文组合字符	ŚĆYĪ	000F 1349	梵文组合字符	ŚNĀÅ
000F 1322	梵文组合字符	ŚĆYU	000F 134A	梵文组合字符	ŚNIÅ
000F 1323	梵文组合字符	ŚĆYŪ	000F 134B	梵文组合字符	ŚNĪÅ
000F 1324	梵文组合字符	ŚĆYE	000F 134C	梵文组合字符	ŚPA
000F 1325	梵文组合字符	ŚĆYĒ	000F 134D	梵文组合字符	ŚPĀ
000F 1326	梵文组合字符	ŚĆYO	000F 134E	梵文组合字符	ŚPU
000F 1327	梵文组合字符	ŚĆYŌ	000F 134F	梵文组合字符	ŚPE
000F 1328	梵文组合字符	ŚĆYAÅ	000F 1350	梵文组合字符	ŚPO
000F 1329	梵文组合字符	ŚĆYĀÅ	000F 1351	梵文组合字符	ŚPRA
000F 132A	梵文组合字符	ŚĆHĀ	000F 1352	梵文组合字符	ŚPHA
000F 132B	梵文组合字符	ŚĆHI	000F 1353	梵文组合字符	ŚPHU
000F 132C	梵文组合字符	ŚĆHĪ	000F 1354	梵文组合字符	ŚMĀ
000F 132D	梵文组合字符	ŚĆHU	000F 1355	梵文组合字符	ŚMI
000F 132E	梵文组合字符	ŚĆHŪ	000F 1356	梵文组合字符	ŚMĪ
000F 132F	梵文组合字符	ŚĆHE	000F 1357	梵文组合字符	ŚMU
000F 1330	梵文组合字符	ŚĆHĒ	000F 1358	梵文组合字符	ŚMŪ
000F 1331	梵文组合字符	ŚĆHO	000F 1359	梵文组合字符	ŚMṚ
000F 1332	梵文组合字符	ŚĆHŌ	000F 135A	梵文组合字符	ŚME
000F 1333	梵文组合字符	ŚĆHAÅ	000F 135B	梵文组合字符	ŚMĒ
000F 1334	梵文组合字符	ŚĆHĀÅ	000F 135C	梵文组合字符	ŚMO
000F 1335	梵文组合字符	ŚĆHYA	000F 135D	梵文组合字符	ŚMŌ
000F 1336	梵文组合字符	ŚĆHWA	000F 135E	梵文组合字符	ŚMAÅ
000F 1337	梵文组合字符	ŚTA	000F 135F	梵文组合字符	ŚMĀÅ

表 B.1（续）

代码位置	名称	代码位置	名称
000F 1360	梵文组合字符　ŚY	000F 1388	梵文组合字符　ŚRYĒ
000F 1361	梵文组合字符　ŚYĪ	000F 1389	梵文组合字符　ŚRY0
000F 1362	梵文组合字符　ŚYU	000F 138A	梵文组合字符　ŚRYŌ
000F 1363	梵文组合字符　ŚYŪ	000F 138B	梵文组合字符　ŚRYAÅ
000F 1364	梵文组合字符　ŚYE	000F 138C	梵文组合字符　ŚRYĀÅ
000F 1365	梵文组合字符　ŚYĒ	000F 138D	梵文组合字符　ŚRWA
000F 1366	梵文组合字符　ŚYO	000F 138E	梵文组合字符　ŚRWO
000F 1367	梵文组合字符　ŚYŌ	000F 138F	梵文组合字符　ŚLA
000F 1368	梵文组合字符　ŚYAÅ	000F 1390	梵文组合字符　ŚLĀ
000F 1369	梵文组合字符　ŚYĀÅ	000F 1391	梵文组合字符　ŚLI
000F 136A	梵文组合字符　ŚYRA	000F 1392	梵文组合字符　ŚLĪ
000F 136B	梵文组合字符　ŚYRĀ	000F 1393	梵文组合字符　ŚLU
000F 136C	梵文组合字符　ŚYRI	000F 1394	梵文组合字符　ŚLŪ
000F 136D	梵文组合字符　ŚYRĪ	000F 1395	梵文组合字符　ŚLE
000F 136E	梵文组合字符　ŚYRU	000F 1396	梵文组合字符　ŚLĒ
000F 136F	梵文组合字符　ŚYRŪ	000F 1397	梵文组合字符　ŚLĀÅ
000F 1370	梵文组合字符　ŚYRE	000F 1398	梵文组合字符　ŚWĪ
000F 1371	梵文组合字符　ŚYRĒ	000F 1399	梵文组合字符　ŚWU
000F 1372	梵文组合字符　ŚYRO	000F 139A	梵文组合字符　ŚWŪ
000F 1373	梵文组合字符　ŚYRŌ	000F 139B	梵文组合字符　ŚWE
000F 1374	梵文组合字符　ŚYRAÅ	000F 139C	梵文组合字符　ŚWĒ
000F 1375	梵文组合字符　ŚYRĀÅ	000F 139D	梵文组合字符　ŚWŌ
000F 1376	梵文组合字符　ŚRU	000F 139E	梵文组合字符　ŚWAÅ
000F 1377	梵文组合字符　ŚRŪ	000F 139F	梵文组合字符　ŚWĀÅ
000F 1378	梵文组合字符　ŚRE	000F 13A0	梵文组合字符　ŚWYA
000F 1379	梵文组合字符　ŚRĒ	000F 13A1	梵文组合字符　ŚWYĀ
000F 137A	梵文组合字符　ŚRO	000F 13A2	梵文组合字符　ŚWYU
000F 137B	梵文组合字符　ŚRŌ	000F 13A3	梵文组合字符　ŚWYŪ
000F 137C	梵文组合字符　ŚRAÅ	000F 13A4	梵文组合字符　ŚWYE
000F 137D	梵文组合字符　ŚRĀÅ	000F 13A5	梵文组合字符　ŚWYĒ
000F 137E	梵文组合字符　ŚRIÅ	000F 13A6	梵文组合字符　ŚWYO
000F 137F	梵文组合字符　ŚRĪÅ	000F 13A7	梵文组合字符　ŚWYŌ
000F 1380	梵文组合字符　ŚRUÅ	000F 13A8	梵文组合字符　ŚWYAÅ
000F 1381	梵文组合字符　ŚRYA	000F 13A9	梵文组合字符　ŚWYĀÅ
000F 1382	梵文组合字符　ŚRYĀ	000F 13AA	梵文组合字符　ŚŚĀ
000F 1383	梵文组合字符　ŚRYI	000F 13AB	梵文组合字符　ŚŚI
000F 1384	梵文组合字符　ŚRYĪ	000F 13AC	梵文组合字符　ŚŚĪ
000F 1385	梵文组合字符　ŚRYU	000F 13AD	梵文组合字符　ŚŚU
000F 1386	梵文组合字符　ŚRYŪ	000F 13AE	梵文组合字符　ŚŚŪ
000F 1387	梵文组合字符　ŚRYE	000F 13AF	梵文组合字符　ŚŚṚ

表 B.1（续）

代码位置	名称	代码位置	名称
000F 13B0	梵文组合字符 ŚŚŘ	000F 13D8	梵文组合字符 ŞĪ
000F 13B1	梵文组合字符 ŚŚE	000F 13D9	梵文组合字符 ŞŪ
000F 13B2	梵文组合字符 ŚŚĒ	000F 13DA	梵文组合字符 ŞŖ
000F 13B3	梵文组合字符 ŚŚO	000F 13DB	梵文组合字符 ŞŘ
000F 13B4	梵文组合字符 ŚŚŌ	000F 13DC	梵文组合字符 ŞĻ
000F 13B5	梵文组合字符 ŚŚAÅ	000F 13DD	梵文组合字符 ŞĒ
000F 13B6	梵文组合字符 ŚŚĀÅ	000F 13DE	梵文组合字符 ŞŌ
000F 13B7	梵文组合字符 ŚŚMA	000F 13DF	梵文组合字符 ŞAÅ
000F 13B8	梵文组合字符 ŚŚMĀ	000F 13E0	梵文组合字符 ŞĀÅ
000F 13B9	梵文组合字符 ŚŚYA	000F 13E1	梵文组合字符 ŞIÅ
000F 13BA	梵文组合字符 ŚŚYĀ	000F 13E2	梵文组合字符 ŞUÅ
000F 13BB	梵文组合字符 ŚŚYU	000F 13E3	梵文组合字符 ŞKĀ
000F 13BC	梵文组合字符 ŚŚYE	000F 13E4	梵文组合字符 ŞKI
000F 13BD	梵文组合字符 ŚŚRA	000F 13E5	梵文组合字符 ŞKĪ
000F 13BE	梵文组合字符 ŚŚRĀ	000F 13E6	梵文组合字符 ŞKU
000F 13BF	梵文组合字符 ŚŚRI	000F 13E7	梵文组合字符 ŞKŪ
000F 13C0	梵文组合字符 ŚŚRĪ	000F 13E8	梵文组合字符 ŞKŖ
000F 13C1	梵文组合字符 ŚŚRU	000F 13E9	梵文组合字符 ŞKŘ
000F 13C2	梵文组合字符 ŚŚRŪ	000F 13EA	梵文组合字符 ŞKĻ
000F 13C3	梵文组合字符 ŚŚRE	000F 13EB	梵文组合字符 ŞKE
000F 13C4	梵文组合字符 ŚŚRĒ	000F 13EC	梵文组合字符 ŞKO
000F 13C5	梵文组合字符 ŚŚRO	000F 13ED	梵文组合字符 ŞKŌ
000F 13C6	梵文组合字符 ŚŚRŌ	000F 13EE	梵文组合字符 ŞKAÅ
000F 13C7	梵文组合字符 ŚŚLA	000F 13EF	梵文组合字符 ŞKĀÅ
000F 13C8	梵文组合字符 ŚŚLĪ	000F 13F0	梵文组合字符 ŞKIÅ
000F 13C9	梵文组合字符 ŚŚLU	000F 13F1	梵文组合字符 ŞKRA
000F 13CA	梵文组合字符 ŚŚLE	000F 13F2	梵文组合字符 ŞKRĀ
000F 13CB	梵文组合字符 ŚŚLO	000F 13F3	梵文组合字符 ŞKRI
000F 13CC	梵文组合字符 ŚŚWA	000F 13F4	梵文组合字符 ŞKRĪ
000F 13CD	梵文组合字符 ŚŚWI	000F 13F5	梵文组合字符 ŞKRU
000F 13CE	梵文组合字符 ŚŚWE	000F 13F6	梵文组合字符 ŞKRŪ
000F 13CF	梵文组合字符 ŚŚWO	000F 13F7	梵文组合字符 ŞKRE
000F 13D0	梵文组合字符 ŚŚWAÅ	000F 13F8	梵文组合字符 ŞKRĒ
000F 13D1	梵文组合字符 ŚŚWĀÅ	000F 13F9	梵文组合字符 ŞKRO
000F 13D2	梵文组合字符 ŚSA	000F 13FA	梵文组合字符 ŞKRŌ
000F 13D3	梵文组合字符 ŚSU	000F 13FB	梵文组合字符 ŞKRAÅ
000F 13D4	梵文组合字符 ŚHA	000F 13FC	梵文组合字符 ŞKRĀÅ
000F 13D5	梵文组合字符 ŚHU	000F 13FD	梵文组合字符 ŞKHA
000F 13D6	梵文组合字符 ŚHAÅ	000F 13FE	梵文组合字符 ŞŢ
000F 13D7	梵文组合字符 Ş	000F 13FF	梵文组合字符 ŞŢ Ī

表 B.1（续）

代码位置	名称	代码位置	名称
000F 1400	梵文组合字符　ṢṬ U	000F 1428	梵文组合字符　ṢṬ RYĪ
000F 1401	梵文组合字符　ṢṬ Ū	000F 1429	梵文组合字符　ṢṬ RYU
000F 1402	梵文组合字符　ṢṬ Ṛ	000F 142A	梵文组合字符　ṢṬ RYŪ
000F 1403	梵文组合字符　ṢṬ E	000F 142B	梵文组合字符　ṢṬ RYE
000F 1404	梵文组合字符　ṢṬ Ē	000F 142C	梵文组合字符　ṢṬ RYĒ
000F 1405	梵文组合字符　ṢṬ O	000F 142D	梵文组合字符　ṢṬ RYO
000F 1406	梵文组合字符　ṢṬ Ō	000F 142E	梵文组合字符　ṢṬ RYŌ
000F 1407	梵文组合字符　ṢṬ AÅ	000F 142F	梵文组合字符　ṢṬRYAÅ
000F 1408	梵文组合字符　ṢṬ ĀÅ	000F 1430	梵文组合字符　ṢṬ RYĀÅ
000F 1409	梵文组合字符　ṢṬ IÅ	000F 1431	梵文组合字符　ṢṬ WA
000F 140A	梵文组合字符　ṢṬ ĪÅ	000F 1432	梵文组合字符　ṢṬ WĀ
000F 140B	梵文组合字符　ṢṬ UÅ	000F 1433	梵文组合字符　ṢṬ WI
000F 140C	梵文组合字符　ṢṬ KA	000F 1434	梵文组合字符　ṢṬ WĪ
000F 140D	梵文组合字符　ṢṬ YA	000F 1435	梵文组合字符　ṢṬ WE
000F 140E	梵文组合字符　ṢṬ YĀ	000F 1436	梵文组合字符　ṢṬ WĒ
000F 140F	梵文组合字符　ṢṬ YI	000F 1437	梵文组合字符　ṢṬ WO
000F 1410	梵文组合字符　ṢṬ YĪ	000F 1438	梵文组合字符　ṢṬ WŌ
000F 1411	梵文组合字符　ṢṬ YU	000F 1439	梵文组合字符　ṢṬ WAÅ
000F 1412	梵文组合字符　ṢṬ YŪ	000F 143A	梵文组合字符　ṢṬ WĀÅ
000F 1413	梵文组合字符　ṢṬ YE	000F 143B	梵文组合字符　ṢṬ WIÅ
000F 1414	梵文组合字符　ṢṬ YĒ	000F 143C	梵文组合字符　ṢṬ H
000F 1415	梵文组合字符　ṢṬ YO	000F 143D	梵文组合字符　ṢṬ HĪ
000F 1416	梵文组合字符　ṢṬ YŌ	000F 143E	梵文组合字符　ṢṬ HU
000F 1417	梵文组合字符　ṢṬ YAÅ	000F 143F	梵文组合字符　ṢṬ HŪ
000F 1418	梵文组合字符　ṢṬ YĀÅ	000F 1440	梵文组合字符　ṢṬ HE
000F 1419	梵文组合字符　ṢṬ RA	000F 1441	梵文组合字符　ṢṬ HĒ
000F 141A	梵文组合字符　ṢṬ RĀ	000F 1442	梵文组合字符　ṢṬ HO
000F 141B	梵文组合字符　ṢṬ RI	000F 1443	梵文组合字符　ṢṬ HŌ
000F 141C	梵文组合字符　ṢṬ RĪ	000F 1444	梵文组合字符　ṢṬ HAÅ
000F 141D	梵文组合字符　ṢṬ RU	000F 1445	梵文组合字符　ṢṬ HĀÅ
000F 141E	梵文组合字符　ṢṬ RŪ	000F 1446	梵文组合字符　ṢṬ HYA
000F 141F	梵文组合字符　ṢṬ RE	000F 1447	梵文组合字符　ṢṬ HYĀ
000F 1420	梵文组合字符　ṢṬ RĒ	000F 1448	梵文组合字符　ṢṬ HYI
000F 1421	梵文组合字符　ṢṬ RO	000F 1449	梵文组合字符　ṢṬ HYĪ
000F 1422	梵文组合字符　ṢṬ RŌ	000F 144A	梵文组合字符　ṢṬ HYU
000F 1423	梵文组合字符　ṢṬ RAÅ	000F 144B	梵文组合字符　ṢṬ HYŪ
000F 1424	梵文组合字符　ṢṬ RĀÅ	000F 144C	梵文组合字符　ṢṬ HYE
000F 1425	梵文组合字符　ṢṬ RYA	000F 144D	梵文组合字符　ṢṬ HYĒ
000F 1426	梵文组合字符　ṢṬ RYĀ	000F 144E	梵文组合字符　ṢṬ HYO
000F 1427	梵文组合字符　ṢṬ RYI	000F 144F	梵文组合字符　ṢṬ HYŌ

表 B.1（续）

代码位置	名称		代码位置	名称	
000F 1450	梵文组合字符	ŞṬ HYAÅ	000F 1478	梵文组合字符	ŞPĪ
000F 1451	梵文组合字符	ŞṬ HYĀÅ	000F 1479	梵文组合字符	ŞPU
000F 1452	梵文组合字符	ŞĐA	000F 147A	梵文组合字符	ŞPŪ
000F 1453	梵文组合字符	ŞĐĀ	000F 147B	梵文组合字符	ŞPṚ
000F 1454	梵文组合字符	ŞĐI	000F 147C	梵文组合字符	ŞPŘ
000F 1455	梵文组合字符	ŞĐĪ	000F 147D	梵文组合字符	ŞPĒ
000F 1456	梵文组合字符	ŞĐU	000F 147E	梵文组合字符	ŞPO
000F 1457	梵文组合字符	ŞĐŪ	000F 147F	梵文组合字符	ŞPŌ
000F 1458	梵文组合字符	ŞĐE	000F 1480	梵文组合字符	ŞPAÅ
000F 1459	梵文组合字符	ŞĐĒ	000F 1481	梵文组合字符	ŞPĀÅ
000F 145A	梵文组合字符	ŞĐO	000F 1482	梵文组合字符	ŞPYA
000F 145B	梵文组合字符	ŞĐŌ	000F 1483	梵文组合字符	ŞPRA
000F 145C	梵文组合字符	ŞĐAÅ	000F 1484	梵文组合字符	ŞPRĀ
000F 145D	梵文组合字符	ŞĐĀÅ	000F 1485	梵文组合字符	ŞPRI
000F 145E	梵文组合字符	ŞĐUÅ	000F 1486	梵文组合字符	ŞPRĪ
000F 145F	梵文组合字符	ŞĐYA	000F 1487	梵文组合字符	ŞPRE
000F 1460	梵文组合字符	ŞĐRA	000F 1488	梵文组合字符	ŞPRĒ
000F 1461	梵文组合字符	ŞṆĀ	000F 1489	梵文组合字符	ŞPRO
000F 1462	梵文组合字符	ŞṆṚ	000F 148A	梵文组合字符	ŞPRŌ
000F 1463	梵文组合字符	ŞṆE	000F 148B	梵文组合字符	ŞPRAÅ
000F 1464	梵文组合字符	ŞṆĒ	000F 148C	梵文组合字符	ŞPRĀÅ
000F 1465	梵文组合字符	ŞṆO	000F 148D	梵文组合字符	ŞPHA
000F 1466	梵文组合字符	ŞṆŌ	000F 148E	梵文组合字符	ŞPHĀ
000F 1467	梵文组合字符	ŞṆAÅ	000F 148F	梵文组合字符	ŞPHU
000F 1468	梵文组合字符	ŞṆĀÅ	000F 1490	梵文组合字符	ŞPHO
000F 1469	梵文组合字符	ŞṆĪÅ	000F 1491	梵文组合字符	ŞM
000F 146A	梵文组合字符	ŞṆYA	000F 1492	梵文组合字符	ŞMA
000F 146B	梵文组合字符	ŞṆYĀ	000F 1493	梵文组合字符	ŞMĀ
000F 146C	梵文组合字符	ŞṆYI	000F 1494	梵文组合字符	ŞMI
000F 146D	梵文组合字符	ŞṆYĪ	000F 1495	梵文组合字符	ŞMĪ
000F 146E	梵文组合字符	ŞṆYU	000F 1496	梵文组合字符	ŞMU
000F 146F	梵文组合字符	ŞṆYŪ	000F 1497	梵文组合字符	ŞMŪ
000F 1470	梵文组合字符	ŞṆYE	000F 1498	梵文组合字符	ŞMṚ
000F 1471	梵文组合字符	ŞṆYĒ	000F 1499	梵文组合字符	ŞMĻ
000F 1472	梵文组合字符	ŞṆYO	000F 149A	梵文组合字符	ŞME
000F 1473	梵文组合字符	ŞṆYŌ	000F 149B	梵文组合字符	ŞMĒ
000F 1474	梵文组合字符	ŞṆYAÅ	000F 149C	梵文组合字符	ŞMO
000F 1475	梵文组合字符	ŞṆYĀÅ	000F 149D	梵文组合字符	ŞMŌ
000F 1476	梵文组合字符	ŞPĀ	000F 149E	梵文组合字符	ŞMAÅ
000F 1477	梵文组合字符	ŞPI	000F 149F	梵文组合字符	ŞMĀÅ

表 B.1（续）

代码位置	名称		代码位置	名称	
000F 14A0	梵文组合字符	ŞYA	000F 14C8	梵文组合字符	ŞŞE
000F 14A1	梵文组合字符	ŞYĀ	000F 14C9	梵文组合字符	ŞŞĒ
000F 14A2	梵文组合字符	ŞYI	000F 14CA	梵文组合字符	ŞŞO
000F 14A3	梵文组合字符	ŞYĪ	000F 14CB	梵文组合字符	ŞŞŌ
000F 14A4	梵文组合字符	ŞYU	000F 14CC	梵文组合字符	ŞŞAÅ
000F 14A5	梵文组合字符	ŞYŪ	000F 14CD	梵文组合字符	ŞŞĀÅ
000F 14A6	梵文组合字符	ŞYE	000F 14CE	梵文组合字符	ŞŞIÅ
000F 14A7	梵文组合字符	ŞYĒ	000F 14CF	梵文组合字符	ŞŞUÅ
000F 14A8	梵文组合字符	ŞYŌ	000F 14D0	梵文组合字符	ŞŞYA
000F 14A9	梵文组合字符	ŞYAÅ	000F 14D1	梵文组合字符	ŞŞRA
000F 14AA	梵文组合字符	ŞYĀÅ	000F 14D2	梵文组合字符	S
000F 14AB	梵文组合字符	ŞYIÅ	000F 14D3	梵文组合字符	SŘ
000F 14AC	梵文组合字符	ŞRA	000F 14D4	梵文组合字符	SĀÅ
000F 14AD	梵文组合字符	ŞRĀ	000F 14D5	梵文组合字符	SĪÅ
000F 14AE	梵文组合字符	ŞRI	000F 14D6	梵文组合字符	SŪÅ
000F 14AF	梵文组合字符	ŞRĪ	000F 14D7	梵文组合字符	SKĪ
000F 14B0	梵文组合字符	ŞRU	000F 14D8	梵文组合字符	SKŪ
000F 14B1	梵文组合字符	ŞRŪ	000F 14D9	梵文组合字符	SKŘ
000F 14B2	梵文组合字符	ŞRE	000F 14DA	梵文组合字符	SKĒ
000F 14B3	梵文组合字符	ŞRĒ	000F 14DB	梵文组合字符	SKŌ
000F 14B4	梵文组合字符	ŞRO	000F 14DC	梵文组合字符	SKAÅ
000F 14B5	梵文组合字符	ŞRŌ	000F 14DD	梵文组合字符	SKĀÅ
000F 14B6	梵文组合字符	ŞRAÅ	000F 14DE	梵文组合字符	SKIÅ
000F 14B7	梵文组合字符	ŞLAÅ	000F 14DF	梵文组合字符	SKŖÅ
000F 14B8	梵文组合字符	ŞWA	000F 14E0	梵文组合字符	SKŘÅ
000F 14B9	梵文组合字符	ŞWĀ	000F 14E1	梵文组合字符	SKRĀ
000F 14BA	梵文组合字符	ŞWI	000F 14E2	梵文组合字符	SKRĪ
000F 14BB	梵文组合字符	ŞWĪ	000F 14E3	梵文组合字符	SKRŪ
000F 14BC	梵文组合字符	ŞWE	000F 14E4	梵文组合字符	SKRĒ
000F 14BD	梵文组合字符	ŞWĒ	000F 14E5	梵文组合字符	SKRŌ
000F 14BE	梵文组合字符	ŞWO	000F 14E6	梵文组合字符	SKRAÅ
000F 14BF	梵文组合字符	ŞWŌ	000F 14E7	梵文组合字符	SKRĀÅ
000F 14C0	梵文组合字符	ŞWAÅ	000F 14E8	梵文组合字符	SKRIÅ
000F 14C1	梵文组合字符	ŞWĀÅ	000F 14E9	梵文组合字符	SKRĪÅ
000F 14C2	梵文组合字符	ŞŞA	000F 14EA	梵文组合字符	SKRWA
000F 14C3	梵文组合字符	ŞŞĀ	000F 14EB	梵文组合字符	SKŞA
000F 14C4	梵文组合字符	ŞŞI	000F 14EC	梵文组合字符	SKHĀ
000F 14C5	梵文组合字符	ŞŞĪ	000F 14ED	梵文组合字符	SKHI
000F 14C6	梵文组合字符	ŞŞU	000F 14EE	梵文组合字符	SKHĪ
000F 14C7	梵文组合字符	ŞŞŪ	000F 14EF	梵文组合字符	SKHU

表 B.1（续）

代码位置	名称	代码位置	名称
000F 14F0	梵文组合字符　SKHŪ	000F 1518	梵文组合字符　STYAÅ
000F 14F1	梵文组合字符　SKHE	000F 1519	梵文组合字符　STYĀÅ
000F 14F2	梵文组合字符　SKHĒ	000F 151A	梵文组合字符　STRU
000F 14F3	梵文组合字符　SKHO	000F 151B	梵文组合字符　STRŪ
000F 14F4	梵文组合字符　SKHŌ	000F 151C	梵文组合字符　STRE
000F 14F5	梵文组合字符　SKHAÅ	000F 151D	梵文组合字符　STRŌ
000F 14F6	梵文组合字符　SKHĀÅ	000F 151E	梵文组合字符　STRYA
000F 14F7	梵文组合字符　SĆAÅ	000F 151F	梵文组合字符　STWA
000F 14F8	梵文组合字符　SŹĀ	000F 1520	梵文组合字符　STWĀ
000F 14F9	梵文组合字符　SŹI	000F 1521	梵文组合字符　STWI
000F 14FA	梵文组合字符　SŹĪ	000F 1522	梵文组合字符　STWĪ
000F 14FB	梵文组合字符　SŹU	000F 1523	梵文组合字符　STWE
000F 14FC	梵文组合字符　SŹŪ	000F 1524	梵文组合字符　STWĒ
000F 14FD	梵文组合字符　SŹO	000F 1525	梵文组合字符　STWŌ
000F 14FE	梵文组合字符　SŹŌ	000F 1526	梵文组合字符　STWĀÅ
000F 14FF	梵文组合字符　SŹHI	000F 1527	梵文组合字符　STH
000F 1500	梵文组合字符　SŹHĪ	000F 1528	梵文组合字符　STHA
000F 1501	梵文组合字符　ST	000F 1529	梵文组合字符　STHĪ
000F 1502	梵文组合字符　STĪ	000F 152A	梵文组合字符　STHU
000F 1503	梵文组合字符　STŪ	000F 152B	梵文组合字符　STHE
000F 1504	梵文组合字符　STR̥	000F 152C	梵文组合字符　STHĒ
000F 1505	梵文组合字符　STŘ	000F 152D	梵文组合字符　STHO
000F 1506	梵文组合字符　STĒ	000F 152E	梵文组合字符　STHŌ
000F 1507	梵文组合字符　STŌ	000F 152F	梵文组合字符　STHAÅ
000F 1508	梵文组合字符　STAÅ	000F 1530	梵文组合字符　STHĀÅ
000F 1509	梵文组合字符　STĀÅ	000F 1531	梵文组合字符　STHIÅ
000F 150A	梵文组合字符　STIÅ	000F 1532	梵文组合字符　STHNA
000F 150B	梵文组合字符　STUÅ	000F 1533	梵文组合字符　STHNI
000F 150C	梵文组合字符　STR̥Å	000F 1534	梵文组合字符　STHNE
000F 150D	梵文组合字符　STŘÅ	000F 1535	梵文组合字符　STHYA
000F 150E	梵文组合字符　STPAÅ	000F 1536	梵文组合字符　STHYĀ
000F 150F	梵文组合字符　STYĀ	000F 1537	梵文组合字符　STHYU
000F 1510	梵文组合字符　STYI	000F 1538	梵文组合字符　STHYŪ
000F 1511	梵文组合字符　STYĪ	000F 1539	梵文组合字符　STHYE
000F 1512	梵文组合字符　STYU	000F 153A	梵文组合字符　STHYĒ
000F 1513	梵文组合字符　STYŪ	000F 153B	梵文组合字符　STHYO
000F 1514	梵文组合字符　STYE	000F 153C	梵文组合字符　STHYŌ
000F 1515	梵文组合字符　STYĒ	000F 153D	梵文组合字符　STHYAÅ
000F 1516	梵文组合字符　STYO	000F 153E	梵文组合字符　STHYĀÅ
000F 1517	梵文组合字符　STYŌ	000F 153F	梵文组合字符　STHWA

表 B.1（续）

代码位置	名称	代码位置	名称
000F 1540	梵文组合字符 SNĀ	000F 1568	梵文组合字符 SBHŪ
000F 1541	梵文组合字符 SNĪ	000F 1569	梵文组合字符 SBHRA
000F 1542	梵文组合字符 SNŪ	000F 156A	梵文组合字符 SMĪ
000F 1543	梵文组合字符 SNĒ	000F 156B	梵文组合字符 SMŪ
000F 1544	梵文组合字符 SNŌ	000F 156C	梵文组合字符 SMŘ
000F 1545	梵文组合字符 SNAÅ	000F 156D	梵文组合字符 SMĒ
000F 1546	梵文组合字符 SNĀÅ	000F 156E	梵文组合字符 SMŌ
000F 1547	梵文组合字符 SNUÅ	000F 156F	梵文组合字符 SMAÅ
000F 1548	梵文组合字符 SNRĀ	000F 1570	梵文组合字符 SMĀÅ
000F 1549	梵文组合字符 SPĀ	000F 1571	梵文组合字符 SMIÅ
000F 154A	梵文组合字符 SPĪ	000F 1572	梵文组合字符 SMUÅ
000F 154B	梵文组合字符 SPŪ	000F 1573	梵文组合字符 SMYĀ
000F 154C	梵文组合字符 SPŘ	000F 1574	梵文组合字符 SMYŪ
000F 154D	梵文组合字符 SPĒ	000F 1575	梵文组合字符 SMYĒ
000F 154E	梵文组合字符 SPŌ	000F 1576	梵文组合字符 SMYŌ
000F 154F	梵文组合字符 SPAÅ	000F 1577	梵文组合字符 SMYAÅ
000F 1550	梵文组合字符 SPĀÅ	000F 1578	梵文组合字符 SMYĀÅ
000F 1551	梵文组合字符 SPUÅ	000F 1579	梵文组合字符 SMYUÅ
000F 1552	梵文组合字符 SPYAÅ	000F 157A	梵文组合字符 SMRĀ
000F 1553	梵文组合字符 SPRĀ	000F 157B	梵文组合字符 SMRIÅ
000F 1554	梵文组合字符 SPRĪ	000F 157C	梵文组合字符 SMRYU
000F 1555	梵文组合字符 SPRĒ	000F 157D	梵文组合字符 SMWA
000F 1556	梵文组合字符 SPRŌ	000F 157E	梵文组合字符 SYĀ
000F 1557	梵文组合字符 SPRAÅ	000F 157F	梵文组合字符 SYI
000F 1558	梵文组合字符 SPRĀÅ	000F 1580	梵文组合字符 SYĪ
000F 1559	梵文组合字符 SPHI	000F 1581	梵文组合字符 SYU
000F 155A	梵文组合字符 SPHĪ	000F 1582	梵文组合字符 SYŪ
000F 155B	梵文组合字符 SPHŪ	000F 1583	梵文组合字符 SYE
000F 155C	梵文组合字符 SPHE	000F 1584	梵文组合字符 SYO
000F 155D	梵文组合字符 SPHĒ	000F 1585	梵文组合字符 SYŌ
000F 155E	梵文组合字符 SPHO	000F 1586	梵文组合字符 SYAÅ
000F 155F	梵文组合字符 SPHŌ	000F 1587	梵文组合字符 SYĀÅ
000F 1560	梵文组合字符 SPHAÅ	000F 1588	梵文组合字符 SYUÅ
000F 1561	梵文组合字符 SPHĀÅ	000F 1589	梵文组合字符 SRĪ
000F 1562	梵文组合字符 SPHYA	000F 158A	梵文组合字符 SRŪ
000F 1563	梵文组合字符 SPHYĀ	000F 158B	梵文组合字符 SRĒ
000F 1564	梵文组合字符 SBHĀ	000F 158C	梵文组合字符 SRŌ
000F 1565	梵文组合字符 SBHI	000F 158D	梵文组合字符 SRAÅ
000F 1566	梵文组合字符 SBHĪ	000F 158E	梵文组合字符 SRĀÅ
000F 1567	梵文组合字符 SBHU	000F 158F	梵文组合字符 SRIÅ

表 B.1（续）

代码位置	名称	代码位置	名称
000F 1590	梵文组合字符 SRĪÅ	000F 15B8	梵文组合字符 SSMI
000F 1591	梵文组合字符 SLĀ	000F 15B9	梵文组合字符 SSYA
000F 1592	梵文组合字符 SLĪ	000F 15BA	梵文组合字符 SSRA
000F 1593	梵文组合字符 SLŪ	000F 15BB	梵文组合字符 SSLA
000F 1594	梵文组合字符 SLĒ	000F 15BC	梵文组合字符 SSWA
000F 1595	梵文组合字符 SLŌ	000F 15BD	梵文组合字符 H
000F 1596	梵文组合字符 SLAÅ	000F 15BE	梵文组合字符 HĻ
000F 1597	梵文组合字符 SLĀÅ	000F 15BF	梵文组合字符 HĒ
000F 1598	梵文组合字符 SLUÅ	000F 15C0	梵文组合字符 HŌ
000F 1599	梵文组合字符 SLWA	000F 15C1	梵文组合字符 HĀÅ
000F 159A	梵文组合字符 SWĪ	000F 15C2	梵文组合字符 HIÅ
000F 159B	梵文组合字符 SWṚ	000F 15C3	梵文组合字符 HĪÅ
000F 159C	梵文组合字符 SWŘ	000F 15C4	梵文组合字符 HKA
000F 159D	梵文组合字符 SWĒ	000F 15C5	梵文组合字符 HKĀ
000F 159E	梵文组合字符 SWŌ	000F 15C6	梵文组合字符 HKU
000F 159F	梵文组合字符 SWAÅ	000F 15C7	梵文组合字符 HKE
000F 15A0	梵文组合字符 SWĀÅ	000F 15C8	梵文组合字符 HKAÅ
000F 15A1	梵文组合字符 SSĀ	000F 15C9	梵文组合字符 HKHA
000F 15A2	梵文组合字符 SSI	000F 15CA	梵文组合字符 HGA
000F 15A3	梵文组合字符 SSĪ	000F 15CB	梵文组合字符 HṆĀ
000F 15A4	梵文组合字符 SSU	000F 15CC	梵文组合字符 HṆI
000F 15A5	梵文组合字符 SSŪ	000F 15CD	梵文组合字符 HṆĪ
000F 15A6	梵文组合字符 SSṚ	000F 15CE	梵文组合字符 HṆU
000F 15A7	梵文组合字符 SSŘ	000F 15CF	梵文组合字符 HṆŪ
000F 15A8	梵文组合字符 SSE	000F 15D0	梵文组合字符 HṆE
000F 15A9	梵文组合字符 SSĒ	000F 15D1	梵文组合字符 HṆĒ
000F 15AA	梵文组合字符 SSO	000F 15D2	梵文组合字符 HṆO
000F 15AB	梵文组合字符 SSŌ	000F 15D3	梵文组合字符 HṆŌ
000F 15AC	梵文组合字符 SSAÅ	000F 15D4	梵文组合字符 HṆAÅ
000F 15AD	梵文组合字符 SSĀÅ	000F 15D5	梵文组合字符 HṆĀÅ
000F 15AE	梵文组合字符 SSIÅ	000F 15D6	梵文组合字符 HNĀ
000F 15AF	梵文组合字符 SSKA	000F 15D7	梵文组合字符 HNĪ
000F 15B0	梵文组合字符 SSKHA	000F 15D8	梵文组合字符 HNU
000F 15B1	梵文组合字符 SSTA	000F 15D9	梵文组合字符 HNŪ
000F 15B2	梵文组合字符 SSTHA	000F 15DA	梵文组合字符 HNE
000F 15B3	梵文组合字符 SSNA	000F 15DB	梵文组合字符 HNĒ
000F 15B4	梵文组合字符 SSNĀ	000F 15DC	梵文组合字符 HNO
000F 15B5	梵文组合字符 SSPA	000F 15DD	梵文组合字符 HNŌ
000F 15B6	梵文组合字符 SSPHA	000F 15DE	梵文组合字符 HNAÅ
000F 15B7	梵文组合字符 SSMA	000F 15DF	梵文组合字符 HNĀÅ

表 B.1（续）

代码位置	名称	代码位置	名称
000F 15E0	梵文组合字符 HMI	000F 1608	梵文组合字符 HWI
000F 15E1	梵文组合字符 HMĪ	000F 1609	梵文组合字符 HWĪ
000F 15E2	梵文组合字符 HMU	000F 160A	梵文组合字符 HWṚ
000F 15E3	梵文组合字符 HMŪ	000F 160B	梵文组合字符 HWE
000F 15E4	梵文组合字符 HME	000F 160C	梵文组合字符 HWĒ
000F 15E5	梵文组合字符 HMĒ	000F 160D	梵文组合字符 HWŌ
000F 15E6	梵文组合字符 HMO	000F 160E	梵文组合字符 HWAÅ
000F 15E7	梵文组合字符 HMŌ	000F 160F	梵文组合字符 HWĀÅ
000F 15E8	梵文组合字符 HMAÅ	000F 1610	梵文组合字符 HWIÅ
000F 15E9	梵文组合字符 HMĀÅ	000F 1611	梵文组合字符 HWYA
000F 15EA	梵文组合字符 HYĀ	000F 1612	梵文组合字符 HWYĀ
000F 15EB	梵文组合字符 HYI	000F 1613	梵文组合字符 HWYO
000F 15EC	梵文组合字符 HYĪ	000F 1614	梵文组合字符 HWYAÅ
000F 15ED	梵文组合字符 HYŪ	000F 1615	梵文组合字符 HŚA
000F 15EE	梵文组合字符 HYṚ	000F 1616	梵文组合字符 HṢA
000F 15EF	梵文组合字符 HYĒ	000F 1617	梵文组合字符 Has
000F 15F0	梵文组合字符 HYO	000F 1618	梵文组合字符 HSĀ
000F 15F1	梵文组合字符 HYŌ	000F 1619	梵文组合字符 HIS
000F 15F2	梵文组合字符 HYAÅ	000F 161A	梵文组合字符 HSĪ
000F 15F3	梵文组合字符 HYĀÅ	000F 161B	梵文组合字符 HHA
000F 15F4	梵文组合字符 HRĀ	000F 161C	梵文组合字符 HHĀ
000F 15F5	梵文组合字符 HRŪ	000F 161D	梵文组合字符 HHI
000F 15F6	梵文组合字符 HRĒ	000F 161E	梵文组合字符 HHU
000F 15F7	梵文组合字符 HRŌ	000F 161F	梵文组合字符 HHAÅ
000F 15F8	梵文组合字符 HRAÅ	000F 1620	梵文组合字符 HHĀÅ
000F 15F9	梵文组合字符 HRĀÅ	000F 1621	梵文组合字符 HHIÅ
000F 15FA	梵文组合字符 HRIÅ	000F 1622	梵文组合字符 HHĪÅ
000F 15FB	梵文组合字符 HRĪÅ	000F 1623	梵文组合字符 HHUÅ
000F 15FC	梵文组合字符 HRUÅ	000F 1624	梵文组合字符 HHŪÅ
000F 15FD	梵文组合字符 HRŪÅ	000F 1625	梵文组合字符 ĀÅ
000F 15FE	梵文组合字符 HLĀ	000F 1626	梵文组合字符 IÅ
000F 15FF	梵文组合字符 HLI	000F 1627	梵文组合字符 ĪÅ
000F 1600	梵文组合字符 HLĪ	000F 1628	梵文组合字符 UÅ
000F 1601	梵文组合字符 HLṚ	000F 1629	梵文组合字符 ŪÅ
000F 1602	梵文组合字符 HLE	000F 162A	梵文组合字符 ṚÅ
000F 1603	梵文组合字符 HLĒ	000F 162B	梵文组合字符 ŘÅ
000F 1604	梵文组合字符 HLO	000F 162C	梵文组合字符 ĻÅ
000F 1605	梵文组合字符 HLŌ	000F 162D	梵文组合字符 ĹÅ
000F 1606	梵文组合字符 HLAÅ	000F 162E	梵文组合字符 EÅ
000F 1607	梵文组合字符 HLĀÅ	000F 162F	梵文组合字符 ĒÅ

表 B.1（续）

代码位置	名称	代码位置	名称
000F 1630	梵文组合字符　ĚÅ	000F 163B	梵文组合字符　ĻǺ
000F 1631	梵文组合字符　OÅ	000F 163C	梵文组合字符　ĹǺ
000F 1632	梵文组合字符　ŌÅ	000F 163D	梵文组合字符　EǺ
000F 1633	梵文组合字符　ǑÅ	000F 163E	梵文组合字符　ĒǺ
000F 1634	梵文组合字符　ĀǺ	000F 163F	梵文组合字符　ĚǺ
000F 1635	梵文组合字符　IǺ	000F 1640	梵文组合字符　OǺ
000F 1636	梵文组合字符　ĪǺ	000F 1641	梵文组合字符　ŌǺ
000F 1637	梵文组合字符　UǺ	000F 1642	梵文组合字符　ǑǺ
000F 1638	梵文组合字符　ŪǺ	000F 1643	梵文组合字符　ĨI
000F 1639	梵文组合字符　ṚǺ	000F 1644	梵文组合字符　ĨĪ
000F 163A	梵文组合字符　ŘǺ	000F 1645	空白字符　VACANT

附 录 C
（资料性附录）
藏文编码字符集扩充集 B 中不同写法的梵文转写字符的编码

在梵文转写藏文字符中，除上加字ར和下加字ྭ ྲ ྱ时出现一些不同的写法以外，其他梵文转写方式都是一致的。对于少数有不同写法的梵文转写藏文字符，为了转写字符的美观和书写规范确定了一种转写方式和相对应的一个编码，如ཪྦ རྦ，ཏྭ ཏྺ，ཛྲ ཛྼ， ཕྱ ཕྻ等不同的转写写法时，确定为如རྦ ཏྭ ཛྼ ཕྻ的转写方式。

附 录 D
（资料性附录）
藏文编码字符集扩充集 B 字符的排序规则

本标准收录的字符为梵音转写藏文字符，其排序以最上层辅音字符为准，按藏文字母的顺序进行排序。如：

ཨཱུ ཨཱེུ ཨྲཱུ ཪ ཪཱུ ལི ལཱུ ཨཱི ཨཱོུ ཨཻ ཀཱུ ཀྲཱུ ཀཱིུ ཀཱིྲཱུ ཀཱུ ཀཱི ཀཱཻ

ཀཱཀ ཀཱཀཱུ ཀཱཀཱི ……等。

附 录 E
（资料性附录）
藏文编码字符集基本集字符表

藏文编码字符集基本集字符的字形和编码位置见表 E.1。

表 E.1

	0F0	0F1	0F2	0F3	0F4	0F5	0F6	0F7	0F8	0F9	0FA	0FB	0FC	0FD	0FE	0FF
0	ༀ 0F00	༐ 0F10	༠ 0F20	༰ 0F30	ཀ 0F40	ཐ 0F50	འ 0F60		ྀ 0F80	ྐ 0F90	ྠ 0FA0	ྰ 0FB0	࿀ 0FC0			
1	༁ 0F01	༑ 0F11	༡ 0F21	༱ 0F31	ཁ 0F41	ད 0F51	ཡ 0F61	ཱ 0F71	ཱྀ 0F81	ྑ 0F91	ྡ 0FA1	ྱ 0FB1	࿁ 0FC1			
2	༂ 0F02	༒ 0F12	༢ 0F22	༲ 0F32	ག 0F42	དྷ 0F52	ར 0F62	ི 0F72	ྂ 0F82	ྒ 0F92	ྡྷ 0FA2	ྲ 0FB2	࿂ 0FC2			
3	༃ 0F03	༓ 0F13	༣ 0F23	༳ 0F33	གྷ 0F43	ན 0F53	ལ 0F63	ཱི 0F73	ྃ 0F83	ྒྷ 0F93	ྣ 0FA3	ླ 0FB3	࿃ 0FC3			
4	༄ 0F04	༔ 0F14	༤ 0F24	༴ 0F34	ང 0F44	པ 0F54	ཤ 0F64	ུ 0F74	྄ 0F84	ྔ 0F94	ྤ 0FA4	ྴ 0FB4	࿄ 0FC4			
5	༅ 0F05	༕ 0F15	༥ 0F25	༵ 0F35	ཅ 0F45	ཕ 0F55	ཥ 0F65	ཱུ 0F75	྅ 0F85	ྕ 0F95	ྥ 0FA5	ྵ 0FB5	࿅ 0FC5			
6	༆ 0F06	༖ 0F16	༦ 0F26	༶ 0F36	ཆ 0F46	བ 0F56	ས 0F66	ྲྀ 0F76	྆ 0F86	ྖ 0F96	ྦ 0FA6	ྶ 0FB6	࿆ 0FC6			
7	༇ 0F07	༗ 0F17	༧ 0F27	༷ 0F37	ཇ 0F47	བྷ 0F57	ཧ 0F67	ཷ 0F77	྇ 0F87	ྗ 0F97	ྦྷ 0FA7	ྷ 0FB7	࿇ 0FC7			
8	༈ 0F08	༘ 0F18	༨ 0F28	༸ 0F38		མ 0F58	ཨ 0F68	ླྀ 0F78	ྈ 0F88		ྨ 0FA8	ྸ 0FB8	࿈ 0FC8			
9	༉ 0F09	༙ 0F19	༩ 0F29	༹ 0F39	ཉ 0F49	ཙ 0F59	ཀྵ 0F69	ཹ 0F79	ྉ 0F89	ྙ 0F99	ྩ 0FA9	ྐྵ 0FB9	࿉ 0FC9			
A	༊ 0F0A	༚ 0F1A	༪ 0F2A	༺ 0F3A	ཊ 0F4A	ཚ 0F5A	ཪ 0F6A	ེ 0F7A	ྊ 0F8A	ྚ 0F9A	ྪ 0FAA	ྺ 0FBA	࿊ 0FCA			
B	་ 0F0B	༛ 0F1B	༫ 0F2B	༻ 0F3B	ཋ 0F4B	ཛ 0F5B		ཻ 0F7B	ྋ 0F8B	ྛ 0F9B	ྫ 0FAB	ྻ 0FBB	࿋ 0FCB			
C	༌ 0F0C	༜ 0F1C	༬ 0F2C	༼ 0F3C	ཌ 0F4C	ཛྷ 0F5C		ོ 0F7C		ྜ 0F9C	ྫྷ 0FAC	ྼ 0FBC	࿌ 0FCC			
D	། 0F0D	༝ 0F1D	༭ 0F2D	༽ 0F3D	ཌྷ 0F4D	ཝ 0F5D		ཽ 0F7D		ྜྷ 0F9D	ྭ 0FAD					
E	༎ 0F0E	༞ 0F1E	༮ 0F2E	༾ 0F3E	ཎ 0F4E	ཞ 0F5E		ཾ 0F7E		ྞ 0F9E	ྮ 0FAE	྾ 0FBE				
F	༏ 0F0F	༟ 0F1F	༯ 0F2F	༿ 0F3F	ཏ 0F4F	ཟ 0F5F		ཿ 0F7F		ྟ 0F9F	ྯ 0FAF	྿ 0FBF	࿏ 0FCF			

附 录 F
（资料性附录）
藏文编码字符集扩充集 A 字符表

藏文编码字符集基本集字符的字形和编码位置，见表 F.1。

表 F.1

	F30	F31	F32	F33	F34	F35	F36	F37	F38	F39	F3A	F3B	F3C	F3D	F3E	F3F
0	F300	F310	F320	F330	F340	F350	F360	F370	F380	F390	F3A0	F3B0	F3C0	F3D0	F3E0	F3F0
1	F301	F311	F321	F331	F341	F351	F361	F371	F381	F391	F3A1	F3B1	F3C1	F3D1	F3E1	F3F1
2	F302	F312	F322	F332	F342	F352	F362	F372	F382	F392	F3A2	F3B2	F3C2	F3D2	F3E2	F3F2
3	F303	F313	F323	F333	F343	F353	F363	F373	F383	F393	F3A3	F3B3	F3C3	F3D3	F3E3	F3F3
4	F304	F314	F324	F334	F344	F354	F364	F374	F384	F394	F3A4	F3B4	F3C4	F3D4	F3E4	F3F4
5	F305	F315	F325	F335	F345	F355	F365	F375	F385	F395	F3A5	F3B5	F3C5	F3D5	F3E5	F3F5
6	F306	F316	F326	F336	F346	F356	F366	F376	F386	F396	F3A6	F3B6	F3C6	F3D6	F3E6	F3F6
7	F307	F317	F327	F337	F347	F357	F367	F377	F387	F397	F3A7	F3B7	F3C7	F3D7	F3E7	F3F7
8	F308	F318	F328	F338	F348	F358	F368	F378	F388	F398	F3A8	F3B8	F3C8	F3D8	F3E8	F3F8
9	F309	F319	F329	F339	F349	F359	F369	F379	F389	F399	F3A9	F3B9	F3C9	F3D9	F3E9	F3F9
A	F30A	F31A	F32A	F33A	F34A	F35A	F36A	F37A	F38A	F39A	F3AA	F3BA	F3CA	F3DA	F3EA	F3FA
B	F30B	F31B	F32B	F33B	F34B	F35B	F36B	F37B	F38B	F39B	F3AB	F3BB	F3CB	F3DB	F3EB	F3FB
C	F30C	F31C	F32C	F33C	F34C	F35C	F36C	F37C	F38C	F39C	F3AC	F3BC	F3CC	F3DC	F3EC	F3FC
D	F30D	F31D	F32D	F33D	F34D	F35D	F36D	F37D	F38D	F39D	F3AD	F3BD	F3CD	F3DD	F3ED	F3FD
E	F30E	F31E	F32E	F33E	F34E	F35E	F36E	F37E	F38E	F39E	F3AE	F3BE	F3CE	F3DE	F3EE	F3FE
F	F30F	F31F	F32F	F33F	F34F	F35F	F36F	F37F	F38F	F39F	F3AF	F3BF	F3CF	F3DF	F3EF	F3FF

表 F.1（续）

	F40	F41	F42	F43	F44	F45	F46	F47	F48	F49	F4A	F4B	F4C	F4D	F4E	F4F
0	F400	F410	F420	F430	F440	F450	F460	F470	F480	F490	F4A0	F4B0	F4C0	F4D0	F4E0	F4F0
1	F401	F411	F421	F431	F441	F451	F461	F471	F481	F491	F4A1	F4B1	F4C1	F4D1	F4E1	F4F1
2	F402	F412	F422	F432	F442	F452	F462	F472	F482	F492	F4A2	F4B2	F4C2	F4D2	F4E2	F4F2
3	F403	F413	F423	F433	F443	F453	F463	F473	F483	F493	F4A3	F4B3	F4C3	F4D3	F4E3	F4F3
4	F404	F414	F424	F434	F444	F454	F464	F474	F484	F494	F4A4	F4B4	F4C4	F4D4	F4E4	F4F4
5	F405	F415	F425	F435	F445	F455	F465	F475	F485	F495	F4A5	F4B5	F4C5	F4D5	F4E5	F4F5
6	F406	F416	F426	F436	F446	F456	F466	F476	F486	F496	F4A6	F4B6	F4C6	F4D6	F4E6	F4F6
7	F407	F417	F427	F437	F447	F457	F467	F477	F487	F497	F4A7	F4B7	F4C7	F4D7	F4E7	F4F7
8	F408	F418	F428	F438	F448	F458	F468	F478	F488	F498	F4A8	F4B8	F4C8	F4D8	F4E8	F4F8
9	F409	F419	F429	F439	F449	F459	F469	F479	F489	F499	F4A9	F4B9	F4C9	F4D9	F4E9	F4F9
A	F40A	F41A	F42A	F43A	F44A	F45A	F46A	F47A	F48A	F49A	F4AA	F4BA	F4CA	F4DA	F4EA	F4FA
B	F40B	F41B	F42B	F43B	F44B	F45B	F46B	F47B	F48B	F49B	F4AB	F4BB	F4CB	F4DB	F4EB	F4FB
C	F40C	F41C	F42C	F43C	F44C	F45C	F46C	F47C	F48C	F49C	F4AC	F4BC	F4CC	F4DC	F4EC	F4FC
D	F40D	F41D	F42D	F43D	F44D	F45D	F46D	F47D	F48D	F49D	F4AD	F4BD	F4CD	F4DD	F4ED	F4FD
E	F40E	F41E	F42E	F43E	F44E	F45E	F46E	F47E	F48E	F49E	F4AE	F4BE	F4CE	F4DE	F4EE	F4FE
F	F40F	F41F	F42F	F43F	F44F	F45F	F46F	F47F	F48F	F49F	F4AF	F4BF	F4CF	F4DF	F4EF	F4FF

表 F.1（续）

	F50	F51	F52	F53	F54	F55	F56	F57	F58	F59	F5A	F5B	F5C	F5D	F5E	F5F
0	F500	F510	F520	F530	F540	F550	F560	F570	F580	F590	F5A0	F5B0	F5C0	F5D0	F5E0	F5F0
1	F501	F511	F521	F531	F541	F551	F561	F571	F581	F591	F5A1	F5B1	F5C1	F5D1	F5E1	F5F1
2	F502	F512	F522	F532	F542	F552	F562	F572	F582	F592	F5A2	F5B2	F5C2	F5D2	F5E2	F5F2
3	F503	F513	F523	F533	F543	F553	F563	F573	F583	F593	F5A3	F5B3	F5C3	F5D3	F5E3	F5F3
4	F504	F514	F524	F534	F544	F554	F564	F574	F584	F594	F5A4	F5B4	F5C4	F5D4	F5E4	F5F4
5	F505	F515	F525	F535	F545	F555	F565	F575	F585	F595	F5A5	F5B5	F5C5	F5D5	F5E5	F5F5
6	F506	F516	F526	F536	F546	F556	F566	F576	F586	F596	F5A6	F5B6	F5C6	F5D6	F5E6	F5F6
7	F507	F517	F527	F537	F547	F557	F567	F577	F587	F597	F5A7	F5B7	F5C7	F5D7	F5E7	F5F7
8	F508	F518	F528	F538	F548	F558	F568	F578	F588	F598	F5A8	F5B8	F5C8	F5D8	F5E8	F5F8
9	F509	F519	F529	F539	F549	F559	F569	F579	F589	F599	F5A9	F5B9	F5C9	F5D9	F5E9	F5F9
A	F50A	F51A	F52A	F53A	F54A	F55A	F56A	F57A	F58A	F59A	F5AA	F5BA	F5CA	F5DA	F5EA	F5FA
B	F50B	F51B	F52B	F53B	F54B	F55B	F56B	F57B	F58B	F59B	F5AB	F5BB	F5CB	F5DB	F5EB	F5FB
C	F50C	F51C	F52C	F53C	F54C	F55C	F56C	F57C	F58C	F59C	F5AC	F5BC	F5CC	F5DC	F5EC	F5FC
D	F50D	F51D	F52D	F53D	F54D	F55D	F56D	F57D	F58D	F59D	F5AD	F5BD	F5CD	F5DD	F5ED	F5FD
E	F50E	F51E	F52E	F53E	F54E	F55E	F56E	F57E	F58E	F59E	F5AE	F5BE	F5CE	F5DE	F5EE	F5FE
F	F50F	F51F	F52F	F53F	F54F	F55F	F56F	F57F	F58F	F59F	F5AF	F5BF	F5CF	F5DF	F5EF	F5FF

表 F.1（续）

	F60	F61	F62	F63	F64	F65	F66	F67	F68	F69	F6A	F6B	F6C	F6D	F6E	F6F
0	F600	F610	F620	F630	F640	F650	F660	F670	F680	F690	F6A0	F6B0	F6C0	F6D0	F6E0	F6F0
1	F601	F611	F621	F631	F641	F651	F661	F671	F681	F691	F6A1	F6B1	F6C1	F6D1	F6E1	F6F1
2	F602	F612	F622	F632	F642	F652	F662	F672	F682	F692	F6A2	F6B2	F6C2	F6D2	F6E2	F6F2
3	F603	F613	F623	F633	F643	F653	F663	F673	F683	F693	F6A3	F6B3	F6C3	F6D3	F6E3	F6F3
4	F604	F614	F624	F634	F644	F654	F664	F674	F684	F694	F6A4	F6B4	F6C4	F6D4	F6E4	F6F4
5	F605	F615	F625	F635	F645	F655	F665	F675	F685	F695	F6A5	F6B5	F6C5	F6D5	F6E5	F6F5
6	F606	F616	F626	F636	F646	F656	F666	F676	F686	F696	F6A6	F6B6	F6C6	F6D6	F6E6	F6F6
7	F607	F617	F627	F637	F647	F657	F667	F677	F687	F697	F6A7	F6B7	F6C7	F6D7	F6E7	F6F7
8	F608	F618	F628	F638	F648	F658	F668	F678	F688	F698	F6A8	F6B8	F6C8	F6D8	F6E8	F6F8
9	F609	F619	F629	F639	F649	F659	F669	F679	F689	F699	F6A9	F6B9	F6C9	F6D9	F6E9	F6F9
A	F60A	F61A	F62A	F63A	F64A	F65A	F66A	F67A	F68A	F69A	F6AA	F6BA	F6CA	F6DA	F6EA	F6FA
B	F60B	F61B	F62B	F63B	F64B	F65B	F66B	F67B	F68B	F69B	F6AB	F6BB	F6CB	F6DB	F6EB	F6FB
C	F60C	F61C	F62C	F63C	F64C	F65C	F66C	F67C	F68C	F69C	F6AC	F6BC	F6CC	F6DC	F6EC	F6FC
D	F60D	F61D	F62D	F63D	F64D	F65D	F66D	F67D	F68D	F69D	F6AD	F6BD	F6CD	F6DD	F6ED	F6FD
E	F60E	F61E	F62E	F63E	F64E	F65E	F66E	F67E	F68E	F69E	F6AE	F6BE	F6CE	F6DE	F6EE	F6FE
F	F60F	F61F	F62F	F63F	F64F	F65F	F66F	F67F	F68F	F69F	F6AF	F6BF	F6CF	F6DF	F6EF	F6FF

表 F.1（续）

	F70	F71	F72	F73	F74	F75	F76	F77	F78	F79	F7A	F7B	F7C	F7D	F7E	F7F
0	F700	F710	F720	F730	F740	F750	F760	F770	F780	F790	F7A0	F7B0	F7C0	F7D0	F7E0	F7F0
1	F701	F711	F721	F731	F741	F751	F761	F771	F781	F791	F7A1	F7B1	F7C1	F7D1	F7E1	F7F1
2	F702	F712	F722	F732	F742	F752	F762	F772	F782	F792	F7A2	F7B2	F7C2	F7D2	F7E2	F7F2
3	F703	F713	F723	F733	F743	F753	F763	F773	F783	F793	F7A3	F7B3	F7C3	F7D3	F7E3	F7F3
4	F704	F714	F724	F734	F744	F754	F764	F774	F784	F794	F7A4	F7B4	F7C4	F7D4	F7E4	F7F4
5	F705	F715	F725	F735	F745	F755	F765	F775	F785	F795	F7A5	F7B5	F7C5	F7D5	F7E5	F7F5
6	F706	F716	F726	F736	F746	F756	F766	F776	F786	F796	F7A6	F7B6	F7C6	F7D6	F7E6	F7F6
7	F707	F717	F727	F737	F747	F757	F767	F777	F787	F797	F7A7	F7B7	F7C7	F7D7	F7E7	F7F7
8	F708	F718	F728	F738	F748	F758	F768	F778	F788	F798	F7A8	F7B8	F7C8	F7D8	F7E8	F7F8
9	F709	F719	F729	F739	F749	F759	F769	F779	F789	F799	F7A9	F7B9	F7C9	F7D9	F7E9	F7F9
A	F70A	F71A	F72A	F73A	F74A	F75A	F76A	F77A	F78A	F79A	F7AA	F7BA	F7CA	F7DA	F7EA	F7FA
B	F70B	F71B	F72B	F73B	F74B	F75B	F76B	F77B	F78B	F79B	F7AB	F7BB	F7CB	F7DB	F7EB	F7FB
C	F70C	F71C	F72C	F73C	F74C	F75C	F76C	F77C	F78C	F79C	F7AC	F7BC	F7CC	F7DC	F7EC	F7FC
D	F70D	F71D	F72D	F73D	F74D	F75D	F76D	F77D	F78D	F79D	F7AD	F7BD	F7CD	F7DD	F7ED	F7FD
E	F70E	F71E	F72E	F73E	F74E	F75E	F76E	F77E	F78E	F79E	F7AE	F7BE	F7CE	F7DE	F7EE	F7FE
F	F70F	F71F	F72F	F73F	F74F	F75F	F76F	F77F	F78F	F79F	F7AF	F7BF	F7CF	F7DF	F7EF	F7FF

表 F.1（续）

	F80	F81	F82	F83	F84	F85	F86	F87	F88	F89	F8A	F8B	F8C	F8D	F8E	F8F
0	F800	F810	F820	F830	F840	F850	F860	F870	F880	F890	F8A0	F8B0	F8C0	F8D0	F8E0	F8F0
1	F801	F811	F821	F831	F841	F851	F861	F871	F881	F891	F8A1	F8B1	F8C1	F8D1	F8E1	F8F1
2	F802	F812	F822	F832	F842	F852	F862	F872	F882	F892	F8A2	F8B2	F8C2	F8D2	F8E2	F8F2
3	F803	F813	F823	F833	F843	F853	F863	F873	F883	F893	F8A3	F8B3	F8C3	F8D3	F8E3	F8F3
4	F804	F814	F824	F834	F844	F854	F864	F874	F884	F894	F8A4	F8B4	F8C4	F8D4	F8E4	F8F4
5	F805	F815	F825	F835	F845	F855	F865	F875	F885	F895	F8A5	F8B5	F8C5	F8D5	F8E5	F8F5
6	F806	F816	F826	F836	F846	F856	F866	F876	F886	F896	F8A6	F8B6	F8C6	F8D6	F8E6	F8F6
7	F807	F817	F827	F837	F847	F857	F867	F877	F887	F897	F8A7	F8B7	F8C7	F8D7	F8E7	F8F7
8	F808	F818	F828	F838	F848	F858	F868	F878	F888	F898	F8A8	F8B8	F8C8	F8D8	F8E8	F8F8
9	F809	F819	F829	F839	F849	F859	F869	F879	F889	F899	F8A9	F8B9	F8C9	F8D9	F8E9	F8F9
A	F80A	F81A	F82A	F83A	F84A	F85A	F86A	F87A	F88A	F89A	F8AA	F8BA	F8CA	F8DA	F8EA	F8FA
B	F80B	F81B	F82B	F83B	F84B	F85B	F86B	F87B	F88B	F89B	F8AB	F8BB	F8CB	F8DB	F8EB	F8FB
C	F80C	F81C	F82C	F83C	F84C	F85C	F86C	F87C	F88C	F89C	F8AC	F8BC	F8CC	F8DC	F8EC	F8FC
D	F80D	F81D	F82D	F83D	F84D	F85D	F86D	F87D	F88D	F89D	F8AD	F8BD	F8CD	F8DD	F8ED	F8FD
E	F80E	F81E	F82E	F83E	F84E	F85E	F86E	F87E	F88E	F89E	F8AE	F8BE	F8CE	F8DE	F8EE	F8FE
F	F80F	F81F	F82F	F83F	F84F	F85F	F86F	F87F	F88F	F89F	F8AF	F8BF	F8CF	F8DF	F8EF	F8FF

ICS 35.040
L 80

中华人民共和国国家标准

GB/T 22239—2008

信息安全技术 信息系统安全等级保护基本要求

Information security technology—Baseline for classified protection of information system security

2008-06-19 发布 2008-11-01 实施

中华人民共和国国家质量监督检验检疫总局
中国国家标准化管理委员会 发布

前　言

本标准的附录 A 和附录 B 是规范性附录。

本标准由公安部和全国信息安全标准化技术委员会提出。

本标准由全国信息安全标准化技术委员会归口。

本标准起草单位：公安部信息安全等级保护评估中心。

本标准主要起草人：马力、任卫红、李明、袁静、谢朝海、曲洁、李升、陈雪秀、朱建平、黄洪、刘静、罗峥、毕马宁。

引　　言

依据国家信息安全等级保护管理规定制定本标准。

本标准是信息安全等级保护相关系列标准之一。

与本标准相关的系列标准包括：

——GB/T 22240—2008《信息安全技术　信息系统安全等级保护定级指南》；

——国家标准《信息安全技术　信息系统安全等级保护实施指南》。

本标准与GB 17859—1999、GB/T 20269—2006、GB/T 20270—2006、GB/T 20271—2006等标准共同构成了信息系统安全等级保护的相关配套标准。其中GB 17859—1999是基础性标准，本标准、GB/T 20269—2006、GB/T 20270—2006、GB/T 20271—2006等是在GB 17859—1999基础上的进一步细化和扩展。

本标准在GB 17859—1999、GB/T 20269—2006、GB/T 20270—2006、GB/T 20271—2006等技术类标准的基础上，根据现有技术的发展水平，提出和规定了不同安全保护等级信息系统的最低保护要求，即基本安全要求，基本安全要求包括基本技术要求和基本管理要求，本标准适用于指导不同安全保护等级信息系统的安全建设和监督管理。

在本标准文本中，黑体字表示较低等级中没有出现或增强的要求。

信息安全技术
信息系统安全等级保护基本要求

1 范围

本标准规定了不同安全保护等级信息系统的基本保护要求，包括基本技术要求和基本管理要求，适用于指导分等级的信息系统的安全建设和监督管理。

2 规范性引用文件

下列文件中的条款通过在本标准的引用而成为本标准的条款。凡是注日期的引用文件，其随后所有的修改单(不包括勘误的内容)或修订版均不适用于本标准，然而，鼓励根据本标准达成协议的各方研究是否使用这些文件的最新版本。凡是不注明日期的引用文件，其最新版本适用于本标准。

GB/T 5271.8 信息技术 词汇 第8部分：安全(GB/T 5271.8—2001，idt ISO/IEC 2382-8：1998)

GB 17859 计算机信息系统安全保护等级划分准则

GB/T 22240—2008 信息安全技术 信息系统安全等级保护定级指南

3 术语和定义

GB/T 5271.8 和 GB 17859 确立的以及下列术语和定义适用于本标准。

3.1

安全保护能力 security protection ability

系统能够抵御威胁、发现安全事件以及在系统遭到损害后能够恢复先前状态等的程度。

4 信息系统安全等级保护概述

4.1 信息系统安全保护等级

信息系统根据其在国家安全、经济建设、社会生活中的重要程度，遭到破坏后对国家安全、社会秩序、公共利益以及公民、法人和其他组织的合法权益的危害程度等，由低到高划分为五级，五级定义见 GB/T 22240—2008。

4.2 不同等级的安全保护能力

不同等级的信息系统应具备的基本安全保护能力如下：

第一级安全保护能力：应能够防护系统免受来自个人的、拥有很少资源的威胁源发起的恶意攻击、一般的自然灾难，以及其他相当危害程度的威胁所造成的关键资源损害，在系统遭到损害后，能够恢复部分功能。

第二级安全保护能力：应能够防护系统免受来自外部小型组织的、拥有少量资源的威胁源发起的恶意攻击、一般的自然灾难，以及其他相当危害程度的威胁所造成的重要资源损害，能够发现重要的安全漏洞和安全事件，在系统遭到损害后，能够在一段时间内恢复部分功能。

第三级安全保护能力：应能够在统一安全策略下防护系统免受来自外部有组织的团体、拥有较为丰富资源的威胁源发起的恶意攻击、较为严重的自然灾难，以及其他相当危害程度的威胁所造成的主要资源损害，能够发现安全漏洞和安全事件，在系统遭到损害后，能够较快恢复绝大部分功能。

第四级安全保护能力：应能够在统一安全策略下防护系统免受来自国家级别的、敌对组织的、拥有丰富资源的威胁源发起的恶意攻击、严重的自然灾难，以及其他相当危害程度的威胁所造成的资源损害，能够发现安全漏洞和安全事件，在系统遭到损害后，能够迅速恢复所有功能。

第五级安全保护能力：(略)。

4.3 基本技术要求和基本管理要求

信息系统安全等级保护应依据信息系统的安全保护等级情况保证它们具有相应等级的基本安全保护能力，不同安全保护等级的信息系统要求具有不同的安全保护能力。

基本安全要求是针对不同安全保护等级信息系统应该具有的基本安全保护能力提出的安全要求，根据实现方式的不同，基本安全要求分为基本技术要求和基本管理要求两大类。技术类安全要求与信息系统提供的技术安全机制有关，主要通过在信息系统中部署软硬件并正确的配置其安全功能来实现；管理类安全要求与信息系统中各种角色参与的活动有关，主要通过控制各种角色的活动，从政策、制度、规范、流程以及记录等方面做出规定来实现。

基本技术要求从物理安全、网络安全、主机安全、应用安全和数据安全几个层面提出；基本管理要求从安全管理制度、安全管理机构、人员安全管理、系统建设管理和系统运维管理几个方面提出，基本技术要求和基本管理要求是确保信息系统安全不可分割的两个部分。

基本安全要求从各个层面或方面提出了系统的每个组件应该满足的安全要求，信息系统具有的整体安全保护能力通过不同组件实现基本安全要求来保证。除了保证系统的每个组件满足基本安全要求外，还要考虑组件之间的相互关系，来保证信息系统的整体安全保护能力。关于信息系统整体安全保护能力的说明见附录A。

对于涉及国家秘密的信息系统，应按照国家保密工作部门的相关规定和标准进行保护。对于涉及密码的使用和管理，应按照国家密码管理的相关规定和标准实施。

4.4 基本技术要求的三种类型

根据保护侧重点的不同，技术类安全要求进一步细分为：保护数据在存储、传输、处理过程中不被泄漏、破坏和免受未授权的修改的信息安全类要求(简记为S)；保护系统连续正常的运行，免受对系统的未授权修改、破坏而导致系统不可用的服务保证类要求(简记为A)；通用安全保护类要求(简记为G)。

本标准中对基本安全要求使用了标记，其中的字母表示安全要求的类型，数字表示适用的安全保护等级。关于各类安全要求的选择和使用见附录B。

5 第一级基本要求

5.1 技术要求

5.1.1 物理安全

5.1.1.1 物理访问控制(G1)

机房出入应安排专人负责，控制、鉴别和记录进入的人员。

5.1.1.2 防盗窃和防破坏(G1)

本项要求包括：

a) 应将主要设备放置在机房内；

b) 应将设备或主要部件进行固定，并设置明显的不易除去的标记。

5.1.1.3 防雷击(G1)

机房建筑应设置避雷装置。

5.1.1.4 防火(G1)

机房应设置灭火设备。

5.1.1.5 防水和防潮(G1)

本项要求包括：

a) 应对穿过机房墙壁和楼板的水管增加必要的保护措施；

b） 应采取措施防止雨水通过机房窗户、屋顶和墙壁渗透。

5.1.1.6 **温湿度控制(G1)**

机房应设置必要的温、湿度控制设施，使机房温、湿度的变化在设备运行所允许的范围之内。

5.1.1.7 **电力供应(A1)**

应在机房供电线路上配置稳压器和过电压防护设备。

5.1.2 **网络安全**

5.1.2.1 **结构安全(G1)**

本项要求包括：

a） 应保证关键网络设备的业务处理能力满足基本业务需要；

b） 应保证接入网络和核心网络的带宽满足基本业务需要；

c） 应绘制与当前运行情况相符的网络拓扑结构图。

5.1.2.2 **访问控制(G1)**

本项要求包括：

a） 应在网络边界部署访问控制设备，启用访问控制功能；

b） 应根据访问控制列表对源地址、目的地址、源端口、目的端口和协议等进行检查，以允许/拒绝数据包出入；

c） 应通过访问控制列表对系统资源实现允许或拒绝用户访问，控制粒度至少为用户组。

5.1.2.3 **网络设备防护(G1)**

本项要求包括：

a） 应对登录网络设备的用户进行身份鉴别；

b） 应具有登录失败处理功能，可采取结束会话、限制非法登录次数和当网络登录连接超时自动退出等措施；

c） 当对网络设备进行远程管理时，应采取必要措施防止鉴别信息在网络传输过程中被窃听。

5.1.3 **主机安全**

5.1.3.1 **身份鉴别(S1)**

应对登录操作系统和数据库系统的用户进行身份标识和鉴别。

5.1.3.2 **访问控制(S1)**

本项要求包括：

a） 应启用访问控制功能，依据安全策略控制用户对资源的访问；

b） 应限制默认账户的访问权限，重命名系统默认账户，修改这些账户的默认口令；

c） 应及时删除多余的、过期的账户，避免共享账户的存在。

5.1.3.3 **入侵防范(G1)**

操作系统应遵循最小安装的原则，仅安装需要的组件和应用程序，并保持系统补丁及时得到更新。

5.1.3.4 **恶意代码防范(G1)**

应安装防恶意代码软件，并及时更新防恶意代码软件版本和恶意代码库。

5.1.4 **应用安全**

5.1.4.1 **身份鉴别(S1)**

本项要求包括：

a） 应提供专用的登录控制模块对登录用户进行身份标识和鉴别；

b） 应提供登录失败处理功能，可采取结束会话、限制非法登录次数和自动退出等措施；

c） 应启用身份鉴别和登录失败处理功能，并根据安全策略配置相关参数。

5.1.4.2 **访问控制(S1)**

本项要求包括：

a) 应提供访问控制功能控制用户组/用户对系统功能和用户数据的访问；

b) 应由授权主体配置访问控制策略，并严格限制默认用户的访问权限。

5.1.4.3 通信完整性(S1)

应采用约定通信会话方式的方法保证通信过程中数据的完整性。

5.1.4.4 软件容错(A1)

应提供数据有效性检验功能，保证通过人机接口输入或通过通信接口输入的数据格式或长度符合系统设定要求。

5.1.5 数据安全及备份恢复

5.1.5.1 数据完整性(S1)

应能够检测到重要用户数据在传输过程中完整性受到破坏。

5.1.5.2 备份和恢复(A1)

应能够对重要信息进行备份和恢复。

5.2 管理要求

5.2.1 安全管理制度

5.2.1.1 管理制度(G1)

应建立日常管理活动中常用的安全管理制度。

5.2.1.2 制定和发布(G1)

本项要求包括：

a) 应指定或授权专门的人员负责安全管理制度的制定；

b) 应将安全管理制度以某种方式发布到相关人员手中。

5.2.2 安全管理机构

5.2.2.1 岗位设置(G1)

应设立系统管理员、网络管理员、安全管理员等岗位，并定义各个工作岗位的职责。

5.2.2.2 人员配备(G1)

应配备一定数量的系统管理员、网络管理员、安全管理员等。

5.2.2.3 授权和审批(G1)

应根据各个部门和岗位的职责明确授权审批部门及批准人，对系统投入运行、网络系统接入和重要资源的访问等关键活动进行审批。

5.2.2.4 沟通和合作(G1)

应加强与兄弟单位、公安机关、电信公司的合作与沟通。

5.2.3 人员安全管理

5.2.3.1 人员录用(G1)

本项要求包括：

a) 应指定或授权专门的部门或人员负责人员录用；

b) 应对被录用人员的身份和专业资格等进行审查，并确保其具有基本的专业技术水平和安全管理知识。

5.2.3.2 人员离岗(G1)

本项要求包括：

a) 应立即终止由于各种原因离岗员工的所有访问权限；

b) 应取回各种身份证件、钥匙、徽章等以及机构提供的软硬件设备。

5.2.3.3 安全意识教育和培训(G1)

本项要求包括：

a) 应对各类人员进行安全意识教育和岗位技能培训；

b) 应告知人员相关的安全责任和惩戒措施。

5.2.3.4 **外部人员访问管理(G1)**

应确保在外部人员访问受控区域前得到授权或审批。

5.2.4 **系统建设管理**

5.2.4.1 **系统定级(G1)**

本项要求包括：

a) 应明确信息系统的边界和安全保护等级；

b) 应以书面的形式说明信息系统确定为某个安全保护等级的方法和理由；

c) 应确保信息系统的定级结果经过相关部门的批准。

5.2.4.2 **安全方案设计(G1)**

本项要求包括：

a) 应根据系统的安全保护等级选择基本安全措施，依据风险分析的结果补充和调整安全措施；

b) 应以书面的形式描述对系统的安全保护要求和策略、安全措施等内容，形成系统的安全方案；

c) 应对安全方案进行细化，形成能指导安全系统建设、安全产品采购和使用的详细设计方案。

5.2.4.3 **产品采购和使用(G1)**

应确保安全产品采购和使用符合国家的有关规定。

5.2.4.4 **自行软件开发(G1)**

本项要求包括：

a) 应确保开发环境与实际运行环境物理分开；

b) 应确保软件设计相关文档由专人负责保管。

5.2.4.5 **外包软件开发(G1)**

本项要求包括：

a) 应根据开发要求检测软件质量；

b) 应在软件安装之前检测软件包中可能存在的恶意代码；

c) 应确保提供软件设计的相关文档和使用指南。

5.2.4.6 **工程实施(G1)**

应指定或授权专门的部门或人员负责工程实施过程的管理。

5.2.4.7 **测试验收(G1)**

本项要求包括：

a) 应对系统进行安全性测试验收；

b) 在测试验收前应根据设计方案或合同要求等制定测试验收方案，在测试验收过程中应详细记录测试验收结果，并形成测试验收报告。

5.2.4.8 **系统交付(G1)**

本项要求包括：

a) 应制定系统交付清单，并根据交付清单对所交接的设备、软件和文档等进行清点；

b) 应对负责系统运行维护的技术人员进行相应的技能培训；

c) 应确保提供系统建设过程中的文档和指导用户进行系统运行维护的文档。

5.2.4.9 **安全服务商选择(G1)**

本项要求包括：

a) 应确保安全服务商的选择符合国家的有关规定；

b) 应与选定的安全服务商签订与安全相关的协议，明确约定相关责任。

5.2.5 系统运维管理

5.2.5.1 环境管理(G1)

本项要求包括：

a) 应指定专门的部门或人员定期对机房供配电、空调、温湿度控制等设施进行维护管理；

b) 应对机房的出入、服务器的开机或关机等工作进行管理；

c) 应建立机房安全管理制度，对有关机房物理访问，物品带进、带出机房和机房环境安全等方面的管理作出规定。

5.2.5.2 资产管理(G1)

应编制与信息系统相关的资产清单，包括资产责任部门、重要程度和所处位置等内容。

5.2.5.3 介质管理(G1)

本项要求包括：

a) 应确保介质存放在安全的环境中，对各类介质进行控制和保护；

b) 应对介质归档和查询等过程进行记录，并根据存档介质的目录清单定期盘点。

5.2.5.4 设备管理(G1)

本项要求包括：

a) 应对信息系统相关的各种设备、线路等指定专门的部门或人员定期进行维护管理；

b) 应建立基于申报、审批和专人负责的设备安全管理制度，对信息系统的各种软硬件设备的选型、采购、发放和领用等过程进行规范化管理。

5.2.5.5 网络安全管理(G1)

本项要求包括：

a) 应指定人员对网络进行管理，负责运行日志、网络监控记录的日常维护和报警信息分析和处理工作；

b) 应定期进行网络系统漏洞扫描，对发现的网络系统安全漏洞进行及时的修补。

5.2.5.6 系统安全管理(G1)

本项要求包括：

a) 应根据业务需求和系统安全分析确定系统的访问控制策略；

b) 应定期进行漏洞扫描，对发现的系统安全漏洞进行及时的修补；

c) 应安装系统的最新补丁程序，并在安装系统补丁前对现有的重要文件进行备份。

5.2.5.7 恶意代码防范管理(G1)

应提高所有用户的防病毒意识，告知及时升级防病毒软件，在读取移动存储设备上的数据以及网络上接收文件或邮件之前，先进行病毒检查，对外来计算机或存储设备接入网络系统之前也应进行病毒检查。

5.2.5.8 备份与恢复管理(G1)

本项要求包括：

a) 应识别需要定期备份的重要业务信息、系统数据及软件系统等；

b) 应规定备份信息的备份方式、备份频度、存储介质、保存期等。

5.2.5.9 安全事件处置(G1)

本项要求包括：

a) 应报告所发现的安全弱点和可疑事件，但任何情况下用户均不应尝试验证弱点；

b) 应制定安全事件报告和处置管理制度，规定安全事件的现场处理、事件报告和后期恢复的管理职责。

6 第二级基本要求

6.1 技术要求

6.1.1 物理安全

6.1.1.1 物理位置的选择(G2)

机房和办公场地应选择在具有防震、防风和防雨等能力的建筑内。

6.1.1.2 物理访问控制(G2)

本项要求包括:

a) 机房出入口应安排专人值守,控制、鉴别和记录进入的人员;

b) 需进入机房的来访人员应经过申请和审批流程,并限制和监控其活动范围。

6.1.1.3 防盗窃和防破坏(G2)

本项要求包括:

a) 应将主要设备放置在机房内;

b) 应将设备或主要部件进行固定,并设置明显的不易除去的标记;

c) 应将通信线缆铺设在隐蔽处,可铺设在地下或管道中;

d) 应对介质分类标识,存储在介质库或档案室中;

e) 主机房应安装必要的防盗报警设施。

6.1.1.4 防雷击(G2)

本项要求包括:

a) 机房建筑应设置避雷装置;

b) 机房应设置交流电源地线。

6.1.1.5 防火(G2)

机房应设置灭火设备和火灾自动报警系统。

6.1.1.6 防水和防潮(G2)

本项要求包括:

a) 水管安装,不得穿过机房屋顶和活动地板下;

b) 应采取措施防止雨水通过机房窗户、屋顶和墙壁渗透;

c) 应采取措施防止机房内水蒸气结露和地下积水的转移与渗透。

6.1.1.7 防静电(G2)

关键设备应采用必要的接地防静电措施。

6.1.1.8 温湿度控制(G2)

机房应设置温、湿度自动调节设施,使机房温、湿度的变化在设备运行所允许的范围之内。

6.1.1.9 电力供应(A2)

本项要求包括:

a) 应在机房供电线路上配置稳压器和过电压防护设备;

b) 应提供短期的备用电力供应,至少满足关键设备在断电情况下的正常运行要求。

6.1.1.10 电磁防护(S2)

电源线和通信线缆应隔离铺设,避免互相干扰。

6.1.2 网络安全

6.1.2.1 结构安全(G2)

本项要求包括:

a) 应保证关键网络设备的业务处理能力具备冗余空间,满足业务高峰期需要;

b) 应保证接入网络和核心网络的带宽满足业务高峰期需要;

c) 应绘制与当前运行情况相符的网络拓扑结构图；
d) 应根据各部门的工作职能、重要性和所涉及信息的重要程度等因素，划分不同的子网或网段，并按照方便管理和控制的原则为各子网、网段分配地址段。

6.1.2.2 访问控制(G2)

本项要求包括：

a) 应在网络边界部署访问控制设备，启用访问控制功能；
b) 应能根据会话状态信息为数据流提供明确的允许/拒绝访问的能力，控制粒度为网段级；
c) 应按用户和系统之间的允许访问规则，决定允许或拒绝用户对受控系统进行资源访问，控制粒度为单个用户；
d) 应限制具有拨号访问权限的用户数量。

6.1.2.3 安全审计(G2)

本项要求包括：

a) 应对网络系统中的网络设备运行状况、网络流量、用户行为等进行日志记录；
b) 审计记录应包括事件的日期和时间、用户、事件类型、事件是否成功及其他与审计相关的信息。

6.1.2.4 边界完整性检查(S2)

应能够对内部网络中出现的内部用户未通过准许私自联到外部网络的行为进行检查。

6.1.2.5 入侵防范(G2)

应在网络边界处监视以下攻击行为：端口扫描、强力攻击、木马后门攻击、拒绝服务攻击、缓冲区溢出攻击、IP碎片攻击和网络蠕虫攻击等。

6.1.2.6 网络设备防护(G2)

本项要求包括：

a) 应对登录网络设备的用户进行身份鉴别；
b) 应对网络设备的管理员登录地址进行限制；
c) 网络设备用户的标识应唯一；
d) 身份鉴别信息应具有不易被冒用的特点，口令应有复杂度要求并定期更换；
e) 应具有登录失败处理功能，可采取结束会话、限制非法登录次数和当网络登录连接超时自动退出等措施；
f) 当对网络设备进行远程管理时，应采取必要措施防止鉴别信息在网络传输过程中被窃听。

6.1.3 主机安全

6.1.3.1 身份鉴别(S2)

本项要求包括：

a) 应对登录操作系统和数据库系统的用户进行身份标识和鉴别；
b) 操作系统和数据库系统管理用户身份标识应具有不易被冒用的特点，口令应有复杂度要求并定期更换；
c) 应启用登录失败处理功能，可采取结束会话、限制非法登录次数和自动退出等措施；
d) 当对服务器进行远程管理时，应采取必要措施，防止鉴别信息在网络传输过程中被窃听；
e) 应为操作系统和数据库系统的不同用户分配不同的用户名，确保用户名具有唯一性。

6.1.3.2 访问控制(S2)

本项要求包括：

a) 应启用访问控制功能，依据安全策略控制用户对资源的访问；
b) 应实现操作系统和数据库系统特权用户的权限分离；
c) 应限制默认账户的访问权限，重命名系统默认账户，修改这些账户的默认口令；

d) 应及时删除多余的、过期的账户,避免共享账户的存在。

6.1.3.3 安全审计(G2)

本项要求包括:

a) 审计范围应覆盖到服务器上的每个操作系统用户和数据库用户;

b) 审计内容应包括重要用户行为、系统资源的异常使用和重要系统命令的使用等系统内重要的安全相关事件;

c) 审计记录应包括事件的日期、时间、类型、主体标识、客体标识和结果等;

d) 应保护审计记录,避免受到未预期的删除、修改或覆盖等。

6.1.3.4 入侵防范(G2)

操作系统应遵循最小安装的原则,仅安装需要的组件和应用程序,并通过设置升级服务器等方式保持系统补丁及时得到更新。

6.1.3.5 恶意代码防范(G2)

本项要求包括:

a) 应安装防恶意代码软件,并及时更新防恶意代码软件版本和恶意代码库;

b) 应支持防恶意代码软件的统一管理。

6.1.3.6 资源控制(A2)

本项要求包括:

a) 应通过设定终端接入方式、网络地址范围等条件限制终端登录;

b) 应根据安全策略设置登录终端的操作超时锁定;

c) 应限制单个用户对系统资源的最大或最小使用限度。

6.1.4 应用安全

6.1.4.1 身份鉴别(S2)

本项要求包括:

a) 应提供专用的登录控制模块对登录用户进行身份标识和鉴别;

b) 应提供用户身份标识唯一和鉴别信息复杂度检查功能,保证应用系统中不存在重复用户身份标识,身份鉴别信息不易被冒用;

c) 应提供登录失败处理功能,可采取结束会话、限制非法登录次数和自动退出等措施;

d) 应启用身份鉴别、用户身份标识唯一性检查、用户身份鉴别信息复杂度检查以及登录失败处理功能,并根据安全策略配置相关参数。

6.1.4.2 访问控制(S2)

本项要求包括:

a) 应提供访问控制功能,依据安全策略控制用户对文件、数据库表等客体的访问;

b) 访问控制的覆盖范围应包括与资源访问相关的主体、客体及它们之间的操作;

c) 应由授权主体配置访问控制策略,并严格限制默认账户的访问权限;

d) 应授予不同账户为完成各自承担任务所需的最小权限,并在它们之间形成相互制约的关系。

6.1.4.3 安全审计(G2)

本项要求包括:

a) 应提供覆盖到每个用户的安全审计功能,对应用系统重要安全事件进行审计;

b) 应保证无法删除、修改或覆盖审计记录;

c) 审计记录的内容至少应包括事件日期、时间、发起者信息、类型、描述和结果等。

6.1.4.4 通信完整性(S2)

应采用校验码技术保证通信过程中数据的完整性。

6.1.4.5 通信保密性(S2)

本项要求包括:

a) 在通信双方建立连接之前,应用系统应利用密码技术进行会话初始化验证;

b) 应对通信过程中的敏感信息字段进行加密。

6.1.4.6 软件容错(A2)

本项要求包括:

a) 应提供数据有效性检验功能,保证通过人机接口输入或通过通信接口输入的数据格式或长度符合系统设定要求;

b) 在故障发生时,应用系统应能够继续提供一部分功能,确保能够实施必要的措施。

6.1.4.7 资源控制(A2)

本项要求包括:

a) 当应用系统的通信双方中的一方在一段时间内未作任何响应,另一方应能够自动结束会话;

b) 应能够对应用系统的最大并发会话连接数进行限制;

c) 应能够对单个账户的多重并发会话进行限制。

6.1.5 数据安全及备份恢复

6.1.5.1 数据完整性(S2)

应能够检测到鉴别信息和重要业务数据在传输过程中完整性受到破坏。

6.1.5.2 数据保密性(S2)

应采用加密或其他保护措施实现鉴别信息的存储保密性。

6.1.5.3 备份和恢复(A2)

本项要求包括:

a) 应能够对重要信息进行备份和恢复;

b) 应提供关键网络设备、通信线路和数据处理系统的硬件冗余,保证系统的可用性。

6.2 管理要求

6.2.1 安全管理制度

6.2.1.1 管理制度(G2)

本项要求包括:

a) 应制定信息安全工作的总体方针和安全策略,说明机构安全工作的总体目标、范围、原则和安全框架等;

b) 应对安全管理活动中重要的管理内容建立安全管理制度;

c) 应对安全管理人员或操作人员执行的重要管理操作建立操作规程。

6.2.1.2 制定和发布(G2)

本项要求包括:

a) 应指定或授权专门的部门或人员负责安全管理制度的制定;

b) 应组织相关人员对制定的安全管理制度进行论证和审定;

c) 应将安全管理制度以某种方式发布到相关人员手中。

6.2.1.3 评审和修订(G2)

应定期对安全管理制度进行评审,对存在不足或需要改进的安全管理制度进行修订。

6.2.2 安全管理机构

6.2.2.1 岗位设置(G2)

本项要求包括:

a) 应设立安全主管、安全管理各个方面的负责人岗位,并定义各负责人的职责;

b) 应设立系统管理员、网络管理员、安全管理员等岗位,并定义各个工作岗位的职责。

6.2.2.2　**人员配备(G2)**

本项要求包括：

a)　应配备一定数量的系统管理员、网络管理员、安全管理员等；

b)　安全管理员不能兼任网络管理员、系统管理员、数据库管理员等。

6.2.2.3　**授权和审批(G2)**

本项要求包括：

a)　应根据各个部门和岗位的职责明确授权审批部门及批准人，对系统投入运行、网络系统接入和重要资源的访问等关键活动进行审批；

b)　应针对关键活动建立审批流程，并由批准人签字确认。

6.2.2.4　**沟通和合作(G2)**

本项要求包括：

a)　应加强各类管理人员之间、组织内部机构之间以及信息安全职能部门内部的合作与沟通；

b)　应加强与兄弟单位、公安机关、电信公司的合作与沟通。

6.2.2.5　**审核和检查(G2)**

安全管理员应负责定期进行安全检查，检查内容包括系统日常运行、系统漏洞和数据备份等情况。

6.2.3　**人员安全管理**

6.2.3.1　**人员录用(G2)**

本项要求包括：

a)　应指定或授权专门的部门或人员负责人员录用；

b)　应规范人员录用过程，对被录用人员的身份、背景和专业资格等进行审查，对其所具有的技术技能进行考核；

c)　应与从事关键岗位的人员签署保密协议。

6.2.3.2　**人员离岗(G2)**

本项要求包括：

a)　应规范人员离岗过程，及时终止离岗员工的所有访问权限；

b)　应取回各种身份证件、钥匙、徽章等以及机构提供的软硬件设备；

c)　应办理严格的调离手续。

6.2.3.3　**人员考核(G2)**

应定期对各个岗位的人员进行安全技能及安全认知的考核。

6.2.3.4　**安全意识教育和培训(G2)**

本项要求包括：

a)　应对各类人员进行安全意识教育、岗位技能培训和相关安全技术培训；

b)　应告知人员相关的安全责任和惩戒措施，并对违反违背安全策略和规定的人员进行惩戒；

c)　应制定安全教育和培训计划，对信息安全基础知识、岗位操作规程等进行培训。

6.2.3.5　**外部人员访问管理(G2)**

应确保在外部人员访问受控区域前得到授权或审批，批准后由专人全程陪同或监督，并登记备案。

6.2.4　**系统建设管理**

6.2.4.1　**系统定级(G2)**

本项要求包括：

a)　应明确信息系统的边界和安全保护等级；

b)　应以书面的形式说明信息系统确定为某个安全保护等级的方法和理由；

c)　应确保信息系统的定级结果经过相关部门的批准。

6.2.4.2 安全方案设计(G2)

本项要求包括：

a) 应根据系统的安全保护等级选择基本安全措施，依据风险分析的结果补充和调整安全措施；

b) 应以书面形式描述对系统的安全保护要求、策略和措施等内容，形成系统的安全方案；

c) 应对安全方案进行细化，形成能指导安全系统建设、安全产品采购和使用的详细设计方案；

d) 应组织相关部门和有关安全技术专家对安全设计方案的合理性和正确性进行论证和审定，并且经过批准后，才能正式实施。

6.2.4.3 产品采购和使用(G2)

本项要求包括：

a) 应确保安全产品采购和使用符合国家的有关规定；

b) 应确保密码产品采购和使用符合国家密码主管部门的要求；

c) 应指定或授权专门的部门负责产品的采购。

6.2.4.4 自行软件开发(G2)

本项要求包括：

a) 应确保开发环境与实际运行环境物理分开；

b) 应制定软件开发管理制度，明确说明开发过程的控制方法和人员行为准则；

c) 应确保提供软件设计的相关文档和使用指南，并由专人负责保管。

6.2.4.5 外包软件开发(G2)

本项要求包括：

a) 应根据开发要求检测软件质量；

b) 应确保提供软件设计的相关文档和使用指南；

c) 应在软件安装之前检测软件包中可能存在的恶意代码；

d) 应要求开发单位提供软件源代码，并审查软件中可能存在的后门。

6.2.4.6 工程实施(G2)

本项要求包括：

a) 应指定或授权专门的部门或人员负责工程实施过程的管理；

b) 应制定详细的工程实施方案，控制工程实施过程。

6.2.4.7 测试验收(G2)

本项要求包括：

a) 应对系统进行安全性测试验收；

b) 在测试验收前应根据设计方案或合同要求等制定测试验收方案，在测试验收过程中应详细记录测试验收结果，并形成测试验收报告；

c) 应组织相关部门和相关人员对系统测试验收报告进行审定，并签字确认。

6.2.4.8 系统交付(G2)

本项要求包括：

a) 应制定系统交付清单，并根据交付清单对所交接的设备、软件和文档等进行清点；

b) 应对负责系统运行维护的技术人员进行相应的技能培训；

c) 应确保提供系统建设过程中的文档和指导用户进行系统运行维护的文档。

6.2.4.9 安全服务商选择(G2)

本项要求包括：

a) 应确保安全服务商的选择符合国家的有关规定；

b) 应与选定的安全服务商签订与安全相关的协议，明确约定相关责任；

c) 应确保选定的安全服务商提供技术支持和服务承诺，必要的与其签订服务合同。

6.2.5 系统运维管理

6.2.5.1 环境管理(G2)

本项要求包括:

a) 应指定专门的部门或人员定期对机房供配电、空调、温湿度控制等设施进行维护管理;

b) 应配备机房安全管理人员,对机房的出入、服务器的开机或关机等工作进行管理;

c) 应建立机房安全管理制度,对有关机房物理访问,物品带进、带出机房和机房环境安全等方面的管理作出规定;

d) 应加强对办公环境的保密性管理,包括工作人员调离办公室应立即交还该办公室钥匙和不在办公区接待来访人员等。

6.2.5.2 资产管理(G2)

本项要求包括:

a) 应编制与信息系统相关的资产清单,包括资产责任部门、重要程度和所处位置等内容;

b) 应建立资产安全管理制度,规定信息系统资产管理的责任人员或责任部门,并规范资产管理和使用的行为。

6.2.5.3 介质管理(G2)

本项要求包括:

a) 应确保介质存放在安全的环境中,对各类介质进行控制和保护,并实行存储环境专人管理;

b) 应对介质归档和查询等过程进行记录,并根据存档介质的目录清单定期盘点;

c) 应对需要送出维修或销毁的介质,首先清除其中的敏感数据,防止信息的非法泄漏;

d) 应根据所承载数据和软件的重要程度对介质进行分类和标识管理。

6.2.5.4 设备管理(G2)

本项要求包括:

a) 应对信息系统相关的各种设备(包括备份和冗余设备)、线路等指定专门的部门或人员定期进行维护管理;

b) 应建立基于申报、审批和专人负责的设备安全管理制度,对信息系统的各种软硬件设备的选型、采购、发放和领用等过程进行规范化管理;

c) 应对终端计算机、工作站、便携机、系统和网络等设备的操作和使用进行规范化管理,按操作规程实现关键设备(包括备份和冗余设备)的启动/停止、加电/断电等操作;

d) 应确保信息处理设备必须经过审批才能带离机房或办公地点。

6.2.5.5 网络安全管理(G2)

本项要求包括:

a) 应指定人员对网络进行管理,负责运行日志、网络监控记录的日常维护和报警信息分析和处理工作;

b) 应建立网络安全管理制度,对网络安全配置、日志保存时间、安全策略、升级与打补丁、口令更新周期等方面作出规定;

c) 应根据厂家提供的软件升级版本对网络设备进行更新,并在更新前对现有的重要文件进行备份;

d) 应定期对网络系统进行漏洞扫描,对发现的网络系统安全漏洞进行及时的修补;

e) 应对网络设备的配置文件进行定期备份;

f) 应保证所有与外部系统的连接均得到授权和批准。

6.2.5.6 系统安全管理(G2)

本项要求包括:

a) 应根据业务需求和系统安全分析确定系统的访问控制策略;

b) 应定期进行漏洞扫描，对发现的系统安全漏洞及时进行修补；

c) 应安装系统的最新补丁程序，在安装系统补丁前，应首先在测试环境中测试通过，并对重要文件进行备份后，方可实施系统补丁程序的安装；

d) 应建立系统安全管理制度，对系统安全策略、安全配置、日志管理和日常操作流程等方面作出规定；

e) 应依据操作手册对系统进行维护，详细记录操作日志，包括重要的日常操作、运行维护记录、参数的设置和修改等内容，严禁进行未经授权的操作；

f) 应定期对运行日志和审计数据进行分析，以便及时发现异常行为。

6.2.5.7 恶意代码防范管理(G2)

本项要求包括：

a) 应提高所有用户的防病毒意识，告知及时升级防病毒软件，在读取移动存储设备上的数据以及网络上接收文件或邮件之前，先进行病毒检查，对外来计算机或存储设备接入网络系统之前也应进行病毒检查；

b) 应指定专人对网络和主机进行恶意代码检测并保存检测记录；

c) 应对防恶意代码软件的授权使用、恶意代码库升级、定期汇报等作出明确规定。

6.2.5.8 密码管理(G2)

应使用符合国家密码管理规定的密码技术和产品。

6.2.5.9 变更管理(G2)

本项要求包括：

a) 应确认系统中要发生的重要变更，并制定相应的变更方案；

b) 系统发生重要变更前，应向主管领导申请，审批后方可实施变更，并在实施后向相关人员通告。

6.2.5.10 备份与恢复管理(G2)

本项要求包括：

a) 应识别需要定期备份的重要业务信息、系统数据及软件系统等；

b) 应规定备份信息的备份方式、备份频度、存储介质、保存期等；

c) 应根据数据的重要性及其对系统运行的影响，制定数据的备份策略和恢复策略，备份策略指明备份数据的放置场所、文件命名规则、介质替换频率和数据离站运输方法。

6.2.5.11 安全事件处置(G2)

本项要求包括：

a) 应报告所发现的安全弱点和可疑事件，但任何情况下用户均不应尝试验证弱点；

b) 应制定安全事件报告和处置管理制度，明确安全事件类型，规定安全事件的现场处理、事件报告和后期恢复的管理职责；

c) 应根据国家相关管理部门对计算机安全事件等级划分方法和安全事件对本系统产生的影响，对本系统计算机安全事件进行等级划分；

d) 应记录并保存所有报告的安全弱点和可疑事件，分析事件原因，监督事态发展，采取措施避免安全事件发生。

6.2.5.12 应急预案管理(G2)

本项要求包括：

a) 应在统一的应急预案框架下制定不同事件的应急预案，应急预案框架应包括启动应急预案的条件、应急处理流程、系统恢复流程、事后教育和培训等内容；

b) 应对系统相关的人员进行应急预案培训，应急预案的培训应至少每年举办一次。

7 第三级基本要求

7.1 技术要求

7.1.1 物理安全

7.1.1.1 物理位置的选择(G3)

本项要求包括：

a) 机房和办公场地应选择在具有防震、防风和防雨等能力的建筑内；

b) **机房场地应避免设在建筑物的高层或地下室，以及用水设备的下层或隔壁。**

7.1.1.2 物理访问控制(G3)

本项要求包括：

a) 机房出入口应安排专人值守，控制、鉴别和记录进入的人员；

b) 需进入机房的来访人员应经过申请和审批流程，并限制和监控其活动范围；

c) **应对机房划分区域进行管理，区域和区域之间设置物理隔离装置，在重要区域前设置交付或安装等过渡区域；**

d) **重要区域应配置电子门禁系统，控制、鉴别和记录进入的人员。**

7.1.1.3 防盗窃和防破坏(G3)

本项要求包括：

a) 应将主要设备放置在机房内；

b) 应将设备或主要部件进行固定，并设置明显的不易除去的标记；

c) 应将通信线缆铺设在隐蔽处，可铺设在地下或管道中；

d) 应对介质分类标识，存储在介质库或档案室中；

e) **应利用光、电等技术设置机房防盗报警系统；**

f) **应对机房设置监控报警系统。**

7.1.1.4 防雷击(G3)

本项要求包括：

a) 机房建筑应设置避雷装置；

b) **应设置防雷保安器，防止感应雷；**

c) 机房应设置交流电源地线。

7.1.1.5 防火(G3)

本项要求包括：

a) **机房应设置火灾自动消防系统，能够自动检测火情、自动报警，并自动灭火；**

b) **机房及相关的工作房间和辅助房应采用具有耐火等级的建筑材料；**

c) **机房应采取区域隔离防火措施，将重要设备与其他设备隔离开。**

7.1.1.6 防水和防潮(G3)

本项要求包括：

a) 水管安装，不得穿过机房屋顶和活动地板下；

b) 应采取措施防止雨水通过机房窗户、屋顶和墙壁渗透；

c) 应采取措施防止机房内水蒸气结露和地下积水的转移与渗透；

d) **应安装对水敏感的检测仪表或元件，对机房进行防水检测和报警。**

7.1.1.7 防静电(G3)

本项要求包括：

a) **主要设备**应采用必要的接地防静电措施；

b) **机房应采用防静电地板。**

7.1.1.8 **温湿度控制(G3)**

机房应设置温、湿度自动调节设施,使机房温、湿度的变化在设备运行所允许的范围之内。

7.1.1.9 **电力供应(A3)**

本项要求包括:

a) 应在机房供电线路上配置稳压器和过电压防护设备;

b) 应提供短期的备用电力供应,至少满足主要设备在断电情况下的正常运行要求;

c) 应设置冗余或并行的电力电缆线路为计算机系统供电;

d) 应建立备用供电系统。

7.1.1.10 **电磁防护(S3)**

本项要求包括:

a) 应采用接地方式防止外界电磁干扰和设备寄生耦合干扰;

b) 电源线和通信线缆应隔离铺设,避免互相干扰;

c) 应对关键设备和磁介质实施电磁屏蔽。

7.1.2 **网络安全**

7.1.2.1 **结构安全(G3)**

本项要求包括:

a) 应保证主要网络设备的业务处理能力具备冗余空间,满足业务高峰期需要;

b) 应保证网络各个部分的带宽满足业务高峰期需要;

c) 应在业务终端与业务服务器之间进行路由控制建立安全的访问路径;

d) 应绘制与当前运行情况相符的网络拓扑结构图;

e) 应根据各部门的工作职能、重要性和所涉及信息的重要程度等因素,划分不同的子网或网段,并按照方便管理和控制的原则为各子网、网段分配地址段;

f) 应避免将重要网段部署在网络边界处且直接连接外部信息系统,重要网段与其他网段之间采取可靠的技术隔离手段;

g) 应按照对业务服务的重要次序来指定带宽分配优先级别,保证在网络发生拥堵的时候优先保护重要主机。

7.1.2.2 **访问控制(G3)**

本项要求包括:

a) 应在网络边界部署访问控制设备,启用访问控制功能;

b) 应能根据会话状态信息为数据流提供明确的允许/拒绝访问的能力,控制粒度为端口级;

c) 应对进出网络的信息内容进行过滤,实现对应用层 HTTP、FTP、TELNET、SMTP、POP3 等协议命令级的控制;

d) 应在会话处于非活跃一定时间或会话结束后终止网络连接;

e) 应限制网络最大流量数及网络连接数;

f) 重要网段应采取技术手段防止地址欺骗;

g) 应按用户和系统之间的允许访问规则,决定允许或拒绝用户对受控系统进行资源访问,控制粒度为单个用户;

h) 应限制具有拨号访问权限的用户数量。

7.1.2.3 **安全审计(G3)**

本项要求包括:

a) 应对网络系统中的网络设备运行状况、网络流量、用户行为等进行日志记录;

b) 审计记录应包括:事件的日期和时间、用户、事件类型、事件是否成功及其他与审计相关的信息;

c) 应能够根据记录数据进行分析，并生成审计报表；

d) 应对审计记录进行保护，避免受到未预期的删除、修改或覆盖等。

7.1.2.4 边界完整性检查(S3)

本项要求包括：

a) 应能够对非授权设备私自联到内部网络的行为进行检查，准确定出位置，并对其进行有效阻断；

b) 应能够对内部网络用户私自联到外部网络的行为进行检查，准确定出位置，并对其进行有效阻断。

7.1.2.5 入侵防范(G3)

本项要求包括：

a) 应在网络边界处监视以下攻击行为：端口扫描、强力攻击、木马后门攻击、拒绝服务攻击、缓冲区溢出攻击、IP碎片攻击和网络蠕虫攻击等；

b) 当检测到攻击行为时，记录攻击源IP、攻击类型、攻击目的、攻击时间，在发生严重入侵事件时应提供报警。

7.1.2.6 恶意代码防范(G3)

本项要求包括：

a) 应在网络边界处对恶意代码进行检测和清除；

b) 应维护恶意代码库的升级和检测系统的更新。

7.1.2.7 网络设备防护(G3)

本项要求包括：

a) 应对登录网络设备的用户进行身份鉴别；

b) 应对网络设备的管理员登录地址进行限制；

c) 网络设备用户的标识应唯一；

d) 主要网络设备应对同一用户选择两种或两种以上组合的鉴别技术来进行身份鉴别；

e) 身份鉴别信息应具有不易被冒用的特点，口令应有复杂度要求并定期更换；

f) 应具有登录失败处理功能，可采取结束会话、限制非法登录次数和当网络登录连接超时自动退出等措施；

g) 当对网络设备进行远程管理时，应采取必要措施防止鉴别信息在网络传输过程中被窃听；

h) 应实现设备特权用户的权限分离。

7.1.3 主机安全

7.1.3.1 身份鉴别(S3)

本项要求包括：

a) 应对登录操作系统和数据库系统的用户进行身份标识和鉴别；

b) 操作系统和数据库系统管理用户身份标识应具有不易被冒用的特点，口令应有复杂度要求并定期更换；

c) 应启用登录失败处理功能，可采取结束会话、限制非法登录次数和自动退出等措施；

d) 当对服务器进行远程管理时，应采取必要措施，防止鉴别信息在网络传输过程中被窃听；

e) 应为操作系统和数据库系统的不同用户分配不同的用户名，确保用户名具有唯一性；

f) 应采用两种或两种以上组合的鉴别技术对管理用户进行身份鉴别。

7.1.3.2 访问控制(S3)

本项要求包括：

a) 应启用访问控制功能，依据安全策略控制用户对资源的访问；

b) 应根据管理用户的角色分配权限，实现管理用户的权限分离，仅授予管理用户所需的最小权限；

c) 应实现操作系统和数据库系统特权用户的权限分离；

d) 应严格限制默认账户的访问权限，重命名系统默认账户，修改这些账户的默认口令；

e) 应及时删除多余的、过期的账户，避免共享账户的存在；

f) 应对重要信息资源设置敏感标记；

g) 应依据安全策略严格控制用户对有敏感标记重要信息资源的操作。

7.1.3.3 安全审计(G3)

本项要求包括：

a) 审计范围应覆盖到服务器和重要客户端上的每个操作系统用户和数据库用户；

b) 审计内容应包括重要用户行为、系统资源的异常使用和重要系统命令的使用等系统内重要的安全相关事件；

c) 审计记录应包括事件的日期、时间、类型、主体标识、客体标识和结果等；

d) 应能够根据记录数据进行分析，并生成审计报表；

e) 应保护审计进程，避免受到未预期的中断；

f) 应保护审计记录，避免受到未预期的删除、修改或覆盖等。

7.1.3.4 剩余信息保护(S3)

本项要求包括：

a) 应保证操作系统和数据库系统用户的鉴别信息所在的存储空间，被释放或再分配给其他用户前得到完全清除，无论这些信息是存放在硬盘上还是在内存中；

b) 应确保系统内的文件、目录和数据库记录等资源所在的存储空间，被释放或重新分配给其他用户前得到完全清除。

7.1.3.5 入侵防范(G3)

本项要求包括：

a) 应能够检测到对重要服务器进行入侵的行为，能够记录入侵的源 IP、攻击的类型、攻击的目的、攻击的时间，并在发生严重入侵事件时提供报警；

b) 应能够对重要程序的完整性进行检测，并在检测到完整性受到破坏后具有恢复的措施；

c) 操作系统应遵循最小安装的原则，仅安装需要的组件和应用程序，并通过设置升级服务器等方式保持系统补丁及时得到更新。

7.1.3.6 恶意代码防范(G3)

本项要求包括：

a) 应安装防恶意代码软件，并及时更新防恶意代码软件版本和恶意代码库；

b) 主机防恶意代码产品应具有与网络防恶意代码产品不同的恶意代码库；

c) 应支持防恶意代码的统一管理。

7.1.3.7 资源控制(A3)

本项要求包括：

a) 应通过设定终端接入方式、网络地址范围等条件限制终端登录；

b) 应根据安全策略设置登录终端的操作超时锁定；

c) 应对重要服务器进行监视，包括监视服务器的 CPU、硬盘、内存、网络等资源的使用情况；

d) 应限制单个用户对系统资源的最大或最小使用限度；

e) 应能够对系统的服务水平降低到预先规定的最小值进行检测和报警。

7.1.4 应用安全

7.1.4.1 身份鉴别(S3)

本项要求包括：

a) 应提供专用的登录控制模块对登录用户进行身份标识和鉴别;

b) 应对同一用户采用两种或两种以上组合的鉴别技术实现用户身份鉴别;

c) 应提供用户身份标识唯一和鉴别信息复杂度检查功能,保证应用系统中不存在重复用户身份标识,身份鉴别信息不易被冒用;

d) 应提供登录失败处理功能,可采取结束会话、限制非法登录次数和自动退出等措施;

e) 应启用身份鉴别、用户身份标识唯一性检查、用户身份鉴别信息复杂度检查以及登录失败处理功能,并根据安全策略配置相关参数。

7.1.4.2 访问控制(S3)

本项要求包括:

a) 应提供访问控制功能,依据安全策略控制用户对文件、数据库表等客体的访问;

b) 访问控制的覆盖范围应包括与资源访问相关的主体、客体及它们之间的操作;

c) 应由授权主体配置访问控制策略,并严格限制默认账户的访问权限;

d) 应授予不同账户为完成各自承担任务所需的最小权限,并在它们之间形成相互制约的关系;

e) 应具有对重要信息资源设置敏感标记的功能;

f) 应依据安全策略严格控制用户对有敏感标记重要信息资源的操作。

7.1.4.3 安全审计(G3)

本项要求包括:

a) 应提供覆盖到每个用户的安全审计功能,对应用系统重要安全事件进行审计;

b) 应保证无法单独中断审计进程,无法删除、修改或覆盖审计记录;

c) 审计记录的内容至少应包括事件的日期、时间、发起者信息、类型、描述和结果等;

d) 应提供对审计记录数据进行统计、查询、分析及生成审计报表的功能。

7.1.4.4 剩余信息保护(S3)

本项要求包括:

a) 应保证用户鉴别信息所在的存储空间被释放或再分配给其他用户前得到完全清除,无论这些信息是存放在硬盘上还是在内存中;

b) 应保证系统内的文件、目录和数据库记录等资源所在的存储空间被释放或重新分配给其他用户前得到完全清除。

7.1.4.5 通信完整性(S3)

应采用密码技术保证通信过程中数据的完整性。

7.1.4.6 通信保密性(S3)

本项要求包括:

a) 在通信双方建立连接之前,应用系统应利用密码技术进行会话初始化验证;

b) 应对通信过程中的整个报文或会话过程进行加密。

7.1.4.7 抗抵赖(G3)

本项要求包括:

a) 应具有在请求的情况下为数据原发者或接收者提供数据原发证据的功能;

b) 应具有在请求的情况下为数据原发者或接收者提供数据接收证据的功能。

7.1.4.8 软件容错(A3)

本项要求包括:

a) 应提供数据有效性检验功能,保证通过人机接口输入或通过通信接口输入的数据格式或长度符合系统设定要求;

b) 应提供自动保护功能,当故障发生时自动保护当前所有状态,保证系统能够进行恢复。

7.1.4.9 资源控制(A3)

本项要求包括：

a) 当应用系统的通信双方中的一方在一段时间内未作任何响应，另一方应能够自动结束会话；

b) 应能够对系统的最大并发会话连接数进行限制；

c) 应能够对单个账户的多重并发会话进行限制；

d) 应能够对一个时间段内可能的并发会话连接数进行限制；

e) 应能够对一个访问账户或一个请求进程占用的资源分配最大限额和最小限额；

f) 应能够对系统服务水平降低到预先规定的最小值进行检测和报警；

g) 应提供服务优先级设定功能，并在安装后根据安全策略设定访问账户或请求进程的优先级，根据优先级分配系统资源。

7.1.5 数据安全及备份恢复

7.1.5.1 数据完整性(S3)

本项要求包括：

a) 应能够检测到系统管理数据、鉴别信息和重要业务数据在传输过程中完整性受到破坏，并在检测到完整性错误时采取必要的恢复措施；

b) 应能够检测到系统管理数据、鉴别信息和重要业务数据在存储过程中完整性受到破坏，并在检测到完整性错误时采取必要的恢复措施。

7.1.5.2 数据保密性(S3)

本项要求包括：

a) 应采用加密或其他有效措施实现系统管理数据、鉴别信息和重要业务数据传输保密性；

b) 应采用加密或其他保护措施实现系统管理数据、鉴别信息和重要业务数据存储保密性。

7.1.5.3 备份和恢复(A3)

本项要求包括：

a) 应提供本地数据备份与恢复功能，完全数据备份至少每天一次，备份介质场外存放；

b) 应提供异地数据备份功能，利用通信网络将关键数据定时批量传送至备用场地；

c) 应采用冗余技术设计网络拓扑结构，避免关键节点存在单点故障；

d) 应提供主要网络设备、通信线路和数据处理系统的硬件冗余，保证系统的高可用性。

7.2 管理要求

7.2.1 安全管理制度

7.2.1.1 管理制度(G3)

本项要求包括：

a) 应制定信息安全工作的总体方针和安全策略，说明机构安全工作的总体目标、范围、原则和安全框架等；

b) 应对安全管理活动中的各类管理内容建立安全管理制度；

c) 应对要求管理人员或操作人员执行的日常管理操作建立操作规程；

d) 应形成由安全策略、管理制度、操作规程等构成的全面的信息安全管理制度体系。

7.2.1.2 制定和发布(G3)

本项要求包括：

a) 应指定或授权专门的部门或人员负责安全管理制度的制定；

b) 安全管理制度应具有统一的格式，并进行版本控制；

c) 应组织相关人员对制定的安全管理制度进行论证和审定；

d) 安全管理制度应通过正式、有效的方式发布；

e) 安全管理制度应注明发布范围，并对收发文进行登记。

7.2.1.3 评审和修订(G3)

本项要求包括:

a) 信息安全领导小组应负责定期组织相关部门和相关人员对安全管理制度体系的合理性和适用性进行审定;

b) 应定期或不定期对安全管理制度进行检查和审定,对存在不足或需要改进的安全管理制度进行修订。

7.2.2 安全管理机构

7.2.2.1 岗位设置(G3)

本项要求包括:

a) 应设立信息安全管理工作的职能部门,设立安全主管、安全管理各个方面的负责人岗位,并定义各负责人的职责;

b) 应设立系统管理员、网络管理员、安全管理员等岗位,并定义各个工作岗位的职责;

c) 应成立指导和管理信息安全工作的委员会或领导小组,其最高领导由单位主管领导委任或授权;

d) 应制定文件明确安全管理机构各个部门和岗位的职责、分工和技能要求。

7.2.2.2 人员配备(G3)

本项要求包括:

a) 应配备一定数量的系统管理员、网络管理员、安全管理员等;

b) 应配备专职安全管理员,不可兼任;

c) 关键事务岗位应配备多人共同管理。

7.2.2.3 授权和审批(G3)

本项要求包括:

a) 应根据各个部门和岗位的职责明确授权审批事项、审批部门和批准人等;

b) 应针对系统变更、重要操作、物理访问和系统接入等事项建立审批程序,按照审批程序执行审批过程,对重要活动建立逐级审批制度;

c) 应定期审查审批事项,及时更新需授权和审批的项目、审批部门和审批人等信息;

d) 应记录审批过程并保存审批文档。

7.2.2.4 沟通和合作(G3)

本项要求包括:

a) 应加强各类管理人员之间、组织内部机构之间以及信息安全职能部门内部的合作与沟通,定期或不定期召开协调会议,共同协作处理信息安全问题;

b) 应加强与兄弟单位、公安机关、电信公司的合作与沟通;

c) 应加强与供应商、业界专家、专业的安全公司、安全组织的合作与沟通;

d) 应建立外联单位联系列表,包括外联单位名称、合作内容、联系人和联系方式等信息;

e) 应聘请信息安全专家作为常年的安全顾问,指导信息安全建设,参与安全规划和安全评审等。

7.2.2.5 审核和检查(G3)

本项要求包括:

a) 安全管理员应负责定期进行安全检查,检查内容包括系统日常运行、系统漏洞和数据备份等情况;

b) 应由内部人员或上级单位定期进行全面安全检查,检查内容包括现有安全技术措施的有效性、安全配置与安全策略的一致性、安全管理制度的执行情况等;

c) 应制定安全检查表格实施安全检查,汇总安全检查数据,形成安全检查报告,并对安全检查结果进行通报;

d) 应制定安全审核和安全检查制度规范安全审核和安全检查工作，定期按照程序进行安全审核和安全检查活动。

7.2.3 人员安全管理

7.2.3.1 人员录用(G3)

本项要求包括：

a) 应指定或授权专门的部门或人员负责人员录用；

b) 应严格规范人员录用过程，对被录用人的身份、背景、专业资格和资质等进行审查，对其所具有的技术技能进行考核；

c) 应签署保密协议；

d) 应从内部人员中选拔从事关键岗位的人员，并签署岗位安全协议。

7.2.3.2 人员离岗(G3)

本项要求包括：

a) 应严格规范人员离岗过程，及时终止离岗员工的所有访问权限；

b) 应取回各种身份证件、钥匙、徽章等以及机构提供的软硬件设备；

c) 应办理严格的调离手续，关键岗位人员离岗须承诺调离后的保密义务后方可离开。

7.2.3.3 人员考核(G3)

本项要求包括：

a) 应定期对各个岗位的人员进行安全技能及安全认知的考核；

b) 应对关键岗位的人员进行全面、严格的安全审查和技能考核；

c) 应对考核结果进行记录并保存。

7.2.3.4 安全意识教育和培训(G3)

本项要求包括：

a) 应对各类人员进行安全意识教育、岗位技能培训和相关安全技术培训；

b) 应对安全责任和惩戒措施进行书面规定并告知相关人员，对违反违背安全策略和规定的人员进行惩戒；

c) 应对定期安全教育和培训进行书面规定，针对不同岗位制定不同的培训计划，对信息安全基础知识、岗位操作规程等进行培训；

d) 应对安全教育和培训的情况和结果进行记录并归档保存。

7.2.3.5 外部人员访问管理(G3)

本项要求包括：

a) 应确保在外部人员访问受控区域前先提出书面申请，批准后由专人全程陪同或监督，并登记备案；

b) 对外部人员允许访问的区域、系统、设备、信息等内容应进行书面的规定，并按照规定执行。

7.2.4 系统建设管理

7.2.4.1 系统定级(G3)

本项要求包括：

a) 应明确信息系统的边界和安全保护等级；

b) 应以书面的形式说明确定信息系统为某个安全保护等级的方法和理由；

c) 应组织相关部门和有关安全技术专家对信息系统定级结果的合理性和正确性进行论证和审定；

d) 应确保信息系统的定级结果经过相关部门的批准。

7.2.4.2 安全方案设计(G3)

本项要求包括：

a) 应根据系统的安全保护等级选择基本安全措施，并依据风险分析的结果补充和调整安全措施；

b) 应指定和授权专门的部门对信息系统的安全建设进行总体规划，制定近期和远期的安全建设工作计划；

c) 应根据信息系统的等级划分情况，统一考虑安全保障体系的总体安全策略、安全技术框架、安全管理策略、总体建设规划和详细设计方案，并形成配套文件；

d) 应组织相关部门和有关安全技术专家对总体安全策略、安全技术框架、安全管理策略、总体建设规划、详细设计方案等相关配套文件的合理性和正确性进行论证和审定，并且经过批准后，才能正式实施；

e) 应根据等级测评、安全评估的结果定期调整和修订总体安全策略、安全技术框架、安全管理策略、总体建设规划、详细设计方案等相关配套文件。

7.2.4.3 产品采购和使用(G3)

本项要求包括：

a) 应确保安全产品采购和使用符合国家的有关规定；

b) 应确保密码产品采购和使用符合国家密码主管部门的要求；

c) 应指定或授权专门的部门负责产品的采购；

d) 应预先对产品进行选型测试，确定产品的候选范围，并定期审定和更新候选产品名单。

7.2.4.4 自行软件开发(G3)

本项要求包括：

a) 应确保开发环境与实际运行环境物理分开，开发人员和测试人员分离，测试数据和测试结果受到控制；

b) 应制定软件开发管理制度，明确说明开发过程的控制方法和人员行为准则；

c) 应制定代码编写安全规范，要求开发人员参照规范编写代码；

d) 应确保提供软件设计的相关文档和使用指南，并由专人负责保管；

e) 应确保对程序资源库的修改、更新、发布进行授权和批准。

7.2.4.5 外包软件开发(G3)

本项要求包括：

a) 应根据开发需求检测软件质量；

b) 应在软件安装之前检测软件包中可能存在的恶意代码；

c) 应要求开发单位提供软件设计的相关文档和使用指南；

d) 应要求开发单位提供软件源代码，并审查软件中可能存在的后门。

7.2.4.6 工程实施(G3)

本项要求包括：

a) 应指定或授权专门的部门或人员负责工程实施过程的管理；

b) 应制定详细的工程实施方案控制实施过程，并要求工程实施单位能正式地执行安全工程过程；

c) 应制定工程实施方面的管理制度，明确说明实施过程的控制方法和人员行为准则。

7.2.4.7 测试验收(G3)

本项要求包括：

a) 应委托公正的第三方测试单位对系统进行安全性测试，并出具安全性测试报告；

b) 在测试验收前应根据设计方案或合同要求等制定测试验收方案，在测试验收过程中应详细记录测试验收结果，并形成测试验收报告；

c) 应对系统测试验收的控制方法和人员行为准则进行书面规定；

d) 应指定或授权专门的部门负责系统测试验收的管理，并按照管理规定的要求完成系统测试验收工作；

e) 应组织相关部门和相关人员对系统测试验收报告进行审定，并签字确认。

7.2.4.8 **系统交付(G3)**

本项要求包括：

a) 应制定详细的系统交付清单，并根据交付清单对所交接的设备、软件和文档等进行清点；

b) 应对负责系统运行维护的技术人员进行相应的技能培训；

c) 应确保提供系统建设过程中的文档和指导用户进行系统运行维护的文档；

d) 应对系统交付的控制方法和人员行为准则进行书面规定；

e) 应指定或授权专门的部门负责系统交付的管理工作，并按照管理规定的要求完成系统交付工作。

7.2.4.9 **系统备案(G3)**

本项要求包括：

a) 应指定专门的部门或人员负责管理系统定级的相关材料，并控制这些材料的使用；

b) 应将系统等级及相关材料报系统主管部门备案；

c) 应将系统等级及其他要求的备案材料报相应公安机关备案。

7.2.4.10 **等级测评(G3)**

本项要求包括：

a) 在系统运行过程中，应至少每年对系统进行一次等级测评，发现不符合相应等级保护标准要求的及时整改；

b) 应在系统发生变更时及时对系统进行等级测评，发现级别发生变化的及时调整级别并进行安全改造，发现不符合相应等级保护标准要求的及时整改；

c) 应选择具有国家相关技术资质和安全资质的测评单位进行等级测评；

d) 应指定或授权专门的部门或人员负责等级测评的管理。

7.2.4.11 **安全服务商选择(G3)**

本项要求包括：

a) 应确保安全服务商的选择符合国家的有关规定；

b) 应与选定的安全服务商签订与安全相关的协议，明确约定相关责任；

c) 应确保选定的安全服务商提供技术培训和服务承诺，必要的与其签订服务合同。

7.2.5 **系统运维管理**

7.2.5.1 **环境管理(G3)**

本项要求包括：

a) 应指定专门的部门或人员定期对机房供配电、空调、温湿度控制等设施进行维护管理；

b) 应指定部门负责机房安全，并配备机房安全管理人员，对机房的出入、服务器的开机或关机等工作进行管理；

c) 应建立机房安全管理制度，对有关机房物理访问，物品带进、带出机房和机房环境安全等方面的管理作出规定；

d) 应加强对办公环境的保密性管理，规范办公环境人员行为，包括工作人员调离办公室应立即交还该办公室钥匙、不在办公区接待来访人员、工作人员离开座位应确保终端计算机退出登录状态和桌面上没有包含敏感信息的纸档文件等。

7.2.5.2 **资产管理(G3)**

本项要求包括：

a) 应编制并保存与信息系统相关的资产清单，包括资产责任部门、重要程度和所处位置等内容；

b) 应建立资产安全管理制度，规定信息系统资产管理的责任人员或责任部门，并规范资产管理和使用的行为；

c) 应根据资产的重要程度对资产进行标识管理，根据资产的价值选择相应的管理措施；

d) 应对信息分类与标识方法作出规定，并对信息的使用、传输和存储等进行规范化管理。

7.2.5.3 介质管理(G3)

本项要求包括：

a) 应建立介质安全管理制度，对介质的存放环境、使用、维护和销毁等方面作出规定；

b) 应确保介质存放在安全的环境中，对各类介质进行控制和保护，并实行存储环境专人管理；

c) 应对介质在物理传输过程中的人员选择、打包、交付等情况进行控制，对介质归档和查询等进行登记记录，并根据存档介质的目录清单定期盘点；

d) 应对存储介质的使用过程、送出维修以及销毁等进行严格的管理，对带出工作环境的存储介质进行内容加密和监控管理，对送出维修或销毁的介质应首先清除介质中的敏感数据，对保密性较高的存储介质未经批准不得自行销毁；

e) 应根据数据备份的需要对某些介质实行异地存储，存储地的环境要求和管理方法应与本地相同；

f) 应对重要介质中的数据和软件采取加密存储，并根据所承载数据和软件的重要程度对介质进行分类和标识管理。

7.2.5.4 设备管理(G3)

本项要求包括：

a) 应对信息系统相关的各种设备(包括备份和冗余设备)、线路等指定专门的部门或人员定期进行维护管理；

b) 应建立基于申报、审批和专人负责的设备安全管理制度，对信息系统的各种软硬件设备的选型、采购、发放和领用等过程进行规范化管理；

c) 应建立配套设施、软硬件维护方面的管理制度，对其维护进行有效的管理，包括明确维护人员的责任、涉外维修和服务的审批、维修过程的监督控制等；

d) 应对终端计算机、工作站、便携机、系统和网络等设备的操作和使用进行规范化管理，按操作规程实现主要设备(包括备份和冗余设备)的启动/停止、加电/断电等操作；

e) 应确保信息处理设备必须经过审批才能带离机房或办公地点。

7.2.5.5 监控管理和安全管理中心(G3)

本项要求包括：

a) 应对通信线路、主机、网络设备和应用软件的运行状况、网络流量、用户行为等进行监测和报警，形成记录并妥善保存；

b) 应组织相关人员定期对监测和报警记录进行分析、评审，发现可疑行为，形成分析报告，并采取必要的应对措施；

c) 应建立安全管理中心，对设备状态、恶意代码、补丁升级、安全审计等安全相关事项进行集中管理。

7.2.5.6 网络安全管理(G3)

本项要求包括：

a) 应指定专人对网络进行管理，负责运行日志、网络监控记录的日常维护和报警信息分析和处理工作；

b) 应建立网络安全管理制度，对网络安全配置、日志保存时间、安全策略、升级与打补丁、口令更新周期等方面作出规定；

c) 应根据厂家提供的软件升级版本对网络设备进行更新，并在更新前对现有的重要文件进行备份；

d） 应定期对网络系统进行漏洞扫描，对发现的网络系统安全漏洞进行及时的修补；
e） 应实现设备的最小服务配置，并对配置文件进行定期离线备份；
f） 应保证所有与外部系统的连接均得到授权和批准；
g） 应依据安全策略允许或者拒绝便携式和移动式设备的网络接入；
h） 应定期检查违反规定拨号上网或其他违反网络安全策略的行为。

7.2.5.7 系统安全管理（G3）

本项要求包括：

a） 应根据业务需求和系统安全分析确定系统的访问控制策略；
b） 应定期进行漏洞扫描，对发现的系统安全漏洞及时进行修补；
c） 应安装系统的最新补丁程序，在安装系统补丁前，首先在测试环境中测试通过，并对重要文件进行备份后，方可实施系统补丁程序的安装；
d） 应建立系统安全管理制度，对系统安全策略、安全配置、日志管理和日常操作流程等方面作出具体规定；
e） 应指定专人对系统进行管理，划分系统管理员角色，明确各个角色的权限、责任和风险，权限设定应当遵循最小授权原则；
f） 应依据操作手册对系统进行维护，详细记录操作日志，包括重要的日常操作、运行维护记录、参数的设置和修改等内容，严禁进行未经授权的操作；
g） 应定期对运行日志和审计数据进行分析，以便及时发现异常行为。

7.2.5.8 恶意代码防范管理（G3）

本项要求包括：

a） 应提高所有用户的防病毒意识，及时告知防病毒软件版本，在读取移动存储设备上的数据以及网络上接收文件或邮件之前，先进行病毒检查，对外来计算机或存储设备接入网络系统之前也应进行病毒检查；
b） 应指定专人对网络和主机进行恶意代码检测并保存检测记录；
c） 应对防恶意代码软件的授权使用、恶意代码库升级、定期汇报等作出明确规定；
d） 应定期检查信息系统内各种产品的恶意代码库的升级情况并进行记录，对主机防病毒产品、防病毒网关和邮件防病毒网关上截获的危险病毒或恶意代码进行及时分析处理，并形成书面的报表和总结汇报。

7.2.5.9 密码管理（G3）

应建立密码使用管理制度，使用符合国家密码管理规定的密码技术和产品。

7.2.5.10 变更管理（G3）

本项要求包括：

a） 应确认系统中要发生的变更，并制定变更方案；
b） 应建立变更管理制度，系统发生变更前，向主管领导申请，变更和变更方案经过评审、审批后方可实施变更，并在实施后将变更情况向相关人员通告；
c） 应建立变更控制的申报和审批文件化程序，对变更影响进行分析并文档化，记录变更实施过程，并妥善保存所有文档和记录；
d） 应建立中止变更并从失败变更中恢复的文件化程序，明确过程控制方法和人员职责，必要时对恢复过程进行演练。

7.2.5.11 备份与恢复管理（G3）

本项要求包括：

a） 应识别需要定期备份的重要业务信息、系统数据及软件系统等；
b） 应建立备份与恢复管理相关的安全管理制度，对备份信息的备份方式、备份频度、存储介质和保存期等进行规范；

c) 应根据数据的重要性和数据对系统运行的影响，制定数据的备份策略和恢复策略，备份策略须指明备份数据的放置场所、文件命名规则、介质替换频率和将数据离站运输的方法；

d) **应建立控制数据备份和恢复过程的程序，对备份过程进行记录，所有文件和记录应妥善保存；**

e) **应定期执行恢复程序，检查和测试备份介质的有效性，确保可以在恢复程序规定的时间内完成备份的恢复。**

7.2.5.12 安全事件处置(G3)

本项要求包括：

a) 应报告所发现的安全弱点和可疑事件，但任何情况下用户均不应尝试验证弱点；

b) 应制定安全事件报告和处置管理制度，明确安全事件的类型，规定安全事件的现场处理、事件报告和后期恢复的管理职责；

c) 应根据国家相关管理部门对计算机安全事件等级划分方法和安全事件对本系统产生的影响，对本系统计算机安全事件进行等级划分；

d) **应制定安全事件报告和响应处理程序，确定事件的报告流程，响应和处置的范围、程度，以及处理方法等；**

e) **应在安全事件报告和响应处理过程中，分析和鉴定事件产生的原因，收集证据，记录处理过程，总结经验教训，制定防止再次发生的补救措施，过程形成的所有文件和记录均应妥善保存；**

f) **对造成系统中断和造成信息泄密的安全事件应采用不同的处理程序和报告程序。**

7.2.5.13 应急预案管理(G3)

本项要求包括：

a) 应在统一的应急预案框架下制定不同事件的应急预案，应急预案框架应包括启动应急预案的条件、应急处理流程、系统恢复流程、事后教育和培训等内容；

b) **应从人力、设备、技术和财务等方面确保应急预案的执行有足够的资源保障；**

c) 应对系统相关的人员进行应急预案培训，应急预案的培训应至少每年举办一次；

d) **应定期对应急预案进行演练，根据不同的应急恢复内容，确定演练的周期；**

e) **应规定应急预案需要定期审查和根据实际情况更新的内容，并按照执行。**

8 第四级基本要求

8.1 技术要求

8.1.1 物理安全

8.1.1.1 物理位置的选择(G4)

本项要求包括：

a) 机房和办公场地应选择在具有防震、防风和防雨等能力的建筑内；

b) 机房场地应避免设在建筑物的高层或地下室，以及用水设备的下层或隔壁。

8.1.1.2 物理访问控制(G4)

本项要求包括：

a) 机房出入口应安排专人值守并**配置电子门禁系统**，控制、鉴别和记录进入的人员；

b) 需进入机房的来访人员应经过申请和审批流程，并限制和监控其活动范围；

c) 应对机房划分区域进行管理，区域和区域之间设置物理隔离装置，在重要区域前设置交付或安装等过渡区域；

d) 重要区域应配置**第二道电子门禁系统**，控制、鉴别和记录进入的人员。

8.1.1.3 防盗窃和防破坏(G4)

本项要求包括：

a) 应将主要设备放置在机房内；

b) 应将设备或主要部件进行固定，并设置明显的不易除去的标记；

c) 应将通信线缆铺设在隐蔽处，可铺设在地下或管道中；

d) 应对介质分类标识，存储在介质库或档案室中；

e) 应利用光、电等技术设置机房防盗报警系统；

f) 应对机房设置监控报警系统。

8.1.1.4 防雷击(G4)

本项要求包括：

a) 机房建筑应设置避雷装置；

b) 应设置防雷保安器，防止感应雷；

c) 机房应设置交流电源地线。

8.1.1.5 防火(G4)

本项要求包括：

a) 机房应设置火灾自动消防系统，能够自动检测火情、自动报警，并自动灭火；

b) 机房及相关的工作房间和辅助房应采用具有耐火等级的建筑材料；

c) 机房应采取区域隔离防火措施，将重要设备与其他设备隔离开。

8.1.1.6 防水和防潮(G4)

本项要求包括：

a) 水管安装，不得穿过机房屋顶和活动地板下；

b) 应采取措施防止雨水通过机房窗户、屋顶和墙壁渗透；

c) 应采取措施防止机房内水蒸气结露和地下积水的转移与渗透；

d) 应安装对水敏感的检测仪表或元件，对机房进行防水检测和报警。

8.1.1.7 防静电(G4)

本项要求包括：

a) 设备应采用必要的接地防静电措施；

b) 机房应采用防静电地板；

c) 应采用静电消除器等装置，减少静电的产生。

8.1.1.8 温湿度控制(G4)

机房应设置温湿度自动调节设施，使机房温、湿度的变化在设备运行所允许的范围之内。

8.1.1.9 电力供应(A4)

本项要求包括：

a) 应在机房供电线路上配置稳压器和过电压防护设备；

b) 应提供短期的备用电力供应，至少满足设备在断电情况下的正常运行要求；

c) 应设置冗余或并行的电力电缆线路为计算机系统供电；

d) 应建立备用供电系统。

8.1.1.10 电磁防护(S4)

本项要求包括：

a) 应采用接地方式防止外界电磁干扰和设备寄生耦合干扰；

b) 电源线和通信线缆应隔离铺设，避免互相干扰；

c) 应对关键区域实施电磁屏蔽。

8.1.2 网络安全

8.1.2.1 结构安全(G4)

本项要求包括：

a) 应保证网络设备的业务处理能力具备冗余空间，满足业务高峰期需要；

b) 应保证网络各个部分的带宽满足业务高峰期需要；

c) 应在业务终端与业务服务器之间进行路由控制建立安全的访问路径；

d) 应绘制与当前运行情况相符的网络拓扑结构图；

e) 应根据各部门的工作职能、重要性和所涉及信息的重要程度等因素，划分不同的子网或网段，并按照方便管理和控制的原则为各子网、网段分配地址段；

f) 应避免将重要网段部署在网络边界处且直接连接外部信息系统，重要网段与其他网段之间采取可靠的技术隔离手段；

g) 应按照对业务服务的重要次序来指定带宽分配优先级别，保证在网络发生拥堵的时候优先保护重要主机。

8.1.2.2 **访问控制(G4)**

本项要求包括：

a) 应在网络边界部署访问控制设备，启用访问控制功能；

b) **应不允许数据带通用协议通过；**

c) **应根据数据的敏感标记允许或拒绝数据通过；**

d) **应不开放远程拨号访问功能。**

8.1.2.3 **安全审计(G4)**

本项要求包括：

a) 应对网络系统中的网络设备运行状况、网络流量、用户行为等进行日志记录；

b) 审计记录应包括：事件的日期和时间、用户、事件类型、事件是否成功及其他与审计相关的信息；

c) 应能够根据记录数据进行分析，并生成审计报表；

d) 应对审计记录进行保护，避免受到未预期的删除、修改或覆盖等；

e) **应定义审计跟踪极限的阈值，当存储空间接近极限时，能采取必要的措施，当存储空间被耗尽时，终止可审计事件的发生；**

f) **应根据信息系统的统一安全策略，实现集中审计，时钟保持与时钟服务器同步。**

8.1.2.4 **边界完整性检查(S4)**

本项要求包括：

a) 应能够对非授权设备私自联到内部网络的行为进行检查，准确定出位置，并对其进行有效阻断；

b) 应能够对内部网络用户私自联到外部网络的行为进行检查，准确定出位置，并对其进行有效阻断。

8.1.2.5 **入侵防范(G4)**

本项要求包括：

a) 应在网络边界处监视以下攻击行为：端口扫描、强力攻击、木马后门攻击、拒绝服务攻击、缓冲区溢出攻击、IP 碎片攻击和网络蠕虫攻击等；

b) 当检测到攻击行为时，应记录攻击源 IP、攻击类型、攻击目的、攻击时间，在发生严重入侵事件时应提供报警及**自动采取相应动作。**

8.1.2.6 **恶意代码防范(G4)**

本项要求包括：

a) 应在网络边界处对恶意代码进行检测和清除；

b) 应维护恶意代码库的升级和检测系统的更新。

8.1.2.7 **网络设备防护(G4)**

本项要求包括：

a) 应对登录网络设备的用户进行身份鉴别；

b) 应对网络设备的管理员登录地址进行限制；

c) 网络设备用户的标识应唯一；

d) 主要网络设备应对同一用户选择两种或两种以上组合的鉴别技术来进行身份鉴别；

e) 身份鉴别信息应具有不易被冒用的特点，口令应有复杂度要求并定期更换；

f) **网络设备用户的身份鉴别信息至少应有一种是不可伪造的；**

g) 应具有登录失败处理功能，可采取结束会话、限制非法登录次数和当网络登录连接超时自动退出等措施；

h) 当对网络设备进行远程管理时，应采取必要措施防止鉴别信息在网络传输过程中被窃听；

i) 应实现设备特权用户的权限分离。

8.1.3 **主机安全**

8.1.3.1 **身份鉴别(S4)**

本项要求包括：

a) 应对登录操作系统和数据库系统的用户进行身份标识和鉴别；

b) 操作系统和数据库系统管理用户身份标识应具有不易被冒用的特点，口令应有复杂度要求并定期更换；

c) 应启用登录失败处理功能，可采取结束会话、限制非法登录次数和自动退出等措施；

d) **应设置鉴别警示信息，描述未授权访问可能导致的后果；**

e) 当对服务器进行远程管理时，应采取必要措施，防止鉴别信息在网络传输过程中被窃听；

f) 应为操作系统和数据库系统的不同用户分配不同的用户名，确保用户名具有唯一性；

g) 应采用两种或两种以上组合的鉴别技术对管理用户进行身份鉴别，**并且身份鉴别信息至少有一种是不可伪造的。**

8.1.3.2 **安全标记(S4)**

应对所有主体和客体设置敏感标记；

8.1.3.3 **访问控制(S4)**

本项要求包括：

a) **应依据安全策略和所有主体和客体设置的敏感标记控制主体对客体的访问；**

b) **访问控制的粒度应达到主体为用户级或进程级，客体为文件、数据库表、记录和字段级；**

c) 应根据管理用户的角色分配权限，实现管理用户的权限分离，仅授予管理用户所需的最小权限；

d) 应实现操作系统和数据库系统特权用户的权限分离；

e) 应严格限制默认账户的访问权限，重命名系统默认账户，修改这些账户的默认口令；

f) 应及时删除多余的、过期的账户，避免共享账户的存在。

8.1.3.4 **可信路径(S4)**

本项要求包括：

a) **在系统对用户进行身份鉴别时，系统与用户之间应能够建立一条安全的信息传输路径。**

b) **在用户对系统进行访问时，系统与用户之间应能够建立一条安全的信息传输路径。**

8.1.3.5 **安全审计(G4)**

本项要求包括：

a) 审计范围应覆盖到服务器和重要客户端上的每个操作系统用户和数据库用户；

b) 审计内容应包括重要用户行为、系统资源的异常使用和重要系统命令的使用等系统内重要的安全相关事件；

c) 审计记录应包括日期和时间、类型、主体标识、客体标识、事件的结果等；

d) 应能够根据记录数据进行分析，并生成审计报表；

e) 应保护审计进程，避免受到未预期的中断；

f) 应保护审计记录，避免受到未预期的删除、修改或覆盖等；

g) **应能够根据信息系统的统一安全策略，实现集中审计。**

8.1.3.6 剩余信息保护(S4)

本项要求包括：

a) 应保证操作系统和数据库系统用户的鉴别信息所在的存储空间，被释放或再分配给其他用户前得到完全清除，无论这些信息是存放在硬盘上还是在内存中；

b) 应确保系统内的文件、目录和数据库记录等资源所在的存储空间，被释放或重新分配给其他用户前得到完全清除。

8.1.3.7 入侵防范(G4)

本项要求包括：

a) 应能够检测到对重要服务器进行入侵的行为，能够记录入侵的源 IP、攻击的类型、攻击的目的、攻击的时间，并在发生严重入侵事件时提供报警；

b) 应能够对重要程序的完整性进行检测，并在检测到完整性受到破坏后具有恢复的措施；

c) 操作系统应遵循最小安装的原则，仅安装需要的组件和应用程序，并通过设置升级服务器等方式保持系统补丁及时得到更新。

8.1.3.8 恶意代码防范(G4)

本项要求包括：

a) 应安装防恶意代码软件，并及时更新防恶意代码软件版本和恶意代码库；

b) 主机防恶意代码产品应具有与网络防恶意代码产品不同的恶意代码库；

c) 应支持防恶意代码的统一管理。

8.1.3.9 资源控制(A4)

本项要求包括：

a) 应通过设定终端接入方式、网络地址范围等条件限制终端登录；

b) 应根据安全策略设置登录终端的操作超时锁定；

c) 应对重要服务器进行监视，包括监视服务器的 CPU、硬盘、内存、网络等资源的使用情况；

d) 应限制单个用户对系统资源的最大或最小使用限度；

e) 应能够对系统的服务水平降低到预先规定的最小值进行检测和报警。

8.1.4 应用安全

8.1.4.1 身份鉴别(S4)

本项要求包括：

a) 应提供专用的登录控制模块对登录用户进行身份标识和鉴别；

b) 应对同一用户采用两种或两种以上组合的鉴别技术实现用户身份鉴别，**其中一种是不可伪造的；**

c) 应提供用户身份标识唯一和鉴别信息复杂度检查功能，保证应用系统中不存在重复用户身份标识，身份鉴别信息不易被冒用；

d) 应提供登录失败处理功能，可采取结束会话、限制非法登录次数和自动退出等措施；

e) 应启用身份鉴别、用户身份标识唯一性检查、用户身份鉴别信息复杂度检查以及登录失败处理功能，并根据安全策略配置相关参数。

8.1.4.2 **安全标记(S4)**

应提供为主体和客体设置安全标记的功能并在安装后启用；

8.1.4.3 **访问控制(S4)**

本项要求包括：

a) 应提供自主访问控制功能，依据安全策略控制用户对文件、数据库表等客体的访问；

b) 自主访问控制的覆盖范围应包括与信息安全直接相关的主体、客体及它们之间的操作；

c) 应由授权主体配置访问控制策略，并禁止默认账户的访问；

d) 应授予不同账户为完成各自承担任务所需的最小权限，并在它们之间形成相互制约的关系；

e) **应通过比较安全标记来确定是授予还是拒绝主体对客体的访问。**

8.1.4.4 **可信路径(S4)**

本项要求包括：

a) **在应用系统对用户进行身份鉴别时，应能够建立一条安全的信息传输路径。**

b) **在用户通过应用系统对资源进行访问时，应用系统应保证在被访问的资源与用户之间应能够建立一条安全的信息传输路径。**

8.1.4.5 **安全审计(G4)**

本项要求包括：

a) 应提供覆盖到每个用户的安全审计功能，对应用系统重要安全事件进行审计；

b) 应保证无法单独中断审计进程，无法删除、修改或覆盖审计记录；

c) 审计记录的内容至少应包括事件的日期、时间、发起者信息、类型、描述和结果等；

d) 应提供对审计记录数据进行统计、查询、分析及生成审计报表的功能；

e) **应根据系统统一安全策略，提供集中审计接口。**

8.1.4.6 **剩余信息保护(S4)**

本项要求包括：

a) 应保证用户的鉴别信息所在的存储空间被释放或再分配给其他用户前得到完全清除，无论这些信息是存放在硬盘上还是在内存中；

b) 应保证系统内的文件、目录和数据库记录等资源所在的存储空间被释放或重新分配给其他用户前得到完全清除。

8.1.4.7 **通信完整性(S4)**

应采用密码技术保证通信过程中数据的完整性。

8.1.4.8 **通信保密性(S4)**

本项要求包括：

a) 在通信双方建立连接之前，应用系统应利用密码技术进行会话初始化验证；

b) 应对通信过程中的整个报文或会话过程进行加密；

c) **应基于硬件化的设备对重要通信过程进行加解密运算和密钥管理。**

8.1.4.9 **抗抵赖(G4)**

本项要求包括：

a) 应具有在请求的情况下为数据原发者或接收者提供数据原发证据的功能；

b) 应具有在请求的情况下为数据原发者或接收者提供数据接收证据的功能。

8.1.4.10 **软件容错(A4)**

本项要求包括：

a) 应提供数据有效性检验功能，保证通过人机接口输入或通过通信接口输入的数据格式或长度符合系统设定要求；

b) 应提供自动保护功能，当故障发生时自动保护当前所有状态；

c) 应提供自动恢复功能，当故障发生时立即自动启动新的进程，恢复原来的工作状态。

8.1.4.11 资源控制(A4)

本项要求包括：

a) 当应用系统中的通信双方中的一方在一段时间内未作任何响应，另一方应能够自动结束会话；
b) 应能够对系统的最大并发会话连接数进行限制；
c) 应能够对单个账户的多重并发会话进行限制；
d) 应能够对一个时间段内可能的并发会话连接数进行限制；
e) 应能够对一个访问账户或一个请求进程占用的资源分配最大限额和最小限额；
f) 应能够对系统服务水平降低到预先规定的最小值进行检测和报警；
g) 应提供服务优先级设定功能，并在安装后根据安全策略设定访问账户或请求进程的优先级，根据优先级分配系统资源。

8.1.5 数据安全及备份恢复

8.1.5.1 数据完整性(S4)

本项要求包括：

a) 应能够检测到系统管理数据、鉴别信息和重要业务数据在传输过程中完整性受到破坏，并在检测到完整性错误时采取必要的恢复措施；
b) 应能够检测到系统管理数据、鉴别信息和重要业务数据在存储过程中完整性受到破坏，并在检测到完整性错误时采取必要的恢复措施；
c) 应对重要通信提供专用通信协议或安全通信协议服务，避免来自基于通用通信协议的攻击破坏数据完整性。

8.1.5.2 数据保密性(S4)

本项要求包括：

a) 应采用加密或其他有效措施实现系统管理数据、鉴别信息和重要业务数据传输保密性；
b) 应采用加密或其他保护措施实现系统管理数据、鉴别信息和重要业务数据存储保密性；
c) 应对重要通信提供专用通信协议或安全通信协议服务，避免来自基于通用协议的攻击破坏数据保密性。

8.1.5.3 备份和恢复(A4)

本项要求包括：

a) 应提供数据本地备份与恢复功能，完全数据备份至少每天一次，备份介质场外存放；
b) 应建立异地灾难备份中心，配备灾难恢复所需的通信线路、网络设备和数据处理设备，提供业务应用的实时无缝切换；
c) 应提供异地实时备份功能，利用通信网络将数据实时备份至灾难备份中心；
d) 应采用冗余技术设计网络拓扑结构，避免存在网络单点故障；
e) 应提供主要网络设备、通信线路和数据处理系统的硬件冗余，保证系统的高可用性。

8.2 管理要求

8.2.1 安全管理制度

8.2.1.1 管理制度(G4)

本项要求包括：

a) 应制定信息安全工作的总体方针和安全策略，说明机构安全工作的总体目标、范围、原则和安全框架等；
b) 应对安全管理活动中的各类管理内容建立安全管理制度；
c) 应对要求管理人员或操作人员执行的日常管理操作建立操作规程；
d) 应形成由安全策略、管理制度、操作规程等构成的全面的信息安全管理制度体系。

8.2.1.2 **制定和发布(G4)**

本项要求包括：

a) 应指定或授权专门的部门或人员负责安全管理制度的制定；

b) 安全管理制度应具有统一的格式,并进行版本控制；

c) 应组织相关人员对制定的安全管理制度进行论证和审定；

d) 安全管理制度应通过正式、有效的方式发布；

e) 安全管理制度应注明发布范围,并对收发文进行登记；

f) **有密级的安全管理制度,应注明安全管理制度密级,并进行密级管理。**

8.2.1.3 **评审和修订(G4)**

本项要求包括：

a) 应由信息安全领导小组负责定期组织相关部门和相关人员对安全管理制度体系的合理性和适用性进行审定；

b) 应定期或不定期对安全管理制度进行检查和审定,对存在不足或需要改进的安全管理制度进行修订；

c) **应明确需要定期修订的安全管理制度,并指定负责人或负责部门负责制度的日常维护；**

d) **应根据安全管理制度的相应密级确定评审和修订的操作范围。**

8.2.2 **安全管理机构**

8.2.2.1 **岗位设置(G4)**

本项要求包括：

a) 应设立信息安全管理工作的职能部门,设立安全主管、安全管理各个方面的负责人岗位,并定义各负责人的职责；

b) 应设立系统管理员、网络管理员、安全管理员等岗位,并定义各个工作岗位的职责；

c) 应成立指导和管理信息安全工作的委员会或领导小组,其最高领导由单位主管领导委任或授权；

d) 应制定文件明确安全管理机构各个部门和岗位的职责、分工和技能要求。

8.2.2.2 **人员配备(G4)**

本项要求包括：

a) 应配备一定数量的系统管理员、网络管理员、安全管理员等；

b) 应配备专职安全管理员,不可兼任；

c) 关键事务岗位应配备多人共同管理。

8.2.2.3 **授权和审批(G4)**

本项要求包括：

a) 应根据各个部门和岗位的职责明确授权审批事项、审批部门和批准人等；

b) 应针对系统变更、重要操作、物理访问和系统接入等事项建立审批程序,按照审批程序执行审批过程,对重要活动建立逐级审批制度；

c) 应定期审查审批事项,及时更新需授权和审批的项目、审批部门和审批人等信息；

d) 应记录审批过程并保存审批文档。

8.2.2.4 **沟通和合作(G4)**

本项要求包括：

a) 应加强各类管理人员之间、组织内部机构之间以及信息安全职能部门内部的合作与沟通,定期或不定期召开协调会议,共同协作处理信息安全问题；

b) 应加强与兄弟单位、公安机关、电信公司的合作与沟通；

c) 应加强与供应商、业界专家、专业的安全公司、安全组织的合作与沟通；

d） 应建立外联单位联系列表，包括外联单位名称、合作内容、联系人和联系方式等信息；

e） 应聘请信息安全专家作为常年的安全顾问，指导信息安全建设，参与安全规划和安全评审等。

8.2.2.5 审核和检查（G4）

本项要求包括：

a） 安全管理员应负责定期进行安全检查，检查内容包括系统日常运行、系统漏洞和数据备份等情况；

b） 应由内部人员或上级单位定期进行全面安全检查，检查内容包括现有安全技术措施的有效性、安全配置与安全策略的一致性、安全管理制度的执行情况等；

c） 应制定安全检查表格实施安全检查，汇总安全检查数据，形成安全检查报告，并对安全检查结果进行通报；

d） 应制定安全审核和安全检查制度规范安全审核和安全检查工作，定期按照程序进行安全审核和安全检查活动。

8.2.3 人员安全管理

8.2.3.1 人员录用（G4）

本项要求包括：

a） 应指定或授权专门的部门或人员负责人员录用；

b） 应严格规范人员录用过程，对被录用人员的身份、背景、专业资格和资质等进行审查，对其所具有的技术技能进行考核；

c） 应签署保密协议；

d） 应从内部人员中选拔从事关键岗位的人员，并签署岗位安全协议。

8.2.3.2 人员离岗（G4）

本项要求包括：

a） 应制定有关管理规范，严格规范人员离岗过程，及时终止离岗员工的所有访问权限；

b） 应取回各种身份证件、钥匙、徽章等以及机构提供的软硬件设备；

c） 应办理严格的调离手续，并承诺调离后的保密义务后方可离开。

8.2.3.3 人员考核（G4）

本项要求包括：

a） 应定期对各个岗位的人员进行安全技能及安全认知的考核；

b） 应对关键岗位的人员进行全面、严格的安全审查和技能考核；

c） 应建立保密制度，并定期或不定期的对保密制度执行情况进行检查或考核；

d） 应对考核结果进行记录并保存。

8.2.3.4 安全意识教育和培训（G4）

本项要求包括：

a） 应对各类人员进行安全意识教育、岗位技能培训和相关安全技术培训；

b） 应对安全责任和惩戒措施进行书面规定并告知相关人员，对违反违背安全策略和规定的人员进行惩戒；

c） 应对定期安全教育和培训进行书面规定，针对不同岗位制定不同的培训计划，对信息安全基础知识、岗位操作规程等进行培训；

d） 应对安全教育和培训的情况和结果进行记录并归档保存。

8.2.3.5 外部人员访问管理（G4）

本项要求包括：

a） 应确保在外部人员访问受控区域前先提出书面申请，批准后由专人全程陪同或监督，并登记备案；

b) 对外部人员允许访问的区域、系统、设备、信息等内容应进行书面的规定，并按照规定执行；

c) 对关键区域不允许外部人员访问。

8.2.4 系统建设管理

8.2.4.1 系统定级(G4)

本项要求包括：

a) 应明确信息系统的边界和安全保护等级；

b) 应以书面的形式说明确定信息系统为某个安全保护等级的方法和理由；

c) 应组织相关部门和有关安全技术专家对信息系统定级结果的合理性和正确性进行论证和审定；

d) 应确保信息系统的定级结果经过相关部门的批准。

8.2.4.2 安全方案设计(G4)

本项要求包括：

a) 应根据系统的安全保护等级选择基本安全措施，依据风险分析的结果补充和调整安全措施；

b) 应指定和授权专门的部门对信息系统的安全建设进行总体规划，制定近期和远期的安全建设工作计划；

c) 应根据信息系统的等级划分情况，统一考虑安全保障体系的总体安全策略、安全技术框架、安全管理策略、总体建设规划和详细设计方案，并形成配套文件；

d) 应组织相关部门和有关安全技术专家对总体安全策略、安全技术框架、安全管理策略、总体建设规划、详细设计方案等相关配套文件的合理性和正确性进行论证和审定，并且经过批准后，才能正式实施；

e) 应根据等级测评、安全评估的结果定期调整和修订总体安全策略、安全技术框架、安全管理策略、总体建设规划、详细设计方案等相关配套文件。

8.2.4.3 产品采购和使用(G4)

本项要求包括：

a) 应确保安全产品采购和使用符合国家的有关规定；

b) 应确保密码产品采购和使用符合国家密码主管部门的要求；

c) 应指定或授权专门的部门负责产品的采购；

d) 应预先对产品进行选型测试，确定产品的候选范围，并定期审定和更新候选产品名单；

e) 应对重要部位的产品委托专业测评单位进行专项测试，根据测试结果选用产品。

8.2.4.4 自行软件开发(G4)

本项要求包括：

a) 应确保开发环境与实际运行环境物理分开，测试数据和测试结果受到控制；

b) 应制定软件开发管理制度，明确说明开发过程的控制方法和人员行为准则；

c) 应制定代码编写安全规范，要求开发人员参照规范编写代码；

d) 应确保提供软件设计的相关文档和使用指南，并由专人负责保管；

e) 应确保对程序资源库的修改、更新、发布进行授权和批准；

f) 应确保开发人员为专职人员，开发人员的开发活动受到控制、监视和审查。

8.2.4.5 外包软件开发(G4)

本项要求包括：

a) 应根据开发要求测试软件质量；

b) 应在软件安装之前检测软件包中可能存在的恶意代码；

c) 应要求开发单位提供软件设计的相关文档和使用指南；

d) 应要求开发单位提供软件源代码，并审查软件中可能存在的后门和隐蔽信道。

8.2.4.6 工程实施(G4)

本项要求包括：

a) 应指定或授权专门的部门或人员负责工程实施过程的管理；

b) 应制定详细的工程实施方案控制实施过程，并要求工程实施单位能正式地执行安全工程过程；

c) 应制定工程实施方面的管理制度明确说明实施过程的控制方法和人员行为准则；

d) 应通过第三方工程监理控制项目的实施过程。

8.2.4.7 测试验收(G4)

本项要求包括：

a) 应委托公正的第三方测试单位对系统进行安全性测试，并出具安全性测试报告；

b) 在测试验收前应根据设计方案或合同要求等制定测试验收方案，在测试验收过程中应详细记录测试验收结果，并形成测试验收报告；

c) 应对系统测试验收的控制方法和人员行为准则进行书面规定；

d) 应指定或授权专门的部门负责系统测试验收的管理，并按照管理规定的要求完成系统测试验收工作；

e) 应组织相关部门和相关人员对系统测试验收报告进行审定，并签字确认。

8.2.4.8 系统交付(G4)

本项要求包括：

a) 应制定详细的系统交付清单，并根据交付清单对所交接的设备、软件和文档等进行清点；

b) 应对负责系统运行维护的技术人员进行相应的技能培训；

c) 应确保提供系统建设过程中的文档和指导用户进行系统运行维护的文档；

d) 应对系统交付的控制方法和人员行为准则进行书面规定；

e) 应指定或授权专门的部门负责系统交付的管理工作，并按照管理规定的要求完成系统交付工作。

8.2.4.9 系统备案(G4)

本项要求包括：

a) 应指定专门的部门或人员负责管理系统定级的相关材料，并控制这些材料的使用；

b) 应将系统等级的相关材料报系统主管部门备案；

c) 应将系统等级及其他要求的备案材料报相应公安机关备案。

8.2.4.10 等级测评(G4)

本项要求包括：

a) 在系统运行过程中，应至少每半年对系统进行一次等级测评，发现不符合相应等级保护标准要求的及时整改；

b) 应在系统发生变更时及时对系统进行等级测评，发现级别发生变化的及时调整级别并进行安全改造；发现不符合相应等级保护标准要求的及时整改；

c) 应选择具有国家相关技术资质和安全资质的测评单位进行等级测评；

d) 应指定或授权专门的部门或人员负责等级测评的管理。

8.2.4.11 安全服务商选择(G4)

本项要求包括：

a) 应确保安全服务商的选择符合国家的有关规定；

b) 应与选定的安全服务商签订与安全相关的协议，明确约定相关责任；

c) 应确保选定的安全服务商提供技术培训和服务承诺，必要的与其签订服务合同。

8.2.5 系统运维管理

8.2.5.1 环境管理(G4)

本项要求包括：

a) 应指定专门的部门或人员定期对机房供配电、空调、温湿度控制等设施进行维护管理；

b) 应指定部门负责机房安全，并配备机房安全管理人员，对机房的出入、服务器的开机或关机等工作进行管理；

c) 应建立机房安全管理制度，对有关机房物理访问，物品带进、带出机房和机房环境安全等方面的管理作出规定；

d) 应加强对办公环境的保密性管理，规范办公环境人员行为，包括工作人员调离办公室应立即交还该办公室钥匙、不在办公区接待来访人员、工作人员离开座位确保终端计算机退出登录状态和桌面上没有包含敏感信息的纸档文件等；

e) **应对机房和办公环境实行统一策略的安全管理，对出入人员进行相应级别的授权，对进入重要安全区域的活动行为实时监视和记录。**

8.2.5.2 资产管理(G4)

本项要求包括：

a) 应编制并保存与信息系统相关的资产清单，包括资产责任部门、重要程度和所处位置等内容；

b) 应建立资产安全管理制度，规定信息系统资产管理的责任人员或责任部门，并规范资产管理和使用的行为；

c) 应根据资产的重要程度对资产进行标识管理，根据资产的价值选择相应的管理措施；

d) 应对信息分类与标识方法作出规定，并对信息的使用、传输和存储等进行规范化管理。

8.2.5.3 介质管理(G4)

本项要求包括：

a) 应建立介质安全管理制度，对介质的存放环境、使用、维护和销毁等方面作出规定；

b) 应确保介质存放在安全的环境中，对各类介质进行控制和保护，实行存储环境专人管理，并根据存档介质的目录清单定期盘点；

c) 应对介质在物理传输过程中的人员选择、打包、交付等情况进行控制，并对介质的归档和查询等进行登记记录；

d) 应对存储介质的使用过程、送出维修以及销毁等进行严格的管理，重要数据的存储介质带出工作环境必须进行内容加密并进行监控管理，对于需要送出维修或销毁的介质应**采用多次读写覆盖、清除敏感或秘密数据、对无法执行删除操作的受损介质必须销毁，保密性较高的信息存储介质应获得批准并在双人监控下才能销毁，销毁记录应妥善保存；**

e) 应根据数据备份的需要对某些介质实行异地存储，存储地的环境要求和管理方法应与本地相同；

f) 应对重要介质中的数据和软件采取加密存储，并根据所承载数据和软件的重要程度对介质进行分类和标识管理。

8.2.5.4 设备管理(G4)

本项要求包括：

a) 应对信息系统相关的各种设备(包括备份和冗余设备)、线路等指定专门的部门或人员定期进行维护管理；

b) 应建立基于申报、审批和专人负责的设备安全管理制度，对信息系统的各种软硬件设备的选型、采购、发放和领用等过程进行规范化管理；

c) 应建立配套设施、软硬件维护方面的管理制度，对其维护进行有效的管理，包括明确维护人员的责任、涉外维修和服务的审批、维修过程的监督控制等；

d) 应对终端计算机、工作站、便携机、系统和网络等设备的操作和使用进行规范化管理，按操作规程实现设备（包括备份和冗余设备）的启动/停止、加电/断电等操作；

e) 应确保信息处理设备必须经过审批才能带离机房或办公地点。

8.2.5.5 监控管理和安全管理中心（G4）

本项要求包括：

a) 应对通信线路、主机、网络设备和应用软件的运行状况、网络流量、用户行为等进行监测和报警，形成记录并妥善保存；

b) 应组织相关人员定期对监测和报警记录进行分析、评审，发现可疑行为，形成分析报告，并采取必要的应对措施；

c) 应建立安全管理中心，对设备状态、恶意代码、补丁升级、安全审计等安全相关事项进行集中管理。

8.2.5.6 网络安全管理（G4）

本项要求包括：

a) 应指定专人对网络进行管理，负责运行日志、网络监控记录的日常维护和报警信息分析和处理工作；

b) 应建立网络安全管理制度，对网络安全配置、日志保存时间、安全策略、升级与打补丁、口令更新周期等方面作出规定；

c) 应根据厂家提供的软件升级版本对网络设备进行更新，并在更新前对现有的重要文件进行备份；

d) 应定期对网络系统进行漏洞扫描，对发现的网络系统安全漏洞进行及时的修补；

e) 应实现设备的最小服务配置和优化配置，并对配置文件进行定期离线备份；

f) 应保证所有与外部系统的连接均得到授权和批准；

g) **应禁止便携式和移动式设备接入网络；**

h) 应定期检查违反规定拨号上网或其他违反网络安全策略的行为；

i) **应严格控制网络管理用户的授权，授权程序中要求必须有两人在场，并经双重认可后方可操作，操作过程应保留不可更改的审计日志。**

8.2.5.7 系统安全管理（G4）

本项要求包括：

a) 应根据业务需求和系统安全分析确定系统的访问控制策略；

b) 应定期进行漏洞扫描，对发现的系统安全漏洞及时进行修补；

c) 应安装系统的最新补丁程序，在安装系统补丁前，首先在测试环境中测试通过，并对重要文件进行备份后，方可实施系统补丁程序的安装；

d) 应建立系统安全管理制度，对系统安全策略、安全配置、日志管理、日常操作流程等方面作出具体规定；

e) 应指定专人对系统进行管理，划分系统管理员角色，明确各个角色的权限、责任和风险，权限设定应当遵循最小授权原则；

f) 应依据操作手册对系统进行维护，详细记录操作日志，包括重要的日常操作、运行维护记录、参数的设置和修改等内容，严禁进行未经授权的操作；

g) 应定期对运行日志和审计数据进行分析，以便及时发现异常行为；

h) **应对系统资源的使用进行预测，以确保充足的处理速度和存储容量，管理人员应随时注意系统资源的使用情况，包括处理器、存储设备和输出设备。**

8.2.5.8 **恶意代码防范管理(G4)**

本项要求包括：

a) 应提高所有用户的防病毒意识，及时告知防病毒软件版本，在读取移动存储设备上的数据以及网络上接收文件或邮件之前，先进行病毒检查，对外来计算机或存储设备接入网络系统之前也应进行病毒检查；

b) 应指定专人对网络和主机进行恶意代码检测并保存检测记录；

c) 应对防恶意代码软件的授权使用、恶意代码库升级、定期汇报等作出明确规定；

d) 应定期检查信息系统内各种产品的恶意代码库的升级情况并进行记录，对主机防病毒产品、防病毒网关和邮件防病毒网关上截获的危险病毒或恶意代码进行及时分析处理，并形成书面的报表和总结汇报。

8.2.5.9 **密码管理(G4)**

应建立密码使用管理制度，使用符合国家密码管理规定的密码技术和产品。

8.2.5.10 **变更管理(G4)**

本项要求包括：

a) 应确认系统中要发生的变更，并制定变更方案；

b) 应建立变更管理制度，系统发生变更前，向主管领导申请，变更和变更方案经过评审、审批后方可实施变更，并在实施后将变更情况向相关人员通告；

c) 应建立变更控制的申报和审批文件化程序，控制系统所有的变更情况，对变更影响进行分析并文档化，记录变更实施过程，并妥善保存所有文档和记录；

d) 应建立中止变更并从失败变更中恢复的文件化程序，明确过程控制方法和人员职责，必要时对恢复过程进行演练；

e) 应定期检查变更控制的申报和审批程序的执行情况，评估系统现有状况与文档记录的一致性。

8.2.5.11 **备份与恢复管理(G4)**

本项要求包括：

a) 应识别需要定期备份的重要业务信息、系统数据及软件系统等；

b) 应建立备份与恢复管理相关的安全管理制度，对备份信息的备份方式、备份频度、存储介质和保存期等进行规定；

c) 应根据数据的重要性和数据对系统运行的影响，制定数据的备份策略和恢复策略，备份策略须指明备份数据的放置场所、文件命名规则、介质替换频率和将数据离站运输的方法；

d) 应建立控制数据备份和恢复过程的程序，记录备份过程，对需要采取加密或数据隐藏处理的备份数据，进行备份和加密操作时要求两名工作人员在场，所有文件和记录应妥善保存；

e) 应定期执行恢复程序，检查和测试备份介质的有效性，确保可以在恢复程序规定的时间内完成备份的恢复；

f) 应根据信息系统的备份技术要求，制定相应的灾难恢复计划，并对其进行测试以确保各个恢复规程的正确性和计划整体的有效性，测试内容包括运行系统恢复、人员协调、备用系统性能测试、通信连接等，根据测试结果，对不适用的规定进行修改或更新。

8.2.5.12 **安全事件处置(G4)**

本项要求包括：

a) 应报告所发现的安全弱点和可疑事件，但任何情况下用户均不应尝试验证弱点；

b) 应制定安全事件报告和处置管理制度，明确安全事件类型，规定安全事件的现场处理、事件报告和后期恢复的管理职责；

c) 应根据国家相关管理部门对计算机安全事件等级划分方法和安全事件对本系统产生的影响，

对本系统计算机安全事件进行等级划分；

d) 应制定安全事件报告和响应处理程序，确定事件的报告流程，响应和处置的范围、程度，以及处理方法等；

e) 应在安全事件报告和响应处理过程中，分析和鉴定事件产生的原因，收集证据，记录处理过程，总结经验教训，制定防止再次发生的补救措施，过程形成的所有文件和记录均应妥善保存；

f) 对造成系统中断和造成信息泄密的安全事件应采用不同的处理程序和报告程序；

g) 发生可能涉及国家秘密的重大失、泄密事件，应按照有关规定向公安、安全、保密等部门汇报；

h) 应严格控制参与涉及国家秘密事件处理和恢复的人员，重要操作要求至少两名工作人员在场并登记备案。

8.2.5.13 应急预案管理(G4)

本项要求包括：

a) 应在统一的应急预案框架下制定不同事件的应急预案，应急预案框架应包括启动应急预案的条件、应急处理流程、系统恢复流程、事后教育和培训等内容；

b) 应从人力、设备、技术和财务等方面确保应急预案的执行有足够的资源保障；

c) 应对系统相关的人员进行应急预案培训，应急预案的培训应至少每年举办一次；

d) 应定期对应急预案进行演练，根据不同的应急恢复内容，确定演练的周期；

e) 应规定应急预案需要定期审查和根据实际情况更新的内容，并按照执行；

f) 应随着信息系统的变更定期对原有的应急预案重新评估，修订完善。

9 第五级基本要求

（略）。

附 录 A
(规范性附录)
关于信息系统整体安全保护能力的要求

信息系统安全等级保护的核心是保证不同安全保护等级的信息系统具有相适应的安全保护能力。本标准第4章提出了不同安全保护等级信息系统的安全保护能力要求,第5章到第9章分别针对不同安全保护等级信息系统应该具有的安全保护能力提出了相应的基本安全要求,满足基本安全要求是保证信息系统具有相应等级的安全保护能力的前提。

依据本标准分层面采取各种安全措施时,还应考虑以下总体性要求,保证信息系统的整体安全保护能力。

a) 构建纵深的防御体系

本标准从技术和管理两个方面提出基本安全要求,在采取由点到面的各种安全措施时,在系统整体上还应保证各种安全措施的组合从外到内构成一个纵深的安全防御体系,保证信息系统整体的安全保护能力。应从通信网络、局域网络边界、局域网络内部、各种业务应用平台等各个层次落实本标准中提到的各种安全措施,形成纵深防御体系。

b) 采取互补的安全措施

本标准以安全控制组件的形式提出基本安全要求,在将各种安全控制组件集成到特定信息系统中时,应考虑各个安全控制组件的互补性,关注各个安全控制组件在层面内、层面间和功能间产生的连接、交互、依赖、协调、协同等相互关联关系,保证各个安全控制组件共同综合作用于信息系统的安全功能上,使得信息系统的整体安全保护能力得以保证。

c) 保证一致的安全强度

本标准将基本安全功能要求,如身份鉴别、访问控制、安全审计、入侵防范、安全标记等内容,分解到信息系统中的各个层面,在实现各个层面安全功能时,应保证各个层面安全功能实现强度的一致性。应防止某个层面安全功能的减弱导致系统整体安全保护能力在这个安全功能上削弱。如要实现双因子身份鉴别,则应在各个层面的身份鉴别上均实现双因子身份鉴别;要实现强制访问控制,则应保证在各个层面均基于低层操作系统实现强制访问控制,并保证标记数据在整个信息系统内部流动时标记的唯一性等。

d) 建立统一的支撑平台

本标准在较高级别信息系统的安全功能要求上,提到了使用密码技术,多数安全功能(如身份鉴别、访问控制、数据完整性、数据保密性、抗抵赖等)为了获得更高的强度,均要基于密码技术,为了保证信息系统整体安全防护能力,应建立基于密码技术的统一支撑平台,支持高强度身份鉴别、访问控制、数据完整性、数据保密性、抗抵赖等安全功能的实现。

e) 进行集中的安全管理

本标准在较高级别信息系统的安全功能管理要求上,提到了统一安全策略、统一安全管理等要求,为了保证分散于各个层面的安全功能在统一策略的指导下实现,各个安全控制组件在可控情况下发挥各自的作用,应建立安全管理中心,集中管理信息系统中的各个安全控制组件,支持统一安全管理。

附 录 B
（规范性附录）
基本安全要求的选择和使用

信息系统由于承载的业务不同，对其的安全关注点会有所不同，有的更关注信息的安全性，即更关注对搭线窃听、假冒用户等可能导致信息泄密、非法篡改等；有的更关注业务的连续性，即更关注保证系统连续正常的运行，免受对系统未授权的修改、破坏而导致系统不可用引起业务中断。

不同安全保护等级的信息系统，其对业务信息的安全性要求和系统服务的连续性要求是有差异的；即使相同安全保护等级的信息系统，其对业务信息的安全性要求和系统服务的连续性要求也有差异。信息系统的安全保护等级由业务信息安全性等级和系统服务保证性等级较高者决定（见GB/T 22240—2008），因此，对某一个定级后的信息系统的安全保护的侧重点可以有多种组合。

信息系统定级后，不同安全保护等级的信息系统可能形成的定级结果组合见表B.1。

表 B.1 各等级信息系统定级结果组合

安全保护等级	信息系统定级结果的组合
第一级	S1A1G1
第二级	S1A2G2，S2A2G2，S2A1G2
第三级	S1A3G3，S2A3G3，S3A3G3，S3A2G3，S3A1G3
第四级	S1A4G4，S2A4G4，S3A4G4，S4A4G4，S4A3G4，S4A2G4，S4A1G4
第五级	S1A5G5，S2A5G5，S3A5G5，S4A5G5，S5A4G5，S5A3G5，S5A2G5，S5A1G5

本标准中的每一个安全保护等级的基本安全要求按照业务信息安全性等级和系统服务保证性等级相同的情况组织，也就是每一级的基本安全要求针对S1A1G1、S2A2G2、S3A3G3和S4A4G4情况给出。

对于确定了安全保护等级的信息系统，选择和使用基本安全要求时，可以按照以下过程进行：

a) 明确信息系统应该具有的安全保护能力，根据信息系统的安全保护等级选择基本安全要求，包括技术要求和管理要求。简单的方法是根据本标准，一级系统选择第一级基本安全要求，二级系统选择第二级基本安全要求，三级系统选择第三级基本安全要求，四级系统选择第四级基本安全要求，以此作为出发点。

b) 根据信息系统的定级结果对基本安全要求进行调整。根据系统服务保证性等级选择相应等级的系统服务保证类（A类）基本安全要求；根据业务信息安全性等级选择相应等级的业务信息安全类（S类）基本安全要求。

c) 针对不同行业或不同系统的特点，分析可能在某些方面的特殊安全保护能力要求，选择较高级别的基本安全要求或补充基本安全要求。对于本标准中提出的基本安全要求无法实现或有更加有效的安全措施可以替代的，可以对基本安全要求进行调整，调整的原则是保证不降低整体安全保护能力。

总之，保证不同安全保护等级的信息系统具有相应级别的安全保护能力，满足相应级别的基本安全要求，是信息系统等级保护的核心。选用本标准中提供的基本安全要求是保证信息系统具备一定安全保护能力的一种途径和出发点，在此出发点的基础上，可以参考等级保护的其他相关标准和安全方面的其他相关标准，调整和补充基本安全要求，从而实现信息系统在满足等级保护基本要求基础上，又具有自身特点的保护。

参 考 文 献

[1] GB/T 20269—2006 信息安全技术 信息系统安全管理要求
[2] GB/T 20270—2006 信息安全技术 网络基础安全技术要求
[3] GB/T 20271—2006 信息安全技术 信息系统通用安全技术要求
[4] GB/T 20272—2006 信息安全技术 操作系统安全技术要求
[5] GB/T 20273—2006 信息安全技术 数据库管理系统安全技术要求
[6] GB/T 20282—2006 信息安全技术 信息系统安全工程管理要求
[7] GB/T 18336—2001 信息技术 安全技术 信息技术安全性评估准则
[8] GB/T 19716—2005 信息技术 信息安全管理实用规则
[9] NIST Special Publication 800-53 联邦信息系统推荐性安全控制措施
[10] DoD Directive & Instruction 8500-1,2 信息保障 & 信息保障实施

ICS 35.040
L 80

中华人民共和国国家标准

GB/T 22240—2008

信息安全技术
信息系统安全等级保护定级指南

**Information security technology—
Classification guide for classified protection of information system security**

2008-06-19 发布　　2008-11-01 实施

中华人民共和国国家质量监督检验检疫总局
中国国家标准化管理委员会　发布

前　　言

本标准由公安部和全国信息安全标准化技术委员会提出。

本标准由全国信息安全标准化技术委员会归口。

本标准起草单位:公安部信息安全等级保护评估中心。

本标准主要起草人:任卫红、曲洁、马力、朱建平、李明、李升、谢朝海、毕马宁、陈雪秀。

引　言

依据国家信息安全等级保护管理规定制定本标准。

本标准是信息安全等级保护相关系列标准之一。

与本标准相关的系列标准包括：

——GB/T 22239—2008《信息系统安全等级保护基本要求》；

——国家标准《信息系统安全等级保护实施指南》；

——国家标准《信息系统安全等级保护测评准则》。

本标准依据等级保护相关管理文件，从信息系统所承载的业务在国家安全、经济建设、社会生活中的重要作用和业务对信息系统的依赖程度这两方面，提出确定信息系统安全保护等级的方法。

信息安全技术
信息系统安全等级保护定级指南

1 范围

本标准规定了信息系统安全等级保护的定级方法，适用于为信息系统安全等级保护的定级工作提供指导。

2 规范性引用文件

下列文件中的条款通过在本标准的引用而成为本标准的条款。凡是注日期的引用文件，其随后所有的修改单（不包括勘误的内容）或修订版均不适用于本标准，然而，鼓励根据本标准达成协议的各方研究是否使用这些文件的最新版本。凡是不注明日期的引用文件，其最新版本适用于本标准。

GB/T 5271.8　信息技术　词汇　第8部分：安全（GB/T 5271.8—2001，idt ISO/IEC 2382-8：1998）

GB 17859　计算机信息系统安全保护等级划分准则

3 术语和定义

GB/T 5271.8 和 GB 17859 确立的以及下列术语和定义适用于本标准。

3.1

等级保护对象　target of classified security

信息安全等级保护工作直接作用的具体的信息和信息系统。

3.2

客体　object

受法律保护的、等级保护对象受到破坏时所侵害的社会关系，如国家安全、社会秩序、公共利益以及公民、法人或其他组织的合法权益。

3.3

客观方面　objective

对客体造成侵害的客观外在表现，包括侵害方式和侵害结果等。

3.4

系统服务　system service

信息系统为支撑其所承载业务而提供的程序化过程。

4 定级原理

4.1 信息系统安全保护等级

根据等级保护相关管理文件，信息系统的安全保护等级分为以下五级：

第一级，信息系统受到破坏后，会对公民、法人和其他组织的合法权益造成损害，但不损害国家安全、社会秩序和公共利益。

第二级，信息系统受到破坏后，会对公民、法人和其他组织的合法权益产生严重损害，或者对社会秩序和公共利益造成损害，但不损害国家安全。

第三级，信息系统受到破坏后，会对社会秩序和公共利益造成严重损害，或者对国家安全造成损害。

第四级，信息系统受到破坏后，会对社会秩序和公共利益造成特别严重损害，或者对国家安全造成严重损害。

第五级，信息系统受到破坏后，会对国家安全造成特别严重损害。

4.2 信息系统安全保护等级的定级要素

信息系统的安全保护等级由两个定级要素决定：等级保护对象受到破坏时所侵害的客体和对客体造成侵害的程度。

4.2.1 受侵害的客体

等级保护对象受到破坏时所侵害的客体包括以下三个方面：

a) 公民、法人和其他组织的合法权益；

b) 社会秩序、公共利益；

c) 国家安全。

4.2.2 对客体的侵害程度

对客体的侵害程度由客观方面的不同外在表现综合决定。由于对客体的侵害是通过对等级保护对象的破坏实现的，因此，对客体的侵害外在表现为对等级保护对象的破坏，通过危害方式、危害后果和危害程度加以描述。

等级保护对象受到破坏后对客体造成侵害的程度归结为以下三种：

a) 造成一般损害；

b) 造成严重损害；

c) 造成特别严重损害。

4.3 定级要素与等级的关系

定级要素与信息系统安全保护等级的关系如表1所示。

表1 定级要素与安全保护等级的关系

受侵害的客体	对客体的侵害程度		
	一般损害	严重损害	特别严重损害
公民、法人和其他组织的合法权益	第一级	第二级	第二级
社会秩序、公共利益	第二级	第三级	第四级
国家安全	第三级	第四级	第五级

5 定级方法

5.1 定级的一般流程

信息系统安全包括业务信息安全和系统服务安全，与之相关的受侵害客体和对客体的侵害程度可能不同，因此，信息系统定级也应由业务信息安全和系统服务安全两方面确定。

从业务信息安全角度反映的信息系统安全保护等级称业务信息安全保护等级。

从系统服务安全角度反映的信息系统安全保护等级称系统服务安全保护等级。

确定信息系统安全保护等级的一般流程如下：

a) 确定作为定级对象的信息系统；

b) 确定业务信息安全受到破坏时所侵害的客体；

c) 根据不同的受侵害客体，从多个方面综合评定业务信息安全被破坏对客体的侵害程度；

d) 依据表2，得到业务信息安全保护等级；

e) 确定系统服务安全受到破坏时所侵害的客体；

f) 根据不同的受侵害客体，从多个方面综合评定系统服务安全被破坏对客体的侵害程度；

g) 依据表3，得到系统服务安全保护等级；

h) 将业务信息安全保护等级和系统服务安全保护等级的较高者确定为定级对象的安全保护等级。

上述步骤如图1确定等级一般流程所示。

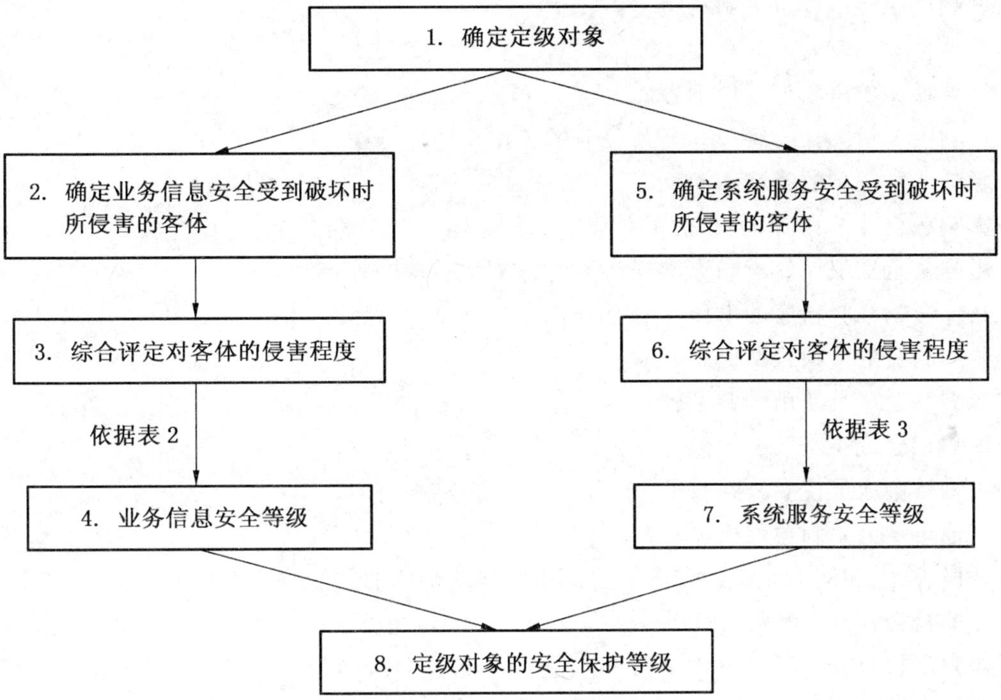

图1 确定等级一般流程

5.2 确定定级对象

一个单位内运行的信息系统可能比较庞大，为了体现重要部分重点保护，有效控制信息安全建设成本，优化信息安全资源配置的等级保护原则，可将较大的信息系统划分为若干个较小的、可能具有不同安全保护等级的定级对象。

作为定级对象的信息系统应具有如下基本特征：

a) 具有唯一确定的安全责任单位。作为定级对象的信息系统应能够唯一地确定其安全责任单位。如果一个单位的某个下级单位负责信息系统安全建设、运行维护等过程的全部安全责任，则这个下级单位可以成为信息系统的安全责任单位；如果一个单位中的不同下级单位分别承担信息系统不同方面的安全责任，则该信息系统的安全责任单位应是这些下级单位共同所属的单位。

b) 具有信息系统的基本要素。作为定级对象的信息系统应该是由相关的和配套的设备、设施按照一定的应用目标和规则组合而成的有形实体。应避免将某个单一的系统组件，如服务器、终端、网络设备等作为定级对象。

c) 承载单一或相对独立的业务应用。定级对象承载"单一"的业务应用是指该业务应用的业务流程独立，且与其他业务应用没有数据交换，且独享所有信息处理设备。定级对象承载"相对独立"的业务应用是指其业务应用的主要业务流程独立，同时与其他业务应用有少量的数据交换，定级对象可能会与其他业务应用共享一些设备，尤其是网络传输设备。

5.3 确定受侵害的客体

定级对象受到破坏时所侵害的客体包括国家安全、社会秩序、公众利益以及公民、法人和其他组织的合法权益。

侵害国家安全的事项包括以下方面：

——影响国家政权稳固和国防实力；

——影响国家统一、民族团结和社会安定；

——影响国家对外活动中的政治、经济利益；

——影响国家重要的安全保卫工作；

——影响国家经济竞争力和科技实力；

——其他影响国家安全的事项。

侵害社会秩序的事项包括以下方面：

——影响国家机关社会管理和公共服务的工作秩序；

——影响各种类型的经济活动秩序；

——影响各行业的科研、生产秩序；

——影响公众在法律约束和道德规范下的正常生活秩序等；

——其他影响社会秩序的事项。

影响公共利益的事项包括以下方面：

——影响社会成员使用公共设施；

——影响社会成员获取公开信息资源；

——影响社会成员接受公共服务等方面；

——其他影响公共利益的事项。

影响公民、法人和其他组织的合法权益是指由法律确认的并受法律保护的公民、法人和其他组织所享有的一定的社会权利和利益。

确定作为定级对象的信息系统受到破坏后所侵害的客体时，应首先判断是否侵害国家安全，然后判断是否侵害社会秩序或公众利益，最后判断是否侵害公民、法人和其他组织的合法权益。

各行业可根据本行业业务特点，分析各类信息和各类信息系统与国家安全、社会秩序、公共利益以及公民、法人和其他组织的合法权益的关系，从而确定本行业各类信息和各类信息系统受到破坏时所侵害的客体。

5.4 确定对客体的侵害程度

5.4.1 侵害的客观方面

在客观方面，对客体的侵害外在表现为对定级对象的破坏，其危害方式表现为对信息安全的破坏和对信息系统服务的破坏，其中信息安全是指确保信息系统内信息的保密性、完整性和可用性等；系统服务安全是指确保信息系统可以及时、有效地提供服务，以完成预定的业务目标。由于业务信息安全和系统服务安全受到破坏所侵害的客体和对客体的侵害程度可能会有所不同，在定级过程中，需要分别处理这两种危害方式。

信息安全和系统服务安全受到破坏后，可能产生以下危害后果：

——影响行使工作职能；

——导致业务能力下降；

——引起法律纠纷；

——导致财产损失；

——造成社会不良影响；

——对其他组织和个人造成损失；

——其他影响。

5.4.2 综合判定侵害程度

侵害程度是客观方面的不同外在表现的综合体现，因此，应首先根据不同的受侵害客体、不同危害后果分别确定其危害程度。对不同危害后果确定其危害程度所采取的方法和所考虑的角度可能不同，例如系统服务安全被破坏导致业务能力下降的程度可以从信息系统服务覆盖的区域范围、用户人数或业务量等不同方面确定，业务信息安全被破坏导致的财物损失可以从直接的资金损失大小、间接的信息恢复费用等方面进行确定。

在针对不同的受侵害客体进行侵害程度的判断时，应参照以下不同的判别基准：

——如果受侵害客体是公民、法人或其他组织的合法权益，则以本人或本单位的总体利益作为判断侵害程度的基准；

——如果受侵害客体是社会秩序、公共利益或国家安全，则应以整个行业或国家的总体利益作为判断侵害程度的基准。

不同危害后果的三种危害程度描述如下：

——一般损害：工作职能受到局部影响，业务能力有所降低但不影响主要功能的执行，出现较轻的法律问题，较低的财产损失，有限的社会不良影响，对其他组织和个人造成较低损害。

——严重损害：工作职能受到严重影响，业务能力显著下降且严重影响主要功能执行，出现较严重的法律问题，较高的财产损失，较大范围的社会不良影响，对其他组织和个人造成较严重损害。

——特别严重损害：工作职能受到特别严重影响或丧失行使能力，业务能力严重下降且或功能无法执行，出现极其严重的法律问题，极高的财产损失，大范围的社会不良影响，对其他组织和个人造成非常严重损害。

信息安全和系统服务安全被破坏后对客体的侵害程度，由对不同危害结果的危害程度进行综合评定得出。由于各行业信息系统所处理的信息种类和系统服务特点各不相同，信息安全和系统服务安全受到破坏后关注的危害结果、危害程度的计算方式均可能不同，各行业可根据本行业信息特点和系统服务特点，制定危害程度的综合评定方法，并给出侵害不同客体造成一般损害、严重损害、特别严重损害的具体定义。

5.5 确定定级对象的安全保护等级

根据业务信息安全被破坏时所侵害的客体以及对相应客体的侵害程度，依据表 2 业务信息安全保护等级矩阵表，即可得到业务信息安全保护等级。

表 2 业务信息安全保护等级矩阵表

业务信息安全被破坏时所侵害的客体	对相应客体的侵害程度		
	一般损害	严重损害	特别严重损害
公民、法人和其他组织的合法权益	第一级	第二级	第二级
社会秩序、公共利益	第二级	第三级	第四级
国家安全	第三级	第四级	第五级

根据系统服务安全被破坏时所侵害的客体以及对相应客体的侵害程度，依据表 3 系统服务安全保护等级矩阵表，即可得到系统服务安全保护等级。

表 3 系统服务安全保护等级矩阵表

系统服务安全被破坏时所侵害的客体	对相应客体的侵害程度		
	一般损害	严重损害	特别严重损害
公民、法人和其他组织的合法权益	第一级	第二级	第二级
社会秩序、公共利益	第二级	第三级	第四级
国家安全	第三级	第四级	第五级

作为定级对象的信息系统的安全保护等级由业务信息安全保护等级和系统服务安全保护等级的较高者决定。

6 等级变更

在信息系统的运行过程中，安全保护等级应随着信息系统所处理的信息和业务状态的变化进行适当的变更，尤其是当状态变化可能导致业务信息安全或系统服务受到破坏后的受侵害客体和对客体的侵害程度有较大的变化，可能影响到系统的安全保护等级时，应根据第 5 章给出的定级方法重新定级。

ICS 47.020.50
U 23

中华人民共和国国家标准

GB/T 22241—2008

船用细水雾灭火系统通用技术条件

General specification for water mist fire extinguishing equipment of ship

2008-08-04 发布　　　　2009-02-01 实施

中华人民共和国国家质量监督检验检疫总局
中国国家标准化管理委员会　发布

前　言

本标准由中国船舶工业集团公司提出。

本标准由全国船用机械标准化技术委员会归口。

本标准起草单位:中国船舶工业综合技术经济研究院、南京消防器材股份有限公司。

本标准主要起草人:汪远、梁俊、龙寅。

船用细水雾灭火系统通用技术条件

1 范围

本标准规定了船用细水雾灭火系统(以下简称系统)的分类、系统部件组成、要求、标志、包装、运输、贮存等。

本标准适用于系统部件的设计和生产。

2 规范性引用文件

下列文件中的条款通过本标准的引用而成为本标准的条款。凡是注日期的引用文件,其随后所有的修改单(不包括勘误的内容)或修订版均不适用于本标准,然而,鼓励根据本标准达成协议的各方研究是否可使用这些文件的最新版本。凡是不注日期的引用文件,其最新版本适用于本标准。

GB 150 钢制压力容器

GB/T 191 包装储运图示标志(GB/T 191—2008,ISO 780:1997,MOD)

GB/T 1527—2006 铜及铜合金拉制管

GB/T 1528—1997 铜及铜合金挤制管

GB/T 2423.16—1999 电工电子产品环境试验 第2部分:试验方法 试验J和导则:长霉(idt IEC 60068-2-10:1988)

GB/T 3077—1999 合金结构钢

GB/T 3783 船用低压电器基本要求

GB 4717 火灾报警控制器

GB 5099 钢质无缝气瓶

GB 5100 钢质焊接气瓶

GB 5135.10 自动喷水灭火系统 第10部分:压力开关

GB/T 7061 船用低压成套开关设备和控制设备(GB/T 7061—2003,IEC 60092-302:1997,MOD)

GB 9969.1 工业产品使用说明书 总则

GB/T 12244 减压阀 一般要求

GB/T 14525 波纹金属软管通用技术条件

GB/T 14975—2002 结构用不锈钢无缝钢管

GB/T 14976—2002 流体输送用不锈钢无缝钢管

GB 16806 消防联动控制系统

GB 17429 火灾显示盘通用技术条件

JB/T 5527 船用压力表

JB/T 9273 电接点压力表

国际海事组织 A.800 对等效于 SOLAS 第Ⅱ-2/12 条要求的喷水器系统进行认可的经修正的指南

国际海事组织 MSC.98(73)通过国际消防安全系统规则

国际海事组织 MSC/Circ.913 适用于A类机器处所的固定式局部水基灭火系统认可导则

国际海事组织 MSC/Circ.1165 经修订的用于机器处所和货泵舱的等效水基灭火系统认可指南

3 术语和定义

下列术语和定义适用于本标准。

3.1

细水雾灭火系统　water mist fire extinguishing equipment

具有供水设备、分配管网和探测、报警装置，并与一个或多个细水雾喷头相连，能够喷放细水雾来控火、抑火或灭火的系统。

3.2

控火　fire control

喷水限制火灾规模，以减少热释放率，预先打湿邻近的易燃物，并控制天花板处气体温度，避免保护区结构损坏。

3.3

抑火　fire suppression

急剧地减少火灾的热释放率，阻止火蔓延。

3.4

灭火　fire extinguishment

完全压制火灾，直至无物质发生燃烧。

3.5

细水雾　water mist

在喷头最小工作压力下，喷头喷出雾滴的体积累积分布直径 $D_{V0.99}$ 小于 1 000 μm 的水雾。根据雾滴直径可将细水雾分为三级。第一级细水雾的体积累积分布直径 $D_{V0.99}$ 小于 200 μm；第二级细水雾的体积累计分布直径 $D_{V0.99}$ 大于等于 200 μm 且小于等于 400 μm；第三级细水雾的体积累积分布直径大于 400 μm 小于 1 000 μm。

3.6

雾滴体积累积分布直径 D_{Vf}　cumulative volumetric distribution of water droplets D_{Vf}

一种以喷雾液体体积来表示雾滴大小的方法。D_{Vf} 表示喷雾液体总体积中，在该直径以下雾滴累积体积百分比为 $f\times100\%$。

3.7

高压系统　high pressure water mist fire extinguishing equipment

系统的分配管网工作压力不小于 3.45 MPa 的系统。

3.8

中压系统　intermediate pressure water mist fire extinguishing equipment

系统的分配管网工作压力大于 1.21 MPa 且小于 3.45 MPa 的系统。

3.9

低压系统　low pressure water mist fire extinguishing equipment

系统的分配管网工作压力不大于 1.21 MPa 的系统。

3.10

全淹没应用系统　total compartment application equipment

应用于整个围蔽处所，通过喷放细水雾来保护围蔽处所内所有危险物品的系统。

3.11

局部应用系统　local application equipment

应用于围蔽处所、开敞处所和室外开放处所，直接对保护对象或特定危险物品喷放细水雾的系统。

3.12

分区应用系统　zoned application equipment

应用于保护围蔽处所内某一预定区域的系统。

3.13

单相流系统　single-fluid equipment

仅以水为灭火介质，采用单管向每个喷头供应灭火介质的系统。

3.14

两相流系统　twin-fluid equipment

指水和气相分开来供给并在细水雾喷头上混合的系统。

3.15

细水雾喷头　water mist nozzle

含有一个或多个喷口，能将压力水以细水雾形式喷出的装置。通常有开式和闭式两种形式。

3.16

最大工作压力　maximum operate pressure

系统正常使用中，任一部件所承受的最大压力。

3.17

灭火介质　fire-extinguishing medium

含添加剂或不含添加剂的淡水或海水，以下简称水。

4　分类

4.1　分类

4.1.1　按分配管网的工作压力，系统可分为：

a)　高压系统；

b)　中压系统；

c)　低压系统。

4.1.2　按灭火介质的驱动方式，系统可分为：

a)　储气式系统；

b)　泵式系统；

c)　储气和泵组合式系统。

4.1.3　按应用方式，系统可分为：

a)　全淹没应用系统；

b)　局部应用系统；

c)　分区应用系统。

4.1.4　按喷头的雾化方式，系统可分为：

a)　单相流系统；

b)　两相流系统。

4.2　标记

4.2.1　系统的标记如下：

CX □ □ □ □/□

- □/□ 之后一格——系统分配管网工作压力(单位为 MPa)的 10 倍数值
- 第四格——系统灭火介质(水)的流量,单位为 L/min
- 第三格——系统的喷头雾化方式——两相流,L;单相流,省略
- 第二格——灭火介质的驱动方式——储气式,C;泵式,B;组合式,Z
- 第一格——系统的工作压力——高压,G;中压,Z;低压,D
- CX——船用细水雾系统

4.2.2 标记示例:

分配管网工作压力为 10 MPa,灭火介质(水)总流量为 200 L/min 的船用高压泵式单相流系统标记如下:

船用细水雾系统 GB/T 22241—2008 CXGB200/100

4.2.3 系统的铭牌应布置在压力源上。

5 系统组成

5.1 组成

5.1.1 储气式系统一般由火灾报警设备、灭火介质贮存装置(包括贮存容器、容器阀等)、启动装置、加压装置、连接管、分配管、滤清器、压力表、液位测量装置、安全阀、信号反馈装置、喷头、控制箱、管路管件、减压阀(可选)、选择阀(可选)等部件构成,见图 1。

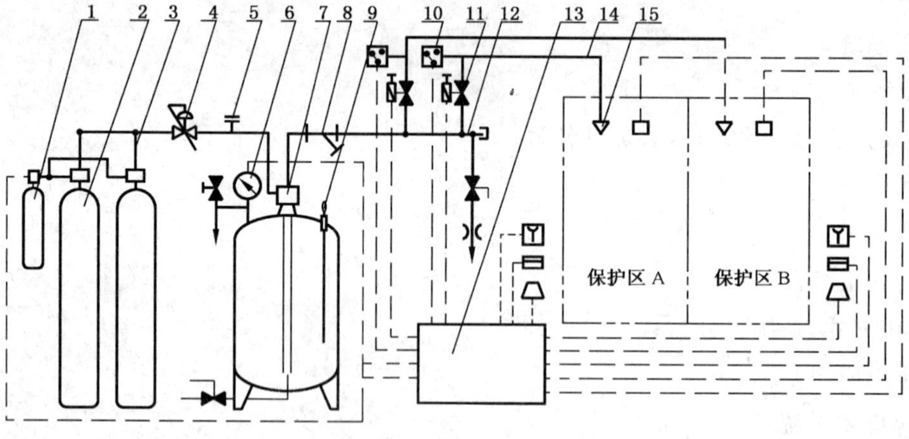

1——启动装置;
2——加压装置;
3——连接管;
4——减压阀;
5——安全阀;
6——压力表;
7——灭火剂贮存装置;
8——滤清器;
9——液位测量装置;
10——信号反馈装置;
11——选择阀;
12——分配管;
13——火灾报警设备;
14——管路附件;
15——喷头。

图 1 储气式系统组成示意图

5.1.2 泵式系统一般由火灾报警设备、泵组、泵控制柜、连接管、分配管、滤清器、压力表、信号反馈系统、喷头、控制箱、管路管件、选择阀(可选)等部件构成,见图2。

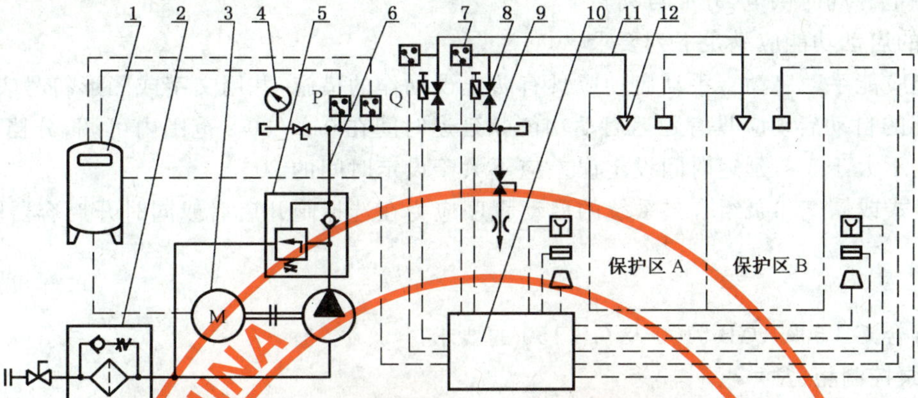

1——泵控制柜;
2——滤清器;
3——泵组;
4——压力表;
5——安全阀;
6——连接管;
7——信号反馈装置;
8——选择阀;
9——分配管;
10——火灾报警设备;
11——管路管件;
12——喷头。

图2 泵式系统组成示意图

5.1.3 储气和泵组合式系统一般由火灾报警设备、灭火介质贮存装置(包括贮存容器、容器阀等)、启动装置、加压装置、泵组、泵控制柜、连接管、分配管、滤清器、压力表、液位测量装置、安全阀、信号反馈装置、喷头、控制箱、管路管件、减压阀(可选)、选择阀(可选)等部件构成,见图3。

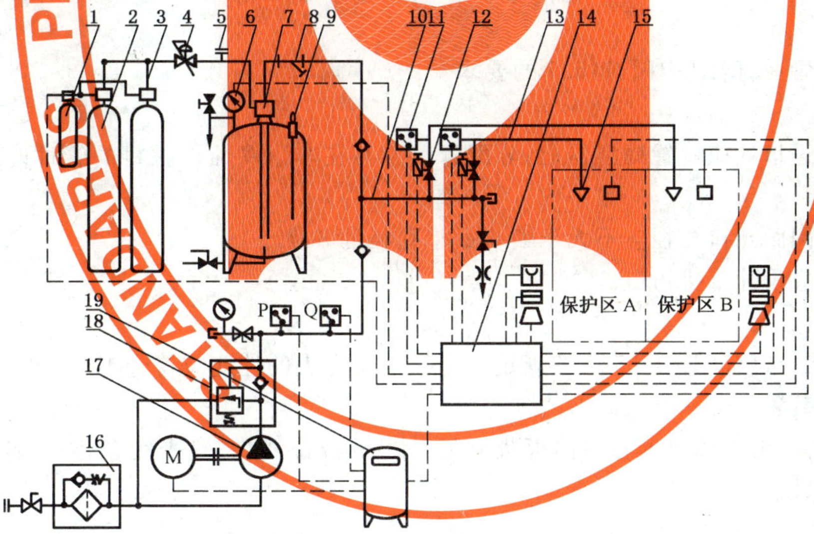

1——启动装置;
2——加压装置;
3——连接管;
4——减压阀;
5——安全阀;
6——压力表;
7——灭火剂贮存装置;
8——滤清器;
9——液位测量装置;
10——分配管;
11——信号反馈装置;
12——选择阀;
13——管路管件;
14——火灾报警设备;
15——喷头;
16——滤清器(泵式);
17——泵组;
18——安全阀(泵式);
19——泵控制柜。

图3 储气式和泵组合式系统组成示意图

5.2 系统

5.2.1 系统压力源布置在被保护处所内时，电气元件的电源应至少具有 IP54 的防护等级。系统应由主电源和应急电源同时供电，并能自动转换。

5.2.2 系统的启动功能应满足下列要求：

a) 系统应能手动启动。手动启动应具有防止误动作的措施，并用文字或图形符号表明操作方法。

b) 系统的自动启动应具有延迟启动功能。延迟时间在 0 s～30 s 范围内可调，分档可调时每档间隔应不大于 5 s，延迟时间设定误差应不大于设定时间的 20%。

c) 储气式或储气和泵组合式系统的启动程序应为在选择阀开启后或同时开启容器阀。

5.3 部件

5.3.1 容器

容器应符合 GB 5099、GB 5100 及 GB 150 的要求。

5.3.2 泵和泵控制柜(盒)

5.3.2.1 应设置防止压力超过系统最大工作压力的安全措施。高压和中压系统泵的出口下游管道应配备流量测定装置。

5.3.2.2 泵控制柜(盒)应符合 GB/T 7061 的要求。

5.3.2.3 泵组应具有手动、自动两种启动方式，并具有启、停按钮及运行、故障状态显示，还应具有运行、故障信号远传等功能。

5.3.3 充气瓶组

充气瓶组应具有耐倾倒冲击性能和误喷射防护结构。

5.3.4 连接管

5.3.4.1 连接管宜采用高压金属软管，亦可采用耐压强度、抗冲击振动能力相当的金属管材或非金属软管。

5.3.4.2 金属软管应符合 GB/T 14525 的要求。

5.3.5 滤清器

5.3.5.1 在泵的进口处应设置滤清器；当分配管上游存在非耐腐蚀性材料的管件时，在分配管前端也应设置滤清器。

5.3.5.2 滤清器网眼开口孔径应不大于喷头最小孔径的 80%。

5.3.5.3 滤清器应设计有排污口。

5.3.6 压力表

压力表的性能应符合 JB/T 5527 的规定。电接点压力表的性能应符合 JB/T 9273 的规定。

5.3.7 液位测量装置

液位测量装置应能正确显示容器内灭火介质(水)的液位，在一般光线条件下，距离 1 m 远处液位应清晰可见。

5.3.8 安全阀

系统分配管及储气式系统的灭火介质贮存装置、启动装置和加压装置充气瓶组上应设置安全阀。

安全阀动作压力设定值应为 1.25～1.425 倍的部件最大工作压力。泄放动作压力范围为设定值×(1±5%)。

5.3.9 信号反馈装置

信号反馈装置应满足 GB 5135.10 的要求。

5.3.10 减压阀

储气式高压系统，应设置减压阀。减压阀应符合 GB/T 12244 的要求。

5.3.11 喷头

应用于起居处所的喷头应符合国际海事组织 A.800 附录 1 的要求；应用于 A 类机器处所局部应用

系统的喷头应符合国际海事组织 MSC/Circ. 913 附录的要求；应用于 A 类机器处所和货泵舱的全淹没应用系统的喷头应符合国际海事组织 MSC/Circ. 1165 附录 A 的要求。

5.3.12 控制箱

控制箱应符合 GB/T 3783 的要求。

5.3.13 火灾报警设备

火灾报警设备应符合 GB 4717、GB 16806、GB 17429 等标准的要求。

5.4 局部压力损失

5.4.1 系统设计时应明确容器阀(包括虹吸管、容器阀及连接管接头)、选择阀、滤清器局部压力损失。

5.4.2 局部压力损失应采用与其相连接的管路等效长度标出。

6 要求

6.1 船用环境适应性

6.1.1 大气条件

系统部件在下列大气环境条件下应能符合 6.4 的要求：

a) 环境温度 4 ℃～54 ℃；

b) 空气相对湿度大于 95%，有凝露。

6.1.2 盐雾

系统部件在氯化钠的质量百分比不大于 5%的盐雾环境中，应符合 6.4 的要求。

6.1.3 霉菌

系统部件中的有机材料在 GB/T 2423.16—1999 规定的霉菌条件下 28 d 后，长霉程度应不低于 2 级要求。

6.1.4 抗冲击

系统的贮存装置、启动装置、加压装置、泵组和各阀门在表 1 所规定的抗冲击值下应能符合 6.4 的要求。

表 1 抗冲击值

安装姿态	垂 向	背 向	侧 向
落锤高度/m	0.3		
摆角/(°)	37		
冲击次数/次	3		

6.1.5 倾斜和摇摆

系统的贮存装置、启动装置、加压装置、泵组、控制箱和各阀门在表 2 规定的倾斜和摇摆值下应能符合 6.4 的要求。

表 2 倾斜和摇摆值

横倾/(°)	纵倾/(°)	横摇/(°)	纵摇/(°)
±15	±5	±22.5	±7.5

6.1.6 抗振动

系统的贮存装置、启动装置、加压装置、泵组、控制箱和各阀门在表 3 规定的振动值下应能符合 6.4 的要求。

表 3 振动值

频率/Hz	位移幅值/mm	加速度幅值 g
2～10	1.0±0.01	—
>10～100	—	0.7±0.01

6.2 外观质量

6.2.1 系统各构成部件应无加工缺陷或机械损伤，部件外表面应进行防腐处理，防腐涂层、镀层应完整、均匀。

6.2.2 在灭火介质贮存容器的外表正面标注灭火介质的名称，字迹应明显、清晰。加压或启动装置气瓶应标出内贮气体名称。

6.3 材料

系统主要零部件的材料应符合表4的规定，也可用性能不低于表4的其他材料制造。

表4 主要零部件材料

零部件名称	材　料	标　准　号
容器	钢质无缝气瓶、钢质焊接气瓶	GB 5099、GB 5100
容器阀	不锈钢或铜合金	GB/T 3077—1999、GB/T 1527—2006、GB/T 1528—1997
选择阀	不锈钢或铜合金	GB/T 1527—2006 和 GB/T 1528—1997
分配管	无缝不锈钢管、无缝铜及铜合金管	GB/T 14975—2002、GB/T 14976—2002、GB/T 1527—2006 和 GB/T 1528—1997
滤清器	铜合金或不锈钢、滤网应采用不锈钢滤网	GB/T 1527—2006、GB/T 1528—1997、GB/T 14975—2002、GB/T 14976—2002
喷头	不锈钢或铜合金	GB/T 1527—2006、GB/T 1528—1997 、GB/T 3077—1999

6.4 性能

6.4.1 耐压性

系统各承压部件在1.5倍最大工作压力下，不应出现渗漏、永久变形和损坏等现象。

6.4.2 超压性

系统各承压部件在3倍最大工作压力下，不应出现破裂现象。

6.4.3 密封性

系统各承压部件在最大工作压力下，应无泄漏。

6.4.4 工作可靠性

系统各动作部件，在最大工作压力下连续动作100次后，仍应动作灵活，不应出现任何故障或结构损坏（正常工作时允许损坏的零件除外），并应符合6.4.3的要求。

6.4.5 手动操作

系统具有手动操作功能的部件，应符合下列要求：

a) 手动操作力应不大于150 N；

b) 指拉操作力应不大于50 N；

c) 指推操作力应不大于10 N；

d) 所有手动操作位移均应不大于300 mm。

6.5 灭火

系统的灭火性能应满足国际海事组织MSC.98(73)附件的相关要求。

7 标志、包装、运输和贮存

7.1 标志

7.1.1 系统装置的明显部位，应设置永久性铭牌。铭牌应采用黄铜或不锈钢等耐腐蚀性材料制作。

7.1.2 铭牌应标有下列内容：

a) 产品名称；

b) 产品型号；

c) 执行标准；

d) 主要技术参数；

e) 制造单位名称；

f) 出厂编号；

g) 制造年月；

h) 检验标记。

7.1.3 系统装置每一手动操作部位均应以文字或图形符号标明操作或使用方法，在每个选择阀上应有清晰而耐久性的标志，标明防护区的名称或代号。

7.2 包装

7.2.1 系统装置及其零部件的包装均宜采用木箱，外包装箱应能确保在正常运输的条件下不损坏。当采用其他方式包装时，应确保在正常运输条件下装置不损坏。

7.2.2 包装箱内应附有装箱单、合格证书和使用说明书。使用说明书应符合 GB 9969.1 的规定。

7.2.3 在包装箱外表面应标明下列内容：

a) 型号及名称；

b) 包装箱外形尺寸；

c) 重量；

d) 生产日期或出厂编号；

e) 制造单位名称、地址；

f) 收货单位名称、地址；

g) 包装储运图示标志。

7.2.4 包装储运图示标志应符合 GB/T 191 的规定。

7.3 运输

系统装置运输时，不应倒置，装车时应固定牢固，尽量避免受到剧烈振动和冲击，并且应避免受潮及暴晒。

7.4 贮存

产品应储存在通风干燥处，储存温度应在 4 ℃～54 ℃的范围内。

ICS 01.040.91;91.220
P 95

中华人民共和国国家标准

GB/T 22242—2008
代替 GB/T 7920.18—1987

装修机械　术语

Equipment for installation finishing work and maintenance—Terminology

2008-07-27 发布　　2009-02-01 实施

中华人民共和国国家质量监督检验检疫总局
中国国家标准化管理委员会　发布

前　言

本标准代替 GB/T 7920.18—1987《装修机械术语》。

本标准是对 GB/T 7920.18—1987《装修机械术语》的修订，参照采用了 GB/T 18576—2001《建筑施工机械与设备　术语和定义》和 ISO 11375:1998《建筑施工机械和设备　术语和定义》中装修机械术语的内容，与 GB/T 7920.18—1987 标准相比主要变化如下：

a) 增加以下术语内容：

——灰浆联合机；

——灰浆给料机；

——地板磨光机；

——地板砖切割机；

——擦窗机；

——射钉枪；

——粘接用工具；

——油漆机械；

——防潮机械；

——清理设备；

——壁纸准备装置。

b) 增加了中英文索引。

本标准由中国机械工业联合会提出。

本标准由全国建筑施工机械与设备标准化技术委员会(SAC/TC 328)归口。

本标准起草单位：北京建筑机械化研究院、中国工程机械工业协会装修与高空作业机械分会、黄河旋风股份有限公司和无锡申锡建筑机械有限公司。

本标准主要起草人：张华、李静、孙艳秋、张海云、蒋慧。

本标准所代替标准的历次版本发布情况为：

——GB/T 7920.18—1987。

装修机械 术语

1 范围

本标准规定了装修机械主要名词术语及其定义。

本标准适用于在建筑装修施工中(特指对建筑主体物屋面、墙面和地面等进行装饰及其他辅助工作)使用的机械和设备。它们分为12类：

——灰浆制备机械；
——灰浆搅拌机；
——灰浆泵；
——灰浆喷射器；
——涂料机械；
——地面修整机械；
——高处作业吊篮和擦窗机；
——手持机具；
——油漆机械；
——防潮机械；
——清理设备；
——壁纸准备装置。

2 灰浆制备机械

灰浆制备机械 mortar material processing machine
将装修用灰浆混合材料加工成可用成品的处理机械。

2.1 分类

2.1.1
筛砂机 sand screen
剔除杂质和石块并按一定粒径分选砂子的机械。

2.1.1.1
机械式筛砂机 mechanical sand screen
以机械方法驱动筛具的筛砂机。

2.1.1.2
电磁式筛砂机 electro-magnetic sand screen
由电磁振动器驱动筛具的筛砂机。

2.1.1.3
盘式筛砂机 tray sand screen
工作装置为一盘状筛子的筛砂机。

2.1.1.4
筒式筛砂机 rotating sand screen
工作装置为一卧置回转圆筒筛子的筛砂机。

2.1.2
洗砂机 sand washer
清除砂石中所含泥土和杂物的洗濯机械。

2.1.2.1

螺旋洗砂机　screw sand washer

以回转螺旋在洗涤槽中推进砂子，同时喷水进行冲洗的机械。

2.1.2.2

链板式洗砂机　chain sand washer

由链条带动刮板，从洗涤槽中循环刮取清洗砂子的机械。

2.1.3

淋灰机　lime watering treater

对生石灰进行粉碎、淋水水解以制备石灰膏的机械。

2.1.3.1

卧筒式淋灰机　drum type lime watering treater

装有旋转锤和淋水管的卧置筒形淋灰机。

2.1.3.2

盘式淋灰机　tray type lime watering treater

在盘状容器内装有立轴搅动破碎铲的淋灰机。

2.2　组成部分

2.2.1

筛盘　screen tray

具有筛面的盘形筛具。

2.2.2

筛筒　screen drum

沿圆周设置筛面的滚筒状筛具。

2.2.3

筛面　screen surface

进行筛分用的金属丝编织网或孔板。

2.2.4

激振器　vibrator

使筛具产生激振力的振源装置。

2.2.5

洗涤槽　washing trough

容纳砂子和洗涤水以进行洗涤作业的容器。

2.2.6

螺旋轴　screw shaft

圆周装有连续螺旋叶片的转轴。

2.2.7

刮板　scraper

固联在链节上用以刮取砂子的长方形金属板。

2.2.8

淋灰筒(盘)　lime watering drum (tray)

淋制石灰膏的筒(盘)状容器。

2.2.9

破碎锤　hammer

装在淋灰筒内，用以粉碎石灰块的旋转金属板组，与转轴铰接。

2.3 技术性能

2.3.1

筛面尺寸　size of screen surface

筛具有网眼(漏孔)部分的工作面积。

2.3.2

筛目　screen mesh

编织网或孔板上单位面积的孔眼数目。

2.3.3

筛盘振动频率　vibration frequency of screen

2.3.4

筛筒转速　screen drum speed

2.3.5

螺旋轴转速　speed of screw shaft

2.3.6

刮板速度　scraper speed

2.3.7

用水量　water consumption

洗涤砂子单位时间内消耗的水容积。

2.3.8

生产能力　productivity

洗砂机、筛砂机、淋灰机在单位时间内处理砂、灰材料的体积。

3 灰浆搅拌机

灰浆搅拌机　mortar mixer

利用拌合作用制作灰浆的机械。

3.1 分类

3.1.1

移动式灰浆搅拌机　movable mortar mixer

具有行走机构,可拖引转场的灰浆搅拌机。

3.1.2

固定式灰浆搅拌机　stationary mortar mixer

固定安装使用的灰浆搅拌机。

3.1.3

周期式灰浆搅拌机　batch mortar mixer

按工艺程序,周而复始地进行循环作业的灰浆搅拌机。

3.1.4

连续式灰浆搅拌机　continuous mortar mixer

按工艺程序,同时连续进料、出料的灰浆搅拌机。

3.1.5

倾翻卸料式灰浆搅拌机　tilting mortar mixer

搅拌筒轴线侧斜进行卸料的灰浆搅拌机。

3.1.6

活门卸料式灰浆搅拌机　mortar mixer with discharge gate

通过设于搅拌筒下方的活动门进行卸料的灰浆搅拌机。

3.2 组成部分

3.2.1

搅拌筒　mixing drum

对灰浆拌合料进行搅拌作业的容器。

3.2.2

搅拌叶片　mixing blade

使灰浆拌合料产生搅拌运动的叶片。

3.2.3

叶片转轴　blade rotor

安装搅拌叶片,并带动它们转动的驱动轴。

3.2.4

给料斗　feed hopper

容纳和引导混合料进入搅拌筒的漏斗式容器。

3.2.5

卸料活门　discharge gate

在卸料口处设置的可开闭的闸门。

3.2.6

活门开闭机构　discharge gate operating mechanism

控制活门开闭动作的驱动和锁紧装置。

3.3 技术性能

3.3.1

灰浆搅拌机容量　mortar mixer capacity

对周期式灰浆搅拌机,一个周期内,搅拌筒允许装入灰浆拌合料的总体积。

3.3.2

叶片转轴转速　rotor speed

3.3.3

搅拌时间　mixing time

完成搅拌作业所必须的时间。

3.3.4

生产率　productivity

单位时间内制作出灰浆的体积。

4 灰浆泵

灰浆泵　mortar pump

沿管道连续压送的灰浆输送机械。

4.1 分类

4.1.1

柱塞式灰浆泵　piston mortar pump

利用柱塞在密闭容器内的往复运动,形成容积和压力的变化,从而将灰浆沿管道输送出去的机械。

4.1.1.1

柱塞式单缸灰浆泵　single-piston mortar pump

只有一个泵唧柱塞的灰浆泵。

4.1.1.2

柱塞式双缸灰浆泵　double-piston mortar pump

具有两个柱塞，进行交替作业的灰浆泵。

4.1.2

隔膜式灰浆泵　diaphragm mortar pump

柱塞与灰浆不直接接触，通过中间介质（水）和弹性隔膜将柱塞往复运动所产生的压力变化传递给灰浆，间接达到泵唧效果的灰浆泵。

4.1.3

气动式灰浆泵　pneumatic mortar pump

利用压缩空气推动灰浆沿管道输送的灰浆泵。

4.1.3.1

单罐式气动灰浆泵　single-pot mortar pump

只有一个压送罐，进料压送间歇作业的气动灰浆泵。

4.1.3.2

双罐式气动灰浆泵　double-pot mortar pump

具有两个压送罐，可进行交替作业以连续压送灰浆的气动灰浆泵。

4.1.4

挤压式灰浆泵　squeeze mortar pump

利用滚轮连续辗压弹性软管以排挤和吸入灰浆，从而产生泵唧作用的灰浆泵。

4.1.4.1

直管式挤压灰浆泵　straight tube squeeze mortar pump

沿直线滚道挤压软管，以推送灰浆的挤压灰浆泵。

4.1.4.2

转轮式挤压灰浆泵　rotary squeeze mortar pump

安装在中心转子上的滚轮，沿环形滚道挤压软管以进行连续排送的挤压灰浆泵。

4.1.5

螺杆式灰浆泵　screw mortar pump

利用螺旋转子在弹子定子中的偏心转动，使充满两者间的灰浆在螺旋推引力和环动惯性力的作用下，沿管道连续排送的灰浆泵。

4.1.6

灰浆联合机　mortar combine

将灰浆混合材料进行搅拌并利用柱塞在密闭容器内的往复运动，形成容积和压力的变化，从而将灰浆沿管道输送出去的机械。

4.2　组成部分

4.2.1

泵室　pump chamber

充满液体介质（或灰浆）的密闭容器，柱塞在其中作往复运动，引起容积和压力的周期性变化，产生泵唧作用。

4.2.2

工作室　work chamber

隔膜式灰浆泵的空间充满灰浆，靠与泵室间隔的弹性隔膜的变形，间接完成活塞对灰浆的压送工作。

4.2.3

空气室　air chamber

连接在灰浆排出通道上，用以调节泵送压力的密闭空气罐。

4.2.4

隔膜　diaphragm

安装在泵室和工作室间的弹性隔层。

4.2.4.1

片状隔膜　plate diaphragm

固定在泵室与工作室间平面间隔口上的弹性隔层。

4.2.4.2

筒状隔膜　tubular diaphragm

安装在筒状工作室周围的圆筒状弹性隔层。

4.2.5

球形阀　spherical valve

置于料斗与泵室间的球状单向活门。

4.2.6

料斗　hopper

容纳和引导灰浆进入泵室的漏斗式容器。

4.2.7

注水漏斗　water funnel

给泵室灌注液体介质并加以密封的漏斗。

4.2.8

泄浆阀　waster valve

设置在空气室下部的阀门，作为工作完毕时清洗废浆的出口。

4.2.9

压送罐　conveying pot

气动灰浆泵用以容纳和通入压缩空气以推送灰浆的罐体。

4.2.10

锥形活门　cone gate

安装在压送罐加料口下部的圆锥形活动料门。

4.2.11

活门控制杆　control rod of gate

用以控制锥形活门开闭的操纵杆。

4.2.12

三通支管　three way pipe

分别向两个压送罐交替引入压缩空气的歧管，其中间设置三通阀。

4.2.13

吹风套管　casing pipe for air

安装在压送罐出口，用以引导压缩空气进入输浆管以帮助压送的一段双层套管。

4.2.14

挤压软管　squeezing tube

挤压式灰浆泵中，受滚轮挤压以产生泵唧作用的弹性软管。

4.2.15

挤压滚轮 squeezing roller

对挤压软管进行辗压以压送灰浆的辊轮。

4.2.16

复位滚轮 recovery roller

帮助被挤压变形的软管恢复原状和位置的侧向滚轮。

4.2.17

滚轮架 roller seat

安装挤压滚轮和复位滚轮,并带动它们一起绕泵轴轴线回转以进行挤压泵送的转动支架。

4.2.18

泵轴 pump shaft

挤压滚轮支架的中心驱动转轴。

4.2.19

挤压鼓筒 squeezing drum

支承挤压软管的机体,滚轮辗压软管的环形轨道。

4.2.20

鼓筒端盖 cap of drum

用以封闭挤压鼓筒两端面的盖板。

4.3 技术性能

4.3.1

灰浆输送量 delivery capacity

单位时间内能够排送灰浆的体积。

4.3.2

最大垂直输送距离 maximum vertical delivery distance

灰浆能够沿管道垂直压送的最大高度。

4.3.3

最大水平输送距离 maximum horizontal delivery distance

灰浆能够沿管道水平压送的最大距离。

4.3.4

工作压力 working pressure

灰浆泵正常工作时的最大出口压力。

4.3.5

料斗容量 hopper capacity

进料漏斗的容积。

4.3.6

进料软管直径 diameter of inlet tube

从料斗接入泵室的吸入软管内径。

4.3.7

出料软管直径 diameter of discharge tube

从空气室灰浆出口引出的软管内径。

4.3.8

隔膜尺寸 diaphragm size

隔膜式灰浆泵中,片状和筒状隔膜的几何尺寸。

4.3.9

柱塞直径　plunger diameter

泵室工作活塞的外径。

4.3.10

柱塞行程　plunger stroke

柱塞工作时往复运动的距离。

4.3.11

柱塞行程数　number of plunger stroke

单位时间内，柱塞往复运动的次数。

4.3.12

挤压软管内径　inner diameter of squeezing tube

挤压泵中，被辗压泵送灰浆的工作软管内径。

4.3.13

挤压滚轮数　number of squeezing roller

4.3.14

挤压鼓筒内径　inside diameter of squeezing drum

4.3.15

压送罐容量　conveying pot capacity

气动式灰浆泵，罐体中每次允许加入的灰浆体积。

4.3.16

压送罐工作压力　air pressure for conveying pot

压送灰浆时，罐内的压送空气压力。

4.3.17

耗气量　compressed air consumption

单位时间连续输送灰浆所需要的压缩空气量。

4.3.18

输送管内径　inner diameter of delivery tube

灰浆输送软管的内径。

4.3.19

灰浆的稠度　consistency of mortar(penetration index)

允许泵送的灰浆针入度值。

5　灰浆喷射器

灰浆喷射器　mortar sprayer

把泵送来的灰浆形成射流，对建筑物表面进行喷涂装修的施工机具。

5.1　分类

5.1.1

射流式灰浆喷射器　jet-flow type mortar sprayer

把灰浆形成高速液流进行喷涂的施工机具。

5.1.2

挤涂式灰浆喷射器　squeeze-coating type mortar sprayer

把灰浆以较低流速以膏状挤涂在建筑物表面的施工机具。

5.1.3

气动灰浆喷射器 pneumatic mortar sprayer

用压缩空气使灰浆形成射流的喷射器。

5.1.4

非气动灰浆喷射器 non-pneumatic mortar sprayer

仅靠泵送压力，在灰浆喷射器出口形成高速射流的喷射器。

5.2 组成部分

5.2.1

喷射器壳体 case of sprayer

安装喷头，接引输浆管（和压缩空气）的喷射器主体。

5.2.2

喷头 spray head

形成均匀灰浆射流的部件。

5.2.2.1

气动喷头 pneumatic spray head

5.2.2.1.1

中心供气式喷头 converging diverging spray head

使压缩空气从灰浆料流中心吹出，以形成直线式灰浆射流的喷头。

5.2.2.1.2

环室供气式喷头 annular spray head

在灰气混合室前部圆周设置配气环，使压缩空气沿灰浆料流圆周切向吹出，以形成旋转的锥状射流的喷头。

5.2.2.2

非气动喷头 non-pneumatic spray head

5.2.2.2.1

胶膜式喷头 rubber porous membrane spray head

在喷头出口封以胶质多孔膜片，泵送灰浆从膜孔射出的喷头

5.2.2.2.2

直通式喷头 straight advancing spray head

利用灰浆在通过缩径处的增速和扩散作用形成射流的喷头。

5.2.2.2.3

螺旋式喷头 screw spray head

在锥形管内安装螺旋叶片，使灰浆通过时旋转增速，以形成旋转射流的喷头。

5.2.2.2.4

切向涡流式喷头 turbulent spray head

使灰浆料流先通过狭管增速，然后切向进入涡流室，形成涡流射出的喷头。

5.2.2.3

喷嘴 spray nozzle

作成不同孔径以控制喷涂面积的喷头出口。

5.2.2.4

输浆管 feed pipe for mortar

联接灰浆泵与喷射器的灰浆输送软管。

5.3 技术性能

5.3.1

喷灰量 capacity of spray coating

单位时间内喷涂灰浆的体积。

5.3.2

工作气体压力 air pressure

气动喷射器正常工作所需要的空气压力。

5.3.3

耗气量 air consumption

气动喷射器，正常喷涂作业单位时间消耗的压缩空气体积。

5.3.4

量孔孔径及数目 diameter and number of hole

可更换的喷嘴口径及数量。

6 涂料机械

涂料机械 paint machine

以涂料对建筑物表面进行装饰的施工机械。

6.1 分类

6.1.1

涂料喷射机 paint sprayer

能将涂料浆液形成射流或进行雾化以喷涂在建筑物表面的涂料输送喷射成套机械。

6.1.1.1

有气涂料喷射机 pneumatic paint sprayer

涂料浆在泵送进入喷枪时，在同时输入喷枪的压缩空气作用下，形成高速射流或雾滴以进行喷涂施工的机械。

6.1.1.1.1

吸入式有气涂料喷射机 suction paint sprayer

通过喷枪的压缩空气气流，在混合室中形成负压，将料浆吸入而雾化喷出的喷涂机械。

6.1.1.1.2

自落式有气涂料喷射机 gravity paint sprayer

料浆容器置于喷枪上方，在重力作用下自行沿管道进入喷枪混合室被压缩空气雾化，进行喷涂的机械。

6.1.1.2

无气涂料喷射机(无气喷射机) non-pneumatic paint sprayer

涂料在较高的泵送压力作用下，通过喷枪无须压缩空气辅助即可直接形成射流或雾化的喷涂机械。

6.1.1.2.1

手动式无气喷射机 manual non-pneumatic paint sprayer

以手动泵送直接雾化喷涂的机械。

6.1.1.2.2

电动式无气喷射机 electric non-pneumatic paint sprayer

以电动涂料泵进行输送和雾化喷涂的机械。

6.1.1.2.3

内燃式无气喷射机　internal combustion engine driven paint sprayer

以内燃机驱动的涂料泵进行输送和雾化喷涂的机械。

6.1.1.2.4

气动式无气喷射机　pneumatic non-pneumatic paint sprayer

以压缩空气为动力进行涂料浆的输送，并直接雾化喷涂的机械。

6.1.2

涂料弹涂机　paint catapult

以弹拨机件将微料涂料滴弹射并粘附在建筑物表面，以进行装饰的机具。

6.1.2.1

手动弹涂机　hand paint catapult

以人力驱动弹拨机件进行弹涂的机械。

6.1.2.2

电动弹涂机　electric paint catapult

以电动机驱动弹拨机件进行弹涂的机械。

6.2　**组成部分**

6.2.1

涂料泵　paint pump

沿管道压送涂料的涂料输送机械。

6.2.1.1

手动柱塞式涂料泵　hand plunger paint pump

由手动杠杆驱动的柱塞式涂料泵。

6.2.1.2

电动离心式涂料泵　electric centrifugal paint pump

利用回转机件的离心作用使涂料浆增压而沿管道排送的涂料泵。

6.2.1.3

电动隔膜式涂料泵　electric diaphragm paint pump

以电动机驱动柱塞往复运动，通过油介质和隔膜而压送的涂料泵。

6.2.1.4

气压式涂料泵　pneumatic paint pump

通过压缩空气施压于密闭罐体内的涂料浆使之沿管道排送的涂料泵。

6.2.2

喷杆　lance

在手持可调整长度的管端安装雾化喷头的喷具。

6.2.3

喷枪　paint spraying gun

装在握柄上的枪形喷具。

6.2.4

贮筒　paint storage tank

存放待泵涂料浆的密闭容器。

6.2.5

料浆罐　paint pot

存放待喷涂料的密封罐容器，接送料管和压缩空气管，将料浆沿管道送入喷具。

6.2.6

料浆瓶　paint bottle

直接装在喷枪上的小型贮浆容器。

6.2.7

网式吸入器　gauze filter

设置在涂料泵吸入管道上的铜网过滤装置。

6.3　技术性能

6.3.1

喷涂生产率　productivity

单位时间内喷涂料浆的体积。

6.3.2

弹涂效率　catapult productivity

单位时间内弹涂的面积。

6.3.3

浆罐容积　volume of paint pot(bottle)

6.3.4

弹拨转速　catapult rotor speed

弹涂机弹拨机件单位时间内的转数。

6.3.5

涂料泵压力　paint pumping pressure

无气喷涂，能形成工作射流或雾化的泵送压力。

6.3.6

工作气压　working pressure of air

有气喷涂，雾化料浆所必须的压缩空气压力。

7　地面修整机械

地面修整机械　floor finishing machine

对建筑物地坪(或物件)进行平整加工的施工机械。包括准备、给料、底层材料的摊铺、表面找平并磨光、修整及地板材料的拼接。

7.1　分类

7.1.1

灰浆给料机　mortar feeder

给底层地板供料，使其从基面增加到所需厚度的设备。

7.1.2

地面抹光机　troweling machine

具有回转压抹机件，对凝固前的混凝土地坪或物件表面进行平面光整机械

7.1.2.1

平板式抹光机　disk type troweling machine

以转动的圆形金属片进行压抹施工的地面抹光机。

7.1.2.2

刀片式抹光机　blade type troweling machine

以组合的刀状金属片进行回转压抹的地面抹光机。

7.1.2.3

单盘式抹光机　single-plate troweling machine

只有一个刀片抹盘的地面抹光机。

7.1.2.4

双盘式抹光机　double-plate troweling machine

具有两个刀片抹盘的地面抹光机。

7.1.2.5

电动式地面抹光机　electric troweling machine

以电动机为驱动动力的地面抹光机。

7.1.2.6

内燃式地面抹光机　internal combustion troweling machine

以内燃机为驱动动力的地面抹光机。

7.1.3

水磨石机　terrazzo grinder

对建筑物(或物件)的混凝土、砖石表面进行研磨光整的装修机械。

7.1.3.1

推移式水磨石机　plate terrazzo grinder

具有电动磨盘和支承移动装置的手动推移式水磨石机。按磨盘数量有单盘和双盘两种。

7.1.3.2

手提式水磨石机　hand terrazzo grinder

装有小型磨盘和引水装置的手持式电动磨光机具。

7.1.4

地板磨光机　floor grinder

地板表面磨光用的机械。

7.1.4.1

矿物地板磨光机　mineral floor grinder

用于天然或人造矿物材料制成地板的磨光机械。

7.1.4.2

木地板磨光机　wooden floor grinder

具有磨削滚筒和移动轮,对木质地板进行磨光作业的机械。

7.1.4.3

木地板刨平机　wooden floor planer

具有高速转动的刨刃和行走轮,对木质地板表面进行平整加工的机械。

7.1.5

地板砖切割机　floor tile cutter

用于切割有机材料(塑料)地板砖的机械。

7.1.6

聚氯乙稀(PVC)地板焊接机　PVC flooring welder

焊接聚氯乙稀(PVC)地板用的设备。

7.1.7

石料切割机　stone cutter

切割天然和人造石料(原料为矿物材料)用的机械。

7.2 组成部分

7.2.1

抹盘 troweling plate

安装圆形或刃状镘刀，并带动它们作水平转动以进行压抹光整的转盘。

7.2.2

镘刀 trowel

呈圆板或刀片状的压抹机件。

7.2.3

磨盘 grinding disc

装夹磨石，进行回转磨削作业的工作装置。

7.2.4

磨石 grinding stone

由磨料粘接成型的不同形状的专用磨具。

7.2.5

刨刀滚筒 drum for plane iron

沿圆周组装若干刨刃的卧置回转圆筒。

7.2.6

刨刀片 plane iron

长方形钢质刀片，以一定倾斜角度镶嵌在刨刀滚筒上的燕尾槽内。

7.2.7

楔形块 wedge

与刨刀滚筒燕尾槽相配合的楔形金属块，用以支承和固定刨刀片。

7.2.8

调整滑块 adjusting slider

在刨刀滚筒燕尾槽内，用以调整刨刀片伸出位置的金属块。

7.2.9

磨削滚筒 polishing drum

表层裹以磨料纸，在高速转动中对木质地板进行磨削光整的圆筒工作装置。

7.2.9.1

偏心夹具 eccentric fixture

设于滚筒内的一对偏心轴磨料纸端部夹紧机构，用以固定裹在滚筒表面的磨料纸。

7.2.9.2

橡胶垫层 rubber spacer

紧贴滚筒金属表面包裹的一层橡胶弹性垫层，作为表层磨料纸的衬垫。

7.2.10

磨料纸 coated abrasive

用一定粒度的磨料粘敷在纸基或布基上的磨削材料。

7.3 技术性能

7.3.1

抹光机生产能力 productivity of troweling

单位时间抹光地面的面积。

7.3.2

抹盘转速 speed of troweling plate

7.3.3

抹盘工作直径　diameter of troweling

抹盘镘刀回转所覆盖的圆面直径。

7.3.4

镘刀数目　number of trowel

在一个抹盘上安装的镘刀数。

7.3.5

抹盘数量　number of troweling plate

在一个抹光机上安装的抹盘数。

7.3.6

抹刀调整角度　adjusting angle of trowel

为适应加工表面的干硬程度，镘刀在抹盘上组装时与加工平面倾斜角度的可调整范围。

7.3.7

水磨石机生产能力　productivity of grinding

单位时间内能磨光建筑物地坪的面积。

7.3.8

磨盘转速　speed of grinding plate

7.3.9

直径　diameter of grinding cover

磨盘磨削覆盖的圆面直径。

7.3.10

磨石数量　number of grinding stone

在一个磨盘上安装的磨石总数。

7.3.11

磨石规格　grinding stone gauge

磨盘上可以装夹的磨石形状和尺寸。

7.3.12

磨盘个数　number of grinding plate

在一台磨石机上磨盘具有的数目。

7.3.13

磨盘砂轮转矩　torque moment of sand wheel

手提式水磨石机磨盘转轴上的输出扭矩。

7.3.14

刨平机生产能力　productivity of floor planer

单位时间能够刨平木质地板的面积。

7.3.15

刨刀滚筒转速　speed of plane drum

7.3.16

刨刀数量　number of plane iron

安装在刨刀滚筒上的刀片数。

7.3.17

刨削宽度　planing width

刨刀滚筒向前推进时对地板的刨削宽度。

7.3.18

刨削厚度　planing thickness

一次刨削，刨刀可以切入木板的最大深度。

7.3.19

磨光机生产能力　productivity of polishing

单位时间磨光木质地板的面积。

7.3.20

磨削滚筒转速　speed of polishing drum

7.3.21

磨削宽度　polishing width

磨削滚筒向前推进时，对地板的磨削宽度。

8　高处作业吊篮和擦窗机

高处作业吊篮和擦窗机　suspended access equipment

用于建筑物或构筑物墙面进行清洗、维修和装饰、装修等作业的常设和非常设悬吊接近设备。

8.1　分类

8.1.1

高处作业吊篮　temporarily installed suspended access equipment

悬挂机构架设于建筑物或构筑物上，提升机驱动悬吊平台通过钢丝绳沿立面上下运行进行清洗、维修和装饰、装修作业的一种非常设悬挂设备。

8.1.2

电动式吊篮　electric suspended access equipment

提升机采用电机驱动的吊篮。

8.1.3

气动式吊篮　pneumatic suspended access equipment

提升机采用气泵和气动马达驱动的吊篮。

8.1.4

手动式吊篮　manual suspended access equipment

提升机采用手动机构驱动的吊篮。

8.1.5

擦窗机　permanently installed suspended access equipment

用于建筑物或构筑物窗户和外墙清洗、维修等作业的常设悬吊接近设备。

8.1.5.1

屋面轨道式擦窗机　trolley unit

两根轨道安装在建筑物或构筑物某一层面或立面，设备能在其轨道上行走的擦窗机。

8.1.5.2

悬挂轨道式擦窗机　monorail track

单根轨道安装在建筑物女儿墙外立面或构筑物外立面支架上或屋檐下，设备能在其轨道上行走的擦窗机。

8.1.5.3

插杆式擦窗机　fixed davit

屋面机构采用可拆卸便于更换场地的吊杆结构，用于支承吊篮上下运行的设备。

8.1.5.4

轮载式擦窗机　wheel suspended access equipment

屋面行走机构采用实心轮并能在屋面行走的擦窗机。

8.2　组成部分

8.2.1

工作平台　platform

四周装有护栏，用于搭载作业人员、工具和材料的工作装置。

8.2.1.1

可转动工作平台　swivel platform

能绕升降支架轴线转动，以适应多方位作业的工作平台。

8.2.1.2

可伸展工作平台　extendible platform

平台能有限度的向一侧作水平悬臂外伸，以扩大作业面积或实现跨越施工的工作平台。

8.2.2

变幅机构　radius-changing mechanism

改变吊篮或擦窗机屋面机构吊臂的倾角或悬吊工作平台在吊臂上的位置，实现改变吊篮或擦窗机幅度的机构。

8.2.2.1

齿条变幅机构　derricking mechanism with rack device

以齿轮齿条装置带动吊篮或擦窗机屋面吊臂仰幅摆动或伸缩运动，实现吊篮或擦窗机变幅的机构。

8.2.2.2

液压变幅机构　derricking mechanism with hydraulic device

通过液压缸驱动吊臂仰幅或伸缩实现吊篮或擦窗机变幅的机构。

8.2.2.3

螺杆变幅机构　derricking mechanism with screw device

通过螺杆装置带动吊臂仰幅或伸缩实现吊篮或擦窗机变幅的机构。

8.2.2.4

钢丝绳变幅机构　derricking mechanism with cable device

利用机械传动，通过钢丝绳和滑轮组带动吊臂仰幅或伸缩实现吊篮或擦窗机变幅的机构。

8.2.3

起升机构　lifting (hoisting) mechanism

用来使悬吊工作平台上下运行的机构。

8.2.3.1

提升机　hoist

吊篮中靠钢丝绳和驱动轮间的摩擦力驱动悬吊工作平台上下运行的机构。

8.2.3.2

卷扬式起升机构　winch type mechanism

靠卷筒收、放钢丝绳驱动悬吊工作平台上下运行的机构。

8.2.4

屋面机构　roll mechanism

架设于建筑物或构筑物某一层面，用于支承悬吊工作平台的装置。

8.2.4.1

台车　roll trolley

架设于建筑物或构筑物某一层面，用于支承和水平移动悬吊工作平台的装置。

8.2.4.2

悬挂机构　suspension mechanism

架设于建筑物或构筑物上，通过钢丝绳悬挂悬吊平台的机构。

8.2.4.3

爬轨器　traverse trolley

沿悬挂轨道行走，用于悬挂悬吊工作平台的装置。

8.2.4.4

底盘　chassis

承载整个工作平台工作的底座。有拖式、固定式和自行式。

8.3　技术性能

8.3.1

额定载荷　rated load

悬吊工作平台允许承受的最大有效载荷。

8.3.2

升降速度　lifting speed of platform

悬吊工作平台在额定载重量下，上下运行的速度。

8.3.3

作业高度　working height

悬吊工作平台作业的最高点到最低点的垂直距离。

8.3.4

工作平台的承载能力　platform capacity

工作平台能够承受的最大质量(包括施工人员、工具和必要的施工材料)。

9　手持机具

手持机具　portable machines and tools

进行建筑装修施工用的手持小型机械或工具。

9.1　分类

9.1.1

冲击钻　percussion drill

能使工具产生冲击和旋转复合运动的多用途手持机具，配用不同工具(或附件)可对混凝土、石料等建筑物进行钻孔、破碎、铲刮、开槽、锤击、夯实以及紧固螺母等各种工作。

9.1.1.1

电动冲击钻　electric percussion drill

由电动机驱动的冲击钻。

9.1.1.2

气动冲击钻　pneumatic percussion drill

由压缩空气驱动的冲击钻。

9.1.2

射钉枪　cartridge-charged fixing tool

用弹药爆炸法使钉子、销子及螺栓固定在固体内的工具。

9.1.2.1

火药式射钉枪　firing nail gun

利用火药在枪管中爆炸产生的高压气体，高速推射钉子以打入建筑物的射钉枪。

9.1.2.2

压缩空气式射钉枪　pneumatic nail gun

利用压缩空气推动枪管中的冲击机构以进行射钉的射钉枪。

9.1.2.3

整体式射钉枪　integrative nail gun

枪管和击发装置作成一体的射钉枪。

9.1.2.4

折合式射钉枪　combinative nail gun

以枪管和引发装置为界，两部分铰接在一起，按操作要求折合。

9.1.3

粘接用工具　bonding tool

用粘接剂连接结构件的工具，其中包括需要加热的合成树脂粘接剂。

9.1.4

钻孔和紧固用工具　drilling and screwing tool

施工时用于钻孔和拧紧紧固件的工具，通常为电动式或气动式。

9.1.5

穿孔器　perforator

用冲击方法在建筑物上打孔的机具。

9.1.5.1

火药式穿孔器　firing perforator

利用火药爆炸产生的高压气体，推送专用冲头以射穿成孔的枪式穿孔机具。

9.1.5.2

压缩空气式穿孔器　pneumatic perforator

以压缩空气驱动活塞，由活塞打击冲头进行穿孔的机具。

9.1.6

切筋机　bar shears

按要求长度对钢筋进行剪切的机具。

9.1.6.1

手动液压式切筋机　hand-hydraulic bar shears

以手动油泵驱动油缸剪切机构的小型切筋机。

9.1.6.2

电动液压式切筋机　electro-hydraulic bar shears

以电动机驱动油泵，使剪切油缸进行工作的小型切筋机。

9.1.7

弯管机　pipe bender

9.1.7.1

手动液压弯管机　hand-hydraulic pipe bender

以手动油泵驱动弯管顶推油缸以进行弯管的小型弯管机具。

9.1.7.2

电动液压弯管机　electro-hydraulic pipe bender

以电动机驱动油泵，使弯管顶推油缸进行弯管的小型弯管机具。

9.2 组成部分

9.2.1

钻机体 body of drill

安装冲击、传动和工具装夹机构的冲击钻主体。

9.2.2

冲击机构 impact mechanism

由曲柄连杆(或压缩空气)带动活塞往复运动,通过在缸体内产生的气压变化,使气缸前端的锤铁振动以打击工具尾部的冲击装置。

9.2.3

旋转机构 turning mechanism

通过齿轮、摩擦离合器、弹性联轴器等机械传动系统(或压缩空气转子)使工具夹套产生低速转动的机构。

9.2.4

工具夹套 tool chuck

设置在冲击活塞口处,具有内六方孔的钻具装夹机构。

9.2.5

可更换的工具 replaceable attachment

用以钻孔、破碎、铲刮、开槽等不同工作目的而给冲击钻配置的各种工具。

9.2.6

枪管 barrel

设有弹仓和射钉导孔,用以装填射钉弹和射钉以进行射入作业的管状机件。

9.2.7

退壳器 case discharger

装在射钉枪管弹仓部位的弹壳退卸装置。

9.2.8

击发装置 percussion look mechanism

设置在枪管弹仓后部的撞击式弹药引燃机构,由撞针和击杆等组成。

9.2.9

撞针 firing pin

用以撞击弹壳上的引信的针状金属杆。

9.2.10

击杆 firing ram

用以撞击撞针的圆柱体引发机件。

9.2.11

扳机 rifle bolt

射钉枪的引发操作机构。

9.2.12

射钉弹 bullet

装填火药和引信的特制筒状容器。

9.2.13

射孔冲头 perforative drift

用以穿透钢板、混凝土构件的成孔冲子。

9.2.14

消声器　silencer

由枪管前端缩颈部位和套管组成的多孔气体阻尼式消声装置。

9.2.15

防溅护罩　protective casing

为防射钉引起的飞溅物伤人而套装在枪管前端的活动防护罩。

9.2.16

射孔夹具　punch fixture

射钉枪(或穿孔器)在进行穿孔作业时,用以定孔位和固定枪体的夹持附件,备有冲头接受筒。

9.2.17

手动柱塞式油泵　hand-plunger pump

切筋机(弯管机)对液压工作装置供油的手动柱塞油泵。

9.2.18

电动柱塞式油泵　electric-plunger pump

切筋机(弯管机)为液压工作装置供油的电机驱动柱塞油泵。

9.2.19

剪切油缸　cylinder for shear

柱塞头部安装活动剪切刀片的单作用式柱塞油缸。

9.2.20

顶推油缸　pipe bending cylinder

在柱塞头部安装弯管胎膜的用以顶推被弯钢管的柱塞式油缸。

9.2.21

剪切托座　shearing bracket

在剪切油缸端盖上固定的叉形支架和滑轨,用以固定刀片和支承引导活动刀片,并支承被剪切钢筋进行切断的支座。

9.2.22

支承辊固定夹板　support roll holder

由两片半月状钢板对合而成的可开启式弯管支承辊固定架,板上两翼备有对称的支承辊插孔,整个夹板通过套架安装在顶推油缸端盖上。

9.2.23

弯管胎膜　pipe bending former

安装在顶推油缸柱塞头部的弧形模板与对称插座在夹板中的一对曲面支承辊所组成的配套弯管胎具,根据被弯管径和弯曲半径选用。

9.3　**技术性能**

9.3.1

钻轴额定转速　drill speed

冲击钻工具夹套在单位时间内的转数。

9.3.2

冲击频率　percussion rate

冲击钻装卡工具单位时间内受打击的次数。

9.3.3

工具装夹尺寸规格　tools fixture size

工具尾部六方棱柱体或四方棱柱体与冲击钻夹套内孔配合的尺寸。

9.3.4

适用范围 field of application

冲击钻适于作业的对象材质(硬度)的范围,主要用于砖石、混凝土等材料。

9.3.5

射钉规格 size of nails used

射钉枪适于作业的射钉型式(直钉或U形钉等)和尺寸。

9.3.6

射入深度调节方式 adjusting method of penetrating depth

射钉射入建筑物中的深度的调节方法。

9.3.7

射钉弹规格 bullet gauge

适于具体射钉枪进行射钉作业的弹壳规格。

9.3.8

射钉气压 air pressure for nail shooting

气动射钉枪的工作气体额定压力。

9.3.9

钉夹(盘)容量(装填容量) loading capacity

连续装填射钉的直形或盘形钉盒的装钉数。

9.3.10

最大冲孔直径 maximum diameter perforated

射钉枪(穿孔器)可射穿或成孔的最大直径。

9.3.11

最大冲孔厚度 maximum thickness of penetrating

能够穿透一定材质(抗拉强度)钢板的最大厚度。

9.3.12

切断直径 maximum diameter of bar sheared

切筋机能够剪切钢筋的最大直径。

9.3.13

剪切力 shearing force

剪切油缸所能产生的最大剪切力。

9.3.14

切筋次数 shearing number per unit time

单位时间内,剪切油缸可以往复进行剪切的次数。

9.3.15

弯管作业方式 operating mode

弯管机进行弯曲作业的方法。有推拉兼作或仅有顶推作用两种。

9.3.15.1

推-拉式 push-draw mode

弯管油缸柱塞在往复行程中都可以进行弯曲作业,剪切油缸为双作用式。适于薄壁管加工。

9.3.15.2

顶推式 push mode

弯管油缸柱塞在伸出行程时弯曲作业,剪切油缸为单作用式。适于厚壁管加工。

9.3.16

加工范围 size range of pipe bent

适于弯曲加工的钢管尺寸和弯曲的几何参数范围。

9.3.16.1

弯管直径 diameter range of pipe bent

可进行弯曲加工的钢管直径范围。

9.3.16.2

弯管壁厚 maximum wall thickness of pipe bent

允许弯曲加工的钢管壁厚限度。

9.3.16.3

弯曲半径 bending radius

对不同直径和壁厚的钢管在弯曲加工时,可以达到的曲率半径值。

9.3.16.4

弯曲角度 bending angle

被弯曲管两端切线夹角。

9.3.17

弯管(油缸)推力 bending force

弯管油缸工作时可以产生的最大推力。

9.3.18

弯管油缸工作行程 bending cylinder efficient stroke

弯管油缸柱塞在弯管时可以伸缩的有效距离。

10 油漆机械

油漆机械 painting machines

在建筑结构及其构件上现场进行油漆的机械及设备。包括涂漆、表面准备、油漆搅拌、粗滤、给料等。

10.1

油漆搅拌机 paint mixer

搅拌油漆使其均匀的机械。

10.2

油漆过滤器 painter's strainer

过滤油漆的装置。

10.2.1

振动筛 vibration screen

用振动加速过滤的油漆筛子。

10.2.2

真空筛 vacuum screen

装有可加速过滤用的减压装置的油漆筛子。

10.3

油漆装置 painting unit

在需要油漆的表面给料及涂漆用的机械。

注:油漆装置至少包括给料泵、输漆管及喷射装置。

10.3.1

低压喷漆装置　low-pressure painting units

将油漆输送到喷射装置的设备,其压力不大于 0.2 MPa。

10.3.2

高压喷漆装置　high-pressure painting units

将油漆输送到喷射装置的设备,其压力大于 1.5 MPa。

10.4

喷射设备　spraying equipment

用来雾化并均匀喷射油漆的设备。

10.4.1

气动喷射设备　pneumatic spraying equipment

用压缩空气使油漆雾化和洒布的设备。

10.4.1.1

低压气动喷射设备　low-pressure pneumatic spraying equipment

压缩空气压力在 0.001 MPa～0.03 MPa 范围内的气动喷射设备。

10.4.1.2

中压气动喷射设备　medium-pressure pneumatic spraying equipment

压缩空气压力大于 0.100 MPa 的气动喷射设备。

10.4.2

无气喷枪　airless spraying gun

由装置内的油漆压力使油漆喷射雾化并洒布的喷射设备。

10.5

压力罐　pressure vessel

在压缩空气的压力下,通过软管将油漆输送到喷射装置的设备。

10.6

空压机和鼓风机　compressors and blowers

用来给其他机械和装置包括装饰工程用的设备提供压缩空气的机械。

10.6.1

鼓风机　blower

压缩并输送气体介质用的机械。工作时总的压力增长不超过 0.2 MPa。

注:装修用的鼓风机可以给低压装置提供压缩空气。

10.6.2

压缩机　compressor

压缩并输送气体介质用的机械。工作时总的压力增长超过 0.2 MPa。

10.7

喷砂(丸)设备　sand/grit blasting equipment

在涂漆前,用喷砂做表面预处理的设备。

11　防潮机械

防潮机械　damp-proofing machines

防水隔离用的机械。包括表面准备;不加热沥青的给料和喷洒;热沥青的准备、给料及喷洒;成卷材料的粘接以及塑料的连接等。

11.1

冷态沥青用的机械　machine for cold application of bitumen

不加热的液态沥青给料和喷洒用的机械。

11.1.1

沥青乳液和乳化剂喷洒机　bituminous emulsion and dispersion sprayers

防水用沥青乳液和乳化剂供料、喷洒的机械。

11.1.2

熔化沥青喷洒机　soluble bitumen sprayer

防水用熔化沥青混合物料输送、喷洒的机械。

11.2

热沥青用的设备　hot pitch application equipment

在隔离表面将沥青加热、输送及喷洒用的机械。

11.2.1

沥青锅炉　pitch boiler

将沥青加热到所需温度的设备。

注：装有泵和管道的锅炉，可以把热沥青提升到数十米的高度。

11.2.2

沥青喷洒机　pitch sprayer

将热沥青喷洒到隔离层表面的设备。

11.2.3

沥青罐　pitch container

贮存并运送热沥青的容器。

11.3

卷材粘贴铺设机械　machines for sticking roll materials to base

用于将粘接剂涂在需要防潮的表面(热沥青除外)、给沥青纸上的沥青层加热、展开卷材并将其压到作业面上的机械。

11.3.1

沥青纸展开机　tar paper unroller

粘接时用于展开、铺设和粘贴成卷材料的机械。

11.3.2

气体燃烧器　gas burner

将沥青纸上附加的沥青层熔化，使沥青纸粘到基面上的液化器燃烧炉。

11.3.3

墙面防潮用机械　machine for vertical damp proofing

在垂直墙面上敷设成卷隔离材料用的机械。

11.3.4

粘接剂涂抹装置　device for spreading adhesives

成卷材料或基面上涂粘接剂的装置。

11.4

连接装置　jointing device

用特殊的混合料(密封胶)充填缝隙的装置。

11.4.1

连接枪　jointing gun

通过适当形状的喷嘴将密封胶从容器中挤出。

11.4.2

容器装料器 container-charging device

往连接枪的容器内装密封胶的装置。

11.5

绝缘塑料应用设备 equipment for application of insulating plastic

喷涂各种液体塑料或焊接各种塑料薄板用的塑料隔层铺敷设备。

11.5.1

塑料薄板焊接机 plastic sheet welder

用于焊接塑料薄板的设备。

11.5.2

绝缘塑料喷洒机 plastic insulation sprayer

用喷涂塑料作绝缘层的设备。

注：这类设备包括喷涂两种材料的喷涂器。材料可在喷嘴出口处混合，也可在喷枪内混合。

11.6

隔层剥离机 machine for stripping insulation

从基面上刮去旧的隔离层，为铺设新的隔离层作准备的机械。

12 清理设备

清理设备 clean-up equipment

建筑施工时，清理现场用的设备。包括清扫、真空吸尘、清洗及地板和楼梯的维护。

12.1

清扫机 sweeper

施工工作中清扫固体颗粒及尘土的设备。

12.2

真空吸尘器 vacuum cleaner

收集固体废物及尘埃的吸入装置。

12.3

刷光机 brusher

将黏结在表面的尘土用刷子清除掉的机械。

12.4

地板抛光机 floor polisher

地板抛光剂的涂抹和抛光用的机械。

13 壁纸准备装置

壁纸准备装置 wallpaper preparation devices

将壁纸切割到规定长度的设备。

中 文 索 引

H

J

K

L

T

W

X

Y

Z

英 文 索 引

A

B

C

D

R

S

T

ICS 67.040
C 53

中华人民共和国国家标准

GB/T 22243—2008

大米、蔬菜、水果中氯氟吡氧乙酸残留量的测定

Determination of residue limits of fluroxypyr in rice、vegetable and fruit

2008-07-31 发布 2008-11-01 实施

中华人民共和国卫生部
中国国家标准化管理委员会 发布

前　言

本标准由中华人民共和国卫生部提出并归口。

本标准负责起草单位:吉林省卫生监测检验中心。

本标准主要起草人:方赤光、刘思洁、李青、白曙光、崔勇、吉文亮、荣会。

本标准为首次发布。

大米、蔬菜、水果中氯氟吡氧乙酸残留量的测定

1 范围

本标准规定了大米、蔬菜、水果中氯氟吡氧乙酸残留量的测定方法。

本标准适用于大米、蔬菜、水果中氯氟吡氧乙酸残留量的测定。

本标准检出限为 1.2 ng，当进样量相当 0.20 g 时，检出浓度为 0.006 mg/kg。

本标准的最佳线性范围：0.02 μg/mL～1.00 μg/mL。

2 原理

大米、蔬菜、水果中氯氟吡氧乙酸经乙酸乙酯提取，将氯氟吡氧乙酸成盐并溶于水中，硫酸酸化水相后用三氯甲烷萃取，萃取液浓缩至干后用甲醇溶液溶解，注入高效液相色谱仪，经反相色谱分离，根据保留时间定性，与峰面积比较进行定量。

3 试剂

3.1 甲醇(CH_3OH)。

3.2 乙酸钠(CH_3COONa)。

3.3 乙酸乙酯($CH_3COOC_2H_5$)。

3.4 磷酸(H_3PO_4)。

3.5 碳酸钠(Na_2CO_3)。

3.6 三氯甲烷($CHCl_3$)。

3.7 无水硫酸钠(Na_2SO_4)。

3.8 硫酸(H_2SO_4)。

3.9 氯氟吡氧乙酸标准贮备溶液：准确称取 0.100 0 g 氯氟吡氧乙酸(纯度≥99%)，用甲醇溶解并定容至 100 mL，此溶液每毫升相当于 1.00 mg 氯氟吡氧乙酸(保存期为三个月)。

3.10 氯氟吡氧乙酸标准使用液：临用时将标准贮备溶液加甲醇稀释 10 倍，配成每毫升相当于 100 μg 的氯氟吡氧乙酸，经 0.45 μm 滤膜过滤，备用。

4 仪器

4.1 高效液相色谱仪(带紫外检测器)。

4.2 旋转蒸发仪。

4.3 氮吹仪。

4.4 超声波振荡器。

5 分析步骤

5.1 试样处理

5.1.1 蔬菜、水果：将蔬菜、水果可食部分切碎。

5.1.2 大米：将样品磨粉，过 20 目筛。

5.1.3 称取上述样品10.00 g～20.00 g置于具塞三角瓶中，准确加入50 mL乙酸乙酯、2 mL 10%磷酸，振荡30 min后，布氏漏斗抽滤，滤渣依次用10 mL乙酸乙酯、0.5 mL 10%磷酸冲洗到原提取三角瓶中，振荡15 min后再用布氏漏斗抽滤。将两次滤出液转入125 mL分液漏斗中，加20 mL 2%碳酸钠，振摇2 min(蔬菜、水果样品振摇不可过于激烈)，收集水相；有机相再加5 mL 2%碳酸钠，振摇2 min，收集水相。将两次水相合并，缓慢滴加1 mol/L硫酸调水相至pH=2后，分别用20 mL三氯甲烷萃取两次，收集两次三氯甲烷萃取液，合并后经无水硫酸钠过滤于旋转蒸发瓶内，用旋转蒸发仪在40 ℃下浓缩至干，残渣用5 mL甲醇溶解后，用氮吹仪浓缩至1.0 mL，过0.45 μm滤膜，备用。

5.2 测定

5.2.1 高效液相色谱参考条件

色谱柱：C_{18} 5 μm柱，4.6 mm×250 mm。

柱温：25 ℃。

检测器：紫外检测器，检测波长为215 nm。

流动相：甲醇+乙酸钠(0.1 mol/L)(40+60)。

流速：1 mL/min。

进样体积：20 μL。

5.2.2 标准曲线

准确吸取氯氟吡氧乙酸标准使用溶液(3.10)0.0、20.0、40.0、60.0、80.0、100.0 μL分置于10 mL容量瓶中，甲醇稀释至刻度，此溶液相当于0.0、0.2、0.4、0.6、0.8、1.0 μg/mL的标准系列溶液。

分别取20 μL，注入液相色谱仪，以氯氟吡氧乙酸的浓度为横坐标，峰面积的平均值为纵坐标，绘制标准曲线。

5.2.3 试样测定

取5.1处理后的试样溶液20 μL进行液相色谱分析，测定其峰面积，根据保留时间定性，从标准曲线查得测定液中氯氟吡氧乙酸的含量。

5.3 结果计算

试样中氯氟吡氧乙酸的含量按式(1)进行计算：

$$X = \frac{c \times V \times 1\ 000}{m \times 1\ 000} \quad \cdots\cdots (1)$$

式中：

X——试样中氯氟吡氧乙酸的含量，单位为毫克每千克(mg/kg)；

c——由标准曲线上查得进样液中氯氟吡氧乙酸的量，单位为微克每毫升(μg/mL)；

V——试样稀释液的总体积，单位为毫升(mL)；

m——试样的质量，单位为克(g)。

计算结果保留两位有效数字。

6 精密度

在重复性条件下获得的两次独立测定结果的绝对差值不得超过算术平均值的10%。

7 其他

氯氟吡氧乙酸标准色谱图见图1。

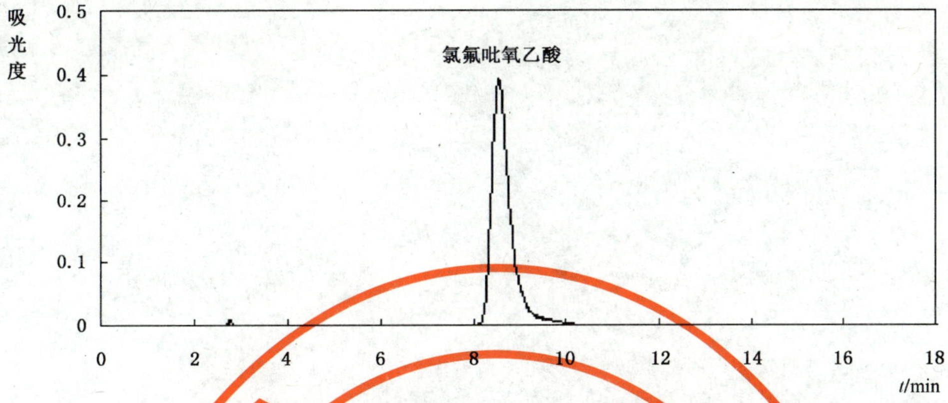

图 1　氯氟吡氧乙酸标准色谱图

ICS 67.040
C 53

中华人民共和国国家标准

GB/T 22244—2008

保健食品中前花青素的测定

Determination of procyanidins in health foods

2008-07-31 发布　　　　2008-11-01 实施

中华人民共和国卫生部
中国国家标准化管理委员会　发布

前　言

本标准由中华人民共和国卫生部提出并归口。

本标准负责起草单位：中国疾病预防控制中心营养与食品安全所。

本标准参加起草单位：吉林省疾病预防控制中心。

本标准主要起草人：杨大进、肖晶、方从容、王竹天、刘宏涛。

本标准为首次发布。

保健食品中前花青素的测定

1 范围

本标准规定了保健食品中前花青素的测定方法。

本标准适用于以葡萄籽、葡萄皮、沙棘、玫瑰果、蓝浆果、法国松树皮提取物等为主要原料制造的保健食品中前花青素的测定。

本标准的检测限：方法的检出限(LOD)为 1.5×10^{-4} g/100 g，方法的定量限(LOQ)为 5.0×10^{-4} g/100 g。方法的线性范围为 10 μg/mL～150 μg/mL。

2 原理

前花青素易溶于水，是黄烷-3-苯儿茶酚和表儿茶精连接而成的。依据试样中前花青素单体或聚合物在加热的酸性条件和铁盐催化作用下，C—C 键断裂而生成深红色花青素离子即氰定的原理，使用高效液相色谱，经 C_{18} 反相柱分离，在波长 525 nm 处检测，根据保留时间定性，外标法定量，测定试样中前花青素含量。

3 试剂和材料

3.1 甲醇(CH_3OH)：分析纯。

3.2 甲醇(CH_3OH)：色谱纯。

3.3 正丁醇[$CH_3(CH_2)_2CH_2OH$]：分析纯。

3.4 盐酸(HCl)：分析纯。

3.5 二氯甲烷(CH_2Cl_2)：分析纯。

3.6 异丙醇[$(CH_3)_2CHOH$]：分析纯。

3.7 甲酸(HCOOH)：分析纯。

3.8 硫酸铁铵[$NH_4Fe(SO_4)_2\cdot12H_2O$]：分析纯。

3.9 水(H_2O)：为实验室一级用水，电导率(25 ℃)为 0.01 mS/m。

3.10 2%硫酸铁铵[$NH_4Fe(SO_4)_2\cdot12H_2O$]溶液：称取硫酸铁铵 2 g，用浓度为 2 mol/L 盐酸溶解，定容至 100 mL。

3.11 前花青素标准品：纯度≥98%。

3.12 前花青素标准溶液(1.00 mg/mL)：称取 0.01 g 前花青素标准品(精确至 0.000 1 g)，用甲醇(3.2)溶解并定容至 10 mL 棕色容量瓶中，此溶液现用现配。

4 仪器和设备

4.1 高效液相色谱仪：配有紫外检测器。

4.2 超声波清洗器。

4.3 离心机：4 000 r/min。

5 分析步骤

5.1 试样处理

5.1.1 片剂：取 20 片试样，研磨成粉状。

5.1.2 胶囊：取 20 粒胶囊内容物，混匀。

5.1.3 软胶囊：挤出20粒胶囊内容物，搅拌均匀，如内容物含油，应将内容物尽可能挤完全。

5.1.4 口服液：摇匀后取样。

5.2 提取

5.2.1 固体粉状试样：根据试样含量称取50 mg～500 mg（精确至0.001 g）试样于50 mL棕色容量瓶中，加入30 mL甲醇（3.1），超声处理20 min，放冷至室温后，加甲醇（3.1）至刻度，摇匀，离心（3 000 r/min，10 min）或放置至澄清后取上清液备用。

5.2.2 含油试样：根据试样含量称取50 mg～500 mg（精确至0.001 g）试样置于小烧杯中，用5 mL二氯甲烷使试样溶解，并倒入50 mL容量瓶中，再用甲醇（3.1）多次洗烧杯，并倒入50 mL棕色容量瓶中，用甲醇（3.1）定容至刻度，摇匀。

5.2.3 口服液：根据试样含量准确吸取1 mL～5 mL样液，置于50 mL容量瓶中，加甲醇（3.1）至刻度，摇匀。

5.3 水解反应

将正丁醇与盐酸按95∶5的体积比混合后，取出15 mL置于具塞锥瓶中，再加入0.5 mL硫酸铁铵溶液和2 mL试样溶液，混匀，置沸水浴回流，精确加热40 min后，立即置冰水中冷却，经0.45 μm滤膜过滤，待进高效液相色谱分析。

5.4 标准曲线制备

吸取标准溶液（3.12）0.10、0.25、0.50、1.0、1.5 mL置于10 mL棕色容量瓶中，加甲醇（3.1）至刻度，摇匀。各取2 mL测定，处理方法同5.3，以峰高或峰面积对浓度作标准曲线。

5.5 液相色谱参考条件

5.5.1 色谱柱：耐低pH型的ODS C_{18}柱，4.5 mm×150 mm，5 μm。

5.5.2 柱温：35 ℃。

5.5.3 检测器：紫外检测器。

5.5.4 检测波长：525 nm。

5.5.5 流动相：水＋甲醇（3.2）＋异丙醇＋甲酸＝73＋13＋6＋8。

5.5.6 进样量：10 μL。

5.5.7 流速：1.0 mL/min。

5.5.8 色谱分析：取标准溶液及试样溶液注入色谱仪中，以保留时间定性，以试样峰高或峰面积与标准比较定量。

5.6 注意事项

实验过程中应避免阳光直射。

6 结果计算

试样中前花青素的含量按式（1）进行计算：

$$X = \frac{X_1 \times V \times f}{m} \quad \cdots\cdots(1)$$

式中：

X——试样中前花青素的含量，单位为克每千克或克每升（g/kg或g/L）；

X_1——从标准曲线上得到的含量，单位为毫克每毫升（mg/mL）；

V——试样定容体积，单位为毫升（mL）；

f——稀释倍数；

m——试样的质量（或体积），单位为克或毫升（g或mL）。

计算结果保留三位有效数字。

7 精密度

在重复性条件下获得的两次独立测定结果的绝对差值不超过算术平均值的10%。

8 色谱图

在上述色谱条件下的色谱图见图1～图2。

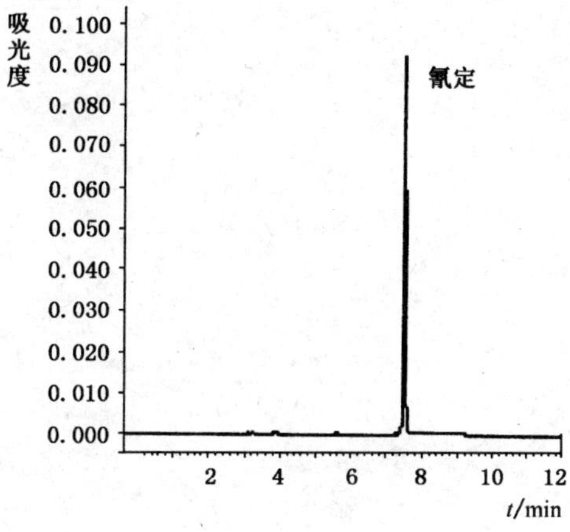

图1 前花青素标准色谱图

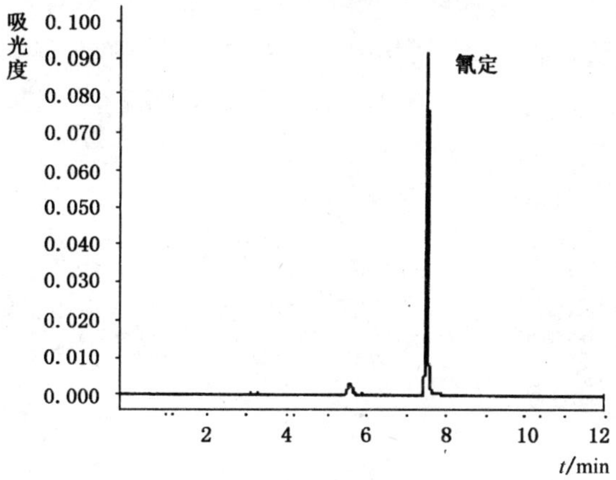

图2 前花青素试样色谱图

ICS 67.040
C 53

中华人民共和国国家标准

GB/T 22245—2008

保健食品中异嗪皮啶的测定

Determination of isofraxidin in health foods

2008-07-31 发布　　2008-11-01 实施

中华人民共和国卫生部
中国国家标准化管理委员会　发布

前　言

本标准由中华人民共和国卫生部提出并归口。

本标准负责起草单位:中国疾病预防控制中心营养与食品安全所。

本标准参加起草单位:河北省疾病预防控制中心。

本标准主要起草人:杨大进、方从容、王竹天、常凤启、宋凤英。

本标准为首次发布。

保健食品中异嗪皮啶的测定

1 范围

本标准规定了保健食品中异嗪皮啶的测定方法。

本标准适用于以刺五加为主要原料的保健食品中异嗪皮啶的测定。

当取样量2.0 g,定容至10 mL,进样量10 μL时,方法的检出限(LOD)为2.0×10^{-4} g/kg,方法的定量限(LOQ)为6.0×10^{-4} g/kg。线性范围为2.0 μg/mL～40 μg/mL。

2 原理

根据异嗪皮啶易溶于甲醇、乙腈、三氯甲烷的理化特性,试样中异嗪皮啶依次经甲醇和三氯甲烷两种溶液提取,甲醇定容,过滤后进高效液相色谱仪,经反相C_{18}色谱柱分离后,由紫外检测器检测,根据保留时间和峰面积进行定性和定量。

3 试剂和材料

3.1 甲醇(CH_3OH):优级纯。

3.2 乙酸(CH_3COOH):分析纯。

3.3 乙腈 (CH_3CN):色谱纯。

3.4 三氯甲烷 ($CHCl_3$):分析纯。

3.5 水(H_2O):为实验室一级用水,电导率(25 ℃)为0.01 mS/m。

3.6 异嗪皮啶标准品:纯度≥99%。

3.7 异嗪皮啶标准储备液(1.00 mg/mL):准确称量异嗪皮啶标准品0.01 g(精确至0.000 1 g),置于10 mL容量瓶中,加入甲醇溶解并定容至刻度,混匀(此标准溶液在4 ℃冰箱中,可保存7 d)。

3.8 异嗪皮啶标准使用液(100 μg/mL):吸取异嗪皮啶标准储备液1.00 mL于10 mL容量瓶中,甲醇定容至刻度,混匀(此标准溶液在4 ℃冰箱中,可保存7 d)。

4 仪器和设备

4.1 高效液相色谱仪:附紫外检测器或二极管阵列检测器。

4.2 超声波清洗器。

5 分析步骤

5.1 试样处理

根据试样含量,称取0.5 g～5 g均匀试样(精确称至0.001 g)置于25 mL试管中,加入甲醇20 mL,超声波提取20 min后,过滤,用20 mL甲醇分3次洗涤残渣,收集全部滤液,于水浴上蒸干,加适量水溶解并转移到分液漏斗中,用30 mL三氯甲烷分二次萃取,合并三氯甲烷萃取液,于水浴上蒸干,加甲醇溶解并定容至2.0 mL,过0.45 μm滤膜,滤液备用。

5.2 标准曲线的制备

用甲醇稀释标准使用液,配制成异嗪皮啶标准溶液浓度分别为2.00 μg/mL、4.00 μg/mL、8.00 μg/mL、10.0 μg/mL、20.0 μg/mL、40.0 μg/mL作为标准系列。

5.3 液相色谱参考条件

5.3.1 色谱柱：ODS C_{18}柱，250 mm×4.6 mm，5 μm。

5.3.2 柱温：35 ℃。

5.3.3 紫外检测器：检测波长 343 nm。

5.3.4 流动相：乙腈+0.1%乙酸溶液=15+85。

5.3.5 流速：1.0 mL/min。

5.3.6 进样量：10 μL。

5.3.7 色谱分析：取标准溶液及试样溶液注入色谱中，以保留时间定性，以试样峰面积或峰高与标准比较定量。

6 结果计算

试样中异嗪皮啶的含量按式(1)进行计算：

$$X = \frac{c \times V \times 1\,000}{m \times 1\,000 \times 1\,000} \quad \cdots\cdots (1)$$

式中：

X——试样中异嗪皮啶的含量，单位为克每千克(g/kg)；

c——由标准曲线求得进样液中异嗪皮啶的浓度，单位为微克每毫升(μg/mL)；

V——试样定容体积，单位为毫升(mL)；

m——试样的质量，单位为克(g)。

计算结果保留三位有效数字。

7 精密度

在重复条件下获得的两次独立测定结果的绝对值不超过算术平均值的10%。

8 色谱图

在上述色谱条件下的色谱图见图1～图2。

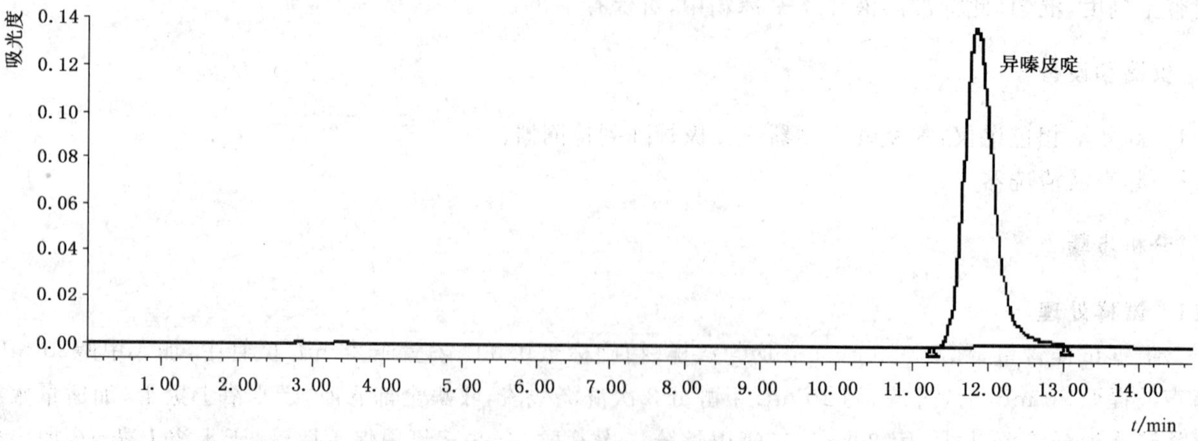

图1 异嗪皮啶标准色谱图

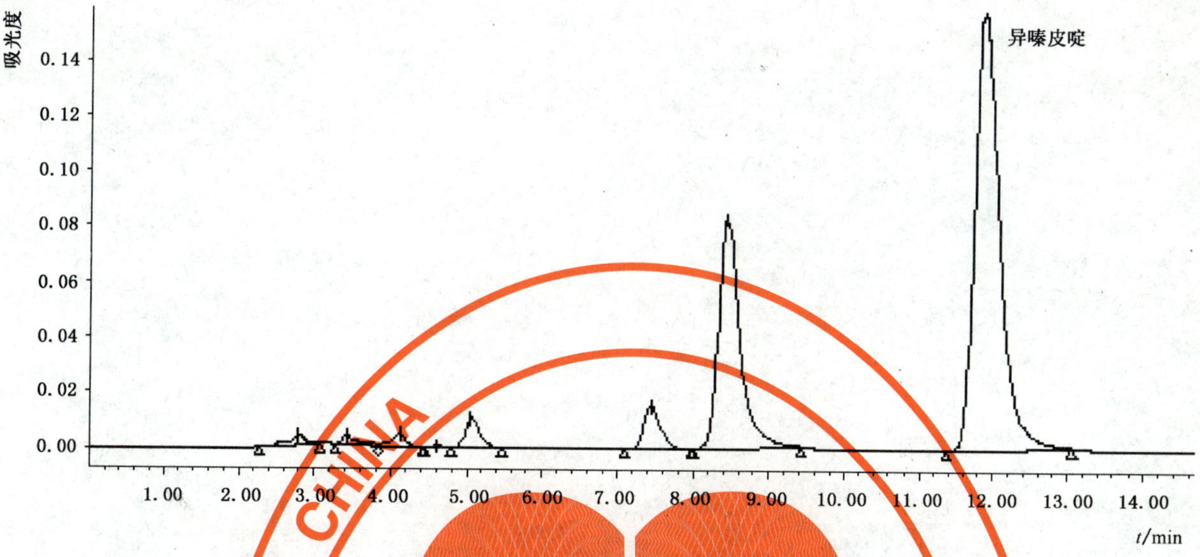

图 2　异嗪皮啶试样色谱图

ICS 67.040
C 53

中华人民共和国国家标准

GB/T 22246—2008

保健食品中泛酸钙的测定

Determination of calcium pantothenate in health foods

2008-07-31 发布　　　　2008-11-01 实施

中华人民共和国卫生部
中国国家标准化管理委员会　发布

前　言

本标准由中华人民共和国卫生部提出并归口。

本标准负责起草单位：中国疾病预防控制中心营养与食品安全所。

本标准参加起草单位：河北省疾病预防控制中心。

本标准主要起草人：杨大进、方从容、马兰、王竹天、秦振顺。

本标准为首次发布。

保健食品中泛酸钙的测定

1 范围

本标准规定了营养素补充剂类保健食品中泛酸钙的测定方法。

本标准适用于营养素补充剂类保健食品中泛酸钙的测定。

本标准检出限：当取样量1.0 g，定容至 25 mL，进样量 10 μL 时，检出限（LOD）为 2×10^{-4} g/100 g，定量限（LOQ）为 6×10^{-4} g/100 g。

本标准的线性范围：2.5 μg/mL～80 μg/mL。

2 原理

根据泛酸钙溶于水，对酸和碱不稳定，但在中性（pH=5.0～7.0）条件下很稳定的理化性质，试样中的泛酸钙用水在超声波振荡下提取，定容，离心后取上清液过滤膜，经 C_{18} 反相柱分离，在紫外检测器 200 nm 波长处检测，根据色谱峰的保留时间定性，外标法定量。

3 试剂和材料

3.1 乙腈（CH_3CN）：色谱纯。

3.2 磷酸（H_3PO_4）：分析纯。

3.3 磷酸二氢钾（KH_2PO_4）：分析纯。

3.4 0.02 mol/L 磷酸二氢钾溶液：取磷酸二氢钾 2.722 g，加水溶解成 1 000 mL，用磷酸调节 pH 至3.0。

3.5 水（H_2O）：为实验室一级用水，电导率（25 ℃）为 0.01 mS/m。

3.6 泛酸钙标准储备液：称量泛酸钙标准品约 0.1 g（精确至 0.000 1 g），置于 100 mL 容量瓶中，加水溶解并定容至刻度，混匀（4 ℃冰箱中保存备用，该溶液可保存 5 d）。

3.7 泛酸钙标准使用液：准确量取 1.0 mL 标准储备液（3.6）置于 10 mL 容量瓶中，加水稀释至刻度，混匀（4 ℃冰箱中保存备用，该溶液可保存 5 d）。

4 仪器和设备

4.1 高效液相色谱仪：附紫外检测器。

4.2 超声波清洗器。

4.3 离心机：4 000 r/min。

5 分析步骤

5.1 试样制备

5.1.1 固体片剂或胶囊试样：称取 0.1 g～1.0 g 粉碎后的均匀试样（精确到 0.001 g），使试样浓度位于标准曲线中。试样置于 25 mL 容量瓶中，加水 20 mL，超声提取 20 min 后，加水至刻度，摇匀，离心后将上清液过 0.45 μm 滤膜，滤液待进样。

5.1.2 液体试样：除碳酸饮料需超声除去二氧化碳后再取样外，其余液体试样均可直接准确量取适量样液，使试样浓度位于标准曲线中。试样置于 25 mL 容量瓶中，加水稀释至刻度后混匀，过 0.45 μm 滤膜，滤液备用。

5.2 标准曲线的制备

吸取0.25、0.50、1.0、2.0、4.0、8.0 mL泛酸钙标准使用液（相当于2.5 μg、5.0 μg、10 μg、20 μg、40 μg、80 μg泛酸钙），分别置于10 mL容量瓶中，加水稀释至刻度，混匀。在给定的仪器条件下，进行色谱分析，以峰高或峰面积对浓度作标准曲线。

5.3 液相色谱参考条件

5.3.1 色谱柱：ODS C_{18}柱，250 mm×4.6 mm，5 μm。

5.3.2 柱温：30 ℃。

5.3.3 紫外检测器：检测波长200 nm。

5.3.4 流动相：0.02 mol/L磷酸二氢钾溶液（用磷酸调pH=3.0）+乙腈=95+5。

5.3.5 流速：1.0 mL/min。

5.3.6 进样量：10 μL。

5.3.7 色谱分析：取标准溶液系列及试样溶液注入色谱中，以保留时间定性，以试样峰面积或峰高与标准比较定量。

6 计算

试样中泛酸的含量按式(1)进行计算：

$$X = \frac{c \times V \times 100}{m \times 1\,000 \times 1\,000} \qquad \cdots\cdots(1)$$

式中：

X——试样中泛酸的含量，单位为克每百克或克每百毫升(g/100 g或g/100 mL)；

c——由标准曲线求得进样液中泛酸的浓度，单位为微克每毫升(μg/mL)；

V——试样定容体积，单位为毫升(mL)；

m——试样的质量或体积，单位为克或毫升(g或mL)。

结果由泛酸换算为泛酸钙的计算见式(2)：

$$X_1 = X \times 476.54/(219.23 \times 2) \qquad \cdots\cdots(2)$$

式中：

X_1——试样中泛酸钙的含量，单位为克每百克或克每百毫升(g/100 g或g/100 mL)；

X——试样中泛酸的含量，单位为克每百克或克每百毫升(g/100 g或g/100 mL)；

219.23、476.54——分别为泛酸和泛酸钙的分子质量。

计算结果保留三位有效数字。

7 精密度

在重复性条件下获得的两次独立测定结果的绝对差值不超过算术平均值的10%。

8 色谱图

泛酸钙标准色谱图和试样色谱图分别见图1～图2，泛酸钙紫外光谱图见图3。

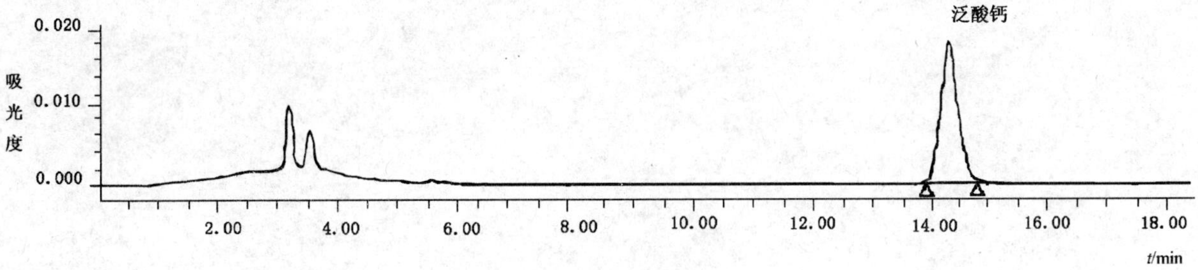

图 1　泛酸钙标准色谱图

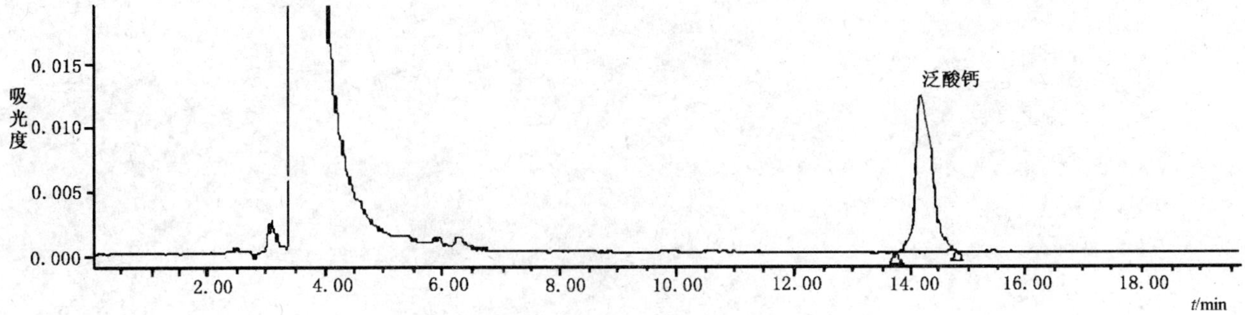

图 2　泛酸钙试样色谱图

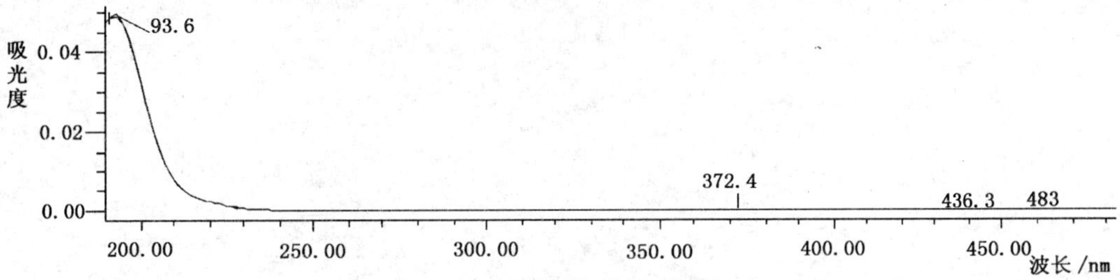

图 3　泛酸钙紫外光谱图

ICS 67.040
C 53

GB

中华人民共和国国家标准

GB/T 22247—2008

保健食品中淫羊藿苷的测定

Determination of icariin in health foods

2008-07-31 发布　　　　2008-11-01 实施

中华人民共和国卫生部
中国国家标准化管理委员会　发布

前　言

本标准由中华人民共和国卫生部提出并归口。

本标准负责起草单位:中国疾病预防控制中心营养与食品安全所。

本标准参加起草单位:吉林省疾病预防控制中心。

本标准主要起草人:杨大进、宋书锋、肖晶、马兰、李青。

本标准为首次发布。

保健食品中淫羊藿苷的测定

1 范围

本标准规定了保健食品中淫羊藿苷的测定方法。

本标准适用于以淫羊藿为主要原料的保健食品中淫羊藿苷的测定。

本标准检出限：当取样量 1.0 g，定容至 50 mL，进样量 10 μL 时，检出限为 4×10^{-4} g/100 g，定量限为 1.2×10^{-3} g/100 g。本标准的线性范围：2 μg/mL～125 μg/mL。

2 原理

淫羊藿苷为淡黄色针状结晶，根据其易溶于水、乙醇、乙酸乙酯、不溶于醚、苯、三氯甲烷的理化特性。试样中的淫羊藿苷用 70% 乙醇在超声波振荡下提取，定容，离心后取上清液过滤膜，经 C_{18} 反相柱分离，在紫外检测器 270 nm 波长处检测，根据色谱峰的保留时间定性，外标法定量。

3 试剂和材料

3.1 甲醇（CH_3OH）：优级纯。

3.2 无水乙醇（C_2H_5OH）：分析纯。

3.3 石油醚（C_nH_{2n+2}）：分析纯，沸程 60 ℃～90 ℃。

3.4 水（H_2O）：为实验室一级用水，电导率（25 ℃）为 0.01 mS/m。

3.5 聚酰胺粉：60 目～80 目。

3.6 淫羊藿苷对照品（$C_{33}H_{40}O_{15}$）：纯度≥98.0%。

3.7 淫羊藿苷对照品储备液（2.0 mg/mL）：准确称取 0.02 g 淫羊藿苷对照品（精确至 0.000 1 g），用甲醇溶解并定容至 10 mL，混匀（淫羊藿苷对照品储备液存放于 2 ℃～10 ℃冰箱中，有效期 90 d）。

3.8 淫羊藿苷对照品使用液（0.2 mg/mL）：准确吸取 1.0 mL 淫羊藿苷对照品储备液于 10 mL 容量瓶中，用甲醇定容至刻度，混匀（淫羊藿苷对照品使用液存放于 2 ℃～10 ℃冰箱中，有效期 90 d）。

4 仪器和设备

4.1 高效液相色谱仪：附紫外检测器。

4.2 超声波清洗器。

4.3 离心机：4 000 r/min。

4.4 层析柱：内径 1.5 cm，长 15 cm。

5 分析步骤

5.1 试样处理

5.1.1 以单一淫羊藿为原料的试样：取研磨均匀的试样 1.0 g～4.0 g（精确至 0.001 g），加入 70% 乙醇 30 mL，超声提取 20 min，过滤。用少量 70% 乙醇洗涤残渣，收集滤液，并定容至 50 mL，混匀，经 0.45 μm 微孔滤膜过滤后进样。

5.1.2 含油试样：取混合均匀的试样 1.0 g～4.0 g（精确至 0.001 g），置于离心管中，加入 30 mL 石油醚，振摇 1 min，4 000 r/min 离心 5 min 后，弃石油醚层，重复此步骤三次。在沸水浴中将残渣中溶剂挥干后，按 5.1.1 向残渣中自“加入 70% 乙醇 30 mL”起操作。

5.1.3 淫羊藿为主要原料的试样：取研磨均匀的试样 1.0 g～4.0 g(精确至 0.001 g)，加入 70%乙醇 30 mL，超声提取 20 min，过滤。用少量 70%乙醇洗涤残渣，收集滤液，并定容至 50 mL，混匀，过滤。精密吸取滤液 25 mL 置于蒸发皿中，沸水浴上蒸干。蒸发皿中残渣用 5 mL 水溶解，上聚酰胺柱(60 目～80 目，5 g，内径 1.5 cm，干法上柱)，以 1 mL/min 的流速，用水 50 mL 淋洗，弃去淋洗液，用乙醇100 mL 洗脱，收集洗脱液，沸水浴蒸干。残渣用少量 70%乙醇溶解并移至 5 mL 容量瓶中，再用 70%乙醇多次洗涤并移入容量瓶，最后用 70%乙醇定容至刻度，混匀，经 0.45 μm 微孔滤膜过滤后进样。

5.1.4 液体试样：取试样 1 mL～4 mL，加入 70%乙醇 30 mL，超声提取 20 min，过滤。用少量 70%乙醇洗涤残渣，收集滤液，并定容至 50 mL，混匀，经 0.45 μm 微孔滤膜过滤后进样。

5.2 标准曲线的制备

将淫羊藿苷对照品使用液用甲醇稀释为 2.0 μg/mL、5.0 μg/mL、25.0 μg/mL、75.0 μg/mL、125.0 μg/mL的标准溶液系列。

5.3 液相色谱参考条件

5.3.1 色谱柱：ODS C_{18}柱，4.6 mm×250 mm，5 μm。

5.3.2 检测器：检测波长 270 nm。

5.3.3 流动相：甲醇＋水＝65＋35。

5.3.4 进样量：10 μL。

5.3.5 流速：1.0 mL/min。

5.3.6 色谱分析：取标准溶液系列及试样溶液注入色谱中，以保留时间定性，以试样峰面积或峰高与标准比较定量。

6 结果计算

试样中淫羊藿苷的含量按式(1)进行计算：

$$X = \frac{c \times V \times F}{m \times 1\ 000} \quad \cdots\cdots (1)$$

式中：

X——试样中淫羊藿苷的含量，单位为克每千克或克每升(g/kg 或 g/L)；

c——由标准曲线求得进样液中淫羊藿苷的浓度，单位为微克每毫升(μg/mL)；

V——试样定容体积，单位为毫升(mL)；

F——试样的稀释倍数；

m——试样的质量(或体积)，单位为克或毫升(g 或 mL)。

计算结果保留三位有效数字。

7 精密度

在重复性条件下获得的两次独立测定结果的绝对差值不超过算术平均值的 10%。

8 色谱图

在上述色谱条件下的色谱图见图 1～图 2。

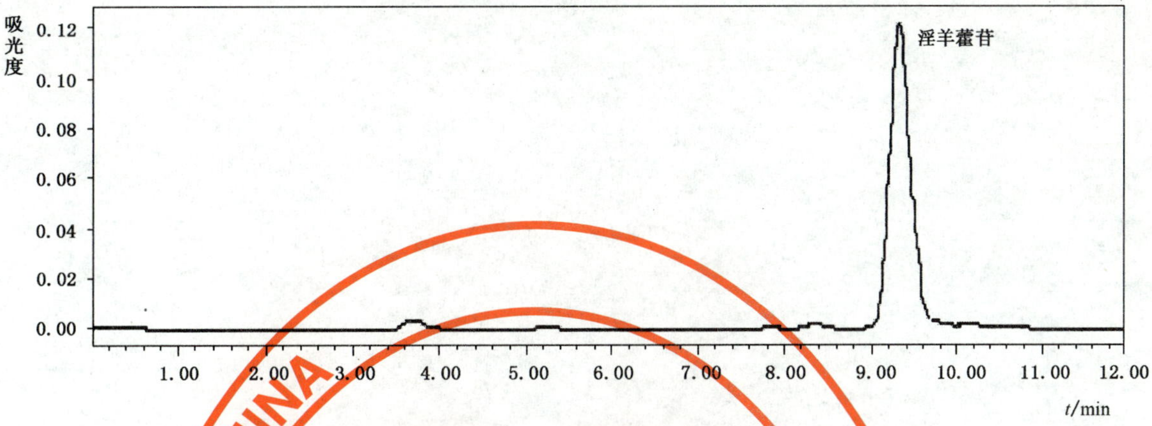

图 1 淫羊藿苷标准色谱图

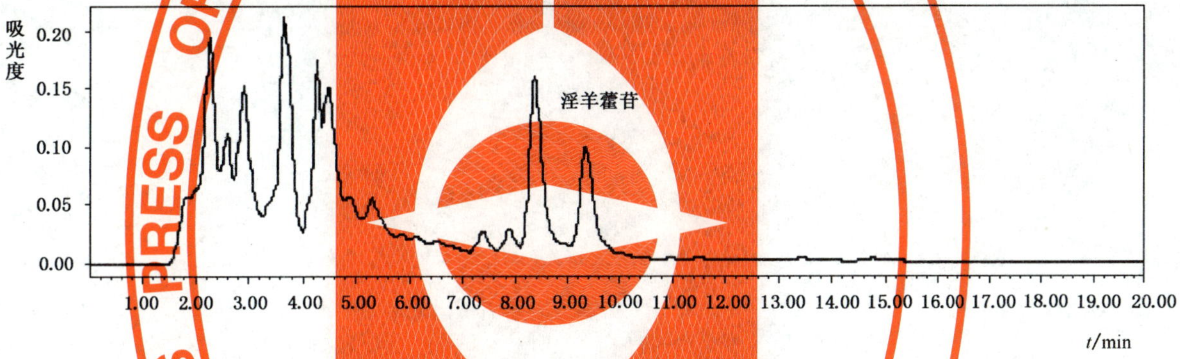

图 2 淫羊藿苷试样色谱图

ICS 67.040
C 53

中华人民共和国国家标准

GB/T 22248—2008

保健食品中甘草酸的测定

Determination of glycyrrhizic acid in health foods

2008-07-31 发布　　　　2008-11-01 实施

中华人民共和国卫生部
中国国家标准化管理委员会　发布

前　言

本标准由中华人民共和国卫生部提出并归口。

本标准负责起草单位：中国疾病预防控制中心营养与食品安全所。

本标准参加起草单位：吉林省疾病预防控制中心、河北省疾病预防控制中心。

本标准主要起草人：杨大进、肖晶、王竹天、李青、秦振顺。

本标准为首次发布。

保健食品中甘草酸的测定

1 范围

本标准规定了保健食品中甘草酸的测定方法。

本标准适用于以甘草为主要原料的保健食品中甘草酸的测定。

当取样量 3.0 g,定容至 25 mL,进样量 10 μL 时,方法的检出限(LOD)为 1.0×10^{-3} g/kg,方法的定量限(LOQ)为 3.0×10^{-3} g/kg,线性范围为 5.0 μg/mL～50 μg/mL。

2 原理

根据甘草酸易溶于醇、水等极性溶剂的理化特性,不含油试样中的甘草酸采用流动相进行提取,对于含油试样则需用石油醚去油后再用流动相提取,过滤后进高效液相色谱仪,经反相 C_{18} 色谱柱分离后,由紫外检测器检测,根据保留时间和峰面积进行定性和定量。

3 试剂和材料

3.1 甲醇(CH_3OH):优级纯。

3.2 乙酸(CH_3COOH):分析纯。

3.3 石油醚(沸程 60 ℃～90 ℃):分析纯。

3.4 醋酸铵(CH_3COONH_4):分析纯。

3.5 0.2 mol/L 醋酸铵溶液:取醋酸铵 15.42 g,加水溶解成 1 000 mL。

3.6 水(H_2O):为实验室一级用水,电导率(25 ℃)为 0.01 mS/m。

3.7 甘草酸铵标准品:纯度≥99%。

3.8 甘草酸铵标准储备液(1.0 mg/mL):准确称量甘草酸铵标准品 0.01 g(精确至 0.000 1 g)于 10.0 mL 容量瓶中,加入流动相溶解并定容至刻度,混匀(标准储备液存放于 2 ℃～10 ℃冰箱中,有效期 90 d)。

3.9 甘草酸铵标准使用液(100 μg/mL):准确吸取 1.00 mL 甘草酸铵标准储备液于 10.0 mL 容量瓶中,用流动相定容至刻度(标准使用液存放于 2 ℃～10 ℃冰箱中,有效期 90 d)。

4 仪器和设备

4.1 高效液相色谱仪:附紫外检测器。

4.2 超声波清洗器。

4.3 离心机:4 000 r/min。

4.4 氮吹仪。

5 分析步骤

5.1 试样处理

5.1.1 一般试样:根据试样中甘草酸的含量,称取 0.5 g～3.0 g 均匀试样(精确至 0.001 g)置于 50 mL 容量瓶中,加入流动相 20 mL,使溶液每毫升含甘草酸 20 μg/mL,超声波提取 20 min,加入流动相定容至刻度,摇匀,以 3 000 r/min 离心 5 min,过 0.45 μm 滤膜,取滤液备用(如试样中甘草酸含量较高,可适当将试样稀释后进样)。

5.1.2 含油试样:根据试样中甘草酸的含量,称取 0.5 g～3.0 g 均匀试样(精确至 0.001 g)置于 25 mL

离心管中，加入 15 mL 石油醚振摇 1 min 后，以 3 000 r/min 离心 5 min，弃去石油醚，重复该程序三次，吹氮仪吹干后，用流动相将所有内容物转移至 50 mL 容量瓶中，其余步骤同 5.1.1。

5.2 标准曲线的制备

临用前将甘草酸铵标准使用液(3.9)，用流动相配成 5.00 μg/mL、10.0 μg/mL、20.0 μg/mL、40.0 μg/mL、50.0 μg/mL 的标准系列。

5.3 液相色谱参考条件

5.3.1 色谱柱：ODS C_{18}柱，250 mm×4.6 mm，5 μm。

5.3.2 柱温：25 ℃。

5.3.3 紫外检测器：检测波长 250 nm。

5.3.4 流动相：甲醇+0.2 mol/L 醋酸铵溶液+乙酸=67+33+1。

5.3.5 进样量：10 μL。

5.3.6 流速：1.0 mL/min。

5.3.7 色谱分析：将标准溶液及试样溶液注入色谱中，以保留时间定性，以试样峰面积或峰高与标准比较定量。

6 结果计算

试样中甘草酸的含量按式(1)进行计算：

$$X = \frac{c \times V \times 1\,000 \times F \times 0.98}{m \times 1\,000 \times 1\,000} \quad \cdots\cdots(1)$$

式中：

X——试样中甘草酸的含量，单位为克每千克(g/kg)；

c——由标准曲线求得进样液中甘草酸的浓度，单位为微克每毫升(μg/mL)；

V——试样定容体积，单位为毫升(mL)；

F——稀释倍数；

0.98——甘草酸铵(分子质量：839.97)换折算为甘草酸(分子质量：822.93)的比值；

m——试样质量，单位为克(g)。

计算结果保留三位有效数字。

7 精密度

在重复性条件下获得的两次独立测定结果的绝对差值不超过算术平均值的 10%。

8 色谱图

在上述色谱条件下的色谱图见图 1～图 2。

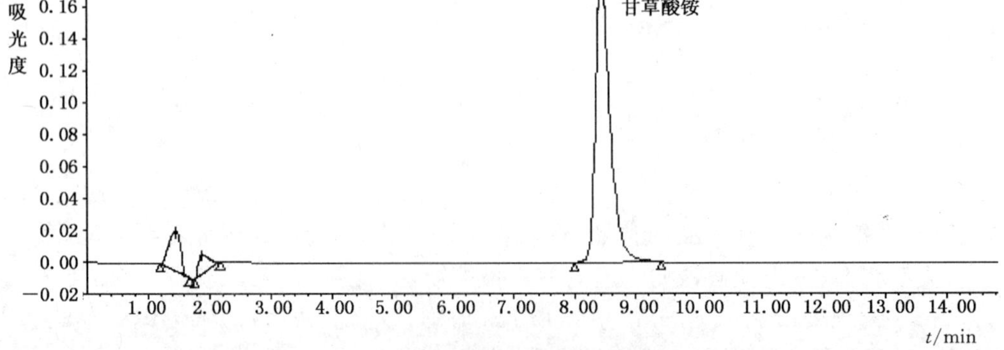

图 1 甘草酸铵标准色谱图

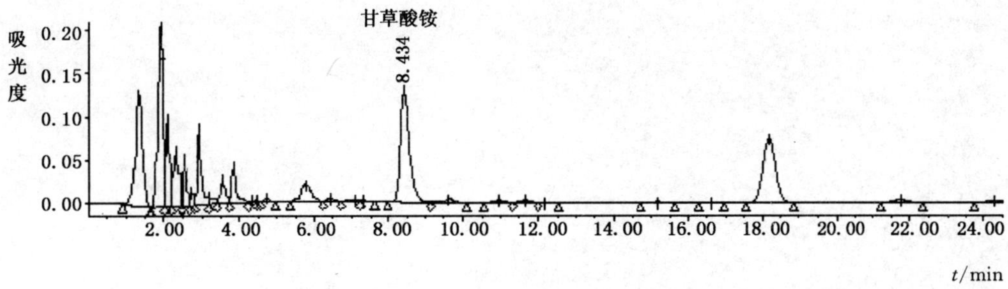

图 2　甘草酸铵试样色谱图

ICS 67.040
C 53

中华人民共和国国家标准

GB/T 22249—2008

保健食品中番茄红素的测定

Determination of lycopene in health foods

2008-07-31 发布　　　　2008-11-01 实施

中华人民共和国卫生部
中国国家标准化管理委员会　发布

前　　言

本标准由中华人民共和国卫生部提出并归口。

本标准负责起草单位:中国疾病预防控制中心营养与食品安全所。

本标准参加起草单位:北京市疾病预防控制中心。

本标准主要起草人:杨大进、鲁杰、王竹天、宋凤英、罗仁才。

本标准为首次发布。

保健食品中番茄红素的测定

1 范围

本标准规定了保健食品中番茄红素的测定方法。

本标准适用于作为主要功效成分添加于保健食品中番茄红素的测定。

当取样量 1.0 g，定容至 10 mL，进样量 10 μL 时，检出限(LOD)为 3×10^{-4} g/kg，定量限(LOQ)为 1×10^{-3} g/kg。线性范围为 0.200 μg/mL～20.0 μg/mL。

2 原理

根据番茄红素易溶于二氯甲烷等溶剂的理化特性，试样经焦性没食子酸-二氯甲烷溶液提取，定容，过滤后进高效液相色谱仪，经反相色谱分离后，由紫外检测器检测，根据保留时间和峰面积进行定性和定量。

3 试剂和材料

3.1 乙腈 (CH_3CN)：色谱纯。

3.2 甲醇 (CH_3OH)：色谱纯。

3.3 二氯甲烷 (CH_2Cl_2)：分析纯。

3.4 焦性没食子酸($C_6H_3(OH)_3$)：分析纯。

3.5 *N*，*N*-二甲基甲酰胺(C_3H_7NO)：分析纯。

3.6 番茄红素对照品：纯度≥95%(避光保存于－70 ℃冰箱中)。

3.7 焦性没食子酸-二氯甲烷溶液：称取 5 g 焦性没食子酸用二氯甲烷溶解并定容至 100 mL。

3.8 番茄红素对照品溶液：准确称量番茄红素对照品 1 mg(精确到 0.000 1 g)，置于 10 mL 棕色容量瓶中，加焦性没食子酸-二氯甲烷溶液溶解并定容至刻度，混匀，此溶液临用现配。由于番茄红素不稳定，使用前可先用液相色谱归一化法确定其纯度。

4 仪器和设备

4.1 高效液相色谱仪：附紫外检测器。

4.2 超声波清洗器。

5 分析步骤

5.1 试样的制备

5.1.1 一般试样的制备

根据试样中番茄红素的含量，称取 0.5 g～2.0 g 均匀试样(精确称量至 0.001 g)置于 25 mL 棕色容量瓶中，加焦性没食子酸-二氯甲烷溶液 20 mL，超声提取 30 min 后，加焦性没食子酸-二氯甲烷溶液定容至刻度，摇匀，过 0.45 μm 滤膜。滤液备用。

5.1.2 微囊化试样的制备

根据试样中番茄红素的含量，称取 0.5 g～2.0 g 均匀试样(精确称量至 0.001 g)置于 25 mL 棕色容量瓶中，加 0.2 g 焦性没食子酸和 5 mL *N*，*N*-二甲基甲酰胺后超声提取 30 min 后，再用焦性没食子酸-二氯甲烷溶液定容至刻度，摇匀，过 0.45 μm 滤膜。滤液备用。

5.2 标准曲线的制备

分别吸取番茄红素对照品溶液(3.8)，用焦性没食子酸-二氯甲烷溶液稀释并在棕色容量瓶中定容的浓度分别为 0.2、0.5、1.0、5.0、10.0、20.0 μg/mL 标准系列。

5.3 液相色谱参考条件

5.3.1 色谱柱：ODS C_{18} 柱或 ODS C_{30} 柱(适用于番茄红素几何异构体的分离或含多种胡萝卜素试样的分析)，150 mm×4.6 mm，5 μm。

5.3.2 柱温：30 ℃。

5.3.3 紫外检测器：检测波长 472 nm。

5.3.4 流动相：甲醇+乙腈=50+50。

5.3.5 流速：1.0 mL/min。

5.3.6 进样量：10 μL。

5.3.7 色谱分析：取标准溶液及试样溶液注入色谱中，以保留时间定性，以试样峰面积或峰高与标准比较定量。

6 计算

试样中番茄红素的含量按式(1)进行计算：

$$X = \frac{c \times V \times 1\,000}{m \times 1\,000 \times 1\,000} \quad \cdots\cdots (1)$$

式中：

X——试样中的含量，单位为克每千克(g/kg)；

c——根据标准曲线查得的番茄红素的浓度，单位为微克每毫升(μg/mL)；

V——试样定容体积，单位为毫升(mL)；

m——试样质量，单位为克(g)。

计算结果保留三位有效数字。

7 精密度

在重复性条件下获得的两次独立测定结果的绝对差值不得超过算术平均值的 10%。

8 色谱图

在上述色谱条件下的色谱图见图 1～图 2。

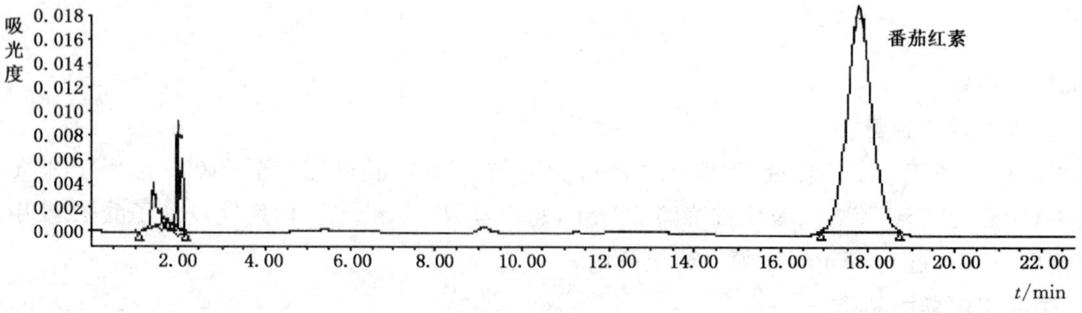

图 1 番茄红素标准色谱图

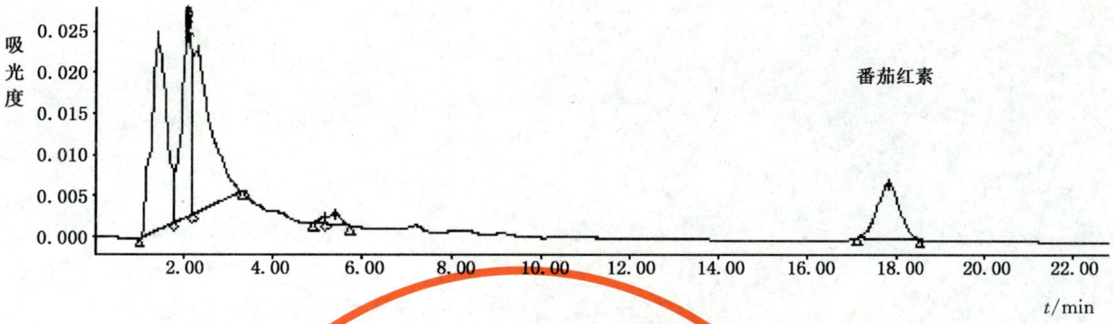

图 2　番茄红素试样色谱图

ICS 67.040
C 53

中华人民共和国国家标准

GB/T 22250—2008

保健食品中绿原酸的测定

Determination of chlorogenic acid in health foods

2008-07-31 发布　　2008-11-01 实施

中华人民共和国卫生部
中国国家标准化管理委员会　发布

前　言

本标准由中华人民共和国卫生部提出并归口。

本标准负责起草单位：中国疾病预防控制中心营养与食品安全所。

本标准参加起草单位：河北省疾病预防控制中心、吉林省疾病预防控制中心。

本标准主要起草人：杨大进、方从容、王竹天、韩会新、李青。

本标准为首次发布。

保健食品中绿原酸的测定

1 范围

本标准规定了保健食品中绿原酸的测定方法。

本标准适用于以金银花、菊花、杜仲、山楂等一种或几种为主要原料的保健食品中绿原酸的测定。

当取样量为 2.0 g 时，定容体积为 25 mL 时，方法的检出限(LOD)为 1.4×10^{-3} g/kg，方法的定量限(LOQ)为 4.0×10^{-3} g/kg。方法的线性范围为 2.0 μg/mL～80 μg/mL。

2 原理

根据绿原酸易溶于甲醇、乙醇等极性有机溶剂的理化特性，一般试样中的绿原酸用 70%甲醇提取，如果试样为油性软胶囊，可用石油醚脱脂挥干后再用 70%甲醇提取。提取液定容，过滤后进高效液相色谱仪，经反相色谱分离后，由紫外检测器检测，根据保留时间和峰面积进行定性和定量。

3 试剂和材料

3.1 乙酸(CH_3COOH)：优级纯。

3.2 乙腈(CH_3CN)：色谱纯。

3.3 甲醇(CH_3OH)：色谱纯。

3.4 石油醚：分析纯，沸程 30 ℃～60 ℃。

3.5 水(H_2O)：为实验室一级用水，电导率(25 ℃)为 0.01 mS/m。

3.6 绿原酸标准品：纯度≥99%。

3.7 绿原酸标准储备液(2.00 mg/mL)：称取绿原酸标准品 0.02 g(精确至 0.000 1 g)于 10.0 mL 容量瓶中，加流动相溶解并定容至刻度，混匀(此标准储备液在 4 ℃冰箱中，可保存 5 d)。

3.8 绿原酸标准使用液(200 μg/mL)：准确量取 1.00 mL 绿原酸标准储备液于 10.0 mL 容量瓶中，用流动相稀释至刻度，混匀(此标准使用液在 4 ℃冰箱中，可保存 5 d)。

4 仪器和设备

4.1 高效液相色谱仪：附紫外检测器。

4.2 超声波清洗器。

4.3 离心机：4 000 r/min。

5 分析步骤

5.1 试样处理

5.1.1 一般试样：称取 0.5 g～2 g 粉碎均匀的试样(精确到 0.001 g)于 25.0 mL 容量瓶中，加入20 mL 70%甲醇，超声波提取 30 min，用 70%甲醇定容至刻度，混匀(如试样中绿原酸含量较高，可适当进行稀释)，过 0.45 μm 滤膜，滤液供液相色谱分析。

5.1.2 油性试样：称取 0.5 g～2 g 均匀的试样(精确到 0.001 g)于 25 mL 离心试管中，加入 15 mL 石油醚，振摇 1 min 后，以 3 000 r/min 离心 10 min，弃去溶剂后再重复一次。将试样中溶剂挥干后加入 70%甲醇，其余步骤同 5.1.1。

5.1.3 液体试样：以 3 000 r/min 离心 10 min 后(如试样中绿原酸含量较高，可适当进行稀释)，过 0.45 μm 滤膜，滤液供液相色谱分析。

5.2 标准曲线的制备

分别吸取绿原酸标准使用液(3.8),用流动相稀释并在容量瓶中定容的浓度分别为 2.00、10.0、20.0、40.0、80.0 μg/mL 标准系列。

5.3 液相色谱参考条件

5.3.1 色谱柱:ODS C_{18} 色谱柱,250 mm×4.6 mm,5 μm。

5.3.2 流动相:0.5%乙酸溶液+乙腈=9+1。

5.3.3 流速:1.0 mL/mim。

5.3.4 柱温:35 ℃。

5.3.5 检测波长:327 nm。

5.3.6 进样量:10 μL。

5.3.7 色谱分析:取标准溶液和试样溶液注入色谱柱中,以保留时间定性,以试样峰面积或峰高与标准比较定量。

6 结果计算

试样中绿原酸的含量按式(1)进行计算:

$$X = \frac{c \times V \times 1\,000}{m \times 1\,000 \times 1\,000} \quad \cdots\cdots(1)$$

式中:

X——试样中的含量,单位为克每千克或克每升(g/kg 或 g/L);

c——由标准曲线求得进样液中绿原酸的浓度,单位为微克每毫升(μg/mL);

V——试样定容体积,单位为毫升(mL);

m——试样质量或体积,单位为克或毫升(g 或 mL)。

计算结果保留三位有效数字。

7 精密度

在重复性条件下获得的两次独立测定结果的绝对差值不得超过算术平均值的 10%。

8 色谱图

在上述色谱条件下的色谱图见图 1～图 2。

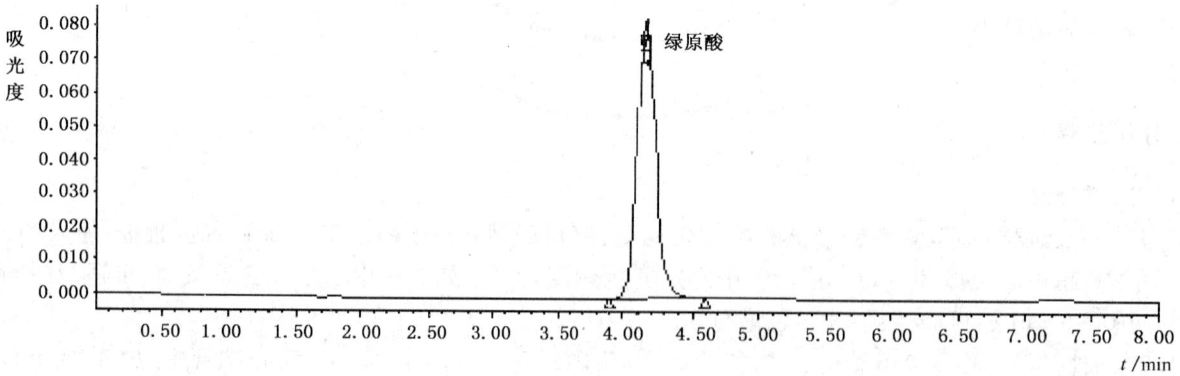

图 1 绿原酸标准色谱图

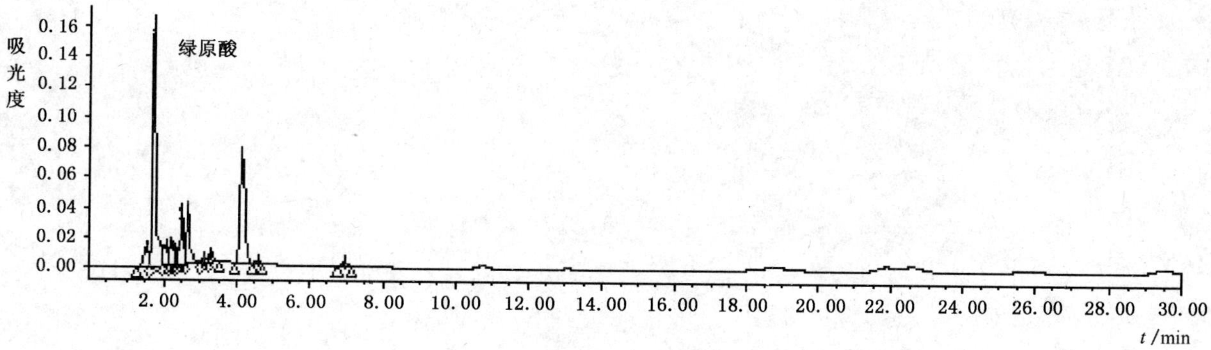
吸光度
0.16
0.14
0.12
0.10
0.08
0.06
0.04
0.02
0.00
绿原酸
2.00
4.00
6.00
8.00
10.00
12.00
14.00
16.00
18.00
20.00
22.00
24.00
26.00
28.00
30.00
t/min

图 2　绿原酸试样色谱图

ICS 67.040
C 53

GB

中华人民共和国国家标准

GB/T 22251—2008

保健食品中葛根素的测定

Determination of puerarin in health foods

2008-07-31 发布　　2008-11-01 实施

中华人民共和国卫生部
中国国家标准化管理委员会　发布

前　言

本标准由中华人民共和国卫生部提出并归口。

本标准负责起草单位：中国疾病预防控制中心营养与食品安全所。

本标准参加起草单位：北京市疾病预防控制中心。

本标准主要起草人：杨大进、鲁杰、宋书锋、马兰、罗仁才。

本标准为首次发布。

保健食品中葛根素的测定

1 范围

本标准规定了保健食品中葛根素的测定方法。

本标准适用于以葛根为主要原料的保健食品中葛根素的测定。

当信噪比 $S/N=3$，取样量为 1.0 g，定容体积为 10 mL 时，本方法的检出限(LOD)为 2.0×10^{-5} g/kg；当信噪比 $S/N=10$，取样量为 1.0 g，定容体积为 10 mL 时，方法的定量限(LOQ)为 6.0×10^{-5} g/kg。方法的线性范围为 5.0 μg/mL～50 μg/mL。

2 原理

根据葛根素溶于甲醇、水等极性溶剂的特性，试样采用 70% 甲醇溶液进行超声提取，然后定容，单一葛根提取物制成的试样过滤后直接利用高效液相色谱仪分离，紫外检测器检测，根据保留时间和峰面积进行定性和定量。由多种植物提取物制成的试样需经大孔吸附树脂净化后再进行高效液相色谱分析。

3 试剂和材料

3.1 甲醇(CH_3OH)：优级纯。

3.2 无水乙醇(C_2H_5OH)：分析纯。

3.3 冰乙酸(CH_3COOH)：优级纯。

3.4 36% 乙酸：用冰乙酸与水按 9∶16 的比例配制。

3.5 水(H_2O)：为实验室一级用水，电导率(25 ℃)为 0.01 mS/m。

3.6 葛根素标准品：纯度≥95%。

3.7 葛根素标准储备溶液(2.00 mg/mL)：准确称取 0.02 g 葛根素标准品(精确至 0.000 1 g)，用 70% 甲醇溶解并定容至 10 mL，混匀(此标准储备溶液在 4 ℃冰箱中可保存 7 d)。

3.8 葛根素标准使用液(200 μg/mL)：准确吸取 1.00 mL 葛根素标准储备溶液于 10 mL 容量瓶中，用 70% 甲醇定容至刻度，混匀(此标准使用液在 4 ℃冰箱中可保存 7 d)。

3.9 D101 大孔吸附树脂：树脂用 70% 乙醇浸泡 24 h，使其充分溶胀，反复用去离子水冲洗，将乙醇洗净后装入层析柱(3.10)上，柱高为 10 cm。

3.10 层析柱：长 15 cm，内径 1.0 cm。

4 仪器和设备

4.1 高效液相色谱仪：附紫外检测器。

4.2 超声波清洗器。

4.3 离心机：4 000 r/min。

5 分析步骤

5.1 试样处理

5.1.1 单一葛根提取物制成的试样：根据试样含量，称取 0.50 g～1.00 g 试样(精确至 0.001 g)，加适量 70% 甲醇，于超声波清洗器中超声提取 20 min，冷却至室温，再用 70% 甲醇定容至 10 mL，混匀，静置，上清液经 0.45 μm 微孔滤膜过滤后，待液相色谱分析。

5.1.2 多种植物提取物制成的试样：根据试样含量，准确称取 0.50 g～1.00 g 试样(精确至 0.001 g)，加适量水溶解，并于超声波清洗器中超声 20 min，冷却至室温后用水定容至 10 mL，混匀，4 000 r/min 离心 5 min。取 1 mL 上清液上大孔吸附树脂层析柱，用约 40 mL 水以 1 mL/min 淋洗杂质，再用50 mL 70%甲醇洗脱葛根素，将洗脱液置于沸水浴蒸发近干，用 70%甲醇将其溶解并定容至 1 mL，过 0.45 μm 滤膜后待高效液相色谱用。

5.2 标准曲线的制备

分别吸取标准使用液(3.8)，用 70%甲醇稀释并定容的浓度分别为 5 μg/mL、10 μg/mL、20 μg/mL、30 μg/mL、40 μg/mL、50 μg/mL 的标准系列。

5.3 液相色谱参考条件

5.3.1 色谱柱：ODS C_{18}，250 mm×4.6 mm，5 μm。

5.3.2 流动相：甲醇＋36%乙酸＋水＝25＋3＋72。

5.3.3 流速：0.6 mL/min。

5.3.4 检测波长：247 nm。

5.3.5 进样体积：10 μL。

5.4 色谱分析

在给定的仪器条件下进标准溶液系列和试样净化液进行液相色谱仪分析，以保留时间定性，以峰高或峰面积定量。

6 结果计算

试样中葛根素的含量按式(1)进行计算：

$$X = \frac{c \times V \times 1\,000}{m \times 1\,000 \times 1\,000} \qquad \cdots\cdots(1)$$

式中：

X——试样中葛根素的含量，单位为克每千克(g/kg)；

c——由标准曲线求得进样液中葛根素的浓度，单位为微克每毫升(μg/mL)；

V——试样定容体积，单位为毫升(mL)；

m——试样质量，单位为克(g)。

计算结果保留两位有效数字。

7 精密度

在重复条件下获得的两次独立测定结果的绝对值不得超过算术平均值的 10%。

8 色谱图

在上述色谱条件下的色谱图见图 1～图 2。

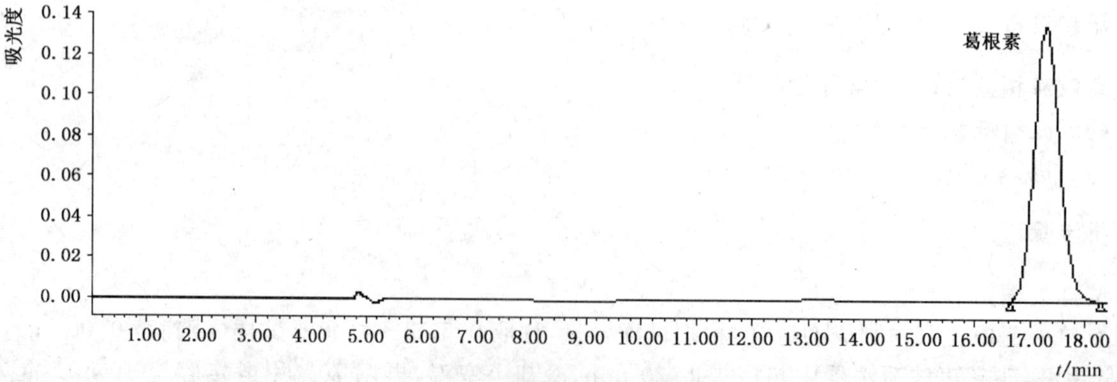

图 1 葛根素标准色谱图

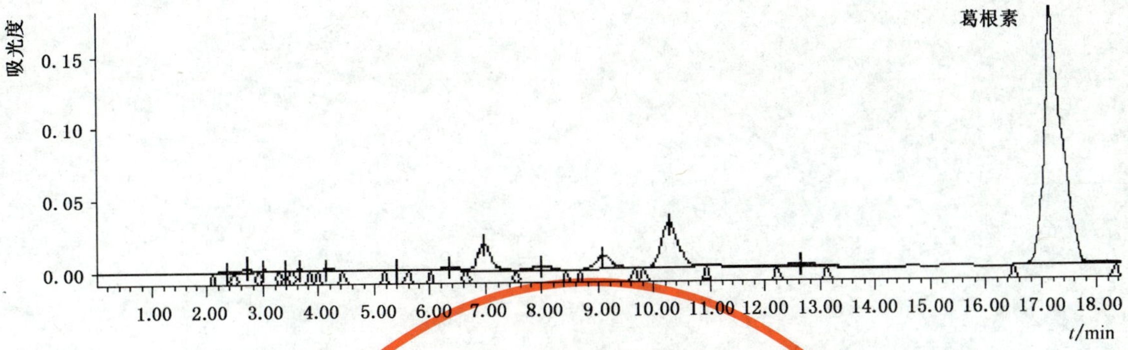

图 2　多种植物提取物制成的试样色谱图

ICS 67.040
C 53

中华人民共和国国家标准

GB/T 22252—2008

保健食品中辅酶 Q_{10} 的测定

Determination of coenzyme Q_{10} in health foods

2008-07-31 发布 2008-11-01 实施

中华人民共和国卫生部
中国国家标准化管理委员会 发布

前　言

本标准由中华人民共和国卫生部提出并归口。

本标准负责起草单位：中国疾病预防控制中心营养与食品安全所。

本标准参加起草单位：北京市疾病预防控制中心。

本标准主要起草人：王竹天、鲁杰、杨大进、蒋定国、罗仁才。

本标准为首次发布。

保健食品中辅酶 Q_{10} 的测定

1 范围

本标准规定了保健食品中辅酶 Q_{10} 的测定方法。

本标准适用于以辅酶 Q_{10} 作为主要功效成分添加于保健食品中的辅酶 Q_{10} 的测定。

当信噪比 $S/N=3$，取样量 5.0 g，定容至 25 mL，进样量 10 μL 时，检出限（LOD）为 1.6×10^{-4} g/100 g；当信噪比 $S/N=10$，取样量 5.0 g，定容至 25 mL，进样量 10 μL 时，定量限（LOQ）为 5.0×10^{-4} g/100 g。线性范围为 5.0 μg/mL～100 μg/mL。

2 原理

根据辅酶 Q_{10} 不溶于水，易溶于石油醚、苯、乙醇等有机溶剂的特性，采用正己烷提取试样中辅酶 Q_{10}，无水乙醇稀释，过滤后进高效液相色谱仪，经反相 C_{18} 色谱柱分离后，由紫外检测器检测，根据保留时间和峰面积进行定性和定量。

3 试剂和材料

3.1 无水乙醇（C_2H_5OH）：优级纯。

3.2 四氢呋喃（C_4H_4O）：分析纯。

3.3 乙腈（CH_3CN）：色谱纯。

3.4 正己烷（C_6H_6）：分析纯。

3.5 水（H_2O）：为实验室一级用水，电导率（25 ℃）为 0.01 mS/m。

3.6 辅酶 Q_{10} 标准品：纯度≥99.5%。

3.7 辅酶 Q_{10} 标准储备液（2.00 mg/mL）：准确称取辅酶 Q_{10} 标准品 0.1 g（精确到 0.000 1 g），置于 50 mL 棕色容量瓶中，加正己烷溶解并定容至刻度，混匀（此标准储备液在避光条件下于 4 ℃冰箱中，可保存 3 d）。

3.8 辅酶 Q_{10} 标准使用液（200 μg/mL）：准确吸取 1.00 mL 辅酶 Q_{10} 标准储备溶液于 10 mL 棕色容量瓶中，用无水乙醇定容至刻度（此标准使用液在避光条件下于 4 ℃冰箱中，可保存 3 d）。

4 仪器和设备

4.1 高效液相色谱仪：附紫外检测器。

4.2 超声波清洗器。

5 分析步骤

5.1 试样的处理

根据试样含量，称取 1 g～5 g 均匀试样（精确至 0.001 g），置于 25 mL 棕色容量瓶中，加正己烷 20 mL，超声提取 20 min 后，加正己烷至刻度，摇匀，量取 1.0 mL 上述溶液于 10 mL 棕色容量瓶中，用无水乙醇稀释至刻度，混匀，过 0.45 μm 滤膜，滤液备用。

5.2 标准曲线的制备

分别吸取标准使用液（3.8），用正己烷-无水乙醇（1+9）的混合溶剂稀释并在棕色容量瓶中定容的浓度分别为 4.0 μg/mL、10 μg/mL、20 μg/mL、40 μg/mL、50 μg/mL 标准系列。

5.3　**液相色谱参考条件**

5.3.1　色谱柱：ODS C_{18}柱，150 mm×4.6 mm，5 μm。

5.3.2　柱温：25 ℃。

5.3.3　紫外检测器：检测波长 280 nm。

5.3.4　流动相：乙腈-四氢呋喃-水(55+40+5)。

5.3.5　流速：1.0 mL/min。

5.3.6　进样体积：10 μL。

5.3.7　色谱分析：取标准溶液及试样溶液注入色谱中，以保留时间定性，以试样峰面积或峰高与标准比较定量。

5.4　**注意事项**

操作过程中应注意避免阳光直射。

6　计算

试样中辅酶 Q_{10}的含量按式(1)进行计算：

$$X = \frac{c \times V \times f \times 100}{m \times 1\,000 \times 1\,000} \quad \cdots\cdots(1)$$

式中：

X——试样中辅酶 Q_{10}的含量，单位为克每百克(g/100 g)；

c——从标准曲线查得的浓度，单位为微克每毫升(μg/mL)；

V——试样定容体积，单位为毫升(mL)；

f——样液稀释倍数；

m——试样的质量，单位为克(g)。

计算结果保留两位有效数字。

7　精密度

在重复性条件下获得的两次独立测定结果的绝对差值不得超过算术平均值的 10%。

8　色谱图

在上述色谱条件下的色谱图见图 1～图 2。

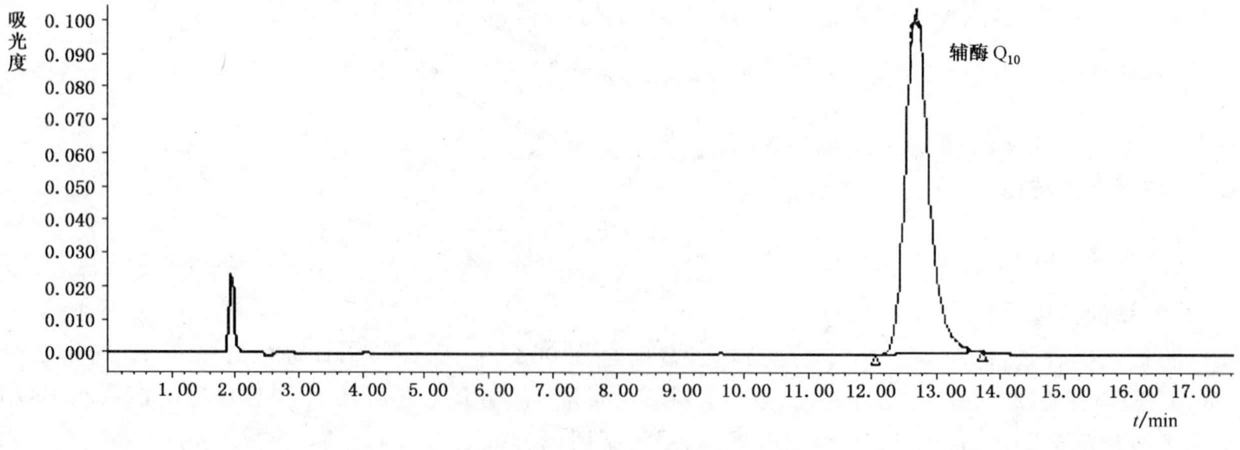

图 1　辅酶 Q_{10}标准色谱图

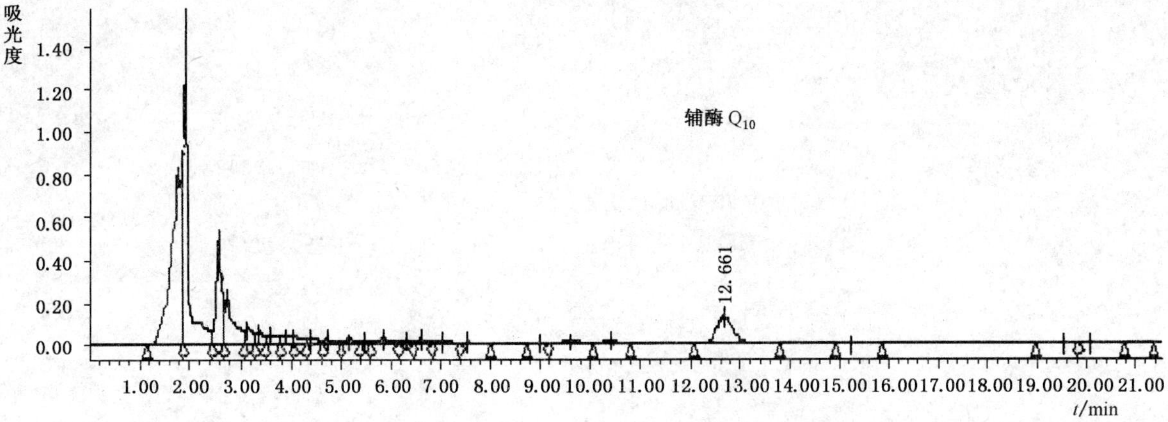

图 2　辅酶 Q_{10} 试样色谱图

ICS 67.040
C 53

中华人民共和国国家标准

GB/T 22253—2008

食品中阿力甜的测定

Determination of alitame in foods

2008-07-31 发布　　　　2008-11-01 实施

中华人民共和国卫生部
中国国家标准化管理委员会　发布

前言

本标准由中华人民共和国卫生部提出并归口。

本标准负责起草单位：中国疾病预防控制中心营养与食品安全所。

本标准参加起草单位：山东省疾病预防控制中心、吉林省疾病预防控制中心。

本标准主要起草人：王竹天、蒋定国、杨大进、陈金东、刘思洁。

本标准为首次发布。

食品中阿力甜的测定

1 范围

本标准规定了食品中阿力甜的测定方法。

本标准适用于碳酸饮料、乳饮料、浓缩果汁和固体饮料中阿力甜的测定。

当称样量为 5 g、定容体积为 25 mL、进样 10 μL 时，方法的检出限为 0.002 g/kg，定量限为 0.006 g/kg，方法的线性范围为 5.0 μg/mL～100 μg/mL。

2 原理

根据阿力甜易溶于水和乙醇等溶剂的特点，固体饮料试样中阿力甜用蒸馏水在超声波振荡下提取，提取液用水定容；碳酸饮料类试样除二氧化碳后用水定容；乳饮料类试样中阿力甜用乙醇沉淀蛋白，上清液用乙醇＋水(2＋1)定容；提取液在液相色谱 ODS C_{18}反相柱上进行分离，在波长 200 nm 处检测，以色谱峰的保留时间定性，外标法定量。

3 试剂

3.1 甲醇(CH_3OH)：色谱纯。

3.2 乙醇(CH_3CH_2OH)：优级纯。

3.3 阿力甜标准品：纯度≥99％。

3.4 水(H_2O)：为实验室一级用水，电导率(25 ℃)为 0.01 mS/m。

3.5 阿力甜标准储备液(0.5 mg/mL)：称取 0.05 g 阿力甜(精确至 0.000 1 g)，置于 100 mL 容量瓶中，加入水溶解并定容至刻度，置于冰箱保存，有效期为 90 d。

3.6 阿力甜标准使用溶液系列的制备：将阿力甜标准储备液用水逐级稀释为 100 μg/mL、50 μg/mL、25 μg/mL、10.0 μg/mL、5.0 μg/mL 的标准使用溶液系列。置于冰箱保存，有效期为 60 d。

4 仪器

4.1 液相色谱仪：配有二极管阵列检测器。

4.2 超声波振荡器。

4.3 离心机：4 000 r/min。

5 分析步骤

5.1 试样的处理

5.1.1 碳酸饮料类

称取约 10 g 试样(精确至 0.001 g)，50 ℃微温除去二氧化碳，用水定容至 25 mL～50 mL，混匀离心，上清液经 0.45 μm 水系滤膜过滤，备用。

5.1.2 乳饮料类

称取约 5 g 试样(精确至 0.001 g)于 50 mL 离心管，加入 10 mL 乙醇，盖上盖子，轻轻上下颠倒数次(不能振摇)，静置 1 min，4 000 r/min 离心 5 min，上清液滤入 25 mL 容量瓶，沉淀用 5 mL 乙醇＋水(2＋1)洗涤，离心后合并上清液，用乙醇＋水(2＋1)定容至刻度，经 0.45 μm 有机系滤膜过滤，备用。

5.1.3 浓缩果汁类

称取约 0.5 g～2 g 试样(精确至 0.001 g),用水定容到 25 mL～50 mL,混匀 4 000 r/min 离心 5 min,上清液经 0.45 μm 水系滤膜过滤,备用。

5.1.4 固体饮料

称取约 0.2 g～1 g 试样(精确至 0.001 g),加水后超声波振荡提取 20 min,并定容到 25 mL～50 mL,混匀 4 000 r/min 离心 5 min,上清液经 0.45 μm 水系滤膜过滤,备用。

5.2 测定

5.2.1 液相色谱参考条件

色谱柱：ODS C_{18}柱,4.6 mm×250 mm,5 μm。

柱温:25 ℃。

流动相:甲醇+水(53+47)。

流速:0.8 mL/min。

进样量:10 μL。

检测器:二极管阵列检测器。

检测波长:200 nm。

5.2.2 校正曲线绘制

取阿力甜标准溶液系列,在上述色谱条件下进行 HPLC 测定,绘制阿力甜浓度-响应峰面积(峰高)的标准曲线。

5.2.3 色谱分析

在相同的液相色谱条件下,分别将标准溶液和试样溶液注入液相色谱仪中,以保留时间定性,以试样峰高或峰面积与标准比较定量。

6 结果计算

按标准曲线外标法计算试样中阿力甜的含量,计算公式见式(1):

$$X = \frac{c \times V}{m \times 1\,000} \qquad \cdots\cdots(1)$$

式中:

X——试样中阿力甜的含量,单位为克每千克(g/kg);

c——由标准曲线计算出进样液中阿力甜的浓度,单位为微克每毫升(μg/mL);

V——试样的最后定容体积,单位为毫升(mL);

m——试样的质量,单位为克(g);

1 000——由 μg/g 换算成 g/kg 的换算因子。

7 精密度

在重复性条件下获得的两次独立测定结果的绝对差值不超过算术平均值的 10%。

8 色谱图

在上述色谱条件下,阿力甜标准色谱图见图 1。

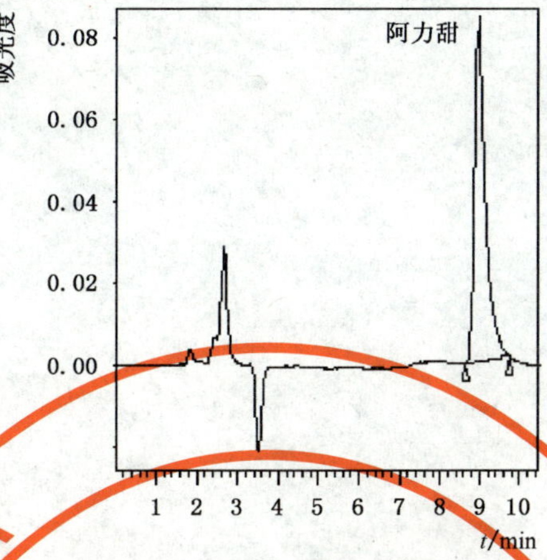

图 1 阿力甜标准色谱图

ICS 67.040
C 53

中华人民共和国国家标准

GB/T 22254—2008

食品中阿斯巴甜的测定

Determination of aspartame in foods

2008-07-31 发布　　2008-11-01 实施

中华人民共和国卫生部
中国国家标准化管理委员会　发布

前　言

本标准由中华人民共和国卫生部提出并归口。

本标准负责起草单位:中国疾病预防控制中心营养与食品安全所。

本标准参加起草单位:山东省疾病预防控制中心、吉林省疾病预防控制中心。

本标准主要起草人:杨大进、蒋定国、王竹天、李蔚、刘思洁。

本标准为首次发布。

食品中阿斯巴甜的测定

1 范围

本标准规定了食品中阿斯巴甜的测定方法。

本标准适用于碳酸饮料、乳饮料、浓缩果汁和固体饮料中阿斯巴甜的测定。

当称样量为 5 g、定容体积为 25 mL、进样 20 μL 时，方法的检出限为 0.002 g/kg，定量限为 0.006 g/kg，方法的线性范围为 25 μg/mL～500 μg/mL。

2 原理

根据阿斯巴甜易溶于水和乙醇等溶剂的特点，固体饮料中阿斯巴甜用蒸馏水在超声波振荡下提取，提取液用水定容；碳酸饮料类试样除二氧化碳后用水定容；乳饮料类试样中阿斯巴甜用乙醇沉淀蛋白，上清液用乙醇＋水(2＋1)定容，提取液在液相色谱 ODS C_{18} 反相柱上进行分离，在波长 208 nm 处检测，以色谱峰的保留时间定性，外标法定量。

3 试剂

3.1 甲醇(CH_3OH)：色谱纯。

3.2 乙醇(CH_3CH_2OH)：优级纯。

3.3 阿斯巴甜标准品：纯度≥99%。

3.4 水(H_2O)：为实验室一级用水，电导率(25 ℃)为 0.01 mS/m。

3.5 pH4.3 的水：用乙酸调节水 pH 值为 4.3。

3.6 阿斯巴甜标准储备液(1.00 mg/mL)：称取 0.1 g 阿斯巴甜标准品(精确至 0.000 1 g)，置于 100 mL 容量瓶中，用 pH4.3 的水溶解并定容至刻度，置于冰箱保存，有效期为三个月。

3.7 阿斯巴甜标准使用溶液系列的配制：将阿斯巴甜标准储备液用 pH4.3 的水逐级稀释为 500 μg/mL、250 μg/mL、125 μg/mL、50.0 μg/mL、25.0 μg/mL 的标准使用溶液系列。置于冰箱保存，有效期为两个月。

4 仪器

4.1 液相色谱仪：配有二极管阵列检测器。

4.2 超声波振荡器。

4.3 离心机：4 000 r/min。

5 分析步骤

5.1 试样的处理

5.1.1 碳酸饮料类

称取约 10 g 试样(称样量精确到 0.001 g)，50 ℃微温除去二氧化碳，用水定容到 25 mL～50 mL，4 000 r/min 离心 5 min，上清液经 0.45 μm 水系滤膜过滤，备用。

5.1.2 乳饮料类

称取约 5 g 试样(称样量精确到 0.001 g)，于 50 mL 离心管，加入 10 mL 乙醇，盖上盖子，轻轻上下颠倒数次(不能振摇),静置 1 min,4 000 r/min 离心 5 min,上清液滤入 25 mL 容量瓶,沉淀用 5 mL 乙醇+水(2+1)洗涤,离心后合并上清液,用乙醇+水(2+1)定容至刻度,经 0.45 μm 有机系滤膜过滤,备用。

5.1.3 浓缩果汁类

称取 0.5 g~2 g 试样(精确到 0.001 g),用水定容到 25 mL 或 50 mL,4 000 r/min 离心 5 min,上清液经 0.45 μm 水系滤膜过滤,备用。

5.1.4 固体饮料

称取 0.2 g~1 g 试样(精确到 0.001 g),加水后超声波振荡提取 20 min,并定容到 25 mL 或 50 mL,4 000 r/min 离心 5 min,上清液经 0.45 μm 水系滤膜过滤,备用。

5.2 测定

5.2.1 液相色谱参考条件

色谱柱:ODS C_{18} 柱,4.6 mm×250 mm,5 μm。

流动相:甲醇+水(39+61)。

流速:0.8 mL/min。

进样量:20 μL。

柱温:25 ℃。

检测器:二极管阵列检测器。

检测波长:208 nm。

5.2.2 校正曲线绘制

取阿斯巴甜标准溶液系列,在上述色谱条件下进行 HPLC 测定,绘制阿斯巴甜浓度-峰面积(峰高)的标准曲线或求出直线回归方程。

5.2.3 色谱分析

在上述的液相色谱条件下,分别将标准溶液和试样溶液注入液相色谱仪中,以保留时间定性,以试样峰高或峰面积与标准比较定量。

6 结果计算

按标准曲线外标法计算试样中阿斯巴甜的含量,计算公式见式(1):

$$X = \frac{c \times V}{m \times 1\,000} \qquad \cdots\cdots(1)$$

式中:

X——试样中阿斯巴甜的含量,单位为克每千克(g/kg);

c——由标准曲线计算出进样液中阿斯巴甜的浓度,单位为微克每毫升(μg/mL);

V——试样的最后定容体积,单位为毫升(mL);

m——试样的质量,单位为克(g);

1 000——由 μg/g 换算成 g/kg 的换算因子。

7 精密度

在重复性条件下获得的两次独立测定结果的绝对差值不超过算术平均值的 10%。

8 色谱图

阿斯巴甜标准色谱图见图 1。

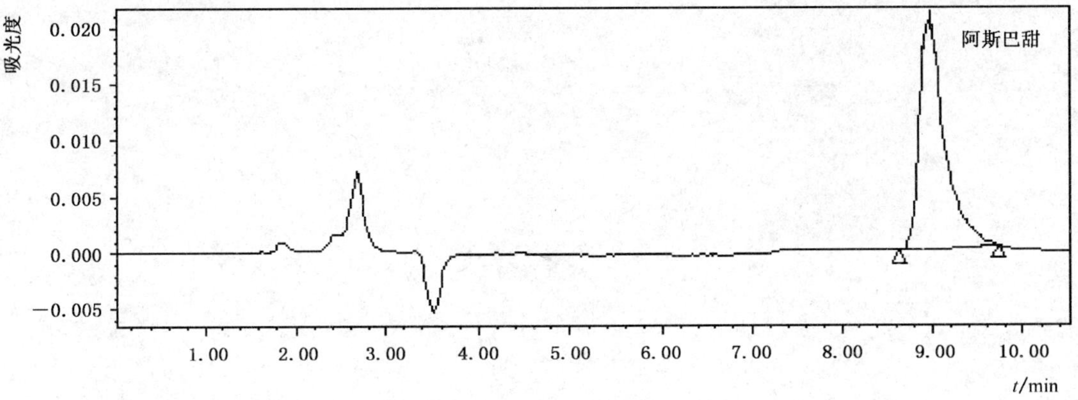
吸光度
0.020
0.015
0.010
0.005
0.000
−0.005
阿斯巴甜
1.00
2.00
3.00
4.00
5.00
6.00
7.00
8.00
9.00
10.00
t/min

图 1 标准色谱图

ICS 67.040
C 53

中华人民共和国国家标准

GB/T 22255—2008

食品中三氯蔗糖（蔗糖素）的测定

Determination of sucralose in foods

2008-07-31 发布 2008-11-01 实施

中华人民共和国卫生部
中国国家标准化管理委员会 发布

前　言

本标准由中华人民共和国卫生部提出并归口。

本标准负责起草单位：上海市疾病预防控制中心、中国疾病预防控制中心营养与食品安全所。

本标准主要起草人：熊丽蓓、戴承兵、何倩琼、杨大进。

食品中三氯蔗糖(蔗糖素)的测定

1 范围

本标准规定了食品中三氯蔗糖(蔗糖素)的测定方法。

本标准适用于食品中三氯蔗糖的测定。

本标准检出限:当取样量 5.00 g、定容至 5.00 mL、进样量 20 μL 时,检出限为 0.004 g/kg;定量限为 0.014 g/kg。本标准的线性范围:0.100 mg/mL～0.800 mg/mL。

2 原理

三氯蔗糖是水溶性物质,易溶于水和甲醇。试样经 75%甲醇水溶液处理使蛋白分离,用正己烷萃取除去脂肪,水相经水浴蒸干,加去离子水定容,高效液相色谱 C_{18} 反相色谱柱分离后,由蒸发光散射检测器检测,根据保留时间和峰面积进行定性和定量。

3 试剂和材料

3.1 甲醇(CH_3OH,AR 级)。

3.2 乙腈(CH_3CN,HPLC 级)。

3.3 正己烷(C_6H_{14},AR 级)。

3.4 蒸馏水(0.5 mS/m)。

3.5 中性氧化铝固相萃取柱(2 g 装)。

3.6 三氯蔗糖标准品:纯度≥99.0%。

3.7 三氯蔗糖储备液(1.00 mg/mL):称取三氯蔗糖标准品 0.1 g(精确至 0.000 1 g),用水溶解并定容至 100 mL,混匀(置于 4 ℃冰箱保存 5 d)。

4 仪器和设备

4.1 高效液相色谱仪:附蒸发光散射检测器。

4.2 漩涡振荡器。

4.3 离心机:大于 3 000 r/min。

4.4 超声仪。

5 分析步骤

5.1 试样的制备

5.1.1 低脂、无脂及非酱色类试样的制备

5.1.1.1 准确称取均匀试样 1 g～5 g(精确至 0.001 g),置于 50 mL 的离心管中,加入 5 mL 蒸馏水,漩涡振荡器上振荡 3 min 后加入 15 mL 甲醇,继续振荡 30 s,超声波提取 20 min 后,以 3 000 r/min 离心5 min,仔细将上清液移入 50 mL 玻璃蒸发皿内。

5.1.1.2 沉淀物加入 10 mL75%甲醇水溶液,玻棒搅拌均匀后,以 3 000 r/min 离心 5 min,上清液合并于蒸发皿中,置于水浴锅上,在沸水浴上蒸干,残渣用水溶解并定容至 5.00 mL 后过 0.45 μm 滤膜,滤液备用。

5.1.2 含脂肪试样的制备

按 5.1.1.1 操作,上清液移入分液漏斗中,残渣按 5.1.1.2 操作,上清液合并于分液漏斗内,然后取

30 mL 正己烷加入分液漏斗中，振摇 2 min，静置 20 min 后分层，移出下层液置于蒸发皿内，于沸水浴上蒸干，残渣用水溶解并定容至 5.00 mL 后过 0.45 μm 滤膜，滤液备用。

5.1.3 酱色类试样的制备

甜味酱、豆瓣酱、酱油类试样经 5.1.1，或 5.1.2 处理后所得的 5.00 mL 水溶液通过中性氧化铝固相萃取柱，弃去最初 2 mL 滤液，接收余下滤液，再过 0.45 μm 滤膜，滤液备用。

5.2 液相色谱参考条件

5.2.1 色谱柱：C_{18}(4.6 mm×150 mm，5 μm)。

5.2.2 流速：1.0 mL/min。

5.2.3 柱温：35 ℃。

5.2.4 进样量：5.0 μL～20.0 μL。

5.2.5 流动相梯度洗脱条件：见表 1。

表 1 流动相梯度洗脱条件

时间/min	超纯水(体积分数)/%	乙腈(体积分数)%
0	89	11
13	89	11
14	10	90
21	10	90
22	89	11
25	89	11

5.2.6 蒸发光散射检测器。

5.3 色谱分析

取制备的试样滤液 5.0 μL～20.0 μL(视试样中三氯蔗糖含量多少而定)进样，进行 HPLC 分析。以保留时间定性，以试样峰面积与标准比较定量。

5.4 标准曲线制备

准确移取标准储备液(3.7)配制成标准使用液，浓度为 0.100 mg/mL、0.300 mg/mL、0.500 mg/mL、0.800 mg/mL，进样 10 μL，在上述色谱条件下进行 HPLC 测定，然后按质量(μg)与峰面积之间的关系绘制标准曲线，曲线方程见式(1)：

$$y = bx^{a} \quad \cdots\cdots(1)$$

式中：

y——峰面积；

b、a——与蒸发室温度及流动相性质等试验条件有关的常数；

x——三氯蔗糖的质量，单位为微克(μg)。

6 结果计算

试样中三氯蔗糖的含量按式(2)进行计算：

$$X = \frac{m_1 \times V_0}{m \times V_1} \quad \cdots\cdots(2)$$

式中：

X——试样中三氯蔗糖的含量，单位为克每千克(g/kg)；

m_1——进柱样液中三氯蔗糖的质量，单位为微克(μg)；

V_0——试样制备液体积，单位为毫升(mL)；

m——试样称取质量，单位为克(g)；

V_1——进柱样液的体积，单位为微升（μL）。

计算结果保留三位有效数字。

7 精密度

在重复条件下获得的两次独立测定结果的绝对差值不得超过算术平均值的10%。

8 色谱图

在上述色谱条件下，色谱图见图1～图2。

图1 标准色谱图

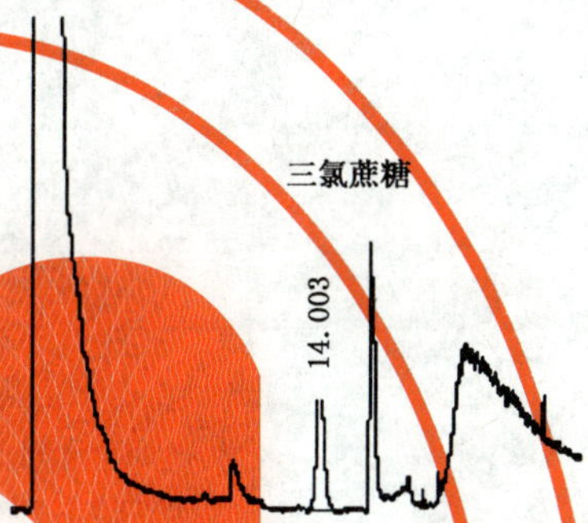

图2 试样色谱图

ICS 71.100.35
Y 44

中华人民共和国国家标准

GB/T 22256—2008

果 冻 蜡 烛

Jelly candle

2008-07-31 发布

2009-05-01 实施

中华人民共和国国家质量监督检验检疫总局
中 国 国 家 标 准 化 管 理 委 员 会 发布

前　言

本标准是在参考了德国标准 RAL-GZ 041/1:2005《蜡烛的一般质量和检验规范》(General quality and inspection specifications for candles)、美国试验与材料协会 ASTM F 2417—2004《蜡烛燃烧测试的标准规范》(Standard specification for fire safety for candles)的基础上编制而成。

本标准由中国轻工业联合会提出。

本标准由全国牙膏蜡制品标准化中心归口。

本标准起草单位:青岛金王应用化学股份有限公司、中山市中南烛业有限公司、宁波市江北丛中笑礼品有限公司、上海理大实业有限公司、国家牙膏蜡制品质量监督检测中心。

本标准主要起草人:姜颖、阚生东、王传磊、徐霞、黄永健、周桂华、黎国琪。

果 冻 蜡 烛

1 范围

本标准规定了果冻蜡烛的术语和定义、要求、试验方法、检验规则及标志、包装、运输、贮存。

本标准适用于果冻蜡烛产品。

2 规范性引用文件

下列文件中的条款通过本标准的引用而成为本标准的条款。凡是注日期的引用文件，其随后所有的修改单(不包括勘误的内容)或修订版均不适用于本标准，然而，鼓励根据本标准达成协议的各方研究是否可使用这些文件的最新版本。凡是不注日期的引用文件，其最新版本适用于本标准。

GB/T 191 包装储运图示标志(GB/T 191—2008,ISO 780:1997,MOD)

QB/T 3558—1999 机吹玻璃杯

QB/T 3559—1999 机压玻璃杯

3 术语和定义

下列术语和定义适用于本标准。

3.1

果冻蜡烛 jelly candle

以白油及高分子聚合物为主要原料，制成的带容器或不带容器类似果冻形态的蜡烛。

4 要求

4.1 性能指标

果冻蜡烛的性能指标应符合表1规定。

表 1

项目	指标			
色泽	均匀一致，符合规定颜色			
蜡芯偏心度/mm ≤	半径的六分之一(最大不超过3 mm)			
蜡芯露出长度/mm	8～10			
热稳定性	恒温箱中35 ℃±1 ℃条件下24 h不变形、不变色			
光稳定性	在紫外灯下照射，48 h无明显变色			
产品放置稳定性	产品放在10°的倾斜面上，观察在任意放置角度下应无倾倒现象			
燃烧性能	无可视黑烟，无自熄，火焰高度稳定，最大不能高于50 mm；蜡烛燃烧过程中不应出现蜡芯以外的其他装饰物的燃烧			
安全性	在蜡烛的燃烧过程中容器不应破裂			
燃烧余辉/s ≤	15			
容器表面温度/℃	部位	金属	陶瓷、玻璃	塑料
	手持部位	≤55	≤65	≤75
	可能接触部位	≤105	≤120	≤125
	容器底部	≤110	≤125	≤135

4.2 容器

盛装果冻蜡烛的容器应符合 QB/T 3558、QB/T 3559 的要求。

5 试验方法

5.1 色泽

取样品 4 支，目测。

5.2 蜡芯偏心度

取样品 4 支，用游标卡尺测量蜡烛三分之一处和三分之二处两个垂直断面的蜡芯与中心的距离，取 4 支蜡烛中试验结果的最大值为最后测试结果。

5.3 蜡芯露出长度

取样品 4 支，用游标卡尺测量，每支应符合标准要求，最后测试结果为 4 支蜡烛试验结果的平均值。

5.4 热稳定性

5.4.1 仪器

恒温培养箱：精度±1 ℃。

5.4.2 测试步骤

取样品 4 支，平放在 35 ℃±1 ℃的恒温箱内，保持 24 h，取出恢复至室温，观察有无变色、变形现象。

5.5 光稳定性

5.5.1 仪器

a) 光稳定性测定箱：密闭的带有散热装置的紫外灯箱；

b) 紫外灯：波长 365 nm，照度 500 $\mu W/cm^2$～600 $\mu W/cm^2$。

5.5.2 测试步骤

取样品 4 支，平放于光稳定性测定箱内，距紫外灯 200 mm 的正下方处，保持 48 h，取出观察有无变色现象。

5.6 产品放置稳定性

取样品 4 支，逐支放在 10°的斜面上，观察在任意放置角度下有无倾倒现象。

5.7 燃烧性能

取样品 4 支，在室温 15 ℃～25 ℃，无强空气对流条件下，点燃蜡烛 15 min 后观察其燃烧情况，直至完全熄灭。用钢板尺测量火焰高度，取 4 支蜡烛中试验结果的最大值为最后测试结果。

5.8 安全性

目测 5.7 的全过程，观察容器有无破裂。

5.9 燃烧余辉

取样品 4 支，在室温 15 ℃～25 ℃，无强空气对流条件下，点燃 30 min，将蜡烛熄灭，测量蜡芯熄灭至无烟的时间；重新点燃蜡烛，重复上述试验。取两次试验结果的最大值为最后测试结果。

5.10 容器表面温度

5.10.1 仪器

红外测温仪：精度±1 ℃。

5.10.2 测试步骤

取样品 4 支，在蜡烛燃烧过程中用红外测温仪测定容器表面温度，取 4 支蜡烛中试验结果的最大值为最后测试结果。

5.11 容器

容器应符合 QB/T 3558、QB/T 3559 的要求。

6 检验规则

6.1 检验的分类

6.1.1 出厂检验

每批产品出厂前需经厂检验部门检验合格后方可出厂，出厂检验项目为色泽、蜡芯偏心度、蜡芯露出长度、燃烧性能、安全性。

6.1.2 型式检验

型式检验项目为本标准的全部要求，正常生产时每年进行一次，有下列情况之一应进行型式检验：

a) 原料、工艺有较大改变或配方调整可能影响产品质量时；

b) 长期停产后恢复生产时；

c) 出厂检验结束与上次型式检验结果有较大的差异时；

d) 国家质量监督部门提出要求时。

6.1.3 组批与抽样

每批产品中抽取销售包装5个，经工厂检验部门检验合格后附产品合格证方可出厂。

6.2 判定规则

如检验结果不符合本标准要求时，可在同批产品中加倍取样，进行复检。不合格项目，以复检结果为准。

7 标志、包装、运输、贮存

7.1 标志

产品销售包装和运输包装应按照GB/T 191的规定。

7.1.1 销售包装上应有如下标志：

a) 产品名称、商标；

b) 生产厂名、地址；

c) 执行的产品标准号；

d) 生产日期和保质期；

e) 特殊情况可按客户要求；

f) 相应警告标识。

7.1.2 运输包装应有如下标志：

a) 产品名称、商标；

b) 生产厂名、厂址；

c) 装箱数量、毛重、净重、颜色；

d) 出厂日期；

e) 包装箱规格；

f) 向上、怕雨、怕晒等标志应符合GB/T 191要求；

g) 特殊情况可按客户要求。

7.2 包装

在不损坏产品质量的情况下，产品包装形式和包装材料由供需双方自定，运输包装封箱打包应牢固，每箱内附有合格证。

7.3 运输

运输时避免剧烈震动、撞击和日晒雨淋，装卸时应轻装轻放，运输过程中温度应不高于35 ℃。

7.4 贮存

产品应贮存在低于35 ℃，通风的、干燥的仓库内，切忌靠近热源。堆放时离地10 cm、距墙50 cm以上，以先进先出为宜。

ICS 91.140.30
Y 61

GB

中华人民共和国国家标准

GB/T 22257—2008

移动式空调器通用技术要求

General specification for mobile air conditioner

2008-07-31 发布　　　　2009-05-01 实施

中华人民共和国国家质量监督检验检疫总局
中国国家标准化管理委员会　发布

前　言

本标准编制，主要参照了 EN 14511-1～14511-4《Air conditioners, liquid chilling packages and heat pumps with electrically driven compressors for space heating and cooling》有关项目，本标准与 GB 4706.32《家用和类似用途电器的安全　热泵、空调器和除湿机的特殊要求》一并使用。

本标准的附录 A 和附录 B 是规范性附录。

本标准由中国轻工业联合会提出。

本标准由全国家用电器标准化技术委员会(SAC/TC 46)归口。

本标准起草单位：珠海格力电器股份有限公司、青岛海尔空调器有限总公司、TCL 德龙家用电器(中山)有限公司、宁波奥克斯空调有限公司、宁波民丰电器有限公司、广东美的制冷设备有限公司、中国家用电器研究院、大金空调(上海)有限公司、UL 美华认证有限公司、江苏省产品质量监督检验研究院。

本标准主要起草人：张桃、陈政、张守信、郭同煜、白韦、邢帅红、林俊江、史剑春、姚舜、郭艳萍、胡志强。

本标准为首次发布。

移动式空调器通用技术要求

1 范围

本标准规定了移动式空调器的术语和定义、产品分类、技术要求、试验方法、检验规则及标志、包装、运输、贮存。

本标准适用于制冷量14 000 W及以下的移动式空调器，包括了分体移动式与整体移动式空调器两大系列。

2 规范性引用文件

下列文件中的条款通过本标准的引用而成为本标准的条款。凡是注日期的引用文件，其随后所有的修改单(不包括勘误的内容)或修订版均不适用于本标准，然而，鼓励根据本标准达成协议的各方研究是否可使用这些文件的最新版本。凡是不注日期的引用文件，其最新版本适用于本标准。

GB/T 191 包装储运图示标志(GB/T 191—2008,ISO 780:1997,MOD)

GB/T 1019 家用电器包装通则

GB/T 2828.1 计数抽样检验程序 第1部分:按接收质量限(AQL)检索的逐批检验抽样计划(GB/T 2828.1—2003,ISO 2859-1:1999,IDT)

GB/T 2829 周期检验计数抽样程序及表(适用于对过程稳定性的检验)

GB 4706.32 家用和类似用途电器的安全 热泵、空调器和除湿机的特殊要求(GB 4706.32—2004,IEC 60335-2-40:1995,IDT)

GB/T 4798.1 电工电子产品应用环境条件 第1部分:贮存(GB/T 4798.1—2005,IEC 60721-3-1:1997,MOD)

GB/T 4798.2—1996 电工电子产品应用环境条件 运输(neq IEC 721-3-2:1985)

GB/T 4857.7 包装 运输包装件基本试验 第7部分:正弦定频振动试验方法(GB/T 4857.7—2005,ISO 2247:2000,MOD)

GB/T 4857.10 包装 运输包装件基本试验 第10部分:正弦变频振动试验方法(GB/T 4857.10—2005,ISO 8318:2000,MOD)

GB 5296.2 消费品使用说明 家用和类似用途电器的使用说明

GB/T 7725—2004 房间空气调节器

3 术语和定义

下列术语和定义适用于本标准。

3.1

移动式空调器 mobile air conditioner

一种可在不同的使用区域之间灵活移动，向密闭的空间、房间或区域直接提供经过处理的空气的设备。它主要包括制冷和除湿用的制冷系统以及空气循环和净化装置，还可包括加热和通风装置(它们可被组装在一个箱壳内或被设计成一起使用的组件系统)，以下简称空调器。

3.2

分体式空调器 single split unit

制冷系统中，蒸发系统与冷凝系统被设计在两个不同的机体内的空调器。使用时，这两部分被放置在不同的空间、房间或区域内。

3.3

整体式空调器　packaged unit

所有零部件(不包含风管、遥控器等)都被设计在一个完整的机体内的空调器。使用时,器具整体被放置在同一空间、房间或区域内。

3.4

空冷式空调器　air-cooling unit

制冷系统通过机体外部空气循环来实现冷凝系统热交换的空调器。

3.5

辅助水冷式空调器　additional water-cooling unit

制冷系统以风冷为主,并辅助以额外附加的水冷却的空调器。这种附加的水通过循环水路系统或水箱来提供。循环水系统或水箱需设计成器具的一部分。

3.6

单风管式空调器　single-duct unit

冷凝系统热交换的空气是从容纳该设备的空间、房间或区域内吸入,并通过管道排到该空间、房间或区域之外的空调器。

3.7

双风管式空调器　double-duct unit

冷凝系统热交换的空气是通过管道从容纳该设备的空间、房间或区域之外吸入,并通过管道排到该空间、房间或区域之外的空调器。

3.8

热泵　heat pump

通过转换制冷系统制冷剂运行流向,从低温空气吸热并向室内放热,使室内空气升温的制冷系统,还可包括空气循环、净化装置和加湿、通风装置。

3.9

制热用电热装置　electrical heating device used for heating

只用电热方法进行制热的电热装置及用温度开关等(因室内、室外温度等因素而动作的开关)转换用热泵和电热装置进行制热的电热装置(包括后安装的电热装置)。

3.10

制热用辅助电热装置　additional electrical heating device used for heating

与热泵一起使用进行制热的电热装置(包括后安装的电热装置)。

3.11

制冷量(制冷能力)　total cooling capacity

空调器在额定工况和规定条件下进行制冷运行时,单位时间内从密封空间、房间或区域内除去的热量总和,单位为瓦(W)。

3.12

制冷消耗功率　total cooling power input

空调器在额定工况和规定条件下进行制冷运行时,所消耗的总功率,单位为瓦(W)。

3.13

制热量(制热能力)　heating capacity

空调器在额定工况和规定条件下进行制热运行时,单位时间内送入密闭空间、房间或区域内的热量总和,单位为瓦(W)。

注:只有热泵制热功能时,其制热量(制热能力)称为热泵制热量(热泵制热能力)。

3.14

制热消耗功率　heating power input

空调器在额定工况和规定条件下进行制热运行时，所消耗的总功率，单位为瓦(W)。

注：只有热泵制热功能时，其制热消耗功率称为热泵制热消耗功率。

3.15

能效比(EER)　energy efficiency ratio

在额定工况和规定条件下，空调器进行制冷运行时，制冷量与有效输入功率[1)]之比，其值用 W/W 表示。

3.16

性能系数(COP)　coefficient of performance

在额定工况(高温)和规定条件下，空调器进行热泵制热运行时，制热量与有效输入功率[1)]之比，其值用 W/W 表示。

3.17

循环风量(房间送风量)　indoor discharge air-flow

空调器用于室内、室外空气进行交换的通风门和排风门(如果有)完全关闭、并在额定制冷运行条件下，单位时间内向密闭空间、房间或区域送入的风量，单位为立方米每秒(或立方米每小时)[m^3/s(或 m^3/h)]。

3.18

房间型量热计　room-type calorimeter

由两间相邻、中间有隔墙的房间所组成的试验装置。一间作为室内侧，另一间作为室外侧，每间均装有空气调节设备；其冷量、热量及水量均可测量和控制，并用以平衡被测空调器在室内侧的制冷量和除湿量以及在室外侧的加湿量和加热量。

3.19

空气焓值法　air-enthalpy test method

一种测定空调器制冷、制热能力的方法，它对空调器的送风参数、回风参数以及循环风量进行测量，用测出的风量与送风、回风焓差的乘积确定空调器的能力。

4　产品分类

4.1　型式

4.1.1　空调器按使用气候环境(最高温度)分为：

类型	气候环境	最高温度
T1	温带气候	43 ℃
T2	低温气候	35 ℃
T3	高温气候	52 ℃

4.1.2　空调器按结构形式分为：

a)　整体移动式空调，整体移动式空调器结构分类为单风管移动式空调器(其代号省略)、双风管移动式空调器，其代号 S；

b)　分体移动式空调，其代号 F；分体移动式空调器分为室内机组和室外机组。室内机组代号为 N，室外机组代号为 W。

---

1)　有效输入功率指在单位时间内输入空调器内的平均电功率。其中包括：

①　压缩机运行的输入功率和除霜输入功率(不用于除霜的辅助电加热装置除外)；

②　所有控制和安全装置的输入功率；

③　热交换传输装置的输入功率(风扇、泵等)。

4.1.3 空调器按主要功能分为：

a) 冷风型，其代号省略（制冷专用）；

b) 热泵型，其代号 R（包括制冷、热泵制热，制冷、热泵与辅助电热装置一起制热、制冷、热泵和以转换电热装置与热泵一起使用的辅助电热装置制热）；

c) 电热型，其代号 D（制冷、电热装置制热）。

4.1.4 空调器按冷却方式分为：

a) 空冷式，代号省略；

b) 辅助水冷式，代号 F。

4.2 基本参数

4.2.1 空调器的额定制冷量（kW）优先选用系列为：

1.4 1.6 1.8 2.0 2.2 2.5 2.8 3.2 3.6

4.0 4.5 5.0 5.6 6.3 7.1 8.0 9.0 10.0

11.2 12.5 14.0

4.2.2 空调器的额定制热量（kW）优先选用系列为：

1.6 1.8 2.0 2.2 2.5 2.8 3.0 3.2 3.4 3.6

3.8 4.0 4.2 4.5 4.8 5.0 5.3 5.6 6.0 6.3

6.7 7.1 7.5 8.0 8.5 9.0 9.5 10.0 10.6 11.2

11.8 12.5 13.2 14.0 15.0 16.0

4.2.3 电源额定频率为 50 Hz，单相交流额定电压 220 V 或三相交流额定电压 380 V，特殊要求不受此限。

4.2.4 空调器通常工作的环境温度如表 1 所示。

表 1 空调器工作的环境温度

气候类型	功能形式	整体式	分体式（室内）	分体式（室外）
T1	冷风型	21 ℃～35 ℃		18 ℃～43 ℃
	热泵型	10 ℃～27 ℃		−7 ℃～43 ℃
	电热型	0 ℃～27 ℃		−7 ℃～43 ℃
T2	冷风型	15 ℃～27 ℃		10 ℃～35 ℃
	热泵型	10 ℃～27 ℃		−7 ℃～35 ℃
	电热型	0 ℃～27 ℃		−7 ℃～35 ℃
T3	冷风型	21 ℃～37 ℃		10 ℃～52 ℃
	热泵型	10 ℃～27 ℃		−7 ℃～52 ℃
	电热型	0 ℃～27 ℃		−7 ℃～52 ℃
注 1：不带除霜装置的热泵型空调器，最低工作温度可为 5 ℃。 注 2：双风管空调器按分体式空调器的要求。				

4.2.5 空调器在正常使用条件下，当空调器的设定温度在 18 ℃～30 ℃中某调定值时，其控制温度可在调定值的±2 ℃范围内自动调节。

4.3 型号命名

4.3.1 产品型号及含义如下：

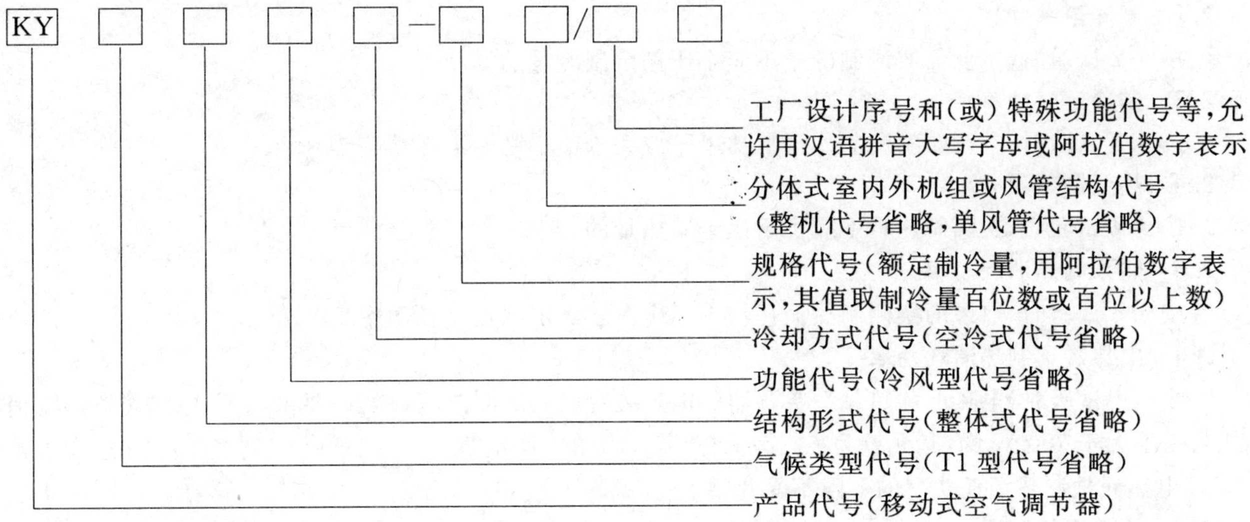

4.3.2 型号示例:

例 1:KY-35S/A

表示 T1 气候类型、整体移动式冷风型双风管空气调节器,额定制冷量为 3 500 W,第一次改型设计。

例 2:KYFR-28

表示 T1 气候类型、分体移动式热泵型空气调节器(包括室内机组和室外机组),额定制冷量为 2 800 W。

室内机组 KYFR-28N

表示 T1 气候类型、分体移动式热泵型空气调节器室内机组,额定制冷量为 2 800 W。

室外机组 KYFR-28W

表示 T1 气候类型、分体移动式热泵型空气调节器室外机组,额定制冷量为 2 800 W。

5 技术要求

5.1 一般要求

5.1.1 空调器应符合本标准和 GB 4706.32 的要求,并应按经规定程序批准的图样和技术文件制造。

5.1.2 空调器的构件和材料的镀层外观应良好,室外部分应有良好的耐候性能。

5.1.3 保温层应有良好保温性能和具有阻燃性、且无毒无异味。

5.1.4 空调器的制冷系统受压零部件的材料能在制冷剂、润滑油和其他混合物的作用下,不产生劣化且保证整机正常工作。

5.1.5 空调器各零件的安装应牢固可靠,管路间或管路与零部件不应相互摩擦或碰撞。

5.1.6 空调器的部件、结构、材料,宜采用可作为再生资源而利用的部件、产品结构和材料。

5.1.7 空调器所具有的特殊功能(如具有抗菌、负离子清新功能等)应符合国家有关规定和相关标准的要求。

5.1.8 空调器的电磁兼容性应符合国家有关规定和相关标准的要求。

5.1.9 空调器使用所有原料、生产辅料和包装材料等必须满足国家有关环保要求。

5.1.10 空调器排风不应干扰吸风口吸入空气的温度和湿度,排风和吸风不应产生气流短路。

5.1.11 辅助水冷式空调器的特殊要求详见附录 A。

5.2 性能要求

5.2.1 制冷系统密封性能

在正常的制冷剂充注量下,使用灵敏度为 1×10^{-6} Pa·m³/s 检漏仪检测,空调器制冷系统各部分不应有制冷剂泄漏。空调器可不通电置于正压室内,环境温度为 16 ℃~35 ℃。

5.2.2 制冷量

按6.2试验时，空调器实测制冷量不应小于额定制冷量的88%。

5.2.3 制冷消耗功率

按6.3试验时，空调器实测制冷消耗功率不应大于额定制冷消耗功率108%。

5.2.4 热泵制热量

按6.4试验时，实测制热量不应小于额定制热量的88%。

5.2.5 热泵制热消耗功率

按6.5试验时，热泵的实测制热消耗功率不应大于额定制热消耗功率108%。

5.2.6 电热装置制热消耗功率

按6.6试验时，电热型和热泵型空调器的电热装置的实测制热消耗功率要求如下：电热装置额定消耗功率不大于200 W的，其允差为±10%；200 W以上的，其允差为－10%～＋5%或20 W(选大者)，PTC电热元件制热消耗功率的下限不受此限。

5.2.7 最大运行制冷

5.2.7.1 空调器按6.7试验时，应能正常运行。

5.2.7.2 空调器在第1 h连续运行期间，其电机过载保护器不应跳开。

5.2.7.3 当空调器停机3 min后，再启动连续运行1 h，但在启动运行的最初5 min内允许电机过载保护器跳开，其后不允许动作；在运行的最初5 min内电机过载保护器不复位时，其停机不超过30 min内复位的，再连续运行1 h。

5.2.7.4 对于手动复位的过载保护器，在最初5 min内跳开的，应在跳开的10 min后使其强行复位，并应能够再连续运行1 h。

5.2.8 最小运行制冷

按6.8试验时，空调器在10 min启动期间后的4 h运行中，安全装置不应跳开，室内侧蒸发器的迎风表面凝结的冰霜面积不应大于蒸发器迎风面积的50%。

注1：为防冻结而自动控制压缩机开、停的自动可复位保护器不视为安全装置。

注2：蒸发器迎风表面结霜面积目视不易看出时，可通过风量(不低于初始风量的25%)进行判定。

5.2.9 凝露

按6.9试验时，空调器应满足：

a) 箱体外表面凝露不应滴下；

b) 室内送风不应带有水滴。

5.2.10 凝结水排除能力

按6.10试验时，空调器应具有排除冷凝水能力，并且室内侧不应有水从空调器中溢出或吹出，以至弄湿被调节的密封空间、房间或区域内的环境。

5.2.11 热泵最大运行制热

5.2.11.1 按6.11试验时，空调器各部件不应损坏，空调器应能正常运行。

5.2.11.2 空调器在第1 h连续运行期间，其电机过载保护器不应跳开。

5.2.11.3 当空调器停机3 min后，再启动连续运行1 h，但在启动运行的最初5 min内允许电机过载保护器跳开，其后不允许动作；在运行的最初5 min内电机过载保护器不复位时，在停机不超过30 min内复位的，应连续运行1 h。

5.2.11.4 对于手动复位的过载保护器，在最初5 min内跳开的，应在跳开的10 min后使其强行复位，并应能够再连续运行1 h。

注：上述试验中，为防止室内热交换器过热而使电机开、停的自动复位的过载保护装置周期性动作，可视为空调器连续运行。

5.2.12 热泵最小运行制热

按 6.12 试验时，空调器在 4 h 试验运行期间，安全装置不应跳开。

注：试验中的除霜运行，其自动控制的保护器动作不视为是安全装置。

5.2.13 冻结

按 6.13a）试验时，室内侧蒸发器迎风表面凝结的冰霜面积，不应大于蒸发器迎风面积的 50%。

按 6.13b）试验时，空调器室内侧不应有冰落掉，水滴滴下或吹出。

注 1：空调器运行期间，允许防冻结的可自动复位装置动作。

注 2：当空调器进行最小制冷运行试验，生产厂推荐的空调器的室外侧进风温度低于 21 ℃时，冻结试验 a）可不进行。

注 3：蒸发器迎风表面结霜面积目视不易看出时，可通过风量（不低于初始风量的 25%）进行判定。

5.2.14 自动除霜

按 6.14 试验时，要求除霜所需总时间不超过试验总时间的 20%；在除霜周期中，室内侧的送风温度低于 18 ℃的持续时间不超过 1 min；如果需要，可以使用制造厂规定的热泵机组内辅助电加热装置制热；空调器除霜结束后，室外换热器的霜应融化掉（以确保制热能力不降低）。

5.2.15 噪声

空调器使用时不应有异常噪声和振动；按 6.15 试验时，空调器在半消声室测试噪声，其噪声测试值（声压级）应符合表 2 规定；制造厂对空调器噪声的明示（铭牌，说明书，广告等）值的上偏差为+3 dB(A)。

按 6.15 方法试验时，其噪声的实测值不应大于明示值的上限值（明示值+上偏差）和表 2 的限定值。

表 2 噪声限定值（声压级）

额定制冷量/kW	分体移动式/dB(A)		整体移动式 前面/dB(A)
	室内	室外	
<2.5	53	56	53
2.5～4.5	56	58	56
>4.5～7.1	60	62	60
>7.1～14	62	64	62
注：空调器在全消声室测试的噪声值须注明"在全消声室测试"等字样，其符合性判定以半全消声室测试为准。			

5.2.16 能效比及性能系数

按 6.16 方法试验时，空调器的能效指标实测值应大于等于表 3 和表 4 的规定要求。

表 3 能效限定值（制冷模式 EER）

额定制冷量/kW	分体移动式	整体移动式
<2.5	1.87	1.7
2.5～4.5	1.7	1.53
>4.5～7.1	1.53	1.36
>7.1～14	1.36	1.19

表 4 能效限定值（热泵模式 COP）

额定制热量/kW	分体移动式	整体移动式
<2.5	2.04	1.87
2.5～4.5	1.87	1.7
>4.5～7.1	1.7	1.53
>7.1～14	1.53	1.36

5.3 可靠性要求

5.3.1 包装要求

按6.17试验后，包装箱、泡沫及其他防护包装件应没有影响防护功能的变形、破裂，包装状态下的空调器应符合表5要求。

表5 包装要求

序号	要求
1	制冷剂泄漏应符合5.2.1要求
2	管路无断裂
3	产品结构件无影响使用及性能的变形、破损

5.3.2 运输要求

按6.18试验后，空调器不应损坏，紧固件不应松动，制冷剂泄漏和噪声应符合5.2.1和5.2.15的规定。

5.3.3 耐候性能

按GB/T 7725—2004中耐候性能方法试验后，空调器应有良好的耐候性能。

6 试验方法

6.1 试验工况

试验工况按表6规定。

表6 试验工况

类别	工况条件		室内侧空气状态/℃		室外侧空气状态/℃		备注
			干球温度	湿球温度	干球温度	湿球温度	
分体式/双风管	额定制冷	T1	27	19	35	24	加(双)风管并压到最短
		T2	21	15	27	19	
		T3	27	19	46	24	
	最大运行制冷	T1	32	23	43	26	加(双)风管并拉到最长
		T2	27	19	35	24	
		T3	32	23	52	31	
	冻结		21	15	21	—	加(双)风管并压到最短
	最小运行制冷		21	15	制造厂推荐的最低温度值(湿球不要求)		加(双)风管并压到最短
	凝露凝结水排除		27	24	27	24	加(双)风管并压到最短
	热泵额定制热	高温	20	15	7	6	加(双)风管并压到最短
		低温			2	1	
		超低温			−7	−8	
	最大运行制热		27	—	24	18	加(双)风管并压到最短
	最小运行制热		20	—	−5	−6	加(双)风管并拉到最长
	自动除霜		20	12	2	1	加(双)风管并拉到最长
	电热额定制热		20	—	—	—	不加风管

表 6（续）

类别	工 况 条 件		室内侧空气状态/℃		室外侧空气状态/℃		备　注
			干球温度	湿球温度	干球温度	湿球温度	
单风管	额定制冷	T1	干/湿:35/24				加风管并压到最短
		T2	干/湿:27/19				
		T3	干/湿:35/24				
	最大运行制冷	T1	制造厂推荐的温度及相对湿度上限值				加风管并拉到最长
		T2					
		T3					
	最小运行制冷		干/湿:21/15				不加风管
	冻结		干/湿:21/15				
	凝露凝结水排除		干/湿:27/24				
	热泵额定制热		干/湿:20/12				加风管并压到最短
	最大运行制热		干/湿:27/—				不加风管
	最小运行制热		干/湿:20/—				加风管并拉到最长
	自动除霜		干/湿:20/12				加风管并拉到最长
	电热额定制热		干/湿:20/—				不加风管

注 1：风管最短长度不小于 500 mm，最长长度以制造厂附件实物为准。
注 2：风管拉到最长时，以安装后对系统影响最小为准。
注 3：制造厂家没有推荐的温度及相对湿度值时，按表 1 要求。

6.2　制冷量试验

按 GB/T 7725—2004 中制冷量的试验及计算方法，试验工况按表 6 规定的工况要求进行制冷量试验。对于稳定运行过程中出现周期性波动的情况，计算连续运行 1 h 或者两个周期的算术平均值。

6.3　制冷消耗功率试验

按 GB/T 7725—2004 中制冷量的试验及计算方法，在制冷量测定的同时，测定空调器的输入功率、电流。

6.4　热泵制热量试验

按 GB/T 7725—2004 中热泵制热量的试验及计算方法和制造厂的说明，选用表 6 规定的热泵额定制热(高温)工况，进行热泵制热量的试验。

6.5　热泵制热消耗功率试验

按 GB/T 7725—2004 中热泵制热量的试验及计算方法，在热泵制热量测定的同时，测定热泵的输入功率、电流。

6.6　电热装置制热消耗功率试验

6.6.1　空调器在热泵额定制热(高温)工况下运行，装有辅助电热装置的热泵以 6.4 方法进行试验，待热泵制热量试验稳定后，测定辅助电热装置的输入功率。

6.6.2　在电热额定制热工况下，将空调器设定在电热装置处于最大耗电工作状态下，运行稳定后，测试电热装置的输入功率。

6.6.3　当在 6.6.1 和 6.6.2 工况下进行试验而电热装置不动作时，将空调器设定(或按生产厂规定)在电热装置工作状态，运行稳定后，测试电热装置的输入功率。

6.7 最大运行制冷试验

对整体式空调器，把器具放置在一个房间里面，将空调器室内外空气进行交换的通风门（如果有）完全关闭，其设定温度、风扇速度、导风格栅等调到最大制冷状态，在额定电压±10%的电压下运行，达到表6规定的工况稳定后再连续运行1 h，停机3 min（此间供电电源电压上升不超过3%）后，再启动运行1 h。

对分体式空调器，工况按表6规定，其余按GB/T 7725—2004中最大制冷运行试验的试验方法进行。

6.8 最小运行制冷试验

将空调器室内外空气进行交换的通风门（如果有）完全关闭，其设定温度、风扇速度、导风格栅等调到最易使蒸发器结冰霜状态，按表6规定的最小运行制冷工况，在额定电压及频率下，使空调器启动运行至稳定工况后再连续运行4 h。

6.9 凝露工况

将空调器的温度控制器、风扇速度、风门和导风格栅，在不违反制造厂规定下调到最易凝露的状态进行制冷运行，达到表6规定的凝露工况，空调器连续运行4 h。

6.10 凝结水排除能力试验

将空调器的温度控制器、风扇速度、风门和导风格栅调到最易凝水的状态，按表6规定的凝结水排除工况运行，当接水盘的水位稳定即达到排水口流水后，再连续运行4 h。

6.11 热泵最大运行制热试验

对整体式空调器，把器具放置在一个房间里面，将空调器室内外空气进行交换的通风门（如果有）完全关闭，其设定温度、风扇速度、导风格栅等调到最大制热状态，在额定电压±10%的电压下运行，达到表6规定的工况稳定后再连续运行1 h，停机3 min（此间供电电源电压上升不超过3%）后，再启动运行1 h。

对分体式空调器，工况按表6规定，其余按GB/T 7725—2004中最大制热运行试验方法进行。

6.12 热泵最小运行制热试验

将空调器室内外空气进行交换的通风门（如果有）完全关闭，其设定温度、风扇速度、导风格栅等调到最大制热状态，按表6规定的最小运行制热工况，使空调器启动运行至稳定工况后再连续运行4 h。

6.13 冻结试验

将空调器的设定温度、风扇速度、导风格栅等，在不违反制造厂规定下调到最易使蒸发器结冰和结霜的状态，达到表6规定的冻结试验工况后进行下列试验：

a) 空气流通试验：空调器启动并运行4 h；

b) 滴水试验：将空调器室内回风口遮住，完全阻止空气流通后运行6 h，使蒸发器盘管风路被完全堵塞，停机后去除遮盖物直至冰霜完全融化，再使风机以最高速度运转5 min。

注：为防冻结自动控制装置动作，应视为空调器正常运行。

6.14 自动除霜试验

对整体式空调器，把器具放置在一个房间里面，装有自动除霜装置的空调器，将其温度控制器、风扇速度、风门和导风格栅等调到换热器最易结霜状态，按表6规定的除霜工况运行稳定后，继续运行两个完整除霜周期或连续运行3 h（试验的总时间应从首次除霜周期结束时开始），直到3 h后首次出现除霜周期结束为止，应取其长者；除霜周期及除霜刚刚结束后，室外侧的空气温度升高不应大于5 ℃。

对分体式空调器，工况按表6规定，其余按GB/T 7725—2004中自动除霜试验方法进行。

6.15 噪声试验

空调器的噪声（声压级）测量时，除采样点按附录B外，其余按GB/T 7725—2004中附录B《噪声的测定》要求，进行额定制冷工况和额定（高温）制热工况条件下的噪声试验。

注1：制热状态噪声试验仅适用于热泵型空调器。

注2：整体式样机必须连接风管并压到最短，风管最短长度不小于500 mm。

6.16 能效比及性能系数试验

测试能效比及性能系数按表 6 规定的额定制冷/制热工况运行直至稳定。

6.17 包装试验

空调器的包装应按 GB/T 1019 要求的防潮包装、流通条件的防震包装进行设计，并按流通条件 1 进行振动试验，按下列条件要求对包装好的空调器进行跌落试验。

6.17.1 跌落高度按表 7 要求。

表 7 跌落高度要求

包装件毛质量 m/kg	跌落高度/mm
$m<10$	700
$10\leqslant m<20$	600
$20\leqslant m<30$	400
$30\leqslant m<60$	250
$60\leqslant m<100$	200
$100\leqslant m$	150[a]

[a] 包装件毛质量 $m\geqslant100$ kg 时，只跌落底面三次，高度为 150 mm，棱、角及其他面不作要求。

6.17.2 跌落顺序按如下要求：

2-3-5 角、2-3 棱、3-5 棱、2-5 棱、3 面、6 面、2 面、4 面、5 面、1 面，共 10 次。

包装标示如图 1：

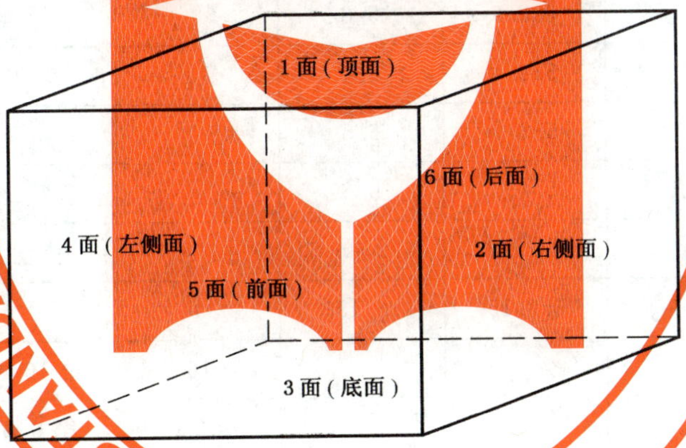

图 1 包装标示

6.18 运输试验

包装好的空调器应按 GB/T 4798.2—1996 进行运输试验，制造厂应按产地至销售地区在运输中可能经受的环境条件(参照 GB/T 4798.2—1996 表 A.1)确定试验条件和方法，或按合同要求进行试验。

包装好的空调器应做振动试验，推荐按 GB/T 4857.7 进行正弦定频振动试验，按 GB/T 4857.10 进行正弦变频振动试验，根据运输环境或合同要求，确定试验条件进行试验。

7 检验规则

7.1 检验要求

空调器产品的安全要求应符合 GB 4706.32 的规定，其性能要求应符合本标准的规定。

7.2 产品检验

每台空调器必须经制造厂质量部门检验合格方能出厂，并附有质量检验合格证、使用说明书、包修单、装箱单等。空调器的检验一般分为出厂检验、抽查检验和型式检验。

7.2.1 出厂检验

凡提出交货的空调器，均应进行出厂检验。出厂检验的试验项目、试验要求和试验方法见表 8 中出厂检验要求。

表 8 出厂和抽检的试验项目、要求和试验方法

序号	试验项目	本标准		GB 4706.32		不合格分类			致命缺陷
		技术要求	试验方法	技术要求	试验方法	A	B	C	
1	一般检查	5.1	视检					√	
2	标志	8.1	视检	第 7 章	第 7 章				√
3	包装	8.2.3	视检					√	
4	绝缘电阻(冷态)			自定	等效第 16 章				√
5	电气强度(冷态)			自定	等效第 16 章				√
6	泄漏电流			16.2	第 16 章				√
7	接地电阻			27.5	第 16 章				√
8	制冷剂泄漏	5.2.1	6.3.1			√			
9	运行性能	等效 5.2	自定			√			
10	制冷量	5.2.2	6.2			√			
11	制冷消耗功率	5.2.3	6.3			√			
12	热泵制热量	5.2.4	6.4			√			
13	热泵制热消耗功率	5.2.5	6.5			√			
14	电热制热消耗功率	5.2.6	6.6			√			
15	能效比(EER、COP)	5.2.22	6.2～6.5			√			
16	噪声	5.2.15	6.15			√			
17	防水			第 16 章	第 16 章				√
18	防触电保护			第 8 章	第 8 章				√
19	电源线			第 25 章	第 25 章				√

7.2.2 抽查检验

产品抽查检验的项目见表 8 中抽查检验要求。抽查检验项目的抽样可按 GB/T 2828.1 进行，逐批检验的抽检项目、批量、抽检方案、检查水平及合格质量水平等可由制造厂质量检验部门自行决定。

7.3 型式检验

7.3.1 空调器在下列情况之一时，应进行型式检验：

a) 试制的新产品；

b) 间隔一年以上又生产的；

c) 连续生产中的产品，每年不少于一次；

d) 出厂检验结果与上次型式检验结果有较大差异时；

e) 国家质量监督机构提出进行型式检验的要求时。

7.3.2 型式检验内容包括表 9 所列各项和 GB 4706.32 中规定的全部试验项目，抽样可按 GB/T 2829 进行，采用判别水平 Ⅰ 的一次抽样方案，其样本大小、不合格质量水平见表 10，或按标准有关规定进行。

表 9 型式试验项目、要求和试验方法

序号	试验项目		本标准 技术要求	本标准 试验方法	不合格分类 A	不合格分类 B	不合格分类 C
1	制冷系统密封		5.2.1	6.1	√		
2	制冷量		5.2.2	6.2	√		
3	制冷消耗功率		5.2.3	6.3	√		
4	热泵制热量		5.2.4	6.4	√		
5	热泵制热消耗功率		5.2.5	6.5	√		
6	电热制热消耗功率		5.2.6	6.6	√	√	
7	最大运行制冷		5.2.7	6.7		√	
8	最小运行制冷		5.2.8	6.8		√	
9	热泵最大运行制热		5.2.11	6.11		√	
10	热泵最小运行制热		5.2.12	6.12		√	
11	冻结	a) 空气流通	5.2.13	6.13a)		√	
		b) 滴水		6.13b)		√	
12	凝露		5.2.9	6.9		√	
13	凝结水排除能力		5.2.10	6.10		√	
14	自动除霜		5.2.14	6.14		√	
15	噪声		5.2.15	6.15	√		
16	包装		5.3.1	6.17			√
17	运输		5.3.2	6.18			√
18	耐候性能		5.3.3	GB/T 7725—2004			√
19	能效比(EER)、性能系数(COP)		5.2.16	6.2～3 6.4～5	√		
20	外观检查		5.1	视检			√
21	安全检查		GB 4706.32			√	

表 10 型式试验抽样方案

判别水平	抽样方案	样本大小	不合格质量水平 A类 RQL=40 Ac	A类 RQL=40 Re	B类 RQL=80 Ac	B类 RQL=80 Re	C类 RQL=120 Ac	C类 RQL=120 Re
Ⅰ	一次	$n=2$	0	1	1	2	2	3

7.4 检验判定

7.4.1 出厂检验项目中安全项目属致命缺陷性质，只要出现一台项不合格，则判该批产品不合格。经出厂检验和抽查检验后，凡合格的样品可作为合格品交订货方。

7.4.2 型式检验的安全项目属致命缺陷，安全项目判定要100%合格，若发现一台项不合格，则判定该周期产品不合格。型式检验的样本应从合格的成品中随机抽取，型式检验的样品一律不能作为合格品交付订货方。

7.5 产品验收

7.5.1 订货方有权检查产品质量是否符合本标准要求，交货时订货方可按出厂检验项目验收。

7.5.2 根据订货方要求，供货方可提供一年内完整的型式检验报告，验收的质量指标和抽样方案可由双方共同商定，抽样方案也可按 GB/T 2829 进行，如订货方对产品质量有疑问时，可与购货方和生产方共同商定，并可增加型式检验中部分项目或全部检验项目，如有争议应由法定部门进行仲裁。

7.5.3 产品贮存超过两年再出厂，应重新按出厂检验项目检查验收。

8 标志、包装、运输、贮存

8.1 标志

8.1.1 每台空调器应有耐久性铭牌固定在明显部位。

8.1.2 铭牌应清晰标出下列各项内容：

a) 产品型号和名称；

b) 气候类型(T1 气候类型空调器可不标注)；

c) 制造厂名称；

d) 主要技术参数(制冷量、制热量、能效、噪声、循环风量、制冷剂名称或代号及注入量、额定电流、额定电压、额定频率、输入功率和质量等)。分体移动式空调器室内、室外机组应分别标示，其中室内机组标示整机所需参数，室外机组标示室外机所需参数，但至少应标示制冷剂名称或代号及注入量、额定电压、额定频率和输入电流、功率；

e) 产品出厂编号；

f) 制造日期。

注 1：通常铭牌标示的制热量为高温制热量，若空调器进行低温制热量考核时，铭牌应同时标示出低温制热量。

注 2：输入功率应分别标示出额定制冷、额定制热消耗功率和电热装置额定制热消耗功率。

注 3：产品出厂编号、制造日期允许在空调器明显部位进行耐久性标示。

8.1.3 空调器上应设有工作情况的标志，如控制开关和旋钮等旋动方向标志，在适当位置附上电气原理图。

8.1.4 空调器应有注册商标标志。

8.1.5 包装标志，包装箱应用不褪色的颜料清晰的标出：

a) 产品名称、规格型号和商标；

b) 质量(毛质量、净质量)；

c) 外形尺寸：长×宽×高(cm×cm×cm)；

d) 制造厂名称；

e) 色别标志(整体式空调器应标明面板颜色，分体式空调器应标明室内机组的主色调)；

f) “易碎物品”、“向上”、“怕雨”和“堆码层数极限”等贮运注意事项，其标志应符合 GB/T 191 的有关规定；

g) 包装箱上应注明采用的产品标准。

8.2 包装

8.2.1 空调器包装前应进行清洁和干燥处理。

8.2.2 空调器的包装内应附有下述文件及附件。

8.2.2.1 产品合格证，其内容应包括：

a) 产品名称和型号；

b) 产品出厂编号；

c) 检验结论；

d) 检验印章；

e） 检验日期。

8.2.2.2 使用说明书应按 GB 5296.2 要求进行编写，至少应包括：

a） 产品名称、型号（规格）；

b） 产品概述（用途、特点、使用环境及主要使用性能指标和额定参数等）；

c） 接地说明；

d） 安装和使用要求，维护和保养注意事项；

e） 产品附件名称、数量、规格；

f） 常见故障及处理办法一览表，售后服务事项和生产者责任；

g） 制造厂名称和地址。

注：上述内容亦可单独编写成册。

8.2.2.3 装箱清单、装箱要求的附件。

8.2.3 随机文件应有防潮密封，并放置箱内适当位置处。

8.3 运输和贮存

8.3.1 在运输和贮存过程中，应避免碰撞、倾斜、雨雪淋袭。

8.3.2 产品的存贮环境条件应按 GB/T 4798.1 有关规定，产品应储存在干燥的、通风良好的仓库中。周围应无腐蚀性及有害气体。

产品包装经拆装后仍须继续贮存时应重新包装。

附 录 A
（规范性附录）
辅助水冷式空调器相关规定

A.1 要求

A.1.1 水冷式空调器测试工况同空冷式，见表5。除额定制冷工况需测试有辅助水和无辅助水两种状态外，其余测试工况要求在无辅助水状态下进行。

A.1.2 水箱系统的设计应考虑水箱连续供水时间。在额定制冷工况下连续供水时间不得少于4 h。

A.1.3 测试工况下，循环水系统中的进水温度为15 ℃，水箱系统中水的温度和测试工况的干球温度相同。

A.2 测试方法

A.2.1 制冷量试验

a) 无水状态下测试方法按6.2。循环水路系统不能工作或水箱中不能有水。

b) 有水状态下先将循环水系统装配好或将水箱加满水，然后按照6.2方法进行。

A.2.2 制冷消耗功率试验

按A.2.1及GB/T 7725—2004附录A给定的方法，在制冷量测定的同时，测定空调器的输入功率、电流。

A.2.3 水箱系统连续供水时间

按照A.2.1有水状态测试方法，在额定工况稳定1 h后加满水开始记时，到水箱中的水消耗完或缺水报警装置启动时记录时间。可以在制冷量测定的同时进行并记录进水温度。

A.2.4 环水系统耗水量

按照A.2.1有水状态测试方法，在测制冷量的同时记录循环水系统的静压、进水温度及流量。

A.3 标志

除需满足8.1规定外，辅助水冷式系统主铭牌应标明：

a) 有辅助水和无辅助水两种状态下的额定制冷量和输入功率；

b) 循环水系统须标明耗水量，耗水量单位为L/h；

c) 水箱系统须标明在额定工况下一箱水连续供水时间，供水时间单位为min。

A.4 说明

针对辅助水冷式制冷系统，制造商应特别注意：

a) 说明定期检查辅助水冷式冷凝器的频次(应该考虑到供应水的品质)；

b) 说明定期清洁辅助水冷式冷凝器的方法和指导，以便清除由于淋水所产生的水垢，特别需要注明这种方法是否必须由专业人员进行；

c) 水箱系统应考虑水位指示及水满报警功能，防止溢水情况发生。

附　录　B
（规范性附录）
空调器噪声试验采样点

B.1　分体移动式空调器

B.1.1　室内侧噪声试验采样点应放置在样机正前方，距出风口正中位置 1 m 远处，距离地面高度 1 m，见图 B.1。

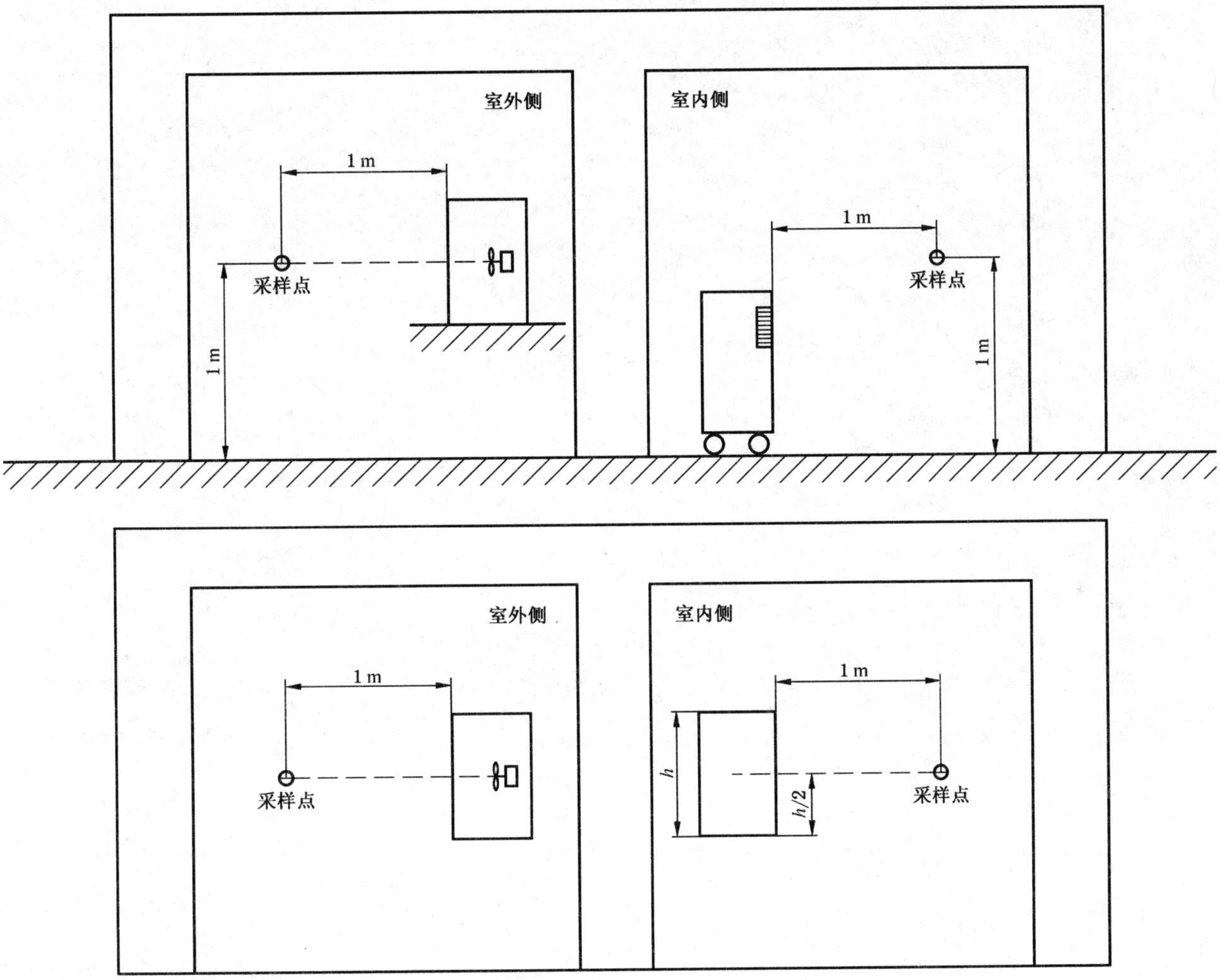

图 B.1　空调器噪声试验采样点

B.1.2　若室外侧出风口正中位置距地面不足 1 m，则将其垫高至 1 m。噪声试验采样点应放置在距出风口正中位置 1 m 远处，距离地面高度 1 m。

B.2　整体移动式空调器

噪声采样点放置同 B.1.1。

ICS 13.310
A 90

GB

中华人民共和国国家标准

GB/T 22258—2008

防伪标识通用技术条件

Universal technical requirements of anti-counterfeiting labels

2008-07-28 发布　　　　2009-01-01 实施

中华人民共和国国家质量监督检验检疫总局
中国国家标准化管理委员会　发布

前　言

本标准的附录 A 为资料性附录。

本标准由国家标准化管理委员会提出。

本标准由全国防伪标准化技术委员会(SAC/TC 218)归口。

本标准主要起草单位:国家防伪工程技术研究中心(武汉华工图像技术开发有限公司)、国家防伪产品质量监督检验中心、国家印刷装潢制品质量监督检验中心、北京中标方圆防伪技术集团、北京三友镭射科技有限公司、东方惠科防伪技术有限责任公司、淄博泰宝防伪技术产品有限公司、海南东方纹理防伪有限公司、北京九州惠联网络技术有限公司、北方九星全息制品有限公司、中山国安科技发展有限公司。

本标准主要起草人:陈汝钧、程海燕、徐波、哈流柱、张黎明、寸云涛、魏威、张龙生、伍宗敏、赵俊江、余君亮、何方奇、崔清臣。

本标准为首次发布。

防伪标识通用技术条件

1 范围

本标准规定了各类防伪标识的通用技术要求，以及与它们有关的术语和定义，产品分类，要求，试验、核查和评定方法，验收规则，标识、包装、运输和贮存。

本标准适用于各类防伪标识(含配套识读装置)。

2 规范性引用文件

下列文件中的条款通过本标准的引用而成为本标准的条款。凡是注日期的引用文件，其随后所有的修改单(不包括勘误的内容)或修订版均不适用于本标准，然而，鼓励根据本标准达成协议的各方研究是否可使用这些文件的最新版本。凡是不注日期的引用文件，其最新版本适用于本标准。

GB/T 2792—1998 压敏胶粘带 180°剥离强度试验方法(eqv JIS Z 0237:1991)

GB/T 2828.1—2003 计数抽样检验程序 第1部分:按接收质量限(AQL)检索的逐批检验抽样计划(ISO 2859-1:1999,IDT)

GB/T 2829—2002 周期检验计数抽样程序及表(适用于对过程稳定性的检验)

GB/T 7705—2008 平版装潢印刷品

GB/T 7706—2008 凸版装潢印刷品

GB/T 7707—2008 凹版装潢印刷品

GB/T 10335.1—2005 涂布纸和纸板 涂布美术印刷纸(铜版纸)

GB/T 17000—1997 防伪全息产品通用技术条件

GB/T 17001.1—1997 防伪油墨 第1部分:紫外激发荧光油墨(胶版、凸版印刷)技术条件

GB/T 17002—1997 防伪印刷产品生产管理规范

GB/T 17004—1997 防伪技术术语

GB/T 17121—1997 防伪印油 第1部分:紫外激发荧光防伪渗透印油技术条件

GB/T 17497—1998 柔性版装潢印刷品

GB/T 18733—2002 防伪全息纸

GB/T 18734—2002 防伪全息烫印箔

GB/T 18751—2002 磁性防伪油墨

GB/T 18752—2002 热敏变色防伪油墨

GB/T 18753—2002 日光激发变色防伪油墨

GB/T 18754—2002 凹版印刷紫外激发荧光防伪油墨

GB/T 18758—2002 防伪核技术产品通用技术条件

GB/T 19425—2003 防伪技术产品通用技术条件

3 术语和定义

GB/T 17004—1997 中确立的以及下列术语和定义适用于本标准。

3.1

防伪标识 anti-counterfeiting label

能粘贴、印刷或转移到标的物表面、标的物的包装物或附属物上，具有防伪功能的标识。防伪标识一般应同时具备两个特征：第一，采取了防止未经所有权人准许而进行仿制和复制的技术和措施；第二，

具有可识别特征,可以感官识别,也可以借用工具以及专用仪器识别,以准确地判断真伪。

3.2

不可转移率 tamper evident

不可转移率表明防伪标识的防转移重复使用性能。防伪标识应具有防止从标的物上转移重复使用的特性。

3.3

黑斑 black spot

由于模压辊上的或模压工作版上的缺陷等原因所造成的模压全息图上出现的暗点。

3.4

水渍 stain

全息图母版在制作过程中因处理不当而由物理或化学因素引起的痕迹。

3.5

划痕 scratch

标识有效版面内对图文有影响的划伤痕迹。

3.6

套色错位 color pattern positioning error

有共同的边界不同色彩图像的套准偏差。

3.7

信噪比 signal to noise ratio

衍射光中再现图像的信号光强与噪声光强之比。

3.8

衍射效率 diffraction efficiency

衍射光中再现图像的信号光强与入射光强之比。

3.9

无版印刷 plateless printing

原稿(包括电子原稿)通过专用设备直接复制在承印物上的印刷方法,它包括静电印刷和喷墨印刷等。

3.10

模压全息图 embossed hologram

采用模压工艺,将全息图的干涉条纹以浮雕结构的形式转移到塑料(或其他高分子材料)薄膜上。

3.11

体积型反射全息图 volume reflection hologram

物光波和参考光波从记录介质的两侧入射在记录介质上,在记录介质中干涉条纹面平行或接近平行于表面,这样记录的全息图称为体积型反射全息图。体积型反射全息图需要用较厚的记录介质才能记录下多层条纹面。

3.12

莫尔条纹双卡防伪标识 anti-counterfeiting label with moire fringe decoder

利用莫尔条纹解码卡来读出标识上隐藏的图文信息。

3.13

偏振光双卡防伪标识 anti-counterfeiting label with polarized decoder

利用偏振光解码卡在标识上读出隐藏图文的信息。

3.14

随机加密双卡防伪标识 anti-counterfeiting label with random encrypt decoder

利用随机加密解码卡在标识上读出隐藏图文的信息。

4 分类

按照防伪标识的制作工艺和标识的防伪识别特征，将防伪标识分成以下的类别。

4.1 全息防伪标识

利用激光全息技术制成的防伪标识，一般包括：

a) 模压全息防伪标识，例如不干胶模压全息防伪标识和模压全息烫印防伪标识。

b) 体积型反射全息防伪标识，例如光聚合物全息防伪标识。

4.2 印刷防伪标识

利用防伪印刷技术（防伪制版设计、防伪印刷工艺等）或防伪印刷材料（防伪印刷油墨、防伪纸、防伪膜等）制成的防伪标识。一般包括：

a) 有版印刷防伪标识（平版、凸版、凹版、丝印、柔版等）。

b) 无版印刷防伪标识（数码印刷、静电印刷、热转印、喷印、喷码等）。

4.3 双卡防伪标识

利用解码卡和隐藏图文卡读出隐藏图文信息的防伪标识，一般包括：

a) 莫尔条纹双卡防伪标识；

b) 核径迹双卡防伪标识；

c) 偏振光双卡防伪标识；

d) 随机加密双卡防伪标识 。

4.4 微孔防伪标识

由微孔组成图文的防伪标识，例如重离子微孔防伪标识，核径迹微孔防伪标识。

4.5 激光图形输出防伪标识

利用激光束在标的物表面形成图文的防伪标识，例如激光掩模打标，激光扫描打标。

4.6 隐形图文回归防伪标识

利用具有回归反射特性的材料制作的防伪标识。

4.7 图文揭露防伪标识

标识揭开分层后，次层有图文显露的防伪标识。例如阴阳图文揭露防伪标识、全镀层图文揭露防伪标识，等等。

4.8 磁性防伪标识

利用专用的磁性材料制成隐含信息的防伪标识，一般分为有编码和无编码两种。

4.9 覆盖层防伪标识

利用覆盖层覆盖数码或图文信息的防伪标识。该类标识通常分刮开式和揭启式两种。

4.10 标记分布特性防伪标识

利用可识别三维立体标记的分布特性制作的防伪标识。

5 要求

5.1 防伪力度

防伪标识的防伪力度具体要求见 GB/T 19425—2003。

5.2 不可转移率

不可转移率的分级指标见 GB/T 19425—2003。

5.3 稳定期

防伪标识的防伪识别特征的稳定期，是由标识载体和构成防伪特征所用的材料的稳定期决定，具体要求见 GB/T 19425—2003。

5.4 识别性能

防伪标识的识别性能的具体要求见 GB/T 19425—2003。

5.5 使用适应性

防伪标识的使用适应性应能符合使用时的工艺或标的物的要求。

5.5.1 成标完整性

在标的物上直接印制或转印(转移)防伪标识时,附着在标的物上的标识必须边沿整齐、图案完整,无缺笔断划,文字不误字意。

5.5.2 烫印速度

适用于全息快速联机自动烫印。全息烫印标识的烫印速度分为A、B、C、D四级,具体要求见表1。

表1 全息烫印标识的烫印速度

单位为次每小时

检查项目	A级	B级	C级	D级
烫印速度	≥7 000	≥6 000	≥5 000	≥3 000

5.5.3 标识定位的偏差

适用于全息快速定位(标识图案与标的物上的指定位置对准)联机自动烫印。全息快速定位烫印标识在标的物上定位的准确度与标识在标准卷上的横向位置偏差和标识纵向距离的偏差有关。按照标识的横向位置偏差和标识纵向距离的偏差,分为A、B、C、D四级,见表2。

表2中 b 是标识在标准卷上的横向位置偏差,或者是标准卷上排版周期的首尾两个标识纵向距离的偏差。

表2 标识定位的偏差

单位为毫米

检查项目	A级	B级	C级	D级
b	±0.20	±0.25	±0.30	±0.50

5.5.4 模切深度

标识的底纸不得因模切而受到损伤,以不破坏硅油层或淋膜层为度。

5.5.5 封口标识不允许翘起

封口90 ℃的拐角标识贴标后不允许翘起。

5.6 使用环境要求

防伪标识的物理、化学性能和防伪性能应能满足标的物的正常使用环境要求。具体要求是:

标识使用的温度范围:−10 ℃～+50 ℃

标识使用的相对湿度范围:20%RH ～90%RH ,40 ℃± 5 ℃

用户需要的产品超过以上温度和湿度的使用范围时,用户可以在订货合同中向生产企业提出具体的要求。

5.7 安全期

防伪标识安全期的具体要求见GB/T 19425—2003。

5.8 外观质量

5.8.1 模压全息防伪标识的外观质量

模压全息防伪标识的外观质量应符合表3的要求。

表3 模压全息防伪标识的外观质量

外观质量名称	技术要求
划痕	不允许有进入图案的明显划痕
黑斑	不允许有直径大于0.5 mm的黑斑进入图案
水渍	不允许有进入图案的水渍
平整度	无明显凹凸缺陷

表 3（续）

外观质量名称	技术要求
图像质量	有效版面中图像较清晰，色彩分明，亮度均匀
套色错位	≤0.15 mm

5.8.2　印刷防伪标识的外观质量

印刷防伪标识的外观质量应符合表 4 的要求。

表 4　印刷防伪标识的外观质量

外观质量名称	技术要求
成品外观	表面整洁，无明显脏污、残缺
文字印刷	印刷文字清晰完整，小于 5 号字不误字意
网纹	网纹清晰均匀，无明显变形和残缺
表面特征	压痕平实，凹凸饱满，纸张纤维不断裂
烫印层	烫印层不变色，无残缺糊版
印迹	印迹边缘光洁
套印误差	平版印刷、凸版印刷：≤ 0.20 mm；凹版印刷：≤0.30 mm（丝网印刷除外）
覆盖墨[a]	印刷密实，无直径大于 0.5 mm 的缺损，无明显气泡等突起
[a] 覆盖墨仅对有覆盖墨层印刷标识进行检验。	

5.8.3　激光图形输出防伪标识的外观质量

激光图形输出防伪标识的外观质量应符合表 5 的要求。

表 5　激光图形输出防伪标识的外观质量

外观质量名称	技术要求
标识图文	图文清晰可辨，手摸有凹陷感
标识效果	线条连续流畅，无断笔划痕
图案同一性	每批样品相同几何图案大小、形状应一致，无明显差异

5.9　模切中心偏差

模切中心偏差的技术要求应满足表 6。

表 6　模切中心偏差

外观质量名称	技术要求
模切中心偏差	≤1.5 mm
模切中心相对偏差	≤7%
注：当标识宽度 >21 mm 时，检测标识模切中心偏差；当标识宽度≤21 mm 时，检测标识的模切中心相对偏差。	

5.10　特性指标

5.10.1　模压全息防伪标识的特性指标

模压全息防伪标识特性指标应符合表 7 的要求。

表 7　模压全息防伪标识的特性指标

特性指标	技　术　要　求
衍射效率(η)	≥5%
信噪比(SNR)[a]	≥10：1
180°剥离强度[b]	≥0.10 kN/m
烫印层耐磨性(烫印类)	≥70%
同批同色色差(烫印类)(CIEL* a* b*)ΔE	≤4.00
烫印层清晰度(烫印类)	应符合 GB/T 18734—2002 中的规定

a 版面内全都有光栅的标识不检测此项。

b 180°剥离强度仅对不带分离层的防伪标识(未模切的)进行检验。

5.10.2　印刷防伪标识的特性指标

印刷防伪标识特性指标应符合表 8 的要求。

表 8　印刷防伪标识的特性指标

<table>
<tr><th colspan="2" rowspan="2">特性指标</th><th colspan="4">技　术　要　求</th></tr>
<tr><th colspan="2">A 级</th><th colspan="2">B 级</th></tr>
<tr><td colspan="2">同色密度偏差</td><td colspan="2">≤0.05</td><td colspan="2">≤0.07</td></tr>
<tr><td colspan="2">同批同色色差
(CIEL* a* b*)ΔE</td><td>L* >50.00
≤5.00</td><td>L* ≤50.00
≤4.00</td><td>L* >50.00
≤6.00</td><td>L* ≤50.00
≤5.00</td></tr>
<tr><td colspan="2">墨层耐磨性(纸基材)</td><td colspan="4">≥70%</td></tr>
<tr><td colspan="2">墨层光泽度[a](60°)</td><td colspan="4">≥30%</td></tr>
<tr><td rowspan="3">耐性指标[b]</td><td>耐光性</td><td colspan="4">≥F2 级</td></tr>
<tr><td>耐水性</td><td colspan="4">≥3 级</td></tr>
<tr><td>耐温性</td><td colspan="4">≥3 级</td></tr>
</table>

a 当有墨层光泽度要求，且标识面积≥800 mm^2 时，检查此项。

b 耐性指标仅对无版印刷及防伪荧光油墨的标识进行检验。

5.11　防伪识别特征的技术要求

5.11.1　双卡防伪标识

5.11.1.1　莫尔条纹双卡防伪标识

莫尔条纹双卡防伪标识防伪识别特征的技术要求应符合表 9。

表 9　莫尔条纹防伪标识防伪识别特征的技术要求

特征名称	技　术　要　求
密文辨识性	隐含信息清晰可辨
垂直混码	≥14 条/mm
倾斜正码	≥14 条/mm

5.11.1.2　核径迹双卡防伪标识

核径迹双卡防伪标识防伪识别特征的技术要求应符合表 10。

表 10 核径迹双卡防伪标识防伪识别特征的技术要求

特征名称	技 术 要 求
双卡符合特性	专用识读设备不发生误判

5.11.2 **微孔防伪标识**

微孔防伪标识(重离子类、核径迹类)防伪识别特征的技术要求应符合表 11。

表 11 微孔防伪标识防伪识别特征的技术要求

特征名称	技 术 要 求
滴水消失性(显性图文)	图案抹水后白色消失,水干后复原
上色性(隐性图文)	彩笔涂抹后微孔图案区应留下颜色
揭开透印性(隐性图文)	能够揭开通过透印试验

5.11.3 **激光图形输出防伪标识**

激光图形输出(激光掩模打标类)防伪标识防伪识别特征的技术要求应符合表 12。

表 12 激光图形输出防伪标识防伪识别特征的技术要求

特征名称	技 术 要 求
图形线条宽度	≤0.20 mm
图案线条粗细比	≥5∶1
图形一致性	同部位相同几何图形应当一致,不允许有差异

5.11.4 **隐形图文回归防伪标识**

隐形图文回归防伪标识防伪识别特征的技术要求应符合表 13。

表 13 隐形图文回归防伪标识防伪识别特征的技术要求

特征名称	技 术 要 求
多维闪角效果(多维闪角型)	标识的同一位置可观察到多个不同图文
反光水印效果(反光水印型)	用识别器观察时,隐含的有色精细图文清晰可见; 随视角改变,图文颜色显著变化
闪角图像效果(闪角图像型)	图文闪烁效果明显

5.11.5 **图文揭露防伪标识**

图文揭露防伪标识防伪识别特征的技术要求应符合表 14。

表 14 图文揭露防伪标识防伪识别特征的技术要求

特征名称		技 术 要 求
阴阳图文	图案完整性	揭启层和遗留层图案与原设计图案保持一致、清晰可辨,阴阳对称
	点密度[a]	≥4 点/mm
全镀层图文	隐性图文	揭开标识后清晰可辨
[a] 仅对由点组成的阴阳图文防伪标识检查此项。		

5.11.6 **磁性防伪标识**

磁性防伪标识防伪识别特征的技术要求应符合表 15。

表 15　磁性防伪标识防伪识别特征的技术要求

特征名称	技术要求
磁性特性	识读信息准确
磁信号幅值波动范围	≤30%
编码种类总数[a]	A 级：≥50
	B 级：≥15

[a] 此项仅对有编码的磁性防伪标识进行检查。

5.11.7　覆盖层防伪标识

覆盖层防伪标识防伪识别特征的技术要求应符合表 16。

表 16　覆盖层防伪标识防伪识别特征的技术要求

特征名称	技术要求
刮(揭)开难易度	刮开式标识用手指甲能轻便刮开；揭开式标识徒手揭起较轻便
刮(揭)开信息完整性	信息完整
覆盖层致密性	不可透过覆盖层或标识的反面窥视到被覆盖的信息

5.11.8　标记分布特性防伪标识

标记分布特性防伪标识防伪识别特征的技术要求应符合表 17。

表 17　标记分布特性防伪标识防伪识别特征的技术要求

特征名称		技术要求
纹理(纤维)标记	可识别性	标识中每条纤维纹理清晰可见，查询识别特征报告准确
	纹理条数	识别框内纹理条数≥1 条
	纤维状态	呈三维立体状，不得呈二维状态
格粒标记	可识别性	应具有无序分布的彩色反光颗粒及白色凸起微泡，查询识别特征报告准确
	颗粒数量	≥10 个/枚

5.11.9　印刷防伪标识

5.11.9.1　防伪油墨制作的防伪标识

采用防伪油墨制作的防伪标识，其主要防伪识别特征技术要求应符合表 18。

表 18　防伪油墨标识防伪识别特征的技术要求

特征名称		技术要求
紫外激发荧光	无色荧光	在自然光下图文外观为无色或仅有极淡的颜色。经紫外光激发后，标记能发出可见荧光
	有色荧光	在自然光下图文外观具有颜色。经紫外光激发后，标记能发出可见荧光
热敏变色	可逆热敏变色	进行热敏变色试验时，达到产品指定的温度范围内，图文颜色发生变化；偏离这个温度范围，恢复到原来的颜色
	不可逆热敏变色	进行热敏变色试验时，达到产品指定的温度范围内，图文颜色发生变化；偏离这个温度范围，不能恢复到原来的颜色
日光激发变色		在日光照射后，标识颜色明显变化，变化可逆
光可变		从不同视角观察标识，其颜色明显变化
红外荧光		在一定波长的红外光照射下，标识发出可见荧光
压敏		标识受压力、摩擦，颜色明显变化
水敏		浸水后图案颜色发生明显变化

5.11.9.2 防伪纸制作的防伪标识

采用防伪纸制作的防伪标识,其主要防伪识别特征技术要求应符合表19。

表19 防伪纸标识防伪识别特征的技术要求

特征名称	技术要求
纤维(或特殊添加物)	有可见纤维(或特殊添加物),借助特殊光源或仪器可识别到隐形纤维(或特殊添加物)
水印	水印图案,清晰可辨
剥离易碎	剥离即碎,不能二次使用
安全线(全埋、开窗)	全埋、开窗式安全线可肉眼识别。 安全线中若有可识别防伪信息(微缩图文、模压全息图文、磁性特征、荧光特性等),应符合相应的技术要求

5.11.9.3 防伪制版设计及防伪印刷工艺制作的防伪标识

采用防伪制版设计及防伪印刷工艺制作的防伪标识,其主要防伪识别特征技术要求应符合表20。

表20 防伪制版及防伪印刷工艺防伪识别特征的技术要求

特征名称	技术要求
底纹、团花、花边	线条为光滑的实线,扫描、复印等图像复制手段不能完全复制
潜影(折光潜影主要针对凹版)	将图案或文字隐藏在另一个图案中,使用定向入射光从特定方向可观察到标识上的潜影图案
浮雕	版纹形成的浮雕图文,有明显的视觉立体感
微缩	中文字高≤0.40 mm、英文字高≤0.30 mm,用放大镜或显微镜观察,微缩图文清晰可辨
雕刻凹版印刷	隆起的粗线条有手感,细线条清晰可辨

6 试验方法

6.1 试验环境要求

试验环境温度:23 ℃±2 ℃;

试验环境相对湿度:50% RH±5% RH。

6.2 防伪力度的检查方法

防伪力度的检查方法见GB/T 19425—2003。

6.3 不可转移率的检查方法

根据生产企业说明的防伪标识使用范围,取一至两种标的物,将标识样品粘贴在标的物上,室温放置24 h;未说明防伪标识使用何种标的物时,将防伪标识粘贴在80 g/m^2 中性纸上,直接剥离检查。剥离后标识中的防伪信息被破坏、不能转移使用。

6.4 稳定期的检查方法

防伪标识防伪识别特征的稳定期按GB/T 19425—2003规定的方法检查。

6.5 识别性能的检查方法

防伪标识的识别性能按GB/T 19425—2003规定的方法检查。

6.6 使用适应性的检查方法

防伪标识的使用适应性(见5.5)检查包括以下几项。

6.6.1 成标完整性的检查

按照5.5.1的要求，目测(必要时借助放大镜)检验。

6.6.2 烫印速度的检查

采用符合GB/T 10335.1—2005规定的A级120 g/m² 双面铜版纸，用高速模拟烫印机检查。

6.6.3 标识定位偏差的检查

横向位置偏差：打开标准卷，任选1枚标识，用准确度不低于0.01 mm的量具测量这枚标识的定位光标到膜带边缘的距离，计算这个距离与工艺设计标准的偏差值。选择不同位置的标识重复上述操作，得到5个正向偏差值和5个负向偏差值，分别求取正向偏差和负向偏差的平均值。

纵向位置偏差：打开标准卷，在膜带无张力的情况下，用准确度不低于0.01 mm的量具测量标准卷一个制版周期首尾两个标识的定位光标之间的距离，计算这个距离与工艺设计标准的偏差值。选择不同的制版周期重复上述操作，得到5个正向偏差值和5个负向偏差值，分别求取正向偏差和负向偏差的平均值。

6.6.4 模切深度的检查

用放大镜检查。

6.6.5 封口标识是否起翘的检查

用不锈钢板(符合GB/T 2792—1998)或与标的物相同的材料制作成烟盒大小的标的物，将封口标识样品粘贴在90°的拐角处，放置24 h后检查。

6.7 使用环境要求的检查方法

6.7.1 标识使用的温度范围

将标识置于高、低温试验箱内，分别模拟－10 ℃±2 ℃和＋50 ℃±2 ℃的使用环境，各持续1 h。防伪标识经温度试验后性能应不发生变化。

6.7.2 标识使用的相对湿度范围

将标识置于温度为40 ℃±5 ℃、空气相对湿度分别为20%和90%的环境下，各持续1 h。检查防伪标识有无变形、变色、脱落等现象，防伪标识经湿度试验后性能应不发生变化(含热敏防伪材料的除外)。

6.8 安全期的检查方法

安全期按GB/T 19425—2003规定的方法检查。

6.9 外观质量的检查方法

6.9.1 检测仪器

a) D65标准光源、点光源；

b) 读数显微镜、放大镜。

6.9.2 检查方法

将试样放在看片台的台面上，开启D65光源或点光源，观察者眼睛距试样300 mm处进行观察，或用读数显微镜、放大镜进行检查。

6.10 模切中心偏差的检查方法

6.10.1 仪器

10倍以上读数显微镜，测量准确度0.01 mm。

6.10.2 模切中心偏差测量方法

见图1。图1中的外圈表示标识的(模切)边缘，内圈表示标识的中心图案。

a——标识中心图案左边与标识模切左边缘的距离；

b——标识中心图案右边与标识模切右边缘的距离；

h——标识宽度。

测量得到a、b值，按下式计算标识的模切中心偏差d：

$$d=\frac{|a-b|}{2} \qquad \cdots\cdots\cdots\cdots(1)$$

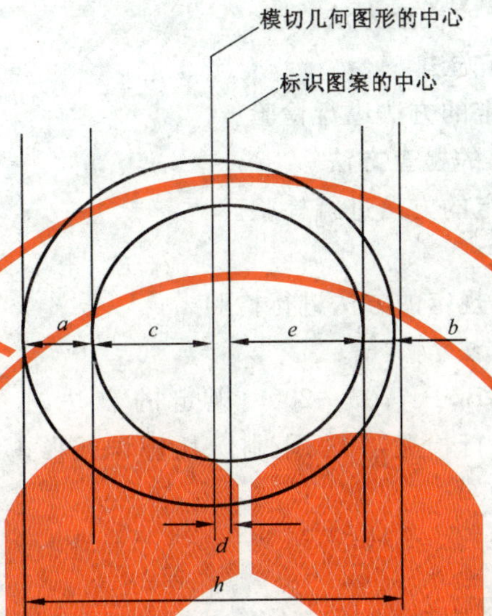

图 1　防伪标识模切中心偏差示意图

6.10.3　模切中心相对偏差测量方法

先测出模切中心偏差 d，用模切中心偏差除以标识的宽度 h，即为标识的模切中心相对偏差 δ：

$$\delta=\frac{d}{h}\times 100\% \qquad \cdots\cdots\cdots\cdots(2)$$

说明：以上检查方法适合于模切中心出现左、右偏移的情况，当模切中心出现上、下偏移时，检查方法类似。

6.11　特性指标的检查方法

6.11.1　模压全息标识特性指标的检查方法

6.11.1.1　衍射效率 η 的检查方法

检查衍射效率的仪器设备、环境要求、试样制备和测量方法均遵循 GB/T 17000—1997 的规定。如果样品中有两个或两个以上不同空间深度的图案，则至少测量像面图案和一个非像面图案的衍射效率。像面图案：成像在版面上的图案。非像面图案：成像在版面前或版面后的图案。

6.11.1.2　信噪比 SNR 的测量方法

检查信噪比的仪器设备、环境要求、试样制备和测量方法均遵循 GB/T 17000—1997 的规定。

6.11.1.3　180°剥离强度的检查方法

180°剥离强度试验应在标识未模切之前随机抽取宽度为 25 mm±1 mm 或 20 mm±1 mm，长度约 200 mm 的半成品 5 条。

按照 GB/T 2792—1998 规定的方法进行检验。

6.11.1.4　烫印层耐磨性的检查方法

按照 GB/T 18734—2002 规定的方法进行检验。

6.11.1.5　同批同色色差的检查方法

测量仪器和测量步骤按照 GB/T 7705—2008 规定的方法进行检验；烫印类全息防伪标识按照 GB/T 18734—2002规定的方法进行检验。

测量面积一般为直径 Φ5 mm 的圆孔，如被测部位较小，则允许采用小面积观察孔。

6.11.1.6　烫印层清晰度

按照 GB/T 18734—2002 中规定的方法进行检验。

6.11.2　印刷防伪标识特性指标的检查方法

6.11.2.1　同色密度偏差的检查方法

按照 GB/T 7705—2008 规定的方法进行检验。

6.11.2.2　墨层耐磨性（纸基材）的检查方法

按照 GB/T 7706—2008 规定的方法进行检验。

6.11.2.3　耐性指标的检查方法

按照 GB/T 17001.1—1997 规定的方法进行检验。

6.11.2.4　墨层光泽度的检查方法

平版印刷防伪标识按照 GB/T 7705—2008 规定的方法进行检验，凸版印刷防伪标识按照 GB/T 7706—2008规定的方法进行检验，凹版印刷防伪标识按照 GB/T 7707—2008 规定的方法进行检验。

6.12　防伪识别特征的检查方法

6.12.1　双卡防伪标识

6.12.1.1　莫尔条纹双卡防伪标识

密文识辨性：使用辨识本批样品的反差解码器，将反差解码器叠加于标识密文区，目视辨识密文区的图文。

垂直混码：使用显微镜或相同原理的观测装置，检查密文区，读出深、浅相间的垂直混码数量。

倾斜正码：使用显微镜或相同原理的观测装置，检查解码器并读出深、浅相间的正码条纹的数量。

6.12.1.2　核径迹双卡防伪标识

使用专用识读设备检查双卡符合特性，应满足表 10。

6.12.2　微孔防伪标识（重离子类、核径迹类）防伪标识

滴水消失性：用水在标识上涂抹后，图案颜色消失，水干后图案复原。

上色性：用彩色水笔在标识上涂抹后擦拭干净，查看微孔图案区所留颜色。

揭开透印性：用彩色水笔在标识上涂抹后擦拭干净，将标识表面膜揭下后查看衬底，衬底上应留下透印的图案或痕迹。

6.12.3　激光图形输出（激光掩模打标类）防伪标识

图形线条宽度：用分辨率为 0.01 mm 的读数显微镜，直接读出图形中最细线的线宽。

图案线条粗细比：用分辨率为 0.01 mm 的读数显微镜，直接读出最粗线宽和最细线宽，计算它们的比值。

图形一致性：取样品中的一枚为标样，观察其他样品的主要几何图形，与标样的同一部位同一几何图形相比较。

6.12.4　隐形图文回归防伪标识

多维闪角效果：在 20 W 日光灯照明下，从不同角度观察。

反光水印效果：使用专用识别器，从不同角度观察。

闪角图像效果：在 20 W 日光灯照明下，从不同角度观察。

6.12.5　图文揭露防伪标识

6.12.5.1　阴阳图文揭露防伪标识

图案的完整性：揭开样品，用目测法检验。

点密度：使用分辨率为 0.01 mm 的读数显微镜，测量揭开层图文每毫米点数。

6.12.5.2 全镀层图文揭露防伪标识

隐性图文:将标识贴于标的物或同类材料表面后揭开,观察图文,图文应清晰可辨。

6.12.6 磁性防伪标识

磁性特征:使用当批产品专用的识读设备检验。

磁信号幅值波动范围:使用磁感应电测量仪检测。

编码种类总数:使用标识磁性特征识别仪进行检测,验证不同的编码种类。

6.12.7 覆盖层防伪标识

刮(揭)开难易度:将标识粘贴在不锈钢板上,刮开式标识用手指甲能轻便刮开,且保证被覆盖信息的完整性;揭开式标识徒手揭起较轻便,且保证被覆盖信息的完整性,而标识的表层在受到蹭擦力作用下不易脱落。

刮(揭)开信息完整性:刮(揭)开后,用目测法检测。

覆盖层致密性:用 100 W 白炽灯置于标识背面,从标识正面和反面均不可窥视到被覆盖的信息。

6.12.8 标记分布特性防伪标识

6.12.8.1 纹理标记分布防伪标识

可识别性:用目测和指定的查询方式检验。

纹理条数:用 10 倍左右放大镜目视观察。

纤维状态:用细针等利器可挑出三维立体状的有色纤维。

6.12.8.2 格粒标记分布防伪标识

可识别性:用细针等利器可挑出彩色反光颗粒,用指甲可刮平白色凸起微泡,并用指定的查询方式检验。

颗粒数量:用分辨率为 0.01 mm 读数显微镜观察,测定颗粒数。

6.12.9 印刷防伪标识

6.12.9.1 防伪油墨制作的印刷防伪标识

紫外激发荧光特征:按照 GB/T 17001.1—1997 规定的方法检验。

热敏变色特征:按照 GB/T 18752—2002 规定的方法检验。

日光激发变色特征:按照 GB/T 18753—2002 规定的方法检验。

光可变特征:在自然光下,变换视角,目视观察样品颜色的变化。

红外荧光特征:使用红外防伪鉴别器或使用指定波长的红外光照射并观察。

压敏特征:直接按压或用力摩擦,目视观察。

水敏特征:将样品直接放入水中观察图案颜色的变化。

6.12.9.2 防伪纸制作的印刷防伪标识

纤维(或特殊添加物):

有色纤维——将试样放置在观测平台上,开启 D65 光源,目视观察。

无色纤维——将试样放置在观测平台上,用指定光源照射后目视检查,或用指定的仪器识别。

特殊添加物(荧光颗粒、磁性材料等)——用指定的仪器识别。

水印:逆光透视目视观察。

剥离易碎:用手直接剥离。

安全线:

含有微缩图文的安全线——用放大镜观察。

含有模压全息图文的安全线——依据表 19 的要求和 6.11.1 的方法检验。

含有磁性特征的安全线——用磁感应仪检查,按照 GB/T 18751—2002 规定的方法检验。

含有荧光特性的安全线——在指定的光源(例如紫外灯或红外光源)下观察。

6.12.9.3 **防伪制版设计及防伪印刷工艺制作的防伪标识**

底纹、团花、花边:用10倍左右放大镜或显微镜观察标识上的图案。

折光潜影:使用定向入射光从特定方向观察标识上的潜影图案。

浮雕:目测或使用10倍左右放大镜观察标识上的浮雕图案。

微缩:使用放大镜或显微镜观察标识上的微缩图案与文字。

雕刻凹版印刷:目测、手摸并使用显微镜,观察标识上的图案。

7 检验规则

7.1 检验分类

为了检验防伪标识的质量是否达到本标准的要求,应对防伪标识进行出厂检验和定型检验。

7.2 出厂检验

7.2.1 检验对象、抽样地点和方法,检验批

出厂检验是针对标识的加工缺陷进行的一种检验。生产企业所生产的每一批防伪标识,均应按本标准的要求从生产线或成品库内随机抽样进行检查。同时提交验收的同一规格产品为一批。

7.2.2 检验项目

防伪标识出厂检验的检验项目为外观质量检查和模切中心偏差检查。

7.2.3 抽样方案

模切中心偏差抽样方案采用GB/T 2828.1—2003特殊检验水平S-2的正常检验一次抽样方案,合格质量水平AQL值取1.5,见表21。

表21 模切中心偏差检验的抽样方案

批量范围	样本大小	合格判定数	不合格判定数
≤35 000	8	0	1
≥35 001	13	0	1

外观质量检查采用GB/T 2828.1—2003一般检验水平Ⅱ的正常检验一次抽样方案,合格质量水平AQL值取6.5,见表22。

表22 外观质量检验的抽样方案

批量范围	样本大小	合格判定数	不合格判定数
≤10 000	125	14	15
10 001～35 000	315	21	22
35 001～150 000	500	21	22
150 001～500 000	800	21	22
500 001及以上	1 250	21	22

7.3 定型检验

定型检验是针对产品的设计缺陷和加工缺陷而同时进行的检验。每当新试制投产的防伪标识,或当产品的设计、制造工艺或主要原材料作重大更改时,均应进行定型检验。

7.3.1 检验对象

定型检验的样品应从出厂检验合格的产品中随机抽取。

7.3.2 检验项目

定型检验的检验项目为不可转移率、使用适应性、特性指标和防伪识别特征。

7.3.3 抽样方案

不可转移率检查：随机抽取样品5枚，检验结果全部合格为该项指标合格。

使用适应性检查：同模切中心偏差抽样方案，见表21。

特性指标检查：随机抽取样品5枚，检验结果取平均值。

防伪识别特征检查：随机抽取样品5枚，检验结果全部合格为该项指标合格。

7.4 防伪标识质量综合评价

防伪标识质量综合评价方法参见附录A。

8 标识、包装、运输和贮存

8.1 产品标识

在防伪标识或其内包装物上应有下列清晰而牢固的标识：

a) 产品名称

——产品名称应使用防伪标识标准中规定的名称。

——产品名称应表明产品的真实属性。

——产品名称应使用规范汉字。如需使用汉语拼音字母或外文时，其汉语拼音字母或外文均应小于汉字。

b) 生产者名称和地址。

c) 生产日期。

d) 安全期。

8.2 包装

8.2.1 防伪标识的包装应能保证产品不受运输、贮存和正常使用过程中可能出现的意外损坏。可根据具体防伪标识的特点，确定包装物的形式、尺寸和材质，并在防伪标识标准中具体规定。

8.2.2 防伪标识的外包装物上应有下列清晰而牢固的标识：

a) 产品名称和型号。

b) 生产者名称、地址和电话。

c) 产品数量。

d) 产品质量符合的防伪标识标准编号。

e) 净重和毛重。

f) 运输标识。

g) 外包装物尺寸。

8.3 合格证

每一包装物内均应附有由生产企业质量检验部门签发的产品合格证。合格证上应注明下列内容：

a) 产品名称和型号。

b) 产品质量符合的标准名称和编号。

c) 生产日期。

d) 检验日期。

e) 安全期。

f) 检验者签章。

8.4 运输

运输时应符合8.2.2 f)中所规定的要求。

8.5 贮存

防伪标识应贮存在通风、防潮和防火的仓库内。仓库内的室温和相对湿度应满足防伪标识的贮存要求。

附 录 A
（资料性附录）
防伪标识质量综合等级的确定方法

防伪标识在5.1～5.11要求均合格的基础上，可对防伪力度(5.1)、不可转移率(5.2)、稳定期(5.3)、识别性能(5.4)和安全期(5.7) 5项要求实行质量综合分级。防伪标识的质量综合等级不应低于Ⅳ级，详见表A.1。

表A.1 防伪标识质量综合等级的分级条件

项目	单项等级分值				综合质量等级的分值 不小于			
	A级	B级	C级	D级	Ⅰ级	Ⅱ级	Ⅲ级	Ⅳ级
防伪力度	25	23	19	15	100	90	75	60
不可转移率	20	18	15	12				
稳定期	15	13	11	9				
识别性能	15	13	11	9				
安全期	25	23	19	15				

防伪标识的质量综合等级由对5.1、5.2、5.3、5.4和5.7所列5个单项的检查结果及表A.1规定分值之和确定。

ICS 65.120
B 46

中华人民共和国国家标准

GB/T 22259—2008

饲料中土霉素的测定 高效液相色谱法

Determination of oxytetracycline in feeds—High performance liquid chromatography

2008-08-01 发布　　2008-11-01 实施

中华人民共和国国家质量监督检验检疫总局
中国国家标准化管理委员会　发布

前　言

本标准的附录 A 为资料性附录。

本标准由全国饲料工业标准化技术委员会提出并归口。

本标准起草单位：农业部饲料质量监督检验测试中心（南京）。

本标准主要起草人：宋慧敏、耿士伟、冯三令、储瑞武、冯群科、贾书静。

饲料中土霉素的测定
高效液相色谱法

1 范围

本标准规定了饲料中土霉素含量的高效液相色谱测定方法。

本标准适用于配合饲料、浓缩饲料、添加剂预混合饲料中土霉素的测定，检出限为 0.5 mg/kg，定量限为 2 mg/kg。

2 规范性引用文件

下列文件中的条款通过本标准的引用而成为本标准的条款。凡是注日期的引用文件，其随后所有的修改单(不包括勘误的内容)或修订版均不适用于本标准，然而，鼓励根据本标准达成协议的各方研究是否可使用这些文件的最新版本。凡是不注日期的引用文件，其最新版本适用于本标准。

GB/T 6682 分析实验室用水规格和试验方法(GB/T 6682—1992，neq ISO 3696:1987)

GB/T 14699.1 饲料 采样

GB/T 20195 动物饲料 试样的制备

3 原理

试样中土霉素经酸性溶液提取后，注入高效液相色谱仪反相色谱系统中进行分离，用紫外检测器(或二极管阵列检测器)检测，外标法计算土霉素的含量。

4 试剂和溶液

除特殊说明外，所用试剂均为分析纯，水为蒸馏水，色谱用水符合 GB/T 6682 中一级用水规定。

4.1 盐酸：优级纯。

4.2 盐酸溶液(0.05 mol/L)：取盐酸(4.1)4.5 mL，溶解于 1 000 mL 水中。

4.3 乙腈：色谱纯。

4.4 磷酸二氢钠。

4.5 磷酸。

4.6 磷酸盐缓冲液：取磷酸二氢钠(4.4)1.2 g，加水使溶解并稀释至 1 000 mL，用磷酸(4.5)调 pH 值至 3.50，摇匀，过滤。

4.7 土霉素标准品：纯度应大于 97.0%。

4.8 土霉素标准贮备液：准确称取已知纯度的土霉素标准品 20 mg，置于 100 mL 棕色容量瓶中，用盐酸溶液(4.2)溶解定容、摇匀，其浓度为 0.2 mg/mL。贮存于 4 ℃冰箱中，溶液有效期 1 个月。

4.9 土霉素标准曲线工作液：分别准确移取标准贮备液(4.8)0.05、0.50、2.50、7.50、12.5、25 mL 于 100 mL 棕色容量瓶中，用水定容至刻度。该标准系列中土霉素的相应浓度分别为 0.1、1、5、15、25、50 μg/mL。现配现用。

5 仪器和设备

5.1 分析天平：感量 0.000 1 g。

5.2 振荡器。

5.3 超纯水处理器。

5.4 高效液相色谱仪:紫外检测器(或二极管阵列检测器)。

5.5 pH 计。

5.6 0.45 μm 滤膜。

6 试样制备

6.1 按 GB/T 14699.1 采样。

6.2 选取具有代表性的饲料样品至少 500 g,按 GB/T 20195 制备样品。

7 分析步骤

7.1 试样溶液的制备

称取试样适量(配合饲料 10 g、浓缩饲料 5 g、预混料 1 g)精确至 1 mg。置于 250 mL 具塞锥形瓶中,准确加入 100 mL 盐酸溶液(4.2),于振荡器上振荡提取 10 min ,溶液用滤纸过滤或用盐酸溶液(4.2)作适当稀释,滤液过 0.45 μm 滤膜(5.6),备用。

7.2 色谱条件

7.2.1 色谱柱:C_{18}柱,柱长 150 mm,内径 4.6 mm,粒径为 5 μm,或相当者。

7.2.2 柱温:室温。

7.2.3 流动相:磷酸缓冲液(4.6)+乙腈=84+16,混匀,脱气。

7.2.4 流速:1.0 mL/min。

7.2.5 检测器:紫外检测器(或二极管阵列检测器),检测波长 353 nm。

7.2.6 进样量:20 μL。

7.3 定量测定

按上述色谱条件,分别将土霉素标准曲线工作液(4.9)及试样溶液(7.1)上机测定,以单点或多点校准,以色谱峰面积积分值定量。

8 结果计算

试样中土霉素的含量(X)以质量分数(mg/kg)表示,按式(1)计算:

$$X = \frac{c_x}{m} \times V \qquad (1)$$

式中:

X——试样中土霉素的含量,单位为毫克每千克(mg/kg);

c_x——试样溶液中土霉素的含量,单位为微克每毫升(μg/mL);

m——试样质量,单位为克(g);

V——样品的稀释液总体积,单位为毫升(mL)。

结果用平行测定的算术平均值表示,保留三位有效数字。

9 精密度

在重复性试验条件下两次平行测定结果的相对偏差不大于 10%。

附 录 A
（资料性附录）
土霉素标准溶液图谱

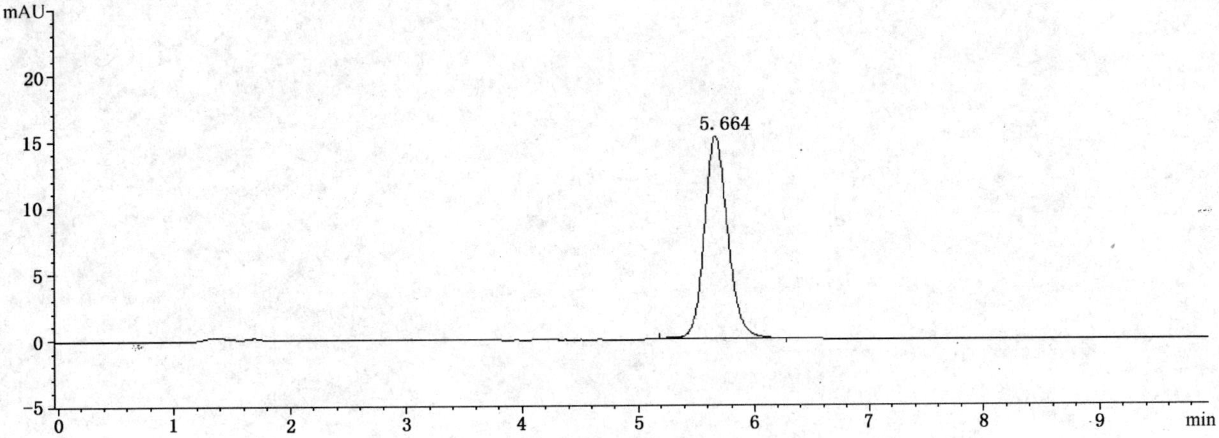

图 A.1 土霉素标准溶液图谱(1 μg/mL)

ICS 65.120
B 46

中华人民共和国国家标准

GB/T 22260—2008

饲料中甲基睾丸酮的测定 高效液相色谱串联质谱法

Determination of methyltestosterone in feeds—High performance liquid chromatography tandem mass spectrometry

2008-08-01 发布　　2008-11-01 实施

中华人民共和国国家质量监督检验检疫总局
中国国家标准化管理委员会　发布

前　言

本标准的附录 A 为资料性附录。

本标准由全国饲料工业标准化技术委员会提出并归口。

本标准起草单位：中国农业科学院农业质量标准与检测技术研究所［国家饲料质量监督检验中心（北京）］。

本标准主要起草人：赵根龙、苏晓鸥、苏淑清、孙志文、索德成。

饲料中甲基睾丸酮的测定 高效液相色谱串联质谱法

1 范围

本标准规定了以高效液相色谱串联质谱法(LC/MS/MS)测定饲料中甲基睾丸酮含量的方法。

本标准适用于配合饲料、浓缩饲料、添加剂预混合饲料中甲基睾丸酮的测定,配合饲料、浓缩饲料、添加剂预混合饲料的定量限为10 μg/kg。

2 规范性引用文件

下列文件中的条款通过本标准的引用而成为本标准的条款。凡是注日期的引用文件,其随后所有的修改单(不包括勘误的内容)或修订版均不适用于本标准,然而,鼓励根据本标准达成协议的各方研究是否可使用这些文件的最新版本。凡是不注日期的引用文件,其最新版本适用于本标准。

GB/T 6682 分析实验室用水规格和试验方法(GB/T 6682—1992,neq ISO 3696:1987)

GB/T 20195 动物饲料 试样的制备

3 原理

饲料样品中的甲基睾丸酮以甲醇溶液超声提取,提取液离心后经C_{18}固相萃取柱净化,以甲醇洗脱,用高效液相色谱串联质谱仪、电喷雾正离子方式进行测定。

4 试剂和材料

除特殊注明外,本标准所用的试剂均为分析纯,水为蒸馏水,色谱用水符合GB/T 6682一级用水的规定。

4.1 甲醇:色谱纯。

4.2 甲醇溶液Ⅰ:分别用量筒量取500 mL甲醇(4.1)和500 mL水,混匀。

4.3 甲醇溶液Ⅱ:分别用量筒量取200 mL甲醇(4.1)和800 mL水,混匀。

4.4 甲基睾丸酮标准品:纯度97%~103%。

4.5 甲基睾丸酮标准溶液

4.5.1 甲基睾丸酮标准储备液:准确称取甲基睾丸酮标准品(4.4)0.050 0 g,置于50 mL容量瓶中,用甲醇(4.1)溶解并定容至刻度,摇匀,其浓度为1 mg/mL,贮于4 ℃~6 ℃冰箱中,有效期三个月。

4.5.2 甲基睾丸酮标准工作液:准确吸取甲基睾丸酮标准储备液(4.5.1)5.00 mL,置于50 mL容量瓶中,用甲醇(4.1)溶解并定容至刻度,摇匀,其浓度为100 μg/mL。再以此稀释液配置10 μg/mL、1 μg/mL、100 ng/mL、10 ng/mL的标准工作液。有效期一个月。

4.6 C_{18}固相萃取柱:载体60 mg;承载液体积3 mL。

5 仪器

5.1 实验室常用仪器、设备。

5.2 分析天平:感量为0.000 1 g和0.001 g各一台。

5.3 超声水浴。

5.4 离心机:4 000 r/min~5 000 r/min。

5.5 固相萃取装置。

5.6 配备电喷雾离子源(ESI)的液相色谱串联质谱仪。

5.7 可控温 30 ℃～50 ℃氮吹装置。

6 试样制备

按照 GB/T 20195 制备样品，全部通过 0.28 mm 孔筛，混匀，装入密闭容器中，避光低温保存，备用。

7 分析步骤

7.1 提取

称取饲料样品 5 g(准确至 0.001 g)，置于 100 mL 离心管中，准确加入提取溶剂(4.2)50.00 mL，加塞，充分摇动 1 min，再置超声水浴中超声提取 20 min，其间充分摇动两次。取出后于离心机上 5 000 r/min 离心 10 min。

7.2 净化

分别用 3 mL 甲醇、3 mL 水活化固相萃取柱(4.6)，准确移取 5 mL 离心液(7.1)分次上柱，控制过柱速度在 1 mL/min 以内。再用 3 mL 水和 3 mL 甲醇溶液(4.3)洗涤固相萃取柱，抽近干后用甲醇(4.1)2 mL 洗脱。在氮吹装置(5.7)上 40 ℃下用氮气吹干。准确加入 2 mL 甲醇(4.1)，涡旋振荡 1 min，过 0.45 μm 滤膜，上机测定。

7.3 测定

7.3.1 液相色谱条件

色谱柱：C_{18} 柱，柱长 150 mm，柱内径 2.1 mm，粒度 3.5 μm 或性能类似的分析柱。

柱温：室温。

流动相组成：甲醇＋0.1％乙酸溶液＝80＋20(V_1+V_2)。

流动相流速：300 μL/min。

进样量：20 μL。

7.3.2 质谱条件

电喷雾离子源(ESI)正离子方式检测。

喷雾电压：5 000 V。

壳气流速：0.26 L/min。

辅助气流速：6.9 L/min。

毛细管温度：310 ℃。

母离子 303，二级子离子为 285、267。

碰撞能量见表 1。

表 1 甲基睾丸酮母离子及子离子碰撞能量表

母离子	子离子	碰撞能量/eV
303	285	23
303	267	22

其相对丰度比见表 2。

表 2 甲基睾丸酮的子离子及相对丰度比

子离子(m/z)	285	267
相对丰度/%	100	95±19

7.3.3 定性定量测定

取适量由7.2获得的样品制备液和相应浓度的甲基睾丸酮标准工作液(4.5.2)进行测定,以保留时间和二级子离子m/z 285、267进行定性。定性方法:试样保留时间与标准品的相对偏差不大于15%,特征离子丰度与标准品相差不大于20%。定量方法:以二级子离子m/z 285、267峰面积之和进行单点或多点校正定量。

8 结果计算与表述

8.1 结果计算

甲基睾丸酮在饲料中的质量分数X,以微克每千克(μg/kg)表示,可用式(1)计算:

$$X = \frac{m_1}{m} \times n \quad \cdots\cdots(1)$$

式中:

m_1——选择性子离子色谱峰对应的甲基睾丸酮质量,单位为纳克(ng);

m——试样质量,单位为克(g);

n——稀释倍数。

8.2 结果表示

平行测定结果用算术平均值表示,保留三位有效数字。

9 重复性

在同一实验室由同一操作人员完成的两个平行测定的相对偏差不大于10%。

附　录　A
（资料性附录）
甲基睾丸酮标准图谱

A.1　100 ng/mL 甲基睾丸酮标准图谱见图 A.1。

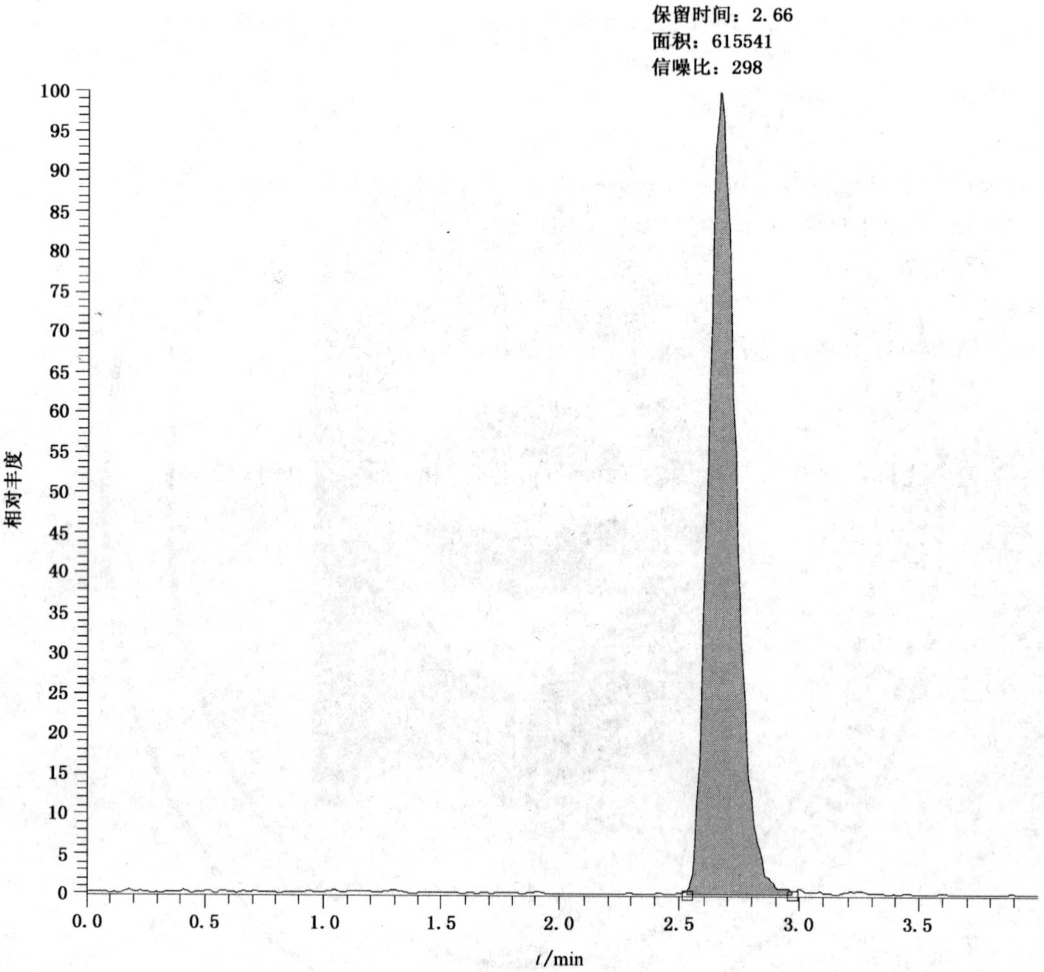

图 A.1　100 ng/mL 甲基睾丸酮标准图谱

A.2 甲基睾丸酮一级质谱图见图 A.2。

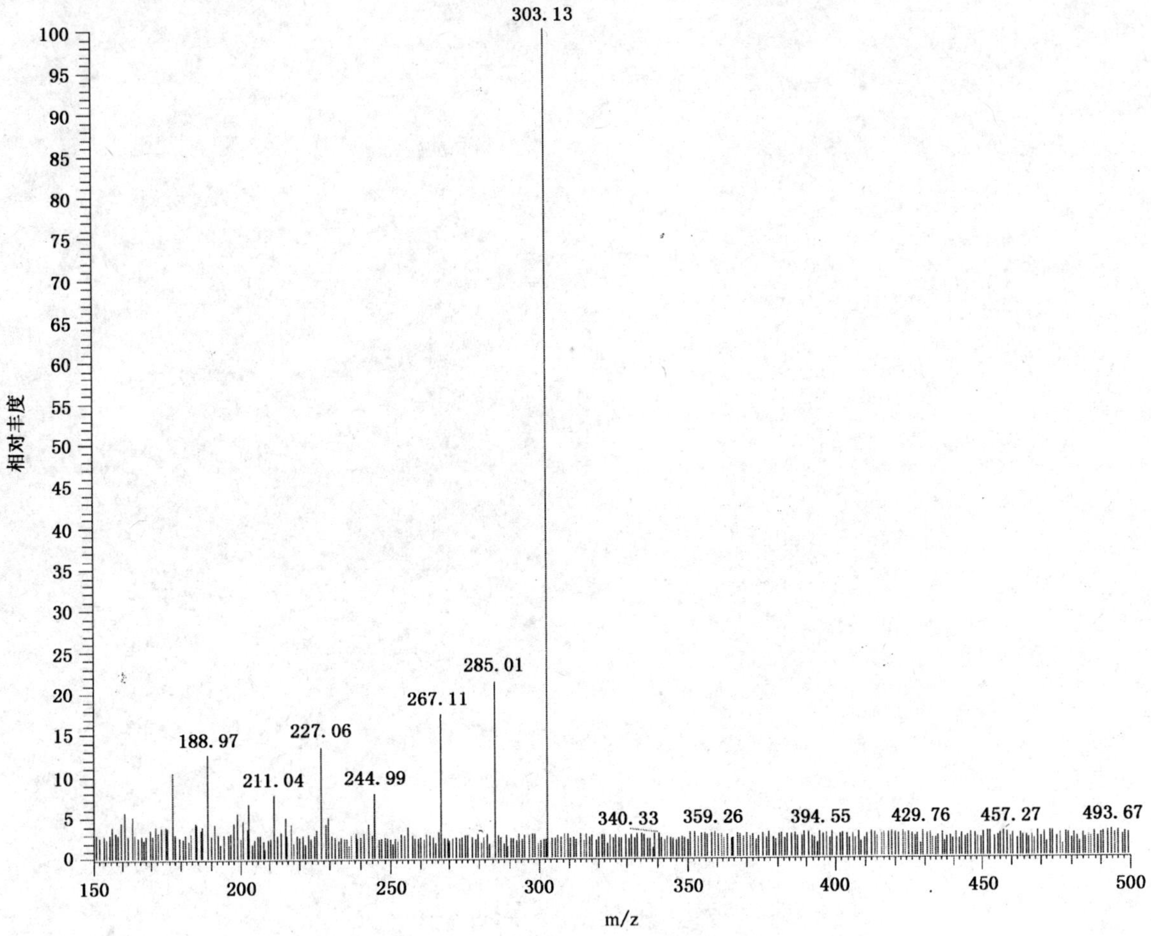

图 A.2 甲基睾丸酮一级质谱图

ICS 65.120
B 46

中华人民共和国国家标准

GB/T 22261—2008

饲料中维吉尼亚霉素的测定 高效液相色谱法

Determination of virginiamycin in feeds—High performance liquid chromatography

2008-08-01 发布 2008-11-01 实施

中华人民共和国国家质量监督检验检疫总局
中国国家标准化管理委员会 发布

前　　言

本标准的附录A为资料性附录。

本标准由全国饲料工业标准化技术委员会提出并归口。

本标准起草单位:农业部饲料质量监督检验测试中心(南京)。

本标准主要起草人:冯三令、耿士伟、储瑞武、冯群科、贾书静。

饲料中维吉尼亚霉素的测定 高效液相色谱法

1 范围

本标准规定了饲料中维吉尼亚霉素含量的高效液相色谱测定方法。

本标准适用于配合饲料、浓缩饲料和添加剂预混合饲料中维吉尼亚霉素含量的测定，检出限为0.5 mg/kg，定量限为2 mg/kg。

2 规范性引用文件

下列文件中的条款通过本标准的引用而成为本标准的条款。凡是注日期的引用文件，其随后所有的修改单(不包括勘误的内容)或修订版均不适用于本标准，然而，鼓励根据本标准达成协议的各方研究是否可使用这些文件的最新版本。凡是不注日期的引用文件，其最新版本适用于本标准。

GB/T 6682　分析实验室用水规格和试验方法(GB/T 6682—1992，neq ISO 3696:1987)

GB/T 14699.1　饲料　采样

GB/T 20195　动物饲料　试样的制备

3 原理

饲料中的维吉尼亚霉素用乙酸乙酯提取出来，提取液经硅胶柱和亲水亲脂平衡型固相萃取柱净化，在高效液相色谱仪(HPLC)反相柱上分离，用紫外检测器(或二极管阵列检测器)在210 nm波长处检测，根据维吉尼亚霉素 M_1 和 S_1 峰面积加和值用外标法计算饲料中维吉尼亚霉素的含量。

4 试剂和溶液

除特殊说明外，所用试剂均为分析纯，水为蒸馏水，色谱用水符合GB/T 6682中一级用水规定。

4.1 乙酸乙酯。

4.2 无水硫酸钠。

4.3 正己烷。

4.4 无水乙酸乙酯-正己烷：将乙酸乙酯和正己烷按体积1+1混合，通过无水硫酸钠脱水。

4.5 乙腈。

4.6 甲醇。

4.7 乙酸铵缓冲溶液(pH4.0)：0.05 mmol/L。称取3.85 g无水乙酸铵，溶解于1 000 mL水中，用冰乙酸调节pH至4.0。

4.8 甲醇-乙酸铵缓冲溶液：将甲醇和乙酸铵缓冲溶液(4.7)按1∶3比例混合，摇匀。

4.9 40%甲醇-水溶液：将甲醇和水按4+6比例混合，摇匀。

4.10 乙腈：色谱纯，用于配制流动相。

4.11 磷酸。

4.12 流动相：乙腈+水+磷酸=400+600+1，混匀，用前脱气。

4.13 维吉尼亚霉素标准溶液

4.13.1 维吉尼亚霉素标准品：维吉尼亚霉素 M_1 和 S_1 总和不少于95.0%。

4.13.2 维吉尼亚霉素标准贮备液：准确称取维吉尼亚霉素标准品(4.13.1)100 mg，置于100 mL棕色量瓶中，用乙腈(4.5)溶解定容，摇匀，该溶液中维吉尼亚霉素浓度为 1 mg/mL。贮存于 4 ℃冰箱中，有效期三个月。

4.13.3　维吉尼亚霉素标准系列工作液：准确吸取维吉尼亚霉素标准贮备液(4.13.2)置于棕色量瓶中，用流动相(4.12)配制成浓度分别为 2、5、10、25、50、100 μg/mL 的标准系列工作溶液。贮存于 4 ℃冰箱中，有效期一周。

5　仪器和设备

5.1　高效液相色谱仪：配紫外检测器或二极管阵列检测器。

5.2　分析天平：感量 0.1 mg。

5.3　涡旋混合器。

5.4　超声波水浴仪。

5.5　离心机：4 000 r/min。

5.6　氮吹仪：可控温 50 ℃。

5.7　固相萃取柱

5.7.1　硅胶柱：690 mg/3 mL。

5.7.2　亲水亲脂平衡型固相萃取柱：60 mg/3 mL。

5.8　固相萃取装置。

5.9　pH 计。

5.10　0.45 μm 微孔滤膜。

6　试样制备

6.1　按 GB/T 14699.1 采样。

6.2　选取有代表性饲料样品至少 500 g，按 GB/T 20195 制备样品。

7　测定步骤

7.1　提取

称取试样适量(配合饲料、浓缩饲料 2 g～5 g，预混料 1 g～2 g)，精确至 1 mg，置于 50 mL 离心管中，加 2 mL 水，使试样充分湿润并混匀，加入 20 mL 乙酸乙酯(4.1)，加盖，置涡旋混合器上混匀后，置超声波水浴中超声提取 30 min。于离心机上以 4 000 r/min 离心 10 min。

准确吸取 10 mL 上层乙酸乙酯清液于另一离心管中，加入 5 g 无水硫酸钠(4.2)和 10 mL 正己烷(4.3)，置涡旋混合器上充分混匀后，于离心机上以 4 000 r/min 离心 10 min，上清液备用。

7.2　净化

用 2.5 mL 无水乙酸乙酯-正己烷(4.4)预淋洗活化硅胶柱(5.7.1)，将上清液(7.1)小心转移入硅胶柱内(保持过柱流速不超过 2 mL/min，且不得抽干)，用 5 mL 无水乙酸乙酯-正己烷(4.4)洗涤离心管中无水硫酸钠，洗涤液一并转移入硅胶柱内，抽干，用 2 mL 乙腈(4.5)淋洗硅胶柱，抽干。

用 1 mL 甲醇(4.6)和 1 mL 乙酸铵缓冲溶液(4.7)预淋洗活化亲水亲脂平衡型固相萃取柱(5.7.2)，将抽干的硅胶柱安装在亲水亲脂平衡型固相萃取柱(5.7.2)的上面，用 5 mL 甲醇-乙酸铵缓冲溶液(4.8)淋洗硅胶柱，淋洗液正好通过亲水亲脂平衡型固相萃取柱(5.7.2)，保持过柱流速不超过 2 mL/min。淋洗完毕后，弃去硅胶柱，用 5 mL40％甲醇-水溶液(4.9)淋洗亲水亲脂平衡型固相萃取柱(5.7.2)，弃去淋洗液。最后用 5 mL 甲醇(4.6)进行洗脱，收集洗脱液，于 50 ℃氮吹仪上蒸发至干，用 0.5 mL～5 mL 的流动相(4.12)溶解残渣，过 0.45 μm 微孔滤膜，供上机测定。

7.3　色谱条件

7.3.1　色谱柱：C_{18} 柱，长 150 mm，内径 4.6 mm，粒径 5 μm，或相当者。

7.3.2 柱温:室温。

7.3.3 流动相:同4.12。

7.3.4 流速:1.0 mL/min。

7.3.5 检测器:紫外检测器(或二极管阵列检测器),检测波长210 nm。

7.3.6 进样体积:20 μL。

7.4 定量测定

按上述色谱条件,分别将维吉尼亚霉素标准系列工作液(4.13.3)及试样溶液(7.2)上机测定,根据维吉尼亚霉素 M_1 和 S_1 峰面积加和值,用外标法定量。

7.5 结果计算

试样中维吉尼亚霉素的含量(X)以质量分数(mg/kg)表示,按式(1)计算:

$$X = \frac{c_x \times V_1 \times V_3 \times \rho}{m \times V_2} \qquad \cdots\cdots(1)$$

式中:

X——试样中维吉尼亚霉素的含量,单位为毫克每千克(mg/kg);

c_x——试样溶液中 M_1 和 S_1 色谱峰面积加和值对应的浓度,单位为微克每毫升(μg/mL);

V_1——加入试样中的乙酸乙酯总体积,单位为毫升(mL);

V_3——最终溶解残渣用流动相的体积,单位为毫升(mL);

ρ——维吉尼亚霉素标准品含量,%;

m——试样质量,单位为克(g);

V_2——移取的乙酸乙酯体积,单位为毫升(mL)。

结果用平行测定的算术平均值表示,保留三位有效数字。

8 精密度

在重复性试验条件下两次平行测定结果的相对偏差不大于10%。

附　录　A
（资料性附录）
维吉尼亚霉素标准溶液图谱

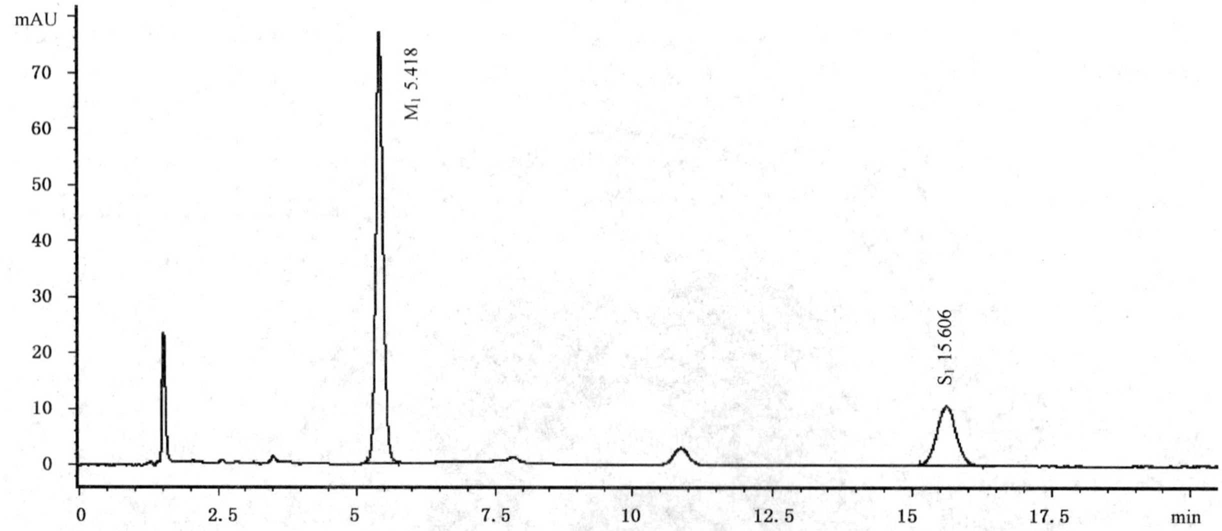

图 A.1　维吉尼亚霉素标准溶液图谱（10 μg/mL）

ICS 65.120
B 46

中华人民共和国国家标准

GB/T 22262—2008

饲料中氯羟吡啶的测定
高效液相色谱法

**Determination of clopidol in feeds—
High performance liquid chromatography**

2008-08-01 发布　　2008-11-01 实施

中华人民共和国国家质量监督检验检疫总局
中国国家标准化管理委员会　发布

前　言

本标准的附录 A 为资料性附录。

本标准由中华人民共和国农业部提出。

本标准由全国饲料工业标准化技术委员会归口。

本标准起草单位：中国农业科学院农业质量标准与检测技术研究所[国家饲料质量监督检验中心(北京)]。

本标准主要起草人：索德成、李兰、魏书林。

饲料中氯羟吡啶的测定 高效液相色谱法

1 范围

本标准规定了高效液相色谱仪测定饲料中氯羟吡啶的方法。

本标准适用于配合饲料、预混合饲料及浓缩饲料中氯羟吡啶的测定。方法最低定量限为 1 mg/kg。

2 规范性引用文件

下列文件中的条款通过本标准的引用而成为本标准的条款。凡是注日期的引用文件，其随后所有的修改单(不包括勘误的内容)或修订版均不适用于本标准，然而，鼓励根据本标准达成协议的各方研究是否可使用这些文件的最新版本。凡是不注日期的引用文件，其最新版本适用于本标准。

GB/T 6682 分析实验室用水规格和试验方法(GB/T 6682—1992，neq ISO 3696:1987)

GB/T 14699.1 饲料 采样

GB/T 20195 动物饲料 试样的制备

3 原理

试样中氯羟吡啶经甲醇提取，用氧化铝柱净化分离，浓缩后用甲醇溶解，注入高效液相色谱仪反相色谱系统中进行分离，用紫外检测器进行测定。

4 试剂和溶液

除非另有规定，在分析中仅使用确认为分析纯的试剂和符合 GB/T 6682 规定的一级用水。

4.1 乙腈：色谱纯。

4.2 甲醇。

4.3 流动氧化铝(中性，层析用)：粒度 150 μm～75 μm，在 800 ℃灼烧 3 h，并在 130 ℃烘箱中烘烤 1 h 后，放入干燥器中备用。

4.4 氯羟吡啶标准品：纯度均应大于 95%。

4.5 氯羟吡啶标准溶液

4.5.1 氯羟吡啶标准贮备液：分别准确称取已知纯度的氯羟吡啶标准品 10 mg(精确至 0.000 1 g)，置于 100 mL 棕色容量瓶中，加甲醇(4.2)超声使之完全溶解，并定容至刻度，摇匀。该溶液中氯羟吡啶浓度为 100 μg/mL，于 4 ℃保存可使用 6 个月。

4.5.2 氯羟吡啶标准工作液：准确移取氯羟吡啶 5 mL，置于 50 mL 棕色容量瓶中，用甲醇(4.2)定容至刻度，该溶液中氯羟吡啶浓度均为 10 μg/mL，于 4 ℃保存可使用 1 个月。

5 仪器和设备

除实验室常用仪器和设备外，还包括以下仪器和设备。

5.1 电子天平：精度为 0.000 1 g。

5.2 振荡器。

5.3 高效液相色谱仪：配二极管矩阵检测器或紫外检测器。

5.4 滤膜：孔径为 0.45 μm。

5.5 离心机:5 000 r/min。

5.6 旋转蒸发器:50 ℃。

5.7 涡轮混合器:2 500 r/min。

5.8 氧化铝净化柱:长度 200 mm,内径 10 mm 玻璃柱。柱底部装有 G4 砂芯板,装入氧化铝约 10 cm 的高度,使用前用 20 mL 甲醇淋洗。

6 试样的选取和制备

6.1 按 GB/T 14699.1 采样。

6.2 选取有代表性饲料样品至少 500 g,按 GB/T 20195 制备样品。

7 分析步骤

7.1 试液的制备

7.1.1 提取

准确称取配合饲料 5 g～10 g 或浓缩饲料 1 g～5 g、复合预混合饲料 1 g～5 g(精确至 0.001 g),于 50 mL 离心管中,加入甲醇 25 mL,旋涡混合,于振荡器振荡 30 min,3 000 r/min 离心 5 min,取上清液备用。

7.1.2 净化

准确吸取上清液 10 mL,移入氧化铝净化柱中,用 10 mL 甲醇洗柱内壁。将过柱溶液及洗脱液全部接收于旋转蒸发瓶中,用 50 ℃水浴的旋转蒸发器将溶剂蒸干。用 1 mL 甲醇溶解残渣,过 0.45 μm 的滤膜,滤液进液相色谱仪检测。

7.2 测定

7.2.1 液相色谱条件

色谱柱:具有 C_{18} 填料的柱子(粒度为 5 μm),柱长 150 mm,内径 4.6 mm。

流动相:乙腈＋水＝10＋90(体积比),以 1.0 mL/min 流速洗脱。

检测器:二极管矩阵检测器或紫外检测器,检测波长为 270 nm。

7.2.2 定量测定

按高效液相色谱仪说明书调整仪器操作参数。向液相色谱柱中注入待测定氯羟吡啶标准工作液(4.5.2)及试液(7.1),得到色谱峰面积响应值,用外标法定量。

7.2.3 结果计算

试样中氯羟吡啶的含量 X 以质量分数(mg/kg)表示,按式(1)计算:

$$X = \frac{P_i \times V \times c_i \times V_{st}}{P_{st} \times m \times V_i} \qquad (1)$$

式中:

P_i——试样溶液峰面积值;

V——样品的总稀释体积,单位为毫升(mL);

c_i——标准溶液浓度,单位为微克每毫升(μg/mL);

V_{st}——标准溶液进样体积,单位为微升(μL);

P_{st}——标准溶液峰面积平均值;

m——试样质量,单位为克(g);

V_i——试样溶液进样体积,单位为微升(μL)。

平行测定结果用算术平均值表示,保留三位有效数字。

8 重复性

同一分析者对同一试样同时两次平行测定结果的相对偏差不大于 10%。

附 录 A
（资料性附录）
氯羟吡啶标准图谱

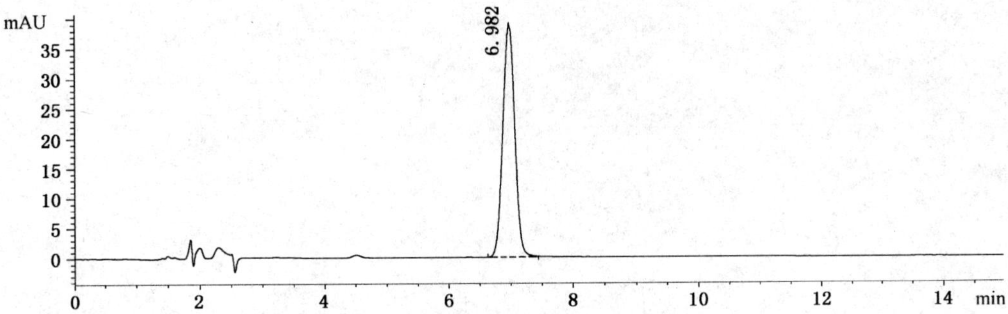

图 A.1 氯羟吡啶标准溶液色谱图

ICS 35.240.99
L 67

中华人民共和国国家标准

GB/T 22263.1—2008

物流公共信息平台应用开发指南 第1部分:基础术语

Application development guide of logistics public information platform—Part 1: Foundation term

2008-07-28 发布　　2009-01-01 实施

中华人民共和国国家质量监督检验检疫总局
中国国家标准化管理委员会　发布

前　言

GB/T 22263《物流公共信息平台应用开发指南》分为以下8个部分：

——第1部分：基础术语；

——第2部分：体系架构；

——第3部分：主要业务过程；

——第4部分：主要业务数据元目录；

——第5部分：主要单证；

——第6部分：信息编码规则；

——第7部分：平台服务管理；

——第8部分：软件开发管理。

本部分为GB/T 22263的第1部分。

本部分由全国物流信息管理标准化技术委员会提出并归口。

本部分起草单位：北京中交国科物流技术发展有限公司、交通部公路科学研究院、青岛港(集团)有限公司、中信物流公司。

本部分主要起草人：王敏丽、杨晓飞、魏凤、王刚、黄德玉、叶静、张蕾、张军伟、王蕾。

物流公共信息平台应用开发指南 第1部分:基础术语

1 范围

GB/T 22263的本部分规定了物流公共信息平台应用开发相关的基本概念术语、物流业务术语、物流平台应用术语、物流平台技术术语及其定义。

本部分适用于物流公共信息平台应用开发及相关领域的信息处理和信息交换。

2 缩略语

以下缩略语适用于本部分。

3PL 第三方物流(third party logistics)

GPS 全球定位系统(Globle Positioning System)

ASP 应用服务提供商(Application Service Provider)

FTP 文件传输协议(File Transfer Protocol)

SFTP 简单文件传输协议(Simple File Transfer Protocol)

RNIF RosettaNet电子商务标准执行框架(RosettaNet Implementation Framework)

EDI 电子数据交换(Electronic Data Interchange)

RFID 射频识别(Radio Frequency Identification)

API 应用程序接口(Application Programming Interface)

3 基本概念术语

3.1

物流 logistics

物品从供应地向接收地的实体流动过程。根据实际需要,将运输、储存、装卸、搬运、包装、流通加工、配送、信息处理等基本功能实施有机结合。

[GB/T 18354—2006 中 2.2]

3.2

物流信息 logistics information

反映物流各种活动内容的知识、资料、图像、数据、文件的总称。

[GB/T 18354—2006 中 2.23]

3.3

物流公共信息平台 logistics public information platform

基于计算机通信网络技术,提供物流信息、技术、设备等资源共享服务的信息平台。

[GB/T 18354—2006 中 5.37]

3.4

电子数据交换 electronic data interchange;EDI

采用标准化的格式,利用计算机网络进行业务数据的传输和处理。

[GB/T 18354—2006 中 5.22]

3.5

企业物流　enterprise logistics

生产和流通企业围绕其经营活动所发生的物流活动。

[GB/T 18354—2006 中 2.25]

3.6

第三方物流　third party logistics;3PL

独立于供需双方,为客户提供专项或全面的物流系统设计或系统运营的物流服务模式。

[GB/T 18354—2006 中 2.9]

3.7

增值物流服务　value-added logistics service

在完成物流基础功能的基础上,根据客户需求提供的各种延伸业务活动。

[GB/T 18354—2006 中 3.38]

3.8

供应链　supply chain

生产及流通过程中,涉及将产品或服务提供给最终用户所形成的网链结构。

[GB/T 18354—2006 中 2.5]

3.9

条码　bar code

由一组规则排列的条、空及其对应字符组成的,用以表示一定信息的标识。

[GB/T 18354—2006 中 5.3]

3.10

射频识别　radio frequency identification;RFID

通过射频信号识别目标对象并获取相关数据信息的一种非接触式的自动识别技术。

[GB/T 18354—2006 中 5.20]

3.11

物流单证　logistics document

物流过程中使用的所有单据、票据、凭证的总称。

4　物流业务术语

4.1

物流业务委托　logistics business commission

由委托方将其物流业务以合同的方式委托给受托方(专业的物流公司)运作。

4.2

运输调度　transportation scheduling

对运输活动的设备、工具、方式、路线、人力等资源的选择、安排和优化。

4.3

运输　transportation

用各种运输设备,将货物从一定地点向另一地点运送。其中包括集中、分配、搬运、中转、装入、卸下、分散等一系列操作。

4.4

储存　storing

指保护、管理、贮藏物品。

4.5

流通加工　distribution processing

根据顾客的需要，在流通过程中对产品实施的简单加工作业活动(如包装、分割、计量、分拣、刷标志、栓标签、组装等)的总称。

[GB/T 18354—2006 中 3.37]

4.6

配送　distribution

在经济合理区域范围内，根据客户要求，对物品进行拣选、加工、包装、分割、组配等作业，并按时送达指定地点的物流活动。

[GB/T 18354—2006 中 2.13]

4.7

报关　customs declaration

进出境运输工具的负责人、进出境货物的所有人、进出口货物的收发货人或其代理人向海关办理运输工具、货物、物品进出境手续的全过程。

[GB/T 18354—2006 中 7.8]

4.8

报验　inspection declaration

由进出口货物的收发货人或其代理人向检验检疫机构办理进出境手续的全过程。

5　物流平台应用术语

5.1

增值网　value added network; VAN

除了提供通讯服务以外，还提供其他附加的功能和服务(如数据存储转发)的计算机通讯网络。

5.2

物流信息管理　logistics information management

应用现代信息技术和手段完成物流过程中信息的采集、处理、存储、传输和交换，实现对物流信息的有效管理。

5.3

在线应用　on-line application

由应用服务系统和网络通讯系统支撑的应用。

5.4

在线交易　on-line traction

供求双方通过网上进行的交易，通常包括报价、议价、支付、结算等行为。

5.5

在线撮合　on-line matching

通过网上的交易系统，帮助供需双方接洽乃至达成交易的行为。

5.6

电子支付　electronic-payment

交易的当事人，包括买方、卖方和金融机构之间，以在线应用方式实现电子货币支付和资金转移。

5.7

电子订舱　electronic-book

通过在线应用或数据交换的方式进行的订舱活动。

5.8

网上业务申请　on-line business application

通过在线应用或数据交换的方式所进行的各类业务申请活动，通常包括网上保险、网上交税、网上报关、网上报检报验等活动。

5.9

网上采购招标　on-line purchase and bid

通过在线应用或数据交换的方式所进行的采购和招标业务。

5.10

信息发布　information publishing

信息提供者将文字、图表、声像等信息利用预先定制的发布规则在网上公布。

5.11

信息订阅　information subscribing

通过信息服务提供商规定的操作指令或选项订阅服务提供商提供的信息。

5.12

实时数据采集　real-time data capture

通过条码、图像识别、RFID、GPS 等多种数据采集手段取得即时数据。

5.13

在线货物跟踪　on-line trace

通过在线应用及时获取和提供货物运输状态、位置和移动轨迹。

5.14

物流应用　logistics application

按照物流服务的需求、作业的规范和管理目标而设计的软件系统，实现数据采集、共享物流信息、业务管理和综合管理等功能。

5.15

应用服务托管　application hosting service

应用软件服务提供商通过应用软件产品租赁为最终用户提供在线服务。

5.16

运输管理系统　transport management system

实现对运输业务信息进行管理与控制的信息系统。通常包括运输工具信息管理、运输调度管理、运输作业管理、运输费用管理以及运输跟踪管理和查询等功能模块。

5.17

仓储管理系统　warehouse management system

实现对货物入库、装卸作业、验收、存货保管、盘点、发货、出库等过程信息进行采集和管理，以及其他诸如账单结算、统计查询等辅助功能的应用系统。

5.18

配送管理系统　distribution management system

实现对配送业务的信息进行采集和管理的应用系统。通常包括订单管理、配车计划、线路优化、货物配载、货物跟踪管理等功能模块。

5.19

货运代理管理系统　freight forwarders management system

实现对货运代理的企业组织和业务信息进行采集和管理的信息系统。通常包括基础信息管理、单证管理、订舱管理、现场作业管理、结算管理、发票管理、业务委托管理、报价管理、报表统计等功能模块。

5.20

物流跟踪管理系统　trace management system

实现对货物和运输工具的位置和状态进行采集和管理的应用系统。通常包括信息发布、单证管理、货物及运输工具的动态信息和历史信息查询等功能模块。

5.21

报送管理系统　declaration management system

实现报关报检等功能的应用系统，通常包括基础资料管理、出口报关/报检管理、进口报关/报检管理、状态监控、报关预警、费率管理、账务管理、考核关系管理等功能模块。

5.22

回收物流管理系统　recycle logistics management system

实现对物品的翻修、退货过程的信息以及周转过程中的回收信息进行管理的应用系统。

5.23

客户管理系统　customers management system

提供客户资料、服务投诉和其他与客户有关的信息，进行维护和查询功能的应用系统。

5.24

结算管理系统　settlement system

实现对物流服务各环节所产生的费用和收入进行结算与管理的应用系统。

5.25

在线交易管理系统　on-line transaction management system

实现对在线交易进行信息服务和管理的应用系统。

5.26

决策支持系统　decision support system

运用多种分析方法、评价指标体系和预测模型以及数据挖掘技术，对积累的历史数据进行分析和预测，并以多种表现方式为决策者提供企业管理参考信息的应用系统。

5.27

企业门户　enterprise portal

企业为加强与内部用户和外部用户(包括客户、供应商、合作伙伴、员工等)的信息管理和沟通，建立的企业信息系统集中化访问和信息共享的门户系统。

6　物流平台技术术语

6.1

工作流　workflow

基于计算机自动化运作的全部或部分业务流程，表现为参与者对文件、信息或任务按照组织规范采取行动，并令其在参与者之间传递和处理。

6.2

工作流管理　workflow management

对工作流过程及其组成活动的定义、创建、调度，以及工作流执行中和用户、外部应用的交互等管理活动。

6.3

工作流引擎　workflow engine

解释工作流过程定义、创建过程实例、控制过程执行、调度各项活动、通过 API 调用应用程序、提供监控和管理功能的工作流驱动机制。

6.4

用户管理　user management

对所有平台的访问者和操作者进行属性、角色、群组、权限、状态等的维护管理。

6.5

门户管理　portal management

对门户网站进行的维护管理，包括门户内容的更新、单点登录、门户界面样式的维护和后台信息系统的链接管理，以及登录用户的资料、认证、操作权限的管理。

6.6

数据访问管理　data access management

提供数据访问权限设置和控制、不同方式的数据加解密管理以及数据加载管理等，确保数据访问的安全和有效。

6.7

消息管理　message management

提供系统内部和系统之间消息流的控制和动态配置机制，实现消息的异步传递、订阅/分发、解释和适配等功能，并确保其有序、安全和可靠的活动。

6.8

安全管理　security management

对信息保密性和可用性所进行的维护活动。

6.9

身份认证管理　authentication management

提供用户身份鉴别的验证功能。

6.10

接口管理　interface management

对电子商务、电子政务和其他物流信息系统进行信息交换的管理。

6.11

平台基础层　foundation layer

用以支持平台服务的包括操作系统、数据库软件、工具软件和必需的硬件、网络等基础运行环境的集合。

6.12

服务支持层　service support layer

为应用软件部署和集成提供支持功能，为平台管理提供公共服务功能的软件集合。

6.13

应用扩展层　application extension layer

包括能部署或集成于平台上的具体物流相关应用软件和多种接口软件的集合。

6.14　**扩展接口类型**

6.14.1

EDI 接口　EDI interface

支持基于 Internet 方式并符合 AS2 协议的 EDI 数据传输的系统接口。

6.14.2

RNIF 接口　RNIF interface

支持以 XML 为基础的开放式物流标准 RosettaNet 数据传输并符合 RNIF1.1/2.0 的系统接口。

6.14.3

Web Service 接口　Web Service interface

支持在网络上实现互操作的 Web 服务软件系统的接口。

6.14.4

FTP 接口　FTP interface

支持在网络上以文件方式传输数据并符合 FTP/SFTP 协议的系统接口。

6.14.5

电子商务接口　e-commerce interface

支持企业与企业间商务数据传输的接口。

6.14.6

电子政务接口　e-government interface

支持政府部门软件系统政务数据传输的接口。

6.15

电子签名　digital signature

附加在数据单元上的若干鉴别数据，或是对数据单元所作的加密转换，这种数据和转换允许数据接收者用以确认数据来源的不可抵赖性和数据单元的完整性，并保护数据，防止被人为的篡改、伪造。

6.16

通用编码　common code

作为物流公共信息平台标准化管理的重要组成部分，可对外发布的内部通用编码；遵循标准化、唯一性和简明性，并符合国际国内惯例，用于系统设计、系统开发和文档编撰参考。

参 考 文 献

［1］ GB/T 11457—2006 信息技术 软件工程术语
［2］ GB/T 18354—2006 物流术语

中 文 索 引

英 文 索 引

ICS 35.240.99
L 67

中华人民共和国国家标准

GB/T 22263.2—2008

物流公共信息平台应用开发指南 第2部分:体系架构

Application development guide of logistics public information platform—Part 2:System architecture

2008-07-28 发布　　2009-01-01 实施

中华人民共和国国家质量监督检验检疫总局
中国国家标准化管理委员会　发布

前 言

GB/T 22263《物流公共信息平台应用开发指南》分为以下 8 个部分：

——第 1 部分：基础术语；

——第 2 部分：体系架构；

——第 3 部分：主要业务过程；

——第 4 部分：主要业务数据元目录；

——第 5 部分：主要单证；

——第 6 部分：信息编码规则；

——第 7 部分：平台服务管理；

——第 8 部分：软件开发管理。

本部分为 GB/T 22263 的第 2 部分。

本部分由全国物流信息管理标准化技术委员会提出并归口。

本部分起草单位：北京中交国科物流技术发展有限公司、交通部公路科学研究院、青岛港(集团)有限公司。

本部分主要起草人：杨晓飞、王敏丽、唐辉、陈琪明、王刚、张蕾、崔建明、王蕾。

物流公共信息平台应用开发指南
第2部分:体系架构

1 范围

GB/T 22263的本部分给出了物流公共信息平台体系架构、设计要求和体系安全。

本部分适用于行业、区域类型的物流公共信息平台的规划、设计和开发。

2 规范性引用文件

下列文件中的条款通过GB/T 22263的本部分的引用而成为本部分的条款。凡是注日期的引用文件,其随后所有的修改单(不包括勘误的内容)或修订版均不适用于本部分,然而,鼓励根据本部分达成协议的各方研究是否可使用这些文件的最新版本。凡是不注日期的引用文件,其最新版本适用于本部分。

GB 17859 计算机信息系统 安全保护等级划分准则

GB/T 18354—2006 物流术语

3 缩略语

下述缩略语适用于本部分。

CA 数字证书认证(Certificate Authority)

API 应用程序接口(Application Programming Interface)

EDI 电子数据交换(Electronic Data Interchange)

RNIF RosettaNet电子商务标准执行框架(RosettaNet Implementation Framework)

XML 可扩展性标记语言(Extensible Markup Language)

ebXML 用于电子商务的XML(Electronic Business using Extensible Markup Language)

PIP 贸易伙伴接口流程(Partner Interface Processes)

MIME 多用途的网际邮件扩充服务(Multipurpose Internet Mail Extensions)

S/MIME MIME的安全版本(Secure/Multipurpose Internet Mail Extensions)

SMTP 简单电子邮件传输协议(Simple Mail Transfer Protocol)

DTD 文档类型定义(Document Type Definition)

SSL 安全套接层协议(Secure Sockets Layer)

GIS 地理信息系统(Geography Information System)

LBS 位置信息服务(Location Based Service)

4 体系架构

4.1 概述

物流公共信息平台是基于计算机通信网络技术,提供物流信息、技术、设备等资源共享服务的信息平台,见GB/T 18354—2006。

物流公共信息平台的体系架构主要分为应用扩展层、服务支持层和平台基础层,见图1。各层应可以调用下层提供的数据、功能或者服务机制,同层模块、系统可互相调用。

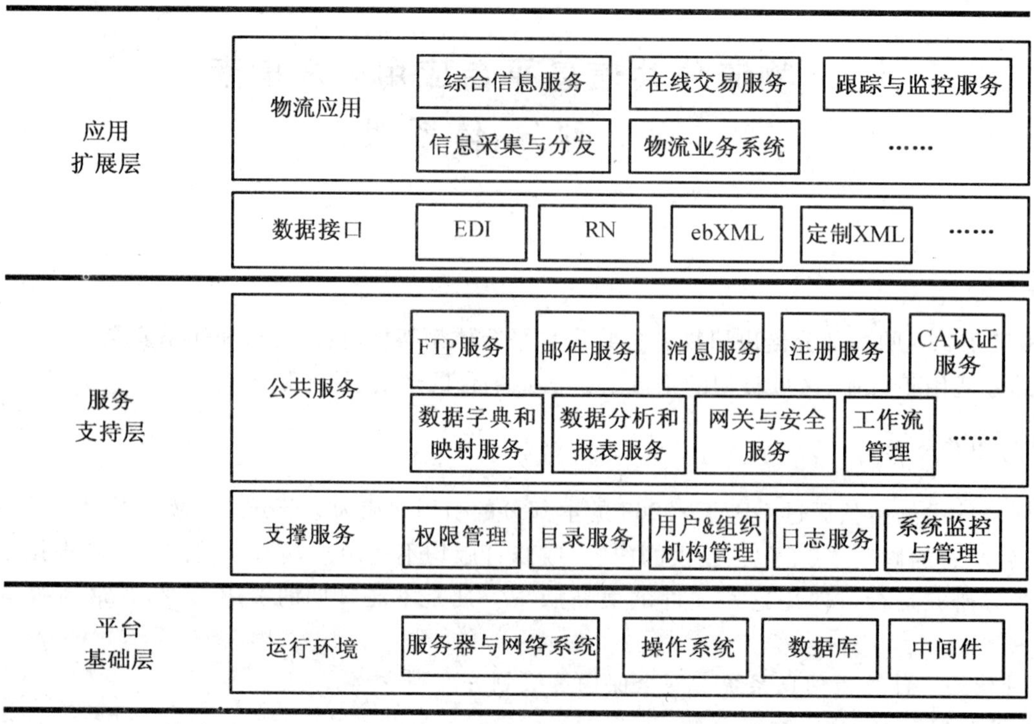

图1　物流公共信息平台体系架构示意图

4.1.1　平台基础层

平台基础层是体现物流公共信息平台技术及其公共服务作用的重要支撑，所有底层系统应构成一个服务集群运行的基础设施。本层各系统应具备稳定性和可靠性，对各类软件有较好的兼容性和高性能支持，并在升级操作时不影响上层软件的正常运行。

平台基础层主要包括服务器与网络系统、操作系统、数据库、中间件等基本运行环境类软硬件。

4.1.2　服务支持层

服务支持层主要是为应用扩展层提供所需的部署、集成支持系统，以及提供平台管理所需的公共服务软件，一般与具体业务流程或应用模式无关。

服务支持层包括以下内容：

a）　支撑服务类：权限管理、目录服务、用户和组织机构管理、日志服务、系统监控与管理等；

b）　公共服务类：FTP服务、邮件服务、消息服务、注册服务、CA认证服务、数据字典和映射服务、数据分析和报表服务、网关与安全服务、工作流管理等。

4.1.3　应用扩展层

应用扩展层提供物流业务相关的共性功能的软件系统，以及系统交互的数据接口软件。应用扩展层可以不断地扩充应用和接口以满足需要。

构建于平台上的物流业务应用系统应是某一领域内或行业内通用的应用系统，并具有与平台交互的开放性，和基本业务功能脱离于平台运行的独立性。

数据接口作为平台应用的重要扩展，应支持国内外成熟、通用的电子商务标准接口规范和报文协议，接口模块与应用系统之间应为松散耦合。各应用系统和接口在技术上需遵循平台实施框架的原则，不影响平台整体架构。

应用扩展层可包括以下内容：

a）　数据接口类：EDI标准接口、RN标准接口、ebXML标准接口、定制XML接口和其他数据接口；

b）　物流应用类：综合信息服务、在线交易服务、跟踪与监控服务、信息采集与分发、物流业务系统等。

4.2 平台基础层的功能

平台基础层为物流公共信息平台提供必需的基础设施，包括网络系统、基本软硬件设备和系统等，满足服务支持层和应用扩展层正常运行的需求。

4.3 服务支持层的功能

4.3.1 权限管理

权限管理系统应按灵活、通用的设计原则，对所有对象资源和数据资源进行访问权限控制，确保对各类角色、不同应用系统的使用功能和访问数据范围进行权限的统一管理和控制，例如应用系统的功能菜单、界面按钮、数据显示项以及各种行级数据的执行、访问、新增、修改、删除等都可进行权限控制。

主要功能可包括：登录权限管理、特殊权限管理、层级权限管理、数据访问权限管理、授权与复核管理、权限的检验与控制。

4.3.2 目录服务

目录服务是对基于物流公共信息平台应用的共用资源以目录的形式进行统一管理。共用资源包括系统用户目录、组织目录和服务器目录等。

主要功能可包括：

a) 用户目录管理：通过一定的管理、分配和授权机制，使用户信息统一管理和维护；

b) 组织目录管理：可按照组织机构分配其不同的目录进行管理，与用户目录管理类似，并可与用户目录管理相关联；

c) 服务器目录管理：对服务器目录服务提供统一的管理。

4.3.3 用户和组织机构管理

用户和组织机构管理提供统一的用户管理和组织机构管理服务，是物流公共信息平台必要的系统功能。

主要功能可包括：

a) 用户和组织机构，以及多级组织机构的信息维护；

b) 用户注册、登录与注销的管理，组织机构注册与注销的管理；

c) 用户和组织机构的证书维护，例如证书发放、启用、恢复、更新和作废等，需与 4.3.10 的 CA 认证服务功能结合使用。

4.3.4 日志服务

日志服务是对系统日志的分类查询、维护与配置、筛选的相应管理，是物流公共信息平台基本的系统功能。

主要功能可包括：

a) 对不同类型的日志定义不同的处理方式，便于存储管理。用户根据日志类型可以通过物流公共信息平台提供的分类方法进行查询。

b) 维护日志类型、优先级别、格式设置、日志输出源配置等，建议默认优先级为：调试、一般信息、关键信息、警告与错误。

c) 通过定制格式进行筛选，筛选的内容包括：类型、操作者、时间、级别、日志体、系统进程与来源等。

4.3.5 系统监控与管理

系统管理是实现对网络、服务器、数据库与应用服务等单元的集中管理和监控，应具有灵活、开放、可扩展的结构，可将其他定制系统纳入系统管理的框架之中。

主要功能可包括：

a) 对 CPU 资源利用、内存引用情况、应用进程队列、系统运行时间、系统登录用户、应用请求负载、平均响应时间与数据库连接情况等的实时监测；

b) 应用配置管理、服务进程管理、服务器及数据库性能管理、系统安全管理、系统资源管理、系统入口管理、远程控制管理与节点系统时间同步管理等。

4.3.6 **FTP服务**

FTP服务是基于FTP协议的文件传输服务，提供用户验证和匿名访问两种方式，为文件上传和下载提供稳定、高效的服务。

主要包括文件的传输管理、异常控制等功能。

4.3.7 **邮件服务**

邮件服务提供平台用户的邮件发送、接收和过滤等功能，包括POP3服务和SMTP服务两部分。

物流公共信息平台的邮件服务器应充分考虑其安全性以及支持S/MIME。

4.3.8 **消息服务**

消息服务实现信息系统间结构化数据集合的动态共享，是平台动态信息交互功能的重要支撑。

主要功能可包括：

a) 可靠投递管理，即使在网络临时中断或异常的情况下，服务仍能持续发送消息，并保证同一消息不重复发送；
b) 消息路由管理，使消息服务具有在消息源和目的源之间选择最佳路由的能力；
c) 消息存储和激活管理，将有存储要求的消息保存到数据库，并且在其生命周期保持激活状态；
d) 识别和解释管理，根据预定义的消息结构对消息进行解释，并根据一定规则进行消息的重组、过滤和转发；
e) 触发管理，当特定消息产生时，消息服务可以根据规则触发相应的应用程序；
f) 消息优先级管理，设定消息的优先级，使消息首先按照其设定的优先顺序进行有序的传递。

4.3.9 **注册服务**

注册服务主要提供企业注册、查询和管理WEB服务。

主要包括：商业实体维护、技术模板和规范维护、WEB服务绑定、WEB服务注销、WEB服务访问权限管理、WEB服务API部署和管理等。

4.3.10 **CA认证服务**

CA认证服务提供物流公共信息平台密钥存储分配、客户端认证机制、服务器认证机制和较高安全级别的信息认证。此功能可以加强系统安全性，应尽可能实现。

主要功能可包括：密钥管理、密钥算法、用户身份认证管理，与4.3.3的用户和组织机构服务功能共同实现证书的颁发、作废和更新等管理功能。

4.3.11 **数据字典和映射服务**

数据字典和映射服务是物流公共信息平台的关键服务，是不同应用及异构数据整合的基础。

数据字典应以数据元为基本单元对其定义和内容进行详细说明，作为物流公共信息平台数据信息的集合，数据字典为用户提供了数据的明确定义，并帮助用户建立系统逻辑模型。

数据映射服务定义不同数据对象之间映射关系，完成从多种数据源抽取数据自动转换为目标数据的过程，以减轻数据库压力，避免复杂的数据访问逻辑。主要功能可包括：

a) 数据项、数据结构、数据流、数据存储、加工和外部项等定义和说明；
b) 数据录入处理、数据提取管理、数据格式设计、数据映射模型定义、数据导入导出处理、数据交换流程及封装处理等。

4.3.12 **数据分析和报表服务**

数据分析和报表服务为基于物流公共信息平台的应用系统提供基础的数据挖掘和数据分析、报表定制、查询和打印等服务。

主要包括：数据分析工具、图形化工具、统计报表定制、分析报告、多种格式的报表下载及打印功能。

4.3.13 网关和安全服务

网关和安全服务包括平台通信协议管理、网络连接方式管理、信息传输安全和数据加密服务。通信协议应支持大部分网络应用层协议,如HTTP、HTTPS、FTP、TFTP、POP3、SMTP、TELNET等,加密算法应支持足够强度的对称密码算法和非对称密码算法,可以与4.3.10的CA认证服务配合使用。应提供安全防护软件实现系统防病毒防入侵或攻击,确保文件系统和数据的安全。

4.3.14 工作流管理

工作流管理支持不同企业的不同业务,实现跨应用的工作流程管理。物流公共信息平台利用计算机系统为工作流程的导向和定制提供数字化支持的业务协同服务。

主要包括:工作流过程定义、过程实例创建与执行、调度活动、调用应用接口交互、提供监控和管理功能。

4.4 应用扩展层的功能

4.4.1 数据接口服务

数据接口服务主要解决与其他系统的数据交换和互联互通。需要和4.3.11的数据字典和映射服务 以及4.3.13的网关和安全服务功能相结合,实现接口的启用与关闭、接口类型设置、接口服务的参数设置、报文数据字典管理、报文规格设置、数据来源和目标服务器的配置等。

数据接口的种类主要包括:

a) EDI接口:应支持以Internet为基础的EDI传输方式AS2,将MIME和HTTP用于过程到过程的实时传输,并采用UN/EDIFACT或X.12标准,或参照国内已有的报文格式标准,如通关、港航运输等方面的报文标准,以满足主要单证的数据转换。非Internet的EDI传输方式AS1,它使用MIME和SMTP的异步传输,不推荐实现,如需要可以考虑与增值网接入服务商合作,用接口定制实现EDI专网和平台结合。

   EDI接口服务功能包括:实现用户认证、传输加密和数字签名的安全机制,提供用户报文发送的时间编排服务和回应确认服务,产生报文收发的存证及计费,为用户提供基于浏览器的应用单证模板等。

b) RN接口:应遵循RosettaNet实施框架RNIF,对所有贸易伙伴接口PIPs可以友好地进行扩展,支持所有RosettaNet兼容的网络协议,对PIPs的消息导言、消息头、消息体可验证结构、语法、内容合法性,并封装为标准的MIME报文。RosettaNet接口功能包括:实现用户认证、传输加密、数字签名的安全机制,提供用户参数设置、报文网关设置、XML Schema的导入、导出和交易流程定义等。

c) ebXML接口:ebXML提供规范的模块化套件,使不同地点、任何规模的企业能够通过Internet进行交易,平台采用其标准规范来交换企业业务消息及进行贸易。ebXML接口功能包括:公共术语定义、数据传输机制、商业过程定义与注册和商业关系指导。

d) 定制XML接口:系统应充分利用XML标准的开放性和扩展性,将其作为主要的数据交换格式。可以自由定义数据标记名以及相关的元素、元素层次,但应该遵循和参考通用的、流行的XML数据结构、元素名称、元素数据类型等,设计成易于理解的数据结构,保持不同系统之间、不同网络之间电子数据交换的广泛性和灵活性。

其他物流系统接口可由物流公共信息平台按需定制开发。

4.4.2 综合信息服务

物流公共信息平台应是物流信息资源的汇集中心,具有信息发布和查询功能,满足不同物流主体的信息需求和功能需求,包括以下信息的发布和查询:

a) 物流企业信息:物流企业的服务内容、服务承诺、企业规模以及资信等相关信息;

b) 物流服务信息:货物动态、承运工具动态信息、物流供求信息和报价信息等;

c) 物流综合信息:包括运输规费信息、路况信息、气象信息、不良信息披露(如货主、车辆等)和供需趋势提示信息等；

d) 物流知识库：包括相关政策法规、标准、行业业务知识等；

e) 统计查询和搜索工具：查询一定时期、一定区域范围内，甚至是一定物流功能范围内的反映物流活动的历史统计数据，了解、分析其发展趋势，辅助政府宏观决策。

4.4.3 在线交易服务

在线交易服务为物流业务的电子交易双方提供身份确认以及资质审核服务，确保交易者信息的唯一性和不可抵赖性，以提高交易各方的可信任度，实现安全交易。

在线交易服务可以利用4.3.9注册服务、4.3.10 CA认证服务、4.3.13网关和安全服务、4.3.14工作流管理等支持功能及数据接口服务，实现物流综合信用认证、网上采购招标、在线撮合、电子支付与结算、网上保险、网上报关、网上交税、网上出入境商品检验检疫、电子订舱等服务。

在线交易应能与银行等金融机构系统连接进行余额查询、付款、退款和结算等主要交易，在线交易服务发生后，应及时更新相关信息，以确保在线信息的准确性，同时需记录发生的交易信息，保证信息的完整性。

4.4.4 物流业务系统

为企业提供各类物流业务系统是物流公共信息平台的主要功能。平台服务商或应用服务提供商可为企业客户提供物流业务应用系统和设施租赁服务，或与企业合作建立物流业务应用系统。通过业务系统，结合服务支持层的4.3.6 FTP服务、4.3.7邮件服务、4.3.9注册服务、4.3.12数据分析和报表服务等，使企业能方便地实现仓储、运输、客户管理、财务、决策支持以及日常业务功能。

物流业务系统可包括：运输管理(海运、空运、铁路运输、汽车运输等)、仓储管理、码头管理、配送管理、货代管理、船代管理、报检系统、报关系统、回收物流管理、客户管理、订单管理、信息反馈、财务结算与统计分析等。

4.4.5 跟踪与监控服务

通过物流公共信息平台的GPS/GIS、RFID、电子邮件、短信息、数据采集中间件等系统的统一接口，利用服务支持层的4.3.8消息服务、4.3.9注册服务、4.3.11数据字典和映射服务、4.3.13网关和安全服务等，对政府管理部门，相关企业所关注的运输工具、物品进行位置跟踪及相关信息的记录和监控，并提供在线查询和主动报告等服务功能。

4.4.6 信息采集与分发

信息分发服务可采用发布/订阅方式，提供相关的复合事件信息，保证将新发生的事件及时、可靠地传送给所有目标地址。通过本地或远程的人工录入、系统自动生成、实时采集(例如采用GPS/GIS、RFID、条形码或LBS技术)等方式将采集的数据传输到物流公共信息平台，依照一定的安全策略、数据过滤及定义的规则进行写入、存储、分发等数据处理，可利用4.3.8消息服务、4.3.11数据字典和映射服务、4.3.13网关和安全服务等提供的支持功能。

5 设计要求

5.1 安全性

5.1.1 系统安全

物流公共信息平台应具有较强的安全措施和安全防范能力，提供足够的系统安全保障和网络环境安全措施。系统可根据需要设定安全等级。安全等级设定见GB 17859。

5.1.2 设备安全

系统硬件设备应置于专业机房内，应配备不间断电源供应，最好实现双机热备，确保系统不间断运行。限制机房人员的随意进出，制定24小时值守或定时巡检制度。

5.1.3 数据安全

物流公共信息平台应采用可靠数据传输技术，通过软加密或硬加密的方式对传输的数据流进行实时加密传输,网络传输必须支持SSL,以及数字签名认证,推荐128位以上的数据加密强度,对外提供关键数据作封装和加密处理。

5.2 可靠性和稳定性

物流公共信息平台必须具有较高的可靠性,关键设备和关键部件应有冗余配置,提供人工、自动数据备份和多种灾难备援方案。

5.3 可扩展性

物流公共信息平台应具有良好的可扩展性,应提供与第三方物流信息系统或其他信息管理系统的集成接口,便于各种信息系统的接入与访问。各种设备应具有可升级的能力,以适应将来业务发展的需要。

5.4 先进性和成熟性

物流公共信息平台以开放标准为基础,采用国际上成熟的、先进的、具有多厂商广泛支持的软硬件技术来实现,保证基础架构的可扩充性和可靠性。

5.5 数据标准化

数据标准化包括数据元、数据编码以及数据交换报文等的标准化。

电子数据交换的标准化应尽量做到数据共享的最大化和低成本。可利用已有的国际上通用的标准或按一定的规范统一格式提供不同的信息服务内容,使各个信息系统易于接受和处理。如:UN/EDIFACT标准、RosettaNet标准等。

5.6 系统性能

通过软件与硬件的平衡配置,满足各系统日常访问量的最高峰值。应从软件并发性能的设计、服务器处理速度、磁盘系统、网络系统等几个方面进行硬件选型和系统调整,同时满足硬件的升级,但不得影响软件的运行。

参考文献

［1］ GB/T 8566 信息技术 软件生存周期过程
［2］ GB/T 8567 计算机软件产品开发文件编制指南
［3］ GB/T 11457 软件工程术语

ICS 17.220.20
N 23

中华人民共和国国家标准

GB/T 22264.1—2008

安装式数字显示电测量仪表 第1部分：定义和通用要求

Mounted digital display electric measuring instruments—Part 1: Definitions and general requirements common to all parts

2008-08-06 发布　　2009-03-01 实施

中华人民共和国国家质量监督检验检疫总局
中国国家标准化管理委员会　发布

前　言

GB/T 22264《安装式数字显示电测量仪表》由下列部分组成：

——第 1 部分：定义和通用要求；

——第 2 部分：电流表和电压表的特殊要求；

——第 3 部分：功率表、无功功率表的特殊要求；

——第 4 部分：频率表的特殊要求；

——第 5 部分：相位表、功率因数表的特殊要求；

——第 6 部分：绝缘电阻表的特殊要求；

——第 7 部分：多功能仪表的特殊要求；

——第 8 部分：推荐的试验方法。

本部分是 GB/T 22264 的第 1 部分。

本部分的附录 A、附录 B 均为规范性附录。

本部分由中国机械工业联合会提出。

本部分由全国电工仪器仪表标准化技术委员会(SAC/TC 104)归口。

本部分起草单位：哈尔滨电工仪表研究所、浙江正泰仪器仪表有限责任公司、江苏斯菲尔电气有限公司、上海四达电子仪表有限公司、上海安科瑞电气有限公司、国家电工仪器仪表质量监督检验中心、天正集团仪表股份公司、德力西集团仪器仪表有限公司、深圳泰瑞捷电子有限公司、乐清市胜利仪表有限公司、苏州横河电表有限公司、上海神宇高科技发展有限公司、上海华建电力设备有限公司、上海康比利仪表有限公司、杭州利尔达电子有限公司、浙江东方机电有限公司、湖北省电力试验研究院计量中心、上海市计量测试技术研究院、山东省计量科学研究院、浙江省计量科学研究院、江苏银河电子有限公司、上海二工电气有限公司。

本部分主要起草人：浦志勇、刘得新、王贤平、刘献成、叶江雪、邵凤云、薛德晋、来磊、申莉、姚礼本、芮梅、张绍衡、周中、章礼炎、高永明、吴道爱、郑孟霞、张勤、钱金龙、梁源、郑长江、吴肇赟、王琦、霍建华、叶大伟、刘复若、陈军方。

安装式数字显示电测量仪表
第1部分:定义和通用要求

1 范围

GB/T 22264的本部分适用于以下具有数字显示的测量电参量的安装式电测量仪表:

——电流表和电压表;

——功率表和无功功率表;

——功率因数表和相位表;

——绝缘电阻表;

——频率表。

以及上述形式的任意组合的多功能仪表,也适用于具有模拟/数字双显示的电测量仪表的数字显示部分。

本部分不适用于:

——只具有直接作用模拟指示的电测量仪表。

——便携式数字显示电测量仪表。

——另有国家标准(或行业标准)的特殊用途仪表。

本部分对仪表的尺寸要求未作规定,仪表的尺寸要求参见GB/T 1242—2000。

2 规范性引用文件

下列文件中的条款通过GB/T 22264的本部分的引用而成为本部分的条款。凡是注日期的引用文件,其随后所有的修改单(不包括勘误的内容)或修订版均不适用于本部分,然而,鼓励根据本部分达成协议的各方研究是否可使用这些文件的最新版本。凡是不注日期的引用文件,其最新版本适用于本部分。

GB/T 1242—2000 安装式指示和记录电测量仪表的尺寸(neq IEC 61554:1999)

GB/T 2423.1—2001 电工电子产品的环境试验 第2部分:试验方法 试验A:低温(idt IEC 60068-2-1:1990)

GB/T 2423.2—2001 电工电子产品的环境试验 第2部分:试验方法 试验B:高温(idt IEC 60068-2-2:1974)

GB/T 2423.4—2008 电工电子产品环境试验 第2部分:试验方法 试验Db:交变湿热(12 h+12 h循环)(IEC 60068-2-30:2005,IDT)

GB/T 2829—2002 周期检查计数抽样程序及表(适用于生产过程稳定性的检查)

GB 4208—2008 外壳防护等级(IP代码)(IEC 60529:2001,IDT)

GB 4793.1—2007 测量、控制和实验室用电气设备的安全要求 第1部分:通用要求(IEC 61010-1:2001,IDT)

GB/T 5169.10—2006 电工电子产品着火危险试验 第10部分 灼热丝/热丝基本试验方法 灼热丝装置和通用试验方法(IEC 60695-2-10:2000,IDT)

GB/T 7676.1—1998 直接作用模拟指示电测量仪表及其附件 第1部分:定义和通用要求(idt IEC 60051-1:1984)

GB 9254—1998 信息技术设备的无线电骚扰限值和测量方法(idt CISPR 22:1997)

GB/T 15464—1995 仪器仪表包装通用技术条件

GB/T 17626.1—2006 电磁兼容 试验和测量技术 抗扰度试验总论(IEC 61000-4-1:2000,IDT)

GB/T 17626.2—2006 电磁兼容 试验和测量技术 静电放电抗扰度试验(IEC 61000-4-2:2001,IDT)

GB/T 17626.3—2006 电磁兼容 试验和测量技术 射频电磁场辐射抗扰度试验(IEC 61000-4-3:2002,IDT)

GB/T 17626.4—2008 电磁兼容 试验和测量技术 电快速瞬变脉冲群抗扰度试验(IEC 61000-4-4:2004,IDT)

GB/T 17626.5—2008 电磁兼容 试验和测量技术 浪涌(冲击)抗扰度试验(IEC 61000-4-5:2005,IDT)

GB/T 17626.6—2008 电磁兼容 试验和测量技术 射频场感应的传导骚扰抗扰度(IEC 61000-4-6:2006,IDT)

GB/T 17626.11—2008 电磁兼容 试验和测量技术 电压暂降、短时中断和电压变化的抗扰度试验(IEC 61000-4-11:2004,IDT)

GB/T 17626.12—1998 电磁兼容 试验和测量技术 振荡波抗扰度试验(idt IEC 61000-4-12:1995)

GB/T 18216.1—2000 交流1 000 V和直流1 500 V以下低压配电系统电气安全 防护检测的试验、测量或监控设备 第1部分:通用要求(idt IEC 61557-1:1997)

JB/T 9329—1999 仪器仪表运输,运输贮存基本环境条件及试验方法

IEC 60050-300:2001 国际电工词汇(IEV) 电工和电子测量及测量仪器(311章、312章、313章、314章)

3 术语和定义

3.1 通用术语

下列术语和定义适用于本部分。

3.1.1

电测量仪表 electric measuring instrument

用电的或电子的方法测量电参量或非电参量的测量仪表,以下简称仪表。

[IEV 311-03-04]

3.1.2

数字显示仪表 digital display instrument

以数字形式显示被测量值的测量仪表。

[IEV 312-02-10]

注1:本术语只涉及显示的形式,而不涉及仪表的工作原理。

注2:除非另有说明,本部分中所述的交流量均为方均根值(r.m.s.)。

3.1.3

模拟数字双显示 dual analogue-digital display

仪表的测量值既采用数字显示,又采用标度尺和指示器指示的方法表示。

[IEV 311-05-09]

3.1.4

单功能仪表 single function instrument

仅用于测量一种电参量或非电参量的仪表。

[IEV 312-02-22]

3.1.5

多功能仪表　multi-function instrument

具有单一显示器,测量一种以上电参量或非电参量的仪表(如测量电流、电压和功率的仪表)。

[IEV 312-02-23]

3.1.6

预热时间　warm-up time

从电源通电时刻到按照制造厂规定可使用的时刻所需要的时间。

[IEV 311-03-18]

3.1.7

预处理时间　preconditioning time

从一个规定的被测量值加到测量线路的时刻到仪表符合准确度要求的时刻之间所经历的时间。

[IEV 311-03-19]

3.1.8

预调整　preliminary adjustment

按产品技术文件要求,对仪表可调整机构进行调整的预操作。

3.1.9

峰值因数　peak factor

周期量的峰值与其方均根值之比。

[IEV 101-14-57]

3.1.10

畸变因数　distortion factor

谐波含量的方均根值与非正弦波量的方均根值之比。

3.1.11

型式试验　type test

为检验仪表的型式是否符合本部分规定的全部要求,而对制造厂选出的同一型式的并具有相同特定的一台或数台仪表进行的一系列试验的过程。

3.1.12

周期检验　periodic inspection

为判断在规定周期内生产过程的稳定性是否符合规定要求,从逐批检验合格的某个批或若干批中抽取样表的检验。

3.2　仪表结构特性术语

3.2.1

(仪表)测量线路　measuring circuit (of an instrument)

仪表的内部电路部分,包括相互连接的导线(若有时)。测量线路由电压或电流供电,其中的一个或两者都是决定被测量显示值的主要因素(电压或电流中的一个可能是被测量自身)。

3.2.2

电流线路　current circuit

一种测量电路,通过它的电流是决定被测量显示值的主要因素。

注:电流线路所通过的电流可以直接是被测电流,或由外接电流互感器所供给的,或由外接分流器所引出的,与被测量成比例的电流。

3.2.3

电压线路　voltage circuit

一种测量电路，在其上所施加的电压是决定被测量显示值的主要因素。

注：施加在电压线路上的电压可以直接是被测电压，或是由外接电压互感器或分压器所供给的或从外接串连电阻（阻抗）器引出的与被测量成比例的电压。

3.2.4

外部测量线路　external measuring circuit

仪表的外部电路部分，从该电路能得到被测量值。

3.2.5

辅助线路　auxiliary circuit

仪表工作所必需的、测量线路以外的电路。

3.2.6

辅助电源　auxiliary supply

除测量线路以外的交流或直流电源。

3.3　与输入相关的术语

3.3.1

输入端　input terminals

把被测（转换）量施加到仪表的连接端子。

3.3.2

输入量　input quantity

施加到输入端的模拟量（信号）。

3.3.3

过负载　overload

当输入信号超过测量范围的最大值时为过负载。

3.3.4

输入电流和电压的最大允许值　maximum permissible values of the input current and voltage

由制造厂保证的仪表可能会承受的而不出现损害的电流和电压值。

[IEV 314-04-05]

3.3.5

输入零电流　input zero current

在输入信号为零时，仪表的输入电路中由于仪表内部引起的电流。

3.3.6

输入阻抗　input impedance

在工作状态下，仪表输入端子间所呈现的阻抗值。

3.3.7

电流互感器的变比　transformation ratio of a current transformer

电流互感器初级电流与其次级电流之比。

[IEV 321-01-17]

3.3.8

电压互感器的变比　transformation ratio of a voltage transformer

电压互感器初级电压与其次级电压之比。

[IEV 321-01-18]

3.3.9

串模干扰电压　series mode interference voltage

由于测量产生的叠加在输入电压上的不期望的电压。

[IEV 312-01-04]

注：串模电压的典型例子是感应电压，例如直流电流信号上的纹波或热电势。

3.3.10

共模干扰电压　common mode interference voltage

存在于两个测量输入端与参考点之间，其幅度和相位或极性相同的那部分输入干扰电压。

[IEV 312-01-03]

注：参考点可以是机架、测量接地端或是一个不可触及的点。

3.3.11

串模抑制比(SMRR)　series mode rejection ratio

引起输出信息规定变化的串模干扰电压峰值与被测量引起的能产生相同变化的电压之比。

注1：串模抑制比通常用分贝(dB)表示，并且可能与频率、波形和测量方法有关。

注2：串模抑制比也适用于电压以外的量。

3.3.12

共模抑制比(CMRR)　common mode rejection ratio

作用于由规定电路连接在一起的规定参考点和两个输入端之间的直流或交流电压峰值与产生相同输出值所需的在输入端之间的电压之比。

注1：共模抑制比通常用分贝(dB)表示，并且可能与频率、波形和测量方法有关。

注2：共模抑制比也适用于电压以外的量。

3.4　与输出相关的术语

3.4.1

输出端　output terminals

仪表以规定的电压(电流)形式提供输出信息或以规定的阻抗状态来表示的一些连接点。

3.4.2

辅助端　auxiliary terminals

供给或接收辅助的模拟或数字信号用的端子。输入端和输出端除外。

3.4.3

输出信号　output signal

由仪表产生被测量的模拟或数字表示。

[IEV 314-04-06]

3.4.4

辅助输出信号　auxiliary output signal

呈现在辅助端的输出信号。

3.4.5

输出信息　output information

被测量的数字表示(电信息或显示数字)。

3.4.6

输出状态　output state

在读出时间内有效的电的或可视的信息组。

[IEV 314-02-10]

3.4.7

输出阻抗　output impedance

在工作状态下，仪表输出端子对外呈现的阻抗。

3.4.8

串行接口　serial interface

可程控仪表的一种在数据终端设备（DTE）和数据电路终接设备（DCE）之间使用串行二进制进行数据交换的接口。

3.5　关于仪表性能的术语

3.5.1

性能　performance

定义测量仪表达到预定功能能力的特性。

[IEV 311-06-11]

3.5.2

量程　span

测量范围的上限值和下限值的代数差，以被测量单位表示。

[IEV 311-03-13]

3.5.3

测量范围　measurement range

由两个被测量确定的范围，在此范围内规定了测量仪表的误差限值。

[IEV 311-03-12]

注：一台仪表可以有几个测量范围。

3.5.4

参比条件　reference conditions

规定的一组影响量值和/或范围，在此条件下，仪表允许的误差限最小。

[IEV 311-06-02]

3.5.5

基本误差　intrinsic error

在参比条件下使用的测量仪表的误差。

[IEV 311-03-08]

注：该术语用于逼近"真值"。

3.5.6

准确度等级　accuracy class

满足旨在保持允许误差和改变量在规定限值内的一定计量要求的测量仪表的组别。

[IEV 311-06-09]

3.5.7

满度值　full scale value

量程的最大值。

注：满度值可以不是最大显示值。

3.5.8

额定值　rated value

制造厂对仪表的一个规定的工作条件所给定的量值。

3.5.9

改变量 variation

当一个影响量相继取两个不同值时，对于被测量的同一数值，测量仪表的示值之差。

[IEV 311-07-03]

3.5.10

标称使用范围 nominal range of use

对影响量规定的一个取值范围，在此范围内，影响量所引起的改变量不超出规定值。

[IEV 311-07-05]

3.5.11

工作误差 operating error

在标称使用范围内任意一点上得到的性能特性的误差。

3.5.12

分辨力 resolution

引起显示值产生可觉察改变的被测量的最小改变。

[IEV 311-03-10]

3.5.13

稳定性 stability

在所有的条件保持恒定时，在规定的时间内测量仪表保持其性能特性不改变的能力。

[IEV 311-06-12]

注：按时间长短可分为短期(24 h)稳定性和长期(90 d 以上)稳定性。

3.5.14

重复性 repeatability

在相同的测量条件下，对相同的被测量进行连续的测量，各测量结果一致性的精密程度，亦即：

——在相同的测量程序；

——相同的观测者；

——在相同的条件下用相同的测量仪表；

——在同一实验室；

——在相对短的时间间隔。

[IEV 311-06-06]

3.5.15

响应时间 response time

按规定的量值施加输入信号，到它的显示值达到稳定在规定的误差范围所需要的时间。

3.5.16

阶跃响应时间 step response time

一个规定的突变被测量施加到仪表上的时刻到仪表显示值达到并保持在最终稳态值的规定极限内的时刻的持续时间。

3.5.17

极性响应时间 polarity response time

按规定的量值施加到输入信号，到引起显示极性改变为止的响应时间。

3.5.18

过负载恢复时间 overload recovery time

从去掉规定的过载输入信号起，到仪表在量程内显示值达到稳定的响应时间。

4 产品分类、分级和符合性

4.1 分类

4.1.1 按测量的电参量分类

可分为电流表、电压表、功率表、无功功率表、功率因数表、相位表、绝缘电阻表、频率表等单功能仪表和多功能仪表。

4.1.2 按电压、电流的测量方式分类

可分为方均根值测量仪表和非方均根值测量仪表。

4.1.3 按测量的相分类

可分为单相仪表和多相仪表。

4.1.4 按供电电源分类

可分为自电源仪表和带辅助电源仪表。

4.1.5 按显示方式分类

可分为全数字显示，数字显示带趋势显示(模拟指示)两种。

4.1.6 按显示位数分类

可分为 $3\frac{1}{2}$，$3\frac{3}{4}$，4，$4\frac{1}{2}$，$4\frac{3}{4}$，5，$5\frac{1}{2}$，$5\frac{3}{4}$，6，$6\frac{1}{2}$等。

注：凡首位显示值不足 2 者称 1/2 位，不足 6 者称 3/4 位。

4.1.7 按使用工作条件分类

按照温度和湿度的严酷程度，仪表可分为如下两个级别：

表 1 使用组别

使用组别	温度的标称使用范围	相对湿度
Ⅰ	−10 ℃～45 ℃(3K5 级修订)	不大于 93%
Ⅱ	−25 ℃～55 ℃(3K6 级)	
注：特殊使用范围的仪表，可在订货合同中规定其他温度范围。		

4.2 分级

准确度等级指数应从 1-2-5 序列及其十进倍数和小数中选择，如 0.05、0.1、0.2、0.5、1、2 级等。

多功能仪表的每种功能可以有不同的等级指数。

对同时具有直流和交流测量功能的仪表(如电流表和电压表)，可有不同的等级指数。

4.3 与本部分要求的符合性

4.3.1 检查是否遵守本部分规定的推荐的试验方法在第 8 部分中给出。当有争议时，第 8 部分的试验方法为仲裁方法。

4.3.2 如果为确定基本误差而规定作预处理，则制造厂应说明预处理时间和被测量的值。但预处理时间不得超过 30 min。

4.3.3 仪表应妥善包装，以确保运输到用户后，在规定的条件下符合本部分对基本误差的要求。

5 参比条件和基本误差

5.1 参比条件

5.1.1 影响量的参比值或参比范围按表 2 的规定。

5.1.2 可以规定不同于表 2 的条件，但应按照第 9 章的规定进行标志。

表 2　参比条件及允许偏差

影　响　量		参比值或参比范围	试验用允许偏差
温度		23 ℃	±2 ℃
相对湿度		45%～75%	—
大气压		86 kPa～106 kPa	—
直流被测量的纹波		0	$\Delta V/V_0 \leqslant 2\%$[a] 或 $\Delta I/I_0 \leqslant 2\%$[b]
交流被测量的畸变因数		0	1%
交流被测量的峰值因数		$\sqrt{2}$	±0.05
交流被测量的频率		45 Hz～65 Hz	—
供电电源	交流供电电压	额定值	±5%
	交流供电频率	额定值	±1%
	交流供电波形	正弦波	$\beta=0.05$[c]
	直流供电电压	额定值	±5%
	直流供电电压的波纹	0	$\Delta V/V_0 \leqslant 0.2\%$[a]
外磁场		0	40 A/m[d]，频率从直流到 65 Hz，任意方向
射频电磁场		0	≤1 V/m
射频场引起的传导骚扰		0	≤1 V

a ΔV 是纹波电压的峰值，V_0 为直流供电电压或直流被测电压的额定值。

b ΔI 是纹波电流的峰值，I_0 为直流被测电流的额定值。

c β 为失真因子，即交流供电电压波形的失真应保持在$(1+\beta)A\sin\omega t$与$(1-\beta)A\sin\omega t$所形成的包络之间。

d 40 A/m 接近于大地磁场的最高值。

5.2　基本误差

仪表的基本误差不应超过公式(1)表示的测量值的绝对误差 Δ。

$$\Delta = \pm (a\% U_x + b\% U_m) \qquad \cdots\cdots(1)$$

式中：

U_x——被测量的读数值；

U_m——被测量的满度值；

a——与读数值有关的误差系数；

b——与满度值有关的误差系数。

公式(1)中应满足如下关系：

$$a \geqslant 4b \qquad \cdots\cdots(2)$$

5.3　被测量的满度值

满度值是测量范围的上限。

测量范围包括正负两个极性的仪表，满度值为单个极性下较大的(若不同时)测量范围。

相位表的满度值定义为 90°，功率因数表的测量值应转换为电角度后，再采用相位表的方式定义满度值。

5.4　准确度等级指数

仪表的准确度等级指数采用$(a+b)$表示。

6 标称使用范围和改变量

6.1 标称使用范围

影响量的标称使用范围限值按表3的规定。

表3 标称使用范围限值和允许改变量

影响量		标称使用范围极限 (另有标志者除外)	允许改变量
环境温度		标称使用范围上限和下限	$\pm(a\%U_x+b\%U_m)$
相对湿度		25%和93%	$\pm(a\%U_x+b\%U_m)$
直流被测量的纹波		见各有关部分	
交流被测量的畸变		畸变因数:见各有关部分	
		峰值因数:见各有关部分	
交流被测量的频率		见各有关部分	
供电电源	交流供电电压	额定值±20%	$\pm0.5\times(a\%U_x+b\%U_m)$
	交流供电频率	额定值±2%	$\pm0.5\times(a\%U_x+b\%U_m)$
	交流供电波形	$\beta=0.5$	$\pm0.5\times(a\%U_x+b\%U_m)$
	直流供电电压	额定值±20%	$\pm0.5\times(a\%U_x+b\%U_m)$
	直流供电电压的波纹	$\Delta V/V_0\leqslant1\%$	$\pm0.5\times(a\%U_x+b\%U_m)$
外磁场		0.4 kA/m	见各有关部分
外部恒定磁感应		1 000 At(安匝)	$\pm2\times(a\%U_x+b\%U_m)$
射频电磁场		10 V/m,频率范围为80 MHz~2 GHz	$\pm2\times(a\%U_x+b\%U_m)$
射频场感应的传导骚扰		10 V,频率范围为150 kHz~80 MHz	$\pm2\times(a\%U_x+b\%U_m)$

6.2 改变量极限

仪表在参比条件下且当单一影响量改变时,其改变量不应超过表3中的规定值。

6.3 确定改变量的条件

6.3.1 若为确定改变量而规定作预处理,则制造厂应说明预处理时间和被测量的值以及辅助电源的值(若有时)。预处理时间不应超过30 min。

6.3.2 应分别对每一个影响量确定改变量。

在每一次试验中,除待测定其改变量的影响量外,其余影响量均应保持其参比条件。

6.3.2.1 当某影响量规定为一参比值时,该影响量应在此参比值和表3中规定的标称使用范围限值内的任一值之间变化,另有标志者除外。

6.3.2.2 当某影响量规定有一参比范围时,该影响量应从参比范围的某个限值变化到邻近的标称使用范围限值。

6.3.2.3 允许误差和改变量的确定见附录B的规定。

7 要求

7.1 安全要求

按GB 4793.1—2007中与电气安全相关的条款。

7.2 电气要求

7.2.1 自热影响

仪表应置于参比温度下，不通电，至少 4 h。按照表 2 的参比条件通电，并在输入端加入满度值信号，在第 1 min～3 min 期间测量输出信号值，然后在第 30 min～35 min 期间再次测量输出信号值，两次测量的允许改变量不应超过仪表的准确度等级指数的 100%。

7.2.2 温升影响

仪表在下述情况下连续工作 2 h，线路和绝缘体的温升不应达到影响仪表工作的温度，仪表外表面任一点的温升，在环境温度为 40 ℃时不应超过 25 K。

——电压线路（若有时）加 1.2 倍上量限值电压；

——电流线路（若有时）加 1.1 倍额定电流；

——仪表不应置于通风或太阳直接照射下。

7.2.3 功率消耗

在参比工作条件下，每一电压线路和电流线路的有功功率和视在功率消耗不应超过表 4 中的规定值。

表 4 功率消耗

类型	自电源仪表		带辅助电源仪表	
	单功能仪表	多功能仪表	单功能仪表	多功能仪表
电压线路	2 W 10 VA	3 W 15 VA	2 VA	2 VA
电流线路	1 VA	1 VA	1 VA	1 VA
辅助电源	—	—	3 W 15 VA	5 W 15 VA
注：当仪表具有多路输出功能时，功耗可由供需双方协商确定。				

7.2.4 显示

7.2.4.1 应说明仪表各量程的有效显示位数和各量程的最大显示值，有极性的仪表应注明极性显示方式。

7.2.4.2 多功能仪表显示器应显示所有测量值及有关存贮的内容。

7.2.4.3 多功能仪表应具有检验显示器所有数字和字符完整性的自检功能。

7.2.4.4 当仪表未通电时，显示器可以不显示。

7.2.5 输出接口

7.2.5.1 数据输出接口

仪表可具有数据输出接口（例如变送输出、继电器输出等），制造厂应说明输出数据的技术参数和输出端的负载能力，如脉冲宽度、周期、幅值、极性等。

7.2.5.2 通信接口

仪表可具有数据通信接口（例如 RS-485/232 等通信方式），其技术要求和通信规约应符合有关标准的规定，例如 ModBus-RTU 等。

7.2.6 允许过负载

7.2.6.1 仪表宜具有过负载提示功能。

7.2.6.2 仪表的过负载恢复时间应不大于 5 s。

7.2.6.3 仪表过负载能力在各有关部分中规定。

7.2.7 响应时间

7.2.7.1 阶跃响应时间

仪表的阶跃响应时间应不大于4 s。

7.2.7.2 极性响应时间

仪表的极性响应时间应不大于5 s。

7.2.8 干扰抑制

7.2.8.1 串模干扰抑制

仪表采用串模抑制比(SMRR)来表征对串模干扰电压的抑制能力,并按公式(3)计算:

$$SMRR = 20\ \lg \frac{U_S}{\Delta U} (dB) \quad \cdots\cdots (3)$$

式中:

U_S——串模干扰交流峰值电压;

ΔU——施加串模干扰电压前后的示值变化所对应的电压值变化。

7.2.8.2 共模干扰抑制

仪表采用共模抑制比(CMRR)来表征对共模干扰电压的抑制能力,并按公式(4)计算:

$$CMRR = 20\ \lg \frac{U_C}{\Delta U} (dB) \quad \cdots\cdots (4)$$

式中:

U_C——共模干扰直流或交流峰值电压;

ΔU——施加共模干扰电压前后的示值变化所对应的电压值变化。

7.2.8.3 不同功能仪表的串模抑制比、共模抑制比在各有关部分中规定。

7.3 准确度性能要求

7.3.1 分辨力

应说明仪表的最高分辨力,多量程仪表可具有不同的分辨力。

多功能仪表应说明各功能的分辨力。

7.3.2 重复性误差

仪表经预热和预调整后,在输入端加入满度值信号,仪表的重复性误差不应大于仪表准确度等级指数的20%。

7.3.3 稳定性误差

7.3.3.1 短时稳定性误差

在参比条件下,仪表经预热和预调整后,在输入端加入满度值信号,仪表的短时稳定性的最大差值不应大于仪表准确度等级指数的20%。

7.3.3.2 长时稳定性误差

在参比条件下,仪表经预热和预调整后,在输入端加入满度值信号,仪表的长时稳定性的最大差值不应大于仪表准确度等级指数的50%。

7.4 电磁兼容性

7.4.1 对电磁骚扰的抗扰度

7.4.1.1 仪表在传导、辐射等电磁骚扰的影响下,不损坏或不受实质性影响。经电磁兼容试验后,仪表能准确、可靠地工作。

7.4.1.2 骚扰量包括:静电放电、射频电磁场、电快速瞬变脉冲群、射频场感应的传导骚扰、浪涌电压和阻尼振荡波及电压暂降、短时中断和电压变化。

7.4.1.3 各骚扰量的试验按照GB/T 17626相应标准的规定执行,试验等级按表5的规定。

7.4.1.4 进行各骚扰量的试验时,不同功能仪表在电压线路与电流线路施加的电压与电流在各部分中规定。

表 5 电磁兼容试验等级

电磁兼容项目	试验等级
静电放电	4
射频电磁场辐射	3(频率范围 80 MHz～2 GHz)
电快速瞬变脉冲群	2
射频场感应的传导骚扰	3
浪涌(冲击)	4
振荡波	3
电压暂降、短时中断	0%UT,持续时间 50 周期 40%UT,持续时间 50 周期
电压变化	0%UT

注：对于直流供电的仪表，不必进行辅助电源回路的电快速瞬变脉冲群试验。

7.4.2 无线电干扰抑制

无线电干扰的限值按 GB 9254—1998 中 B 级设备的规定。

进行无线电干扰的试验时，不同功能仪表在电压线路与电流线路施加的电压与电流在各部分中规定。

7.5 机械要求

7.5.1 表壳

仪表的表壳应有良好的表面处理，不得有镀层脱落、锈蚀、霉斑等现象，也不应有划伤、沾污等痕迹，不允许有明显变形损坏或缺件。

仪表的表壳上宜具有一个或多个封印，只有破坏封印才能打开表壳。

7.5.2 按键、按钮

仪表面板或仪表外部可具有一个或多个按键、按钮等，按键、按钮应灵活可靠，无卡死或接触不良的现象。

7.5.3 可调整机构

仪表如具有可调整机构，应保证在不打开表壳的情况下，可进行预调整或校准；可调整机构不应松动、破损或自行改变位置。

7.5.4 防尘和防水

仪表面板应符合 GB 4208—2008 中规定的防护等级 IP52。

7.5.5 振动试验

按 GB/T 7676.1—1998 中 7.6.1 的规定，振动影响引起的改变量不应超过仪表的准确度等级指数的 100%。

7.5.6 冲击试验

按 GB/T 7676.1—1998 中 7.6.2 的规定，冲击影响引起的改变量不应超过仪表的准确度等级指数的 100%。

7.6 气候影响试验

7.6.1 工作温度极限值

a) Ⅰ组仪表：－25 ℃和＋55 ℃；

b) Ⅱ组仪表：－40 ℃和＋70 ℃。

7.6.2 耐热和阻燃

仪表结构件应具备合理的防火焰蔓延措施，不应由于与其接触的带电元件的热过载而着火。耐热和阻燃试验应按 GB/T 5169.10—2006 的规定，并以下列温度进行：

——端子座：960 ℃±15 ℃；

——表壳：650 ℃±10 ℃；

——作用时间：30 s±1 s。

可在任一随机位置与灼热线接触。如果端子座与表壳为一整体，则可仅对端子座进行试验。

7.6.3 高温

仪表在非工作状态、无包装条件下，应承受温度为 70 ℃±2 ℃持续时间为 72 h 的试验，试验完成后，仪表不应出现损坏和信息改变，恢复到参比条件后，仪表能准确地工作。

试验按 GB/T 2423.2—2001 进行。

7.6.4 低温

仪表在非工作状态、无包装条件下，应承受温度为－25 ℃±3 ℃（Ⅰ组）或－40 ℃±3 ℃（Ⅱ组）持续时间为 72 h（Ⅰ组）或 16 h（Ⅱ组）的试验，试验完成后，仪表不应出现损坏和信息改变，恢复到参比条件后，仪表能准确地工作。

试验按 GB/T 2423.1—2001 进行。

7.6.5 交变湿热

仪表在供电电源线路施加额定电压值、测量线路不施加信号（自电源仪表的电压回路除外）情况条件下，进行高温温度为＋40 ℃± 2 ℃（Ⅰ组）或＋55 ℃± 2 ℃（Ⅱ组）的 6 个周期的试验。

试验完成后，仪表不应出现损坏和信息改变，恢复到参比条件后，仪表能准确地工作。

试验终止后 24 h，仪表应满足 7.1 规定的安全要求。

试验按 GB/T 2423.4—2008 进行。

7.7 平均寿命

仪表在本部分规定的条件下安装使用时，其平均寿命（MTBF）应不低于 10 年，相应的平均寿命下限值（m_L）应不低于 2.19×10^4 h。

8 包装、贮存与运输

8.1 包装

仪表的包装宜采用符合环保要求的材料，包装要求应符合 GB/T 15464—1995 的规定。

8.2 贮存与运输

仪表的运输和贮存应符合 JB/T 9329—1999 的规定。贮存的环境温度为－25 ℃～50 ℃，相对湿度不超过 85%，且在空气中含有的有害物质不足以引起仪表的腐蚀。

9 信息、通用标志和符号

9.1 信息

制造厂应给出下列信息：

a) 被测量单位；

b) 制造厂名称或商标，或供货者名称或商标；

c) 制造厂给出的参考型号（若有时）；

d) 显示位数为 $5\frac{1}{2}$位及以上仪表的制造顺序号，显示位数为 5 位及以下仪表的制造顺序号或制造日期（至少有年份）；

e) 额定值；

f) 被测量的性质和测量元件数；

g) 准确度等级指数；

h) 显示位数为 $5\frac{1}{2}$ 位及以上仪表的温度参比值或参比范围；

i) 与表 2 给出的各影响量(除温度外)的参比值或参比范围的规定值不同的，以及在表 2 中未列出的其他有关影响量的参比值或参比范围；

j) 与表 3 中的各影响量的标称使用范围不同的，以及在表 3 中未列出的其他有关影响量的标称使用范围；

k) 仪表的使用说明；

l) 在标称电流和/或标称电压下以伏安表示的负载；

m) 被测量为交流量时量程满度值允许的最大峰值因数；

n) 若需要时，温度限值的运输、储存和使用的其他要求；

o) 预处理时间(不可忽略时)和预处理时所施加的被测量值；

p) 外接电流和/或电压互感器(如有时)之变比；

q) 安装等级(过电压等级)；

r) 污染程度；

s) 各量程的输入阻抗值；

t) 各量程的输入零电流值；

u) 其他必要信息。

9.2 标志、符号及其位置

9.2.1 标志和符号应保持清晰并不易被擦掉。若有关时，应使用表 6 中规定的标志和符号。

9.2.2 下列信息应标志或显示在仪表面板或使用时的可见部位上：

——9.1 中的 a)、g)、q)；

——9.1 中的 f)(符号 B-1～B-10)；

——9.1 中的 u)(符号 F-33，某些必要信息在单独文件中给出时用此符号)。

9.2.3 下列信息应标注在仪表面板或外壳上的任意位置：

9.1 中的 b)、c)、d)、h)、p)。

9.2.4 下列信息应标注在仪表面板或外壳上的任意或在单独的文件(若有时)中给出：

9.1 中的 e)、i)、j)、l)、n)、o)、r)。

9.2.5 文件(若有时)中应说明：

9.1 中的 b)、c)、k)、m)、s)、t)；9.2.4 中未标注的其他信息。

9.2.6 在法律法规允许的条件下，经制造厂和用户协商，任一信息或全部信息均可省略。

表 6 仪表用标志符号

编号	项目	符号
B	被测量的性质和测量元件数	
B-1	直流线路(仅供辅助电源用)	⎓
B-2	交流线路(单相)	∼
B-3	直流和交流线路	≂

表 6（续）

编　　号	项　　目	符　　号
B-4	三相交流线路(通用符号)	3∼
B-6	三线网络用一个测量元件	3∼1E
B-7	四线网络用一个测量元件	3N∼1E
B-8	两个测量元件(E)用于不平衡负载三线网络	3∼2E
B-9	两个测量元件(E)用于不平衡负载四线网络	3N∼2E
B-10	三个测量元件(E)用于不平衡负载四线网络	3N∼3E
C	安全(应用见 GB/T 4793.1—1995)	
E	准确度等级	
E-1	等级指数(例如 1)	1
F	通用符号	
F-30	产生与基本误差相对应的改变量，磁场强度用 kA/m 表示(例 2 kA/m)	[2] kA/m
F-31	地端(通用符号)	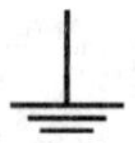
F-32	零位(量程)调节器	
F-33	参照单独的文件	
F-42	机壳接线端	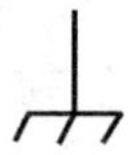
F-43	保护接地端	
F-44	无噪声接地端	
F-45	测量线路接地端	
F-46	正接线端	+
F-47	负接线端	−

9.3 标称使用范围和参比值或参比范围的标志

9.3.1 不同于表2规定的参比值或参比范围应予以标注，并用下划线加以区别，以其测量单位的符号标志。

9.3.2 不同于表3规定的标称使用范围应予以标注，它应连同参比值或参比范围一起进行标注。即使在其他方面无此必要，也应标志参比值和参比范围。

9.3.3 按上升的顺序书写标称使用范围限值参比值或参比范围，每个数字与其相邻数字用三个点隔开。

例如：45 Hz…50 Hz…65 Hz，表示频率参比值为50 Hz而频率的标称使用范围为45 Hz～65 Hz。

同样：35 Hz…45 Hz…55 Hz…60 Hz，表示频率参比范围为45 Hz～55 Hz而频率的标称使用范围为35 Hz～60 Hz。

9.3.4 当标称使用范围的某个限值与参比范围或参比范围的邻近限值相同时，表示参比值或参比范围的数字与表示标称使用范围限值的数字应重复标志。

例如：23 ℃…23 ℃…37 ℃，表示温度参比值为23 ℃，温度的标称使用范围为23 ℃～37 ℃。

同样：20 ℃…20 ℃…25 ℃…35 ℃，表示温度参比范围为20 ℃～25 ℃，而温度的标称使用范围为20 ℃～35 ℃。

10 接线端的标志和符号

10.1 对标志的要求

10.1.1 标志应标注在有关的接线端或其近旁。

10.1.2 如在接线端附近没有足够的位置来标志说明时，可以用一块固定的铭牌给出接线端的详细说明，并以明确的方式标注之。

10.1.3 标志应保持清晰，其颜色与底色反差要大，或采用模压。

10.1.4 标志不应加在接线端的可拆卸部件上（如端钮帽等）。

10.1.5 如标志加在几个接线端的罩盖上时，不得因罩盖的配合而使标志不准确。

10.1.6 如附有接线图时，接线端标志应与接线图上的有关接线端一致。

10.2 接地端

10.2.1 为了安全而要求接到保护接地端的接线端，应标以符号F-43。

10.2.2 为了避免性能受损而要求接到无噪声接地端的接线端，应标以符号F-44。

10.2.3 应接至可能触及到的导电体上而不要求与地连接的接线端，应标以符号F-42。

10.3 测量线路的接线端

如测量线路的接线端规定为地电位或接近地电位（例如为了安全或功能上的原因），并规定它与交流供电电路的中线连接时，用大写字母N标志。在所有其他情况下，用符号F-45标志。

这些标志应排在其有关接线端所规定的其他标志的后面。

10.4 接线端的特殊标志

特殊标志在各有关部分中规定。

11 检验规则

11.1 出厂检验

每台仪表均应由制造厂质量检验部门按要求进行检验，检验合格后应出具检验合格证明，仪表如具有封印的，检验合格后还应加封印。

出厂检验项目见附录A，试验方法参见第8部分。

11.2 型式试验与周期检验

11.2.1 型式试验

除非在相应条款中另有说明，所有试验应在参比条件下进行。

推荐的型式试验项目及顺序在附录 A 中给出，试验方法参见第 8 部分。

下列情况应进行型式检验：

a) 新产品定型鉴定；

b) 当仪表的结构、工艺或主要元器件有重大改变时。

若在型式试验后，对仪表所进行的调整仅影响仪表部分性能时，则只需对因调整而可能影响到的特性进行有限的试验。

11.2.2 周期检验

正常生产时应进行周期检验，并按 GB/T 2829—2002 规定的程序进行。

周期检验每年进行一次，检验项目及顺序见附录 A，试验方法参见第 8 部分。

11.2.3 抽样方案

按 GB/T 2829—2002 的规定，选择判别水平Ⅰ、不合格质量水平 RQL＝30 的一次抽样方案。

即：

$$(n, \mathrm{Ac}, \mathrm{Re}) = [3, 0, 1]$$

式中：

n——抽样数；

Ac——合格判定数；

Re——不合格判定数。

11.2.4 不合格分类

不合格分为 A、B、C 三类。A 类不合格权值为 1，B 类不合格权值为 0.5，C 类不合格权值为 0.2。

检验不合格类别的划分见附录 A。

11.2.5 检验结果的判定

a) 检验中，以样本的 A 类不合格或其他类不合格折算为 A 类不合格，作为不合格判定数。

b) 除另有说明外，对在同一样本的同一检验项目上重复出现的不合格，均以一个不合格计。

c) 根据合格或不合格的样本数，按抽样方案中的合格判定数 Ac 和不合格判定数 Re，确定检验是否合格。

附 录 A
（规范性附录）
试 验 项 目

表 A.1 仪表试验项目及推荐的测试顺序

序号	试验项目	标准要求	第 8 部分中对应的试验方法	不合格类别	出厂检验	周期检验	型式检验
1	表壳	7.5.1	7.6	A	√	√	√
2	按键、按钮	7.5.2	7.7	A	√	√	√
3	可调整机构	7.5.3	7.8	C	√	√	√
4	显示	7.2.4	6.11	C	√	√	√
5	输出接口	7.2.5	6.12	C	√	√	√
6	基本误差	5.2	4	A	√	√	√
7	分辨力	7.3.1	6.3	C	√	√	√
8	重复性误差	7.3.2	6.10	A	√	√	√
9	稳定性误差						
9.1	短时稳定性误差	7.3.3.1	6.5.1	A	√	√	√
9.2	长时稳定性误差	7.3.3.2	6.5.2	B	—	√	√
10	功率消耗	7.2.3	6.7	B	—	√	√
11	过负载	7.2.6	6.2	B	√	√	√
12	响应时间	7.2.7	6.4	B	√	√	√
13	安全要求	7.1	9	A	—	√	√
14	干扰抑制[a]	7.2.8	6.6	B	—	√	√
15	标称使用范围与改变量						
15.1	环境温度	6.1	5.2	B	—	√	√
15.2	相对湿度	6.1	5.3	B	—	√	√
15.3	直流被测量的纹波 a	6.1	5.5	B	—	√	√
15.4	交流被测量的畸变 a	6.1	5.6	B	—	√	√
15.5	交流被测量的频率 a	6.1	5.7	B	—	√	√
15.6	供电电源	6.1	5.8、5.9	B	—	√	√
15.7	外磁场	6.1	5.4	C	—	√	√
15.8	外部恒定磁感应	6.1	5.10	C	—	√	√
15.9	射频电磁场	6.1	10.2	B	—	√	√

表 A.1（续）

序号	试验项目	标准要求	第8部分中对应的试验方法	不合格类别	出厂检验	周期检验	型式检验
15.10	射频场感应的传导骚扰	6.1	10.4	B	—	√	√
16	EMC						
16.1	对电磁骚扰的抗扰度	7.4.1	10.5～10.10	B	—	√	√
16.2	无线电干扰抑制	7.4.2	10.3	B	—	—	√
17	自热影响	7.2.1	6.1	B	—	√	√
18	温升	7.2.2	6.8	B	—	√	√
19	防水与防尘	7.5.4	7.4、7.5	B	—	√	√
20	振动试验	7.5.5	7.1	B	—	√	√
21	冲击试验	7.5.6	7.2	B	—	√	√
22	工作温度极限值	7.6.1	6.9	B	—	√	√
23	耐热和阻燃	7.6.2	7.3	B	—	√	√
24	高温	7.6.3	8.1	B	—	√	√
25	低温	7.6.4	8.2	B	—	√	√
26	交变湿热	7.6.5	8.3	C	—	√	√
27	平均寿命	7.7	11	A	—	—	√

[a] 各有关部分有相应要求时，应进行该项试验。

附　录　B
（规范性附录）
允许误差和改变量

B.1　当仪表在参比条件下工作时，仪表的基本误差不应超过公式(1)的规定。

B.2　当仪表在某一特定影响量的参比条件以外（但其他所有影响量均在参比条件下）工作时，其误差允许有所改变，称之为改变量。此影响量变化到标称使用范围的限值时，允许改变量的值由表3规定。

B.3　在整个标称使用范围直至两个限值上，允许有相同的改变量值，但符号不要求相同。

B.4　当某一特定影响量的参比条件是一个参比值时，仪表在参比值及其试验用允许偏差范围以外的标称使用范围上，其允许改变量以参比值处的基本误差为中心。

B.5　当某一特定影响量的参比条件是一个参比范围时，仪表在参比范围以外的标称使用范围上，其允许改变量以相邻参比范围限值处的基本误差为中心。

B.6　如果（实际上可能）有一个以上影响量同时超出它们的参比条件时，其合成误差不一定超过单个改变量之和，可能会小于它们中的任一个，因为合成的误差在某种程度上可能相互抵消。

B.7　关于几个影响量同时作用的数据，可由制造厂提供工作误差数据，工作误差的确定按照GB/T 18216.1—2000的规定。

ICS 17.220.20
N 23

中华人民共和国国家标准

GB/T 22264.2—2008

安装式数字显示电测量仪表 第2部分:电流表和电压表的特殊要求

Mounted digital display electric measuring instruments—Part 2:Special requirements for ammeters and voltmeters

2008-12-15 发布

2009-06-01 实施

中华人民共和国国家质量监督检验检疫总局
中国国家标准化管理委员会 发布

前　言

GB/T 22264《安装式数字显示电测量仪表》由下列部分组成：

——第1部分：定义和通用要求；

——第2部分：电流表和电压表的特殊要求；

——第3部分：功率表和无功功率表的特殊要求；

——第4部分：频率表的特殊要求；

——第5部分：相位表和功率因数表的特殊要求；

——第6部分：绝缘电阻表的特殊要求；

——第7部分：多功能仪表的特殊要求；

——第8部分：推荐的试验方法。

本部分是GB/T 22264的第2部分。本部分与GB/T 22264.1结合使用。

本部分由中国机械工业联合会提出。

本部分由全国电工仪器仪表标准化技术委员会(SAC/TC 104)归口。

本部分起草单位：哈尔滨电工仪表研究所、江苏斯菲尔电气有限公司、上海四达电子仪表有限公司、上海安科瑞电气有限公司、德力西集团仪器仪表有限公司、深圳泰瑞捷电子有限公司、浙江正泰仪器仪表有限责任公司、国家电工仪器仪表质量监督检验中心、天正集团有限公司、乐清市胜利仪表有限公司、上海神宇高科技发展有限公司、上海华建电力设备有限公司、杭州利尔达电子有限公司、浙江东方机电有限公司、上海纳宇电气有限公司、上海市计量测试技术研究院、湖北省电力试验研究院、山东省计量科学研究院、浙江省计量科学研究院、江苏银河电子有限公司、上海康比利仪表有限公司。

本部分主要起草人：王贤平、浦志勇、芮梅、刘得新、叶江雪、刘献成、薛德晋、来磊、申莉、邵凤云、姚礼本、张绍衡、周中、章礼炎、吴道爱、郑孟霞、张勤、梁源、郑长江、吴肇赟、王琦、霍建华、叶大伟、刘复若、陈军方、钱金龙。

本部分是首次发布。

安装式数字显示电测量仪表
第2部分:电流表和电压表的特殊要求

1 范围

GB/T 22264的本部分规定了安装式数字显示的电流表和电压表的术语,产品分类、分级和符合性,技术要求,包装、贮存与运输,信息、通用标志和符号,接线端的标志和符号,检验规则。

本部分适用于安装式数字显示的电流表和电压表,也适用于具有模拟/数字双显示的电流表、电压表的数字显示部分。

本部分不适用于:

——只具有直接作用模拟指示的电流表、电压表。

——便携式数字显示电流表、电压表。

——另有国家标准(或行业标准)的特殊用途仪表。

2 规范性引用文件

下列文件中的条款通过GB/T 22264的本部分的引用而成为本部分的条款。凡是注日期的引用文件,其随后所有的修改单(不包括勘误的内容)或修订版均不适用于本部分,然而,鼓励根据本部分达成协议的各方研究是否可使用这些文件的最新版本。凡是不注日期的引用文件,其最新版本适用于本部分。

GB/T 22264.1—2008 安装式数字显示电测量仪表 第1部分:定义和通用要求

3 术语和定义

GB/T 22264.1—2008中确立的以及下列术语和定义适用于本部分。

3.1

数字显示电流表 digital display ammeter

用于测量电流的数字显示仪表。

3.2

数字显示电压表 digital display voltmeter

用于测量电压的数字显示仪表。

4 产品分类、分级和符合性

4.1 分类

电流表和电压表应按GB/T 22264.1—2008的4.1.2~4.1.7分类。

4.2 分级

推荐的准确度等级指数:0.02,0.05,0.1,0.2,0.5,1,2。

4.3 与本部分要求的符合性

与本部分要求的符合性按GB/T 22264.1—2008的规定。

5 参比条件和基本误差

5.1 参比条件

参比条件按GB/T 22264.1—2008的规定。

5.2 基本误差

基本误差按 GB/T 22264.1—2008 的规定。

5.3 被测量的满度值

被测量的满度值按 GB/T 22264.1—2008 的规定。

5.4 准确度等级指数

准确度等级指数按 GB/T 22264.1—2008 的规定。

6 标称使用范围和改变量

6.1 标称使用范围

标称使用范围按表 1 和 GB/T 22264.1—2008 表 3 的规定。

表 1 标称使用范围限值和允许改变量

(对 GB/T 22264.1—2008 表 3 的补充)

影响量		标称使用范围极限 (另有标志者除外)	允许改变量
直流被测量的纹波		20%	$\pm 0.5\times(a\%U_x+b\%U_m)$
交流被测量的畸变	畸变因数	20%(非方均根值测量仪表除外)	$\pm(a\%U_x+b\%U_m)$
	峰值因数[a]	1~3(非方均根值测量仪表除外)	$\pm(a\%U_x+b\%U_m)$
交流被测量的频率		参比频率的±10%或参比范围下限的−10%和参比频率上限的+10%	$\pm(a\%U_x+b\%U_m)$
外磁场		0.4 kA/m	$\pm 0.5\times(a\%U_x+b\%U_m)$

[a] 由于峰值因数非$\sqrt{2}$(相当于正弦波)引起的允许改变量包括在被测量的畸变引起的允许改变量之中。对峰值因数能力大于 3 的仪表,制造厂应说明:

1) 产生等级指数 100%改变量的仪表峰值因数值;
2) 示值改变到参比频率时的 0.707 倍频率响应(带宽)的上限和下限;
3) 仪表交流内部放大器响应的最大有效改变率(转换速率),以 V/s 表示,用国际单位词头。

6.2 改变量极限

改变量极限按 GB/T 22264.1—2008 的规定。

6.3 确定改变量的条件

确定改变量的条件按 GB/T 22264.1—2008 的规定。

7 要求

7.1 安全要求

安全要求按 GB/T 22264.1—2008 的规定。

7.2 电气要求

7.2.1 自热影响

自热影响按 GB/T 22264.1—2008 的规定。

7.2.2 温升

温升按 GB/T 22264.1—2008 的规定。

7.2.3 功率消耗

功率消耗按 GB/T 22264.1—2008 的规定。

7.2.4 显示

显示按 GB/T 22264.1—2008 的规定。

7.2.5 输出接口

输出接口按 GB/T 22264.1—2008 的规定。

7.2.6 允许过负载

7.2.6.1 仪表应具有“超量限指示”的功能。

7.2.6.2 仪表的过负载恢复时间应不大于 5 s。

7.2.6.3 允许过负载能力

7.2.6.3.1 连续过负载能力

仪表的输入线路能承受 2 h 的连续过负载：

a) 电压输入线路为测量范围上限值的 120%；

b) 电流输入线路为测量范围上限值的 120%。

当过载撤销并恢复到参比温度后，仪表应符合其准确度等级要求。

7.2.6.3.2 短时过负载能力

仪表能承受短时过负载，当过载撤销恢复到参比温度后，应符合其准确度等级的要求。

在参比条件下进行试验，施加给仪表的短时过量输入应按表 2 规定。试验线路基本上是无电抗的：

a) 短时过负载的电流值和电压值应是表 2 规定的有关因数和输入量上限值的乘积，制造厂另有规定值者除外。

b) 除了仪表内的自动断路器(熔丝)中断电路的时间小于表 2 规定的时间的仪表外，每次过负载应施加全部的持续时间。

施加下一次过负载以前，自动断路器应予以复位(或更换熔丝)。

表 2 短时过负载

仪表	电流的因数	电压的因数	过负载次数	每次过负载持续时间/s	相继过负载之间的间隔时间/s
电流表	10	—	9	0.5	60
	10	—	1	5	—
电压表	—	2	9	0.5	60
	—	2	1	5	—
注：凡规定有两个试验序列者，二者均应按表所示序列依次进行试验。					

7.2.7 响应时间

响应时间按 GB/T 22264.1—2008 的规定。

7.2.8 干扰抑制

7.2.8.1 直流电压表的串模干扰抑制能力

a) 串模干扰抑制比 SMRR 应不小于 50 dB；

b) 最高串模干扰电压不大于 500 V；

c) 串模干扰电压的频率 50 Hz±0.5 Hz。

7.2.8.2 共模干扰抑制能力

a) 有接地端应给出直流干扰抑制比和交流干扰抑制比的数值，CMRR 应不小于 70 dB。

b) 交流共模干扰电压的规定频率范围。如：50 Hz±0.5 Hz，或 50 Hz±1 Hz。

c) 应给出允许的最大共模干扰电压值(交流为峰值)。

7.3 准确度性能要求

准确度性能要求按 GB/T 22264.1—2008 的规定。

7.4 电磁兼容性

7.4.1 对电磁骚扰的抗扰度

对电磁骚扰的抗扰度按表3和GB/T 22264.1—2008的7.4.1的规定。

进行各骚扰量试验时，仪表在电压线路/电流线路应施加：

——电压表加满度值电压；

——电流表加满度值电流。

表3 电磁兼容引起的允许改变量

电磁兼容项目	允许的改变量
电快速瞬变脉冲群	$\pm 2\times(a\%U_x+b\%U_m)$

7.4.2 对无线电干扰抑制

在无线电干扰试验时，仪表在电压线路/电流线路应施加：

——电压线路（含辅助电源）（若有时）加满度值电压；

——电流线路加满度值电流。

7.5 机械要求

机械要求按GB/T 22264.1—2008的规定。

7.6 气候影响试验

气候影响试验按GB/T 22264.1—2008的规定。

7.7 平均寿命

平均寿命按GB/T 22264.1—2008的规定。

8 包装、贮存与运输

包装、贮存与运输按GB/T 22264.1—2008的规定。

9 信息、通用标志和符号

信息、通用标志和符号按GB/T 22264.1—2008的规定。

10 接线端的标志和符号

10.1 对标志的要求

对标志的要求按GB/T 22264.1—2008的规定。

10.2 接地端

接地端按GB/T 22264.1—2008的规定。

10.3 测量线路的接线端

测量线路的接线端按GB/T 22264.1—2008的规定。

10.4 接线端的特殊标志

10.4.1 所有接线端能唯一确认。

10.4.2 单测量范围直流电流表和电压表

正接线端应用GB/T 22264.1—2008的表6规定的符号F-46(+)。

10.4.3 多测量范围直流电流表和电压表

测量范围选择接线端应标以相应的有关测量范围上限的值。如这些接线端是正接线端，还应使用GB/T 22264.1—2008的表6规定的符号F-46(+)，此标志应跟随着范围值标志。如果公共接线端为正接线端，应标以GB/T 22264.1—2008的表6规定的符号F-46(+)。

10.4.4 单测量范围交流电流表和电压表

在无特殊要求情况下不需要标志。

10.4.5 多测量范围交流电流表和电压表

测量范围选择接线端应标志相应于测量范围上限的值。

11 检验规则

检验规则按 GB/T 22264.1—2008 的规定。

ICS 17.220.20
N 23

中华人民共和国国家标准

GB/T 22264.3—2008

安装式数字显示电测量仪表 第3部分:功率表和无功功率表的特殊要求

Mounted digital display electric measuring instruments—Part 3: Special requirements for wattmeters and varmeters

2008-12-15 发布　　2009-06-01 实施

中华人民共和国国家质量监督检验检疫总局
中国国家标准化管理委员会　发布

前　言

GB/T 22264《安装式数字显示电测量仪表》由下列部分组成：

——第1部分：定义和通用要求；

——第2部分：电流表和电压表的特殊要求；

——第3部分：功率表和无功功率表的特殊要求；

——第4部分：频率表的特殊要求；

——第5部分：相位表和功率因数表的特殊要求；

——第6部分：绝缘电阻表的特殊要求；

——第7部分：多功能仪表的特殊要求；

——第8部分：推荐的试验方法。

本部分是GB/T 22264的第3部分。本部分与GB/T 22264.1结合使用。

本部分由中国机械工业联合会提出。

本部分由全国电工仪器仪表标准化技术委员会(SAC/TC 104)归口。

本部分起草单位：哈尔滨电工仪表研究所、江苏斯菲尔电气有限公司、深圳泰瑞捷电子有限公司、浙江正泰仪器仪表有限责任公司、乐清市胜利仪表有限公司、上海神宇高科技发展有限公司、上海华建电力设备有限公司、杭州利尔达电子有限公司、浙江东方机电有限公司、上海纳宇电气有限公司、上海安科瑞电气有限公司、德力西集团仪器仪表有限公司、上海四达电子仪表有限公司、国家电工仪器仪表质量监督检验中心、天正集团有限公司、湖北省电力试验研究院、上海市计量测试技术研究院、浙江省计量科学研究院、山东省计量科学研究院、上海康比利仪表有限公司、江苏银河电子有限公司。

本部分主要起草人：王贤平、浦志勇、芮梅、薛德晋、刘献成、申莉、来磊、刘得新、姚礼本、叶江雪、邵凤云、张绍衡、周中、章礼炎、吴道爱、郑孟霞、张勤、马雪峰、梁源、郑长江、吴肇赟、王琦、霍建华、叶大伟、刘复若、陈军方、钱金龙。

本部分是首次发布。

安装式数字显示电测量仪表 第3部分:功率表和无功功率表的特殊要求

1 范围

GB/T 22264的本部分规定了安装式数字显示的功率表和无功功率表的术语,产品分类、分级和符合性,技术要求,包装、贮存与运输,信息、通用标志和符号,接线端的标志和符号,检验规则。

本部分适用于安装式数字显示的功率表和无功功率表,也适用于具有模拟/数字双显示的功率表和无功功率表的数字显示部分。

本部分不适用于:

——只具有直接作用模拟指示的功率表和无功功率表。

——便携式数字显示功率表和无功功率表。

——另有国家标准(或行业标准)的特殊用途仪表。

2 规范性引用文件

下列文件中的条款通过GB/T 22264的本部分的引用而成为本部分的条款。凡是注日期的引用文件,其随后所有的修改单(不包括勘误的内容)或修订版均不适用于本部分,然而,鼓励根据本部分达成协议的各方研究是否可使用这些文件的最新版本。凡是不注日期的引用文件,其最新版本适用于本部分。

GB/T 22264.1—2008 安装式数字显示电测量仪表 第1部分:定义和通用要求

3 术语和定义

GB/T 22264.1—2008中确立的以及下列术语和定义适用于本部分。

3.1

数字显示功率表 digital display wattmeter

用于测量功率的数字显示仪表。

3.2

数字显示无功功率表 digital display varmeter

用于测量无功功率的数字显示仪表。

4 产品分类、分级和符合性

4.1 分类

功率表和无功功率表应按GB/T 22264.1—2008的4.1.3～4.1.7分类。

4.2 分级

推荐的准确度等级指数:0.02,0.05,0.1,0.2,0.5,1,2。

4.3 与本部分要求的符合性

与本部分要求的符合性按GB/T 22264.1—2008的规定。

5 参比条件和基本误差

5.1 参比条件

参比条件按表1和GB/T 22264.1—2008表2的规定。

表1 参比条件及允许偏差

（对GB/T 22264.1—2008表2的补充）

影响量	参比值或参比范围		试验用允许偏差[a]
被测功率的电压分量	额定电压或参比范围内的任意电压		额定值的±2%
被测功率的电流分量	额定电流以下的任何电流		—
被测功率的电压和电流分量的频率	对频率敏感的仪表	参比频率	参比频率±0.1%
	对频率不敏感的仪表	45 Hz～65 Hz	—
功率因数或 $\sin\varphi$	1[b]		1～0.8
相平衡（对多相仪表）	对称电压和电流		c，d

a 此偏差适用于本表中规定的单一参比值，对参比范围不允许有偏差。

b 滞后（感性）为正符号，超前（容性）为负符号。

c 任一两线电压之差值和任一两相电压之差值分别不应超过所对应的线电压平均值和相电压平均值的1%。
每相中的电流与电流平均值之差不大于电流平均值1%；
每个电流与相应相电压之间的角度之差不应大于2°。

d 根据实际情况，可以对可做单相试验的多相表做单相试验。

5.2 基本误差

基本误差按GB/T 22264.1—2008的规定。

5.3 被测量的满度值

被测量的满度值按GB/T 22264.1—2008的规定。

5.4 准确度等级指数

准确度等级指数按GB/T 22264.1—2008的规定。

6 标称使用范围和改变量

6.1 标称使用范围

标称使用范围按表2和GB/T 22264.1—2008表3的规定。

表2 标称使用范围限值和允许改变量

（对GB/T 22264.1—2008表3的补充）

影响量		标称使用范围极限（另有标志者除外）	允许改变量
被测功率的交流电压或电流分量的畸变	畸变因数	对频率敏感的仪表5%	$\pm(a\%U_x+b\%U_m)$
		对频率不敏感的仪表20%	
被测功率的交流电压或电流分量的频率	对频率敏感的仪表	频率参比值±1%	$\pm(a\%U_x+b\%U_m)$
	对频率不敏感的仪表	参比频率的±10%或参比范围下限的−10%和参比频率上限的+10%	$\pm(a\%U_x+b\%U_m)$

表 2（续）

影响量		标称使用范围极限 （另有标志者除外）	允许改变量
被测量的电压分量		参比电压±20%或参比范围下限的－20%和参比范围上限的＋20%	$\pm(a\%U_x+b\%U_m)$
功率因数或 $\sin\varphi$	等级指数等于和小于 0.2	任意：滞后或超前	$\pm0.5\times(a\%U_x+b\%U_m)$
	等级指数等于和大于 0.5	1～0.5[a] 滞后（感性）	$\pm0.5\times(a\%U_x+b\%U_m)$
负载平衡 （对多相仪表）		被测功率的一个电流分量的断开	$\pm0.5\times(a\%U_x+b\%U_m)$
多相仪表测量元件之间相互作用		一个元件断开电压，其他元件断开电流	$\pm0.5\times(a\%U_x+b\%U_m)$
外磁场		0.4 kA/m	$\pm0.5\times(a\%U_x+b\%U_m)$
[a] 除制造厂与用户之间有协商外，功率因数为感性。			

6.2 改变量极限

改变量极限按 GB/T 22264.1—2008 的规定。

6.3 确定改变量的条件

确定改变量的条件按 GB/T 22264.1—2008 的规定。

7 要求

7.1 安全要求

安全要求按 GB/T 22264.1—2008 的规定。

7.2 电气要求

7.2.1 自热影响

自热影响按 GB/T 22264.1—2008 的规定。

7.2.2 温升

温升按 GB/T 22264.1—2008 的规定。

7.2.3 功率消耗

功率消耗按 GB/T 22264.1—2008 的规定。

7.2.4 显示

显示按 GB/T 22264.1—2008 的规定。

7.2.5 输出接口

输出接口按 GB/T 22264.1—2008 的规定。

7.2.6 允许过负载

7.2.6.1 仪表应具有“超量限指示”的功能。

7.2.6.2 仪表的过负载恢复时间应不大于 5 s。

7.2.6.3 允许过负载能力

7.2.6.3.1 连续过负载能力

功率表和无功功率表的输入线路应能承受 2h 的连续过负载：

a) 电压输入线路为测量范围上限值的 120%；

b） 电流输入线路为测量范围上限值的120%。

当过载撤销并恢复到参比温度后，仪表应符合其准确度等级要求。

7.2.6.3.2 短时过载能力

仪表应能承受短时过负载。当过载撤销并恢复到参比温度后，仪表应符合其准确度等级要求。

在参比条件下进行试验，施加给仪表的短时过量输入应按表3的规定。试验线路基本上是无电抗的，其中规定试验一项以上的应按表3中规定的次序进行：

a） 短时过负载的电流值和电压值应是表3规定的有关因数与输入量额定值或参比范围上限值的乘积，制造厂另有规定值除外；

b） 除了仪表内的自动断路器（熔丝）中断电路的时间小于表3规定的时间的仪表外，每次过负载应施加全部的持续时间。

施加下一次过负载以前，自动断路器应予以复位（或更换熔丝）。

表3 短时过负载

电流因数	电压因数	过负载次数	每次过负载持续时间/s	相继过负载之间的间隔时间/s
等级指数等于和小于0.2				
1	2	1	5	—
2	1	5	0.5	15
等级指数等于和大于0.5				
10	1	9	0.5	60
10	1	1	5	—
1	2	1	5	—
注：规定有2组或3组试验，所有试验应按规定顺次施行，短时过负载同时施加于多相功率表和无功功率表的所有测量元件。				

7.2.7 响应时间

响应时间按GB/T 22264.1—2008的规定。

7.2.8 共模干扰抑制能力

a） 有接地端应给出直流干扰抑制比和交流干扰抑制比的数值，CMRR应不小于70 dB。

b） 交流共模干扰电压的规定频率范围。如：50 Hz±0.5 Hz，或50 Hz±1 Hz。

c） 应给出允许的最大共模干扰电压值（交流为峰值）。

7.3 准确度性能要求

准确度性能要求按GB/T 22264.1—2008的规定。

7.4 电磁兼容性

7.4.1 对电磁骚扰的抗扰度

对电磁骚扰的抗扰度按表4和GB/T 22264.1—2008的7.4.1的规定。

进行各骚扰量试验时，仪表在电压线路/电流线路应施加：

——电压线路加满度值电压；

——电流线路加额定值电流。

表4 电磁兼容引起的允许改变量

电磁兼容项目	允许的改变量
电快速瞬变脉冲群	$\pm 2\times(a\%U_x+b\%U_m)$

7.4.2 对无线电干扰抑制

在无线电干扰试验时，仪表在电压线路/电流线路应施加：

——电压线路(含辅助电源)加满度值电压；

——电流线路加额定值电流。

7.5 机械要求

机械要求按 GB/T 22264.1—2008 的规定。

7.6 气候影响试验

气候影响试验按 GB/T 22264.1—2008 的规定。

7.7 平均寿命

平均寿命按 GB/T 22264.1—2008 的规定。

8 包装、贮存与运输

包装、贮存与运输按 GB/T 22264.1—2008 的规定。

9 信息、通用标志和符号

信息、通用标志和符号按 GB/T 22264.1—2008 的规定。

10 接线端的标志和符号

接线端的标志和符号按 GB/T 22264.1—2008 的规定。

10.1 对标志的要求

对标志的要求按 GB/T 22264.1—2008 的规定。

10.2 接地端

接地端按 GB/T 22264.1—2008 的规定。

10.3 测量线路的接线端

测量线路的接线端按 GB/T 22264.1—2008 的规定。

10.4 接线端的特殊标志

所有接线端应予以标志，且能唯一确认。

10.4.1 单元件仪表

仅有两个电流接线端和两个电压接线端的功率表和无功功率表，其电流和电压接线端应容易区别，与特定电压接线端正常连接的电流接线端应该用和此电压接线端一样的公共符号来识别。

10.4.2 多相仪表

在所有多相功率表和无功功率表，应提供接线图，并固定在表壳上。

仪表上的接线端的标志应和接线图上的标志一致。

接线图上应标明仪表元件与外部线路的互相连接。

11 检验规则

检验规则按 GB/T 22264.1—2008 的规定。

ICS 17.220.20
N 23

GB

中华人民共和国国家标准

GB/T 22264.4—2008

安装式数字显示电测量仪表
第4部分:频率表的特殊要求

**Mounted digital display electric measuring instruments—
Part 4: Special requirements for frequency meters**

2008-12-15 发布　　　　2009-06-01 实施

中华人民共和国国家质量监督检验检疫总局
中国国家标准化管理委员会　发布

前　言

GB/T 22264《安装式数字显示电测量仪表》由下列部分组成：

——第1部分：定义和通用要求；

——第2部分：电流表和电压表的特殊要求；

——第3部分：功率表和无功功率表的特殊要求；

——第4部分：频率表的特殊要求；

——第5部分：相位表和功率因数表的特殊要求；

——第6部分：绝缘电阻表的特殊要求；

——第7部分：多功能仪表的特殊要求；

——第8部分：推荐的试验方法。

本部分是GB/T 22264的第4部分。本部分与GB/T 22264.1结合使用。

本部分由中国机械工业联合会提出。

本部分由全国电工仪器仪表标准化技术委员会(SAC/TC 104)归口。

本部分起草单位：哈尔滨电工仪表研究所、江苏斯菲尔电气有限公司、浙江正泰仪器仪表有限责任公司、德力西集团仪器仪表有限公司、天正集团有限公司、深圳泰瑞捷电子有限公司、上海四达电子仪表有限公司、乐清市胜利仪表有限公司、上海安科瑞电气有限公司、上海神宇高科技发展有限公司、上海华建电力设备有限公司、浙江东方机电有限公司、上海纳宇电气有限公司、杭州利尔达电子有限公司、国家电工仪器仪表质量监督检验中心、上海市计量测试技术研究院、山东省计量科学研究院、湖北省电力试验研究院、浙江省计量科学研究院、江苏银河电子有限公司、上海康比利仪表有限公司。

本部分主要起草人：王贤平、浦志勇、芮梅、来磊、刘献成、刘得新、薛德晋、申莉、姚礼本、叶江雪、邵凤云、张绍衡、周中、章礼炎、吴道爱、郑孟霞、张勤、马雪峰、梁源、郑长江、吴肇赟、王琦、霍建华、叶大伟、刘复若、陈军方、钱金龙。

本部分是首次发布。

安装式数字显示电测量仪表
第4部分:频率表的特殊要求

1 范围

GB/T 22264的本部分规定了安装式数字显示的频率表的术语,产品分类、分级和符合性,技术要求,包装、贮存与运输,信息、通用标志和符号,接线端的标志和符号,检验规则。

本部分适用于安装式数字显示的频率表,也适用于具有模拟/数字双显示的频率表的数字显示部分。

本部分不适用于:

——只具有直接作用模拟指示的频率表。

——便携式数字显示频率表。

——另有国家标准(或行业标准)的特殊用途仪表。

2 规范性引用文件

下列文件中的条款通过GB/T 22264的本部分的引用而成为本部分的条款。凡是注日期的引用文件,其随后所有的修改单(不包括勘误的内容)或修订版均不适用于本部分,然而,鼓励根据本部分达成协议的各方研究是否可使用这些文件的最新版本。凡是不注日期的引用文件,其最新版本适用于本部分。

GB/T 22264.1—2008 安装式数字显示电测量仪表 第1部分:定义和通用要求

3 术语和定义

GB/T 22264.1—2008中确立的以及下列术语和定义适用于本部分。

3.1

频率表 frequency meter

用于测量一周期量的频率的仪表。

[IEV313-01-12]

3.2

数字显示频率表 digital display frequency meter

用于测量频率的数字显示仪表。

4 产品分类、分级和符合性

4.1 分类

频率表应按GB/T 22264.1—2008的4.1.4~4.1.7分类。

4.2 分级

推荐的准确度等级指数:0.02,0.05,0.1,0.2,0.5。

4.3 与本部分要求的符合性

与本部分要求的符合性按GB/T 22264.1—2008的规定。

5 参比条件和基本误差

5.1 参比条件

参比条件按表1和GB/T 22264.1—2008中表2的规定。

表1 参比条件及允许偏差

（对GB/T 22264.1—2008表2的补充）

影响量	参比值或参比范围	试验用允许偏差
被测量的电压	额定电压 或参比范围内的任意电压（若有时）	额定值的±2%

5.2 基本误差

基本误差按GB/T 22264.1—2008的规定。

5.3 被测量的满度值

被测量的满度值按GB/T 22264.1—2008的规定。

5.4 准确度等级指数

准确度等级指数按GB/T 22264.1—2008的规定。

6 标称使用范围和改变量

6.1 标称使用范围

标称使用范围按表2和GB/T 22264.1—2008表3的规定。

表2 标称使用范围限值和允许改变量

（对GB/T 22264.1—2008表3的补充）

影响量	标称使用范围极限 （另有标志者除外）	允许改变量
被测量电压	标称电压±20%，或参比范围 下限−20%和其上限+20%	$\pm 0.5\times(a\%U_x+b\%U_m)$
被测量电压的畸变因数	20%	$\pm(a\%U_x+b\%U_m)$

6.2 改变量极限

改变量极限按GB/T 22264.1—2008的规定。

6.3 确定改变量的条件

确定改变量的条件按GB/T 22264.1—2008的规定。

7 要求

7.1 安全要求

安全要求按GB/T 22264.1—2008的规定。

7.2 电气要求

7.2.1 自热影响

自热影响按GB/T 22264.1—2008的规定。

7.2.2 温升

温升按GB/T 22264.1—2008的规定。

7.2.3 功率消耗

功率消耗按GB/T 22264.1—2008的规定。

7.2.4 **显示**

显示按 GB/T 22264.1—2008 的规定。

7.2.5 **输出接口**

输出接口按 GB/T 22264.1—2008 的规定。

7.2.6 **允许过负载**

7.2.6.1 仪表应具有“超量限指示”的功能。

7.2.6.2 仪表的过负载恢复时间应不大于 5 s。

7.2.6.3 **允许过负载能力**

7.2.6.3.1 **连续过负载能力**

频率表能承受 2 h 的连续过负载：

a) 电压输入线路为额定值电压 120%或参比范围上限值的 120%，其他影响量在参比条件下；

b) 在测量范围内任意频率。

当过载撤销并恢复到参比温度后，仪表应符合其准确度等级要求。

7.2.6.3.2 **短时过载能力**

频率表应能承受电压的短时过负载。当过载撤销并恢复到参比温度后，仪表应符合其准确度等级的要求：

在参比条件下进行试验，施加给仪表的短时过量输入应按表 3 规定。试验线路基本上是无电抗的：

a) 短时过负载的电压值应是表 3 规定的有关因数与额定电压值或电压参比范围上限值的乘积，制造厂另有规定值除外；

b) 除了仪表内的自动断路器(熔丝)中断电路的时间小于表 3 规定的时间的仪表外，每次过负载应施加全部的持续时间。

施加下一次过负载以前，自动断路器应予以复位(或更换熔丝)。

表 3 短时过负载

电压的因数	过负载次数	每次过负载持续时间/s	相继过负载之间的间隔时间/s
2	9	0.5	60
2	1	5	—
注：规定有两组试验系列时，应按规定顺次进行试验。			

7.2.7 **响应时间**

响应时间按 GB/T 22264.1—2008 的规定。

7.2.8 **共模干扰抑制能力**

a) 如有接地端应给出直流干扰抑制比和交流干扰抑制比的数值，CMRR 应不小于 70 dB。计算公式按 GB/T 22264.1—2008 的规定。

b) 应给出交流共模干扰电压的规定频率范围。如：50 Hz±0.5 Hz，或 50 Hz±1 Hz。

c) 应给出允许的最大共模干扰电压值(交流为峰值)。

7.3 **准确度性能要求**

准确度性能要求按 GB/T 22264.1—2008 的规定。

7.4 **电磁兼容性**

7.4.1 **对电磁骚扰的抗扰度**

对电磁骚扰的抗扰度按表 4 和 GB/T 22264.1—2008 的 7.4.1 的规定。

进行各骚扰量试验时，仪表在电压线路施加：

——额定值电压；

——测量范围上限值频率。

表 4 电磁兼容引起的允许改变量

电磁兼容项目	允许的改变量
电快速瞬变脉冲群	$\pm 2\times(a\%U_x+b\%U_m)$

7.4.2 对无线电干扰抑制

在无线电干扰试验时，仪表在电压线路施加：

——额定值电压；

——测量范围上限值频率。

7.5 机械要求

机械要求按 GB/T 22264.1—2008 的规定。

7.6 气候影响试验

气候影响试验按 GB/T 22264.1—2008 的规定。

7.7 平均寿命

平均寿命按 GB/T 22264.1—2008 的规定。

8 包装、贮存与运输

包装、贮存与运输按 GB/T 22264.1—2008 的规定。

9 信息、通用标志和符号

信息、通用标志和符号按 GB/T 22264.1—2008 的规定。

10 接线端的标志和符号

接线端的标志和符号按 GB/T 22264.1—2008 的规定。

11 检验规则

检验规则按 GB/T 22264.1—2008 的规定。

ICS 17.220.20
N 23

GB

中华人民共和国国家标准

GB/T 22264.5—2008

安装式数字显示电测量仪表 第5部分:相位表和功率因数表的特殊要求

Mounted digital display electric measuring instruments—
Part 5:Special requirements for phase meters and power factor meters

2008-12-15 发布　　2009-06-01 实施

中华人民共和国国家质量监督检验检疫总局
中国国家标准化管理委员会　发布

前　言

GB/T 22264《安装式数字显示电测量仪表》由下列部分组成：

——第1部分：定义和通用要求；

——第2部分：电流表和电压表的特殊要求；

——第3部分：功率表和无功功率表的特殊要求；

——第4部分：频率表的特殊要求；

——第5部分：相位表和功率因数表的特殊要求；

——第6部分：绝缘电阻表的特殊要求；

——第7部分：多功能仪表的特殊要求；

——第8部分：推荐的试验方法。

本部分是GB/T 22264的第5部分。本部分与GB/T 22264.1结合使用。

本部分由中国机械工业联合会提出。

本部分由全国电工仪器仪表标准化技术委员会(SAC/TC 104)归口。

本部分起草单位：哈尔滨电工仪表研究所、江苏斯菲尔电气有限公司、德力西集团仪器仪表有限公司、上海安科瑞电气有限公司、乐清市胜利仪表有限公司、天正集团有限公司、上海四达电子仪表有限公司、浙江正泰仪器仪表有限责任公司、杭州利尔达电子有限公司、上海神宇高科技发展有限公司、上海华建电力设备有限公司、浙江东方机电有限公司、上海纳宇电气有限公司、深圳泰瑞捷电子有限公司、浙江省计量科学研究院、国家电工仪器仪表质量监督检验中心、上海市计量测试技术研究院、山东省计量科学研究院、湖北省电力试验研究院、江苏银河电子有限公司、上海康比利仪表有限公司。

本部分主要起草人：王贤平、浦志勇、芮梅、刘得新、刘献成、霍建华、叶大伟、来磊、邵凤云、张绍衡、周中、章礼炎、吴道爱、薛德晋、申莉、姚礼本、叶江雪、郑孟霞、张勤、马雪峰、梁源、郑长江、吴肇赟、王琦、刘复若、陈军方、钱金龙。

本部分是首次发布。

安装式数字显示电测量仪表 第5部分:相位表和功率因数表的特殊要求

1 范围

GB/T 22264的本部分规定了安装式数字显示的相位表和功率因数表的术语,产品分类、分级和符合性,技术要求,包装、贮存与运输,信息、通用标志和符号,接线端的标志和符号,检验规则。

本部分适用于安装式数字显示的相位表和功率因数表,也适用于具有模拟/数字双显示的相位表和功率因数表的数字显示部分。

本部分不适用于:

——只具有直接作用模拟指示的相位表和功率因数表。

——便携式数字显示相位表和功率因数表。

——另有国家标准(或行业标准)的特殊用途仪表。

2 规范性引用文件

下列文件中的条款通过GB/T 22264的本部分的引用而成为本部分的条款。凡是注日期的引用文件,其随后所有的修改单(不包括勘误的内容)或修订版均不适用于本部分,然而,鼓励根据本部分达成协议的各方研究是否可使用这些文件的最新版本。凡是不注日期的引用文件,其最新版本适用于本部分。

GB/T 22264.1—2008 安装式数字显示电测量仪表 第1部分:定义和通用要求

3 术语和定义

GB/T 22264.1—2008中确立的以及下列术语和定义适用于本部分。

3.1

相位表 phase meter

用于测量频率相同的电量之间相位角的仪表。

[IEV 313-01-13]

3.2

功率因数表 power factor meter

用于测量电路中的有功功率和视在功率的比率的仪表。

[IEV 313-01-14]

3.3

数字显示相位表 digital display phase meter

用于测量相位的数字显示仪表。

3.4

数字显示功率因数表 digital display power factor meter

用于测量功率因数的数字显示仪表。

4 产品分类、分级和符合性

4.1 分类

相位表和功率因数表应按GB/T 22264.1—2008的4.1.3~4.1.7分类。

4.2 分级

推荐的准确度等级指数：0.1，0.2，0.5，1，2。

4.3 与本标准要求的符合性

与本标准要求的符合性按 GB/T 22264.1—2008 的规定。

5 参比条件和基本误差

5.1 参比条件

参比条件按表 1 和 GB/T 22264.1—2008 表 2 的规定。

表 1 参比条件及允许偏差

（对 GB/T 22264.1—2008 表 2 的补充）

影响量	参比值或参比范围		允许偏差[a] （适用于单一参比值）
被测量的电压分量	额定电压或参比范围内的任一电压（若有时）		额定值的±2%
被测量的电流分量	额定电流的 40%～100%		—
相平衡（对多相仪表）	对称电压和电流[b]		
被测量的电压和电流分量的频率	对频率敏感的仪表	参比频率	参比频率±0.1%
	对频率不敏感的仪表	45 Hz～65 Hz	±2%

[a] 此允许偏差适用于本表中规定的单一参比值或由制造厂标志的单一参比值，对参比范围不允许有偏差。

[b] 每一电压（线电压或相电压）与系统电压（线电压或相电压）平均值之差不应超过平均值的 1%。

每一相的电流与电流的平均值之差不应超过 1%。

每个电流与相应的相电压之间的角度与平均角度之差不应超过 2°。

5.2 基本误差

基本误差按 GB/T 22264.1—2008 的规定。

5.3 被测量的满度值

被测量的满度值按 GB/T 22264.1—2008 的规定。

5.4 准确度等级指数

准确度等级指数按 GB/T 22264.1—2008 的规定。

6 标称使用范围和改变量

6.1 标称使用范围

标称使用范围按表 2 和 GB/T 22264.1—2008 表 3 的规定。

表 2 标称使用范围限值和允许改变量

（对 GB/T 22264.1—2008 表 3 的补充）

影响量		标称使用范围极限 （另有标志者除外）	允许改变量
被测量的电压和/或电流分量的畸变	畸变因数	对频率敏感的仪表 5%	$\pm(a\%U_x+b\%U_m)$
		对频率不敏感的仪表 20%	
被测量的电流分量		额定电流的 5%～120%[a]	$\pm0.5\times(a\%U_x+b\%U_m)$
被测量的电压分量		额定电压±20%或参比范围下限－20%和参比范围上限＋20%	$\pm0.5\times(a\%U_x+b\%U_m)$

表 2（续）

影响量		标称使用范围极限 （另有标志者除外）	允许改变量
被测量的电压或电流分量的频率	对频率敏感的仪表	参比频率±1%或参比频率范围下限－10%和参比频率范围上限＋10%	$\pm 0.5\times(a\%U_x+b\%U_m)$
	对频率不敏感的仪表	参比频率±10%或参比频率范围下限－10%和参比频率范围上限＋10%	$\pm 0.5\times(a\%U_x+b\%U_m)$
外磁场		0.4 kA/m	$\pm 0.5\times(a\%U_x+b\%U_m)$

[a] 当电流大于5%低于10%时，允许的改变量为$\pm(a\%U_x+b\%U_m)$。

6.2 改变量极限

改变量极限按 GB/T 22264.1—2008 的规定。

6.3 确定改变量的条件

确定改变量的条件按 GB/T 22264.1—2008 的规定。

7 要求

7.1 安全要求

安全要求按 GB/T 22264.1—2008 的规定。

7.2 电气要求

7.2.1 自热影响

自热影响按 GB/T 22264.1—2008 的规定。

7.2.2 温升

温升按 GB/T 22264.1—2008 的规定。

7.2.3 功率消耗

功率消耗按 GB/T 22264.1—2008 的规定。

7.2.4 显示

7.2.4.1 按 GB/T 22264.1—2008 的规定。

7.2.4.2 按 GB/T 22264.1—2008 的规定。

7.2.4.3 按 GB/T 22264.1—2008 的规定。

7.2.4.4 按 GB/T 22264.1—2008 的规定。

7.2.4.5 当只有一路信号输入时，仪表宜具有提示符，如“----”。

7.2.5 输出接口

输出接口按 GB/T 22264.1—2008 的规定。

7.2.6 允许过负载

7.2.6.1 仪表的过负载恢复时间应不大于 5 s。

7.2.6.2 允许过负载能力

7.2.6.2.1 连续过负载能力

功率因数表和相位表的输入线路应能承受 2 h 的连续过负载。

a) 电压输入线路为测量范围上限值的 120%；

b) 电流输入线路为测量范围上限值的 120%。

当过载撤销并恢复到参比温度后，仪表应符合其准确度等级要求。

7.2.6.2.2 短时过载能力

仪表应能承受短时过负载。当过载撤销并恢复到参比温度后，仪表应符合其准确度等级要求。

在参比条件下进行试验，施加给仪表的短时过量输入应按表 3 规定。试验线路基本上是无电抗的：

a) 短时过负载的电流和电压值应为表 3 规定的有关因数与额定电压值或电流标称使用范围上限的乘积，制造厂另有规定值除外；

过负载应分别施加于每组输入线路。

b) 除了仪表内的自动断路器(熔丝)中断电路的时间小于表 3 规定的时间的仪表外，每次过负载应施加全部的持续时间。

施加下一次过负载以前，自动断路器应予以复位(或更换熔丝)。

c) 经受短时过负载并恢复到参比温度后，相位表、功率因数表与连同使用的不可互换附件(如有时)，应符合其准确度要求；但不准重复过负载。

表 3 短时过负载

测量线路	过负载因数	过负载次数	每次过负载持续时间/s	相继过负载之间的间隔时间/s
电流线路	10	9	0.5	60
电压线路	2			
电流线路	10	1	5	—
电压线路	2			
注：规定有 2 组试验系列时，应按规定顺次序进行试验。				

7.2.7 响应时间

响应时间按 GB/T 22264.1—2008 的规定。

7.2.8 共模干扰抑制能力

a) 如有接地端应给出直流干扰抑制比和交流干扰抑制比的数值，CMRR 应不小于 70 dB；

b) 应给出交流共模干扰电压的规定频率范围。如：50 Hz±0.5 Hz，或 50 Hz±1 Hz；

c) 应给出允许的最大共模干扰电压值(交流为峰值)。

7.3 准确度性能要求

准确度性能要求按 GB/T 22264.1—2008 的规定。

7.4 电磁兼容性

7.4.1 对电磁骚扰的抗扰度

对电磁骚扰的抗扰度按表 4 和 GB/T 22264.1—2008 的 7.4.1 的规定。

进行各骚扰量试验时，仪表在电压线路/电流线路应施加：

——电压线路(若有时)加满度值电压；

——电流线路(若有时)加额定值电流。

表 4 电磁兼容引起的允许改变量

电磁兼容项目	允许的改变量
电快速瞬变脉冲群	$\pm 2\times(a\%U_x+b\%U_m)$

7.4.2 对无线电干扰抑制

在无线电干扰试验时，仪表在电压线路/电流线路应施加：

——电压线路(若有时)加满度值电压；

——电流线路(若有时)加额定值电流。

7.5 机械要求

机械要求按 GB/T 22264.1—2008 的规定。

7.6 气候影响试验

气候影响试验按 GB/T 22264.1—2008 的规定。

7.7 平均寿命

平均寿命按 GB/T 22264.1—2008 的规定。

8 包装、贮存与运输

包装、贮存与运输按 GB/T 22264.1—2008 的规定。

9 信息、通用标志和符号

信息、通用标志和符号按 GB/T 22264.1—2008 的规定。

10 接线端的标志和符号

10.1 对标志的要求

对标志的要求按 GB/T 22264.1—2008 的规定。

10.2 接地端

接地端按 GB/T 22264.1—2008 的规定。

10.3 测量线路的接线端

测量线路的接线端按 GB/T 22264.1—2008 的规定。

10.4 接线端的特殊标志

所有接线端应予以标志，且能唯一确认。

所有多相相位表和功率因数表，应提供接线图，并固定在表壳上。

仪表上的接线端的标志应和接线图上的标志一致。

接线图上应标明仪表元件与外部线路的相互连接。

11 检验规则

检验规则按 GB/T 22264.1—2008 的规定。

ICS 17.220.20
N 23

中华人民共和国国家标准

GB/T 22264.7—2008

安装式数字显示电测量仪表 第7部分：多功能仪表的特殊要求

Mounted digital display electric measuring instruments—Part 7: Special requirements for multi-function instruments

2008-12-15 发布　　2009-06-01 实施

中华人民共和国国家质量监督检验检疫总局
中国国家标准化管理委员会　发布

前　言

GB/T 22264《安装式数字显示电测量仪表》由下列部分组成：

——第1部分：定义和通用要求；

——第2部分：电流表和电压表的特殊要求；

——第3部分：功率表和无功功率表的特殊要求；

——第4部分：频率表的特殊要求；

——第5部分：相位表和功率因数表的特殊要求；

——第6部分：绝缘电阻表的特殊要求；

——第7部分：多功能仪表的特殊要求；

——第8部分：推荐的试验方法。

本部分是GB/T 22264的第7部分。本部分与GB/T 22264.1～22264.6结合使用。

本部分由中国机械工业联合会提出。

本部分由全国电工仪器仪表标准化技术委员会(SAC/TC 104)归口。

本部分起草单位：哈尔滨电工仪表研究所、江苏斯菲尔电气有限公司、天正集团有限公司、浙江正泰仪器仪表有限责任公司、乐清市胜利仪表有限公司、湖北省电力试验研究院、上海神宇高科技发展有限公司、上海华建电力设备有限公司、浙江东方机电有限公司、上海纳宇电气有限公司、杭州利尔达电子有限公司、深圳泰瑞捷电子有限公司、德力西集团仪器仪表有限公司、上海安科瑞电气有限公司、上海四达电子仪表有限公司、上海市计量测试技术研究院、山东省计量科学研究院、浙江省计量科学研究院、国家电工仪器仪表质量监督检验中心、江苏银河电子有限公司、上海康比利仪表有限公司。

本部分主要起草人：王贤平、芮梅、刘献成、申莉、章礼炎、邵凤云、刘得新、浦志勇、霍建华、叶大伟、周中、来磊、张绍衡、吴道爱、薛德晋、姚礼本、叶江雪、郑孟霞、张勤、马雪峰、梁源、郑长江、吴肇赟、王琦、刘复若、陈军方、钱金龙。

本部分是首次发布。

安装式数字显示电测量仪表
第7部分:多功能仪表的特殊要求

1 范围

GB/T 22264的本部分规定了安装式数字显示的多功能仪表的术语,产品分类、分级和符合性,技术要求,包装、贮存与运输,信息、通用标志和符号,接线端的标志和符号,检验规则。

本部分适用于安装式数字显示的多功能仪表,也适用于具有模拟/数字双显示的多功能的数字显示部分。

本部分不适用于:

——只具有直接作用模拟指示的多功能仪表。

——便携式数字显示多功能仪表。

——另有国家标准(或行业标准)的特殊用途仪表。

2 规范性引用文件

下列文件中的条款通过GB/T 22264的本部分的引用而成为本部分的条款。凡是注日期的引用文件,其随后所有的修改单(不包括勘误的内容)或修订版均不适用于本部分,然而,鼓励根据本部分达成协议的各方研究是否可使用这些文件的最新版本。凡是不注日期的引用文件,其最新版本适用于本部分。

GB/T 22264.1—2008 安装式数字显示电测量仪表 第1部分:定义和通用要求

3 术语和定义

GB/T 22264.1—2008中确立的术语和定义适用于本部分。

4 产品分类、分级和符合性

4.1 分类

应说明仪表所具有的全部功能,以及每种功能的具体分类。每种功能的具体分类应分别符合相关部分的规定。

4.2 分级

通用要求按GB/T 22264.1—2008,每种功能的特殊要求(若有时)见相关部分的4.2的规定。

4.3 与本部分要求的符合性

与本部分要求的符合性按GB/T 22264.1—2008的规定。

5 参比条件和基本误差

5.1 参比条件

通用要求按GB/T 22264.1—2008的规定,每种功能的特殊要求(若有时)按相关部分5.1的规定。

5.2 基本误差

基本误差按GB/T 22264.1—2008的规定。

5.3 被测量的满度值

被测量的满度值按GB/T 22264.1—2008的规定。

5.4 准确度等级指数

准确度等级指数按 GB/T 22264.1—2008 的规定。

6 标称使用范围和改变量

6.1 标称使用范围

标称使用范围按 GB/T 22264.1—2008 和每种功能在相关部分中的 6.1 的规定。

6.2 改变量极限

通用要求按 GB/T 22264.1—2008 的规定，每种功能的特殊要求（若有时）见相关部分中的 6.2 的规定。

6.3 确定改变量的条件

确定改变量的条件按 GB/T 22264.1—2008 的规定。

7 要求

7.1 安全要求

安全要求按 GB/T 22264.1—2008 的规定。

7.2 电气要求

7.2.1 自热影响

通用要求按 GB/T 22264.1—2008 的规定。

如果多功能仪表在一个或多个范围不能符合 GB/T 22264.1—2008 中 7.2.1 的全部要求时，制造厂应在仪表使用时的可见部位上用符号 F-33 标志（按 GB/T 22264.1—2008 表 6 的规定），并在单独文件中详细说明不符合要求的信息。

7.2.2 温升

通用要求按 GB/T 22264.1—2008 的规定。

如果多功能仪表在一个或多个范围不能符合 GB/T 22264.1—2008 中 7.2.2 的全部要求时，制造厂应在仪表使用时的可见部位上用符号 F-33 标志（按 GB/T 22264.1—2008 表 6 的规定），并在单独文件中详细说明不符合要求的信息。

7.2.3 功率消耗

功率消耗按 GB/T 22264.1—2008 的规定。

7.2.4 显示

显示按 GB/T 22264.1—2008 的规定。

7.2.5 输出接口

输出接口按 GB/T 22264.1—2008 的规定。

7.2.6 允许过负载

通用要求按 GB/T 22264.1—2008 的规定。

如果多功能仪表在一个或多个范围不能符合 GB/T 22264.1—2008 中 7.2.6 的全部要求时，制造厂应在仪表使用时的可见部位上用符号 F-33 标志（按 GB/T 22264.1—2008 表 6 的规定），并在单独文件中详细说明不符合要求的信息。

7.2.7 响应时间

响应时间按 GB/T 22264.1—2008 的规定。

7.2.8 干扰抑制

干扰抑制按 GB/T 22264.1—2008 和每种功能在相关部分中的 7.2.8 的规定。

7.3 准确度性能要求

准确度性能要求按 GB/T 22264.1—2008 的规定。

7.4 电磁兼容性

电磁兼容性按 GB/T 22264.1—2008 和每种功能在相关部分中的 7.4 的规定。

7.5 机械要求

机械要求按 GB/T 22264.1—2008 的规定。

7.6 气候影响试验

气候影响试验按 GB/T 22264.1—2008 的规定。

7.7 平均寿命

平均寿命按 GB/T 22264.1—2008 的规定。

8 包装、贮存与运输

包装、贮存与运输按 GB/T 22264.1—2008 的规定。

9 信息、通用标志和符号

信息、通用标志和符号按 GB/T 22264.1—2008 的规定。

10 接线端的标志和符号

10.1 对标志的要求

对标志的要求按 GB/T 22264.1—2008 的规定。

10.2 接地端

接地端按 GB/T 22264.1—2008 的规定。

10.3 测量线路的接线端

测量线路的接线端按 GB/T 22264.1—2008 的规定。

10.4 接线端的特殊标志

10.4.1 接线端应清晰地标志以显示它们的功能/或范围。

10.4.2 如果某一接线端是作为直流电流或直流电压测量功能的正端，则应按 GB/T 22264.1—2008 表 6 规定的符号 F-46(＋)标志，或将此接线端和/或其周围着以红色。这一要求也适用于其他测量功能。

11 检验规则

检验规则按 GB/T 22264.1—2008 的规定。

ICS 17.220.20
N 21

中华人民共和国国家标准

GB/T 22265—2008

直接作用模拟指示最大需量电流表

Direct acting indicating analogue max-demand ammeters

2008-08-06 发布　　2009-03-01 实施

中华人民共和国国家质量监督检验检疫总局
中国国家标准化管理委员会　发布

前　言

本标准的附录A为规范性附录，附录B为资料性附录。

本标准由中国机械工业联合会提出。

本标准由全国电工仪器仪表标准化技术委员会(SAC/TC 104)归口。

本标准起草单位：哈尔滨电工仪表研究所、上海英孚特电子技术有限公司、浙江东方机电有限公司。

本标准主要起草人：薛德晋、刘献成、郑峰。

引　言

直接作用模拟指示最大需量电流表是一种热需量电流表，以双金属螺旋受热变形指示规定的时间间隔内电流的平均值，并推动可复位的最大需量指针指示最大需量电流。在标称电压不变（或基本不变）的条件下也表征了最大需量功率。该项产品已在国际上存在了相当长的时间，但未见各国有相应的制造标准，也没有相关的国际标准，经销者与制造者之间经常为需量周期而产生争议。为规范此类仪表的需量周期的准确度、测量需量周期的方法，功率消耗，发热、仪表指针回零、需量指针摩擦力矩等方面的问题，制定本标准。

热双金属系列仪表体现的是测量电流的热效应，热效应与电流的有效值成正比，因此本质上此类仪表没有交流的波形畸变和直流纹波的影响。GB/T 7676 系列标准中规定的波形畸变和直流纹波的影响试验在本标准中可以免做。为了验证，本标准附录 B 提供了波形影响和直流纹波影响的试验方法。

直接作用模拟指示最大需量电流表

1 范围

1.1 本标准适用于在交流电路或直流电路中测量最大需量电流的直接作用模拟显示的电测量仪表。

1.2 本标准也适用于在同一外壳内具有其他电参量(如实时电流)测量或控制机构,测量其他电参量或输出控制信号的最大需量电流表。测量其他电参量或控制的部分应符合相应的国家标准或 IEC 标准的要求。

1.3 本标准不适用于在其测量电路中具有电子电路的仪表。

1.4 本标准不包括耐环境条件防护要求及相关试验。必要时经制造厂和用户协商,可以从 IEC 60068 中选择接近于仪表使用条件的试验,以验证耐环境条件防护能力。

1.5 本标准对仪表的尺寸未作规定,仪表的尺寸要求参见 GB/T 1242—2000 的规定。

2 规范性引用文件

下列文件中的条款通过本标准的引用而成为本标准的条款。凡是注日期的引用文件,其随后所有的修改单(不包括勘误的内容)或修订版均不适用于本标准,然而,鼓励根据本标准达成协议的各方研究是否可使用这些文件的最新版本。凡是不注日期的引用文件,其最新版本适用于本标准。

GB/T 1242—2000 安装式指示和记录电测量仪表的尺寸(neq IEC 61554:1999)

GB/T 4793.1—2007 测量、控制和实验室用电气设备的安全要求 第1部分:通用要求(IEC 61010-1:2001,IDT)

GB/T 5169.11—2006 电工电子产品着火危险试验 第11部分:灼热丝/热丝基本试验方法 成品的灼热丝可燃性试验方法

GB/T 7676.1—1998 直接作用模拟指示电测量仪表及其附件 第1部分:定义和通用要求(idt IEC 60051-1:1984)

GB/T 7676.2—1998 直接作用模拟指示电测量仪表及其附件 第2部分:电流表和电压表的特殊要求(idt IEC 60051-2:1984)

GB/T 7676.9—1998 直接作用模拟指示电测量仪表及其附件 第9部分:推荐的试验方法(idt IEC 60051-9:1988)

IEC 60068 基本环境试验程序

3 术语和定义

GB/T 7676.1 确立的以及下列术语和定义适用于本标准。

本标准中所述的交流电流量均为均方根值(r.m.s.)。

3.1

电流需量 current demand

在规定的需量周期中电流的平均值。

3.2

最大需量 maximum demand

在最大需量指示器一次复零和下一次复零之间,由需量指示器在规定的连续相等的时间间隔内指示的电流平均值的最大值。

3.3

最大需量电流表　meter for measuring maximum current demand

指示最大需量电流的直接作用模拟指示电测量电流表。

3.4

直热式最大需量电流表　meter for measuring maximum current demand by direct-heating

测量电流直接流过需量测量元件，由需量测量元件自身发热产生工作力矩与电流平方成正比的运动，带动需量指示器指示最大电流需量的电流表。

3.5

间热式最大需量电流表　meter for measuring maximum current demand by indirect-heating

测量电流流过发热元件产生热量，间接加热需量测量元件带动需量指示器产生偏转，指示最大电流需量的电流表。

3.6

实时电流表　meter for measuring Real time current

测量实时电流的电流表。

3.7

需量周期　demand integration periods

一个规定的连续的时间间隔，基于此间隔测量电流需量。

3.8

需量指示器　demand indicator

和需量测量机构连接在一起的，由测量机构带动并推动最大需量指针移动的指针。

3.9

最大需量指针　maximum demand pointer

由需量指示器推动向正方向移动，当需量指示器脱离它时，该指针停留在原位而不跟随需量指示器移动，只有需量复零钮能使其向反方向移动或复零的指针。

3.10

最大需量指针摩擦力矩　friction torque of maximum demand pointer

由摩擦力产生的阻碍最大需量指针移动的反向力矩。

3.11

最大需量指针复零钮　resetting button of maximum demand pointer

固定在表壳上的通过人手的扭动，带动表壳内的机构使最大需量指针反向移动并复零的装置。

3.12

复零钮封印机构　seal construction of resetting button

由授权者加以铅封使最大需量复零钮在不破坏铅封就不能移动复零钮的机构。

4　分类、分级和符合性

4.1　分类

4.1.1　最大需量电流表按其工作方式分类为双金属系仪表。

4.1.2　按其加热方式分为直热式和间热式两种。

4.1.3　按其是否带有实时电流表分类为单机构和双机构最大需量电流表。

4.2　分级

等级指数从3或5中选取。

4.3　与本标准要求的符合性

见GB/T 7676.1—1998的3.3。

5 参比条件和基本误差

5.1 参比条件

见 GB/T 7676.1—1998 的 4.1。

5.2 基本误差极限、基准值

见 GB/T 7676.1—1998 的 4.2。

5.2.1 基本误差与准确度等级的关系

见 GB/T 7676.1—1998 的 4.2.1。

5.2.2 基准值

最大需量电流表的基准值为测量范围的上限值，以标度尺的弧长计。

6 标称使用范围和改变量

6.1 标称使用范围

见 GB/T 7676.1—1998 的 5.1 表Ⅱ-1 和 GB/T 7676.2—1998 的 5.1 表Ⅱ-2。

6.2 改变量极限

见 GB/T 7676.1—1998 的 5.2 表Ⅱ-1 和 GB/T 7676.2—1998 的 5.2 表Ⅱ-2。

GB/T 7676.1—1998 的 5.2.3 由铁磁支架引起的改变量和 5.2.4 由导电支架引起的改变量不适用于最大需量电流表。

6.3 确定改变量的条件

见 GB/T 7676.1—1998 的 5.3。

7 其他电的和机械的要求

7.1 电压试验、绝缘试验和其他安全要求

见 GB/T 7676.2—1998 的 6.1 和 6.1.1。

7.2 阻尼

不适用于最大需量电流表。

7.3 自热

不适用于最大需量电流表。

7.4 允许过负载

见 GB/T 7676.2—1998 的 6.4。

消除激励后检查仪表不回零位的时间应是最大需量周期的 2 倍。

7.5 温度极限值

推荐的试验方法见 12.10。温度极限值试验后在参比温度下恢复 2 h 以后仪表的不回零位不应超过仪表的零位标度线。

其余要求见 GB/T 7676.1—1998 的 6.5。

7.6 偏离零位

仪表经过 12.14 规定的试验后，在参比条件下进行断电回零试验。以标度尺长度的百分数表示的偏离零位分度线(中心)的值不应超过相应等级指数的 50%。

7.7 功率消耗

在参比温度和参比频率下，在测量范围的上量限最大需量电流表的视在功率消耗不应大于 5 VA。

7.8 发热和阻燃

7.8.1 发热

最大需量电流表的底壳如用绝缘材料制成，材料应进行适当的温度试验，材料的软化温度应大于

105 ℃。最大需量电流表因自身发热引起的外壳表面温度升高不应超过 80 ℃。如果发热元件置于仪表底壳外，并且其温度超过 80 ℃的，则需在发热元件附近标志 GB/T 4793.1—2007 的表 1 符号 13，或以防护罩加以防护。

7.8.2 阻燃

仪表装有接线端子的底和外壳应能阻燃，当接线端子由于过热超过着火温度，但是时间不超过 30 s 时不应产生火焰，着火后不应引燃其他部件，也不能使其他设备着火；着火源消灭后应在 30 s 内熄灭。

7.9 需量周期

最大需量电流表的需量周期分为 8 min、15 min、30 min。

需量周期的误差不应超过±20%。

8 结构要求

8.1 防接触封印

8.1.1 见 GB/T 7676.1—1998 的 7.1。

8.1.2 最大需量复零钮应设置封印机构，防止非授权人的非法复零。

8.2 标度尺

8.2.1 见 GB/T 7676.1—1998 的 7.2.1。

8.2.2 见 GB/T 7676.1—1998 的 7.2.2。

8.2.3 见 GB/T 7676.1—1998 的 7.2.3。

8.2.4 见 GB/T 7676.1—1998 的 7.2.4。

8.2.5 零位分度线

最大需量电流表的零位分度线可以比其他分度线有较粗的宽度，但是分度线的粗细不应超过整个标度尺长度的 3%。

8.3 被测量值超量限指示

见 GB/T 7676.1—1998 的 7.3。推荐的试验方法见 12.12。

8.4 优选值

见 GB/T 7676.1—1998 的 7.4 和 GB/T 7676.2—1998 的 7.4.1。

8.5 机械的和电的调节器

最大需量电流表不使用机械零位调节器，当仪表装配完成并封印后，不破坏仪表封印就不能调节最大需量电流表的指针零位。

8.6 最大需量指针

最大需量电流表应有最大需量指针，该指针应能被需量指示器向上推移，并不应阻挡需量指示器的正确指示；当需量指示器向下偏转而脱离最大需量指针后，最大需量指针不应离开原位。

最大需量指针的最大摩擦力矩不应大于 25 μNm。

最大需量指针上行时应处处与需量指示器重合。

8.7 最大需量指针复零钮

最大需量电流表应装有最大需量指针复零钮，该钮应从仪表的正面可以接触到。通过调节复零钮在需量指示器回复到机械零位后应能使最大需量指针退回到机械零位。

复零钮应有防止非授权人员非法复零或移位的封印机构，在不破坏封印的情况下，不能使最大需量指针移位。

8.8 振动和冲击影响

8.8.1 仪表的振动和冲击影响应符合 GB/T 7676.1—1998 的 7.6.1～7.6.3 的要求。

8.9 振动和冲击试验后最大需量电流表的需量指示器不应偏离零位分度线，最大需量指针可以通过调节复零钮使其复零。

9 信息、通用标志和符号

9.1 信息

9.1.1 应符合 GB/T 7676.1—1998 的 8.1 的 a)~d), f)~q), t), z), aa), bb)等要求。

9.1.2 制造厂还应给出需量周期值。

9.2 标志、符号及其位置

应符合 GB/T 7676.1—1998 的 8.2 的规定。

9.3 关于影响量的标称使用范围和参比值的标志

应符合 GB/T 7676.1—1998 的 8.3 的规定。

10 接线端的标志和符号

应符合 GB/T 7676.2—1998 的第 9 章的要求。

11 本标准的验证试验

11.1 本标准要求进行三类试验:型式试验、周期性试验和常规试验。

11.1.1 型式试验是对每种设计的单个的或少量样品进行所有要求的试验。

11.1.2 周期性试验是生产稳定性试验,一般正常生产时每二年进行一次。

11.1.3 常规试验是对所有产品进行的出厂试验。

11.2 本标准附录 A 给出了常规试验项目和周期性试验的项目。

12 试验方法

12.1 通用试验条件

按 GB/T 7676.9—1998 的 1.2 规定。最大需量电流表无零位调节器,试验时不调节零位。

以下各条公式中的 A_F 是基准值,以标度尺的弧长计。

12.2 基本误差试验

12.2.1 程序

12.2.1.1 轻敲,不调节需量指示器的零位,但是应将最大需量指针复零。

12.2.1.2 在 0.5 s 的时间内增加激励值,使从标准表上读取的激励值达到包括测量范围上限和下限在内的 5 个等距离的每一条分度线对应的值,在每一分度线对应值下保持制造厂规定的需量周期确定的时间。在达到需量周期的时间后读取最大需量电流表指针偏离相应分度线的弧长值,将其中最大的偏差记为 B_{x1}。

12.2.1.3 在测量范围上限值 120%处保持相应的需量周期的时间,然后立即在 0.5 s 内降低激励值,使标准表分别达到上量限和程序 12.2.1.2 中相应的值,并在相应激励值下保持需量周期确定的时间。然后在达到需量周期的时间后读取最大需量电流表指针偏离相应分度线的弧长值,将其中最大的偏差记为 B_{x2}。

12.2.2 计算

12.2.2.1 **计算上行误差**

对应上行的偏差 B_{x1},按下式计算基本误差:

$$\left(\frac{B_{x1}}{A_F}\right)\times 100$$

12.2.2.2 **计算下行误差**

对应下行的偏差 B_{x2},按下式计算基本误差:

$$\left(\frac{B_{x2}}{A_F}\right)\times 100$$

12.3 环境温度引起的改变量

12.3.1 程序

12.3.1.1 在参比温度下预热 2 h。

12.3.1.2 按 12.2.1.3 的规定进行参比温度下的下行基本误差试验，并记录相应的误差 B_{xr}。

12.3.1.3 将仪表置于调温箱内，调节温度至工作温度范围的上限，并保持 2 h。

12.3.1.4 按程序 12.3.1.2 进行高温下的基本误差试验，并记录高温下相应的误差 B_{xh}。

12.3.1.5 将调温箱的温度调节至工作温度的下限值，并保持 2 h。

12.3.1.6 按程序 12.3.1.2 进行低温下的基本误差试验，并记录低温下相应的误差 B_{xl}。

12.3.2 计算

12.3.2.1 按下式计算高温温度系数：

$$F_{th}=\frac{B_{xh}-B_{xr}}{T_h-T_r}\cdots\cdots\%/℃$$

12.3.2.2 按下式计算低温下的温度系数：

$$F_{tl}=\frac{B_{xl}-B_{xr}}{T_r-T_l}\cdots\cdots\%/℃$$

式中：

T_r——参比温度；

T_h——高温温度；

T_l——低温温度。

12.4 湿度引起的改变量

12.4.1 程序

12.4.1.1 在参比条件下，调节测量装置的输出，使标准表的指针分别指示在测量范围的上量限和中间分度线相应的值上，并分别保持制造厂规定的需量周期确定的时间，记录相应需量指示器指示的位置与分度线之间的差值(B_l)。

12.4.1.2 将仪表置于调湿箱内，承受 25%～30%的相对湿度，至少 96 h。

12.4.1.3 在调湿箱内重复程序 12.4.1.1，记录相应分度线上的差值 B_C。

12.4.1.4 将仪表置于调湿箱内，承受 75%～80%的相对湿度，至少 96 h。

12.4.1.5 在调湿箱内重复程序 12.4.1.1，记录相应分度线上的差值 B_E。

12.4.2 计算

在上量限和中间分度线上，分别按下式计算由湿度引起的改变量最大值：

$$E_1=\left(\frac{B_C-B_l}{A_F}\right)\times 100 \text{ 和 } E_2=\left(\frac{B_E-B_l}{A_E}\right)\times 100$$

12.5 位置引起的改变量

12.5.1 程序

12.5.1.1 将仪表按所标志的位置放置。在参比条件下通电，使标准表分别指示在相应于仪表的上量限、中间分度线的值上，保持制造厂规定的需量周期的时间，读取并记录相应的需量指示器与分度线之间的差 B_l。

12.5.1.2 使仪表向后倾斜 5°或标志值，轻敲。在参比条件下通电，使标准表分别指示在相应于仪表的上量限、中间分度线的值上，保持制造厂规定的需量周期的时间，读取并记录相应的需量指示器与分度线之间的差 B_B。

12.5.1.3 使仪表向前倾斜 5°或标志值，轻敲。在参比条件下重复程序 12.5.1.2，记录相应的需量指示器与分度线之间的差 B_A。

12.5.1.4 使仪表向左倾斜 5°或标志值，轻敲。在参比条件下重复程序 12.5.1.2，记录相应的需量指示器与分度线之间的差 B_L。

12.5.1.5 使仪表向右倾斜 5°或标志值，轻敲。在参比条件下重复程序 12.5.1.2，记录相应的需量指示器与分度线之间的差 B_R。

12.5.2 计算

对于相应的分度线，由位置引起的以百分数表示的改变量的绝对值，应取程序 12.5.1.1 中测得的值和程序 12.5.1.2～12.5.1.5 测得值的最大偏差。计算如下：

$$E_b = \left|\frac{B_l - B_B}{A_F}\right| \times 100 \qquad E_a = \left|\frac{B_l - B_A}{A_F}\right| \times 100$$

$$E_l = \left|\frac{B_l - B_L}{A_F}\right| \times 100 \qquad E_r = \left|\frac{B_l - B_R}{A_F}\right| \times 100$$

12.6 外磁场引起的改变量

12.6.1 程序

12.6.1.1 在参比条件下，轻敲，通电使标准表指示在仪表上量限相应的值上，保持制造厂规定的需量周期的时间，读取并记录仪表需量指示器与上量限标度线之间的距离 B_l。

12.6.1.2 将仪表置于平均直径为 1 m 的线圈的中心，线圈的矩形截面积和径向厚度远小于线圈的直径。通电，使标准表产生相应于仪表上量限值的电流，并保持制造厂规定的最大需量周期的时间。在此线圈中通以和作用于仪表测量机构相同种类和相同频率的电流，产生 400 安匝的磁动势（近似于 0.4 kA/m 磁场强度）。逐步转动线圈和改变外磁场的相位，以产生最大改变量，读取并记录仪表需量指示器与上量限标度线之间的距离 B_M。

12.6.2 计算

按下式计算外磁场引起的以百分数表示的改变量的绝对值：

$$\left|\frac{B_l - B_M}{A_F}\right| \times 100$$

12.7 直流被测量中纹波引起的改变量

适用于直流最大需量电流表。从工作原理上分析，双金属最大需量电流表应无纹波影响，可以免做此项试验。

12.8 交流被测量畸变引起的改变量

从工作原理上分析，双金属最大需量电流表应无纹波影响，可以免做本试验。

12.9 交流被测量频率引起的改变量

12.9.1 程序

12.9.1.1 在参比条件下，施加额定频率的电流激励，使标准表指示在仪表上量限分度线对应的值上，保持制造厂规定的需量周期的时间，读取并记录仪表需量指示器与上量限分度线之间的距离 B_r。

12.9.1.2 在参比条件下，将频率调节至频率范围的上限值，重复程序 12.9.1.1，记录仪表需量指示器与上量限分度线的距离 B_h。

12.9.1.3 在参比条件下，将频率调节至频率范围的下限值，重复程序 12.9.1.1，记录仪表需量指示器与上量限分度线的距离 B_l。

12.9.2 计算

由交流被测量的频率引起的以百分数表示的改变量的绝对值应取以下公式计算所得的最大值：

$$E_h = \left|\frac{B_r - B_h}{B_r}\right| \times 100 \text{ 和 } E_l = \left|\frac{B_r - B_l}{B_r}\right| \times 100$$

12.10 温度极限值

12.10.1 程序

12.10.1.1 将仪表置于调温箱中，调节温度至温度极限值的上限±2 ℃，通以测量范围上限 80%分度线的激励值，持续 16 h。

12.10.1.2 将仪表置于调温箱中，调节温度至温度极限值的下限±2 ℃，通以测量范围上限 80%分度线的激励值，持续 8 h。

12.10.1.3 重复程序 12.10.1.1。

12.10.1.4 重复程序 12.10.1.2。

12.10.1.5 重复程序 12.10.1.1，完成 16 h 试验并维持在高温中，立即缓慢地减小激励值，使标准表的指示值回到零，观察有无卡表或不回零位的情况。

12.10.1.6 重复程序 12.10.1.2，完成 8 h 试验，立即缓慢地减小激励值，使标准表的指示值回到零，观察有无卡表或不回零位的情况。

12.10.1.7 将仪表恢复到参比温度，并保持至少 2 h 后，观察需量指示器是否回零并进行 12.2 的基本误差试验。

12.10.2 计算

按 12.2 的计算公式进行计算。

12.11 短时过负载

12.11.1 程序

12.11.1.1 测量并记录标度尺长度 B_{SL}，以长度单位计。

12.11.1.2 按 GB/T 7676.2—1998 的表 IV-2 规定的过载电流值和过载次数、过载时间施加短时过负载。

12.11.1.3 完成程序 12.11.1.2 后 1 h，记录仪表需量指示器偏离零位的距离 B_0，以标度尺长度单位计。

12.11.1.4 按 12.2 的规定进行基本误差试验。

12.11.2 计算

偏离零位的计算按下式进行：

$$\frac{B_0}{B_{SL}} \times 100$$

基本误差计算按 12.2 的规定进行。

12.12 连续过负载

12.12.1 程序

12.12.1.1 测量并记录标度尺长度 B_{SL}，以长度单位计。

12.12.1.2 施加 1.2 倍的上量限电流值，历时 2 h。观察指针是否超过上量限标度线(过量限指示)。

12.12.1.3 完成程序 12.12.1.2 后减小激励值至零，历时需量周期规定的 2 倍的时间后，记录仪表需量指示器偏离零位的距离 B_0，以标度尺长度单位计。

12.12.1.4 完成程序 12.12.1.3 后 2 h，按 12.2 的规定进行基本误差试验。

12.12.2 计算

按 12.11.2 的计算公式进行计算偏离零位误差。

基本误差的计算按 12.2 的规定。

12.13 大电流过载后电流线路的不断开

12.13.1 程序

对电流电路施加仪表标度尺的最高分度线的电流值的 15 倍，持续 2 s 时间。

断开仪表负载，目测检查电流电路是否开路。

12.13.2 计算

不需计算。

12.14 偏离零位

12.14.1 程序

施加仪表满偏转对应的实际电流值，持续2倍的制造厂规定的需量周期的时间。然后缓慢地减少激励，直至电流为零。并经过冷却一个需量周期后，测量需量指示器偏离零位的标度尺长度值 B_0。

12.14.2 计算

同12.11.2的偏离零位的计算。

12.15 振动和冲击的影响

12.15.1 程序

12.15.1.1 重复12.2.1程序12.2.1.1～12.2.1.3。

12.15.1.2 将仪表按正常位置安装，不通电，如有其他测量机构，则该测量机构的测量线路短路。使仪表承受GB/T 7676.1—1998的7.6.1规定正弦波振动。

12.15.1.3 仪表不通电，如有其他测量机构(如实时电流表)，则将该机构的测量电路短路。使仪表承受GB/T 7676.1—1998的7.6.2规定的冲击。仪表在试验设备上的安装应使其可动部分的转轴与三个冲击轴之一平行。

12.15.1.4 轻敲，不调节零位，但是调节最大需量复零钮，使最大需量指针复零。重复程序12.15.1.1，记录相应分度线上的偏离值，其中上行偏差记为 B_{Y1}，下行记为 B_{Y2}。

12.15.2 计算

对于每条分度线，按下式计算其最大值：

$$E_{Y1}=\frac{B_{Y1}-B_{X1}}{A_F}\times 100 \text{ 和 } E_{Y2}=\frac{B_{Y2}-B_{X2}}{A_F}\times 100$$

12.16 需量周期试验

12.16.1 程序

测量仪表标度尺长度(从零位标度尺至最高上限标度尺长度) A_F。

通电激励，分别在0.5 s内使标准表指示在仪表标度尺上量限和中间分度线相应的值，并使电流值保持恒定，直至需量指示器不再移动时止，记录从开始激励到需量指示器到达最终位置的开始时刻的激励时间 T_X。

12.16.2 计算

按下式计算其最大值：

$$\frac{T_X-T}{T}\times 100$$

式中：

T——规定的需量周期。

12.17 功率消耗试验

12.17.1 程序

通电激励，使标准表指示在仪表上量限对应的电流值 A，持续仪表规定的需量周期的时间。

用高内阻的数字毫伏表测量仪表两测量电路端子之间的电压值 V。

12.17.2 计算

按下式计算功耗值

$$W=A\times V\cdots\cdots \mathrm{VA}$$

12.18 发热和阻燃试验

12.18.1 发热试验程序

通电激励，使标准表指示在仪表上量限对应值1.2倍的值，持续2 h。

用电阻法测量发热元件的支撑处和仪表外壳的温度。

12.18.2 阻燃试验程序

按 GB/T 5169.11—2006 的规定进行试验。试验的温度：

——导电端子的底板：960 ℃±15 ℃；

——其余外壳：650 ℃±10 ℃；

——施加的持续时间：30 s±1 s。

12.19 防接触封印检验

目测检验其符合性。

12.20 标度尺检验

目测检验其符合性。

12.21 零位分度线检验

目测，必要时测量其分度线宽度检验其符合性。

12.22 优选值检验

目测检验其符合性。

12.23 机械和电零位调节器检验

目测检验其与 8.5 的符合性。

12.24 最大需量指针试验

12.24.1 需量指针功能试验

12.24.1.1 通电激励，使标准表指示在标度尺中间分度线相应的值上持续需量周期规定时间。在仪表运行期间观察最大需量指针是否能无阻碍地移动，并且观察最大需量指针是否与需量指示器重合。

立即断开激励，当最大需量指示器逐步复零时，轻敲，观察需量指针是否停留在原来的位置。

12.24.1.2 打开表盖，分别将最大需量指针放置在偏转角为 0°，90°和 45°处，并使最大需量指针与地平面平行，轻敲，观察最大需量指针是否发生移动。

12.24.2 指针摩擦力矩试验

12.24.2.1 程序

操作程序按如下步骤：

a) 打开表盖，将仪表置于专用搁架上（搁架具有向上的开口）；

b) 以手动的方式使最大需量指针分别处于偏转角为 0°，90°和 45°处，并使指针与地平面平行；

c) 用带钩的毫克砝码挂到指针的适当的位置上，使最大需量指针刚刚能克服静摩擦力矩开始向下移；

d) 测量程序 c）中最大需量指针开始偏移时，挂砝码的位置与仪表转轴之间的力臂长度 L。

12.24.2.2 计算

按下式计算最大需量指针的摩擦力矩

$$T = 9.8 \times M \times L \cdots\cdots 10^{-7}\,\mathrm{N \cdot m}$$

式中：

M——砝码质量，单位为克(g)；

L——力臂长度，单位为厘米(cm)。

12.25 最大需量复零钮试验

12.25.1 封印结构试验

目测检验。

12.25.2 复零钮功能检验

手动、目测检验。

附　录　A
（规范性附录）
常规试验和周期性试验的试验项目

A.1　常规试验项目

电压试验、绝缘试验；
外观及信息、符号检验；
防接触封印检验；
最大需量复零钮试验；
基本误差试验；
需量指示器偏离零位检验；
需量周期检验；
最大需量指针试验(12.24.1.1)。

A.2　周期性试验项目

常规试验规定的项目；
温度改变量试验；
外磁场试验；
交流被测量的频率改变量试验；
连续过负载试验；
功耗试验；
最大需量指针的摩擦力矩试验；
发热试验(12.18.1)；
大电流过载后电流线路的不断开试验。

附　录　B
（资料性附录）
直流纹波和交流的波形影响试验

B.1　直流被测量的纹波影响试验

适用于直流最大需量电流表。从工作原理上分析，双金属最大需量电流表应无纹波影响，可以免做本试验。

B.1.1　试验程序

B.1.1.1　连接一个纹波误差可以忽略的标准表，施加直流激励，使标准表指示在相应于仪表上量限80%的分度线对应的值上并保持制造厂规定的最大需量周期的时间，读取并记录仪表需量指示器与相应分度线的距离 B_R。

B.1.1.2　施加相应于上量限 78%的激励值的直流电流，使标准表指示在相应于仪表上量限 78%相应值处，同时施加相应于上量限 20%的 45 Hz～65 Hz的纹波电流（频率分别选定为 45 Hz、50 Hz 和65 Hz）使标准表指示在与程序 B.1.1.1 相同的位置上并保持制造厂规定的最大需量周期的时间。读取并记录在选定频率下的仪表需量指示器与程序 B.1.1.1 中仪表最终指示的位置之间的最大距离 B_{FL}。

B.1.1.3　纹波频率分别选择为 90 Hz、110 Hz 和 130 Hz 时重复程序 B.1.1.2，读取并记录在选定频率下的仪表指针与程序 B.1.1.1 中仪表最终需量指示器指示的位置之间的最大距离 B_{FH}。

B.1.2　计算

由直流被测量中的纹波引起的以百分数表示的改变量的绝对值应为下式计算得到的最大值：

$$E_{FL}=\left|\frac{B_R-B_{FL}}{A_F}\right|\times 100 \qquad 或 \qquad E_{FH}=\left|\frac{B_R-B_{FH}}{A_F}\right|\times 100$$

B.2　交流被测量畸变引起的改变量

从工作原理上分析，双金属最大需量电流表应无纹波影响，可以免做本试验。

B.2.1　试验程序

B.2.1.1　连接一个波形影响可以忽略的标准表，施加正弦波电流激励，使标准表指示在相应于仪表上量限 80%左右分度线对应的值上并保持制造厂规定的最大需量周期的时间，读取并记录仪表需量指示器与相应分度线的距离 B_R。

B.2.1.2　施加程序 B.2.1.1 中标准表指示值 20%的三次谐波；再施加正弦波电流，使标准表指示在程序 B.2.1.1 中的位置，并保持制造厂规定的最大需量周期的时间，读取并记录仪表需量指示器与相应分度线的距离 B_X。

B.2.2　计算

由交流被测量畸变引起的以百分数表示的改变量计算如下：

$$\frac{B_R-B_X}{A_F}\times 100$$

ICS 67.220.10
X 66

GB

中华人民共和国国家标准

GB/T 22266—2008/ISO 2253:1999

咖喱粉

Curry powder

(ISO 2253:1999,Curry powder—Specification,IDT)

STANDARDS PRESS OF CHINA

2008-08-07 发布　　　　2009-03-01 实施

中华人民共和国国家质量监督检验检疫总局
中国国家标准化管理委员会　发布

前　言

本标准等同采用 ISO 2253:1999《咖喱粉　规格》(英文版)。本标准等同翻译 ISO 2253:1999。

为便于使用,本标准做了下列编辑性修改:

a) “本国际标准”一词改为本标准;

b) 用小数点“.”代替作为小数点的逗号“,”;

c) 将 ISO 2253:1999 的 3.2 和 3.3 合并成本标准的 3.2;

d) ISO 2253:1999 的 3.4、3.5 分别对应于本标准的 3.3 和 3.4。

本标准的附录 A 和附录 B 均为规范性附录。

本标准由中华全国供销合作总社提出。

本标准由中华全国供销合作总社南京野生植物综合利用研究院归口。

本标准起草单位:中华全国供销合作总社南京野生植物综合利用研究院。

本标准主要起草人:陈仕荣、张卫明。

咖 喱 粉

1 范围

本标准规定了食品调味料用咖喱粉的技术要求、试验方法、包装和标志。

本标准适用于咖喱粉的质量评定及其贸易。

2 规范性引用文件

下列文件中的条款通过本标准的引用而成为本标准的条款。凡是注日期的引用文件，其随后所有的修改单（不包括勘误的内容）或修订版均不适用于本标准，然而，鼓励根据本标准达成协议的各方研究是否可使用这些文件的最新版本。凡是不注日期的引用文件，其最新版本适用于本标准。

GB/T 12729.1 香辛料和调味品 名称(GB/T 12729.1—2008,ISO 676:1995,NEQ)

GB/T 12729.2 香辛料和调味品 取样方法(GB/T 12729.2—2008,ISO 948:1980,NEQ)

GB/T 12729.6 香辛料和调味品 水分含量的测定(蒸馏法)(GB/T 12729.6—2008,ISO 939:1980,NEQ)

GB/T 12729.7 香辛料和调味品 总灰分的测定(GB/T 12729.7—2008,ISO 928:1997,NEQ)

GB/T 12729.9 香辛料和调味品 酸不溶性灰分的测定(GB/T 12729.9—2008,ISO 930:1997,MOD)

GB/T 12729.13 香辛料和调味品 污物的测定(GB/T 12729.13—2008,ISO 1208:1982,MOD)

ISO 6571 香辛料、调味品和香草 挥发油含量的测定(蒸馏法)

3 要求

3.1 特性和组成

3.1.1 咖喱粉应是由洁净、干燥、完好的香辛料和调味品经研碎、混合后得到的产品；列于GB/T 12729.1中的任何香辛料和调味品均可用作制作咖喱粉的原料。

3.1.2 咖喱粉中香辛料和调味品的比例不得少于85%(质量分数)，用于咖喱粉的香辛料和调味品应符合相应国家标准要求。

3.1.3 咖喱粉可含食用淀粉(其特性应予说明)，其含量按附录A规定的方法测定；也可含食盐，其含量按附录B测定，不得超过5%(质量分数)。咖喱粉中不得加入人造色素。

3.2 气味、滋味

咖喱粉应具有特有的清新、洁净和刺激性气味；不得有异味和霉变、腐烂气味。咖喱粉不应含有虫尸、昆虫碎片和昆虫排泄物。

按GB/T 12729.13的规定对咖喱粉的污物进行测定。

3.3 不含粗颗粒

咖喱粉不得带粗颗粒，应达到相应国家标准规定的细度或购买者要求的细度。

3.4 理化指标

咖喱粉理化指标应符合表1的规定。

表 1 咖喱粉的理化指标

项目		指标	检验方法
水分含量(质量分数)/%	≤	10	GB/T 12729.6
酸不溶性灰分(质量分数,干态)/%	≤	2.0	GB/T 12729.9
挥发油含量(干态)/(mL/100 g)	≥	0.25	ISO 6571

4 取样

按 GB/T 12729.2 的规定执行。

5 试验方法

按 3.1.3 和 3.2 及表 1 规定的方法进行测定,以确定咖喱粉是否符合本标准的要求。

6 包装、标志

6.1 包装

咖喱粉应包装在密封、洁净不影响其质量、防潮、防挥发油损失的材料制成的容器里,包装应符合各国有关环保法规要求。

6.2 标志

下列各项应直接标注在每一个包装或标签上:

a) 产品名、商品名或商标名;

b) 制造商或包装者的姓名、地址;

c) 批号或代号;

d) 净重;

e) 产地;

f) 制作咖喱粉的香辛料调味品及其他原料,在配料表中按质量大小顺序依次列出;

g) 若添加淀粉,应说明其特性。

附　录　A
（规范性附录）
淀粉的测定　酸水解法

A.1　原理

将咖喱粉中的淀粉经萃取后水解，用标准费林溶液滴定，测定葡萄糖含量，从而计算出淀粉含量。

A.2　试剂

A.2.1　乙醚。

A.2.2　乙醇：10%（体积分数）。

A.2.3　2.5%盐酸（体积分数）：将 20 mL 浓盐酸[ρ(HCl)=1.16 g/mL]与 200 mL 水混合。

A.2.4　碳酸钠溶液：20 g/L。

A.2.5　葡萄糖贮备液：准确称取 10 g 无水葡萄糖于 1 000 mL 单刻线容量瓶中，用水溶解，然后加入 2.5 g 安息香酸，振摇溶解，用水稀至刻度，该溶液有效期为 48 h。

A.2.6　葡萄糖标准溶液：用 0.25 g/L 的安息香酸溶液稀释已知整份数的葡萄糖贮备液（A.2.5），使其浓度达到需用大于 15 mL 而小于 50 mL 的该溶液就可还原用于滴定的费林溶液（A.2.8）中全部的铜。在本标准溶液中无水葡萄糖浓度的单位为 mg/100 mL。需每天配制新鲜溶液。

注：当取 10 mL 费林溶液滴定时，为便于使用，葡萄糖标准溶液中无水葡萄糖的含量应在 0.11 g/L～0.30 g/L 之间。

A.2.7　次甲基蓝指示剂溶液：用水溶解 0.2 g 次甲基蓝，稀至 100 mL。

A.2.8　费林溶液（索氏校正）

A.2.8.1　制备

将等体积的溶液 A 和溶液 B 在使用前即刻溶合。溶液 A 和溶液 B 的制备方法如下：

a)　溶液 A：将 34.64 g 的水合硫酸铜（$CuSO_4 \cdot 5H_2O$）用水溶于 500 mL 容量瓶中，加 0.5 mL 浓硫酸（ρ=1.84 g/mL），稀至 500 mL，过滤或倾析。

b)　溶液 B：将 173 g 酒石酸钾钠（$KNaC_4H_4O_6 \cdot 4H_2O$）和 50 g 氢氧化钠，用水溶于容量瓶中，稀释至 500 mL，放置 2 d，过滤或倾析。

A.2.8.2　费林溶液的标定

将葡萄糖标准溶液（A.2.6）倒入 50 mL 滴定管中，从表 A.1 中查出与葡萄糖标准溶液浓度相当的滴定度（即还原 10 mL 费林溶液中全部的铜所需要消耗的葡萄糖标准溶液体积）。

表 A.1　10 mL 费林溶液对应的葡萄糖因子

滴定度/ mL	葡萄糖因子 （f^a）	葡萄糖含量/100 mL 溶液/ （mg/100 mL）
15	49.1	327
16	49.2	307
17	49.3	289
18	49.3	274
19	49.4	260
20	19.5	247.4

表 A.1（续）

滴定度/mL	葡萄糖因子（f^a）	葡萄糖含量/100 mL 溶液/（mg/100 mL）
21	49.5	235.8
22	49.6	225.5
23	49.7	216.1
24	49.8	207.4
25	49.8	199.3
26	49.9	191.8
27	50.0	184.9
28	50.0	178.5
29	50.0	172.5
30	50.1	167.0
31	50.2	161.8
32	50.2	156.9
33	50.3	152.4
34	50.3	148.0
35	50.4	143.9
36	50.4	140.0
37	50.5	136.4
38	50.5	132.9
39	50.6	129.6
40	50.6	126.5
41	50.7	123.6
42	50.7	120.8
43	50.8	118.1
44	50.8	115.5
45	50.9	113.0
46	50.9	110.6
47	51.0	108.4
48	51.0	106.2
49	51.0	104.1
50	51.1	102.2
注：若测得值与本表不对应，需用无水葡萄糖标样重校正。		
[a] 与 10 mL 费林溶液对应的无水葡萄糖的毫克数。		

将 10 mL 费林溶液移入 300 mL 锥瓶中，从滴定管放入几乎可还原全部铜所需的葡萄糖标准溶液，以便完成后续滴定所需的体积小于 1 mL。将锥瓶缓慢煮沸 2 min，当煮沸到 2 min 时，不中断煮沸，加入 1 mL 次甲基蓝指示剂溶液（A.2.7），在持续煮沸下从滴定管每次加入 1 滴～2 滴葡萄糖标准溶液，

直至指示剂蓝色刚好消失。滴定操作应在 1 min 内完成，煮沸持续时间共 3 min，记录滴定度。

用 1 mL 葡萄糖标准溶液中的无水葡萄糖的毫克数乘以滴定度（由直接滴定得到）得到葡萄糖因子。将葡萄糖因子与表 A.1 给出的值作比较，就可测得校正值，若需要也适用于表 A.1 导出的葡萄糖因子。

注：在加葡萄糖溶液至反应混合物过程中，滴定管应握在手中处于锥瓶上方，滴定管应连接一小排液管，并在适当角度绕两圈，以便滴加溶液时滴定管身能置于蒸汽之外。由于蒸汽会使玻璃塞变热，同时有可能堵死，带玻璃塞的滴定管不适用于此项操作。应当注意到，不管是外加的还是标准的滴定方法，都应将装有反应混合物的锥瓶隔着石棉网在滴定全过程中始终处于热源之上。

A.2.8.3 示例

葡萄糖标准溶液中无水葡萄糖的浓度	167.0 mg/100 mL
直接滴定测得的滴定度	30.1 mL
30.1 mL 葡萄糖标准溶液对应的葡萄糖因子	滴定度(mL)×毫克数(1 mL 葡萄糖标准溶液中无水葡萄糖的毫克数)=30.1×1.670=50.26
30.1 mL 葡萄糖标准溶液的葡萄糖因子	50.11(从表 A.1 查得)
用于校正从表 A.1 查得的葡萄糖因子的校正值	50.267−50.11=0.157

A.3 仪器

通用实验室仪器，其他仪器如下。

A.3.1 单刻线容量瓶：1 000 mL、500 mL、250 mL。

A.3.2 分析天平：精度±0.001 g。

A.3.3 滴定管：50 mL。

A.3.4 锥瓶：300 mL。

A.3.5 回流冷凝管。

A.4 方法

A.4.1 测定液的制备

准确称取 0.5 g 咖喱粉，用 5 份 10 mL 的乙醚（A.2.1）萃取，然后用能留住最小淀粉颗粒的滤纸将萃取液过滤，待滤纸上沉淀物中的乙醚蒸发后，用 150 mL 乙醇洗涤。用 200 mL 冷水仔细将沉淀物从滤纸上洗脱下来，将不溶解的沉淀用 220 mL 稀盐酸（A.2.3）在带回流冷凝管的锥瓶中加热 2 h，冷却后用碳酸钠溶液（A.2.4）中和，将溶液定量转移至 250 mL 烧瓶中，用水稀至刻度。

A.4.2 返滴定法

将试液（A.4.1）倒入 50 mL 的滴定管（若溶液不清澈可过滤，见 A.2.8.2 中的注），吸取 10 mL 费林溶液（A.2.8）至 300 mL 锥瓶中，并从滴定管放入 15 mL 试液（A.4.1），不稀释，在石棉网上将锥瓶加热至沸，沸腾约 15 s 后，全部铜基本上被还原，然后加 1 mL 次甲基蓝指示剂溶液（A.2.7），继续煮沸 1 min～2 min，然后从滴定管少量滴加试液（每次 1 mL 或更少），在两次滴加溶液之间保持 10 s 沸腾，直至指示剂颜色刚好消失（见注 1）。

如果费林溶液与 15 mL 试液的混合物煮沸 15 s 后仍出现未被还原的铜，应从滴定管中增加每次加入的试液量（每次大于 1 mL，可调），每次加液后，将混合物煮沸 15 s。

以 15 s 的间隔重复滴加试液，直至观察到加过量的试液不适宜，在这种情况下，继续煮沸 2 min，然后加 1 mL 指示剂，通过加少量试液（每次少于 1 mL）完成滴定（见注 2）。

注 1：建议快到终点时再加指示剂，因为指示剂在终点前依然保持此颜色，因而不能提示操作者放慢操作。

注 2：当操作者熟悉本法后，在返滴定法中，通常的判断常常可以得到十分精确的结果，为达到本法可能的最好准确度，标准滴定法（A.4.3）是可选用的第 2 种滴定方法。

A.4.3 标准滴定方法

吸取 10 mL 费林溶液至 300 mL 锥瓶中，从滴定管放出几乎是还原全部铜所需的试液(在 A.4.2 中已测定)，可能的话，最好是只剩下不到 1 mL 就能完成滴定，缓慢将锥瓶煮沸 2 min，在持续煮沸下，2 min后加 1 mL 次甲基蓝指示剂溶液(A.2.7)，边煮沸边从滴定管放出试液(每次 1 滴～2 滴)直至指示剂的蓝色刚好消失(参见 A.4.2 的注)，滴定应在 1 min 内完成，以便锥瓶中反应物连续加热时间不超过 3 min。

A.5 计算

A.5.1 参照表 A.1 葡萄糖因子与相应的滴定度(A.4.3 中测得)，用 A.2.8.2 中测得的校正值，按式(A.1)计算试液(A.4.1)中葡萄糖含量。

$$m=\frac{f}{V_{\mathrm{T}}} \qquad \cdots\cdots(\mathrm{A.1})$$

式中：

m——1 mL 试液中无水葡萄糖质量，单位为毫克(mg)；

f——葡萄糖因子；

V_{T}——所用的滴定度。

除了用 10 mL 费林溶液外，本法也可用 25 mL 替代(包括 A.2.8.2 中费林溶液的标定)，这时，用于标定费林溶液的葡萄糖溶液及试液(A.4.1)每升应含 0.25 g～0.75 g 的无水葡萄糖，可用表 A.2 进行计算。

表 A.2 25 mL 费林溶液对应的葡萄糖因子

滴定度/mL	葡萄糖因子(f^{a})	葡萄糖含量/100 mL 溶液/(mg/100 mL)
15	120.2	801
16	120.2	751
17	120.2	707
18	120.2	668
19	120.3	638
20	120.3	601.5
21	120.3	572.9
22	120.4	547.3
23	120.4	523.6
24	120.5	501.9
25	120.5	482.0
26	120.6	463.7
27	120.6	446.8
28	120.7	431.0

表 A.2（续）

滴定度/mL	葡萄糖因子（f^a）	葡萄糖含量/100 mL 溶液/（mg/100 mL）
29	120.7	416.4
30	120.8	402.7
31	120.8	389.7
32	120.8	377.6
33	120.9	366.3
34	120.9	355.6
35	121.0	345.6
36	121.0	336.3
37	121.1	327.4
38	121.2	318.8
39	121.2	310.7
40	121.2	303.1
41	121.3	295.9
42	121.4	289.0
43	121.4	282.4
44	121.5	276.1
45	121.5	270.1
46	121.6	264.3
47	121.6	258.8
48	121.7	253.5
49	121.7	248.4
50	121.8	243.6

注：若测得值与本表不对应，需用无水葡萄糖标样重校正。

[a] 与 25 mL 费林溶液对应的无水葡萄糖的毫克数。

就标准滴定法而言，表A.1和表A.2列出了与整毫升数葡萄糖溶液对应的值，而中间的值则由添加法得到。

A.5.2 淀粉含量(干态)w_s，以质量分数计，数值以%表示，计算见式(A.2)：

$$w_s = \frac{9.3m_d \times V}{m_c \times (100 - w_m)} \quad \cdots\cdots\cdots (A.2)$$

式中：

m_d——1 mL溶液(A.2.5)中无水葡萄糖质量，单位为毫克(mg)；

V——试液总体积，单位为毫升(mL)；

m_c——制备V试液所需咖喱粉的质量，单位为毫克(mg)；

w_m——咖喱粉水分含量(质量分数)，%。

附 录 B
（规范性附录）
氯化钠含量的测定

B.1 试剂

B.1.1 稀硝酸：用4体积水稀释1体积浓硝酸[$\rho(HNO_3)=1.42$ g/mL]，并煮沸至无色，以除去低价氮氧化物。

B.1.2 标准硝酸银溶液：0.1 mol/L。

B.1.3 Fe^{3+}指示剂溶液：硫酸铁铵[$FeNH_4(SO_4)_2 \cdot 12H_2O$]饱和溶液。

B.1.4 标准硫氰化钾溶液：0.1 mol/L。

B.2 仪器

B.2.1 白金坩埚。

B.2.2 锥瓶。

B.3 方法

称取5.0 g咖喱粉于白金坩埚中，按GB/T 12729.7规定方法测定总灰分，将灰分溶于热水中，过滤，用热水彻底洗净坩埚和残留物，直至洗涤液不含氯。将滤液和洗涤液收集于锥瓶中(B.2.2)，加入略为过量的已知体积的标准硝酸银溶液(B.1.2)、5 mL指示剂溶液(B.1.3)和12 mL稀硝酸(B.1.1)，用标准铁氰化钾溶液滴定过量的硝酸银，直至出现淡棕色并不消褪为止。

B.4 计算

用式(B.1)计算氯化钠含量：

$$w=\frac{5.85(V_1\times c_1-V_2\times c_2)}{m} \qquad \cdots\cdots\cdots\cdots(B.1)$$

式中：

w——氯化钠含量(质量分数)，%；

V_1——标准硝酸银溶液体积，单位为毫升(mL)；

c_1——标准硝酸银溶液浓度，单位为摩尔每升(mol/L)；

V_2——标准铁氰化钾溶液体积，单位为毫升(mL)；

c_2——标准铁氰化钾溶液浓度，单位为摩尔每升(mol/L)；

m——试样质量，单位为克(g)。

ICS 67.220.10
X 66

中华人民共和国国家标准

GB/T 22267—2008/ISO 6465:1984

整孜然

Whole cumin

(ISO 6465:1984, Whole cumin (*Cuminum cyminum* Linnaeus)—Specification, IDT)

2008-08-07 发布　　2009-03-01 实施

中华人民共和国国家质量监督检验检疫总局
中国国家标准化管理委员会　发布

前　言

本标准等同采用 ISO 6465:1984《整孜然　规格》(英文版)。本标准等同翻译 ISO 6465:1984。

为便于使用,本标准做了下列编辑性修改:

a) “本国际标准”一词改为本标准;

b) 用小数点“.”代替作为小数点的逗号“,”;

c) 将 ISO 6465:1984 中的 3.2 和 3.3 合并成本标准的 3.2;

d) ISO 6465:1984 中的 3.4、3.5、3.6 对应本标准的 3.3、3.4、3.5;

e) 将 ISO 6465:1984 6.2 中与国家标准无关的内容(f～h)删除。

本标准由中华全国供销合作总社提出。

本标准由中华全国供销合作总社南京野生植物综合利用研究院归口。

本标准起草单位:中华全国供销合作总社南京野生植物综合利用研究院。

本标准主要起草人:陈仕荣、张卫明。

整 孜 然

1 范围

本标准规定了整孜然 *Cuminum cyminum* L. 的技术要求、试验方法、包装和标志。

本标准适用于孜然的质量评定及其贸易。

2 规范性引用文件

下列文件中的条款通过本标准的引用而成为本标准的条款。凡是注日期的引用文件,其随后所有的修改单(不包括勘误的内容)或修订版均不适用于本标准,然而,鼓励根据本标准达成协议的各方研究是否可使用这些文件的最新版本。凡是不注日期的引用文件,其最新版本适用于本标准。

GB/T 12729.2 香辛料和调味品 取样方法(GB/T 12729.2—2008,ISO 948:1980,NEQ)

GB/T 12729.3 香辛料和调味品 分析用粉末试样的制备(GB/T 12729.3—2008,ISO 2825:1981,MOD)

GB/T 12729.5 香辛料和调味品 外来物含量的测定(GB/T 12729.5—2008,ISO 927:1982,NEQ)

GB/T 12729.6 香辛料和调味品 水分含量的测定(蒸馏法)(GB/T 12729.6—2008,ISO 939:1980,NEQ)

GB/T 12729.7 香辛料和调味品 总灰分的测定(GB/T 12729.7—2008,ISO 928:1997,NEQ)

GB/T 12729.9 香辛料和调味品 酸不溶性灰分的测定(GB/T 12729.9—2008,ISO 930:1997,MOD)

GB/T 12729.12 香辛料和调味品 不挥发性乙醚抽提物的测定(GB/T 12729.12—2008,ISO 1108:1992,NEQ)

ISO 6571 香辛料、调味品和香草 挥发油含量的测定(蒸馏法)

3 要求

3.1 描述

整孜然由 *Cuminum cyminum* L. 的果实组成,果实带有两个相连的延伸分果瓣,分果瓣大小依来源不同而有所差异,呈浅暗灰色至淡棕色,带有五条细浅主棱纹和四条宽的深色次棱纹。

3.2 气味、滋味

应具有特有香味、滋味,不得发霉。

整孜然不得带有活虫、死虫、虫尸碎片及昆虫排泄物。

3.3 外来物

本标准将下列物质规定为外来物:

a) 不属孜然果实的所有物质,尤指所有其他种子;

b) 其他外来的动植物和矿物质。

用 GB/T 12729.5 规定方法测定,外来物含量应符合表 1 的规定。

表 1 整孜然的分级

级 别	外来物含量(质量分数)/% ≤	碎果含量(质量分数)/% ≤
一级	1	5
二级	3	5
三级	5	5

3.4 分级

整孜然可按其来源分类以及表 1 中规定的外来物含量和碎果比例分成三级。

3.5 理化指标

整孜然理化指标应符合表 2 的规定。

表 2 整孜然的理化指标

项 目		指 标			检验方法
		一级	二级	三级	
水分含量(质量分数)/%	≤	9	10	13	GB/T 12729.6
总灰分(质量分数,干态)/%	≤	9.5	12	15	GB/T 12729.7
酸不溶性灰分(质量分数,干态)/%	≤	1.5	3	5	GB/T 12729.9
不挥发性乙醚提取物(质量分数,干态)/%	≥	15	15	12	GB/T 12729.12
挥发油含量/(mL/100 g)	≥	2.5	1.5	1.5	ISO 6571

4 取样

取样按 GB/T 12729.2 的规定执行。

分析用粉末样品的制备按 GB/T 12729.3 的规定执行,且样品全部能过 500 μm 的筛。

5 试验方法

按 3.3 和表 2 的规定测定,整孜然样品应符合本标准要求。

6 包装、标志

6.1 包装

整孜然应包装在洁净、完好、干燥的容器中,包装材料不得影响产品质量。

6.2 标志

下列各项应标注在每个包装上:

a) 产品名、商品名、商标名;

b) 包装或生产者姓名、地址;

c) 批号、代号;

d) 级别;

e) 净重。

ICS 67.220.10
B 30

GB

中华人民共和国国家标准

GB/T 22268—2008/ISO 3493:1999

STANDARDS PRESS OF CHINA

香草 词汇

Vanilla—Vocabulary

(ISO 3493:1999,IDT)

2008-08-07 发布　　　　2009-03-01 实施

中华人民共和国国家质量监督检验检疫总局
中国国家标准化管理委员会　发布

前　言

本标准等同采用 ISO 3493:1999《香草　词汇》(英文版)。本标准等同翻译 ISO 3493:1999。为便于使用,本标准做了下列编辑性修改:

——“本国际标准”一词改为本标准。

本标准由中华全国供销合作总社提出。

本标准由中华全国供销合作总社南京野生植物综合利用研究院归口。

本标准起草单位:中华全国供销合作总社南京野生植物综合利用研究院。

本标准主要起草人:陈仕荣、张卫明。

香草 词汇

1 范围

本标准规定了香草常用术语。

本标准适用于下列香草植物的生产、科研、教学和贸易：

a) *Vanilla fragrans* Ames，syn. *Vanilla planifolia* Andrews；

b) *Vanilla tahitensis* J. W. Moore；

c) 由 *Vanilla fragrans* Ames 的杂交种子得到的产品。

本标准不适用于香草植物 *Vanilla pompona* Schiede 的生产、科研、教学和贸易。

2 与生产有关的术语和定义

2.1

鲜香草 green vanilla

完全成熟的香草果实。

2.2

熏制香草 cured vanilla；prepared vanilla

为增强香气，经适当加工的鲜香草。

3 与熏制香草的形态和商品型式有关的术语和定义

3.1

果荚 pod

适用于本标准的香草植物整果（植物学上的果荚）。

3.2

香草果荚 vanilla pod

标示整个果荚的商品名称。

3.3

开裂香草 split vanilla

从两头起呈纵向部分裂开的香草果荚。

3.4

切碎香草 cut vanilla

裂开或未裂开的果荚，经仔细切碎后得到的碎片。

3.5

统货香草 bulk vanilla

由香草果荚和切碎香草组成。

3.6

香草粉 powdered vanilla

香草果荚经研磨（不加任何添加物）干燥后得到的粉末。

4 与形态特征有关的术语和定义

4.1

钩刺 hook

位于香草果荚花梗末端。

4.2

钩突 stud

位于香草果荚的末端，在钩刺相对的一侧。

5 与品质、等级有关的术语和定义

5.1

柔性香草 supple vanilla

果肉多且有弹性的香草。

5.2

干制香草 dry vanilla

部分脱水、不太柔软的香草。

5.3

冻香草 frosted vanilla

用于制取天然香草精的香草。

5.4

印记 mark

特地在果荚上穿孔留下的棕色皱痕。

5.5

斑点 stain

由局部缺陷产生的、与正常外观不同的色泽。

5.6

红花丝 red flaments

红棕色的纵向细红线。

5.7

木质化香草 woody vanilla

高度脱水、硬又脆的香草，常呈现不同的微红色花丝。

5.8

瑕疵 wart

明显不同于果荚本身的颜色(印记除外)。

5.9

陀状香草 snailed vanilla

由于各种原因，带压扁了的、有瑕疵的香草。

5.10

有瑕疵的香草 poiquee vanilla

患疱病的香草。

5.11

生虫香草 infested vanilla

受小虫侵袭的香草。

5.12

霉变香草 mouldy vanilla

带有隐花植物，散发出特有霉味的香草。

5.13

焦味香草 creosoted vanilla

散发出木焦油特有气味的香草。

5.14

氧化香草　oxidized vanilla

带黑色圆点或斑点，散发出铁器特有气味的香草。

ICS 67.220.10
B 36

中华人民共和国国家标准

GB/T 22269—2008/ISO 5566:1982

姜黄　着色力测定
分光光度法

**Turmeric—Determination of coloring power—
Spectrophotometric method**

(ISO 5566:1982,IDT)

2008-08-07 发布　　　　2009-03-01 实施

中华人民共和国国家质量监督检验检疫总局
中国国家标准化管理委员会　发布

前　言

本标准等同采用ISO 5566:1982《姜黄　着色力的测定　分光光度法》(英文版)。本标准等同翻译ISO 5566:1982。为便于使用,本标准做了下列编辑性修改:

a) “本国际标准”一词改为本标准;

b) 用小数点“.”代替作为小数点的逗号“,”。

本标准由中华全国供销合作总社提出。

本标准由中华全国供销合作总社南京野生植物综合利用研究院归口。

本标准起草单位:中华全国供销合作总社南京野生植物综合利用研究院。

本标准主要起草人:陈仕荣、张卫明。

姜黄 着色力测定 分光光度法

1 范围

本标准规定了测定姜黄着色力的分光光度法。

本标准适用于姜黄着色力的测定。

2 规范性引用文件

下列文件中的条款通过本标准的引用而成为本标准的条款。凡是注日期的引用文件，其随后所有的修改单(不包括勘误的内容)或修订版均不适用于本标准，然而，鼓励根据本标准达成协议的各方研究是否可使用这些文件的最新版本。凡是不注日期的引用文件，其最新版本适用于本标准。

GB/T 12729.2 香辛料和调味品 取样方法(GB/T 12729.2—2008,ISO 948:1980,NEQ)

GB/T 12729.3 香辛料和调味品 分析用粉末试样的制备(GB/T 12729.3—2008,ISO 2825:1981,MOD)

3 术语和定义

下列术语和定义适用于本标准。

3.1

姜黄着色力 colouring power of turmeric

姜黄中姜黄类的含量，以姜黄素的质量分数表示。

4 原理

用热乙醇萃取姜黄中的色素，稀释萃取物，在最大吸收波长(425 nm)处进行分光光度测定。

5 试剂

乙醇：96%(体积分数)。

6 仪器

通用实验室仪器，其他仪器如下。

6.1 圆底萃取瓶：100 mL，可接回流冷凝器。

6.2 移液管：5 mL。

6.3 单刻线容量瓶：100 mL、250 mL。

6.4 分光光度计：可测 425 nm 处的吸光度。

6.5 石英比色池：1 cm。

6.6 分析天平。

7 取样方法

按 GB/T 12729.2 的规定执行。

8 分析方法

8.1 样品制备

按 GB/T 12729.3 的规定制备样品，分析用粉末样品的细度约 500 μm；姜黄粉的细度通常合乎要求，可直接用于测定。

8.2 试样

称取约 0.5 g 粉末样品，精确至±0.001 g。

8.3 测定

将试样置于圆底萃取瓶(6.1)中，加 30 mL 乙醇(第 5 章)，煮沸回流 2.5 h；待萃取物冷却后，定量滤入 100 mL 容量瓶(6.3)中，用乙醇(第 5 章)洗涤滤纸上的残留物，将洗涤液集于容量瓶中，用乙醇(第 5 章)稀至刻度。用移液管(6.2)将 5 mL 过滤了的萃取液移入 250 mL 容量瓶(6.3)，用乙醇(第 5 章)稀至刻度。

用乙醇(第 5 章)作参比，在 425 nm 处，测量吸收值 A。

9 结果表示

姜黄着色力以姜黄素质量分数表示，按式(1)或式(2)计算：

$$X = \frac{A \times D \times 100}{E_{1\,\mathrm{cm}}^{1\%} \times m} = \frac{A \times 50 \times 100}{1.607 \times m} \qquad \cdots\cdots (1)$$

式中：

X——姜黄素的含量，%；

A——测得的吸收值；

D——萃取物稀释倍数，$\frac{100}{50} \times \frac{250}{100} = 50$；

$E_{1\,\mathrm{cm}}^{1\%}$——1%姜黄素溶液，在 425 nm 波长，用 1 cm 比色池测得的特定吸收值，为 1.607；

m——试样质量，单位为克(g)。

干态样品的测定结果可用式(2)计算：

$$X = \frac{A \times 50 \times 100 \times 100}{1.607 \times m \times (100 - H)} \qquad \cdots\cdots (2)$$

式中：

H——样品水分含量，%。

10 检验报告

检验报告应说明所用方法及测得的结果，还应提及本标准中未提及的或认为可选的所有操作条件，以及其他可能影响测定结果的因素。

检验报告应包括试样的必要信息。

ICS 25.040.40
J 07

中华人民共和国国家标准

GB/T 22270.1—2008/ISO 20242-1:2005

工业自动化系统与集成 测试应用的服务接口 第1部分:概述

Industrial automation systems and integration—Service interface for testing applications—Part 1:Overview

(ISO 20242-1:2005,IDT)

2008-08-06 发布　　2009-03-01 实施

中华人民共和国国家质量监督检验检疫总局
中国国家标准化管理委员会　发布

前　　言

GB/T 22270(ISO 20242)《工业自动化系统与集成　测试应用的服务接口》由以下 6 个部分组成：

第 1 部分：概述；

第 2 部分：资源管理服务接口；

第 3 部分：虚拟设备服务接口；

第 4 部分：服务能力专规模板；

第 5 部分：应用程序服务接口；

第 6 部分：一致性测试方法、标准和报告。

本部分是 GB/T 22270 的第 1 部分。

本部分等同采用 ISO 20242-1:2005《工业自动化系统与集成　测试应用的服务接口　第 1 部分:概述》(英文版)。

本部分的技术内容和组成结构与 ISO 20242-1:2005 相一致。

本标准做了以下编辑性修改：

——将“ISO 20242-1”改为“GB/T 22270 的第 1 部分”或“GB/T 22270 的本部分”；

——删除了 ISO 20242-1:2005 的前言，并根据我国国家标准编制要求重新起草了前言；

——本部分中将已转化为国家标准的国际标准编号改为国家标准编号，未转化的国际标准保留。

本部分的附录 A、附录 B、附录 C 是资料性附录。

本部分由中国机械工业联合会提出。

本部分由全国工业自动化系统与集成标准化技术委员会(SAC/TC 159)归口。

本部分起草单位：北京机械工业自动化研究所。

本部分主要起草人：黎晓东、杨书评、高雪芹。

引　言

为促进自动化和测量装置及其外围组件与计算机应用的集成，应国际汽车业及其厂商的需求，特制定 GB/T 22270。本标准定义了在自动化/测量应用环境下设备驱动的创建规则及其运行状态。

制定 GB/T 22270 的主要目的是为使用户：

——不受电脑操作系统的局限；

——不受设备连接技术(设备接口/网络)的局限；

——不受设备供应商的局限；

——在给定计算机平台下，能够验证所连接设备的设备驱动，并确认该设备驱动的运行情况；

——不受未来技术设备发展的限制。

GB/T 22270 不涉及新设备开发和对专门接口技术(网络)的应用。本标准将设备及其通信接口封装在一起，以和同类其他设备在指定应用情况下兼容。

工业自动化系统与集成
测试应用的服务接口
第1部分：概述

1 范围

GB/T 22270的本部分对该标准及其在计算机辅助测试环境中的应用进行了概述。

2 术语和定义

本部分使用了下列术语和定义。

2.1

应用程序 application program

为帮助用户执行特定任务而设计的资源。

注：在本部分中，应用程序可执行任何运行计算机辅助测试站所需的任务，但有一个特别要求，即需要与外围设备保持通信。

2.2

应用程序服务接口 application program service interface

与协调器通信的接口。

2.3

通信对象 communication object

通过读写一个值的通信功能得以访问到的现有对象。

2.4

协调器 coordinator

具备特定接口的程序，负责应用程序对一个或更多设备驱动的访问，并管理实时应用情况、同步和事件。

2.5

设备能力描述 device capability description

具有规定格式（如结构、句法）的包含虚拟设备能力方面信息的文本文件。

2.6

设备驱动 device driver

带有GB/T 22270专门接口的程序，具备通过调用平台适配器访问物理设备的服务功能。

2.7

接口 interface

＜设备能力描述＞指明设备功能描述的类的关键词。

注：设备驱动中的一个设备功能，即为这种接口的实例。

2.8

接口驱动 interface driver

通过外围设备接口处理数据传送的程序。

2.9

模块 module

GB/T 22270 定义的标识虚拟设备描述的类的关键词。

注：设备驱动中的虚拟设备，即为模块的实例。

2.10

平台适配器 platform adapter

带有 GB/T 22270 专门接口的程序，封装了计算机硬件及其外围设备，可以提供与连接设备进行通信的服务，并可以使用计算机操作系统的其他资源。

2.11

资源管理服务接口 resource management service interface

GB/T 22270 规定的用来和平台适配器通信的一套服务功能。

2.12

虚拟设备 virtual device

代表一个或多个物理设备或独立程序实体，提供了一个有关通信接口资源的明确视图。

2.13

虚拟设备服务接口 virtual device service interface

GB/T 22270 规定的用来和虚拟设备通信的一套服务功能。

注：这些服务功能运用资源管理服务接口（平台适配器）访问物理设备，和/或通过所包含的软件任务来提供所需的能力。

3 缩略语

APSI——应用程序服务接口；
ASCII——美国信息交换标准码；
CAQ——计算机辅助质量保证；
CAT——计算机辅助测试；
CIM——计算机集成制造；
CORBA——公共对象请求代理体系结构；
DCD——设备能力描述；
DCPT——设备能力专规模板；
OOP——面向对象的程序设计；
PA——平台适配器；
PDU——协议数据单元；
RMSI——资源管理服务接口；
XML——可扩展标记语言；
VD——虚拟设备；
VDSI——虚拟设备服务接口。

4 服务接口概念

4.1 概述

在制造业中，质量保证作为一项基本功能，用以确保设计出高质量的产品，并在制造过程中实现所期望的质量。为了控制质量，人们建立起测试站。测试站可以是生产过程本身的一部分，也可以是独立的系统。计算机是控制测试站、监测过程性能、收集和评估数据和发布质量报告的极为有效的工具。

在测试站中应用计算机称为“计算机辅助测试”(CAT)。CAT 属于计算机辅助质量控制(CAQ)范畴,而 CAQ 是计算机集成制造(CIM)概念的首要内容。测试站使用测量和自动化设备获取数据并控制测试场景(见图 1)。

CAT 计算机的应用程序,通过接口同自动化和测量设备交互。GB/T 22270 的本部分定义了应用程序服务接口(APSI)。APSI 包含了一组已定义的服务,通过这些服务可以访问任何数量的设备驱动及其所包含的虚拟设备。

设备驱动是带有 GB/T 22270 的本部分定义的另一种接口的软件模块,这种接口即虚拟设备服务接口(VDSI)。设备驱动通过虚拟设备来提供外围设备和驱动软件资源的能力。虚拟设备的结构及其通信状况,可通过设备能力描述(DCD)来记述。GB/T 22270 的本部分定义了设备能力专规模板(DCPT),通过 DCPT 来建立 ASCII 格式的设备能力描述文件(DCD)。

计算机硬件及其操作系统,即平台,被资源管理服务接口(RMSI)封装,RMSI 可以使测试应用程序与平台无关。平台适配器(PA)处理同外部设备的数据传送,以及对操作系统资源的访问。

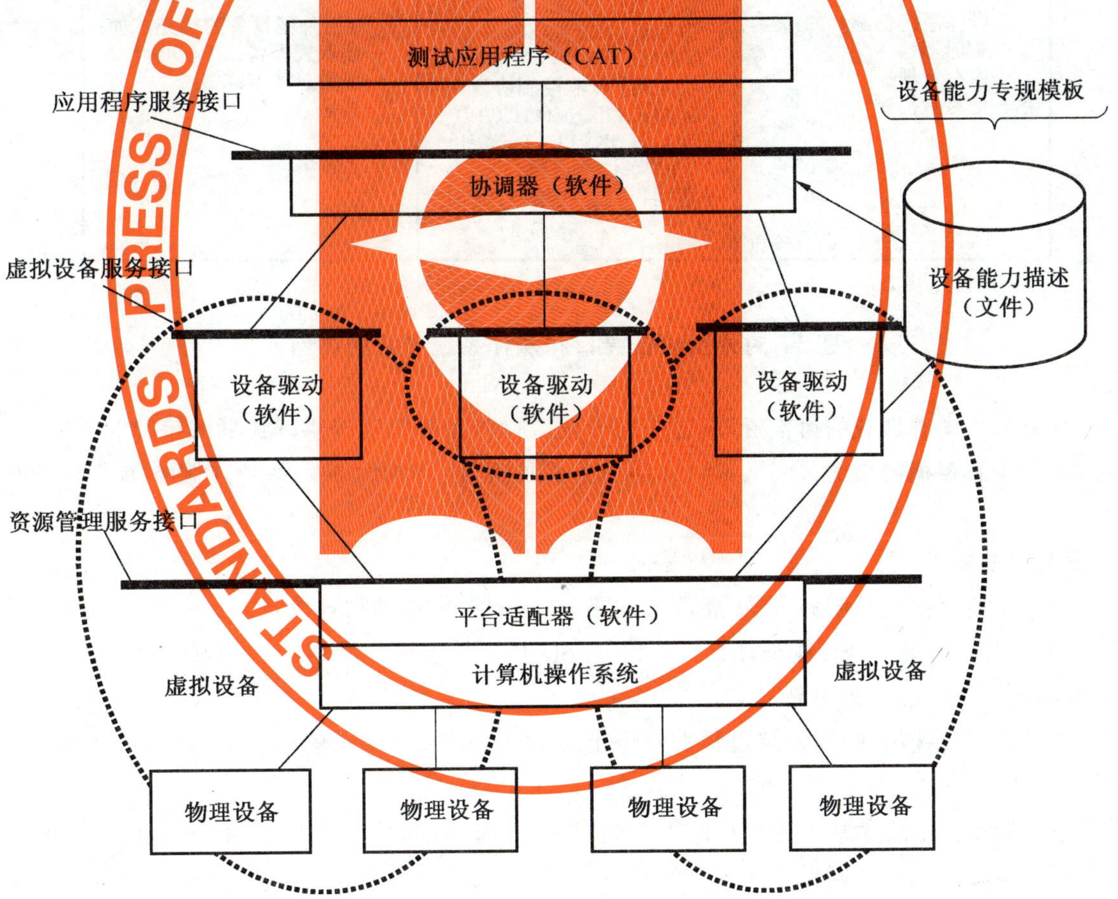

图 1 GB/T 22270 规定的服务接口

4.2 平台适配器

4.2.1 特性

平台适配器(见图 2)是一个包含了计算机外围接口和操作系统资源的软件模块,并且通过资源管理服务接口(RMSI)提供计算机外围接口和操作系统资源。因此作为 RMSI 用户的设备驱动不依赖于专门的操作系统或外围接口驱动程序。如果操作系统没有提供所需的资源,平台适配器将会进行扩展。

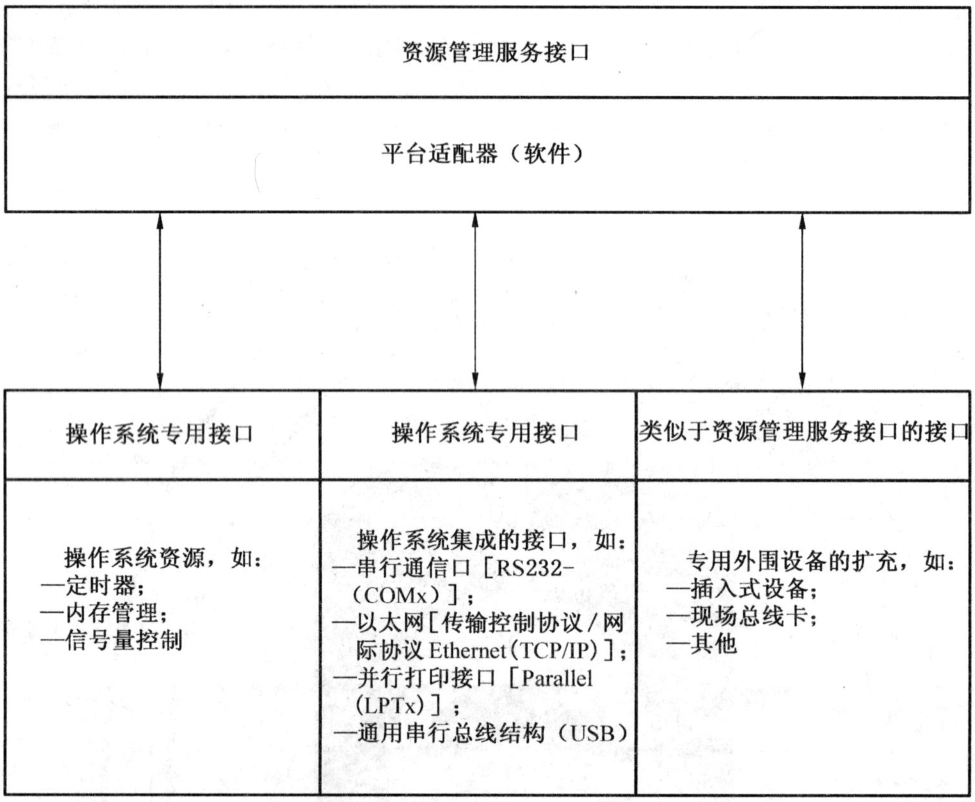

图 2　对外围设备接口和操作系统资源的访问

扩展部分为可动态加载的通信资源，这一部分资源操作系统没有提供。扩展的接口与 RMSI 相同，因此平台适配器需要把用户的访问从 RMSI 路由到扩展部分。RMSI 的一些特殊服务可处理扩展部分的加载和卸载。

4.2.2　设备通信方面

平台适配器使用操作系统和/或扩展部分的资源，将数据传送到物理设备。这一过程需依赖于接口类型，RMSI 提供通信层。这可能是计算机的典型外围接口传输层。但是，如果平台适配器提供了专门的通信协议，通信层可能代表更高的层。

对于通过现场总线的通信，协议过程大多位于插卡上。这或许要依赖插卡的资源，其通信层由平台适配器提供。

平台适配器服务的通信属性由接口的类型名定义。GB/T 22270 为典型的计算机集成外围设备定义了几个名称。如果位于不同操作系统上的和/或带有不同扩展部分的不同平台适配器使用的是同一类型名，相关服务将具有相同的行为。对于 RMSI 的使用来说，无论通信协议是在平台适配器中处理的，还是在扩展部分处理，都没有什么差别。

4.3　设备驱动

4.3.1　特性

设备驱动是一种能够访问虚拟设备通信对象的程序。这种访问不是与现实设备自动通信，因为虚拟设备与物理设备并非直接映射(见图 3)。

虚拟设备根据测试应用程序的需要进行定义。这些应用需要的功能可以由一个或多个物理设备来

提供。这些功能依据虚拟设备进行分组,作为依据的虚拟设备则可能属于:

a) 某专用的物理设备;

b) 许多物理设备;

c) 一个物理设备的一部分,或

d) 设备驱动内或平台适配器扩展部分的一个软件模块。

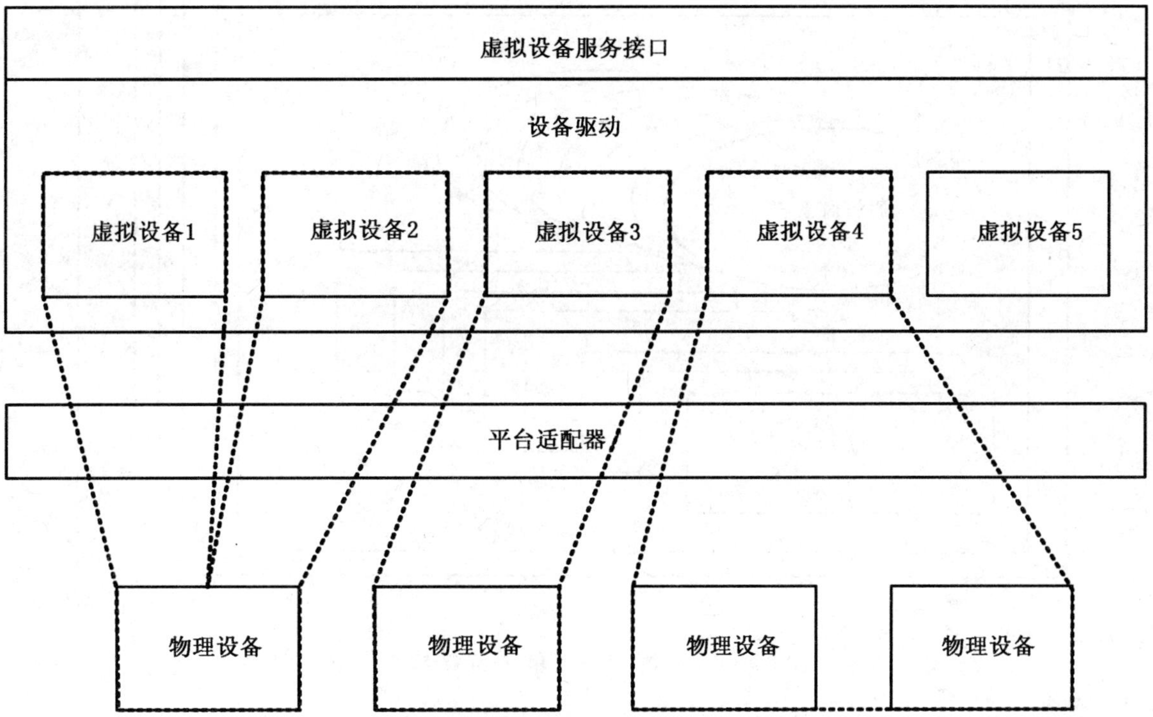

图 3 物理设备的映射

4.3.2 设备通信方面

实际的通信,包括通信栈的数个层上的 PDU 生成器和翻译器,并不能被虚拟设备服务接口(VDSI)的用户看到。通信是在设备驱动内部进行的。通信过程依赖于 RMSI 提供的通信层和物理设备的通信要求。

4.4 设备能力描述

4.4.1 特性

设备能力描述是一种 ASCII 格式的文本文件,用来描述虚拟设备的结构和行为。此文件的语法和语义通过设备能力专规模板(DCPT)进行描述,DCPT 中也包含与 VDSI 的使用相关的虚拟设备的行为规则。

虚拟设备(见图 4)由表现设备能力特性的设备功能构成,设备功能包含用于数据交换的通信对象或被称为操作的可执行程序。操作是为了实现更为复杂、完备的设备活动。

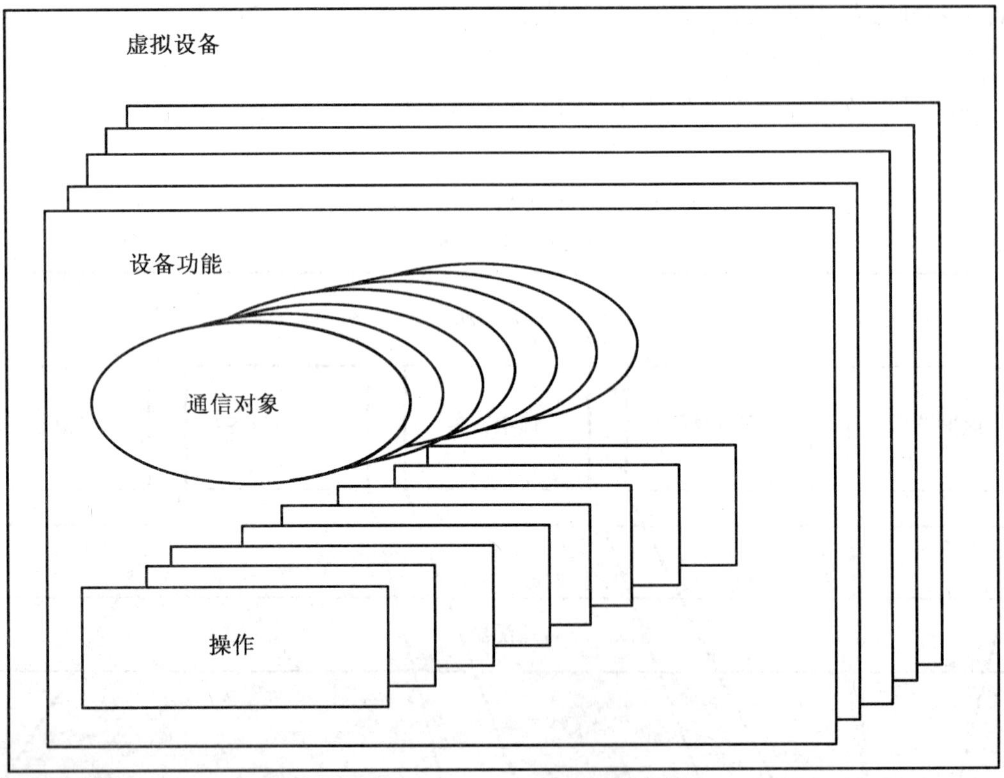

图 4 虚拟设备的内部结构

4.4.2 模块

如果使用多个同类型的虚拟设备，没有必要对每一个虚拟设备进行描述。为处理这个问题，DCPT定义了若干模块，模块的使用如同面向对象程序设计（OOP）中的类。VDSI 提供实例化一个模块的服务，该过程表示正在建立虚拟设备。

一个模块可以有多少个实例能被创建，这取决于物理资源的情况，即连接的物理设备的数量以及设备驱动和平台适配器的管理资源。

4.4.3 接口

类模型可以被接口的设备功能引用。接口的实例是设备功能。VDSI 提供了一个实例化服务。

接口可通过设备能力描述给出的号码进行明确识别。设备功能由接口实例化提供的句柄予以识别。

一个接口包括创建参数、参数、属性及操作（见图 5）几个组成部分，具有以下含义：

a） 创建参数是定义设备功能的不可改变配置（例如信号滤波器类型）。在 OOP 术语中，这些是构造器的参数。

b） 参数可影响设备功能的性能（例如信号滤波器的频率界限）。参数只有在设定设备功能时才能更改。

c） 属性是设备功能的输入或输出数据（过程数据）（例如信号滤波器的输入和输出连接）。属性可以在其存在的任何时候被访问。

d） 操作是为了完成更加复杂和完备的设备活动（进程）。操作可以有启动参数和结果。

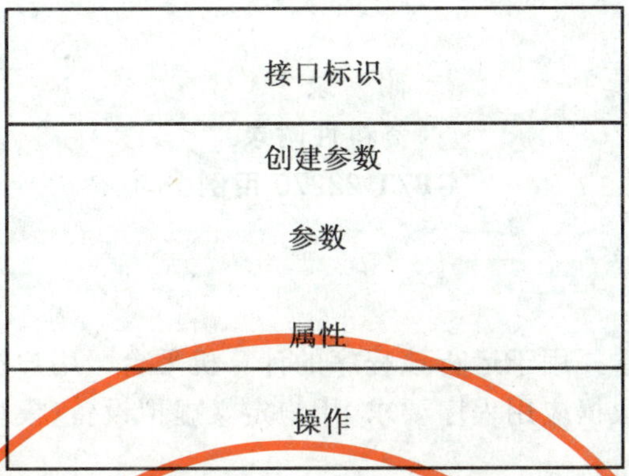

图 5　接口组成部分

4.4.4　通信对象

参数和属性是通信对象。为了进行数据访问，VDSI 定义了多项服务。但是只有在另一个服务准备好通信对象之后，这些服务才能被使用。因此，一个测试应用程序只创建实际需要的通信对象。

4.4.5　虚拟设备性能

模块实例化后，虚拟设备具有几个特定的操作状态(见附录 B)。

4.5　协调器

协调器是处理以下过程的程序(见图 6)：

a)　对运行时期特征的控制。协调器管理 CPU 资源(多任务、多线程等)。

b)　组织事件处理。由于异步通信和对设备驱动的自发访问(为提供新值或检索调节量)，从而引发事件。

c)　不同设备驱动同步化。应用程序可访问来自不同设备驱动的数值组合(结构)。

d)　几个同时运行的设备驱动的多路处理。测试应用程序可通过不同供应商的物理设备和设备驱动存取过程数据。

e)　解释设备能力描述，并对虚拟设备、设备功能以及通信对象进行实例化。

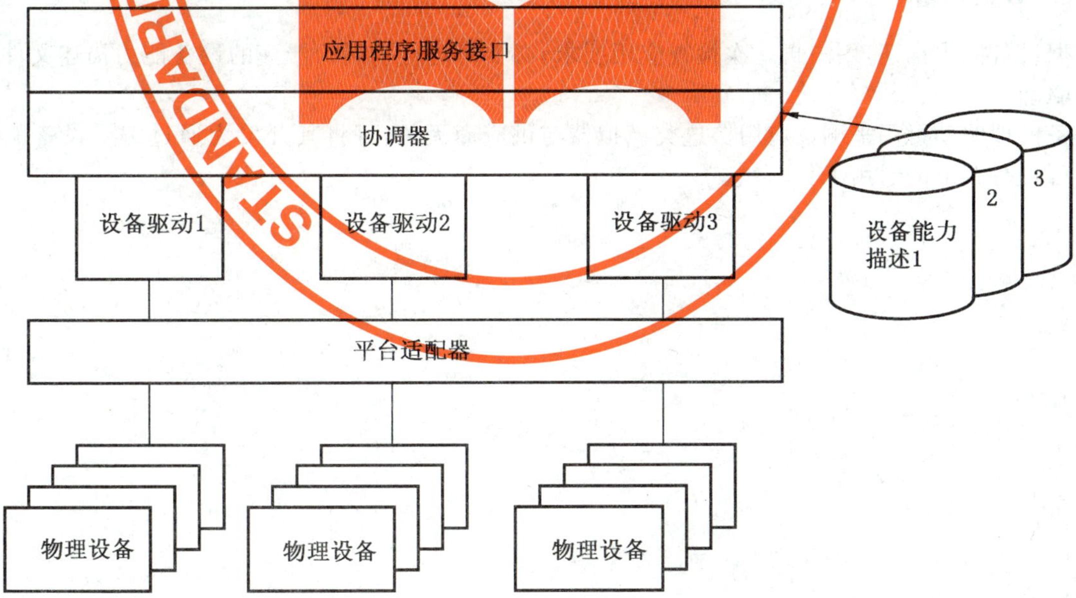

图 6　处理不同设备驱动的协调器

通过应用程序服务接口(APSI)，测试应用程序能够访问协调器的通信对象。将通信对象分配给设备驱动或分配给物理设备，这与测试应用程序没有关系。

附 录 A
（资料性附录）
GB/T 22270 用例

A.1 用户活动

用户管理测试应用程序并选择用于运行该程序的计算机平台。用户提供协调器或者管理测试应用程序中类似协调器的等价物。根据应用程序要求，用户定义虚拟设备（模块）的能力，并作出相关的投标邀请。

建议使用 GB/T 19659.1 来描述所需的虚拟设备专规。

A.2 供应商活动

根据虚拟设备专规说明，供应商通过 GB/T 22270 的设备能力专规模板（DCPT）创建设备能力描述（文件）。

此后，供应商为这一应用选用物理设备。供应商可自行采用为这一应用专门开发的设备或者任何现成设备的组合。

选定设备的外设接口，必须嵌在给定计算机平台上的带有 GB/T 22270 规定的资源管理服务接口 RMSI 的平台适配器上。相关开发，可以委托平台专家进行，或者采用现有适合的平台适配器。

如果已经有既定平台的平台适配器，但是缺少选定设备的接口，供应商可以为新的接口开发扩展，由现有平台适配器进行装载。

供应商开发设备驱动，该驱动程序需使用 GB/T 22270 定义的虚拟设备服务接口（VDSI）。此驱动程序不受平台限制，可用 C 或者 C++编程语言编写。如果用户更换了平台（比如，操作系统升级或者更换了计算机硬件），只需订购一个新的平台适配器，重新编译驱动程序即可。

A.3 进一步的活动

根据设备能力描述，用户再一次检查应用要求，必要时进行扩展。严谨的设备能力描述文件用于定制设备驱动。

设备模拟驱动可用来测试应用。这类模拟器与供应商无关，可将其开发为通过编译设备能力描述（文件）可自行调节的通用工具。

附 录 B
（资料性附录）
虚拟设备状态图

要将虚拟设备从一种状态转换到另一种状态，应使用预定义的操作接口 TransitionFct（转换函数）。该转换函数属于一个固有的虚拟设备，这一固有的虚拟设备是设备驱动的基本 VD，称为控制 VD。

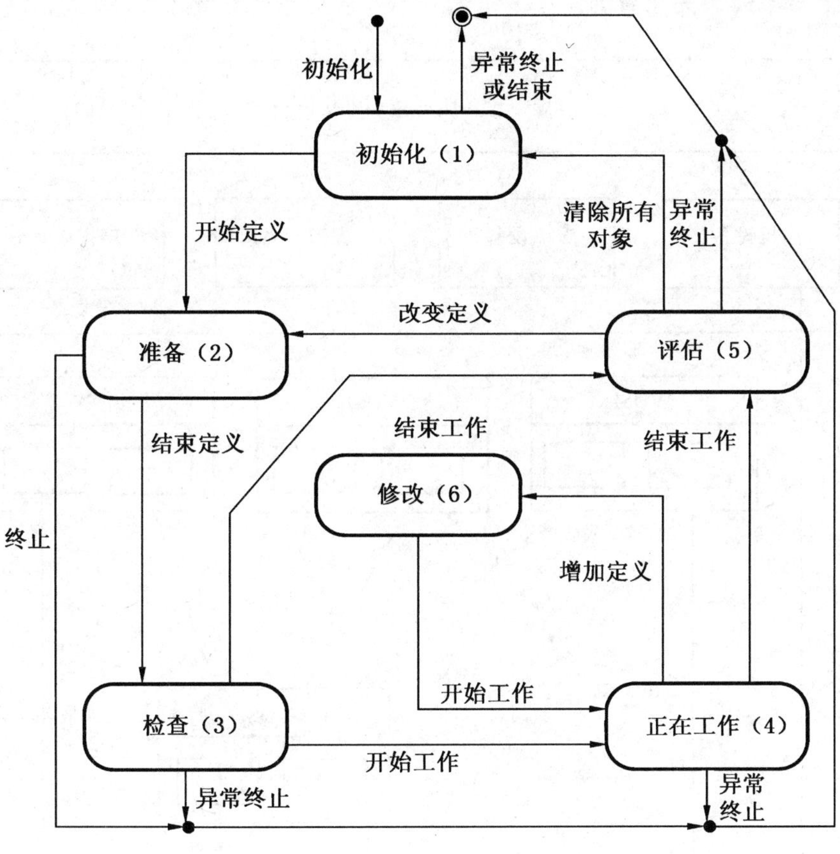

图 B.1 虚拟设备的不同状态

此处所说的虚拟设备的各个状态（见图 B.1），不可与测试应用程序或真实设备的测量状态相混淆。多数情况下，只有在虚拟设备处于工作状态时，测试应用程序或真实设备的各状态才与虚拟设备的状态相关，这种相关性将用额外的通信对象进行处理。虚拟设备的各个状态代表的是虚拟设备通过通信方式与测试应用程序适配的不同阶段。

附 录 C
（资料性附录）
设备驱动的级联

对带有虚拟设备服务接口的不同设备驱动中的功能进行组织和实施，这可在带有几个层的分级结构中完成(见图 C.1)。

也可能存在带有 VDSI 的设备驱动，这些设备驱动通过另一个 VDSI 而不是平台适配器使用功能。驱动程序的级联在 VDSI 中无法看到。

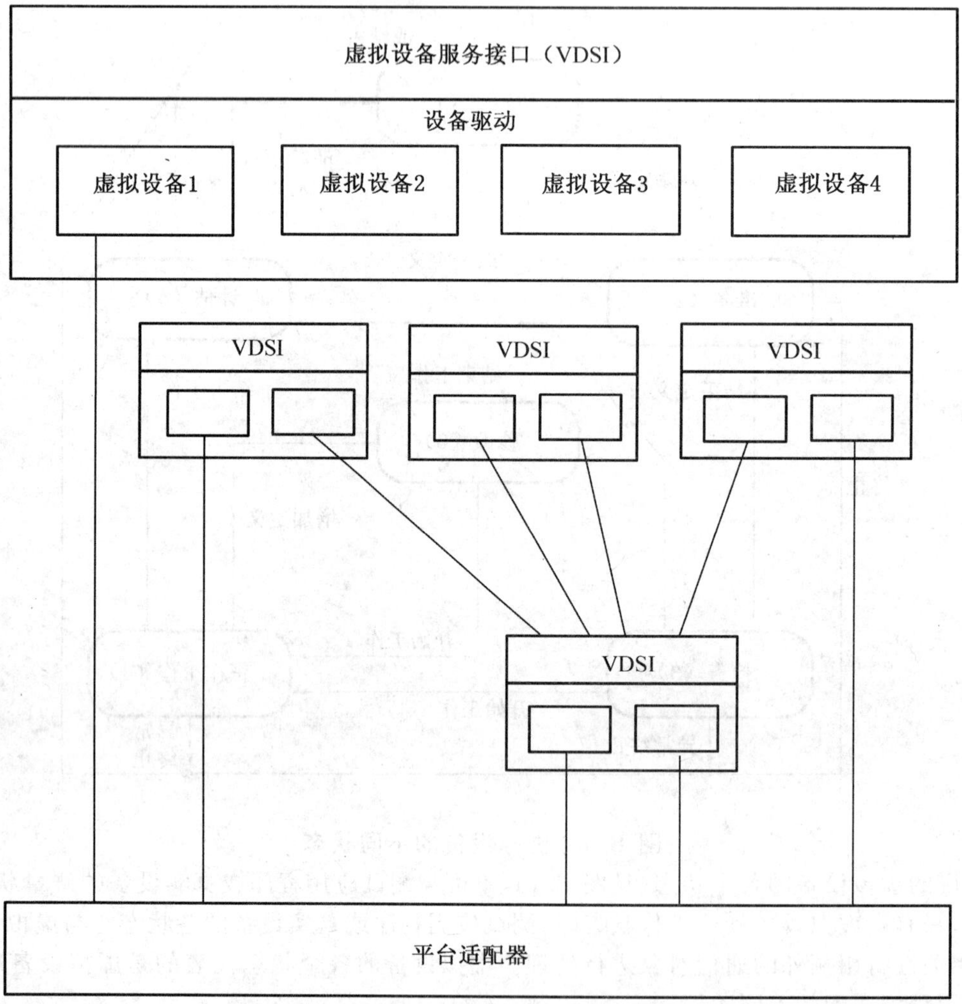

图 C.1 设备驱动的级联示例

ICS 83.080.20
G 31

中华人民共和国国家标准

GB/T 22271.1—2008/ISO 9988-1:1998

塑料　聚甲醛(POM)模塑和挤塑材料 第1部分:命名系统和分类基础

Plastics—Polyoxymethylene(POM) moulding and extrusion materials—Part 1:Designation system and basis for specifications

(ISO 9988-1:1998,IDT)

2008-08-04 发布　　　　2009-04-01 实施

中华人民共和国国家质量监督检验检疫总局
中国国家标准化管理委员会　发布

前　言

GB/T 22271《塑料　聚甲醛(POM)模塑和挤塑材料》分为两个部分：

——第1部分：命名系统和分类基础；

——第2部分：试样制备和性能的测定。

本部分为GB/T 22271的第1部分，本部分等同采用ISO 9988-1:1998《塑料——聚甲醛模塑和挤塑材料——第1部分：命名系统和分类基础》(1998年英文版)。

为便于使用，本部分作了下列编辑性修改：

——把"本国际标准"一词改为"本标准"或"GB/T 22271"，把"ISO 9988的本部分"改成"GB/T 22271的本部分"或"本部分"；

——删除了ISO 9988-1:1998的前言；

——增加了国家标准本部分的前言；

——把该稿中表2、表3字符组3中熔体流动速率所用的数字代号不当之处进行了调整。

本标准自发布之日起代替HG/T 2362—1992。

本部分由中国石油和化学工业协会提出。

本部分由全国塑料标准化技术委员会塑料树脂通用方法和产品分技术委员会(SAC/TC 15/SC 4)归口。

本部分负责起草单位：国家合成树脂质量监督检验中心、云南云天化股份有限公司。

本部分参加起草单位：国家化学建材测试中心、广州金发科技股份有限公司、山东道恩集团。

本部分主要起草人：郑宁、宋桂荣、王志春、普雪涛、胡志英。

本部分为首次发布。

塑料 聚甲醛(POM)模塑和挤塑材料 第1部分:命名系统和分类基础

1 范围

1.1 GB/T 22271的本部分规定了聚甲醛(POM)热塑性材料分类基础的命名系统。

聚甲醛是由甲醛合成的长链均聚物和共聚物构成的热塑性材料。聚合物的主链是由甲醛聚合而成,其主要重复单元是—CH_2O—。

1.2 聚甲醛的类型根据下列特征性能进行相应分级,即:

a) 熔体质量流动速率或者熔体体积流动速率;

b) 拉伸模量。

以及基础聚合物参数、预定用途、加工方法、重要性能、添加剂、着色剂、填料和增强材料的信息,按分类方法予以划分。

1.3 GB/T 22271的本部分适用于聚甲醛均聚物、共聚物和含有聚甲醛共混物的所有材料。

适用于通用的粉状、粒状或片状材料,适用于未改性和经着色剂、添加剂、填料等改性的材料。

1.4 本部分并不表示相同名称的材料具有相同性能。GB/T 22271的本部分不提供规定用于具体用途时加工条件所需要的工程数据、性能数据。

需要附加性能时,应按GB/T 22271.2—2008规定的试验方法测定。

1.5 为了规定有特殊性能的热塑性材料或确保可重复的加工,可在字符组5中规定附加要求(见第3章)。

2 规范性引用文件

下列文件中的条款通过GB/T 22271本部分的引用而成为本部分的条款。凡是注日期的引用文件,其随后所有的修改单(不包括勘误的内容)或修订版均不适用于本部分,然而,鼓励根据本部分达成协议的各方研究是否可使用这些文件的最新版本。凡是不注日期的引用文件,其最新版本适用于本部分。

GB/T 1844.1—2008 塑料 符号和缩略语 第1部分:基础聚合物及其特征性能(ISO 1043-1:2001,IDT)

GB/T 1844.2—2008 塑料及树脂缩写代号 第2部分:填料和增强材料(ISO 1043-2:1998,IDT)

GB/T 3682—2000 热塑性塑料熔体质量流动速率和熔体体积流动速率的测定(idt ISO 1133:1997)

GB/T 22271.2—2008 塑料 聚甲醛(POM)模塑和挤塑材料 第2部分:试样制备和性能测定(ISO 9988-2:1999,IDT)

3 命名和规格

热塑性材料的命名和规格按照下列标准模式,见表1。

表1 热塑性材料的命名和规格

<table>
<tr><td colspan="7">命 名</td></tr>
<tr><td rowspan="3">说明部分
(非必须的)</td><td colspan="6">特 征 项 目 组</td></tr>
<tr><td rowspan="2">国家
标准号</td><td colspan="5">单 项 组</td></tr>
<tr><td>字符组
1</td><td>字符组
2</td><td>字符组
3</td><td>字符组
4</td><td>字符组
5</td></tr>
</table>

本命名由一个非必须说明部分,标为“热塑性材料”,国际标准号和单项组组成;为了命名明确,单项组又分为包含下列信息的5个字符组。

——字符组1:按GB/T 1844.1—2008用符号POM和有关聚合物的聚合方法或聚合物的组成标示该塑料(见3.1);

——字符组2:位置1:预定用途或加工方法(见3.2),

位置2~8:重要性能、添加剂和附加信息(见3.2);

——字符组3:指定性能(见3.3);

——字符组4:填料或增强材料和标称含量(见3.4);

——字符组5:为了详细说明,可增加包含附加信息的第五字符组(见3.5)。

单项组之前应有一连字符。字符组之间用逗号彼此分开。

如果不用某个字符组,应使用双分隔符,即用两个逗号(,,)标明。

3.1 字符组1

本字符组中,在连字符后,按照GB/T 1844.1—2008用符号“POM”表示聚甲醛。后面连一个连字符,用字母代号H标识均聚物,字母代号K标识共聚物。

3.2 字符组2

在本字符组中,在位置1给出推荐用途和/或加工方法的信息,在位置2~8给出了重要性能、添加剂和着色剂的信息,规定的字母代号见表2。

若仅有2~8位置的信息上,而位置1没有规定的信息,则在位置1上放X。

表2 字符组2中使用的字母代号

字母代号	位置1	字母代号	位置2~8
		A	加工稳定化的
B	吹塑		
		C	着色的
		D	粉料
E	挤出		
F	薄膜挤出		
G	通用	G	颗粒料
H	涂覆	H	热稳定化的
L	单丝挤出	L	光或气候稳定化的
M	注塑		
		N	本色(未着色)
		P	冲击性改性的
R	滚塑	R	脱模剂
S	烧结	S_2	改善耐磨和/或摩擦性能
X	未指定	W	水解稳定性
Y	纺织、纱、抽丝	Y	提高导电性
		Z	抗静电的

注:字母代号S_2代表改善耐磨性和/或摩擦性能,意思就是减少摩擦和降低摩擦系数。在使用中要求缩醛塑料滑过同类的或者是不同的材料,就像塑料轴承让转动的钢轴滑动一样。

3.3 字符组 3

在本字符组中,熔体质量流动速率或体积流动速率用两个数字代号表示(见 3.3.1),拉伸模量用两个数字代号表示(见 3.3.2)。数字代号之间用连字符隔开。

如果特性值落在或接近某档界限,生产者应说明该材料按某档命名。如果以后由于生产过程的容许限使个别试验值落在界限值上或界限的另一侧,命名不受影响。

注:不是所有特征性能值组合所代表的材料都可能成为现有的聚合物。

3.3.1 熔体流动速率

熔体质量流动速率(MFR)或熔体体积流动速率(MVR)应按照 GB/T 22271.2—2008 测定。

MFR 或 MVR 值分为七档,每档用两个数字代号表示。见表 3。

表 3 字符组 3 中熔体流动速率所用的数字代号

数字代号	MFR 范围/(g/10 min)	MVR 范围/(cm^3/10 min)
10	MFR≤4.0	MVR≤3.4
20	4.0<MFR≤7.0	3.4<MVR≤6.0
30	7.0<MFR≤11.0	6.0<MVR≤9.4
40	11.0<MFR≤16.0	9.4<MVR≤13.7
50	16.0<MFR≤35.0	13.7<MVR≤30.0
60	35.0<MFR≤60.0	30.0<MVR≤51.5
70	MFR>60.0	MVR>51.5

3.3.2 拉伸模量

拉伸模量应按照 GB/T 22271.2—2008 测定

拉伸模量值的范围分为三档。每档用两个数字代号表示。见表 4。

表 4 字符组 3 中拉伸模量所用的代号

数 字 代 号	拉伸模量(Ey)范围/MPa
10	Ey≤2 250
20	2 250<Ey≤4 000
30	Ey>4 000

3.4 字符组 4

本字符组中,在位置 1 用一个字母代号表示填料和/或增强材料,在位置 2 用第二个字母表示其物理形状,在表 5 中规定了所用字母代号。其后(不含空格)在位置 3 和 4,用两位数字给出质量含量。

混合材料和/或形状以每种材料的代号用“+”连接表示,例如 25%玻璃纤维(GF)和 10%矿物粉(MD)的混合材料,应表示为(GF25+MD10)。

表 5 字符组 4 中填料和增强材料的字母代号

字 母 代 号	材 料	字 母 代 号	形 状
		B	球状,珠状
C	碳[a]		
		D	粉状
		F	纤维
G	玻璃	G	磨碎的
		H	晶须

表 5（续）

字母代号	材料	字母代号	形状
K	碳酸钙		
M	矿物[a]，金属[a b]		
R	芳醛胺		
S	合成有机物[a]		
X	未指定的	X	未指定的
Z	其他[a]	Z	其他[a]

[a] 这些材料需要以其化学符号，或是相关的国际标准中另外符号或是大家都认可的代号加以说明。

[b] 金属填料在质量含量的后面应以化学符号加以说明。

3.5 字符组 5

本字符组是可选择的，在本字符组中，附加要求是将材料的命名转换成特殊用途规格方法的一种说明。这可看作适宜的国家标准或等同标准或通常建立的规范的范例。

4 命名举例

4.1 命名

熔体流动速率为 2.1 g/10 min(10)和拉伸模量为 2 010 MPa(10)，本色（未着色）(N)，含脱模剂(R)，预定用于注塑(M)的聚甲醛均聚物(POM-H)应表示为：

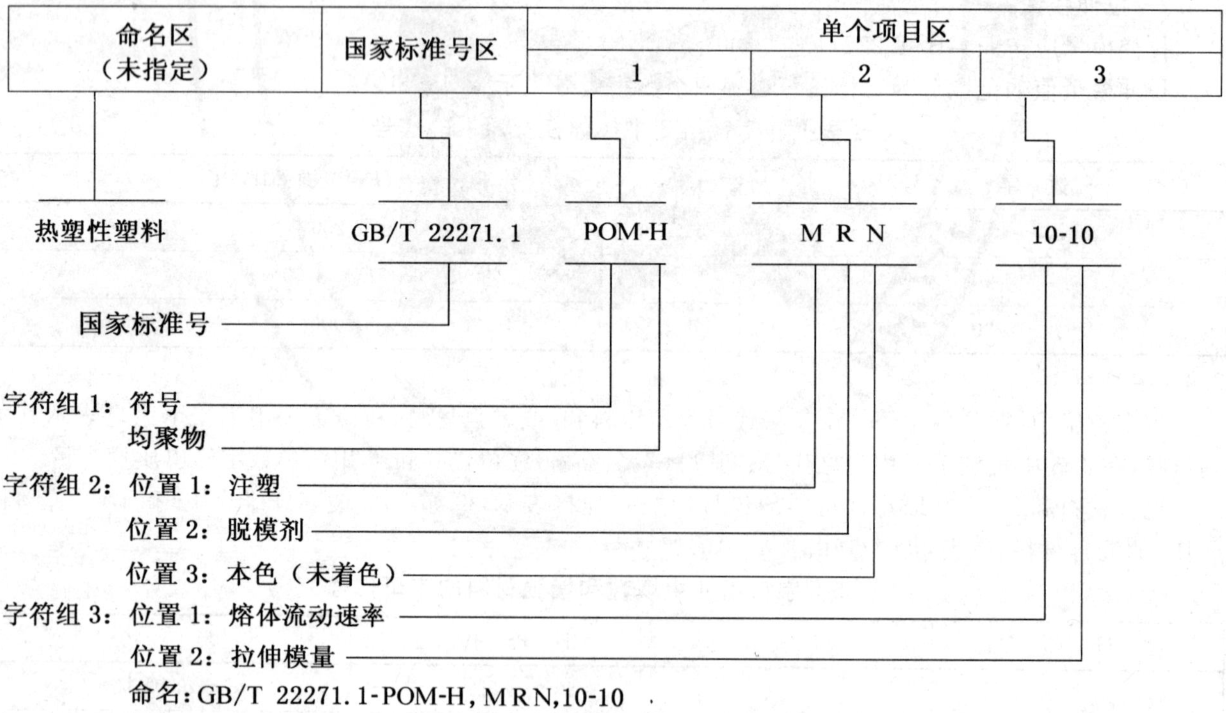

命名：GB/T 22271.1-POM-H，MRN,10-10

4.2 命名转换成规格

预定用于挤出(E)共聚甲醛(POM-K)，气候稳定性(L)、本色（未着色）(N)、熔体流动速率 5 g/10 min(20)和拉伸模量 2 350 MPa，不含有填料和增强材料，满足 ASTMD 4181 POM222 规格要求，应表示为：

命名区（可选择）	国家标准号	单个项目				
		1	2	3	4	5

热塑性塑料 GB/T 22271.1 POM-K E L N 20-20 … ASTM D4181 POM222

国家标准

字符组 1：符号

共聚物

字符组 2：位置 1：挤出

位置 2：气候稳定性

位置 3：本色（未着色）

字符组 3：位置 1：熔体流动速率

位置 2：拉伸模量

字符组 4：没有使用的

字符组 5：标准规范

规格：GB/T 22271.1-POM-K，ELN,20-20,ASTM D4181 POM222

ICS 83.080.20
G 31

中华人民共和国国家标准

GB/T 22271.2—2008/ISO 9988-2:1999

塑料 聚甲醛(POM)模塑和挤塑材料 第2部分:试样制备和性能测定

Plastics—Polyoxymethylene(POM) moulding and extrusion materials—Part 2:Preparation of test specimens and determination of properties

(ISO 9988-2:1999,IDT)

2008-08-04 发布　　　　2009-04-01 实施

中华人民共和国国家质量监督检验检疫总局
中国国家标准化管理委员会　发布

前言

GB/T 22271《塑料　聚甲醛(POM)模塑和挤塑材料》分为两个部分：

——第1部分：命名系统和分类基础；

——第2部分：试样制备和性能的测定。

本部分为GB/T 22271的第2部分，本部分等同采用ISO 9988-2:1999《塑料——聚甲醛模塑和挤塑材料——第2部分：试样制备和性能测试》(1999年英文版)。

为便于使用，本部分作了下列编辑性修改：

——把"本国际标准"一词改为"本标准"或"GB/T 22271"，把"ISO 9988的本部分"改成"GB/T 22271的本部分"或"本部分"；

——删除了ISO 9988-2:1999的前言；

——增加了国家标准本部分的前言。

本部分由中国石油和化学工业协会提出。

本部分由全国塑料标准化技术委员会塑料树脂通用方法和产品分技术委员会(SAC/TC 15/SC 4)归口。

本部分负责起草单位：国家合成树脂质量监督检验中心、云南云天化股份有限公司。

本部分参加起草单位：国家化学建材测试中心、广州金发科技股份有限公司、山东道恩集团。

本部分主要起草人：郑宁、王建东、王志春、普雪涛、胡志英。

本部分为首次发布。

塑料　聚甲醛(POM)模塑和挤塑材料 第2部分:试样制备和性能测定

1　范围

GB/T 22271的本部分规定了聚甲醛模塑和挤出材料的试样的制备和性能测定的试验方法。给出了试样模塑前和试验前处理和状态调节的要求。

规定了试样制备的方法和条件,以及测量试样的方法。列出了表征聚甲醛模塑和挤出材料的性能和试验方法。

这些性能是从GB/T 19467—2004通用试验方法中选择出来的,其他对模塑和挤出材料广泛使用的或有重要意义的试验方法也同样包括在本标准中,诸如,在第1部分规定的指定性能、熔体流动速率和拉伸模量。

为了得到重复的、可比的试验结果,有必要采用本部分规定的试样制备方法和状态调节,试样尺寸和试验方法。不同尺寸或不同制备方法的试样得到的数据不可比。

2　规范性引用文件

下列文件中的条款通过GB/T 22271本部分的引用而成为本部分的条款。凡是注日期的引用文件,其随后所有的修改单(不包括勘误的内容)或修订版均不适用于本部分,然而,鼓励根据本部分达成协议的各方研究是否可使用这些文件的最新版本。凡是不注日期的引用文件,其最新版本适用于本部分。

GB/T 1033.1—2008　塑料　非泡沫塑料密度的测定　第1部分:浸渍法、液体比重瓶法和滴定法(ISO 1183-1:2004 ,IDT)

GB/T 1034—2008　塑料　吸水性的测定(ISO 62:1999,IDT)

GB/T 1040.1—2006　塑料　拉伸性能的测定　第1部分:总则(ISO 527-1:1993,IDT)

GB/T 1040.2—2006　塑料　拉伸性能的测定　第2部分:模塑和挤塑塑料的试验条件(ISO 527-2:1993,IDT)

GB/T 1043.1—2008　塑料　简支梁冲击性能的测定　第1部分:非仪器化冲击试验(ISO 179-1:2000,IDT)

GB/T 1408.1—2006　绝缘材料电气强度试验方法　第1部分:工频下试验(IEC 60243-1:1998,IDT)

GB/T 1409—2006　测量电气绝缘材料在工频、音频、高频(包括米波波长在内)下电容率和介质损耗因数的推荐方法(IEC 60250:1969,IDT)

GB/T 1410—2006　固体绝缘材料体积电阻率和表面电阻率试验方法(IEC 60093:1980,IDT)

GB/T 1634.1—2004　塑料　负荷变形温度的测定　第1部分:通用试验方法(ISO 75-1:2003,IDT)

GB/T 1634.2—2004　塑料　负荷变形温度的测定　第2部分:塑料、硬橡胶和长纤维增强复合材料(ISO 75-2:2003,IDT)

GB/T 1843—2008　塑料　悬臂梁冲击强度的测定(ISO 180:2000,IDT)

GB/T 2918—1998　塑料试样状态调节和试验的标准环境(idt ISO 291:1997)

GB/T 3682—2000　热塑性塑料熔体质量流动速率和熔体体积流动速率的测定(idt ISO 1133:

1997)

GB/T 4207—2003 固体绝缘材料在潮湿条件下相比电痕化指数和耐电痕化指数的测定方法(IEC 60112:1979,IDT)

GB/T 9341—2008 塑料弯曲性能试验方法(ISO 178:2001,IDT)

GB/T 11546—2008 塑料 拉伸蠕变的测定 第1部分:拉伸蠕变(ISO 899-1:2003,IDT)

GB/T 11997—2008 塑料 多用途试样(ISO 3167:2002,IDT)

GB/T 17037.1—1997 热塑性塑料材料注塑试样的制备 第1部分:一般原理及多用途试样和长条试样的制备(idt ISO 294-1:1996)

GB/T 17037.3—2003 塑料 热塑性塑料材料注塑试样的制备 第3部分:小方试片(ISO 294-3:2002,IDT)

GB/T 17037.4—2003 塑料 热塑性塑料材料注塑试样的制备 第4部分:模塑收缩率的测定(ISO 294-4:2001,IDT)

GB/T 19466.3—2004 塑料 差示扫描量热法(DSC) 第3部分:熔融和结晶温度及热焓的测定(ISO 11357-3:1999,IDT)

GB/T 19467.1—2004 塑料 可比单点数据的获得和表示 第1部分:模塑材料(ISO 10350-1:1998,MOD)

GB/T 22271.1—2008 塑料 聚甲醛(POM)模塑和挤塑材料 第1部分:命名系统和分类基础(ISO 9988-1:1998,IDT)

IEC 60296:1982 电器用流体—变压器和开关用未使用过的矿物绝缘油

3 试样的制备

应使用注塑方法制备试样。必须使用相同的方法和相同的加工条件制备试样。标准条件在下面给出。

在加工前,材料应保持在防潮容器中。

3.1 模塑之前材料的处理

在加工前不需预处理。

3.2 注塑

应根据 GB/T 17037.1—1997,GB/T 17037.3—2003 或 GB/T 17037.4—2003 制备试样,使用表1中规定的条件。

表1 试样的注塑条件

材 料	注塑温度/℃	模具温度/℃	平均注射速度/(mm/s)
均聚物,MFR≤7	215	90	140±100
均聚物,MFR>7	215	90	300±100
均聚物,冲击改性,MFR≤7	210	60	140±100
共聚物,MFR>4	205	90	200±100
共聚物,冲击改性	205	80	200±100
共聚物,MFR≤4	205	90	140±100

4 试样状态调节

试样应根据 GB/T 2918—1998 在温度为 23 ℃±2 ℃ 和相对湿度为 50%±5% 条件下,至少调节 16 h。

5 性能测定

在性能的测定和数据再现中，应用 GB/T 19467.1—2004 给出的补充规定和注释。除非与表 2 和表 3 规定的情况不一样，所有的试验应在标准环境 23 ℃±2 ℃以及 50%±5%相对湿度下进行。

表 2 所列性能是从 GB/T 19467.1—2004 中选择的，它适合于聚甲醛模塑和挤出材料。

表 2 通用性能和试验条件(选自 GB/T 19467.1—2004)

性能	单位	标准	试样尺寸/mm	测试条件和补充说明	
流变性能					
熔体质量流动速率	g/10 min	GB/T 3682—2000	模塑复合物	温度 190 ℃，负荷 2.16 kg	
熔体体积流动速率	cm^3/10 min				
机械性能					
拉伸模量	MPa	GB/T 1040.1—2006 GB/T 1040.2—2006	GB/T 11997—2008 A 型	试验速率 1 mm/min	
屈服应力				试验速率 50 mm/min	
屈服应变	%				
标称断裂拉伸应变					
断裂应力	MPa			试验速率 5 mm/min，只用于断裂伸长率<10%的情况	
断裂应变	%				
拉伸蠕变模量	MPa	GB/T 11546—2008	GB/T 11997—2008 A 型	1 h	应变 ≤0.5%
				1 000 h	
弯曲模量		GB/T 9341—2008	80×10×4	测验速率 2 mm/min	
简支梁无缺口冲击强度	kJ/m^2	GB/T 1043.1—2008	80×10×4	方法 1e(侧向冲击)	
简支梁缺口冲击强度			80×10×4 V-缺口 r=0.25		
热性能					
熔融温度	℃	GB/T 19466.3—2004	模塑复合物	方法(DSC 或 DTA) 用 10 ℃/min	
负荷变形温度	℃	GB/T 1634.1—2004 GB/T 1634.2—2004	80×10×4 (平放)	方法 A(1.8 MPa)和 方法 B(0.45 MPa)	
线膨胀系数	$℃^{-1}$	TMA(见 GB/T 19467.1:2004)	GB/T 11997—2008	平行	温度在 23 ℃～55 ℃范围内得到的正割值
				垂直	
电性能					
相比电痕化指数	—	GB/T 4207—2003	(≥15)×(≥15)×4		用 A 溶液
其他性能					
吸水率	%	GB/T 1034—2008	50×50×3 或 50×3 圆片	23 ℃水中浸渍 24 h	
密度	kg/m^3	GB/T 1033.1—2008	10×10×4		

表3 聚甲醛模塑和挤塑材料附加性能和试验条件

性能	单位	标准	试样尺寸/mm	测试条件和补充说明
机械性能				
悬臂梁缺口冲击强度	kJ/m²	GB/T 1843—2008	80×10×4	A型
电性能				
相对介电常数	—	GB/T 1409—2006	(≥60)×(≥60)×2	频率100 Hz和1 MHz（补偿电极边缘的效应）
介质损耗因素				
体积电阻率	Ω·m	GB/T 1410—2006		电压:1 000 V
表面电阻率	Ω			
电气强度	kV/mm	GB/T 1408.1—2006		用25 mm/75 mm共轴-圆柱电极配置，浸于IEC 60296:1982变压器油中，用20逐级升压法。
其他性能				
模塑收缩率	%	GB/T 17037.4—2003	60×60×2	记录垂直方向和水平方向流动时模塑收缩率和总的收缩率

ICS 03.120.20
A 00

中华人民共和国国家标准

GB/T 22272—2008

良好实验室规范建议性文件 建立和管理符合良好实验室规范原则的档案

Advisory document for Good Laboratory Practice: Establishment and control of archives that operate in compliance with the principles of GLP

2008-08-04 发布 2009-04-01 实施

中华人民共和国国家质量监督检验检疫总局
中国国家标准化管理委员会 发布

前　言

本标准等同采用经济合作与发展组织(OECD)良好实验室规范(GLP)原则和符合性监督系列文件No. 15:《建立和管理符合 GLP 原则的档案》[OECD ENV/JM/MONO(2007)10，英文版]。

本标准做了下列编辑性修改：

——删除了原文中的 OECD 的背景介绍和引言。

本标准由全国危险化学品管理标准化技术委员会(SAC/TC 251)提出并归口。

本标准起草单位:中国检验检疫科学研究院、中国石油和化学工业协会。

本标准起草人:陈会明、于文莲、王晓兵、梅建、孙鑫。

良好实验室规范建议性文件 建立和管理符合良好实验室规范原则的档案

1 序言

非临床健康和环境安全研究中所产生材料和记录的存档，是符合良好实验室规范原则的一项重要内容。保存与特定研究相关的原始数据和研究中产生的样本，是重现研究过程的唯一途径，可核实最终报告中的信息，并可证实研究符合 GLP 的要求。

本标准旨在帮助试验机构，使其档案管理符合良好实验室规范原则的要求。

本标准不取代国家法规和/或法律中的相关要求，如档案保存期限的要求。

2 范围

本标准适用于遵循 GLP 原则的试验机构、签约档案、签约质量保证或信息技术(IT)服务机构和委托方，以及 GLP 符合性监督部门和接收部门。

与试验相关的组织，应确保对照他们的业务需求，来评估所适用的法规要求。档案构建和操作的某些方面，可能与建立公共卫生和安全的法规或法律相关，这些方面不在本标准范围内。

试验机构和其他组织对记录和材料实行 GLP 档案管理，可以从使用认可的档案管理标准中获益，包括那些相关元数据。

3 规范性引用文件

下列文件中的条款通过本标准的引用而成为本标准的条款。凡是注日期的引用文件，其随后所有的修改单(不包括勘误的内容)或修订版均不适用于本标准，然而，鼓励根据本标准达成协议的各方研究是否可使用这些文件的最新版本。凡是不注日期的引用文件，其最新版本适用于本标准。

GB/T 22278—2008 良好实验室规范原则

4 术语和定义

下列术语和定义适用于本标准。

4.1

档案库 archive

用于安全存储和保存记录和材料的指定的区域或设施(如文件柜、房间、建筑物或电子化系统)。

4.2

档案工作人员 archive staff

在档案管理员管理下工作的人员，负责日常的档案管理。

4.3

档案管理员 archivist

由试验机构管理者或试验场所管理者指派，负责档案管理的人，如负责存档的操作和程序。

4.4

电子档案 electronic archives

按照 GLP 原则的要求，试验机构和系统保存的电子记录。

4.5

电子记录 electronic record

全部原始实验室记录和文件，包括通过仪器接口直接输入计算机的数据、研究中的原始观测结果和活动，以及对研究报告的重现和评估所必须的原始记录。

4.6

元数据 metadata

描述其他数据属性的数据，这些数据通常描述电子记录的结构、数据元素、相互关系和特征。

4.7

转移 migration

电子记录从一种格式、介质或电子化系统转换成另一种格式、或转移到另一种介质、电子化系统上。

4.8

系统管理员 system owner

对系统影响最大的部门的管理人员、或被指派的人员、或系统的主要使用者。

5 任务和职责

5.1 委托方

委托方在实施所有非临床健康和环境安全研究符合GLP原则中，扮演积极的角色。

委托方应确保支持监管研究的材料和记录保存和保持在一定条件下，以保证其完整性和延续性。如果记录和材料转给委托方所有，则应存档并满足GLP原则的要求。委托方应按照相关部门要求的时间期限，保留研究材料和记录。在工作时间内，档案文件及保留的材料和记录应可供查阅。电子记录则应以可阅读的格式保存。

5.2 试验机构管理者

5.2.1 试验机构管理者负责提供档案设施。试验机构管理者应委派专人作为档案管理员，如果需要，可增加档案工作人员开展存档工作。当档案管理员不能履行其责任时，试验机构管理者应委派其他人履行其职责。这些委派都应有文件记录。当原委派的档案管理员和委派的档案管理员同时存在时，试验机构管理者应区分职责避免发生冲突。

5.2.2 试验机构管理者应确保试验机构中所产生的记录和材料能重现研究工作，提供证据证实试验机构符合GLP的要求，这些记录和材料应存档。

5.2.3 试验机构管理者应确保建立合适的存档程序。

5.2.4 试验机构管理者应确保只有经过授权的人员才有权访问档案。访问应受控，访问程序应有文件记录。只有在必要的情况下(如紧急情况下)，安全和技术人员应被允许访问档案，但也应在可控状态并有文件记录。

5.2.5 在必要情况下，试验机构管理者可将GLP原则关于存档对委托方的要求和职责告知委托方。

5.3 签约档案机构

如果委托方或试验机构管理者使用签约档案机构存储GLP研究的记录和(或)材料，签约方应确保档案符合GB/T 22278—2008相关部分的要求。

5.4 试验场所管理者

试验场所管理者与试验机构管理者对于档案设施和档案程序负有相同的责任。

5.5 项目负责人

项目负责人负责在研究期间或研究结束后(包括研究终止)，立即将所有与研究相关的记录和材料转入档案。项目负责人对研究记录和材料的完整性负责，并确保研究前或研究结束时，将全部材料归档。

5.6 项目代表

在研究刚结束或研究进行一个阶段后，项目代表应确保将所负责的记录和材料，送报项目负责人，或转移至指定的档案库。项目代表应向项目负责人报告转移或存档日期。

5.7 档案管理员

5.7.1 档案管理员按照标准操作程序和 GB/T 22278—2008 的要求，负责归档的管理、操作和程序。

5.7.2 档案管理员还特别应：

——确保对档案的访问在可控状态；

——确保记录和材料有序储存，并有索引系统方便检索；

——确保档案记录和材料的流入和流出被适当地管理、并被记录。

5.7.3 当需要有几位人员履行存档职责时，他们应在档案管理员的指导和监督下进行工作。在某些情况下，会给档案管理员委派具体的档案管理任务，如电子记录的管理。档案管理员的具体的职责、任务和责任，应在标准操作程序中明确。

5.8 信息技术(IT)人员

档案操作(如保证电子记录完整性)的信息技术人员，应经过适当培训，他们的操作应符合 GLP 的要求。因为存档活动属于档案管理员的主要责任，信息技术人员应在档案管理员的指导和监督下工作。因为在现代公司内这样的组织结构不可行，所以档案管理员和信息技术人员的合作应通过其他方式予以保证，例如在标准操作程序中或纸质的服务协议中予以明确。

5.9 质量保证(QA)人员

质量保证人员负责检查所有存档过程是否符合 GLP 原则，包括检查存档操作和程序，涵盖电子记录、设备、储存的记录和材料的程序。

6 档案设施

设计和建造档案设施应满足存放档案记录和材料的需要。档案设施可以是一个或多个建筑、房间、保险箱、带锁的柜子或其他可以保证安全的场所。档案设施应有物理安全措施，以阻止未经授权而访问保存的记录和材料，要求使用锁或电子进入系统。提供唯一电子档案存储的组件也应采取物理安全措施，计算机化的档案设施应有阻止未经授权的访问和病毒防护的程序。

存放档案的建筑和房间，应能应付当地的自然灾害，应考虑抵御诸如洪水泛滥这样的风险。档案库的设计应考虑保护档案内容，以免遭受如档案库下水管道泄漏的损坏。此外，火灾和爆炸的风险应被减至最低，通常应安装火灾和(或)烟雾自动探测系统。管理者还需考虑安装自动灭火系统，以将损失降至最低。如果档案设施所在地有洪水泛滥的危险，那么要考虑安装水位探测器和(或)排水设备。

档案设施应可防止老鼠和害虫的进入，在适当情况下，应具有害虫控制程序。

如有需要，为所有需要严格控制温度的设备(如冰箱和冰柜)，提供备用电力。

6.1 档案的存放条件

6.1.1 设计的存放条件应能保存、但不影响存放记录和材料的质量和完整性。对于有特殊保存期要求的记录和材料，需要特殊的保存条件以保持其完整性。例如，湿组织、块状物和储存样的保存，应与纸质文件和组织切片分开。

6.1.2 特殊的材料需要特殊的储存条件。如需要冷冻、冷藏、干燥贮存的材料等，或在电子媒介条件下，需要避免灰尘和磁干扰的材料。对特殊储存条件的要求，应在试验设施的标准操作程序中予以明确。

6.1.3 如果已经明确规定要使用特殊的存储条件，那么应在档案存储区运行环境监测程序，以确保达到特殊的储存条件。

6.1.4 如果使用连续(自动)监测系统(在超过规定限度的情况下，可作为警报器)，那么按照 GLP 原则，就需要对这些系统进行定期维护、测试、校验，并保存记录。

6.2 灾难恢复

试验机构和签约档案机构应制订相应程序，将不利事件对存档的记录和材料的损害降至最低。通常的不利事件包括：火灾、断电、极端天气损害、水灾、盗窃和故意破坏。程序可包括执行保护措施、复原和（或）恢复丢失或损坏的记录和材料、并重建安全系统。计划应包括有用的和应急的联系方式、必要设备的位置，并做记录［如：事件记录、解决和（或）恢复所采取的措施］。

7 安全

7.1 物理安全和操作安全

7.1.1 档案设施应兼顾物理安全和操作安全，以阻止未经授权的访问和更改，避免丢失保存的记录和材料。试验机构管理者应通过采取合适的措施确保安全，并将其写入试验机构的标准操作程序。

7.1.2 限制访问电子记录的安全管理措施，通常与应用于其他记录类型的安全管理措施不同。由于许多电子存储介质可重复使用（如擦写），应采取措施确保记录不被更改或删除。

7.2 访问档案

按照正常的档案工作，档案访问应被控制，档案访问限于档案管理员和档案工作人员。紧急访问（尤其是在非工作时间或由于安全原因），应急人员可以单独进入和（或）操作档案。否则，档案访问者应在档案管理员或档案工作人员的陪同下访问档案，访问档案存放区的过程应被记录下来，而且这种记录应被保存。对于电子档案，上述的限制或许不适用，但也应避免电子档案中电子记录的最小删除或更改。对于电子记录，管理者可向广大的公众授权只读访问。

8 存档程序

8.1 标准操作程序（SOPs）

只要适用，下列问题应在档案标准操作程序中陈述：

a) 访问档案；
b) 档案的定义和描述；
c) 索引程序，包括电子记录；
d) 记录和材料应被保存的条件；
e) 存档记录和材料的接收程序；
f) 记录和材料的访问、转移和归还程序；
g) 档案管理员和档案工作人员的职责；
h) 档案设施、保存的记录和材料的安全措施；
i) 气候控制；
j) 保存期限；
k) 存档记录和材料的处置；
l) 是否存在签约存档服务；
m) 是否转交给委托方或第三方；
n) 灾难恢复；
o) 对档案管理员和档案工作人员的培训要求；
p) 非特定研究记录存档的频率；
q) 电子记录定期更新。

8.2 保存的记录和材料

保存的记录包括纸质记录、照片、缩影胶片或单片缩影胶片、计算机媒介、指定的监测、来自自动仪器的记录数据、或任何其他包含非临床健康或环境安全研究数据的存储介质。

保存的材料包括：湿组织、石蜡块、样本、切片、涂片、试验材料/存留样品等。记录和材料可能仅属于特定的研究，也可能与多个研究相关。

8.2.1 特定研究的记录和材料

指按照研究计划实施的单一研究中所产生的记录和材料。项目负责人确保在研究完成日期后，立即将这些记录和材料转移存档。这些记录或许要经过核查，以确认所报告的特定研究结果，并可对研究与GLP原则符合性进行整体评价。下面是需要在档案中保存的具体研究的记录和材料：

a) 研究计划、原始数据、每项研究的最终报告；
b) 其他与研究相关的文件和通讯等，如交货收据、电话记录、传真等；
c) 试验样品和参照物；
d) 样本；
e) 分析证书。

8.2.2 设施记录和材料

这些记录和材料由试验设备或场所产生，并可能由试验设备或场所完成的一项特定研究或多个研究中生成。为了重现研究可能需对这些记录和材料进行核查，以及对试验设备与GLP原则的持续符合性进行整体评价。管理者应在标准操作程序中明确：如何和由谁来对这些记录和材料进行归档。

下面是应予以保存的实验记录和材料的例子：

a) 质量保证(QA)人员进行的所有检查的记录；
b) 主进度表；
c) 组织结构图；
d) 楼层/现场平面图；
e) 研究人员的资质、培训、经历和工作描述的记录；
f) 仪器维护和校准的记录和报告；
g) 计算机系统的验证文件；
h) 所有标准操作程序的历史文件；
i) 环境监测记录；
j) 试验样品和参照物，如被用于超过一项研究；
k) 分析证书，如被用于超过一项研究。

8.3 索引

GLP原则要求将存档中的记录和材料编入索引中，便于有序地存储和快速检索。使用的索引系统应便于从研究记录和设施记录中检索到重现某个研究所需的所有信息。

8.4 记录和材料归档

8.4.1 完成研究(包括终止研究)后，项目负责人确保将所有研究文件、数据、相关记录和材料及时存档。项目负责人对研究文件、数据、相关记录和材料的完整性负责，直到这些材料被归档。一旦被转移到档案库，试验机构管理者将负责保持记录和材料的完整性。试验机构管理者应确保把材料从项目负责人转移到档案管理员的时间周期，如果存在法规应符合国家法规要求。

8.4.2 在转移记录和材料到档案库之前，项目负责人负责建立存档目录，以确认记录和材料的完整性，并确保这些记录和材料全部转移存档。一旦转移完成，档案管理员和档案工作人员应通过比对目录清单和确认收据，检查记录和材料的完整性。

8.4.3 试验机构管理者应确保非特定研究实验记录，如维护记录、员工培训记录、组织结构图等定期归档，并应在试验机构的SOPs中予以明确。获得这些非研究记录和材料的程序和获得研究记录和材料的程序相似。

8.4.4 在多场所研究中，在每项研究开始前或启动时，单个实验场所生成的记录和材料的存档程序，应达成一致并记录在案。

8.4.5 项目代表应将研究材料转移到档案库的情况通知项目负责人。

8.5 转移

8.5.1 有时可能需要将存档记录和材料从一个档案设施转移到不同物理位置的另一个档案设施。任何转移发生之前，转移记录和材料、包括电子记录的档案管理员，应确保在试验机构管理者、接受机构的管理者、委托方之间有一个文件协议和转移计划。文件应包括转移的记录和材料的详细信息、合同内容、接收机构的地址、以及两地之间的转移方式。

8.5.2 档案管理员应在相应转移流程文件中，清楚地描述被转移的记录和材料。材料转移与书面记录工作相结合，两地转移应采取这种方式使记录和材料的丢失或损坏的风险减到最小。

8.5.3 接收转移记录和材料的人，应对其与整套保管文件的符合性进行检查。一旦接收，接收人有责任确保维护并妥善保存移交的记录和材料。参与转移的各方应保留保管文件的副本。计算机存档系统之间存档材料的转移，应根据转移计划做记录和实施转移。

8.6 保存期限

8.6.1 保存期限应遵照主管机关(受理)的规定。该保存期限是指为了新产品或上市产品注册进行验证的安全研究，其数据应保存和审查的最短期限。只要主管部门要求开展各研究的 GLP 审核，那么与安全研究相关的记录和其他可长久保留的材料应予以保存。

8.6.2 当实施例行的试验机构检查时，包括开展研究审核。监督部门和(或)其检查人员，通常会选择上次检查后、或上两次检查(在有些国家)后，已经完成的研究或在开展的研究进行检查。如果相应的主管部门没有规定保存期限，记录和材料应至少保存三个检查周期，以便检查人员对试验机构是否符合 GLP 原则做出评估。对那些未提交给主管机关的研究，保存期过后，处理特定研究记录和材料是可接受的(如果合理的话)。

8.6.3 GLP 原则规定："除短期研究外，所有研究都应保留有从每批次试验样品中提取的、用于分析目的的留样"。然而，当材料的质量不能满足评估要求时，试验样品和参照物可被丢弃，显然应选择最佳条件储存这些样品。在保留期限结束之前，处理掉试验样品和参照物或样本，应给出处理的正当理由并做相应记录。

8.6.4 易腐烂的样本，如血液涂片、冷冻干燥制备物、湿组织，当他们不再能查阅或评估时，即可丢弃。对于不易腐烂的标本，适用于一般原则。

8.6.5 当介质本身不再允许评估(由于硬件或软件问题)时，电子介质可以丢弃。这种处置需要经过授权，并文件化，并且将电子记录转移，并对任何记录的丢失进行登记。

8.7 取阅

8.7.1 应建立相应的记录和材料的取阅程序。这些程序应在其可能从档案库被移走的情况下(出于检查或法规的目的，由委托人)作出详细规定。该程序应详细描述允许谁收回记录和材料，谁能授权移动记录和材料，以及记录和材料应当退回给档案库的时间。

8.7.2 浏览不能更改、不能删除、也不能复制到另一个计算机系统中的电子记录，不属于"取阅"的范围。

8.7.3 GLP 原则规定，记录和材料存入和被移出档案库应有妥善的记录。应有合理的机制使档案管理员可追踪记录和材料的进出，并能确定那些记录和材料没在规定时间内归还。一旦归还档案库时，档案管理员或者指定档案工作人员要检查记录和材料的完整性，并确认未被修改。并应告知管理者记录和材料的任何差异。

8.8 记录和材料的处理

在处理任何存档记录和材料之前，应获得试验机构管理者授权，有时还要获得委托方的授权。处理的原因要作相应的记录，并且通知质量保证人员。存档记录和材料的处理应做相应记录。

9 电子记录存档

虽然电子记录存档的要求和其他档案存档要求相同，但电子记录存档还有另外的特点。下面将做详细叙述。管理者确保为电子媒介存档建立相应的标准操作程序，以保证电子媒介在安全的GLP环境下存档。

9.1 电子化保存记录的决定

决定使用电子形式保存记录有重要意义。长期保留电子记录，可能影响选择储存介质，因为储存介质的损坏可导致记录的永久丢失。计算机技术发展迅速，在今天可以用来读取储存介质的设备，可能在将来就不能使用。电子记录应在可适用的存储期中用可读的方式储存。

9.2 储存介质

记录可通过计算机系统转移到储存介质上，如磁带、磁盘、CD或光盘，可被用于储存物理档案。存档程序应包括考虑从旧介质到新介质电子记录移动所应受的附加管理。应考虑未来访问储存在这些介质上的数据或记录，或许需要特殊的储存条件，如保护免受磁场的影响。

9.3 计算机系统上指定的存档区域

在同一台计算机上，电子记录可以从计算机处理系统的生成部分移到一个独立、安全的存档区(物理分开，如档案记录系统)，或明确标明为存档区(逻辑上分开，如数据库记录系统)。记录应“锁定”以避免在未知的情况下被更改或删除。以这种方式存储的档案，应在指定档案管理员的管理下，并与其他形式记录的管理一致。

9.4 专用电子档案系统

9.4.1 记录可从获得记录或操作记录的计算机系统转移到一个独立的、专用的电子存档系统。所有与研究重现相关的数据都需要转移。这包括，但不限于原始数据、元数据、审查追踪、电子签名，及在将来可获得所有记录的相关硬件和软件。

9.4.2 理想状态下档案管理员也是电子存档系统的系统管理员，实际上大家公认电子存档系统由信息技术(IT)人员管理。档案管理员基本的职责是管理档案，但其重要的任务是协助确保满足法规的要求。因此，试验机构管理者应确保档案管理员和信息技术人员之间的合作和协调。

9.4.3 信息技术人员应遵守与档案管理员和(或)试验机构管理者协商确定的程序。

9.5 电子记录的维护和保存

9.5.1 电子记录应有存储过程以确保未来的使用，否则电子记录将具有风险。存储程序应能够确保基本信息保存完整、并在特定保存期内可以获得。如果记录介质要求一个过程以确保保存的记录以可读的格式存储，那么就要提供适当的设备以便可以持续读取这些记录。如果不能保证读取，就需要考虑将数据从一个介质转移到另一个介质上。

9.5.2 如果电子记录必须转移，则转移过程应进行完整的登记，在原始记录被删除或销毁之前应进行验证，以确保记录已经全部准确地转移过来。如果不可能将记录转移到新的电子介质上，就需要将其转化为纸质记录。作为档案保存计划，应对电子档案进行备份。

10 质量保证

档案设施和存档过程，是试验机构符合GLP要求的重要组成部分。因此应当通过例行的质量保证(QA)检查和审核。当档案记录和材料需要转移时，应通过执行直接的质量保证检查来对该转移过程进行监督。

11 签约档案服务

GLP原则要求试验机构应有档案库，能够对记录和材料提供安全保存。通常试验机构自身就配有档案设施，但也不排除签约档案机构。在这种情况下，本标准同样适用于签约档案设施。签约档案机构涉及到GLP研究，因此应当受质量保证计划、检测机关的检查和审查，以评价对GLP原则的符合程度。

当使用签约档案设施时应考虑以下因素：

11.1　合同和(或)服务水平协议

应当提供一份正式的协议,详细列出签约档案机构提供的服务水平和服务条件。这份协议应包含存档数据和材料的描述、传输、流程、通过签约档案机构使用存档的记录和材料、签约档案机构提供的服务(例如定期检验湿组织的容器)、安全性、存储条件、存储期限、取阅和(或)使用的方法以及归还和(或)处置的方法、质量保证活动和责任、以及在该协议中陈述的其他需考虑的事项。签约档案机构应依照其现有相关的、或试验机构管理者提供的标准操作程序,这个应在协议中特别指出。

11.2　访问安排

应规定如下程序:如何、何时记录和(或)材料的提供者能够访问存储的记录和(或)材料。任何这种访问都应当被批准并予以记录。

11.3　存储条件

签约档案机构遵守的存储条件和程序,应当与那些按照 GLP 原则进行操作的试验机构档案的标准一致。包括:指定有资质的档案管理员、有书面经批准的存档标准操作程序、规定合适的储存区域,防止储存记录和材料损坏和损失。

11.4　检查

签约档案机构应接受来自质量保证机构、代表试验机构、委托方的定期检查,以保证满足服务水平协议的条件,确保签约档案机构运行的体系和程序符合他们的 SOPs 和 GLP 原则的要求。

12　档案的终止

12.1　原则

GB/T 22278—2008 中 3.10.5 规定:如果一个试验机构或签约档案机构即将停业,且没有法定的继任者时,档案应转交至研究委托方的档案库里。

12.2　采取的措施

如果一个试验机构或者试验场所不遵循 GLP 的原则进行档案管理、或者停止运行,应当采取以下措施:

12.2.1　试验机构应及时通知相应的国家 GLP 符合性监督部门。

12.2.2　一旦决定关闭档案或者如果停止运行,试验机构管理者应保证尽快通知委托方,委托方应确保将所有与研究相关的数据和材料,转移至其他符合 GLP 档案管理规则要求的机构保存,并按有关部门规定的期限进行保存。

12.2.3　对于非特定研究的记录、或多个委托方发起研究的相关记录,应根据 GLP 的原则予以保存。试验机构管理者应当与委托方就以下内容达成一致:试验机构关闭后,怎样确保数据和材料被存储在符合 GLP 要求的档案机构,保存期限应符合主管机关的规定。委托方对这些与研究相关的记录和资料的访问应被同意,并应对访问予以记录。

12.3　监督部门的检查

档案被转移至新的档案设施后,GLP 监督部门将对该新档案设施开展正常的检查。如果记录或数据被转移至其他国家的档案设施中,应通知该国家的 GLP 监督部门。

参 考 文 献

［1］ OECD Principles of Good Laboratory Practice (as revised in 1997), ENV/MC/CHEM(98)17, OECD, Paris, 1998. (No. 1 in OECD Series on Good Laboratory Practice and Compliance Monitoring).

［2］ Revised Guidance for the Conduct of Laboratory Inspections and Study Audits, Environment Monograph No. 111, ENV/GD/(95)67, OECD, Paris, 1995 (No. 3 in OECD Series on Good Laboratory Practice and Compliance Monitoring).

［3］ The Application of The Principles of GLP to Computerised Systems, Environment Monograph No. 116, OECD/GD(95)115, OECD, Paris, 1995. (No. 10 in OECD Series on Good Laboratory Practice and Compliance Monitoring).

ICS 03.120.20
A 00

中华人民共和国国家标准

GB/T 22273—2008

良好实验室规范建议性文件 良好实验室规范原则在体外研究中的应用

Advisory document for Good Laboratory Practice(GLP):The application of the principles of GLP to in vitro studies

2008-08-04 发布 2009-04-01 实施

中华人民共和国国家质量监督检验检疫总局
中国国家标准化管理委员会 发布

前　　言

本标准等同采用经济合作与发展组织(OECD)良好实验室规范(GLP)原则和符合性监督系列文件No.14:《体外研究中使用的GLP原则》[OECD ENV/JM/MONO(2004)26,英文版]。

本标准做了下列编辑性修改:

——删除了OECD的背景介绍和引言。

本标准由全国危险化学品管理标准化技术委员会(SAC/TC 251)提出并归口。

本标准起草单位:中国检验检疫科学研究院、中国石油和化学工业协会。

本标准起草人:陈会明、于文莲、王晓兵、梅建、孙鑫。

良好实验室规范建议性文件　良好实验室规范原则在体外研究中的应用

1　序言

体外试验研究系统长久以来被用于获得与人类健康和环境有关的化学品安全数据。许多国家的法律要求，关于人类健康和环境方面的研究应按照良好实验室规范（GLP）的要求开展。体外方法传统上主要用于遗传毒性试验，主要参照来自体外试验研究获得的数据进行风险评估。鉴于现在强调减少在安全性试验中使用动物，体外方法的作用日益突出，已经成为体内安全试验的替代或补充。此外，随着毒理基因组学、毒理蛋白质组学、毒理代谢组学和其他如芯片等高通量筛选技术的发展，体外安全试验的重要性日益增加。

GLP 原则对安全研究的计划、管理、记录、报告和存档的要求，与其他类型的研究没有差异。因此，GLP 原则描述了所有非临床健康和环境安全研究、包括体外研究的要求，并提供了实施这些研究的指导原则。为了促进 GLP 原则在体外试验中的应用，有必要进行进一步的说明和指导。

2　目的

本标准目的是促进 GLP 原则在体外研究组织和管理上的正确应用和解释；同时就 GLP 原则在体外研究中的正确使用，为试验机构（包括管理、质量保证、项目负责人和研究人员）及国家 GLP 符合性监督部门提供指导。

本标准旨在对 GLP 原则在法规要求注册登记为目的的体外研究中的使用和指南提供指导。本标准按照 GLP 原则不同部分的次序组织，以便于参考和使用。

3　范围

本标准是 GLP 原则在非临床安全试验体外研究中的应用。这些非临床安全试验样品包含：医药、农药、化妆品、兽药以及食品添加剂、饲料添加剂和工业化学品。试验样品通常是合成化学品，不过也有天然或生物来源的物质，有时也可能是活体生物。实施这些试验的目的在于获得试验物质的特性和（或）人类健康和环境的安全数据。

除非法律豁免，GLP 原则适用于法规所要求的所有非临床健康和环境安全研究，包括：医药、农药、食品添加剂与饲料添加剂、化妆品、兽药和类似产品的注册或申请许可证，以及工业化学品管理。

4　规范性引用文件

下列文件中的条款通过本标准的引用而成为本标准的条款。凡是注日期的引用文件，其随后所有的修改单（不包括勘误的内容）或修订版均不适用于本标准，然而，鼓励根据本标准达成协议的各方研究是否可使用这些文件的最新版本。凡是不注日期的引用文件，其最新版本适用于本标准。

GB/T 22275.3—2008　良好实验室规范实施要求　第 3 部分：实验室供应商对良好实验室规范原则的符合情况

GB/T 22275.5—2008　良好实验室规范实施要求　第 5 部分：良好实验室规范原则在短期研究中的应用

GB/T 22278—2008　良好实验室规范原则

5 术语和定义

下列术语和定义适用于本标准。

5.1

体外研究 in vitro studies

使用微生物或从完整生物体分离出的组分或模拟物，而不是以完整多细胞生物体作为试验系统的研究。

在 GLP 原则下，许多体外研究被界定为短期研究。对于这些体外研究，要参考并适当地使用 GB/T 22275.5—2008，以便运用相关规定促进项目负责人的工作和质量保证工作。

5.2

参照物 reference item

在很多情况下，体外研究的操作指南要求使用适当的阳性、阴性和(或)介质对照物。按照 GB/T 22278—2008 中对参照物的定义，这些对照物并不用于评判试验样品在试验系统中的反应，而是用来控制试验系统的正常运行。由于阳性、阴性和(或)介质对照物的目的可能与使用参照物的目的类似，那么参照物也应包括“阳性、阴性和(或)介质参照物”。但在某种程度上，阳性、阴性和(或)介质参照物的可分析特征化程度应不同于对参照物的要求。

5.3

无菌条件 aseptic conditions

受潜在的细菌和(或)病菌污染程度最小的工作环境条件。

5.4

细胞系 cell lines

经过遗传改变成永生化的细胞。理论上，可长期体外增殖，并且经过增殖后作为细胞库冷冻储存。与原代细胞为不同种群的细胞系相比，永生化的细胞系通常更均匀、更稳定、增殖能力更强。

5.5

阴性对照 control, negative

试验系统中独立的部分，受试物在试验系统中无反应；阴性对照提供在试验条件下试验系统无反应的证据。

5.6

阳性对照 control, positive

试验系统中独立的部分，受试物在试验系统中有反应。阳性对照提供在试验条件下试验系统有反应的证据。

5.7

空白对照 control, untreated

保持原有培养条件的试验系统中独立的部分。空白对照试验提供试验系统的基线数据。

5.8

介质对照 control, vehicle

加入介质的独立的试验系统部分。介质对照提供在实际试验条件下，被选用的介质对试验系统没有影响的证据。

5.9

关键阶段 critical phases

研究的质量、有效性和可靠性所主要依赖的研究中的单个、或者确定的一系列过程或活动。

5.10

交叉污染 cross-contamination

因为疏忽，一个试验样品被另一个试验样品污染，一个试验系统被另一个试验样品或另一个试验系统污染,导致试验样品污染或试验系统被破坏。

5.11

冷冻保藏 cryopreservation

在冷冻的条件下保存细胞和组织,保持其生命力。

5.12

冷冻瓶 cryovial

用于冷冻保藏的专用瓶。冷冻瓶应能满足特殊要求,即在冷冻和融化过程中遇到极低的温度和极端温度改变,都能牢固密闭。

5.13

离体 ex vivo

从完整动物获得的、用于进一步分析的细胞、组织或器官。

5.14

基因转染 gene transfection

引入外源性的、互补DNA(单个或多个基因)到宿主细胞中。

5.15

高通量筛选 high through-put screening

使用微型化、机器人技术,根据特殊活性,从巨大的文库中筛选出单个目标基因、蛋白质、细胞、组织或化合物,供进一步开发使用。

5.16

微阵列 micro-arrays

成套的微化学反应区域有序排列,被点到固体矩阵如显微载玻片上。DNA微阵列提供基于碱基配对规则的、匹配已知和未知DNA样品的方法。DNA微阵列实现了鉴别未知DNA样品的过程的自动化,实现探测生物样品:确定基因表达、标记模式或DNA/RNA的核苷酸序列。

5.17

原代细胞 primary cells

从动物或植物中新分离出的细胞。新分离的原代细胞可能在培养中迅速逆向分化,并且通常具有有限的寿命。从动物或人体中分离出的原代细胞,或许代表不同的种群,例如由于所用纯化技术不同,细胞种类和分化状态存在差异。每次分离都将是唯一的且不能被严格复制。原代细胞培养,一般需要复杂的营养介质,需要补充血清和其他成分。因此,原代细胞培养系统非常难以标准化。

5.18

专有材料 proprietary material

受到(专利、著作权或商标)法律保护,以免非法使用的材料。

5.19

试剂盒 test kit

可以现成使用的试剂组合,包括了化验、测试或研究所需的所有试剂。

5.20

组织 tissues

作为生物体要素的、具有特定功能的、可分化细胞的多细胞集合体。

5.21

毒理基因组学 toxicogenomics

基因组对环境应激物和毒物如何反应的研究系统。毒理基因组学的目标,是发现毒物的毒性反应与暴露于毒物的机体遗传图谱改变之间的相关性。毒理基因组学结合了新兴的基因组学和生物信息学技术,以识别和特征化已知的和可疑的毒物作用机理。现在,DNA微阵列和DNA芯片是毒理基因组学的首要研究工具，被用以对成百上千的基因表达水平同时进行检测。

5.22

毒理代谢组学　toxicometabonomics

为了将靶器官毒性和 NMR 光谱模式联系起来，为了鉴别新的毒性替代标记物，使用 NMR 模式识别技术对生物体液组分进行系统探测，定量测定活生物系统对病理生理刺激或遗传修饰的、与时间相关的多参数新陈代谢反应。

5.23

毒理蛋白质组学　toxicoproteomics

细胞或组织中的整体蛋白质表达如何对环境应激物或毒物作出反应的研究。毒理蛋白质组学的目的是发现毒物的毒性反应与机体暴露于毒物后蛋白质图谱补体改变之间的相关性。

5.24

转基因细胞　transgenic cells

转入一个或多个外源性基因的细胞，这些外源性基因在母细胞中特征和功能不表达或者低表达。

6　职责

6.1　试验机构管理者

试验机构管理者的主要责任是常规责任，同时适用于体内和体外研究。例如，试验机构管理者要求确保人员的资质、随时开展研究所需的试验设施与仪器设备的能力认定。试验机构管理者应当注意，体外试验可能会影响某些责任的执行，例如：试验机构管理者应保证试验人员明确地知道他们的职责。对于体外研究应为试验人员提供无菌化处理和生物危险物质处理过程的专门培训。体外研究可能需要在专门的试验空间开展，试验过程应避免试验系统的污染。另外应保证试验设备的供应要符合研究工作的要求。某些体外研究可能需要使用专有物质和试剂盒。按照 GB/T 22275.3—2008 的要求，用于 GLP 符合性研究的材料，其适宜性应当使用合适的质量体系进行生产和验证，因此产品的适应性对生产商和供应商是最大的责任。试验机构管理者的责任是通过对供应商所采用的生产、经营和政策的评估来确认这些要求是否被充分执行。

6.2　项目负责人

项目负责人的责任与研究工作的类型无关，GB/T 22278—2008 中所列的责任也同样适用于体外研究。项目负责人是研究工作控制的中心环节，应对整个研究工作和报告负责。

6.2.1　体外研究的项目负责人应特别注意对试验系统的判定和鉴别的记录，这对于体外研究更为困难。参考下文试验系统章节中有关使用试验系统的判定和鉴别记录的要求。对于体内研究来说，这些活动就相当简单。如使用某种特定物种，要解释其合理性只要记录这些生物的特征，使之成为合适的模型以利于评估所感兴趣的效果就可以。表征某一动物，只需简单地记录动物的以下信息：物种、类、亚类、供应源、数量、体重范围、性别和年龄。

6.2.2　下列要求可能对体外研究更难以实现：

6.2.2.1　试验系统合理性的判定要求项目负责人提供详细资料，以证明试验方法已得到验证，或该方法在结构、功能和（或）机理方面与一个已经确证的参照试验方法相类似。使用这些类似新方法之前，项目负责人应提供文件证明该方法对适当的参照物具有预期的表现和结果。

6.2.2.2　记录对体外试验系统特征的描述可能有一定困难。虽然项目负责人在供应商的协助下，能描述试验系统的某些特征（如细胞系、年龄/传代、起源），但是项目负责人也应记录试验系统在试验相应参照物[包括阳性、阴性、空白的和（或）介质参照物]时有所要求的表现结果。举一个在体外研究中使用专有材料或试剂盒的特殊例子：专有材料和试剂盒的质量应由供应商、生产商或专利持有人保证；试验机构管理者负责确保供应商符合上述的质量标准要求。项目负责人的责任是通过审查供应商的生产、经营和政策，确保使用的材料或试剂盒符合研究要求，并确保试剂盒经过了充分验证且满足使用要求。由于研究结果的质量和可靠性直接受试验材料或试剂盒质量和性能的影响，因此供应商提供的质量控制文件的完整性和可接受性特别重要，项目负责人应做彻底审查和严格的评估。项目负责人至少应能判定制造商所采用的质量体系是否适当，并应有一切必需的文件来评估试验系统的适应性，如演示试验的结果。

6.3 研究人员

研究人员要认真观察，当要求无菌条件时，应按照相关程序进行体外研究，避免试验系统受到病原菌的污染。同样，研究人员应严格按照操作步骤(参见参考文献[1])，以避免试验系统之间的交叉污染和确保研究的完整性。研究人员应认识并严格遵守有关隔离试验系统和涉及到生物危险物质研究的要求。另外，在体外研究中使用危险化学品时，也应采用适当的预防措施将危害减到最低。

7 质量保证

体外研究和体内研究的质量保证(QA)没有很大差异。在某些情况下，体外研究局限于短期研究范围。在这种情况下，GB/T 22275.5—2008 适用于体外研究。若主管部门许可，质量保证(QA)可以对体外研究进行以试验程序为基础的检查。因为 GLP 原则要求运用 QA 检查研究的关键阶段，所以对于体外研究，QA 应很好地掌握研究的关键阶段(和关键方面)。质量保证检查的导则应通过与项目负责人、项目代表和研究人员的合作，共同制定。QA 的检查涵盖了体外试验的各个具体方面，因此 QA 人员的教育和培训也应明确方向，使 QA 人员具备识别体外研究具体领域潜在问题的能力。

检查的具体领域可能包括但不限于以下程序和措施：

a) 监测试验系统(如小牛胎盘血清等)运行中关键的细胞和组织培养液的组成，以及其他对试验系统有影响的试验材料的批号；

b) 评估并确保细胞、组织和其他指示性材料的功能和(或)形态状况(和完整性)；

c) 监测来自外界细胞、支原体、其他病原菌或其他偶发性有害物质引起的潜在污染；

d) 设施和设备的清洗和消毒，最大限度地减少对试验样品和试验系统的污染；

e) 确保专门设备得到合理的使用和维护；

f) 确保细胞和组织被正确地冷冻保存、复苏；

g) 确保对取出的冷存材料维持适当的条件和环境；

h) 确保用于细胞和组织培养用材料和用品的无菌消毒；

i) 对不同研究和试验系统保持适当的隔离。

8 设施

8.1 概要

GLP 原则规定试验设施应符合研究的要求，并保持不同研究活动之间有足够程度的隔离，以确保每项研究能适当地、不受干扰地进行。通常体外研究一般只占用有限的工作空间，而且通常使用不排除其他试验运行的专用设备，所以应采取措施，以确保在同一物理环境中共存的体外研究有适当的隔离。

8.2 试验系统设施

GLP 原则要求有足够数量的房间或空间以确保不同试验系统的隔离，而且这些空间应确保使试验系统受污染的概率降到最低程度。但是词语“空间”没有专门的界定和解释，因此适应于各种不同的体外研究情况。重要的是每一个试验系统和研究的完整性不应受到潜在污染、交叉污染或混合污染的危害。

8.2.1 只要进行足够程度的隔离(如适当的标识、标签或分开放置以在研究之间进行区分等)，可以在同一培养箱中培养不同项目的细胞或组织，很少有被测物能挥发以至污染在同一培养器中的其他细胞或组织。

8.2.2 对关键研究阶段的隔离不仅在空间上可能，而且在时间上也可能。细胞和组织培养，如传代培养、试验物质的加入等，通常是在垂直层流通风柜中进行，以保证无菌环境，保护试验系统、研究人员和环境。在这种情况下，通过在单个研究中所用试验系统的有序操作，以达到足够的隔离以便避免不同研究之间的交叉污染。这些操作包括在试验之间对通风橱和相关实验室设施表面进行认真的清洁和净化/消毒。

8.2.3　另一个重要的方面是为长期储存试验系统而提供配有特殊设备的专门场所或空间。特殊设施包括储存容器，应为维持试验系统长期的完整性提供足够的条件。

8.3　处理试验物质和参照物的设施

GLP原则对处理试验物质和参照物的要求同样适用于体外试验，试验物质和参照物的交叉污染也是需要考虑的一个方面。另外，无菌操作应是体外研究的一个重要考虑因素，因此应确保制备和混合试验物质和参照物的场所或空间的无菌状态，从而保护试验系统和研究以使试验物质和参照物制备过程受到污染的概率最小。

9　仪器、材料和试剂

GLP原则对仪器的常规要求，同样适用于体外研究的仪器。但还有一些具体的要点和特定的问题需要说明，例如确保实验设备的性能和良好的状态对某些体外研究的完整性和可靠性很重要，如微量天平、微量移液管、层流通风柜或培养箱需要定期维修，并在使用时进行监测和校准。对于特殊的仪器，需要确定关键参数并持续监测、或设定阈值范围并配备报警装置。

在GLP原则中对试剂的标签和有效日期的要求同样适用于体外研究。

10　试验系统

体外试验系统主要是生物系统，虽然替代常规体内试验的方法在近期得到发展（如毒理基因组学的基因阵列），也表现出一些物理-化学试验系统的属性，但还有如毒理代谢组学，可能以分析方法为主。试剂盒（包括专利试剂盒）应被视为是试验系统。

10.1　试验系统条件

与任何生物试验系统一样，对其应确定适当的条件，并在储存和研究过程中加以维护和监测，以确保试验系统的质量和完整性。这包括文件说明、维护、试验系统稳定性和反应的监控，包括细胞传代数量和细胞群体倍增次数的记录。环境条件也应予以记录（如在液氮冻存系统中液氮、温度、湿度和培养器中CO_2的浓度等），还要记录保持维护试验系统质量和完整性的操作（如使用抗生素或杀菌、传代培养、选择性培养以降低自然事件的频率）。因为对试验系统在存储过程中所需适宜环境条件的维护，对数据质量的影响要比其他生物系统会更大，因此保持记录数据的质量和可靠性尤其重要。

10.2　新接受的试验系统

对供应商为体外试验系统提供详细的资料（如来源、年龄/传代数、细胞倍增次数和其他能帮助识别试验系统的相关特性）应予以检查，并保留在研究记录中。按照预先确定的标准评估试验系统的稳定性、适宜性[如细胞和组织的功能和（或）形态、试验已知或可疑的微生物或病毒污染物]和反应性。这些评估结果应记录并保留在研究记录中。如果没有做评估的可能性，比如原代细胞培养或"再造器官"，在供应商和使用者之间应有一种机制来确定并记录试验系统的适宜性。测定和记录其对阴性和阳性对照物的反应，将提供特定试验系统反应性的充分证据。任何试验系统中可能影响研究质量、正确性和可靠性的问题，都应在最后的报告中予以记录并讨论。如供应商供应的试验系统有问题，应与供应商沟通，并采取纠正措施。

10.3　试验系统的记录

10.3.1　GLP原则要求对试验系统的来源、到达日期和到达时的状态应有完整的记录。对于细胞和组织，记录不仅应包括直接来源（如供应商），而且还应包括细胞或组织的原代来源（如具有供体性质的原代细胞或组织，从确切来源建立的细胞系等）。其他信息应包含但不限于最初获得细胞或组织的方法

(如来自于组织外植体产生的正常或癌组织的活组织切片、通过质粒转染或病毒转导的基因转移等)、转运和保管的年代、细胞系的转代数、培养条件和传代培养间隔、冻存/解冻条件等。此外,对于转基因试验系统,需要确定转基因的性状,并监测其在适当的条件下的表达水平。

10.3.2 在储存和使用过程中,需要特别注意试验系统的正确标记,并采取规范以确保标签的耐久性。尤其是容器的尺寸和储存条件(如速冻、储存在一个液氮容器中的多个试验系统)等标签关键因素,应采取措施确保任何时候都可正确识别试验系统。

10.3.3 GLP原则对于试验物质和试剂在标签和有效期的规定和要求,同样适用于体外试验系统中所用试剂盒。试剂盒无论是用于试验系统,还是用于其他方面如分析目的,都应当有明确的有效期。只有具备书面的评估(和分析),有效期才可延长。对于用在试验系统的试剂盒,评估记录应包括:多批试剂盒对阳性、阴性和(或)介质参照物的测试的历史记录和证据;且即使在有效期后其测定结果并未偏离历史记录对照值,项目负责人如要做出延长有效期的决定,应提供评估过程的证据。

10.3.4 为避免混淆,试验系统的术语应当明确定义,试验系统的标签和来自于个体研究的所有记录,应具有试验系统正式认可的名称。

10.4 试验物质和参照物(包括阴性和阴性对照物)

10.4.1 除了GLP原则中的规定之外,通常对用于体外试验系统的试验物质和参照物的接收、处理、取样、保存和鉴别没有特殊的要求。然而,在样品处理过程中要求严格的无菌操作环境,以避免试验系统受到微生物污染。

10.4.2 对阴性、介质和阳性对照物,如果可提供其在试验系统中获得预期的正常结果的证据。可能需要也可能不需要测定其浓度和均匀性。

10.4.3 通过记录资料的评估和分析,对照物的有效期可被延长。这种评估由以下文件证据组成:阴性、介质和阳性对照物在各试验系统中的反应并没有偏离记录的试验设备的历史对照值,与文献的参照值也具有可比性。

10.5 标准操作程序(SOPs)

除了GB/T 22278—2008中3.7.4.1～3.7.4.5之外,对体外试验的一些专门步骤和过程应在标准操作程序中予以描述。因此SOPs应有附加要求,但不限于以下与体外试验相关的试验设施活动。

10.5.1 设施

对空气和实验台表面病原菌的环境监测、清洗和消毒,以及对污染的试验设备或空间应采取的相关措施。

10.5.2 仪器

细胞和组织培养仪器和设备的使用、维护、即时监测、清洗和消毒(如层流通风橱和培养箱);储存箱的液氮水平监测仪;培养箱的温度、湿度和CO_2浓度的校准和监测。

10.5.3 材料、试剂和溶液

对其适宜性的评估、有效期的延长、无菌状态的评估和维护、常见病原菌的筛查、介质选择和使用的程序、介质与试验系统可匹配性的检验程序。

10.5.4 试验系统

细胞与组织的储存条件及冷冻和融化程序、常见病原菌的试验、污染的目测检查;对新到达和使用期间(无论刚到达及在随后储存中)试验系统的验证程序,并定有相应的合格指标以确保其性能和状态符合要求;形态学评估、表型或染色体组稳定性的控制、转基因稳定性的控制;培养起始模式、培养条件以及传代间隔;生物危害物质和试验系统的处理、试验系统的处理程序。

10.5.5 研究的实施

无菌化技术、研究有效性判定标准、重复测定的标准。

10.5.6 质量保证

试验关键阶段的定义、检查频率。

10.6 研究的实施和研究结果的报告

10.6.1 GLP 原则对体外研究实施的要求与对常规安全研究的要求相同。在许多情况下，应使体外研究以符合 GLP 原则的方式运行，应将 GB/T 22275.5—2008 和 GB/T 22278—2008 结合参照进行。

10.6.2 在体外试验中，有一系列特殊的问题需要在研究计划和最后的研究报告中阐述清楚。这些问题主要是科学和技术方面的问题，如为控制偏差和评估试验系统的运行状况而设置的内标物[合适的阳性、阴性、空白和(或)介质对照]应与试验物质同时进行的要求。关于在研究计划和最终报告中什么问题应加以阐述，可以参照 OECD 的相关试验指南或其他相关参考文献。

10.7 记录和材料的存储和保存

10.7.1 GLP 原则中对记录和试验材料的存储和保存的常规要求，也适用于体外研究。此外，体外研究需要考虑可长期保存的试验系统的样品，特别应考虑非常有限或较难获得的试验系统(如细胞系的特殊亚克隆、转基因细胞等)的保存，以便能确认试验系统的特征和(或)重现。

10.7.2 对于可归为短期研究的体外研究，尤其是安全性试验主要以体外研究的方式开展时，需要考虑保存试验样品。

10.7.3 用于建立试验系统可接受反应范围的阳性、阴性、空白和(或)介质对照结果的历史记录，应予以保存。

参 考 文 献

[1] 良好细胞培养规范. http://ecvam. jrc. it/publication/index5007. html.

[2] MIAME 指南. http://www. mged. org/Workgroups/MIAME/miame. html.

[3] ECVAM. http://ecvam. jrc. it/index. htm.

[4] ICCVAM http://iccvam. niehs. nih. gov/.

ICS 03.120.20
A 00

中华人民共和国国家标准

GB/T 22274.1—2008

良好实验室规范监督部门指南 第1部分：良好实验室规范符合性监督程序指南

Guidance for Good Laboratory Practice(GLP) monitoring authorities—Part 1: Guides for compliance monitoring procedures for GLP

2008-08-04 发布　　2009-04-01 实施

中华人民共和国国家质量监督检验检疫总局
中国国家标准化管理委员会　发布

前　言

GB/T 22274《良好实验室规范监督部门指南》分为3个部分：

——第1部分：良好实验室规范符合性监督程序指南；

——第2部分：执行实验室检查和研究审核的指南；

——第3部分：良好实验室规范检查报告的编制指南。

本部分为GB/T 22274的第1部分。

本部分等同采用经济合作与发展组织(OECD)良好实验室规范(GLP)原则和符合性监督系列文件No.2:《良好实验室规范监督部门导则：修订的GLP符合性监督程序指南》[OCDE/GD(95)66]。

本部分进行了下列编辑性修改：

——删除了原文中的(1)前言和引言；(2)第二部分：与GLP原则及符合性监督有关的OECD理事会法案。

本部分由全国危险化学品管理标准化技术委员会(SAC/TC 251)提出并归口。

本部分的起草单位：山东出入境检验检疫局。

本部分的主要起草人：宋振乾、刘学惠、王晓兵、于晓。

良好实验室规范监督部门指南 第1部分:良好实验室规范符合性监督程序指南

1 范围

GB/T 22274的本部分规定了良好实验室规范中监督部门的行政管理、保密性、人员和培训、GLP符合性计划、试验机构检查和研究审核的后续工作、申诉程序。

本部分适用于在我国境内设立的GLP监督部门。

2 规范性引用文件

下列文件中的条款通过GB/T 22274的本部分的引用而成为本部分的条款。凡是注日期的引用文件,其随后所有的修改单(不包括勘误的内容)或修订版均不适用于本部分,然而,鼓励根据本部分达成协议的各方研究是否可使用这些文件的最新版本。凡是不注日期的引用文件,其最新版本适用于本部分。

GB/T 22274.2 良好实验室规范监督部门指南 第2部分:执行实验室检查和研究审核的指南

GB/T 22278 良好实验室规范原则

3 术语和定义

GB/T 22278中的术语和定义适用于本部分。

3.1

GLP符合性监督 GLP compliance monitoring

为了核实试验机构是否遵循GLP原则,而对其采取的周期性检查和(或)研究审核。

3.2

GLP符合性计划 GLP compliance programme

成员国为了监督境内试验机构是否遵循GLP而制订的特殊方案,该方案通过检查和研究审核的方式来实施。

3.3

GLP监督部门 GLP monitoring authority

在成员国内设立的负责境内试验机构GLP符合性监督,并履行其他与GLP相关的、可能由国家决定的职能的一个或多个部门。

3.4

试验机构检查 test facility inspection

对试验机构程序和操作进行现场调查,以评估该机构对GLP原则的符合程度。在检查期间应调查试验机构的管理结构和操作程序并会见关键技术人员,还要对试验机构出具数据的质量和完整性进行评估和报告。

3.5

研究审核 study audit

将原始数据与阶段或最终报告的相关记录作对比,以确认:原始数据是否在报告里得到了准确反映;试验是否依照研究计划和标准操作程序(SOPs)进行;数据产生的过程是否影响了实验的有效性;并获取报告以外的信息。

3.6

检查员 inspector

代表GLP监督部门进行试验机构检查和研究审核的人员。

3.7

GLP符合性状态 GLP compliance status

由GLP监督部门评估的试验机构对GLP原则的符合水平。

3.8

管理部门 regulatory authority

依法对化学品进行管理的国家机构。

4 GLP符合性监督程序的构成

4.1 管理

4.1.1 GLP符合性计划应由一个经适当组成、合法确认、且有足够人员的机构负责。该机构在明确的管理框架内开展工作。

4.1.2 成员国应：

a) 确保GLP监督部门对组建检查员团队负直接责任或最终责任；该团队包括必需的技术和(或)科学专业人员；

b) 公布在其境内如何实施GLP的有关文件；

c) 公布含有GLP符合性计划细节的文档，包括该监督计划如何执行的有关法律和管理框架的信息，以及已发布法案的参考文献、标准化文件(例如规章、实施细则)、检查手册、指导性说明、检查间隔周期和(或)检查日程安排等；

d) 保存国内、国际的试验机构检查(包括GLP符合性状态)和研究审核的记录。

4.2 保密性

4.2.1 GLP监督部门可以接触到某些具有商业价值的信息，某些情况下甚至需从试验机构中取走商业敏感性文件，或者在报告中详细地引用其细节。

4.2.2 成员国应：

a) 制定保密规定，该规定不仅适用于检查员，同时也适用于任何因GLP符合性监督活动而得以接触保密信息的人；

b) 确保试验机构检查及研究审核的报告只能由管理部门、(适当时)被检查或与研究审核相关的试验机构和(或)研究委托方查看；但已删除商业敏感信息、保密信息的报告除外。

4.3 人员和培训

4.3.1 GLP监督部门应：

a) 确保有足够数量的检查员；

所需检查员数量取决于：

——GLP符合性计划涉及的试验机构数量；

——对试验机构的GLP符合性状态进行评估的频率；

——试验机构所承担研究的数量及复杂性；

——应管理部门要求而进行的特定检查或审核的数量。

b) 确保检查员有足够的资质并经充分培训；

检查员应具备有关化学品试验的学科范围内的资质与实践经验。GLP监督部门应：

——确保根据GLP检查员个人的资质与经历，安排适当的培训；

——鼓励和其他成员国GLP监督部门的人员互相交流，如有必要，可举办联合培训活动，以促进对 GLP 原则解释、应用和 GLP 原则符合性监督的国际协调。

c) 确保检查人员(包括聘用的专家),与被检查的试验机构、被审核的研究或发起研究的机构没有经济或其他利益关系。

d) 为检查员提供合适的身份证明(如身份识别卡)。

4.3.2 检查员可能是:

a) GLP 监督部门的正式职员;

b) GLP 监督部门分支机构的正式职员;或

c) 签约雇员,或以其他方式受雇于 GLP 监督部门并执行试验机构检查或研究审核的人员。

对于后面两种情况,GLP 监督部门应对确定试验机构的 GLP 符合性状态及研究审核的质量和(或)可接受性,以及基于试验机构检查或研究审核的结果而采取任何行动(如有需要)负最终责任。

4.4 GLP 符合性计划

GLP 符合性监督的目的是为了确定:试验机构是否在研究实施过程中遵循了 GLP 原则;是否能够确保结果数据有足够的质量。根据条款 4.1.2 c)的规定,成员国应公布其 GLP 符合性计划的详细资料。这些信息应包括:

a) 定义 GLP 符合性计划的范围和程度;

一个 GLP 符合性计划可能只涵盖有限的化学品,例如:工业化学品、农药、药品等,或者可能包括所有化学品。GLP 符合性的范围应根据以下两方面来定义,即根据被检查化学品种类和涉及这些化学品的试验类型(例如物理、化学、毒理学和(或)生态毒理学试验等)。

b) 向试验机构提供有关加入 GLP 符合性计划的指导;

对于以登记注册为目的而取得的有关健康和环境安全数据,可能会强制运用 GLP 原则。应有一项机制让适当的 GLP 监督部门来监督试验机构遵循 GLP 原则的情况。

c) 提供关于试验机构检查和(或)研究审核的类别信息;

GLP 符合性计划应包括:

——试验机构检查的规定,这些检查包括一个常规的试验机构检查,以及对一个或多个进行中或已完成研究项目的审核;

——应管理部门要求进行的特定试验机构检查和(或)特定研究审核的规定。例如数据提交后管理部门提出疑问而进行的检查和(或)审核。

d) 明确检查员进入试验机构和获取试验机构数据的权限(包括样本、标准操作程序、其他文件等);

通常检查员不会违背机构管理者的意愿进入试验机构,但也会出现为了保护公众健康或环境而必须进入试验机构并使用数据的情况。在这种情况下应该规定 GLP 监督部门具有这种权力。

e) 描述为验证 GLP 遵循情况而进行的试验机构检查和研究审核的程序;

文件中应包含检查组织运作的程序,以及检查研究项目的计划、实施、监督、记录等条件的程序。这些程序的指南见 GB/T 22274.2。

f) 描述试验机构检查和研究审核后可能会采取的措施。

4.5 试验机构检查和研究审核的后续工作

4.5.1 当试验机构检查或研究审核完成后,检查员应拟制一份有关其检查和(或)审核结果的书面报告。

4.5.2 成员国应在试验机构检查或研究审核过程中或结束后,对于偏离 GLP 原则的地方采取措施。这些适当的措施应在 GLP 监督部门的文件中加以描述。

4.5.3 如果在试验机构检查或研究审核中只发现对 GLP 原则轻微的偏离,则机构应被要求纠正这些偏离。在合适的时间,检查员需返回机构以确认它已采取了纠正措施。

4.5.4 当没有发现或只发现了轻微的偏离时,GLP 监督部门可以:

a) 发布一个该试验机构已接受检查并且符合 GLP 原则的声明。声明还应包括检查的日期,及当时在该试验机构进行的试验类别(适用时)。这些声明可以用来向其他成员国的GLP监督部

门提供信息；和(或)

b) 提供一份详细的研究审核结果的报告给提出审核要求的管理部门。

4.5.5 当发现严重偏离GLP原则时，GLP监督部门应根据每个案例的特殊情况，以及国家法律或GLP符合性监督的管理规定来采取措施。可采取以下措施，但不仅限于此：

a) 发布一份声明，详细说明所发现的缺陷或错误，这些缺陷或错误被发现可能影响试验机构内开展的研究的有效性；

b) 向管理部门发布一个建议，指出需要否决的研究；

c) 中止对该试验机构的检查及试验审核，例如，当管理上可行时，将该试验机构从GLP符合性计划或任何接受GLP试验机构检查的现存名册中删去；

d) 要求在特定研究的报告中附带一份详细记录了偏离情况的声明；

e) 如客观情况、法律和(或)行政程序允许，通过法院采取措施。

4.6 申诉程序

在检查员和试验机构管理者之间产生的问题或者观点分歧，将在试验机构检查或研究审核过程中正常地加以解决。然而双方并不总是能达成一致意见，于是就应存在这样一个程序，使得试验机构可以针对检查或研究审核的结果和(或)GLP监督部门准备采取的下一步措施，陈述自己的意见。

ICS 03.120.20
A 00

GB

中华人民共和国国家标准

GB/T 22274.2—2008

良好实验室规范监督部门指南 第2部分：执行实验室检查和研究审核的指南

Guidance for Good Laboratory Practice (GLP) monitoring authorities—Part 2: Guidance for the conduct of laboratory inspections and study audits

2008-08-04 发布　　　　2009-04-01 实施

中华人民共和国国家质量监督检验检疫总局
中国国家标准化管理委员会　发布

前　言

GB/T 22274《良好实验室规范监督部门指南》分为3个部分：

——第1部分：良好实验室规范符合性监督程序指南；

——第2部分：执行实验室检查和研究审核的指南；

——第3部分：良好实验室规范检查报告的编制指南。

本部分为GB/T 22274的第2部分。

本部分等同采用经济合作与发展组织(OECD)良好实验室规范(GLP)原则和符合性监督系列文件No. 3:《良好实验室规范监督部门导则：修订的执行实验室检查及研究审核指南》[OCDE/GD(95)67]。

本部分进行了下列编辑性修改：

——删除了原文中的(1)前言和引言；(2)第二部分：与GLP原则及符合性监督有关的OECD理事会法案。

本部分由全国危险化学品管理标准化技术委员会(SAC/TC 251)提出并归口。

本部分的起草单位：山东出入境检验检疫局。

本部分的主要起草人：由瑞华、陶强、万敏、何飞、姜世明。

良好实验室规范监督部门指南 第2部分：执行实验室检查和研究审核的指南

1 范围

GB/T 22274的本部分规定了的监督部门的试验机构检查、检查程序、研究审核、检查或研究审核的完成。

本部分适用于在我国境内设立的GLP监督部门。

2 规范性引用文件

下列文件中的条款通过GB/T 22274的本部分的引用而成为本部分的条款。凡是注日期的引用文件，其随后所有的修改单(不包括勘误的内容)或修订版均不适用于本部分，然而，鼓励根据本部分达成协议的各方研究是否可使用这些文件的最新版本。凡是不注日期的引用文件，其最新版本适用于本部分。

GB/T 22274.1 良好实验室规范监督部门指南 第1部分：良好实验室规范符合性监督程序指南

GB/T 22278 良好实验室规范原则

3 术语和定义

GB/T 22278和GB/T 22274.1中的术语和定义适用于本部分。

4 试验机构检查

4.1 出于监管目的可对任何出具健康或环境安全数据的试验机构进行GLP原则的符合性检查。检查员可能被要求对涉及物质或配制品的物理、化学、毒性或生态毒性等性质的数据进行审核。在某些情况下，检查员可能需要特殊学科专家的帮助。

4.2 检查员会遇到各式各样的机构(与物理布局和管理结构有关)和研究类型，这就意味着检查员应依靠自己的判断力来评估符合GLP原则的程度及范围。尽管如此，检查员在评估某一特定试验机构或研究是否符合GLP原则时，应尽力保持一致性的评估方法。

4.3 在本部分的以下内容中，对试验机构的各个方面都提供了指导，包括很可能将被检查员调查的人员和程序；而且在每一部分都有一个目的声明和一份在试验机构检查期间可能被考虑的具体项目清单。这些清单并非包括全部内容，切勿误解。

4.4 检查员不应关注研究设计的科学性或如何解释研究结果对人类健康或环境的影响。这些方面是管理部门的责任，所有的数据都提交给他们以供监管。

4.5 对试验机构进行的检查和研究审核不可避免地影响了其正常工作。因此检查员应周密地计划，如若可行，尊重试验机构管理者的意愿对访问某些区域的时间进行安排。

4.6 在进行试验机构检查和研究审核期间检查员将接触机密的、有商业价值的信息。他们应确保只有经授权的人员才能查看这些信息。在GLP符合性监督计划里也已经对该方面的职责作了规定。

5 检查程序

5.1 预审

5.1.1 目的：使检查员熟悉将被检查的机构的管理结构、建筑布局和研究范围。

5.1.2 检查员在进行试验机构检查或研究审核前，应熟悉将访问的机构并审查该机构的任何现有信息。这些信息可能包括先前的检查报告、设施布局、组织机构图、研究报告、协议及人员简历(CVs)。这些文件将提供如下信息：

a) 机构的类型、规模和布局；

b) 检查过程中可能遇到的研究范围；

c) 机构的管理结构。

5.1.3 检查员应特别注意试验机构在先前检查中所暴露出的缺陷。如果以前没有对试验机构进行过检查，可在检查之前进行一次访问，以获得相关的信息。

5.1.4 可通知试验机构检查员到达的日期及时间、来访目的、预计的持续时间。这样就能确保试验机构准备好恰当的人员及文件资料。如果需要调查一些特殊的文件和记录，最好在访问之前与试验机构进行确认，以便在检查过程中能马上获得。

5.2 首次会议

5.2.1 目的：告知机构的管理者及人员将要进行的试验机构检查和研究审核的原因，并确定检查区域、被选中审核的研究项目、文件资料和可能涉及的人员。

5.2.2 在访问开始时，检查员应与机构管理者就试验机构检查与研究审核的管理和实施细节进行讨论。在首次会议上检查员应：

a) 概述本次访问的范围和目的；

b) 说明本次试验机构检查所需要的文件，例如进行中的和已完成的研究清单、研究计划、标准操作程序、研究报告等。如有需要，应在此时商定好相关文件的复印事宜；

c) 了解或要求提供机构的管理结构(组织)和人员的信息；

d) 如果在进行 GLP 研究的试验机构区域进行了非 GLP 研究，要求提供信息；

e) 初步确定在检查期间所要检查的设施区域；

f) 说明对选中的研究(进行中或已完成的)进行研究审核所需的文件和样本；

g) 告知在检查结束后将举行一次末次会议。

5.2.3 在对试验机构做进一步检查之前，建议检查员与试验机构的质量保证部门建立联系。

5.2.4 按照惯例，在对机构进行检查时由一名质量保证人员陪同将有助于检查员的工作。

5.2.5 检查员可要求拨出一间房间进行文件检查和其他活动。

5.3 组织和人员

5.3.1 目的：确定试验机构是否配备了足够的合格人员、人力资源及支持服务，来保证其所承担的不同种类与数量的研究；组织结构是否合适；管理上是否已建立了与机构所承担研究相适应的人员培训及健康监督政策。

5.3.2 应要求管理者提交一些资料，如：

a) 楼层平面图；

b) 设施管理和技术组织图；

c) 研究审核所涉及研究的相关人员的简历；

d) 正在进行和已完成的研究的清单，需包含研究类型、启动和(或)完成日期、试验系统、试验样品运用的方法，项目负责人姓名等信息；

e) 人员健康监督政策；

f) 人员岗位描述和人员培训计划及记录；

g) 机构标准操作程序(SOPs)目录；

h) 与被检查或审核的研究或程序相关的具体标准操作程序；

i) 与被审核研究有关的项目负责人和委托方的名单。

5.3.3 检查员应特别检查：

a) 进行中的和已完成研究的清单，以便评估试验机构承担工作的水平；

b) 项目负责人、质量保证部门主管和其他人员的身份及资质；

c) 所有相关试验区域的现有标准操作程序。

5.4 质量保证计划

5.4.1 目的：确定所采取的用来保证研究遵循 GLP 原则进行的管理机制是否恰当。

5.4.2 质量保证部门主管应按要求说明研究中质量保证检查与监督所采用的体系和方法，以及在质量保证监督过程中记录观察的制度。检查员应检查：

a) 质量保证主管和所有质量保证人员的资质；

b) 质量保证部门的职能独立于研究人员之外；

c) 质量保证部门如何安排和实施检查，如何监督研究中的关键阶段；在质量保证检查和监督活动中可使用哪些资源；

d) 对持续时间较短以致无法实施各个监控的研究，有抽样监督安排；

e) 在研究实施阶段，质量保证部门监督的广度和深度；

f) 在试验设施日常运行中，质量保证部门监督的广度和深度；

g) 质量保证程序，该程序用来核对最终报告以确保其与原始数据相符；

h) 管理者从质量保证部门得到的，关于可能影响研究质量和完整性的问题的报告；

i) 发现偏离时，质量保证部门采取的措施；

j) 如果研究或部分研究在签约实验室进行，质量保证部门的任务；

k) 在审查、修订和更新标准操作程序时，质量保证部门的作用。

5.5 设施

5.5.1 目的：确定试验设施(包括室内设施和室外设施)，其规模、设计、位置是否合适并满足所承担研究的需要。

5.5.2 检查员应检查：

a) 该设施的设计应提供足够的隔离，以便使某项研究的试验样品、动物、饲料、病理样本等不会与其他研究的相混淆；

b) 存在环境的控制和监测程序，并且在重要区域充分发挥作用。例如，动物和其他生物性试验系统的房间、试验样品存储区域和实验室区域；

c) 对于各种设施都有足够的日常卫生管理，必要时可采取害虫控制程序。

5.6 生物性试验系统的管理、安置和封闭控制

5.6.1 目的：如果研究中使用动物或者其他生物性试验系统，确定该试验机构是否有充足的支持设施和条件来保证试验系统的管理、安置和封闭控制，及严格防止影响试验系统并进而影响数据质量的紧张情绪和其他问题的产生。

5.6.2 一个试验机构所进行的研究可能需要多种动物、植物、以及微生物或其他细胞或亚细胞系统。使用的试验系统类型将决定检查员检查的与管理、安置和封闭控制有关的内容。依靠自己的判断力，检查员将根据试验系统检查：

a) 有足够的试验设施供试验系统和试验使用；

b) 有对被引入设施的动物和植物进行检疫的安排，且这种安排起到令人满意的作用；

c) 对已知或怀疑患病或携带疾病的动物(或试验系统的其他要素，如果需要)，有对其进行隔离的安排；

d) 有适合试验系统的，对健康、行为或其他方面进行的充分监督并记录保存；

e) 为维持每个试验系统所需环境条件的设备应数量充足，维护良好和工作有效；

f) 动物笼、架、罐和其他容器以及附带设备应保持足够清洁；

g) 对环境条件及支持系统进行检查并分析，以确保它们满足要求；

h) 有设施用来移除和处理产自试验系统的动物排泄物和废弃物，以最大限度地减少虫害爆发、臭味、疾病危害和环境污染；

i) 提供用来存储动物饲料或所有试验系统类似材料的区域；该区域不得存放其他物品，如试验样品、杀虫剂或消毒剂，它们应与动物饲养区域或保存其他生物性试验系统的区域分隔开；

j) 存储的饲料和垫料应防止因恶劣环境条件、虫害或污染而变质。

5.7 设备、材料、试剂和样本

5.7.1 目的：确定试验设施位置是否合适；操作设备是否有足够的数量和检测能力以满足机构中所进行试验的需求；材料、试剂和样本是否正确地标记、使用和存储。

5.7.2 检查员应检查：

a) 设备干净，运转状态良好；

b) 保存有测量设备和仪器（包括计算机化的系统）的操作、维护、检查、校准和确认的记录；

c) 原料和化学试剂被正确地标记并存储于适当的温度，而且还应注意有效期限，试剂的标签应注明其来源、名称、浓度和（或）其他有关信息；

d) 样本应注明试验系统、研究、性质和收集日期；

e) 使用的设备和原料不应造成试验系统的任何明显程度上的改变。

5.8 试验系统

5.8.1 目的：如果机构因承担研究而需多种试验系统，那应确定其是否有足够的程序对这些试验系统进行处理和控制；例如：物理和化学性系统、细胞和微生物系统、植物或动物系统。

5.8.2 物理和化学性系统

检查员应检查：

a) 依照研究计划的要求确定试验样品和参照物的稳定性，并且使用了研究计划中指定的参照物；

b) 在自动化系统中，以图像、记录曲线或计算机打印件形式生成的数据，应作为原始数据记录并归档。

5.8.3 生物性试验系统

考虑到上述生物性试验系统的管理、安置和封闭控制的相关方面，检查员应检查：

a) 试验系统与研究计划中指定的相符；

b) 在整个研究过程中试验系统都被充分地和（如果需要并且合适时）唯一地标识出来；并保存有关于试验系统接收的相关记录，以及试验系统接收、使用、替换、丢弃数量的完整记录；

c) 试验系统的培养环境或容器上有全部必要的适当标识信息；

d) 在同一种动物（或相同的生物性试验系统）上使用不同物质的多项研究被充分地隔离；

e) 不管时间还是空间上，不同物种的动物（或其他生物性试验系统）被充分地隔离；

f) 生物性试验系统环境条件与研究计划或标准操作程序中的一致，例如温度，或者光和（或）暗循环周期；

g) 试验系统的记录（包括接收、处理、安置或封闭控制、管理和健康评价等方面）是合适的；

h) 保存有对动物和植物试验系统（或其他生物性试验系统）的检查、检疫、发病率、死亡率、行为、诊断和治疗的书面记录；

i) 在试验结束时，对试验系统的适当处置有专门的规定。

5.9 试验样品和参照物

5.9.1 目的：确定试验机构是否预先制定了程序，以 a)确保试验样品和参照物的识别信息、效能、数量和成分与它们的规格说明一致；b)恰当地接收和存储试验样品和参照物。

5.9.2 检查员应检查：

a) 有试验样品和参照物接收（注明负责人员）、处理、取样、使用和存储的书面记录；

b) 试验样品和参照物的容器已正确的标记；

c) 存储条件适于保持试验样品和参照物的浓度、纯度和稳定性；

d) 对于确定试验样品和参照物的特性、纯度、组成和稳定性有书面记录；如有可能，对于防止试验样品和参照物的污染有书面记录；

e) 如有可能，对于含有试验样品和参照物的混合物，有程序用来确定混合物的均一性和稳定性；

f) 盛放试验样品和参照物的混合物(或稀释剂)的容器有标记，如有可能，还应保存其内容物均一性、稳定性的记录；

g) 如果某项试验超过 4 个星期，则应对每批次试验样品和参照物进行取样分析，以确定适当的保存期；

h) 对物质的混合过程设定程序，以避免错误地识别或交叉污染。

5.10 标准操作程序

5.10.1 目的：对于试验机构操作的所有重要方面，确定其是否有这些方面的书面标准操作程序；使用书面的标准操作程序是控制机构操作的最重要管理技术之一，这直接涉及到试验机构所执行试验的常规要素。

5.10.2 检查员应检查：

a) 每个试验机构区域都能随时获得相关的，经批准的标准操作程序副本；

b) 有针对标准操作程序的修订及更新的程序；

c) 对标准操作程序的任何修改或改变，都已经过批准并签署日期；

d) 保留有标准操作程序的历史档案；

e) 有适用于以下活动的标准操作程序，但不仅限于此：

——试验样品和参照物的接收；特性、纯度、组成及稳定性的确定；标记、处理、取样、使用、储存；

——测量仪器、计算机化的系统和环境控制设备的使用、维护、清洁、校准和确认；

——试剂制备及剂量配制；

——记录的保存、报告；记录和报告的存储与取阅；

——容纳试验系统的区域的准备及环境控制；

——试验系统的接收、转移、安置、特性描述、标记和管理；

——在研究前、期间和结束时，对试验系统的处理；

——试验系统的处置；

——杀虫剂和清洁剂的使用；

——质量保证计划的实施。

5.11 研究的实施

5.11.1 目的：核实存在书面的研究计划，并且该计划与研究的实施遵循 GLP 原则。

5.11.2 检查员应检查：

a) 研究计划经由项目负责人签字；

b) 对研究计划的任何修改，项目负责人都已签署姓名和日期；

c) 委托方同意研究计划的日期被记录下来(如果适用)；

d) 测量、观察和检查都依照研究计划和相关的标准操作程序进行；

e) 测量、观察和检查的结果被直接、迅速、准确和清晰地记录下来，并有签名(全名或简称)和日期；

f) 原始数据，包括存储在计算机中的数据的修改，不得覆盖原来的痕迹，应包括修改理由并标明修改负责人和修改日期；

g) 计算机生成或存储的数据需经确认；并且有足够的程序防止数据丢失或未经授权的修改；

h) 在研究中使用的计算机化的系统是可靠、准确的并经过了确认；

i) 原始数据中记录的任何出乎意料事件，都已经过调查和评估；

j) 阶段或最终研究报告里的结果是一致的、完整的;它们正确地反映了原始数据。

5.12 研究结果的报告

5.12.1 目的:确定是否遵循GLP原则编写最终报告。

5.12.2 当检查一份最终报告时,检查员应检查:

a) 项目负责人通过在最终报告上签署姓名和日期来表示他对研究的有效性的负责,也确认这项研究遵循GLP原则进行;

b) 如果还包括合作领域的报告,其他主要科学家也已签署姓名和日期;

c) 报告中带有一份签署姓名和日期的质量保证声明;

d) 任何修改都是由负责人员做出的;

e) 报告列出了档案(包括所有留样、样本和原始数据)的位置。

5.13 记录的存储和保管

5.13.1 目的:确定机构是否产成了足够的记录和报告,是否制订了充分的规定以安全地存储和保管这些记录和材料。

5.13.2 检查员应检查:

a) 指定了负责归档的人员;

b) 用于存储以下资料的档案设施:研究计划、原始数据(包括终止的GLP研究产生的数据)、最终报告、留样、样本、人员的教育和培训记录;

c) 取阅存档材料的程序;

d) 仅限授权的人员进入档案库的程序,以及授权接触原始数据、幻灯片等档案的人员的记录;

e) 保留有一份记录了从档案机构内取出和归还材料的清单;

f) 记录和材料在被要求或适当的期限内保存;同时应注意防止丢失、火灾和不利环境条件等的损坏。

6 研究审核

6.1 试验机构检查通常包括研究审核,即对进行中或已完成的研究进行评审。管理部门也经常要求进行特定的研究审核,并可在试验机构的检查外单独进行。由于需审核的研究种类繁多,只能有一个通用性的导则,所以检查员和其他参与研究审核的人员经常需要通过自己的判断来确定检查的性质和范围。研究审核的目的是通过比较最终报告和研究计划、相关标准操作程序、原始数据及其他存档材料,从而重现研究。

6.2 在某些情况下,检查员需要其他专家的帮助以便执行有效的研究审核,例如:需要在显微镜下检查组织切片。

6.3 执行研究审核时,检查员应:

a) 获取被选定从事研究的人员(例如项目负责人和主要技术专家)的姓名、工作描述、培训及经历简介;

b) 检查是否有足够的、在所承担研究的相关领域内经过培训的人员;

c) 辨认研究中各项仪器或者特殊装备,并且检查这些装备的校准、保养及服务记录;

d) 审查有关试验样品稳定性、试验样品和配方的分析、饲料分析等的记录;

e) 如有可能,通过面谈的方式来尽量确认所挑选的参与研究人员的工作分配,以便核实这些人员是否有时间完成研究计划或者报告中所规定的任务;

f) 获取有关控制程序或保证研究完整性的全部文件的副本,包括:

——研究计划;

——研究进行时使用的标准操作程序;

——记录本、实验室记事本、文件、工作单、计算机存储数据的打印件等;适当时,复核其计算结果;

——最终报告。

6.4 如果在研究中使用动物(如啮齿动物和其他哺乳动物),检查员应追踪一定比例的个体动物从运至研究机构起至尸检为止的过程。应特别注意以下相关的记录:

a) 动物体重、食物和(或)水的摄入量、剂量配方和给药等;

b) 临床观察和解剖发现;

c) 临床化学;

d) 组织病理学。

7 检查或研究审核的完成

7.1 当完成研究机构检查或研究审核时,检查员应就他的发现与研究机构的代表在末次会议上进行讨论,并且应准备一份书面报告,如检查报告。

7.2 对任何大型机构进行的检查都可能暴露出一些对GLP原则的轻微偏离,但是通常,这些偏离不会严重到影响该试验机构所进行研究的有效性的地步。在这种情况下检查员根据GLP监督部门制定的标准,报告该机构符合GLP原则是合理的。但应将发现的不足或缺陷细节提供给试验机构,并确保其高层管理人员会采取纠正措施。一段时间后检查员需回访该机构,以核实它已经采取了必要的措施。

7.3 如果在对试验机构的检查或研究审核中发现了对GLP原则的严重偏离,根据检查员的意见,可能已影响到了该研究或其他在该机构进行的研究的有效性,检查员应报告给GLP监督部门。监督部门和(或)管理部门(适用时)所采取的措施将取决于违反的性质和程度,以及GLP符合性计划内的法律和(或)管理规定。

7.4 应管理部门要求而进行的研究审核完成后,应准备一份有关审核结果的全面报告,并经由相关GLP监督部门呈送至有关管理部门。

ICS 03.120.20
A 00

中华人民共和国国家标准

GB/T 22274.3—2008

良好实验室规范监督部门指南 第3部分：良好实验室规范检查报告的编制指南

Guidance for Good Laboratory Practice(GLP) monitoring authorities—Part 3: Guidance for the preparation of GLP inspection reports

2008-08-04 发布　　2009-04-01 实施

中华人民共和国国家质量监督检验检疫总局
中国国家标准化管理委员会　发布

前　言

GB/T 22274《良好实验室规范监督部门指南》分为3个部分：

——第1部分：良好实验室规范符合性监督程序指南；

——第2部分：执行实验室检查和研究审核的指南；

——第3部分：良好实验室规范检查报告的编制指南。

本部分为GB/T 22274的第3部分。

本部分等同采用经济合作与发展组织(OECD)良好实验室规范(GLP)原则和符合性监督系列文件No.9:《良好实验室规范检查报告的编制指南》[OCDE/GD(95)114]。

本部分进行了下列编辑性修改。

——删除了原文中的前言和引言。

本部分由全国危险化学品管理标准化技术委员会(SAC/TC 251)提出并归口。

本部分的起草单位：山东出入境检验检疫局。

本部分的主要起草人：由瑞华、宋振乾、黄红花、王会永。

良好实验室规范监督部门指南 第3部分：良好实验室规范检查报告的编制指南

1 范围

GB/T 22274 的本部分规定了良好实验室规范下检查报告的要求、其他信息和批准。

本部分适用于我国在境内设立的 GLP 监督部门。

2 规范性引用文件

下列文件中的条款通过 GB/T 22274 的本部分的引用而成为本部分的条款。凡是注日期的引用文件，其随后所有的修改单(不包括勘误的内容)或修订版均不适用于本部分，然而，鼓励根据本部分达成协议的各方研究是否可使用这些文件的最新版本。凡是不注日期的引用文件，其最新版本适用于本部分。

GB/T 22278 良好实验室规范原则

3 术语和定义

GB/T 22278 中的术语和定义适用于本部分。

4 要求

4.1 报告的标题

4.1.1 有许多可以接受的方式去组织一份检查报告，但关键是确保报告包含必需的信息并且能满足管理部门的要求。通常情况下，报告的标题包括摘要、介绍、叙述、结束讨论的总结和附录。各部分标题下面的内容应对试验机构对 GLP 原则的符合情况和任意被审核的研究报告的质量作出准确的描述。

4.1.2 叙述性的标题可包含以下信息：

4.1.2.1 摘要

报告的摘要部分应首先出现，它应提供试验机构的背景信息，执行的检查类型，记录的对 GLP 原则的偏离情况，以及试验机构对这些偏离做出的反应。根据国家的实际情况，报告还可包括检查员对该实验室 GLP 符合情况的判定结果。

4.1.2.2 介绍

介绍性部分应包括以下信息中的部分或全部要素：

a) 检查的目的和一般性描述，包括检查员的法律权力和作为检查基础的质量标准；

b) 检查员的身份确认和检查日期；

c) 检查类型的描述(机构检查、研究审核等等)；

d) 试验机构的识别信息，包括法人身份、邮寄地址和联系人(包括电话及传真)；

e) 一个有关试验机构的描述，包括对试验物质和进行过的试验种类的鉴别以及有关设施布局和人员情况的信息；

f) 前一次 GLP 检查的日期，检查后的 GLP 符合性状态，以及前次检查以来该试验机构作出的任何相关反应。

4.1.2.3 叙述性部分

4.1.2.3.1 报告的叙述性部分应包含一个完整的、实际的描述，内容包括检查过程中所做的观察和采取的行动。通常，记录在这部分的信息应与下列 GLP 原则中的标题对应：

a) 组织和人员；

b) 质量保证计划；

c) 设施；

d) 仪器、材料、试剂和样本；

e) 试验系统；

f) 试验样品和参照物；

g) 标准操作程序；

h) 研究的实施；

i) 研究结果的报告；

j) 记录的存储与保管。

4.1.2.3.2 与 GLP 原则偏离的部分应有文件(例如影印件、照片或者试样，等等)的支持。所有这些文件应被引用并且在叙述性部分论述，并附在附录中。

4.1.2.3.3 当一项研究被选中要进行审核，该检查报告应描述执行审核的程序，包括对实际被检查的部分数据或研究的描述。所有的发现都应在叙述性部分被论述，并记录在附录中。

4.1.2.4 结束讨论

4.1.2.4.1 在检查或研究审核的最后，一个末次会议应在检查组和试验机构的相关管理人员间举行，会上要对在检查或研究审核中发现的对 GLP 原则的偏离情况进行讨论。在此会议期间，如果国家政策允许，应提交一份书面的清单来描述任何观察到的对 GLP 原则的偏离情况。结束讨论应在此部分进行总结。

4.1.2.4.2 报告应注明末次会议的日期和时间、出席者的名称(检查组、试验机构以及其他)，以及他们的联系方式。同时还应对检查组在机构检查和(或)研究审核过程中指出的对 GLP 原则的偏离情况做一个简短的概述。试验机构代表对检查组评论的回应也应被描述。

4.1.2.4.3 一旦观察到的情况被记录于书面清单中，试验机构应认定检查员所发现的情况，并承诺作出改正。

4.1.2.4.4 如果被检查组带走的文件的收据已经准备好，并已由机构负责人签字，收到收据的人应被确定。收据的一份副本应包含于附录中。

4.1.2.5 附录

附录应包括报告中提及的文件的副本。可包含下列文件：

a) 试验机构的组织机构图；

b) 检查的议程；

c) 检查过程中要验证的标准操作程序的清单；

d) 观察到的偏离情况的清单；

e) 证实观察到的偏离情况的影印件。

4.2 其他信息

除以上描述的信息之外，报告还可包括其他适当的或者由国家符合性监督计划所要求的标题和信息。例如，检查报告可以包括对之前的检查中发现的偏离的纠正，或者在当前的检查过程中所采取的纠正措施。其他的可以包括一个包含有简要的鉴别本次检查的描述信息的封面。也有人认为采用目录表的形式更有效，特别是当检查报告中要对一个大型的、综合的机构进行分类、索引和鉴别其信息时。有些报告包括一段“结论”部分，该部分通报了被检查的试验机构在检查中确定的其GLP符合性状态的分类。上述内容的一部分或全部都是可以接受的。

4.3 批准

报告应由检查组长和其他检查员按照相应的职责签署姓名和日期。

ICS 03.120.20
A 00

中华人民共和国国家标准

GB/T 22275.1—2008

良好实验室规范实施要求　第1部分：质量保证与良好实验室规范

Requirements of conduct for Good Laboratory Practice(GLP)—Part 1: Quality assurance and GLP

2008-08-04 发布　　　　2009-04-01 实施

中华人民共和国国家质量监督检验检疫总局
中国国家标准化管理委员会　发布

前　言

GB/T 22275《良好实验室规范实施要求》分为7个部分：

——第1部分：质量保证与良好实验室规范；

——第2部分：良好实验室规范研究中项目负责人的任务和职责；

——第3部分：实验室供应商对良好实验室规范原则的符合情况；

——第4部分：良好实验室规范原则在现场研究中的应用；

——第5部分：良好实验室规范原则在短期研究中的应用；

——第6部分：良好实验室规范原则在计算机化的系统中的应用；

——第7部分：良好实验室规范原则在多场所研究的组织和管理中的应用。

本部分为GB/T 22275的第1部分。

本部分等同采用经济合作与发展组织(OECD)良好实验室规范(GLP)原则和符合性监督系列文件No.4:《质量保证与GLP》[ENV/JM/MONO(99)20]。

本部分做了下列编辑性修改：

——删除了原文的前言；

——删除了原文中的背景部分。

本部分由全国危险化学品管理标准化技术委员会(SAC/TC 251)提出并归口。

本部分的起草单位：山东出入境检验检疫局。

本部分的主要起草人：陶强、车礼东、何飞、陈会明。

良好实验室规范实施要求　第1部分：质量保证与良好实验室规范

1　范围

GB/T 22275 的本部分规定了GLP原则下质量保证活动的具体内容和要求，包括质量保证人员的责任、质量保证人员与管理者的联系、质量保证人员资质及参与标准操作程序和研究计划的制定过程的情况、质量保证检查、质量保证活动的计划和对质量保证活动及方法的论证、质量保证检查的报告、数据和最终报告的审核、质量保证声明、质量保证与非监管研究和小型试验机构中的质量保证。

本部分适用于GLP原则下的质量保证活动。

2　规范性引用文件

下列文件中的条款通过GB/T 22275的本部分的引用而成为本部分的条款。凡是注日期的引用文件，其随后所有的修改单(不包括勘误的内容)或修订版均不适用于本部分，然而，鼓励根据本部分达成协议的各方研究是否可使用这些文件的最新版本。凡是不注日期的引用文件，其最新版本适用于本部分。

GB/T 22274.1　良好实验室规范监督部门指南　第1部分：良好实验室规范符合性监督程序指南

GB/T 22278—2008　良好实验室规范原则

3　术语和定义

GB/T 22278—2008 和 GB/T 22274.1 中的术语和定义适用于本部分。

4　主要技术规范

4.1　良好实验室规范原则中涉及的质量保证

4.1.1　质量保证计划在良好实验室规范原则中被定义为“是指一个独立于研究执行的明确体系(包括人员)，用以确保试验机构的管理能够遵循GLP原则。”(见GB/T 22278—2008中2.2.8)。试验机构管理者的责任包括确保“建立由指定人员负责的质量保证计划，并保证其按照GLP原则履行质量保证的职责”[见GB/T 22278—2008中3.1.1.2f)]。此外，试验机构管理者还应确保“项目负责人使质量保证人员能得到已批准的研究计划”[见GB/T 22278—2008中3.1.1.2j)]，项目负责人的责任应包括确保“在研究过程中，质量保证人员及时得到研究计划及其任何修订文件的副本，并根据需要与他们保持有效的沟通”[见GB/T 22278—2008中3.1.2.2b)]。试验机构管理者还应确保“多场所研究时，在项目负责人、项目代表、质量保证计划人员和研究人员之间有明确的沟通渠道”[见GB/T 22278—2008中3.1.1.2o)]。

在GB/T 22278—2008的3.2(质量保证计划)中，列出了下列要求：

4.1.2　总则

4.1.2.1　试验机构应有一个书面的质量保证计划，以确保实施的研究遵循GLP原则。

4.1.2.2　质量保证计划应由管理者指定的并直接向管理者负责的一个或几个熟悉试验程序的人执行。

4.1.2.3　质量保证人员不能参与其负责质量保证的研究的执行。

4.1.3　质量保证人员的责任

4.1.3.1 质量保证人员的责任应包括，但不仅限于下列责任。他们应：

a) 持有试验机构使用的所有被批准的研究计划和标准操作程序副本，并且能够得到主进度表的最新版本的副本；

b) 核查研究计划中是否包含 GLP 原则所要求的信息，核查应予以记录；

c) 对所有研究进行检查，以确定其是否遵循 GLP 原则执行，检查也应确定研究人员是否持有并遵循研究计划和标准操作程序；

依照质量保证计划的标准操作程序说明，核查可分为三种类型：

——基于研究的检查；

——基于设施的检查；

——基于过程的检查；

应保留这些检查的记录；

d) 检查最终报告以核实是否准确和完整地描述了方法、程序、观察结果，同时确认所报告的结果准确、完整地反映了研究的原始数据；

e) 及时向管理者、项目负责人，适用时还有项目代表及各个场所的管理者书面报告检查结果；

f) 在最终报告里，编写并且签发声明，说明检查的类型和日期，包括被检查研究的阶段，以及将这些检查结果报告给管理者、项目负责人和项目代表(如有委派)的日期，这份声明也用来确认最终报告反映了原始数据。

4.1.4 GB/T 22278—2008 中 3.7.4.5 中提到：实验室活动应具备的几类标准操作程序之中，就有“质量保证人员检查活动的计划、时间安排、实施、记录及报告”。

4.1.5 GB/T 22278—2008 中 3.9.2.4 中提到：最终研究报告应包括“列有已完成的检查类型及检查日期的质量保证计划声明，包括被检查的研究阶段，以及将任何检查结果报告给管理者、项目负责人及项目代表(如有委派)的日期。该声明也将用来确认最终报告反映了原始数据”。

4.1.6 GB/T 22278—2008 中 3.10.1b)中提到：“依照质量保证计划所执行的所有检查的记录，以及主进度表”应按照有关部门规定的期限保存于档案库中。

4.2 质量保证人员与管理者的联系

4.2.1 试验机构管理者对确保其机构所有运作都符合 GLP 原则负最终责任。管理者可以通过各级管理组织来委派指定的控制活动，但永远负全部责任。最基本的管理职责是指派并有效组织足够数量的有适当资质和经验的人员，包括那些专门执行质量保证功能的人员。

4.2.2 最终负责 GLP 的机构管理者应被明确指定。他的职责包括为实验操作和执行独立的质量保证功能指派有适当资质的人员。指派给质量保证人员的 GLP 管理工作不得损害质量保证工作的独立性；且质量保证人员除了在研究中履行监督职责外，也不得参与具体研究的实施。被指派的负责质量保证的人员应能直接接触到各级管理者，特别是试验机构的顶层管理者。

4.3 质量保证人员资质

4.3.1 质量保证人员应有履行职责所必需的培训、技能和经验。他们应熟悉本试验机构的试验操作程序、试验标准和试验系统。

4.3.2 被指定负责质量保证功能的人员，应有能力了解其所监督活动的基本概念。他们也应对 GLP 原则有全面的理解。

4.3.3 如果缺乏某方面专业知识，或者需要咨询他方意见，建议在执行质量保证时寻求专家支持。管理者也应确保有涵盖质量保证工作各个方面的书面培训计划。可行时，培训计划应包括：在经过培训的且胜任的人员监督下进行的在岗培训。也可以参加内部、外部的研讨会和课程(例如建议进行交流技能和冲突处理的培训)。培训应有连续性且定期进行评审。

4.3.4 应记录质量保证人员的培训并评价他们的能力。应不断更新并保留这些记录。

4.4 标准操作程序和研究计划的制定过程中质量保证人员的参与

4.4.1 管理者应负责标准操作程序的制定、颁布、分发和保存。质量保证人员通常不参与标准操作程序的起草,但是在标准操作程序启用之前他们可以对其进行审查,以便评估其是否清晰明了并符合GLP原则的要求。

4.4.2 管理者应确保质量保证人员在研究的实验开始日期前获得研究计划。这样质量保证人员能够:

a) 监督研究计划是否符合GLP;

b) 评估研究计划的清晰、连贯性;

c) 识别研究的关键阶段;

d) 设计一份关于研究的监督方案。

4.4.3 每当研究计划有修改时,应将修改文件的副本提交给质量保证人员,以便实施有效的研究监督。

4.5 质量保证检查

质量保证计划通常基于下列检查类型:

a) 基于研究的检查:这类型的检查根据研究的进度来安排检查时间表,通常首先确定研究的关键阶段;

b) 基于设施的检查:这类型的检查不是基于特定的研究,而是覆盖了一个实验室内的通用设施和活动(安装、支持服务、计算机系统、培训、环境监测、维护和校准等);

c) 基于过程的检查:这类型的检查也与特定研究无关。它们被用来监督具有重复性质的程序或过程,通常这类检查是随机进行的。当某个过程在实验室内频繁进行并且通过"基于研究的检查"无法或不能有效监督时,需要进行这种类型的检查。应该注意,对高频率发生阶段进行基于过程的检查,可能会导致一些研究在实验阶段中没被检查到。

4.6 质量保证的计划和对质量保证活动及方法的论证

4.6.1 质量保证部门应合理地计划它的工作,质量保证部门的计划流程以及质量保证的运作,包括检查的实施、记录和报告等,都应有标准操作程序。质量保证部门应有一份注明已计划的和进行中的研究的清单,同时还应得到一份最新主进度表的副本。这些表和清单对计划质量保证活动和评估质量保证工作量来说是必需的。

4.6.2 如同GLP原则所涵盖的任何其他操作程序,检查和审核的质量保证计划应提交给管理者确认。质量保证人员和管理者应都能判定所选择的方法适合于其任务的实施。

4.7 质量保证检查的报告

GLP监督部门可能要求获取有关检查类型及检查日期,包括被检查的试验阶段的信息。然而,质量保证检查报告的内容通常不在GLP监督部门的检查之列,因为这会给质量保证人员编写检查报告带来约束。不过监督部门可以偶尔查看检查报告的内容,以便核实质量保证工作是否充分发挥了作用。但他们不应仅仅通过检查这些报告,就简单地认定在研究执行过程中存在缺陷。

4.8 数据和最终报告的审核

4.8.1 质量保证人员可以采用多种方式对研究项目的原始数据[1)]进行审核。例如,质量保证人员可在

1) 在GLP原则中,原始数据被定义为"试验机构全部的原始记录与文件,或其经过核实的副本,这些资料都是研究中最初观察和活动的结果。原始数据也包括照片、微缩胶卷或微缩胶片拷贝、计算机可读的存储介质、口述观察记录、自动化设备所记录的数据,或能在一段时期内安全保存以上资料的其他数据存储介质。"(见GB/T 22278—2008中2.3.7)。

研究的实验阶段、检查过程中或最终报告的审核过程中，对记录进行检查。管理者应确保所有声明符合GLP原则的最终报告都要经过质量保证人员的审核。最终报告的审核应在最终报告起草阶段进行，此时所有的原始数据已经汇总并且预计不会再有重大改变。

4.8.2 最终报告审核的目的是为了确认是否：

a) 研究按照研究计划和标准操作程序执行；

b) 研究被准确和完整地报告；

c) 报告包含了GLP要求的所有要素；

d) 报告内容是连贯、一致的；

e) 原始数据完整且符合GLP。

4.8.3 质量保证人员也许会发现，以表格形式尽可能详尽地记录最终报告审核结果是可取的，这会对复查有帮助。应建立程序，使得在审核阶段期间质量保证人员能发现对研究数据和报告所做的补充或更改。

4.8.4 在签署质量保证声明前，质量保证人员应确保所有在质量保证审核中提出的问题已在最终报告中被适当的说明，该采取的改正措施都已完成，并且报告无需修改和进一步审核。

4.8.5 任何对已完成最终报告的校正和补充应经质量保证人员审核。此时需提供一份修订的或补充的质量保证声明。

4.9 质量保证声明

4.9.1 GLP原则要求最终报告里包含一份带有签名的质量保证声明，声明明确了检查的类型和日期，包括被检查研究的阶段，以及将这些检查结果报告给管理者、项目负责人和项目代表(如有委派)的日期[见GB/T 22278—2008中3.2.2f)和3.9.2.4]。管理者应负责制定程序，用来确保这份声明反映了质量保证人员对项目负责人的GLP符合性声明的认同，同时确保该声明与发布的最终研究报告有关。

4.9.2 质量保证声明的格式应与报告的类型相符。声明需包含完整的研究识别信息，以及相关质量保证监督活动的日期和阶段。如果根据质量保证计划未进行基于单独研究的检查，则在声明中应详细说明已进行的监督检查。例如在短期研究中，对每项研究都进行重复检查是效率低下或不切实际的。

4.9.3 建议只有在项目负责人的GLP符合性声明被确认后才完成质量保证声明。质量保证声明也将用来确认最终报告反映了原始数据。项目负责人还需要确保已在最终报告里将任何不符合GLP原则的地方标出。

4.10 质量保证与非监管研究

4.10.1 对于某些特定研究的认可来说，符合GLP是一项监管要求。然而，某些试验机构会在相同区域同时开展二类研究，即以向管理部门提交为目的的研究和不以此为目的的其他研究。如果后者不遵循与GLP相当的标准，通常会对监管研究的GLP符合情况产生负面影响。

4.10.2 由质量保证部门保留的研究清单中应区分监管的和非监管研究，从而可对工作量、可用设施和可能的干扰因素进行准确的评估。质量保证部门应随时掌握最新的主进度表，以利于其开展工作。当一个非GLP研究开始后，则不得再变更为GLP研究。如果一个原定的GLP研究要变更为非GLP研究，应详细地记录下来。

4.11 小型试验机构中的质量保证

4.11.1 在一些小型试验机构，要求管理者保留专职的质量保证人员是不现实的。但无论如何，管理者应至少安排一个固定人员负责质量保证功能的协调工作，即便是兼职。有必要保持质量保证人员一定的连续性，这有利于专业知识的积累和确保判读的一致性。允许参与GLP研究的人员在本试验机构的其他部门执行 GLP 研究的质量保证功能。如果能确保依照 GLP 原则所要求的有效性，同样允许试验机构之外的人员承担质量保证的职能。

4.11.2 在整体协调的责任已清楚规定的前提下，本部分的概念也可以应用于多场所研究，例如现场研究。

ICS 03.120.20
A 00

中华人民共和国国家标准

GB/T 22275.2—2008

良好实验室规范实施要求 第2部分:良好实验室规范研究中项目负责人的任务和职责

Requirements of conduct for Good Laboratory Practice(GLP)—
Part 2: The role and responsibilities of the study director
in GLP studies

2008-08-04 发布 2009-04-01 实施

中华人民共和国国家质量监督检验检疫总局
中国国家标准化管理委员会 发布

前　言

GB/T 22275《良好实验室规范实施要求》分为7个部分：

——第1部分：质量保证与良好实验室规范；

——第2部分：良好实验室规范研究中项目负责人的任务和职责；

——第3部分：实验室供应商对良好实验室规范原则的符合情况；

——第4部分：良好实验室规范原则在现场研究中的应用；

——第5部分：良好实验室规范原则在短期研究中的应用；

——第6部分：良好实验室规范原则在计算机化的系统中的应用；

——第7部分：良好实验室规范原则在多场所研究的组织和管理中的应用。

本部分为GB/T 22275的第2部分。

本部分等同采用经济合作与发展组织(OECD)良好实验室规范(GLP)原则和符合性监督系列文件No.8:《GLP研究中项目负责人的任务和职责》[ENV/JM/MONO(99)24]。

本部分做了下列编辑性修改：

——删除了前言和目录部分。

本部分由全国危险化学品管理标准化技术委员会(SAC/TC 251)提出并归口。

本部分的起草单位：山东出入境检验检疫局。

本部分的主要起草人：车礼东、万敏、于晓、于文莲、汤志旭、王晓兵。

良好实验室规范实施要求
第2部分:良好实验室规范研究中
项目负责人的任务和职责

1 范围

GB/T 22275的本部分规定了项目负责人的任务、任命、培训、职责、资质、法律地位。

除了国家立法的明确豁免,本部分所规定的GLP原则适用于法规所要求的所有非临床健康和环境安全研究,包括医药、农药、食品添加剂与饲料添加剂、化妆品、兽药和类似产品的注册或申请许可证,以及工业化学品管理。

2 规范性引用文件

下列文件中的条款通过GB/T 22275的本部分的引用而成为本部分的条款。凡是注日期的引用文件,其随后所有的修改单(不包括勘误的内容)或修订版均不适用于本部分,然而,鼓励根据本部分达成协议的各方研究是否可使用这些文件的最新版本。凡是不注日期的引用文件,其最新版本适用于本部分。

GB/T 22278 良好实验室规范原则

3 术语和定义

GB/T 22278中的术语和定义适用于本部分。

4 主要技术规范

4.1 项目负责人的任务

4.1.1 项目负责人是研究的唯一控制者,并最终负责全面地、科学地执行研究工作。这是项目负责人的主要任务。GLP原则中规定的义务和职责都来源于这一主要任务。经验显示,只有将正确开展研究的责任委派给一个专门人员负责,才能避免研究人员因接收到相互冲突的指示而导致研究计划的不良执行。在任何特定的时间对于一项研究只可能有一名项目负责人。项目负责人的一些职责可以被委派,例如在分包合同研究中,但是项目负责人最终作为研究的单一中心控制者的职责不能被委派。

4.1.2 在这点上,项目负责人应确保研究的科学、管理、规章等方面得到控制,项目负责人通过协调管理者、科研和(或)技术人员和质量保证计划来控制研究。

4.1.3 在涉及到多个试验场所的多场所研究中,如果项目负责人不能实施直接监督,研究过程的控制可以交给一名经过培训的、有资质和经验的人员,即为项目代表。项目代表代表项目负责人按照适用的GLP原则负责研究特定阶段的实施。

4.1.4 从科学的角度来讲,项目负责人通常是负责设计和批准研究计划,监督数据的收集、分析和报告的技术专家。项目负责人负责根据研究得出最后的总结论。作为首席技术专家,项目负责人应与其他技术专家和(或)项目代表协调,以了解他们在研究过程中的发现,接收和评价他们各自的研究报告并将其囊括在最后研究报告之中。

4.1.5 从管理的角度来讲,项目负责人应向管理者申请资源(如人员、设备与设施)并进行协调,以确保预期的研究进程能够正常开展。

4.1.6 确保研究的执行与规章相符合也是项目负责人的职责。在这个角色里项目负责人负责确保研究按照GLP原则进行，这要求项目负责人在最后的研究报告中签名以证实遵循GLP原则。

4.2 管理者的职责

试验机构管理者有责任确保机构的运转符合GLP原则，这一责任包括在试验机构中任命和有效地组织足够的有适当资质和经验的人员，包括项目负责人和多场所研究中的项目代表(需要的话)。

4.2.1 任命项目负责人

4.2.1.1 管理者应提出一个制度性文件，用来规定项目负责人、项目负责人的代理人和项目代表(如果国家程序中需要)的挑选和任命规程。

4.2.1.2 当任命项目负责人时，管理者应知道其目前的和预期的工作量。主进度表包括有关分配给每名项目负责人的研究类型和时间的信息，可以用来评估个人在试验机构内完成的工作量，是分配研究任务时的一个有用的管理工具。

4.2.1.3 项目负责人和(或)项目代表的替代应根据已制定的程序进行，并且应予以记录。

4.2.2 项目负责人的培训

4.2.2.1 管理者应确保项目负责人各方面工作的培训都有文件记录。培训程序应确保项目负责人彻底理解GLP原则以及试验机构运作程序的适当知识。这可能包括对与试验机构和特殊研究类型有关的其他导则和规章的知晓和工作知识，例如，OECD试验导则。培训可以包括在有能力人员监督下的工作经历。对研究涉及的每一个学科范围内的观察期或工作经验，可以提供对相关实践方面和科学原理的有用基础理解，有助于形成沟通渠道。参加机构内外的研讨会或课程、参与专业团体、阅读适当的文献，有助于项目负责人了解他们科学领域的发展状况。项目负责人的专业技术发展应是连续的并且需要定期进行总结评估。所有的培训应予以记录，培训记录应按有关部门规定的期限保留。

4.2.2.2 培训程序的记录文件应体现培训的进程，并明确指出个人被认为胜任的研究类型。与时俱进的培训或者再培训可能是必需的，例如在新技术、程序或者规章引入之后。

4.3 项目负责人的职责

项目负责人全面负责一项研究的科学实施，并且能够确认研究遵循良好实验室规范原则。

4.3.1 研究的启动

4.3.1.1 项目负责人应通过签署姓名和日期来批准研究开始之前拟制的研究计划。计划文件应清楚地说明研究的目的、研究的全面实施以及如何实现目的。研究计划的任何修改应按照上述程序批准。在多场所研究中，研究计划应说明和确定研究实施过程中涉及到的项目代表、任何试验机构和试验场所的任务。

4.3.1.2 项目负责人应通过签署姓名和日期对研究计划负责，至此(即研究启动日期)研究计划变为这一研究的正式工作文件。如果国家计划要求，项目负责人也应确保研究计划已由委托方和试验机构管理者签字。

4.3.1.3 在研究启动日期之前，项目负责人应确保质量保证人员能够得到研究计划，以便质量保证人员核实研究计划包含有GLP原则要求的全部信息。

4.3.1.4 在试验开始日期之前，项目负责人应确保将研究计划的副本提供给研究涉及到的全部人员，包括质量保证人员。

4.3.1.5 在所承担研究的任何工作之前，项目负责人应确定管理者提供了足够资源用于研究的实施并已具备了足够的试验原料和试验系统。

4.3.2 研究的实施

4.3.2.1 项目负责人对研究的总体实施负责，项目负责人应确保研究过程遵循研究计划及其修订中制定的程序，并且确保在研究期间产生的所有数据都被记录下来。特定的技术责任可以被委派给胜任的人员，并且予以记录。

4.3.2.2 在研究的过程中，项目负责人的参与应包括审核研究过程和数据(包括计算机生成数据)，以确保研究计划中制定的程序被遵循并且服从相关的标准操作程序。审核的类型和频率应记载在研究记录中。

4.3.2.3 由于影响研究完整性的所有决定应最终由项目负责人批准，项目负责人对研究的进展保持清醒的认识是非常重要的。当项目负责人暂时脱离研究时，这一点尤为特别重要。项目负责人只有与相关的科学、技术、管理人员和多场所研究中涉及到的项目代表保持有效的交流，才能掌握研究进展。这种交流应确保及时地传递研究计划的偏离情况并记录产生的问题。

4.3.2.4 如果数据被记录在纸上，项目负责人应确保产生的数据被全面而准确地记录，并且数据的产生符合 GLP 原则。对于记录到计算机化的系统上的电子数据，项目负责人负有同样职责。另外，项目负责人也应确保计算机化的系统适用于预期的研究目的，并且已经通过确认适合应用于研究过程。

4.3.3 最终报告

4.3.3.1 研究的最终报告应是一份详细的科技文件，列明了研究的目的，描述了使用的方法和原料，总结分析了产生的数据，阐明了得出的结论。

4.3.3.2 只有项目负责人对报告比较满意，认为报告全面、真实和准确地体现了这项研究及结果时才能在报告上签署姓名和日期，以表明对报告数据的有效性负责。遵循 GLP 原则的程度也应在报告中说明。项目负责人也应确保报告中包含质量保证声明，而且研究计划的任何偏离情况已经注明。

4.3.4 档案

在一项研究完成(包括终止)时，项目负责人负责确保研究计划、最终报告、原始数据和有关的材料被及时地归档。最终报告应包括一个声明来说明所有的试验样品、参照物、样本、原始数据、研究计划、最终报告和其他相关文件的存储位置。一旦数据传递到存档机构，相关责任应由试验机构管理者承担。

4.3.5 合同分包

当研究的任何一部分被分包到其他机构，项目负责人(以及质量保证人员)应掌握分包机构 GLP 原则的符合性状态。如果分包机构不符合 GLP 原则，项目负责人应在最终报告里说明这一点。

4.4 研究计划的修改和偏离

4.4.1 研究计划的修改

在研究开始之后和计划正式修改之前，研究计划的修改应以文件形式发布一个有意更改。当在研究过程中发生意外事件而需要采取重大行动时，也需要发布一个修改文件。研究计划的修改应说明更改原因并由项目负责人连续编号、标明日期、签名，并分发给所有持有原研究计划的人员。

4.4.2 研究计划的偏离

研究计划的偏离是研究执行过程中发生的一种无意的偏差。有关偏离研究计划的信息应在研究文件中注明。这种注明可以由研究涉及到的其他人员完成，但应由项目负责人和(或)项目代表及时地了解、描述、解释并标明日期，并且与原始数据一起保存。项目负责人应批准采取的任何纠正措施。项目负责人应考虑是否和其他技术专家讨论确定相关的影响，并且应在最后的报告里描述(必要的话进行讨论)这些偏离。

4.5 项目负责人的资质

项目负责人的资质将由每一项研究的要求规定。管理者有责任制定相关的资质标准，管理者有责任选择、监督、支持项目负责人，以确保研究按照 GLP 原则开展。由管理者制定的项目负责人的任何最低资质要求应被记录在个人档案中。除一个过硬的技术背景之外，项目负责人的协调角色决定了他应具有较强的沟通、解决问题和管理技巧。

4.6 研究过程的协调

4.6.1 项目负责人总体负责研究的实施。对于项目负责人地理上远离实验工作场所的那些研究，“对研究的总体执行和最终报告负责”这一定义可以在更广泛意义上解释。对于各级管理人员、研究人员和质量保证人员，关键在于权力、沟通和委派的责任应有明确的界限，以便项目负责人能有效地履行 GLP 责任。这应形成书面文件。对于多场所研究，试验机构管理者应确保项目负责人、项目代表、质量保证计划和研究人员之间有通畅的沟通渠道。

4.6.2 对于已经委派项目代表的研究来说，项目负责人将依靠项目代表以确保相关的研究阶段按照研究计划、标准操作程序、GLP原则实施。如果发生可能影响研究目标的事件，项目代表应与项目负责人联系，所有的交流应以文件记录。

4.6.3 在所有的研究阶段，项目负责人应保持和质量保证人员之间的交流。交流可以包括：

a) 质量保证人员积极地参与研究，例如及时地审查研究计划，参与新的及修订的标准操作程序的审查，质量保证人员参与研究启动会议并解决与GLP有关的潜在问题；

b) 项目负责人迅速地对检查和审核报告作出反馈，提出纠正措施，如有必要与质量保证人员、科技人员保持联系以便对检查/审核报告作出反馈。

4.7 项目负责人的替代

4.7.1 项目负责人有责任根据GLP原则负责研究的总体执行。项目负责人应确定在研究的每一阶段都遵循了GLP原则，严格按照研究计划执行，并且所有的观察结果都被完整记录。理论上，在整个研究过程中项目负责人始终在场才能履行其职责。实际上这很难做到。项目负责人缺席一段时间后有必要进行替代。尽管在GLP原则中没有规定在什么情况下替代项目负责人，但应在试验机构的标准操作程序中作出切实可行的规定。在标准操作程序中也应说明替代项目负责人所需的程序和文件。

4.7.2 作出更换或者暂时代理项目负责人的决定是管理者的责任。所有的决定应以书面形式记录。有两种情形可能考虑替代，这两种情形在长期研究中非常重要，因为在短期研究中可以假定项目负责人能够始终在场。

4.7.3 第一种情形是如果项目负责人的雇佣发生终止的情况，替代该关键人员是显而易见的。在这种情况下，接替的项目负责人的职责之一就是，在质量保证人员的协助下，尽快地确保业已完成的研究遵循GLP原则。项目负责人的替代及其原因应予以记录并且通过管理者批准。如果发现不足和偏离现象，建议记录任何过渡时期的GLP审查结果。

4.7.4 第二种情形是因为假期、科学会议、疾病或者事故造成项目负责人临时缺席。如果研究过程中出现问题或者紧急事件的情况下能够与项目负责人进行沟通，则短期的缺席没有必要正式地替代项目负责人。如果关键的研究阶段预期与项目负责人的缺席期重合，可以把该研究阶段更改到更合适的时间（必要的话，通过修改研究计划），也可以考虑替代项目负责人。替代可以通过正式指定替补项目负责人或者通过在这一特殊研究阶段将职责暂时委派给胜任的人员来实现。如果项目负责人的缺席持续更长的时间，应替代项目负责人而不是委派给胜任的人员。

4.7.5 不管在缺席期间是否被正式替代，项目负责人返回后应尽快地确认是否发生不符合GLP原则的情况。如有发生，返回的项目负责人应将缺席期间偏离GLP原则的情况记录下来。

4.8 项目负责人的法律地位

项目负责人通过在最终报告里签名来确认研究遵循GLP原则，承担遵循GLP原则实施研究以及在最终报告里提供准确的原始数据的责任。项目负责人的法律责任由国家法律和法定程序来确定。

ICS 03.120.20
A 00

中华人民共和国国家标准

GB/T 22275.3—2008

良好实验室规范实施要求 第3部分:实验室供应商对良好实验室规范原则的符合情况

Requirements of conduct for Good Laboratory Practice(GLP)—
Part 3:Compliance of laboratory suppliers with GLP principles

2008-08-04 发布　　2009-04-01 实施

中华人民共和国国家质量监督检验检疫总局
中国国家标准化管理委员会　发布

前　言

GB/T 22275《良好实验室规范实施要求》分为 7 个部分：

——第 1 部分：质量保证与良好实验室规范；

——第 2 部分：良好实验室规范研究中项目负责人的任务和职责；

——第 3 部分：实验室供应商对良好实验室规范原则的符合情况；

——第 4 部分：良好实验室规范原则在现场研究中的应用；

——第 5 部分：良好实验室规范原则在短期研究中的应用；

——第 6 部分：良好实验室规范原则在计算机化的系统中的应用；

——第 7 部分：良好实验室规范原则在多场所研究的组织和管理中的应用。

本部分为 GB/T 22275 的第 3 部分。

本部分等同采用经济合作与发展组织(OECD)良好实验室规范(GLP)原则和符合性监督系列文件 No. 5：《实验室供应商对 GLP 原则的符合情况》[ENV/JM/MONO(99)21]。

本部分进行了以下编辑性修改：

——删除了原文的前言和背景部分；

——删除了原文正文中的注 1 和注 2。

本部分由全国危险化学品管理标准化技术委员会(SAC/TC 251)提出并归口。

本部分的起草单位：山东出入境检验检疫局。

本部分的主要起草人：陶强、万敏、于晓、陈会明、王晓兵。

良好实验室规范实施要求 第3部分：实验室供应商对良好实验室规范原则的符合情况

1 范围

GB/T 22275的本部分规定了GLP原则下的实验室供应商的要求，包括以下方面：标准和合格评定计划、试验系统、动物的饲料、垫料和水、带有放射性标记的化学品、计算机系统、应用软件、参照物质、仪器、无菌材料、常规试剂、清洁剂和消毒剂、微生物学检验需要的产品。

本部分适用于GLP原则下对实验室供应商的要求。

2 规范性引用文件

下列文件中的条款通过GB/T 22275的本部分的引用而成为本部分的条款。凡是注日期的引用文件，其随后所有的修改单(不包括勘误的内容)或修订版均不适用于本部分，然而，鼓励根据本部分达成协议的各方研究是否可使用这些文件的最新版本。凡是不注日期的引用文件，其最新版本适用于本部分。

GB/T 19001 质量管理体系 要求

GB/T 22278—2008 良好实验室规范原则

EN 45001-1990 实验室工作的一般规范

3 术语和定义

GB/T 22278—2008中的术语和定义适用于本标准。

4 要求

4.1 标准和合格评定计划

4.1.1 实验室在实施遵循GLP原则的研究中使用多种多样的供应材料。供应商试图生产能够满足使用者履行GLP原则中所列出的义务的产品。许多供应商采用符合国家或国际标准的生产方法来生产，或者在各种国家资格鉴定体系中取得认证。这种主动性已经被预料到，因为只有这样，其提供的产品才能够被要求遵循GLP原则实施研究的管理部门所接受。

4.1.2 推荐供应商实施GB/T 19001。该标准可以由EN 45001-1990支持，后者中5.4.7强调了关于分包的重要性。

4.1.3 如果适当，合格评定对于供应商来讲尤其有用。合格评定体系常常监督成员对国家和国际标准的执行情况，因此供应商或者生产厂家的评定证书可以向顾客显示除了合格评定的其他方面以外，对于标准的良好执行。建议供应商在适当可行的情况下努力获得国家评定体系的成员资格。

4.1.4 尽管这种合格评定是一种支持遵循GLP原则的有效补充工具，然而它并不能作为GLP符合的一个可接受替代，也不能在满足OECD理事会法令中所列数据互认的要求的情况下得到国际认可。

4.2 试验系统

GB/T 22278—2008中3.8.2.5b)要求试验系统(动物、植物以及其他生物体)的性质应在研究计划中给出。这个要求可以直接由供应商提供的信息满足。在某些已经实施GLP的国家，供应商属于国家管理或者自愿参与的合格评定体系(例如，对于实验室用动物)，可以向使用者提供他们正在使用一个达到规定质量的试验系统的附加书面证明。

4.3 动物的饲料、垫料和水

尽管在GB/T 22278—2008中没有具体要求，动物饲料仍然应定期地进行分析来确定它的成分，以避免任何对试验系统的潜在干扰。水和垫料也应进行分析，以确保污染物的含量低于可能影响试验结果的水平。分析的证书应由供应商提供，包括水管理部门。供应商应提供适当的书面证明以确保分析的可靠性。

4.4 带有放射性标记的化学品

商业贸易的压力迫使提供带有放射性标记的化学品的供应商通过包含于GLP符合性计划中来寻求对GLP原则的正式符合。在多数情况下供应商生产带有标记的试验物质，这些物质被要求通过遵循GLP原则的程序完全描述特性。带有放射性标记的化学品的供应商可能要纳入到国家的GLP原则符合性监督计划中。

4.5 计算机系统、应用软件

4.5.1 所有的计算机软件，包括那些从外部供应商获得的，通常应在投入实验室使用前进行验收测试。从这项要求可以推断出，如果使用者要采取正式的验收测试的话，供应商代表使用者完成的应用软件的正式确认是可以接受的。

4.5.2 使用者应确保所有从外部获得的软件是由经过认可的供应商提供的。许多供应商通过执行GB/T 19001来尽力满足使用者的要求。这被认为是有效的。

4.5.3 GB/T 22278—2008中3.1.2.2g)将确保软件程序经过验证的职责赋予了项目负责人。这一确认可由使用者或者供应商执行，但应有该过程的完整文件并且保存在档案中。假如使用者实施确认，应有确认的标准操作程序[见GB/T 22278—2008中3.7.4.2b)]。

4.5.4 在使用软件程序之前对其进行一个验收测试是使用者的责任。这个测试应有完整的文字记录。

4.6 参照物质

4.6.1 试验机构管理者有责任确保所有人造的参照物质符合GLP的要求，包括每一批次的特性、成分、纯度以及稳定性(见GB/T 22278—2008中3.6.2.2和3.6.2.4)。

4.6.2 供应商提供的证书应涵盖有关特性、成分、纯度以及稳定性(如果必要的话还应包括在特定的条件下的稳定性)的数据以及能够对每一批次进行适当定义的其他任何特性。在特殊情况下供应商可能需要提供更多的信息，例如分析方法，并且应准备证明质量控制采用的国家或国际标准，例如参考“良好操作规范”或者参照国家或国际药典。

4.7 仪器

4.7.1 试验机构管理者有责任根据预期使用目的确保仪器功能完善并能满足需要。试验机构管理者也应确保定期检查和校准仪器。校准应溯源至适当的国家的或国际基准。如果参照标准物质由使用者保存，那么它们应由有能力的部门定期进行校准。

4.7.2 供应商应提供关于仪器正常使用的所有必需信息。对于特定类别的仪器，例如天平和标准温度计，供应商还应提供校准证书。

4.8 无菌材料

试验机构管理者有责任确保应无菌的材料通过适当的控制过程进行了完全的灭菌。供应商应能够提供适当的证据，例如通过证书或国家标准的参照，来证明通过辐射或其他方式或试剂消毒的材料没有感染源污染或消毒剂残留。

4.9 常规试剂

4.9.1 使用者应确保仅从评定合格的供应商处获得试剂。供应商应提供任何关于评定状况的文字材料。如果没有国家评定体系，使用者应确保能够从供应商处得到证明试剂符合标签上的描述的分析证书。

4.9.2 使用者有责任通过与供应商约定来确保所有的试剂应附有包含满足GLP特殊要求的足够信息

的标签。

4.10 **清洁剂和消毒剂**

使用者应清楚所有的活性组分，以便能够进行一个适当的使用选择并且去除任何会影响研究完整性的潜在污染或干扰。

4.11 **微生物学检测需要的产品**

4.11.1 使用者有责任通过与供应商约定来确保所有的产品均附有标签，该标签应至少包含下列信息：来源、特性、生产日期、保质期、储存条件。

4.11.2 供应商应确保提供证明任何评定状况的文字材料。如果没有国家评定体系，供应商应向使用者提供一个确认文件以证明该产品的实际情况与其标签描述的一致。

ICS 03.120.20
A 00

中华人民共和国国家标准

GB/T 22275.4—2008

良好实验室规范实施要求 第4部分:良好实验室规范原则在现场研究中的应用

Requirements of conduct for Good Laboratory Practice(GLP)—
Part 4:The application of the GLP principles to field studies

2008-08-04 发布　　2009-04-01 实施

中华人民共和国国家质量监督检验检疫总局
中国国家标准化管理委员会　发布

前　言

GB/T 22275《良好实验室规范实施要求》分为7个部分：

——第1部分：质量保证与良好实验室规范；

——第2部分：良好实验室规范研究中项目负责人的任务和职责；

——第3部分：实验室供应商对良好实验室规范原则的符合情况；

——第4部分：良好实验室规范原则在现场研究中的应用；

——第5部分：良好实验室规范原则在短期研究中的应用；

——第6部分：良好实验室规范原则在计算机化的系统中的应用；

——第7部分：良好实验室规范原则在多场所研究的组织和管理中的应用。

本部分为GB/T 22275的第4部分。

本部分等同采用经济合作与发展组织(OECD)良好实验室规范(GLP)原则和符合性监督系列文件No.6:《GLP原则在现场研究中的应用》[ENV/JM/MONO(99)22]。

本部分做了下列编辑性修改：

——删除了前言和目录部分。

本部分由全国危险化学品管理标准化技术委员会(SAC/TC 251)提出并归口。

本部分的起草单位：山东出入境检验检疫局。

本部分的主要起草人：万敏、黄红花、何飞、王晓兵、王会永。

良好实验室规范实施要求
第4部分：良好实验室规范原则在现场研究中的应用

1 范围

GB/T 22275的本部分规定了现场研究的试验机构的组织和人员、质量保证计划、试验设施、仪器、原料、试剂、试验系统、试验样品和参照物、标准操作程序、研究结果的报告、记录和材料的存储和保留。

除了国家立法的明确豁免，本部分所规定的良好实验室规范原则（以下简称GLP原则）适用于法规所要求的所有非临床健康和环境安全研究，包括医药、农药、食品添加剂与饲料添加剂、化妆品、兽药和类似产品的注册或申请许可证，以及工业化学品管理。

2 规范性引用文件

下列文件中的条款通过GB/T 22275的本部分的引用而成为本部分的条款。凡是注日期的引用文件，其随后所有的修改单（不包括勘误的内容）或修订版均不适用于本部分，然而，鼓励根据本部分达成协议的各方研究是否可使用这些文件的最新版本。凡是不注日期的引用文件，其最新版本适用于本部分。

GB/T 22275.1　良好实验室规范实施要求　第1部分：质量保证与良好实验室规范

GB/T 22278—2008　良好实验室规范原则

3 术语和定义

GB/T 22278—2008中的术语和定义适用于本部分。

4 主要技术规范

4.1 背景

1981年，经济合作与发展组织（OECD）采纳了GLP原则。1997年，OECD对其进行了修订。GLP原则为管理目的或其他评估相关目的所做的多种研究提供了推荐性的试验管理标准。制定1981年GLP原则的OECD专家组在所做的报告中明确列出了GLP原则涵盖的试验类型：

a) 物化特性；

b) 用于评价对人的健康效应的毒理研究（长期的和短期的）；

c) 用于评价环境效应的生态毒物学研究（长期的和短期的）；

d) 用于评价化学品的环境去向的生态学研究（转运、生物降解和生物富集）。

生态学研究的总分类中也包括用于测定残留农药、代谢物和用于耐药性和其他饮食暴露目的的其他化合物的特性和数量的试验。GLP原则用于涵盖更多的化学产物，包括农药、药物、化妆品、兽药、食品添加剂、饲料添加剂、工业化学品等。

OECD成员国的监督部门在（非临床）毒理学试验领域已获得了有关GLP符合性监督的大部分经验。这是因为从人类健康的观点出发，这些研究传统上被认为是最重要的。OECD成员国的许多已建立的符合性监督程序都是从毒理学实验室检查获得的经验发展而来的。生态毒物学研究的实验室的符合性监督程序也得到了很好的发展。

农药或兽药的现场研究（如残留物研究、代谢研究及生态学研究）的研究计划、条件、方法、技术和发现明显不同于毒理学试验及大多数基于实验室的生态毒物学试验相关联的方面。

本部分提出并说明了一些与现场研究有关的特殊问题，目的是对 GB/T 22278—2008 进行进一步的解释和指导，本部分提出了被认为需要进一步解释的问题，更多内容详见 GB/T 22278—2008。

4.2 现场研究相关术语和定义的说明

4.2.1 现场研究

4.2.1.1 GB/T 22278—2008 的定义中的"非临床健康和环境安全研究"被理解为包括现场研究。现场研究是一项包括在常规实验室之外（如在田间、在户外池塘内或者在温室内）进行的试验活动、并且经常与实验室内进行的试验相结合或相关联的研究。

4.2.1.2 现场研究包括但不仅限于以下方面的研究，现场研究用于测定：

a) 残留量；

b) 光降解作用；

c) 植物新陈代谢；

d) 土壤新陈代谢；

e) 农作物吸收运转；

f) 土壤分解；

g) 对中型实验生态系的影响；

h) 生物富集；

i) 对非目标有机体的作用。

4.2.2 现场研究的试验机构

现场研究的试验机构可以包括在一个或多个的地理位置上的几个试验场所，在那里执行一项单一总体研究的某一阶段或者某一组成部分。不同的试验场所可以包括但不仅限于：

a) 执行试验样品/参照物的特性描述（包括特性鉴定、纯度/浓度、稳定性及其他相关特性的测定）的研究实验室；

b) 将试验样品或对照品应用于试验系统的一个或者多个农业或室内、外场所（如温室）；

c) 某些情况下，将收获的产品制备成其他样品（例如将西红柿加工成汁、汤、糊或者调味汁）的处理设备；

d) 对收集的样本（包括来自处理过程的样本）进行化学或生物残留分析或其他方面评价的一个或多个实验室。

4.2.3 现场研究的项目负责人和项目代表

在可能涉及到多场所试验的现场研究中，项目负责人的有些职责可以被委派。在每一个试验场所当项目负责人不能实施直接管理时，研究程序可以由某些人员来控制，称之为项目代表。项目代表是代表项目负责人负责对研究的某个确定阶段进行管理的人员。项目代表的职责详见 4.3.3 和 GB/T 22278—2008 中 3.1.3。

4.2.4 非临床健康和环境安全研究

在一个或多个试验场所的现场研究中，非临床健康和环境安全研究可以包括现场和实验室阶段两个阶段，但只属于一个研究计划。

4.2.5 试验系统

现场研究中也包括复杂的生态系统。

4.2.6 试验样品

现场研究的试验样品包括但不仅限于：化学物质或者混合物、放射性标记的化合物、生物源物质或者加工废弃物。在现场残留或者环境研究的情况下，试验样品一般是一种有效的成分，或是含有有效成分和一个或多个惰性成分（如乳化剂）的一种混合物（配方）。有关植物和土壤新陈代谢的其他现场研究用于研究试验样品的去向，并且使用放射性标记的化学制品，试验样品可以是分析级或者工业级的原料，这些原料可以在应用之前随时在现场进行配制。

4.2.7 参照物

对于现场研究，参照物也可以理解为包括分析标样。根据研究类型，参照物的特性应当被充分地描述，这种描述应当记录在研究计划中。

4.2.8 介质

在现场研究中，介质一般指的是稀释剂，常常用于稀释试验样品(通常是一种农药配方或者罐装混合物)。介质也包括任何另外加入的溶剂、表面活性剂或者其他用来增强溶解性或者应用特性的化学制品。

4.3 试验机构的组织和人员

4.3.1 试验机构管理者的职责

4.3.1.1 从GLP原则的观点来看，管理者有多个含义，管理者可能涉及到来自几个试验场所的多个人员。接受项目负责人报告的管理者对于确保机构的运转符合GLP原则负有最终责任。现场研究也可能有几个试验场所管理者实体，其主要负责每个试验场所的人员、设施、设备和原料，并且(以书面形式)向项目负责人正式保证这些要求可以满足于每一项研究的适当阶段。试验场所管理者也应向项目负责人保证该场所遵循GLP原则的规定。

4.3.1.2 试验场所管理者应向项目负责人及项目负责人的管理者确保：在试验场所具备有适宜资质的人员(项目代表)，项目代表能够按照研究计划、适宜的标准操作程序、GLP原则和特殊的技术要求有效地执行他(她)负责的研究阶段。总管理者应充分理解并就质量保证计划的执行方式和执行人员与试验场所管理者达成一致协议。

4.3.1.3 在多层次管理共存的情况下，研究人员和质量保证计划人员，重要的是，他们之间的权利、信息交流和分配的责任应有明确的界限，从而使项目负责人可以有效地实施其GLP职责。这应以书面形式记录。总管理者有责任确保存在明确的沟通渠道。

4.3.1.4 在一些试验场所中研究的某些方面可能由临时雇员直接地或间接地来开展。当这些人员生成和录入原始数据，或者进行一些与研究有关的但是无人监督的活动时，应保留有关这些人员的资质、培训、经历的记录。当这些人员在更高资质人员的监督下开展常规的维护操作时，例如间苗、锄草、施肥等操作，则这些人员的相关记录没有必要保留。

4.3.2 项目负责人的职责

4.3.2.1 项目负责人的指定是保证一项研究按照GLP原则实施的关键。从广义上来讲，“对研究的总体执行和最终报告负责”这一术语对于大多数现场研究来说，可以理解为项目负责人的地理位置可以远离实际试验地点。由此，项目负责人只能主要依靠他(她)在每一个试验场所指定的项目代表和相关的技术人员来确保技术可靠性和GLP原则的符合性，这些人员的职责应以书面形式明确确定。

4.3.2.2 项目负责人和所有的相关人员应建立和维持有效的沟通，以确保研究计划、标准操作程序的遵循，并满足所有其他GLP原则的要求。项目负责人与质量保证计划人员之间的沟通也是非常重要的，以确保他们了解关键阶段的活动，质量保证计划检查报告能够及时传递，纠正措施能够有目的地实施。

4.3.2.3 作为他(她)的职责的一部分，项目负责人有责任确保：

a) 在试验场所应有足够的经过特性描述的试验样品和参照物；

b) 对于样本的分析，在现场(或处理场所)和分析实验室之间进行充分协调；以及

c) 来自现场、处理场所和实验室场所的数据经过完整地比较整理和存档。

4.3.3 项目代表的职责

4.3.3.1 当项目负责人不能对研究的任意特定阶段实施现场监督管理时，项目代表将被确定/推荐代表项目负责人负责一项研究的某些特定阶段。

4.3.3.2 在研究计划或其修订文件中指定项目代表，说明项目代表负责的研究阶段。项目代表将是一

位有适当资质和经验的人员，以便能够对研究的适宜阶段进行直接监督。

4.3.3.3 代表项目负责人的项目代表，将确保相关的研究阶段按照研究计划、相关的标准操作程序和GLP原则的要求执行。项目代表的职责应包括，但不仅限于下列方面，他们应：

a) 与项目负责人和其他研究科学家合作起草研究计划。
b) 确保研究人员被适当地任命，任命应被记录，并且确保研究人员根据需要能够得到研究计划和相关的标准操作程序的副本。
c) 确保准确地记录全部试验数据，包括试验系统的意外反应。
d) 确保研究过程中出现的研究计划和标准操作程序的偏离情况能够被发现，必要情况下应立即采取纠正措施，这些情况要记录在原始数据中。并尽快将这些偏离情况告知项目负责人。不过，对研究计划的修改（完全更改、修改或者修正），应通过项目负责人以书面形式批准。
e) 确保全部相关的原始数据和记录被保留以确保数据的完整性，将原始数据和记录及时地传递给项目负责人或遵照研究计划的规定。
f) 确保相关研究阶段的全部样品和样本得到充分保护，并防止在处理和存储过程中发生混淆和破坏，保证这些样品和样本以适当的方式运输。
g) 在相关阶段的报告上签署姓名和日期，以证实：报告准确地反映了所做的全部工作和获得的全部结果，并且工作是按照GLP原则进行。这份报告应包括充分的说明使项目负责人能够写一份涵盖整个研究的最终报告。项目代表应将报告提供给项目负责人。项目代表可以提交原始资料数据作为他（她）的报告，适宜的话，报告应包括有关服从GLP的声明。

4.4 质量保证计划

4.4.1 通常情况下单个人不能完成现场研究的质量保证工作，而需要多个人员。这些人员可能受雇于单一部门（如来自研究委托方）或分属不同部门（如有些来自研究委托方，有些来自承包方）。不同的质量保证人员和负责的试验场所管理者、负责的项目代表、负责研究的总体执行的项目负责人、项目负责人的管理者及其质量保证计划之间应保持详细的、真实的信息交流。为了通报研究的关键活动，也有必要确保项目负责人和（或）项目代表与质量保证人员之间建立有效的沟通。

4.4.2 基于现场研究的复杂性，可能涉及不同场所的类似活动，或者某一活动的确切时间取决于当地天气或其他状况，现场研究可能需要灵活的质量保证计划，详见GB/T 22275.1。

4.4.3 鉴于试验场所的地理分散性，质量保证人员也需要应付语言的差异性，从而能够与当地的研究人员、项目负责人、项目代表和试验场所管理者进行交流。

4.4.4 不管试验场所的位置在哪，质量保证人员的书面报告应同时提供给管理者和项目负责人。管理者和项目负责人实际接收报告的情况应在原始数据中予以记录。

4.5 设施

4.5.1 通则

4.5.1.1 现场研究的设施一般全部或部分地由农业或耕作用地、林地、微生态环境或其他室外试验区域组成。相对于在封闭的实验室或者温室中的情况来说，这些室外试验区域通常只有较少的或者没有对环境条件的控制。同样，对操作和设施的安全控制和监督不像实验室研究那样易于管理。

4.5.1.2 对于农药的现场研究，存在的问题是邻近区域使用的农药的喷雾漂移或者过量喷洒对试验区域的潜在污染，尤其是试验区域设在农业用地的中央或临近区域。这种情况下，试验场地的选择应使外部场所的干扰降到最低。尽可能地，选择的区域内应没有可能引起干扰的化学品或者已使用农药的情况（包括研究应用和正常使用）已被记录。

4.5.1.3 实验室开展的农药残留分析应特别注意样本以及参照标准物的潜在污染。样本的接收和存储区域应与农药和其他试验样品或参照物的存储区域分离。用于样本和样品制备、仪器操作、喷雾校准、参照标准物的制备和玻璃仪器清洗的区域之间应完全分离，并应与可能造成污染的实验室其他功能区域分离。

4.5.2 用于处理试验样品和参照物的设施

需要的话,应对所有试验场所中试验样品和参照物的存储区域进行环境监控,如有必要,确保符合这些物质的稳定性限度要求。试验样品和参照物不应与拟运送到分析实验室或者其他存档机构而收集的试验系统样本、其他低浓度原料放置在同一存储容器中。应配备足够的设施用于贮存和处理农药及有关的废物,以防止试验系统、试验样品、参照物或收集的样本之间发生潜在的交叉污染。

4.5.3 废物处理

对现场研究来说,过量的农药稀释液(或罐装混合物)的存储和处理应引起重视,应制备最小量的稀释农药。除了确保这些潜在危害的废物不对人类健康或者环境造成危害之外,这些材料也应以合理的方式进行控制,从而避免对试验系统、样本、其他材料或者研究中使用的设备造成影响。未使用的试验和参照物应返还给委托方或者供应商,或者以合法、可靠的方式处理。

4.6 仪器、原料、试剂

4.6.1 在现场阶段,像检查、清洁、维护和校准这些操作的频繁性可能需要考虑可能的设备运输(例如天平从一个场所移动到另一个场所)。这些操作应在标准操作程序中说明。

4.6.2 一项特定研究使用的设备(如暂时租用的设备或者用于一项研究的特定配置的喷雾器等)可能没有定期检查、清洁、维护和校准的记录。在这种情况下,可以将此信息记录在此特定研究的原始记录中。如果将相关程序作为标准操作程序不可行,它们可以和对手册的参照一起写入到研究计划中。

4.6.3 原料和试剂应通过足够的空白试剂分析来证实是无干扰的。

4.7 试验系统

4.7.1 现场研究中采用的试验系统可能由复杂的生态系统构成。这种生态系统难以进行描述和鉴别,或者另一方面,对其记录很难达到传统试验系统的程度。在研究计划中,较复杂的试验系统应尽可能地通过位置、特性来描述,实际的试验区域可以通过标记、符号或其他方式来识别。对于用作试验系统的植物、种子、土壤和其他材料,应描述并记录它们的来源、获得日期、种类、品系、品种或者其他适宜的鉴定特性。对于土壤,应在必要程度上描述其特性,并且用文件说明应用于现场研究的适用性。

4.7.2 正如设施中的注释,对于研究农药的试验系统,应免于外部的干扰,特别是来自临近区域的喷雾漂移或过量喷洒物。适当的话,研究计划中应讨论对预备或预处理对照样品进行分析的必要性。对照区和缓冲区在必要程度上用于解决或减小潜在的干扰或者其他形式的研究偏离。

4.8 试验样品和参照物

4.8.1 接收、处理、取样、存储

下列相关文件应保存在试验场所:

a) 来源,例如商用配方、特殊配方等等;

b) 运输方式,包括保留的货运单据;

c) 接收的日期;

d) 接收时的物质状态;

e) 存储位置和条件;

f) 完整的分发记录日志,说明试验样品的总数量和最终处理的数量。

4.8.2 特性

4.8.2.1 在每一个试验场所保留所有的特性记录和数据是不必要的。应提供足够的信息以确保所有的试验样品和参照物的特性已经被充分描述。这一般包括:化学名(例如CAS号、代号、名称等),份额或者批号,有效成分的数量,进行分析的场所,相关原始数据的存档场所,贮存稳定性和运输状态稳定性(例如有效期、温度范围),以及安全预防措施。

4.8.2.2 不同实验室试验得到的产品化学数据通常说明了在一定的pH值、温度、硬度范围内试验样品的介质混合物的稳定性,如果已知这些限制条件,研究计划中可以详细说明适宜的应用范围,并且在原始数据中记录实际值、配制时间和终止时间。

4.8.2.3 生产商应提供样品的均一性数据，以表明在特定条件下不同时期内样品混合后无分层现象。

4.8.2.4 对于罐装混合物样品的分析，研究计划中应说明必要的条件，以及取样和分析方法。

4.9 标准操作程序

4.9.1 现场研究的关键程序包括试验样品存储、现场数据收集、应用设备校准、试验样品应用、样本收集和传递，应予以特别重视。

4.9.2 研究计划也应包括所有用于样本分析的方法。如果在最初的研究计划签署时，这种方法还不是十分成熟或者没有经过充分验证，这可能需要批准研究计划的修改。研究计划也应规定所有的专业分析方法，例如确认程序。

4.10 研究的实施

4.10.1 研究计划

4.10.1.1 由于现场研究的不可预知的天气状况，需要使用租借设备的可能性，样本样品维护、存储和传递的特殊安排，以及其他特殊条件，比传统的实验室研究相比，大多数现场研究的研究计划应体现出更多的灵活性。与在研究计划中引用特定日期来说明关键阶段(例如试验样品的应用、培养操作及样本取样)相比，尽可能地说明这些活动的发展阶段，并给出大体的时间框架将更加实际。

4.10.1.2 为了及时、有效地批准研究计划的修改，如果项目负责人和试验场所的人员不在相同位置，需要在两者之间建立特殊的交流程序。

4.10.2 研究的执行

4.10.2.1 鉴于在残留分析和环境分析中质量控制措施的重要性，质量控制措施应记录在标准操作程序和(或)研究计划中。有关再现性评估、免除干扰和分析鉴定确认的程序也应包括在标准操作程序和(或)研究计划中。

4.10.2.2 原始数据包括所有工作表、记录、备忘录、笔记、原始观察资料和研究活动的结果的备份，对于重建和评估研究报告是非常必要的。如果原始数据已被准确地备份，则正确的副本或抄本可以作为原始数据代替原始资料。原始数据包括：照片、微缩胶片或单片缩影胶片、计算机打印输出、磁性介质，包括口述观察结果以及自动化设备的记录数据。

4.10.2.3 建议所有的条目采用不褪色的墨水书写。在某些情况下，可能不可避免地需要使用铅笔，如果有必要使用铅笔，应尽可能地制作已校验的副本。使用铅笔或者采用不同颜色标记的条目应能够在校验副本上识别。此外，研究记录中应清楚地表明使用铅笔的原因。

4.11 研究结果的报告

项目负责人应将项目代表的报告作为附件附在总研究报告中，详见4.3.3.3项目代表的职责中g)项。

4.12 记录和材料的存储和保留

偏远的试验场所存在的一个潜在问题是，研究过程中的记录和材料需要暂时保存直至研究结束将其转移到存档机构。所有试验场所中的临时存储设施应是足够的，以确保研究材料的完整性。

ICS 03.120.20
A 00

GB

中华人民共和国国家标准

GB/T 22275.5—2008

良好实验室规范实施要求 第5部分:良好实验室规范原则在短期研究中的应用

Requirements of conduct for Good Laboratory Practice (GLP)—Part 5: The application of the GLP principles to short term studies

2008-08-04 发布　　　　2009-04-01 实施

中华人民共和国国家质量监督检验检疫总局
中国国家标准化管理委员会　发布

前　言

GB/T 22275《良好实验室规范实施要求》分为7个部分：

——第1部分：质量保证与良好实验室规范；

——第2部分：良好实验室规范研究中项目负责人的任务和职责；

——第3部分：实验室供应商对良好实验室规范原则的符合情况；

——第4部分：良好实验室规范原则在现场研究中的应用；

——第5部分：良好实验室规范原则在短期研究中的应用；

——第6部分：良好实验室规范原则在计算机化的系统中的应用；

——第7部分：良好实验室规范原则在多场所研究的组织和管理中的应用。

本部分为GB/T 22275的第5部分。

本部分等同采用经济合作与发展组织(OECD)良好实验室规范(GLP)原则和符合性监督系列文件No.7:《GLP原则在短期研究中的应用》[ENV/JM/MONO(99)23]。

本部分做了下列编辑性修改：

——删除了前言、引言及目录部分。

本部分由全国危险化学品管理标准化技术委员会(SAC/TC 251)提出并归口。

本部分的起草单位：山东出入境检验检疫局。

本部分的主要起草人：黄红花、陶强、车礼东、何飞、贾俊涛、陈会明。

良好实验室规范实施要求 第5部分:良好实验室规范原则在短期研究中的应用

1 范围

GB/T 22275的本部分规定了短期研究的试验机构的组织和人员、质量保证计划、设施、试验系统、试验样品和参照物、标准操作程序、研究的实施和研究结果的报告。

除了国家立法的明确豁免,本部分所规定的良好实验室规范原则(以下简称GLP原则)适用于法规所要求的所有非临床健康和环境安全研究,包括医药、农药、食品添加剂与饲料添加剂、化妆品、兽药和类似产品的注册或申请许可证,以及工业化学品管理。

2 规范性引用文件

下列文件中的条款通过GB/T 22275的本部分的引用而成为本部分的条款。凡是注日期的引用文件,其随后所有的修改单(不包括勘误的内容)或修订版均不适用于本部分,然而,鼓励根据本部分达成协议的各方研究是否可使用这些文件的最新版本。凡是不注日期的引用文件,其最新版本适用于本部分。

GB/T 22275.1 良好实验室规范实施要求 第1部分:质量保证与良好实验室规范

GB/T 22278—2008 良好实验室规范原则

3 术语和定义

GB/T 22278—2008中的术语和定义适用于GB/T 22275的本部分。

4 主要技术规范

4.1 试验机构的组织和人员

4.1.1 试验机构管理者的职责

应确保每项研究启动前由管理者指定具有适当资质、培训和经验的人员作为项目负责人。项目负责人的替换应按照既定程序进行并予以记录。

注:项目负责人的指定是确保研究被正确计划、执行和报告的一个关键因素。项目负责人的适当资质更多地取决于经验,而不是受教育程度。

4.2 质量保证计划

4.2.1 总则

试验机构应有一个书面的质量保证计划,以确保实施的研究遵循GLP原则。

注1:本标准中提到的"质量保证计划"应参照GB/T 22278—2008和GB/T 22275.1进行解释。对于物理-化学研究,其他已发布的标准(例如ISO 9000系列)对"质量保证"这一定义则不同。

注2:质量保证计划文件应包括由GB/T 22275.1中定义的基于研究、基于设施、基于过程的检查的描述。这些定义如下:

——基于研究的检查:这类型的检查根据研究的进度来安排检查时间表,通常首先确定研究的关键阶段;

——基于设施的检查:这类型的检查不是基于特定的研究,而是覆盖了一个实验室内的通用设施和活动(安装、支持服务、计算机系统、培训、环境监测、维护和校准等);

——基于过程的检查:这类型的检查也与特定研究无关。它们被用来监督具有重复性质的程序或过程,通常这类检查是随机进行的。当某个过程在实验室内频繁进行并且通过“基于研究的检查”无法或不能有效监督时，需要进行这种类型的检查。应该注意，对高频率发生阶段进行基于过程的检查，可能会导致一些研究在实验阶段中没被检查到。

4.2.2 质量保证人员的职责

质量保证人员的责任应包括，但不仅限于下列责任。他们应：

a) 持有试验机构使用的所有被批准的研究计划和标准操作程序副本，并且能够得到主进度表最新版本的副本。

b) 核查研究计划中是否包含要求符合GLP原则的信息，核查应予以记录。

c) 对所有研究进行检查，以确定其是否遵循GLP原则执行。检查也应确定研究人员是否持有遵循研究计划和标准操作程序。

注：由于一些标准短期研究的高频率性和常规性，在GB/T 22275.1中认为，在研究的试验阶段并不是每个研究都需要由质量保证进行单独地检查。在这种情况下，基于过程的检查计划可以应用于每一种研究类型。考虑到机构开展的研究的数量、频率和(或)复杂性，基于过程的检查频率应在已被批准的质量保证标准操作程序中详细说明。检查的频率应在相关的质量保证标准操作程序中详细说明，应有标准操作程序以确保所有这些操作过程被定期检查。

d) 在最终报告里，编写并且签发声明，声明详细说明了检查的类型和日期；如适用，还包括被检查研究的阶段，以及将这些检查结果报告给管理者、项目负责人和项目代表的日期。这份声明也用来确认最终报告反映了原始数据。

注：如果没有进行单独的基于研究的检查，质量保证声明中应清楚地描述被执行的检查类型(例如基于过程的检查)及时间。质量保证声明中应说明最终报告已经过审核。

4.3 设施

4.3.1 试验设施应具有适当的面积、结构和场所以满足研究需求，并将影响研究有效性的干扰因素降到最低。

4.3.2 试验设施的设计应为不同活动提供适当的隔离，以确保每项研究的正确执行。

注：生物学体外研究所主要关注的问题是试验系统被污染的可能性。实验室应建立设施和程序用以确保防止和(或)控制这类潜在污染。

4.4 仪器、原料和试剂

研究使用的仪器应根据标准操作程序定期检查、清洁、保养和校准。这些活动的记录应保留。只要适当，校准应可溯源到国家或者国际测量基准。

注：只要适当，校准应提供由国家有关部门保留的基础物理量的测量溯源性。仪器应定期检查以确保其测量的连续准确性。校准物质应作为参照物，但不需要保留。

4.5 试验系统

4.5.1 物理性-化学性

一个物理性-化学性试验系统使用的仪器应根据标准操作程序定期地进行检查、清洁、维护和校准。

4.5.2 生物性系统

4.5.2.1 应为生物性试验系统的存储、安置、处理和管理建立并维持适当的环境条件，以确保数据的质量。

4.5.2.2 新接收的动、植物试验系统应在其健康状况评估完成前进行隔离。如果死亡率或发病率异常，则该批试验系统不能用于研究，适当时候应采用人道方式销毁。实验开始日期后试验系统应远离疾病或可能影响研究效果或研究执行的环境。如需保持研究完整性，则研究过程中的试验系统在染病或受伤后应被隔离和治疗。研究前或过程中的诊断和治疗应予以记录。

4.5.2.3 应保留有关试验系统来源、收到日期和到达情况的记录。

4.5.2.4 试验样品或参照物首次给药和(或)施用于生物性试验系统前，该系统应有足够的时间适应试验环境。

4.5.2.5 正确识别试验系统所需的所有信息应标明于其培养环境或容器上。如果在研究进行期间应将单个试验系统从其培养环境或容器里移出，只要有可能，应标有适当的鉴别信息。

4.5.2.6 试验系统在使用过程中其培养环境或容器应保持卫生并定期清洁。任何接触试验系统的材料应不含可能干扰研究的剂量的污染物。动物的垫料应依照可靠的农畜质量管理规范的要求更换。使用杀虫剂应予以记录。

注1：试验系统的信息：对于体外研究试验系统，应以文件形式记录每批系统的生长、生命力、无污染的情况。体外研究中鉴别和记录系统的来源、亚品系和维护情况是非常重要的。

注2：主要用于体外研究的试验系统的特性：应确保使用研究计划中描述的试验系统，且试验系统无污染。这可以通过定期进行遗传标记试验、染色体组型试验或支原体试验来实现。

注3：试验系统的隔离：在短期生物学研究中，可以不需要进行动物或植物试验系统的隔离。试验机构的标准操作程序中应详细说明用于健康状况评估(例如历史菌落和供体信息、观察结果、血清评估)的系统和后续行动。

注4：体外研究中干扰物的控制：研究过程中应确保水、玻璃器皿和其他实验室设备不含有干扰试验进行的物质，为了达到这个目的，研究计划中应设置对照组；也可以定期对系统进行检验以帮助实现这个目标。

注5：培养介质的特性：介质(例如抗生素、血清等)的类型、成分和批号应予以记录。标准操作程序中应说明这些介质的准备和接受。

注6：试验系统的使用：在某些特定情况下，有些成员国认可重复使用一只动物或者在一只动物身上同时进行多项试验。GLP原则关注的是，所有情况下都应保留动物先前使用的完整历史记录，并在最终报告中提到。同时也应以文件证明这些行为不会影响试验样品的评价。

4.6 试验样品和参照物

4.6.1 每个试验样品和参照物都应适当地标记，如代码、化学文摘登记号(CAS号)、品名、生物学参数。

4.6.2 对于每一项研究，能适当定义每批次试验样品和参照物的识别信息应被列明，包括：批次号、纯度、成分、浓度以及其他特性。

4.6.3 当由委托方提供试验样品时，委托方与试验机构之间应建立一种合作机制，以验证用于研究的试验样品的属性。

4.6.4 所有研究中试验样品和参照物在存储和试验条件下的稳定性应被了解。

4.6.5 需要使用介质来给药和(或)施用的试验样品，其在介质中的均一性、浓度和稳定性应被确定。对现场研究中的试验样品，例如罐装混合物，这些性质可另外在实验室实验中测定。

4.6.6 除短期研究外，所有研究都应保留有从每批次试验样品中提取的、用于分析目的的留样。

注1：每一批次的试验样品和参照物应具备足够的特性信息，为了促进所有成员国之间的相互认可，必要时，建议这些信息遵循GB/T 22278—2008的要求生成。如果试验样品处于开发的早期阶段，可以在生物性研究开展之后再进行特性分析。尽管如此，在试验启动日期之前，应具有试验样品的某些化学结构信息。

注2：为了促进所有成员国之间的相互认可，必要时，建议应遵循GLP原则判定试验样品和参照物在存储条件下的稳定性。

注3：有关试验样品在介质中的浓度、稳定性和均一性的评价，各个成员国之间的要求有相当大的差别。此外，对于某些短期生物学试验，并不总是能够同时进行这样的分析。对于某些试验，一个通常稳定的物质，其制备和应用只间隔几分钟，确定试验样品的稳定性可能没有意义。基于上述原因，有必要在研究计划中说明和批准分析要求，并在最终报告中清楚地注明。

注4：对于本部分4.6.4和4.6.5中涉及的试验样品和参照物的特性数据，如果物理-化学研究是用于测定这些数据，则这些数据不需要预先知道。

4.7 标准操作程序

注：在GB/T 22278—2008的3.7.4.4中，给出的说明性例子主要涉及生物性试验系统，可能与本部分中提到的物理-化学性研究无关，而物理-化学性研究的实施同样需要标准操作程序，这就需要试验机构管理者有责任确保制定适宜的标准操作程序应用于试验机构中开展的物理-化学性研究。

4.8 研究的实施

4.8.1 研究计划

4.8.1.1 对每项研究来说，在研究启动之前应准备好书面的研究计划。这一研究计划应由项目负责人通过签署姓名和日期来批准，还应经过质量保证人员的GLP符合性核查[见4.2.2b)]。如果研究实施所在国家的法律法规有要求，研究计划还应得到试验机构管理者和委托方的批准。

4.8.1.2 对短期研究来说，通用研究计划可能会附有具体的补充研究计划。

注1：如果在某一实验室内经常开展一项特殊的短期研究或者一系列类似研究，应准备一个唯一的通用研究计划。这一计划应包括所需的大部分主要信息，并且应事先获得试验机构管理者、负责执行的项目负责人和质量保证人员的批准。

注2：对研究计划的具体补充(例如，试验样品的细节、实验启动日期)应作为一个增补文件，其发布只需要获委派的项目负责人签署姓名和日期。研究计划包括了通用研究计划和补充的研究计划。研究计划的补充应迅速提交给试验机构管理者和质量保证人员，这点很重要。

4.8.2 研究计划的内容

注：研究计划(即通用研究计划和补充的研究计划)的完整内容详见 GB/T 22278—2008，可能的例外情况见下述“注”。

研究计划应包含，但不仅限于下列信息：

4.8.2.1 研究、试验和参照物的识别信息

a) 描述性的标题；

b) 研究性质和目的的声明；

注：如果 a)描述性标题中已经提供相关信息，则不需要 b)信息。

c) 通过编号或品名(如 IUPAC 编号、CAS 编号、生物学参数等)对试验样品进行识别；

d) 拟使用的参照物。

4.8.2.2 相关问题(适用时)

试验系统的选用理由：

a) 试验系统的特性，如物种、品系、亚品系、供应来源、数量、体重范围、性别、年龄及其他相关信息；

b) 给药或施药的方法及其选用理由；

c) 给药和(或)施药的剂量水平和(或)浓度、频率和持续时间；

注：以上 a)至 c)，对于物理-化学性研究可能不需要。

d) 关于实验设计的详细信息，包括下列信息的描述：研究时序、所有方法、材料和条件、需进行的分析、测量、观察和检验的类型和频率、拟采用的统计方法(如有)。

注：这通常会在一个简短的、摘要性的表格中给出，或者是参考适当的标准操作程序或试验指南。

4.9 研究结果的报告

4.9.1 通则

每项研究都应有最终报告。对于短期研究，标准化的最终报告可能还要附上研究的具体范围。

注：如果短期研究按照通用研究计划开展，应发布一个包括所需的大部分主要信息，并事先获得试验机构管理者、负责执行的项目负责人授权的标准化最终报告。因特殊研究而对标准化最终报告的扩展(试验样品的详细资料、获得的数字结果)可以作为该报告一个增补文件，其发布只需要项目负责人签署姓名和日期。如果在研究之前或研究过程中对研究计划进行了修订，则不能采用标准化最终报告，除非标准化最终报告也已进行相应地修改。

4.9.2 最终报告的内容

注：完整的最终报告(即标准化最终报告和特殊研究补充报告)的内容详见 GB/T 22278—2008，例外情况见下述“注”。

最终报告应包括但不仅限于下列信息：

4.9.2.1 研究、试验和参照物的鉴定

a) 描述性的标题；

b) 通过编号或品名(如 IUPAC 编号、CAS 编号、生物学参数等)对试验样品的识别；

c) 通过化学名称对参照物的识别；

d) 试验样品的特性，包括纯度、稳定性和均一性。

注：当研究是为了测定这些数据时，这可能是无意义的。

4.9.2.2 **声明**

列有已完成的检查类型及检查日期的质量保证计划声明，包括被检查的研究阶段，以及将任何检查结果报告给管理者、项目负责人及项目代表（适用时）的日期。该声明也将用来确认最终报告反映了原始数据。

注：这可能需要反映基于过程的检查的使用。质量保证声明必须清楚地表明最终报告已经被审核，详见 4.2.2d）的注。

ICS 03.120.20
A 00

GB

中华人民共和国国家标准

GB/T 22275.6—2008

良好实验室规范实施要求 第6部分:良好实验室规范原则在计算机化的系统中的应用

Requirements of conduct for Good Laboratory Practice(GLP)—
Part 6:The application of the principles of GLP to computerised systems

2008-08-04 发布   2009-04-01 实施

中华人民共和国国家质量监督检验检疫总局
中国国家标准化管理委员会 发布

前　言

GB/T 22275《良好实验室规范实施要求》分为 7 个部分：

——第 1 部分：质量保证与良好实验室规范；

——第 2 部分：良好实验室规范研究中项目负责人的任务和职责；

——第 3 部分：实验室供应商对良好实验室规范原则的符合情况；

——第 4 部分：良好实验室规范原则在现场研究中的应用；

——第 5 部分：良好实验室规范原则在短期研究中的应用；

——第 6 部分：良好实验室规范原则在计算机化的系统中的应用；

——第 7 部分：良好实验室规范原则在多场所研究的组织和管理中的应用。

本部分为 GB/T 22275 的第 6 部分。

本部分等同采用经济合作与发展组织(OECD)良好实验室规范(GLP)原则和符合性监督系列文件 No. 10:《GLP 原则在计算机化的系统的应用》[OCDE/GD(95)115]。

本部分进行了如下编辑性修改：

——删除了原文的前言和引言部分；

——删除了原文定义中的注 1。

本部分的附录 A 为资料性附录。

本部分由全国危险化学品管理标准化技术委员会(SAC/TC 251)提出并归口。

本部分的起草单位：山东出入境检验检疫局、全国危险化学品管理标准化技术委员会。

本部分的主要起草人：车礼东、黄红花、王会永、于文莲、孙忠松。

良好实验室规范实施要求
第6部分：良好实验室规范原则
在计算机化的系统中的应用

1 范围

GB/T 22275的本部分规定了GLP原则下计算机化的系统的应用与管理，包括各部门的责任、相关的培训、设备和仪器的要求、计算机化的系统的维护与灾难恢复、数据的记录与处理、计算机化的系统的安全、计算机化的系统的确认程序、关于其开发、确认、操作和维护的文档要求。

本部分适用于GLP原则下计算机化的系统的应用。

2 规范性引用文件

下列文件中的条款通过GB/T 22275的本部分的引用而成为本部分的条款。凡是注日期的引用文件，其随后所有的修改单(不包括勘误的内容)或修订版均不适用于本部分，然而，鼓励根据本部分达成协议的各方研究是否可使用这些文件的最新版本。凡是不注日期的引用文件，其最新版本适用于本部分。

GB/T 19001 质量管理体系 要求

GB/T 22278 良好实验室规范原则

3 术语和定义

GB/T 22278中的术语和定义适用于本部分。

4 要求

4.1 范围

4.1.1 所有用于生成、测量和评价向管理机构提交的数据的计算机化的系统应以符合GLP原则的方式来开发、确认、运行和维护。

4.1.2 在计划中，研究的执行和报告可能会出于多种目的使用多个计算机化的系统。这些目的可能包括直接的或者间接的从自动化仪器采集数据，操作和控制自动化设备以及处理、报告和存储数据。对于这些不同的活动，计算机化的系统也有所不同，可以是一个可编程的分析仪器，也可以是一台连接至实验室信息管理系统的多功能个人计算机。在任何涉及计算机的范围，GLP原则都应被应用。

4.2 步骤

4.2.1 应用于以向管理机构提交为目的的研究执行中的计算机化的系统，应有适当的设计、足够的能力并适用于其预期目的。应有适当的操作程序来控制和维护这些系统，这些系统应以遵循GLP原则的方法来开发、确认和运行。

4.2.2 论证计算机化的系统是否适用于其预期目的是非常重要的，这称作计算机的确认。

4.2.3 确认程序将严格确保计算机化的系统达到它的设计要求。确认应采取正式的确认计划并在使用前进行。

5 GLP原则在计算机化的系统中的应用

下面提到的需要考虑的事项将对上文提到的GLP原则在计算机化的系统中的应用提供帮助。

5.1 责任

5.1.1 管理者

5.1.1.1 试验机构管理者对遵循 GLP 原则承担全部的责任。这些责任包括任命和有效地组织足够的具有适当资质和经验的人员,还包括确保仪器、设备以及数据处理程序符合适当的标准要求。

5.1.1.2 管理者有责任确保计算机化的系统适用于其预期目的。应建立计算机相关规定和操作程序,以确保计算机化的系统以遵循 GLP 原则的方式来开发、确认、运行和维护。管理者还应确保这些规定和操作程序被理解和执行,并确保这些要求被有效监督。

5.1.1.3 管理者还应指派人员专门负责计算机化的系统的开发、确认、运行和维护。该负责人应具有相应的资质和经验,接受过适当的培训,以便能够遵循 GLP 原则来履行他们的职责。

5.1.2 项目负责人

5.1.2.1 项目负责人应在 GLP 原则下负责整个研究的全面实施。因为许多研究可以利用计算机化的系统,项目负责人应充分了解其负责的研究领域中涉及到的任何计算机化的系统。

5.1.2.2 项目负责人在电子数据记录方面的责任与在纸质数据记录方面的责任相同,因此只有经过确认的系统才可应用于符合 GLP 原则的研究中。

5.1.3 人员

所有使用计算机化的系统的人员有责任遵循 GLP 原则来操作这些系统。负责计算机化的系统的开发、确认、运行和维护的人员有责任按照 GLP 原则和公认的技术标准来开展这些工作。

5.1.4 质量保证

5.1.4.1 计算机化的系统的质量保证的职责应由管理者明确并且在书面的规定和程序中予以说明。质量保证计划应包括保证计算机化的系统的确认、运行和维护的所有阶段能够满足现有标准的程序和实践。还应包括关于已购入系统的介绍以及计算机化的系统内部开发过程的程序和实践。

5.1.4.2 质量保证人员应负责监督计算机化的系统遵循 GLP 的情况,并应接受必要的专业培训。他们应对这些系统十分熟悉以便作出客观的评价。某些情况下指定专业的审核人员可能是必要的。

5.1.4.3 质量保证人员应对计算机化的系统内存储的数据拥有直接的只读权限以便进行审查。

5.2 培训

5.2.1 GLP 原则要求试验机构拥有具有适当资质和经验的人员,有书面的培训计划,包括在岗培训,如果适当的话,还包括参加外部培训课程。所有的培训记录应被保留。

5.2.2 上述规定也同样适用于与计算机化的系统有关的所有人员。

5.3 设备和仪器

应有足够的设备和仪器以便遵循 GLP 原则正确地实施研究。对于计算机化的系统来说还有许多特殊注意事项。

5.3.1 设备

5.3.1.1 应考虑计算机硬件、外围设备、通讯设备以及电子存储介质的物理位置。极端的温湿度、灰尘、电磁干扰以及靠近高压线都应予以避免,除非设备是经特殊设计专门用于这些环境下的。

5.3.1.2 还应考虑计算机设备的电力供应,在适当的情况下应给那些突然中断就会对试验结果造成影响的设备提供后备电源或者不间断电源。

5.3.1.3 应有适当的设备来确保电子数据存储介质的安全。

5.3.2 仪器

5.3.2.1 硬件和软件

5.3.2.1.1 计算机化的系统的定义是将一组硬件和软件设计和组合在一起,执行一个或一组特定的功能。

5.3.2.1.2 硬件是计算机化的系统的物理组成部分,它包括计算机单元本身及其外围设备。

5.3.2.1.3 软件是一个或一组用来控制计算机化的系统运行的程序。

5.3.2.1.4 因此所有适用于仪器的GLP原则同样适用于硬件和软件。

5.3.2.2 **通讯**

5.3.2.2.1 有关计算机化的系统的通讯大致上可以分为两种:计算机之间的通讯和计算机与外围设备间的通讯。

5.3.2.2.2 所有的通讯连接都是造成误差的潜在因素,可能会导致数据的丢失或损坏。适当的安全及系统完整性的控制应在整个计算机化的系统的开发、确认、运行和维护过程中充分的执行。

5.4 维护和灾难恢复

所有的计算机化的系统都应以某种方法来安装和维护以确保其准确、连续的运行。

5.4.1 维护

应有包含日常预防维护和故障检修的书面程序。这些程序应清楚地注明相关人员的任务和责任。当维护活动对硬件和(或)软件作出必要改变时,可能需要对整个系统再一次进行确认。在系统的日常操作过程中,应保存任何检测到的问题或冲突,以及采取的纠正措施的记录。

5.4.2 灾难恢复

5.4.2.1 程序应对在计算机化的系统部分或全部发生故障时所采取的方法进行适当的描述。方法可包括计划的硬件冗余备份、转印到纸质系统等。所有的意外保障计划应以书面形式充分记录和确认,并且应能够确保连续数据的完整性,以及不会在任何方面对研究造成危害。符合GLP原则的研究执行人员应了解这些意外保障计划。

5.4.2.2 计算机化的系统的恢复程序将视系统的危险程度而定,但是要点是应保存所有软件的备份。如果恢复程序应对硬件或者软件做出更改,那么可能需要对系统进行重新确认。

5.5 数据

5.5.1 GLP原则对原始数据的定义是所有的原始的实验室记录和文件,包括直接由设备界面录入到计算机的数据,是研究中原始的观察和活动结果,也是重建和评估研究报告所必需的数据。

5.5.2 遵循GLP原则运行的计算机化的系统可以通过多种方式和原始数据联系在一起,例如,电子存储介质、计算机或设备打印输出和微缩胶片拷贝。对于每个计算机化的系统,都应对原始数据进行界定。

5.5.3 当计算机化的系统应用于进行原始数据的电子化采集、处理、报告或者存储时,系统的设计应能够保留全部的审核索引以显示数据的所有改变并且没有掩盖原有的数据。它应能够通过使用标有时间及日期的(电子化的)签名将所有的数据改变与更改人关联起来。应给出数据更改的理由。

5.5.4 当使用电子化的手段来保存原始数据时,有必要考虑该类型数据长期保存和计算机化的系统预期寿命的要求。硬件和软件的改变应能够保证原始数据的连续使用和保存,避免完整性被破坏的风险。

5.5.5 校准原始数据有效性或准许某一过程或研究重建所必需的支持信息,例如维护和校准记录,应在档案中保存。

5.5.6 计算机化的系统的操作程序中还应描述当系统崩溃时替代的数据采集程序。在这种情况下任何由人工记录并随后输入至计算机中的原始数据应被清晰地注明,并且应作为原始记录进行保存。人工备份程序应使得任何数据丢失的风险降至最低并且确保这些替代的记录保存下来。

5.5.7 当系统由于被淘汰需要将电子原始数据从一个系统转移到另一个系统时,这一过程应被充分记录,并且它的完整性应经过校验。当这种转移无法进行时,原始数据应先被转移到另一个介质中,并且在破坏任何原有电子数据之前要先经过精确复制的校验。

5.6 安全

书面的安全程序应能够保护硬件、软件和数据免于损坏或者未经授权的修改或丢失。本部分中所述的安全包括避免计算机化的系统及其数据被未经授权的使用或更改。还应避免潜在的由于病毒或者其他间谍程序引起的数据损坏。在系统短期或者长期崩溃的情况下也应采取安全措施以确保数据的完整性。

5.6.1 物理安全

物理安全措施应能够限制计算机、通讯设备、外围设备和电子存储介质仅由经过授权的人使用。对于不是特定计算机场所内的设备(例如个人计算机或者终端),至少应采用标准的试验机构访问控制。无论如何,当这种设备是远程设置的时(例如可移动设备以及调制解调器连接),需要采用额外的措施。

5.6.2 逻辑安全

对于每个计算机化的系统或者软件,应有逻辑安全措施来避免对计算机、软件或数据的非授权使用。应确保只使用认可的版本和已验证的软件。逻辑安全可以包括使用密码来确认唯一的用户身份。任何来自外部资源的数据或软件的传入应被控制。这些控制可以由计算机操作系统、特殊的安全程序、应用程序内置的功能或者上述所有形式来提供。

5.6.3 数据完整性

鉴于维护数据的完整性是GLP原则的主要目标,那么所有与计算机化的系统相关的人员都应意识到上述安全措施的必要性。管理者应确保相关人员了解数据安全的重要性、现有的程序以及能够提供适当的安全措施和安全系统被破坏后的处理方法的系统特性。这些系统特性可包括系统访问情况的日常监督、文件校验的执行和例外情况和(或)整体趋势的报告。

5.6.4 备份

对于计算机化的系统来说,将所有的软件和数据备份是为了在任何可危及数据完整性的崩溃(例如硬盘损坏)后恢复系统而进行的标准操作。这意味着备份的数据有可能成为原始数据,因此应被当作原始数据等同对待。

5.7 计算机化的系统的确认

计算机化的系统应要满足其预期目的。下列方面应被提及:

5.7.1 可接受度

5.7.1.1 计算机化的系统应被设计为能满足GLP原则并且预先提出计划。应有足够的文件证明每个系统是在经过认可的质量和技术标准(例如GB/T 19001)下控制和开发的。更重要的是,应有证据表明这些系统在投入日常使用之前经过了试验机构严格的测试与可接受标准相一致。正式的可接受度测试要求在事先确定的计划下执行并且保留所有的操作程序、测试数据、测试结果、正式的测试摘要和正式验收记录的书面证据。

5.7.1.2 对于厂家提供的系统来说,很可能在开发中生成的大量文件证明保留于厂家那里。这种情况下,在试验机构处应有正式的评估和(或)厂家的审核。

5.7.2 回顾性评估

5.7.2.1 有一些系统并没有预期或者被指定要求遵循GLP原则。这种情况下应有书面的使用该系统的正当理由,这应包括一个对适用性的回顾性评估。

5.7.2.2 回顾性评估应首先收集涉及该计算机化的系统的所有历史记录。随后这些记录将被审查并形成一个书面的摘要。这个回顾性评估的摘要应详细说明存在何种确认证据,以及将来为了确保该计算机化的系统的确认所需进行的工作。

5.7.3 更改控制

5.7.3.1 更改控制是对在计算机化的系统的使用期间发生的任何改变的正式批准和文件。当一个改变可能会影响计算机化的系统的确认状态时,就需要有一个更改控制。一旦计算机化的系统投入运行,更改控制程序就应是有效的。

5.7.3.2 这一程序应描述这样的评估方法:该方法用于确定为了维持系统有效状态而需进行重新测试的必要程度。更改控制程序应指定人员来负责决定更改控制的必要性和批准执行。

5.7.3.3 无论改变的起因如何(源于供应商或者内部开发系统),都需要提供适当的信息作为更改控制程序的一部分。更改控制程序应能确保数据的完整性。

5.7.4 支持机制

为确保计算机化的系统始终适用于其预期的目的,支持机制应适当的确保系统功能正常并被正确的使用。这可以包括系统的管理、培训、维护、技术支持、审核和(或)效能评估。效能评估是对系统进行周期性的正式审查以确保它能够持续满足一定的效能标准,例如:可靠性、响应性和能力。

5.8 文档

下列条目的清单是关于计算机化的系统的开发、确认、操作和维护的最少文件的指导。

5.8.1 规定

应有有关涵盖计算机化的系统的资料收集、获取、需求、设计、确认、测试、安装、操作、维护、设置、控制、审核、监督和报废等情况的书面管理规定。

5.8.2 应用程序描述

对于每一个应用软件应有文档来充分地描述:

a) 应用软件的名称或者标识码,以及该应用目的的详细说明;

b) 执行应用软件的硬件(包括型号);

c) 与之共同使用的操作系统和其他系统软件(比如:工具软件);

d) 应用软件使用的语言和(或)使用的数据库工具;

e) 该应用软件执行的主要功能;

f) 与该应用软件相关的数据和(或)数据库流程设计的综述;

g) 该应用软件的文件结构、错误和报警信息以及运算法则;

h) 该应用软件的版本号;

i) 该应用软件模块与其他设备和系统间的配置和通讯连接。

5.8.3 源代码

某些 OECD 成员国要求应用软件的源代码应是可被试验机构使用或取得的。

5.8.4 标准操作程序

多数涵盖计算机化的系统使用的文件可以标准操作程序的形式存在。这些应包括,但不仅限于以下内容:

a) 操作计算机化的系统(软硬件)的程序,以及相关人员的责任;

b) 检测和防止未经授权的访问和程序更改的安全程序;

c) 程序更改的程序和授权以及更改记录;

d) 设备(软/硬件)更改的程序和授权,包括适当情况下在使用前进行检测;

e) 对整个系统或某个组件进行周期性测试,以确保其功能正常,并将这些测试进行记录;

f) 维护计算机化的系统和其他相关设备的程序;

g) 软件开发和可接受度测试的程序以及所有可接受度测试的记录;

h) 所有存储数据的备份程序以及崩溃时的应急计划;

i) 存档和恢复所有文件、软件和电子数据的程序;

j) 监督和审核计算机化的系统的程序。

5.9 档案

5.9.1 GLP 关于数据存档的原则应始终如一地对所有类型的数据执行。因此电子数据应具有和其他数据一样的访问控制、索引和便于取阅。

5.9.2 当多个研究的电子数据被存储在同一个存储介质时,应要求有一个详细的索引。

5.9.3 可能需要提供特殊的环境控制设备以便确保电子数据存储的完整性。如果需要额外的存档机构，那么管理者应指定专门的档案管理人员，并且确保只能由经过授权的人员访问档案。还有必要执行程序以确保不会对长期存储的数据的完整性造成危害。当需要考虑数据的长期存取问题或者当计算机化的系统需要报废时，应制定确保数据持续可读的程序。这可以包括：硬拷贝打印输出或者是将数据转移至另一个系统等。

5.9.4 电子数据的销毁应有管理者的授权和相关文件。其他用来支持计算机化的系统的数据，例如源代码和开发、确认、操作、维护和监督记录，应至少和与这些系统相关的研究记录保留相同的时间。

附 录 A
（资料性附录）
术语解释

A.1 可接受度标准(acceptance criteria)：应满足成功完成一个试验阶段或者应满足交付要求的书面标准。

A.2 可接受度测试(acceptance testing)：在预期的操作环境下对计算机化的系统的正式测试，以决定试验机构的所有可接受度标准能否被满足或者该系统对于操作使用来说是否能被接受。

A.3 备份(back-up)：当系统崩溃或者遇到灾难时用来恢复数据或软件、重启操作过程，或者供备用计算机使用的预防措施。

A.4 更改控制(change control)：在运行过程中评估和记录系统的操作和更改以决定计算机化的系统在发生任何更改后是否需要进行确认程序。

A.5 计算机化的系统(computerised system)：一组硬件和软件设计和组合在一起，执行一个或一组特定的功能。

A.6 电子签名(electronic signature)：以电磁压力或者任一符号或者一组符号编码的计算机数据的登录形式，由某人等同于其手写签名那样执行、修改或授权。

A.7 硬件(hardware)：计算机化的系统的物理设备，包括计算机本身和它的外围设备。

A.8 外围设备(peripheral components)：任何具有使用界面的仪器，或者辅助的，或者可移动的设备，例如打印机、调制解调器、终端，等等。

A.9 公认的技术标准(recognised technical standards)：由国家或者国际标准化组织发布的标准(如ISO、IEEE、ANSI 等)。

A.10 安全(security)：对计算机软硬件的保护，以避免意外或者恶意的访问、使用、修改、破坏或者泄漏。安全还包括人员、数据、通讯以及物理和逻辑上保护计算机的装置。

A.11 软件(应用软件)[software(application)]：是一个满足试验机构需要的、开发的、修改的或适合的程序，用于进行过程控制、数据收集、数据操作、数据报告和(或)存档。

A.12 软件(操作系统)[software (operating system)]：一个或一组程序、例行程序及子程序，用来控制计算机的操作。一个操作系统可以提供例如资源分配、时间调度、输入输出控制以及数据的管理。

A.13 源代码(source code)：一组最初的以人类可读形式表达的程序(程序语言)，它在被计算机执行前应转化为计算机可读的形式。

A.14 计算机化的系统的确认(validation of a computerised system)：确认计算机化的系统适用于其预期目的的验证行为。

ICS 03.120.20
A 00

中华人民共和国国家标准

GB/T 22275.7—2008

良好实验室规范实施要求　第7部分：良好实验室规范原则在多场所研究的组织和管理中的应用

Requirements of conduct for Good Laboratory Practice (GLP)—Part 7: The application of the GLP principles to the organisation and management of multi-site studies

2008-08-04 发布　　2009-04-01 实施

中华人民共和国国家质量监督检验检疫总局
中国国家标准化管理委员会　发布

前　言

GB/T 22275《良好实验室规范实施要求》分为7个部分：

——第1部分：质量保证与良好实验室规范；

——第2部分：良好实验室规范研究中项目负责人的任务和职责；

——第3部分：实验室供应商对良好实验室规范原则的符合情况；

——第4部分：良好实验室规范原则在现场研究中的应用；

——第5部分：良好实验室规范原则在短期研究中的应用；

——第6部分：良好实验室规范原则在计算机化的系统中的应用；

——第7部分：良好实验室规范原则在多场所研究的组织和管理中的应用。

本部分为GB/T 22275的第7部分。

本部分等同采用经济合作与发展组织(OECD)良好实验室规范(GLP)原则和符合性监督系列文件No.13:《GLP原则在多场所研究的组织和管理中的应用》[ENV/JM/MONO(2002)9]。

本部分进行了下列编辑性修改：

——删除有关OECD的介绍、引言、前言中有关各届会议召开的内容及目录部分。

本部分由全国危险化学品管理标准化技术委员会(SAC/TC 251)提出并归口。

本部分的起草单位：山东出入境检验检疫局。

本部分的主要起草人：万敏、车礼东、王会永、王境堂、王晓兵。

良好实验室规范实施要求　第7部分：良好实验室规范原则在多场所研究的组织和管理中的应用

1　范围

GB/T 22275的本部分规定了多场所研究的管理和控制、质量保证、主进度表、研究计划、研究的实施、研究结果的报告、标准操作程序、记录和材料的存储和保管。

除了国家立法的明确豁免，本部分所规定的良好实验室规范原则(以下简称GLP原则)适用于法规所要求的所有非临床健康和环境安全研究，包括医药、杀虫剂、食品添加剂与饲料添加剂、化妆品、兽药和类似产品的注册或申请许可证，以及工业化学品管理。

2　规范性引用文件

下列文件中的条款通过GB/T 22275的本部分的引用而成为本部分的条款。凡是注日期的引用文件，其随后所有的修改单(不包括勘误的内容)或修订版均不适用于本部分，然而，鼓励根据本部分达成协议的各方研究是否可使用这些文件的最新版本。凡是不注日期的引用文件，其最新版本适用于本部分。

GB/T 22275.4　良好实验室规范实施要求　第4部分：良好实验室规范原则在现场研究中的应用

GB/T 22278　良好实验室规范原则

3　术语和定义

GB/T 22278中的术语和定义适用于本部分。

4　主要技术规范

4.1　多场所研究的说明

4.1.1　多场所研究的计划、实施、监督、记录、报告和归档提出了一系列的潜在问题，这些问题应被说明以确保GLP原则不受影响。不同的研究活动在不同的场所执行意味着研究的计划、沟通、控制非常重要。

4.1.2　尽管一项多场所研究将由在多个场所(包括试验机构和所有试验场所)执行的工作构成。但是多场所研究是一项应根据GLP原则执行的单一研究。这意味着应有唯一计划、唯一项目负责人和唯一的最终报告。在最初对研究进行计划时，各参与场所的人员和管理者应意识到他们开展工作只是属于项目负责人控制的研究的一部分，而不应将其作为一个单独的研究来实施。

4.1.3　各个场所开展的工作有必要在计划的初始阶段中清楚地说明。从而使相关的参与方能够在研究计划定稿之前就控制措施达成协议。

4.1.4　研究执行涉及的参与方之间可以通过明确的责任分配和有效的沟通来避免产生与执行多场所研究相关的多个问题。参与方包括委托方、项目负责人、管理者、项目代表、各个场所的质量保证和研究人员。

4.1.5　所有相关参与方都应意识到：当多场所研究在多个国家执行时，可能由于国家文化、语言和GLP符合性监督程序的差异引起一些附加的问题。在这种情况下，可能有必要向所在国家的GLP符合性监督部门征求意见。

4.1.6 本部分中包含的指南应在多场所研究中的计划、实施、监督、记录、报告和归档过程中予以考虑。

4.2 多场所研究的管理和控制

4.2.1 多场所研究是研究的各阶段在多个试验场所开展的研究。如果需要使用空间上分离、组织上不同或其他原因分开的多个场所，则需要使用多场所研究。多场所研究可能包括，当一个组织的一个部门作为试验机构时，同一组织的另一个部门作为前一部门进行多场所研究的一个试验场所。

4.2.2 阶段是研究执行中的一个确定活动或一系列活动。

4.2.3 委托方应与试验机构管理者(研究启动之前由委托方任命)协商并仔细考虑后再做出开展一项多场所研究的决定。多场所的使用增加了研究设计和管理任务的复杂性，带来了影响研究完整性的额外风险。因此评估多场所构成对研究完整性造成的所有潜在威胁、明确责任、把风险降到最低是重要的。还应充分考虑到可能使用的所有试验场所的技术专家/科学专家的意见、GLP 符合性状态、资源和经济状况。

4.2.4 多场所研究的沟通

4.2.4.1 为了多场所研究的顺利开展，研究涉及的各个参与方必须清楚其职责。为了履行这些职责并处理研究执行过程中可能需要解决的任何问题，委托方、各场所管理者、项目负责人、项目代表、质量保证人员、研究人员之间保持信息的畅通和有效的沟通是非常重要的。

4.2.4.2 参与各方之间应当就研究信息的沟通方式提前达成协议并予以记录。

4.2.4.3 项目负责人应当随时掌握所有场所的研究进展。

4.2.5 多场所研究的管理

4.2.5.1 委托方将把一项研究指派给一个试验机构。试验机构管理者将指定项目负责人，项目负责人不必常驻于大多数试验工作完成的场所。在其他场所开展研究活动的决定通常由试验机构管理者与项目负责人、委托方(必要的话)共同协商确定。

4.2.5.2 当项目负责人因为地理或者组织上的分离不能在某一个试验场所履行他或她的职责时，有必要在该试验场所任命一个项目代表。不能履行职责的情况可能是因为旅行时间、时区、翻译延误。地理上的分离可能与距离或需要同时出席多个场所有关。

4.2.5.3 试验机构管理者应推动建立与试验场所管理者良好的工作关系以确保研究的完整性。不同参与团队的偏爱或商业和机密性协议不应妨碍为确保研究正确开展的必要信息沟通。

4.2.6 人员的作用和职责

4.2.6.1 委托方

a) 研究启动之前，委托方应与试验机构管理者协商并仔细考虑后再做出开展一项多场所研究的决定。委托方应详细说明研究是否遵循 GLP 原则、是否符合有关国家法律要求。委托方应了解一项多场所研究只能形成一份最终报告。

b) 委托方应当清楚，如果其场所作为一个场所承担多场所研究的部分阶段，其运转和研究相关人员都应接受项目负责人的管理。特殊情况下，这可能包括试验机构管理者、项目负责人的访问和(或)质量保证负责人的检查。项目负责人必须说明研究工作(包括委托方进行的任何工作)符合 GLP 原则的程度。

4.2.6.2 试验机构管理者

试验机构管理者应批准试验场所的选择。试验机构管理者应考虑的问题包括但不仅限于：沟通的可操作性、质量保证安排的充分性、适宜的设备和技术的有效性。试验机构管理者应指定一名质量保证负责人，总体负责整个研究的质量保证工作。试验机构管理者应将质量保证负责人的所在地通知所有试验场所的质量保证部门。如果有必要使用一个不在国家 GLP 符合性监督计划范围内的试验场所，应记录选择的原因。试验机构管理者应使试验场所管理者明白：试验场所可能接受所在国家 GLP 符合性监督部门的检查。如果所在国家没有GLP符合性监督部门，则试验场所可能接受研究提交国家的GLP符合性监督部门的检查。

4.2.6.3 **试验场所管理者**

试验场所管理者负责提供足够的场所资源和指定有适当资质的项目代表。如有必要替换项目代表，试验场所管理者应与委托方、项目负责人和试验机构管理者（必要的话）协商任命新的项目代表，并应将详细资料及时提供给项目负责人，以便发布对研究计划的修改。新的项目代表应对替代之前研究工作的GLP符合性进行评估。

4.2.6.4 **项目负责人**

a) 项目负责人应确保选择的试验场所是可接受的。这可以通过考察试验场所和会见试验场所人员来实现。

b) 如果项目负责人认为自己能够直接完全控制某一试验场所的工作而没有必要指定项目代表，项目负责人应向试验机构管理者建议这一可行性。试验场所管理者应确保在这一试验场所安排适宜的质量保证监督工作。这可以由试验场所自己的质量保证人员或质量保证负责人实施。

c) 项目负责人负责研究计划的批准，包括汇总来自项目代表的贡献。项目负责人将批准和发布研究计划的修改，并确认研究计划的偏离，包括那些与各个场所承担的工作有关的偏离。项目负责人负责确保全部人员都清楚研究的要求，并确保所有相关的人员可得到研究计划及其修改文件。

d) 项目负责人应与每一位项目代表建立、测试和维持适宜的沟通系统。例如：通过联络测试仔细确认电话号码和电子邮件地址，考虑乡村的信号强度等。时区的差别也应考虑到。项目负责人应与每一位项目代表进行直接沟通，而不应通过中间者，除非存在不可避免的因素（如：需要使用翻译）。

e) 在整个研究执行过程中，项目负责人应易于被项目代表找到。项目负责人应为事件的协调和时间安排、各场所之间样品、样本或者数据的传递提供便利，并确保项目代表理解保管程序的各个环节。

f) 必要的话，项目负责人应与项目代表一起沟通试验场所中有关质量保证方面的发现。项目负责人针对这些发现与项目代表或试验场所质量保证人员之间的沟通应予以记录。

g) 项目负责人应确保最终报告的拟制包含有来自项目代表的任何文稿。项目负责人应确保最终报告被提交给质量保证负责人进行检查。项目负责人负责在最终报告中签署姓名和日期，表明对数据的有效性负责以及研究遵循GLP原则的程度。这些在部分程度上是依据项目代表提供的书面保证。

h) 对于没有指定项目代表的试验场所，项目负责人直接与开展工作的人员进行沟通，这些人员应在研究计划中列明。

4.2.6.5 **项目代表**

a) 对于项目负责人委派的研究阶段，项目代表代表项目负责人履行职责，并且负责确保这一研究阶段遵循GLP原则。项目代表与项目负责人之间保持充分的合作和开放的工作关系是必要的。

b) 项目代表按照研究计划和GLP原则承担被委派的研究阶段应签订书面协议，项目代表在研究计划上签名将构成可接受协议。

c) 对研究计划或标准操作程序的偏离情况应在试验场所进行记录并由项目代表确认，还应及时地报告给项目负责人，并由项目负责人确认。

d) 项目代表应提供给项目负责人相关文稿，以便项目负责人能够依据文稿拟制最终报告。这些文稿应包括项目代表确认其负责的工作符合 GLP 原则的书面保证。

e) 项目代表应确保将其负责的所有数据和样本递交给项目负责人，或者按照研究计划规定进行存档。如果这些数据和样本没有递交给项目负责人，项目代表应通知项目负责人存档的时间和地点。在研究过程中，项目代表未经项目负责人预先的书面允许不应处置任何样本。

4.2.6.6 研究人员

一项研究涉及到的所有专业和技术人员应有一个工作描述和一个培训、资质和经验记录，用来表明他们具备承担所指派任务的能力。当研究人员被要求遵循来自另一试验场所的已批准的标准操作程序时，任何要求的额外培训应予以记录。

在某些工作场所可能有临时雇用的人员进行某些方面的研究。当这些人员得出或者录入原始数据，或者开展与研究相关的活动，有关他们的资质、培训、经历的记录应被保留。当这些人员在更高资质人员的监督下进行常规操作(如牲畜管理)时，不必保留他们的这些记录。

4.3 质量保证

多场所研究的质量保证应被仔细计划和组织实施，以确保多场所研究全面遵循 GLP 原则。由于存在多个试验场所，因此多个管理组织和质量保证计划可能会带来问题。

4.3.1 质量保证负责人的职责

4.3.1.1 质量保证负责人应与试验场所的质量保证人员沟通以确保在整个研究中实施了足够的质量保证检查。

4.3.1.2 应特别注意有关各个试验场所之间沟通的运行和记录。各个试验场所应在试验开始之前确定质量保证活动的责任。

4.3.1.3 质量保证负责人将确保:研究计划已经核实、最终报告已经进行了 GLP 原则符合性检查。最终报告的质量保证检查应包括:确认最终报告是否正确汇总了项目代表的文稿(包括试验场所的质量保证证明)。质量保证负责人将确保:拟制的质量保证声明应涉及试验机构承担的工作，包括或参考所有试验场所的质量保证声明。

4.3.2 试验场所质量保证人员的职责

4.3.2.1 通常每一个试验场所管理者都负责确保:在各自的场所执行的研究有适宜的质量保证。该试验场所的质量保证人员应审查研究计划中与该试验场所开展的研究活动有关的部分。他们应保留批准的研究计划及其修改的副本。

4.3.2.2 除非质量保证负责人有其他要求，每一个试验场所的质量保证人员都应根据各自场所的标准操作程序检查本场所的相关研究工作，并将检查结果以书面形式及时报告给项目代表、试验场所管理者、项目负责人、试验机构管理者和质量保证负责人。

4.3.2.3 每一个试验场所的质量保证人员都应根据各自场所的标准操作程序检查项目代表对研究的贡献，并提供与试验场所的质量保证活动有关的声明。

4.4 主进度表

4.4.1 对于已任命一个或多个项目代表的多场所研究，所有涉及到的试验场所都应在主进度表中说明其特征，试验机构管理者和试验场所管理者有责任确保这已被落实。

4.4.2 研究的唯一性标识必须体现在每一试验场所的主进度表上，必要时可参照试验场所的标识符。主进度表中应列明项目负责人，每一场所的主进度表中应列明相关的项目代表。

所有试验场所承担的相关研究阶段的开始和完成日期，应当在其各自的主进度表上列明。

4.5 研究计划

4.5.1 对每项多场所研究来说，应当有一个单一的研究计划。研究计划应清楚地列明所涉及全部场所的名称及地址。

4.5.2 研究计划应包括每一个项目代表的名字及地址、负责的研究阶段。建议研究计划中包含足够的信息(例如电话号码),从而允许项目负责人与项目代表直接联系。

4.5.3 研究计划中应列明在试验场所产生的用于最终报告的数据,如何提供给项目负责人,供其完成最终报告。

4.5.4 在已知的情况下,对于不同试验场所产生的数据、试验样品、参照物、样本,在研究计划中对其保留地点(如果知道)进行描述是有用的。

4.5.5 拟定研究计划的草案时,建议征求项目代表的意见,以便考虑和确认他们具有承担所分配工作的能力。如有要求的话,他们可对研究计划提出专业的技术意见。

4.5.6 通常研究计划应用单一语言来编写,一般是项目负责人使用的语言。对于多国联合研究来说,研究计划可能有必要采用多种语言发布;这一点应当在研究计划原版和翻译版中被指明,所有版本中都应标明原版语言。应建立一个机制来核实研究计划的翻译版的正确性和完整性。翻译版本正确性的责任可以由项目负责人委派给语言专家,并予以记录。

4.6 研究的实施

本条款将会重述 GB/T 22278 中最重要的要求和 GB/T 22275.4 中的建议,以便为多场所研究的组织提供有用的指南。这些文件的细节将被进一步讨论。

4.6.1 设施

4.6.1.1 在研究期间,试验场所可能没有全职人员在场。在这种情况下应当采取额外的措施维护试验样品、样本和数据的物理安全。

4.6.1.2 当有必要在各个试验场所之间传递数据和材料时,应建立一个机制来维护这些数据或者材料的完整性。当采用电子手段(电子邮件、因特网等)传递数据时,需要特别注意。

4.6.2 设备

4.6.2.1 研究中使用的设备应满足预定目的,包括某些试验场所使用的大型和高精密度设备。

4.6.2.2 设备应当有维护和校准记录,以表明设备使用时满足预定目的。某些设备(如租用的大型动物测量设备、分析设备)可能没有定期检查、清洁、维护、校准的记录。这种情况下,在特殊研究原始数据中应记录这个信息,以证实这些设备满足预定目的。

4.6.3 研究原料的控制和责任

4.6.3.1 应有适当的程序确保及时地把研究相关的材料交付给各个场所。在运输期间保持材料的完整性/稳定性是关键的,因此应使用可靠的传递方式和保管记录链,并建立详细的传递程序和明确的责任分配。

4.6.3.2 研究材料的每次装运都应附有足够的文件以满足任何适用的法律(例如,海关、健康和安全法律)要求。这些文件也应提供足够的相关信息,以确保其到达任何场所时都能满足预定目的,在装运之前应准备好这些文件。

4.6.3.3 当研究材料作为同一批货物在不同试验场所之间运输时,应当进行适当的分离和标识以免材料的混淆和交叉污染。对于涉及多项研究的材料被一同传递的情况,这一点特别重要。

4.6.3.4 如果材料在传递期间可能遭到运输环境条件的不利影响,应建立程序来保持它们的完整性。可以通过监控来确认维持了要求的环境条件。

4.6.3.5 试验场所使用的过量的试验样品和参照物的存储、返还和处理应予以注意。

4.7 研究结果的报告

4.7.1 对于每一项多场所研究都应且只能出具一份最终报告。最终报告应包括来自所有研究阶段的数据。项目代表提供一份已签署姓名和日期的关于其所负责阶段的报告,以便用于最终报告的汇总。如果准备了这样一份报告,则报告内容应包括:在该试验场所已执行了适当的质量保证监督的证据以及足够的注释,以便项目负责人能够拟制一份有根据的涵盖整个研究过程的最终报告;或者,项目代表可将原始数据提交给项目负责人,项目负责人应确保这些数据出现在最终报告中。以这种方式拟制的最终报告应明确说明项目代表及其负责的研究阶段。

4.7.2 项目代表应说明其负责的工作符合GLP原则的程度，并提供该试验场所开展的质量保证检查工作的证据。这将被直接合并到最终报告中，或者是需要的细节被提取包含于最终报告中的项目负责人的符合性声明和质量保证声明中。提取的细节应注明来源并保留。

4.7.3 项目负责人应在最终报告签署姓名和日期，表明对全部数据的有效性承担责任。对GLP原则的符合程度和对声明符合OECD的GLP及相关规章的特别参照应被指明。符合性声明应涵盖研究的所有阶段并与项目代表的声明提供的信息保持一致。任何不符合GLP原则的试验场所应在最终报告中说明。

4.7.4 最终报告应确定研究计划、试验样品和参照物的留样、样本、原始数据和最终报告的存储地点。项目代表完成的报告中应提供有关所负责材料的保留信息。

4.7.5 只有项目负责人可以对最终报告进行修改。当任一试验场所的某个试验阶段需进行修改时，项目负责人应与项目代表联系并就适宜的纠正措施达成一致，这些纠正措施应被详细记录。

4.7.6 项目代表编制报告时，报告的要求应与最终报告的要求一致。

4.8 标准操作程序(SOPs)

4.8.1 GLP原则要求制定并遵循适宜的和技术有效的标准操作程序，多场所研究特有的标准操作程序举例如下：

a) 试验场所的选择和监控；

b) 项目代表的指定和替换；

c) 不同场所之间数据、留样和样本的传递；

d) 研究计划或者标准操作程序的翻译版本的验证或者批准；以及

e) 在偏远试验场所使用的试验样品和参照物的贮存、返还或处理。

4.8.2 GLP原则要求研究人员开展研究活动时，不管他们在何处开展工作，都应能够随时得到标准操作程序。

4.8.3 建议试验场所的人员应遵循试验场所的标准操作程序，如果要求他们遵循项目负责人指定的其他程序(例如试验机构管理者提供的标准操作程序)，则应在研究计划中说明这一要求。项目代表有责任确保：试验场所的人员知道应遵循的程序，并且可以得到相应的文件。

4.8.4 当试验场所的人员被要求遵循试验机构管理者提供的标准操作程序时，试验场所管理者有必要给出书面认可。

4.8.5 当在试验场所发布实施由试验机构提供的标准操作程序时，试验机构管理者应确保：研究过程中出现的标准操作程序的任何后续版都被传递到试验场所，并且不再使用旧版。项目代表应确保：试验场所的所有人员都清楚标准操作程序的修改，并且只能使用现行版本。

4.8.6 在试验场所遵循试验机构提供的标准操作程序时，有可能需要将标准操作程序翻译成其他语言。在这种情况下彻底核对各种翻译版本以确保说明和内容保持一致，这是非常必要的。在翻译版本中应标明原版所用语言。

4.9 记录和材料的存储和保管

4.9.1 多场所研究中应注意材料的暂时性存储。这样的存储设备应是安全的并能保护内容的完整。当数据的存储脱离试验机构时，需要确保试验场所具有对可能需要回顾的数据进行取阅的能力。

4.9.2 记录和材料需要遵循GLP原则进行存储。试验场所的存储设施不能满足GLP要求时，记录和材料应当被转移到符合GLP原则的存档机构。

4.9.3 试验场所管理者应确保有足够的记录来证实该试验场所参与的研究。

ICS 03.120.20
A 00

中华人民共和国国家标准

GB/T 22276—2008

良好实验室规范建议性文件 在另一国家中要求和执行检查与研究审核

Advisory document for good laboratory practice— Requesting and carrying out inspections and study audits in another country

2008-08-04 发布　　2009-04-01 实施

中华人民共和国国家质量监督检验检疫总局
中国国家标准化管理委员会　发布

前 言

本标准等同采用经济合作与发展组织(OECD)良好实验室规范(GLP)原则和符合性监督系列文件No.12:《在另一国家中要求和执行检查与研究审核》[ENV/JM/MONO(2000)3]。

本标准进行了如下编辑性修改:

——删除了原文的前言和引言部分。

本标准由全国危险化学品管理标准化技术委员会(SAC/TC 251)提出并归口。

本标准的起草单位:山东出入境检验检疫局、全国危险化学品管理标准化技术委员会。

本标准的主要起草人:宋振乾、刘学惠、由瑞华、王晓兵、于立欣。

良好实验室规范建议性文件
在另一国家中要求和执行检查与研究审核

1 范围

本标准适用于按照良好实验室规范(GLP)原则在另一国家中要求和执行检查与研究审核。当在另一国家中要求和执行检查与研究审核时,应按照相应的程序来执行。

2 规范性引用文件

下列文件中的条款通过本标准的引用而成为本标准的条款。凡是注日期的引用文件,其随后所有的修改单(不包括勘误的内容)或修订版均不适用于本标准,然而,鼓励根据本标准达成协议的各方研究是否可使用这些文件的最新版本。凡是不注日期的引用文件,其最新版本适用于本标准。

GB/T 22274.1 良好实验室规范监督部门指南 第1部分:良好实验室规范符合性监督程序指南

GB/T 22278 良好实验室规范原则

3 术语和定义

GB/T 22278和GB/T 22274.1中的术语和定义适用于本标准。

4 建议在另一个国家要求和执行检查和研究审核所遵循的程序

4.1 在另一个国家执行检查和研究审核的要求应以书面形式提出并有正当的理由。双方国家应及时作出安排以协调这个要求并提供适当的材料。

4.2 双方国家的GLP监督部门应作为相互联络和沟通的渠道。

4.3 检查或研究审核通常应由试验机构和(或)试验场所所在地的监督部门领导。来自申请国的一名或几名检查员可参加检查或研究审核。如果合适的话接待国的部门也可参加。申请国应承担本方人员的所有开支。

4.4 检查和研究审核报告应在按照国家法律的要求采取了适当措施来保护涉及商业和工业机密的情况下,提供给申请国(以双方达成一致的某种语言)。

4.5 在检查或研究审核中的任何主要发现都应由适当的监督部门加以追踪。

4.6 本标准中提到的检查和研究审核的财务安排将由检查发生的所在国制订。不得就此项工作向申请国提出支付要求。

4.7 本标准中提到的检查和研究审核应出现在负责领导检查和研究审核的国家的工作年报中。

ICS 03.120.20
A 00

中华人民共和国国家标准

GB/T 22277—2008

良好实验室规范建议性文件在良好实验室规范原则的应用中委托方的任务和职责

Advisory document for good laboratory practice—The role and responsibilities of the sponsor in the application of the principles of GLP

2008-08-04 发布　　2009-04-01 实施

中华人民共和国国家质量监督检验检疫总局
中国国家标准化管理委员会　发布

前　言

本标准等同采用经济合作与发展组织（OECD）良好实验室规范（GLP）原则和符合性监督系列文件No. 11：《在GLP原则的应用中委托方的任务和职责》[ENV/MC/CHEM(98)16]。

本标准进行了以下编辑性修改：

——删除了原文的前言部分。

本标准由全国危险化学品管理标准化技术委员会（SAC/TC 251）提出并归口。

本标准的起草单位：山东出入境检验检疫局。

本标准的主要起草人：黄红花、陶强、王晓兵、于晓、岳志芹、于文莲。

良好实验室规范建议性文件
在良好实验室规范原则的应用中
委托方的任务和职责

1 范围

本标准适用于遵循良好实验室规范(GLP)原则进行的试验和研究中对于委托方的任务和职责的要求。当委托一个非临床健康和环境安全研究的时候,委托方应确保试验机构能够遵循GLP原则的要求来进行研究,并提供相关的化学品安全信息和特性鉴定数据。

2 规范性引用文件

下列文件中的条款通过本标准的引用而成为本标准的条款。凡是注日期的引用文件,其随后所有的修改单(不包括勘误的内容)或修订版均不适用于本标准,然而,鼓励根据本标准达成协议的各方研究是否可使用这些文件的最新版本。凡是不注日期的引用文件,其最新版本适用于本标准。

GB/T 22278—2008 良好实验室规范原则

3 术语和定义

GB/T 22278—2008 中的术语和定义适用于本标准。

4 要求

4.1 说明

尽管GB/T 22278—2008仅仅明确了研究中的委托方的一部分职责,委托方还有一些未明确的职责,这是因为事实上委托方常常是发起一个或者更多研究,并且直接将结果递交管理部门的人。委托方应在确认所有的非临床健康和环境安全研究是否符合GLP原则的问题上扮演一个积极的角色。委托方不能仅仅依靠签约的试验机构的保证来组织或实施这些研究。以下给出的指南描述了委托方应履行的已明确的和未明确的职责。

4.2 定义

委托方意味着一个实体,它委托、支持和(或)提交一个非临床的健康、环境安全研究(见GB/T 22278—2008中2.2.5。

注1:委托方可包括:

一个发起非临床健康和环境安全研究,并通过经济或其他资源提供支持的实体。

一个提交非临床健康和环境安全研究给管理部门,来为产品注册或其他需要符合GLP原则的应用提供支持的实体。

注2:"实体"可以包括一个个人、合伙人、企业、协会、科学或学术机构、政府部门、或其中的组织单元、或其他法律上可识别的团体。

4.3 委托方的责任

委托方应理解GLP原则的要求,特别是那些涉及试验机构管理者和项目负责人/项目代表职责的要求。

注:如果部分研究由委托方转包给了分包商,委托方应明白整个研究的责任仍然是由项目负责人承担,包括原始数据和报告的有效性。

4.4 当委托一个非临床健康和环境安全研究的时候,委托方应确保试验机构能够遵循GLP原则的要求来进行研究，并确保研究是按 GLP 原则来实施的。

注 1：有许多种手段可评估试验机构遵循 GLP 原则的要求进行研究的能力。它能够帮助委托方在研究开始之前以及研究的过程中对签约试验机构进行监督，依据它的性质、所需时间以及复杂程度来确保试验机构的设施、设备、标准操作程序和人员是符合 GLP 要求的。如果试验机构是处于国家 GLP 符合性监督计划内，也可以通过联系国家 GLP 监督部门以确认试验机构目前的 GLP 符合状况。

注 2：委托方应知道，尽管有任何保密性协议的要求，但国家 GLP 监督部门有权访问 GLP 符合性机构生成的所有数据。

4.5 当几个研究被打成一个单独的包提交给管理部门时，委托方为未改变的最终报告所打成的包的完整性负有责任。委托方应确定在他的代理人和所有进行研究的人员，例如项目负责人、质量保证单元和试验机构管理者部门之间存在适当的联系。

4.6 GB/T 22278—2008 中明确提及的对委托方的要求：

4.6.1 试验样品的性质："当由委托方提供试验样品时，委托方与试验机构之间应建立一种合作机制，以验证用于研究的试验样品的属性。"（见 GB/T 22278—2008 中 3.6.2.3）。

注：这个要求的目的是确保不要出现试验样品的混淆。

4.6.2 研究计划："如果研究实施所在国家的法律法规有要求，研究计划还应得到试验机构管理者和委托方的批准。"（见 GB/T 22278—2008 中 3.8.1 1）。

注：如果一些成员国的法律法规有要求时，出于有关试验数据有效性的责任的法律考虑，研究计划应由试验机构的管理者和委托方批准。

4.6.3 研究计划的内容："研究计划应包括……委托方和试验机构的信息……委托方的名称和地址"（见 GB/T 22278—2008 中 3.8.2），"研究计划应包括……如果研究所在国家的法律法规有要求，还应有试验机构管理者和委托方签名批准研究计划的日期。"（见 GB/T 22278—2008 中 3.8.2）。

4.6.4 最终报告的内容："最终报告应包括……与委托方和试验机构有关的信息……委托方的姓名和地址"（见 GB/T 22278—2008 中 3.9.2）。

4.6.5 记录和材料的保存："如果一个试验机构或签约档案机构即将停业，且没有合法的继任者时，档案应转交至研究委托方的档案库里。"（见 GB/T 22278—2008 中 3.10.5）。

注：在这种情况下，要求委托方按照 GLP 原则建立一个档案库，以便对研究计划、原始数据、标本、试样、对照物质以及最终报告等进行适当的保存、取阅。

4.7 化学品安全信息的提供

委托方应告知试验机构该试验样品中任何已知的对人身健康或环境的潜在风险，以及试验机构人员应采取的保护措施。

4.8 试验样品的特性鉴定

GB/T 22278—2008 中包括了一些涉及试验样品特性描述的要求[比如 3.6.2.1、3.9.2.1d)]。这些要求包括对试验样品进行仔细的鉴别并描述其特性。特性鉴定应由签约的试验机构或者委托方完成。如果这个特性鉴别确实是由委托方完成的，那么这一情况应在最终报告中被明确提及。委托方应明白若未按照 GLP 原则进行鉴别，那么可能导致该研究项目被一些成员国的管理部门所否决。

4.9 如果委托方没有向签约试验机构透露特性数据，这一事实也应在最终报告中被明确提及。

4.10 向管理部门提交数据

一项研究科学上的有效性的最终责任在于项目负责人，并不在于委托方。委托方的责任是基于研究的结果作出结论，是否提交一个化学品给管理部门进行注册。